OPERE MATEMATICHE

DI

EUGENIO BELTRAMI.

Tipografia Matematica di Palermo, 7, via Villareale. (385.1500) 25-5-1904.

OPERE MATEMATICHE

DI

EUGENIO BELTRAMI

PUBBLICATE PER CURA

DELLA

FACOLTÀ DI SCIENZE DELLA R. UNIVERSITÀ DI ROMA.

TOMO SECONDO.

ULRICO HOEPLI

EDITORE-LIBRAJO DELLA REAL CASA

MILANO

—

1904

XXVII.

SULLE PROPRIETÀ GENERALI DELLE SUPERFICIE D'AREA MINIMA.

Memorie dell'Accademia delle Scienze dell'Istituto di Bologna, serie II, t. VII (1867), pp. 412-481.

(Memoria letta il 5 marzo 1868).

La ricerca generale delle superficie che hanno l'area minima fra tutte quelle che terminano ad un dato contorno fu primamente iniziata da LAGRANGE, nella celeberrima Memoria intitolata: *Essai d'une nouvelle méthode de déterminer les maxima et les minima des formules intégrales indéfinies*, che si trova nel volume delle « Miscellanea Taurinensia » pel 1760-61. In questa Memoria, nella quale LAGRANGE ha posto il fondamento di quella sua splendida creazione che fu il calcolo delle variazioni *), e propriamente nell'Appendice 1ª, egli applica le sue formole generali all'integrale duplicato che esprime la quadratura indefinita di una superficie riferita a coordinate ortogonali, e trova un risultato che si converte immediatamente nella notissima equazione a derivate parziali di 2° ordine delle superficie d'area minima **). Ma LAGRANGE non si è occupato nè di cercarne l'integrale, nè di assegnarne il significato geometrico, cose che erano estranee allo scopo principale del suo lavoro.

Più tardi lo stesso problema fu trattato di nuovo da BORDA, in una Memoria in-

*) LAGRANGE aveva già fino dal 1755 comunicati ad EULERO i principii di questo calcolo, come lo ha fatto sapere egli stesso nel tomo IV delle « Misc. Taurin. » in occasione di alcune poco fondate obbiezioni che FONTAINE e BORDA avevano promosse contro la sua invenzione.

**) Nella stessa occasione LAGRANGE trovò anche l'equazione delle superficie che hanno l'area minima fra tutte quelle che racchiudono un volume dato.

titolata: *Éclaircissement sur les méthodes de trouver les courbes qui jouissent de quelque propriété du maximum ou du minimum*, inserita fra quelle dell'Accademia di Parigi per l'anno 1767. Ma l'autore si limita a far notare la coincidenza del suo risultato con quello già trovato da LAGRANGE.

Il significato dell'equazione di cui parliamo fu esposto per la prima volta da MEUNIER, nel 1776, in una Memoria *Sur la courbure des surfaces*, che è inserita fra quelle dei « Savants étrangers » (tomo X). In questo interessante lavoro, che contiene il teorema riportato in tutti i trattati sotto il nome di *teorema di* MEUNIER, questo autore considera le superficie sotto un punto di vista ingegnoso, che consiste nel riguardare ciascun loro elemento come generato dalla rotazione infinitesima di un piccolissimo arco di cerchio intorno ad un asse esistente nel suo piano e parallelo alla sua tangente media. I due raggi principali di curvatura vengono per tal modo sostituiti: l'uno, dal raggio del piccolo arco, l'altro dalla distanza di questo dall'asse di rotazione. Coll'ajuto di questa considerazione, la quale è legittima fintantochè non si introducono nel calcolo elementi infinitesimali d'ordine superiore al secondo, MEUNIER risolve diversi problemi, tra i quali quello delle superficie d'area minima, e, mediante alcuni artificî che per verità lasciano molto a desiderare dal lato del rigore e della spontaneità, perviene direttamente a stabilire che i due raggi principali di curvatura devono in ciascun punto di quelle superficie essere eguali e di segno contrario, e nel fatto, eguagliando a zero l'espressione generale della loro somma algebrica, egli ricade sull'equazione di LAGRANGE. MEUNIER non intraprese l'integrazione generale di quest'equazione, ma ne trovò due integrali particolari, supponendo dapprima che la superficie fosse rigata ed a piano direttore, e poscia che fosse di rotazione. Nel primo caso, valendosi dell'equazione già data da MONGE per le superficie rigate a piano direttore, trovò l'ordinario elicoide a direttrice rettilinea. Nel secondo caso egli osservò che la curva meridiana deve avere il raggio di curvatura eguale ed opposto alla porzione di normale terminata all'asse, e determinandola dietro questa condizione, trovò la catenaria *). Era già noto, come osservò MEUNIER, che questa curva genera, fra le isoperimetre, la minima superficie di rotazione intorno ad un asse: ma il suo metodo fornisce la posizione dell'asse di rotazione relativamente ad una catenaria di dato parametro.

Questi due esempî di superficie d'area minima non piane furono i primi ad essere conosciuti dai geometri e sono sommamente notevoli tanto per la loro semplicità, quanto per le speciali proprietà che vi si riscontrarono in progresso di tempo.

Fu solo nel 1784 che l'illustre MONGE, in una Memoria sull'integrazione delle equazioni a derivate parziali, inserita fra quelle dell'Accademia di Parigi del detto anno,

*) Chiameremo talvolta *catenoide* la superficie di rotazione d'area minima, secondo la proposta di qualche scrittore.

prese a considerare l'equazione delle superficie d'area minima, che MEUNIER aveva già interpretata geometricamente, e pervenne con un certo suo processo alle espressioni delle coordinate in funzione integrale di due quantità indeterminate, formole che egli presentò come equivalenti all'integrale generale dell'equazione in discorso. Questo risultato venne messo in dubbio da LAPLACE e diede luogo (per quel che ce ne fa sapere POISSON) a lunghe discussioni fra questi due grandi geometri. Ed invero per ottenere i valori finiti delle coordinate coll'ajuto delle formole date da MONGE, bisognava integrare tre differenziali a due variabili che non soddisfacevano generalmente alle condizioni d'integrabilità. Questa difficoltà persuase MONGE a riprendere nuovamente la quistione, seguendo un processo differente, che lo condusse alle vere formole integrali e che dev'essere sostanzialmente quello stesso col quale queste equazioni furono stabilite più tardi nell'Art. XX della classica opera intitolata *Application de l'analyse à la géométrie.* Sulle prime però neppure quest'altro risultato incontrò l'approvazione dei geometri, poichè LEGENDRE, al principio della sua bella Memoria *Sur l'intégration de quelques équations aux différences partielles,* pubblicata fra quelle dell'Accademia di Parigi per l'anno 1787, dice che lo stesso MONGE, dopo averglielo comunicato, lo impegnò a verificarlo coi mezzi ordinarî, per metterlo al sicuro da ogni obbiezione. Ed infatti LEGENDRE, coll'applicazione di un'importante trasformazione di variabili che porta tuttora il suo nome [sebbene, come ha notato JACOBI, si trovasse già in germe presso EULERO *)], stabilì sopra basi inconcusse l'esattezza dell'integrale di MONGE, dichiarando al tempo stesso, con lodevole modestia, che a questi spettava l'onore della scoperta. LEGENDRE fece qualche passo più in là, indicando primieramente una maniera di far scomparire i segni d'integrazione dalle formole di MONGE, e, in secondo luogo, mostrando il modo di ricavare da queste formole le equazioni delle due superficie speciali già trovate da MEUNIER. Però, rispetto all'elicoide, egli lasciò campo ad equivoco asserendo essere questa la sola superficie d'area minima stendentesi fra due rette non situate in uno stesso piano, senza ben dichiarare il senso di tale affermazione.

Il LACROIX, nel 2° volume del suo trattato, ci ha fatto conoscere un terzo metodo per la determinazione dell'integrale in discorso, metodo che è pure dovuto a MONGE e che ha ricevuto negli studî posteriori un grandissimo sviluppo, in causa della mirabile efficacia e fecondità del principio sul quale si fonda. Questo principio consiste nel riguardare le tre coordinate dei punti di una superficie come funzioni di due variabili indipendenti. Con ciò le formole diventano apparentemente più complicate; ma, oltre che guadagnano il pregio grandissimo della simmetria, acquistano una tale latitudine di significato, una tale flessibilità, se così posso esprimermi, che si prestano colla massima

*) *Institutiones calculi integralis*, vol. III.

agevolezza alla felice trattazione dei problemi più disparati e più ribelli ai metodi ordinarî. Così accade appunto nella presente quistione, nella quale l'accennato metodo conduce alle formole integrali colla maggiore naturalezza e semplicità *).

Finalmente un quarto metodo d'integrazione fu dato da AMPÈRE, nella seconda parte della celebre sua Memoria sull'integrazione delle equazioni a derivate parziali (« Journal de l'École Polytechnique », Cahier 18, 1820). La forma finale dell'integrale è però sempre quella di MONGE e di LEGENDRE.

Alcuni anni prima (1813) POISSON aveva dato, nel tomo 2° della « Correspondance sur l'École Polytechnique », un integrale di forma assai più semplice, cioè espresso da una sola equazione fra le tre ordinarie coordinate ortogonali. Ma, oltrechè questo integrale non era che particolare, contenendo una sola funzione arbitraria, esso non conveniva ad alcuna superficie reale, fuorchè al piano, e quindi non poteva essere praticamente di alcuna utilità.

Nel fatto dunque accadde che, malgrado la conoscenza dell'integrale generale, i geometri lasciarono scorrere una lunga serie d'anni senza far alcun tentativo per perfezionare la teoria delle superficie d'area minima. A ciò contribuì forse lo stesso MONGE col dichiarare, nell'art. XX dell'*Application de l'analyse* etc., che erano rimasti vani tutti gli sforzi da lui fatti per assegnare alle dette superficie una generazione semplice ed elegante come gli era riuscito per molte altre classi di superficie, con quella singolare destrezza che eccitava in così alto grado l'ammirazione di LAGRANGE e che rende tanto proficua anche al presente la lettura della prelodata sua Opera. Nè lo studio puramente analitico sembrava gran fatto agevolato dalla conoscenza degli integrali di MONGE, come quelli che, oltre contenere le due funzioni arbitrarie sotto una forma complicata, erano altresì affetti da una imaginarietà la quale, sebbene non dovesse essere che apparente, sembrava pur nondimeno difficile a removersi. Queste circostanze fecero dire a POISSON, in una breve Nota inserita nel tomo 8° del giornale di CRELLE (1832), che era impossibile trarre alcun vantaggio da quegli integrali. In questa stessa Nota POISSON fece alcune altre osservazioni sulla natura del problema delle superficie minime, e annunciò d'avere studiato con un metodo nuovo il caso particolare in cui le superficie stesse sono poco differenti da un piano, giungendo a determinare le funzioni arbitrarie in modo da obbligare la superficie a passare per una o due date curve di contorno. Disgraziatamente i risultati annunciati da POISSON, che dovevano essere sommamente interessanti malgrado la restrizione a cui erano subordinati, non vennero mai fatti di pubblica ragione.

---

*) Il processo di MONGE qui indicato fu spesso riprodotto da autori recenti, fra i quali citeremo BRIOSCHI, negli Annali di TORTOLINI (1ª serie, 1852), e WEINGARTEN, nel tomo 3° del Giornale di SCHLOEMILCH (1858).

Poco prima che POISSON richiamasse con questa Nota l'attenzione dei geometri sulla teoria delle superficie minime, il perfezionamento di questa teoria era stato fatto oggetto di un concorso aperto dalla Società del Principe JABLONOWSKY in Lipsia, per un premio da conferirsi nell'anno 1831. Questo premio venne aggiudicato ad una Memoria presentata alla fine del 1830 dal signor SCHERK, professore a Kiel, ed inserita nel tomo IV degli Atti di quella Società, col titolo: *De proprietatibus superficiei quae hac continetur aequatione... disquisitiones analyticae.* In questa Memoria vennero assegnate per la prima volta nuove superficie reali, oltre le due di MEUNIER, con un artificio analogo a quello di cui quest'autore si era servito, cioè col decomporre l'equazione differenziale in due equazioni più semplici e col cercare delle superficie atte a renderle entrambe simultaneamente soddisfatte. La più notevole fra le nuove superficie così trovate è un elicoide il quale comprende in sè come casi particolari tanto l'elicoide di MEUNIER, quanto la catenoide. Il sig. SCHERK ha dimostrato eziandio che, supposta nota in qualsiasi modo l'equazione di una superficie appartenente alla classe considerata, la corrispondente determinazione delle funzioni arbitrarie nell'integrale di MONGE non dipende che dall'integrazione di un'ordinaria equazione differenziale del prim'ordine, soddisfacente alle condizioni di integrabilità.

Abbiamo del sig. SCHERK un secondo lavoro sopra le superficie minime, il quale risale all'anno 1834 e si trova nel 13° volume del Giornale di CRELLE. Nella prima parte di questo lavoro l'autore, partendo dagli integrali di LEGENDRE, assegna alle funzioni arbitrarie certe forme speciali, scelte in modo da rendere possibile l'eliminazione delle indeterminate e la conseguente formazione di ordinarie equazioni fra le coordinate ortogonali. Egli perviene così ad alcune nuove superficie, le quali però sono quasi tutte di natura troppo complessa per riuscire degne di speciale interesse, e forse l'osservazione più notevole è quella relativa alla possibilità dell'esistenza di superficie algebriche appartenenti alla classe considerata. Nella seconda parte il sig. SCHERK cerca di riconoscere se, oltre l'elicoide a piano direttore ed a direttrice rettilinea, già scoperto da MEUNIER, esistano altre superficie rigate le quali sieno in pari tempo d'area minima; e, per risolvere questa quistione, fa coesistere gli integrali di LEGENDRE coll'equazione differenziale delle superficie generabili dal moto di una retta, equazione già data da MONGE. Sebbene però egli riesca in tal modo a determinare esplicitamente la forma delle funzioni arbitrarie, viene tuttavia arrestato nel seguito dalla difficoltà dell'eliminazione e si limita ad eseguirla in tre diversi casi particolari, i quali lo conducono tutti all'elicoide di MEUNIER. Egli ne conclude che l'esistenza di questa sola superficie rigata fra quelle d'area minima può ammettersi come cosa assai verosimile: ma, oltre che la verosimiglianza non può mai, in matematica, tener luogo di prova, è pur d'uopo notare che fra gli argomenti di cui egli si vale per legittimarla si trovano delle considerazioni che non ci sembrano possedere tutta la chiarezza desiderabile.

Nondimeno sta di fatto che il teorema presentato dal sig. SCHERK come semplicemente verosimile è rigorosamente vero. La prima dimostrazione di questa interessante proprietà è stata data nel 1842 dal sig. CATALAN, nel tomo 7° del Giornale di LIOUVILLE, ed è appoggiata all'osservazione che, se una superficie gobba ha in ciascun punto i due raggi di curvatura eguali e di segno contrario, ogni sezione piana normale ad una generatrice deve necessariamente avere, nel suo punto comune con questa, la curvatura eguale a zero. Nel successivo anno (1843) WANTZEL accennò, in una comunicazione fatta alla « Société Philomathique » di Parigi, un metodo più spedito per dimostrare il teorema di CATALAN. Questo metodo, il quale consiste nel combinare l'equazione differenziale delle superficie d'area minima colle equazioni di una linea retta, fu effettivamente messo in pratica dal sig. SERRET in una Nota inserita nel tomo 11° del Giornale LIOUVILLE (1846), e fu anzi applicato ad una equazione differenziale più generale di quella della superficie di cui parliamo. Particolarizzando il suo risultato SERRET ha trovato così per un'altra via il teorema di CATALAN. Nello stesso volume trovasi una Memoria di MICHELE ROBERTS intitolata: *Sur les surfaces dont les rayons de courbure sont égaux, mais dirigés en sens opposés,* della quale dovremo riparlare in breve, ed in cui questo Autore dimostra il medesimo teorema col processo che il signor SCHERK aveva iniziato ma non condotto a termine, e cioè col determinare opportunamente le funzioni arbitrarie dell'integrale di MONGE. Bisogna però dire che i calcoli del sig. ROBERTS sono anch'essi molto complicati. Alquanto più semplice è il metodo di dimostrazione che il sig. OSSIAN BONNET dedusse più tardi dal sistema di formole del quale ha fatto uso nella estesa Memoria *Sur l'emploi d'un nouveau système de variables dans l'étude des propriétés des surfaces courbes,* pubblicata del tomo 5° (II^a Serie) del Giornale di LIOUVILLE (1860) *). Finalmente mi permetterò, su questo proposito di ricordare la dimostrazione del teorema di CATALAN che io diedi recentemente in un lavoro **) inserito nel tomo 7° degli Annali di Matematica (1865), dimostrazione che scaturisce molto semplicemente da un teorema più generale che ho ritrovato cercando quali fossero le superficie gobbe per le quali ha luogo in ciascun punto fra i due raggi di curvatura una relazione permanente, non data *a priori*. Quasi contemporaneamente questo stesso teorema più generale è stato stabilito per altra via dal sig. DINI, la cui dimostrazione trovasi pure nel citato volume.

Ma torniamo alla quistione generale.

Nella già citata Memoria di M. ROBERTS (1846) viene dimostrata una interessante proprietà che appartiene a tutte le superficie d'area minima, cioè che le equazioni dif-

---

*) Merita d'essere citata anche la dimostrazione geometrica del teorema in discorso data dal signor DE LA GOURNERIE, nella 3ª parte del suo eccellente trattato di Geometria descrittiva (1864).

**) Vedi queste Opere, vol. I, pag. 244.

ferenziali delle linee di curvatura e delle linee asintotiche sono per esse riducibili generalmente alle quadrature. Per dimostrar ciò l'Autore parte dagli integrali di MONGE e fa vedere che, lasciando del tutto indeterminate le due funzioni arbitrarie, si possono sempre separare le variabili nelle anzidette due equazioni differenziali. Questo importante risultato, applicato all'elicoide, fornisce l'equazione finita delle sue linee di curvatura, che era stata trovata direttamente dal sig. CATALAN in una Memoria *Sulle superficie gobbe a piano direttore* inserita nel « Journal de l'École Polytechnique », Cahier 29° (1843). Il sig. ROBERTS verificò inoltre, mediante le sue formole, la proprietà che hanno sulle superficie minime le linee asintotiche (da lui denominate *generatrici*) di essere dovunque inclinate di 45° sulle linee di curvatura, proprietà che DUPIN aveva già dedotta dalla sua teoria delle indicatrici (1813). Una seconda Memoria del sig. ROBERTS sulle superficie in quistione, inserita nel tomo 15° del Giornale di LIOUVILLE (1850), non riguarda che alcune specie particolari di superficie minime.

Come contenente una interessante proprietà di queste dobbiamo menzionare una Nota del sig. MINDING, composta nel 1849 ed inserita nel tomo 44° del Giornale di CRELLE. Questo distinto geometra si occupa in essa di una quistione di geodesia, la quale non sembra *a priori* avere alcun legame colla nostra teoria. Il sig. MINDING infatti comincia col generalizzare la definizione dei paralleli e dei meridiani, estendendola ad una superficie qualunque; e per ciò, supponendo prolungate le normali della superficie fino alla sfera celeste (di raggio infinito), chiama meridiani e paralleli i luoghi corrispondenti normalmente ai meridiani ed ai paralleli celesti. In luogo della sfera celeste si può anche prendere una sfera di raggio uguale ad 1, e rappresentare sovr'essa i punti della superficie qualunque mediante le estremità dei raggi paralleli alle normali in questi punti; allora i meridiani ed i paralleli della superficie sono quelle linee che, per mezzo di questa rappresentazione sferica, corrispondono ad un determinato sistema di curve d'egual nome sulla sfera di raggio uguale ad 1. Ciò premesso il sig. MINDING trova le equazioni differenziali delle une e delle altre linee, e cerca di qual natura dev'essere la superficie affinchè esse si taglino dovunque ad angolo retto, come accade per le superficie di rotazione intorno all'asse polare. L'equazione a derivate parziali del 2° ordine che si ottiene come condizione di tale ortogonalità, presenta il notevole carattere d'essere decomponibile in due fattori, l'uno dei quali corrisponde ad una estesa classe di superficie già considerate da MONGE e delle quali non occorre tener qui parola: l'altro fattore invece corrisponde precisamente alle superficie d'area minima. Poichè dunque ognuna di queste superficie possiede la proprietà considerata da MINDING, ne consegue che se, sopra la superficie sferica, si immagina un sistema di meridiani e di paralleli e, sopra una qualunque superficie d'area minima, si considerano le linee corrispondenti (nel senso preaccennato), queste linee formano sempre un sistema ortogonale. Il sig. MINDING è stato il primo ad enunciare esplicitamente questo teorema, facendo notare come esso sussista per una qualunque delle posizioni che una medesima superficie minima può prendere nello spazio; e sebbene il teorema stesso sia stato completato più tardi per opera d'altri geometri, è debito di giustizia ricordare lo scritto nel quale se ne trova fatta la prima menzione.

Un notevole progresso nello studio analitico delle superficie d'area minima è contenuto in una breve Nota del sig. BONNET che si trova nel tomo 37° dei « Comptes rendus » dell'Accademia di Parigi (1853, 2° sem.). In questa Nota, oltre un nuovo metodo per la rappresentazione analitica delle superficie in generale ed una nuova forma dell'integrale rappresentante le superficie d'area minima, vengono enunciati i seguenti due teoremi molto interessanti: 1° le superficie in discorso sono suscettibili d'essere divise in quadrati infinitamente piccoli dalle loro linee di curvatura; 2° ogni superficie di questa specie ha una conjugata della stessa specie che è applicabile sovr'essa, e i punti di due superficie così conjugate si corrispondono per guisa che alle linee di curvatura dell'una corrispondono le linee asintotiche dell'altra, e reciprocamente. Il metodo di cui si serve il BONNET consiste nell'individuare i singoli punti della superficie per mezzo di elementi relativi ai piani tangenti rispettivi. Ciò equivale in sostanza a considerare una rappresentazione sferica dei punti della superficie, e ad individuare la posizione di un punto di questa mediante le coordinate del punto che gli corrisponde sulla sfera, ossia del punto posto all'estremità del raggio parallelo alla normale nel primo. Questa rappresentazione sferica era stata già da molto tempo messa in rilievo, particolarmente da GAUSS nelle celebri sue *Disquisitiones generales circa superficies curvas* (fra le « Commentationes recentiores Societatis Gottingensis » pel 1828), ed anche pocanzi ne vedemmo un'applicazione nel teorema di MINDING. Ma il sig. BONNET ha il merito di avere fondato sopra questo concetto un completo sistema di considerazioni e di formole, coll'ajuto delle quali è riuscito ad agevolare la trattazione di molte quistioni difficili, ed in particolare di quella della quale ci occupiamo, ponendo per la prima volta l'integrale dell'equazione di LAGRANGE sotto una forma reale, che si presta vantaggiosamente a parecchie applicazioni.

Ciò potè vedersi poco più tardi in occasione di un problema trattato dal sig. SERRET (« Comptes rendus », 1855, tomo 40°). Abbiamo già fatto cenno di un enunciato non ben chiaro di LEGENDRE a proposito della superficie minima passante per due rette non situate in uno stesso piano *). Il sig. SERRET si propose di mostrare che questo problema ammette infinite soluzioni, oltre l'elicoide di MEUNIER, e per ciò, dopo aver messo le equazioni di MONGE sotto una forma più comoda, egli introdusse la condizione che la superficie dovesse contenere due rette e, con un processo molto semplice ed ele-

*) Propriamente LEGENDRE parla della superficie minima « *entre deux lignes droites* », il che può intendersi in modo diverso dal SERRET.

gante, fece vedere che una delle funzioni arbitrarie ne risulta determinata dipendentemente dall'altra, mentre questa non rimane soggetta che alla condizione d'avere un dato periodo, ciò che lascia sussistere ancora molta indeterminatezza nella sua forma. Questa pregevole ricerca diede occasione al sig. BONNET di mostrare (« Comptes rendus », tomo 40°) che le sue formole permettevano di risolvere agevolmente la stessa quistione, ed altre due che sono: far passare la superficie minima per una data curva, e: renderla tangente ad una superficie data lungo una linea pur data. Di quest'ultimo problema il sig. BONNET diede più tardi una soluzione più semplice [nei « Comptes rendus » (1856), tomo 42° e nella *Memoria* del 1860, già citata].

Prima che il sig. BONNET facesse conoscere più minutamente il metodo indicato in queste comunicazioni, il sig. CATALAN imprese anch'egli a studiare la teoria generale delle superficie minime, e nel tomo 41° dei « Comptes rendus » si leggono alcuni estratti delle ricerche da lui presentate all'Accadémia nel 1855, ricerche che poscia comparvero per esteso nel 1858, nel « Journal de l'École Polytechnique », Cahier 37°. La via tenuta dal sig. CATALAN è questa. Egli incomincia col trasformare in più modi differenti l'equazione di LAGRANGE, mutandovi le variabili; poi cerca di soddisfare a queste successive trasformate supponendo che la funzione incognita sia eguale alla somma di due funzioni, l'una della prima variabile, l'altra della seconda. Egli ha potuto così trovare un certo numero di soluzioni reali, alcune delle quali erano già state fatte conoscere dal sig. SCHERK, altre sono nuove. In seguito egli intraprende l'integrazione generale dell'equazione da lui successivamente trasformata e perviene agli integrali di MONGE, sotto la forma data ad essi dal SERRET nella Nota citata pocanzi. Da ultimo eseguisce in questi integrali alcune sostituzioni che ne fanno scomparire gli imaginarî e che gli servono a trovare alcune altre superficie particolari, fra le quali le superficie algebriche. Egli applica le sue formole anche alle linee di curvatura, seguendo le traccie di ROBERTS.

Una Nota del sig. LAMARLE, nel tomo 4° (IIª Serie) del Giornale di LIOUVILLE (1859), tratta delle superficie la cui curvatura media è costante e, come caso particolare, di quelle d'area minima, ma non contiene alcun risultato essenzialmente nuovo.

Nel 1860 comparve nel tomo 5° (IIª Serie) del medesimo Giornale l'ampio lavoro del sig. BONNET, che abbiamo già citato precedentemente, e che contiene un'esposizione completa della teoria generale delle superficie, trattata colle suindicate coordinate tangenziali; e la risoluzione di molte quistioni speciali, tra cui quelle relative alle superficie minime. Insieme alla dimostrazione delle formole che l'autore aveva già pubblicate rispetto a queste superficie, vi si trovano molti nuovi ed interessanti esempi del modo di determinare le superficie stesse per mezzo di certe particolari condizioni, ciò che costituisce, specialmente nelle applicazioni, il lato più difficile del problema e richiede l'uso di mezzi che appartengono alle parti più elevate dell'analisi. È notevole in particolar modo l'analogia intima che alcune di queste quistioni, analiticamente considerate, presentano con quelle risolute da FOURIER nella *Teoria del calore*. In questa stessa Memoria trovasi notato il teorema che: a due sistemi di linee ortogonali ed isometriche della sfera ausiliare corrispondono, sopra qualsivoglia superficie minima, due sistemi di linee pure ortogonali ed isometriche. Questo teorema completa e generalizza quello di MINDING, il quale lo aveva enunciato solamente pel sistema sferico dei meridiani e dei paralleli, e non aveva osservata l'isometria del corrispondente sistema ortogonale sulla superficie minima.

Non differiscono sostanzialmente dalle variabili usate dal BONNET nella Memoria testè ricordata quelle di cui si serve il sig. ENNEPER in uno scritto *Sulla teoria delle superficie e delle equazioni a derivate parziali,* che si trova inserito nel tomo 7° del Giornale di SCHLOEMILCH (1862), nel quale vengono studiate in particolare anche le superficie d'area minima. Merita d'essere notata, fra le superficie speciali ivi ottenute, una superficie algebrica del nono ordine. In un successivo scritto [tomo 9° (1864) del medesimo Giornale] il signor ENNEPER ritornò sulle superficie minime, ma solo per notare alcuni teoremi relativi a certe linee tracciate sovr'esse.

Uno degli scrittori che hanno recentemente contribuito ad arricchire la teoria delle superficie minime, è il sig. WEINGARTEN, in un lavoro del 1862 inserito nel tomo 62° del Giornale di BORCHARDT. Questo giovane geometra, il quale aveva già fatto conoscere un teorema elegantissimo, relativo alle evolute delle superficie in cui i due raggi principali di curvatura sono funzione l'uno dell'altro, stabilì nel citato lavoro una proprietà sommamente utile ed importante di queste ultime superficie. Egli mostrò che, se si rappresentano queste superficie sopra una sfera nel modo già più volte esposto, basta ridurre l'elemento lineare della superficie sferica ad una certa forma particolare, per avere tosto, mediante sole quadrature, le espressioni delle coordinate di una delle superficie considerate. La riduzione dell'elemento lineare sferico alla forma conveniente è, in generale, soggetta a difficoltà non minori di quelle del problema diretto, ma in molti casi essa è effettuabile, ed uno di questi casi è appunto quello che conduce alle superficie minime; giacchè si trova che questa classe di superficie corrisponde alle coordinate sferiche isometriche, le quali si sanno determinare generalmente secondo il principio stabilito da GAUSS nella famosa Memoria sulle carte geografiche (Copenhagen 1825, nel fascicolo III delle « Astronomische Abhandlungen »), e queste coordinate hanno inoltre la particolarità che, introdotte nelle formole di WEINGARTEN, diventano i parametri delle linee di curvatura della superficie minima. Per tal modo il teorema di WEINGARTEN somministra per quadrature le coordinate ortogonali di una superficie minima espressa in forma reale coi parametri delle sue linee di curvatura, risultato il quale può a buon diritto riguardarsi come uno dei più eleganti nella teoria delle superficie minime.

Col teorema di WEINGARTEN si legano alcune ricerche del sig. CHRISTOFFEL, delle quali, benchè posteriori ad altri lavori di cui dovremo tener parola, preferiamo dar subito un cenno. Abbiamo già veduto come il BONNET avesse generalizzato il teorema di MINDING. Dall'enunciato di BONNET si poteva dedurre senz'altro che la rappresentazione sferica di una superficie minima è simile a questa nelle parti infinitesime, ovvero, secondo l'espressione accettata da molti autori, che è una rappresentazione *conforme*. Ma quest'osservazione interessante, che poteva anche essere ricavata dalle formole di WEINGARTEN, non fu fatta esplicitamente che nel 1867 dal sig. CHRISTOFFEL, in uno scritto inserito nel tomo 67° del Giornale di BORCHARDT. Il sig. CHRISTOFFEL l'aveva primieramente inferita da alcuni dei risultati di una sua pregevolissima Memoria sopra la *Determinazione della forma di una superficie dipendentemente da misure prese sopra la medesima* (soggetto importante del pari che nuovo), nel tomo 64° del medesimo Giornale, e l'aveva comunicata al sig. WEIERSTRASS. Ma nel lavoro precitato ne diede una dimostrazione diretta di grandissima semplicità, e ne trasse occasione per proporsi il problema generale di trovare le superficie che ammettono una relazione analoga non già colla sfera ma con altre superficie (da determinarsi), vale a dire di trovare quelle superficie alle quali se ne possono associare altre in modo che i punti nei quali le normali sono parallele formino sulle due superficie associate figure simili nelle parti infinitesime, ossia *conformi*. È evidente che due superficie omotetiche, cioè simili e similmente poste, soddisfanno a questa relazione; ma il sig. CHRISTOFFEL ha completamente risoluto il problema dimostrando che la condizione necessaria e sufficiente perchè una data superficie ammetta una superficie (non omotetica) associata nel senso anzidetto, è che le sue linee di curvatura sieno curve isometriche, ed ha stabilito le formole che esprimono per quadrature le coordinate della superficie associata, supposte note le espressioni delle coordinate della superficie primitiva in funzione dei parametri isometrici delle sue linee di curvatura. Quando la superficie primitiva è una sfera, i parametri di due sistemi ortogonali ed isometrici possono essere considerati come parametri delle linee di curvatura. In questo caso le formole di CHRISTOFFEL vengono a coincidere con quelle di WEINGARTEN relative alle superficie minime, ed in tal guisa queste superficie si trovano, per dir così, al punto di confluenza di due eleganti teorie, dovute agli anzidetti geometri, e costituenti due differenti estensioni di quella delle superficie minime.

Nel tomo 8° (2ª Serie, 1863) del Giornale di LIOUVILLE, si trovano due interessanti lavori del sig. MATHET sulla teoria delle superficie minime. Queste ricerche, nelle quali vengono utilizzate alcune proposizioni del calcolo dei quaternioni, si aggirano intorno ad una singolare trasformazione di curve che consiste in quanto segue. Si abbia nello spazio una linea qualsivoglia e per ciascun punto di essa sia condotta una delle sue normali, scelta con legge arbitraria ma continua. Si faccia girare intorno a ciascuna di queste normali, considerata come un asse, l'elemento di curva compreso fra la normale stessa e la normale consecutiva, e l'angolo di rotazione sia pur esso variabile con legge arbitraria ma continua. Finalmente si alterino le lunghezze degli elementi ruotati, in modo che il loro rapporto coi primitivi varii con legge arbitraria ma continua. Ciò posto, da un punto qualunque dello spazio si conducano, l'una al seguito dell'altra, delle rette infinitesime eguali e parallele agli elementi della curva, variati di posizione e di grandezza nel modo che si è detto: si otterrà così una nuova curva che è una trasformata della curva data. La generalità che risiede in questa trasformazione è evidentemente tale che ogni curva può riguardarsi, ed in infiniti modi diversi, come la trasformata di un'altra curva qualunque. Essa non può quindi dar luogo a risultati utili se non quando venga assoggettata a qualche nuova condizione che le faccia acquistare un carattere proprio. Il sig. MATHET studia appunto il problema di determinare, se è possibile, le funzioni arbitrarie in modo che, supponendo fissi due punti della curva primitiva e facendo variare la curva fra i punti medesimi, la curva trasformata sia del pari variabile, ma terminata a due punti fissi, corrispondenti ai due della primitiva. La soluzione di questo problema era già nota pel caso in cui le curve fossero in un piano e gli assi delle rotazioni normali al piano stesso, ed in questo caso le due funzioni esprimenti il rapporto di grandezza degli elementi corrispondenti ed il loro angolo dovevano essere il modulo e l'argomento di una funzione qualunque della variabile complessa $x+iy$, essendo x ed y le coordinate ortogonali del punto cui simultaneamente si riferiscono quelle due quantità. Ora il sig. MATHET ha ritrovato che una proprietà analoga ha luogo quando si considera invece del piano una qualunque superficie d'area minima, cioè ha trovato che presi sopra una tale superficie due punti fissi, le infinite curve tracciate sulla superficie stessa fra questi due punti possono avere per trasformate delle curve aventi pur esse i loro termini in due punti fissi nello spazio (punti dei quali uno può essere scelto ad arbitrio). Per ottenere questo risultato bisogna che gli assi di rotazione sieno normali alla superficie e che le due funzioni nominate pocanzi sieno il modulo e l'argomento di una funzione della variabile complessa $x+iy$, essendo x ed y i parametri isometrici di due sistemi di curve ortogonali ed isometriche della superficie. (Il sig. MATHET non considera che le curve isometriche rappresentate sfericamente da meridiani e da paralleli: veggasi il nostro § 3°). V'ha di più. Se da un punto determinato della superficie minima si conducono quante curve si vogliono sulla superficie stessa, le loro trasformate (supposte coll'origine comune) giacciono tutte sovra una medesima altra superficie, che è parimente d'area minima, e le cui normali sono parallele a quelle della primitiva nei punti corrispondenti. Per tal modo da una sola superficie d'area minima si possono ricavare tutte le altre eseguendo su quella la trasformazione studiata dal sig. MATHET, coll'arbitrio inerente alle funzioni da cui essa dipende; infatti applicando il suo processo alla catenoide il sig. MATHET perviene alle equazioni differenziali delle superficie d'area minima sotto una forma analoga a quella usata da SERRET e da CATALAN. E sebbene seguendo tal via il risultato già conosciuto non si presenti che come ultimo corollario di una lunga serie di premesse, è giusto riconoscere in queste premesse un utile ed elegante accessorio della teoria delle superficie minime.

Uno dei più importanti lavori su questa teoria è quello di cui il sig. WEIERSTRASS ha dato lettura in varie riprese all'Accademia di Berlino, nel corso dell'anno 1866, ma di cui non possediamo ancora che gli estratti inseriti nei « Monatsberichte » del detto anno. Lo scopo principale delle ricerche del sig. WEIERSTRASS è di mettere in luce l'intima connessione che esiste fra la teoria delle superficie minime e quella delle funzioni di una variabile complessa, connessione in virtù della quale ad ogni funzione di tal natura corrisponde una superficie di questa categoria, e reciprocamente. Questo nesso era già diventato manifesto pei precedenti lavori, ma il sig. WEIERSTRASS ha recato nella sua esposizione quel rigore e quella perspicuità che sono il pregio massimo della moderna teoria delle funzioni. In particolare è degna di nota la dimostrazione del teorema che ogni superficie minima di natura algebrica può essere ottenuta (colle formole del sig. WEIERSTRASS) dando alla funzione arbitraria una forma parimente algebrica. Il modo di ottenere dalle formole generali le superficie algebriche era già stato indicato più volte dagli autori; ma la possibilità di ottenere *tutte* queste superficie in un dato modo non era mai stata sottoposta ad un esame accurato. Il sig. WEIERSTRASS ha dato anche l'equazione generale delle superficie minime in coordinate planari, ed in una ulteriore continuazione dei suoi studî ha sommariamente esposto il risultato delle ricerche da lui istituite intorno al difficile problema della determinazione delle superficie minime terminate ad un poligono sghembo, cioè ad un contorno non piano formato di segmenti rettilinei.

Questo problema è stato risoluto completamente, nel caso particolare di un certo quadrilatero sghembo, dal sig. SCHWARZ in una Memoria che è stata premiata nel 1867 dall'Accademia di Berlino. Quando il quadrilatero è composto di quattro spigoli consecutivi di un tetraedro regolare la superficie trovata dal sig. SCHWARZ diventa sommamente notevole per la strettissima relazione che presenta colla teoria delle funzioni ellittiche. Ciò risultava già dal contenuto di una breve Nota che lo stesso sig. SCHWARZ aveva nel 1865 inserita nei « Monatsberichte » sulla superficie individuale di cui parliamo, ma dove egli non aveva punto toccato le quistioni più delicate e più difficili che vennero da lui abilmente risolute nella sua Memoria premiata. Finora però non ci fu dato d'aver conoscenza di questo importante lavoro altrimenti che dal Rapporto della Commissione Accademica incaricata di giudicare gli scritti presentati al concorso (« Monatsberichte », 1867). Rapporto dal quale risulta altresì avere il sig. SCHWARZ presentato all'Accademia un'altra Memoria sulle superficie minime terminate ad un poligono sghembo *).

L'esame dei lavori del sig. SCHWARZ ha dato occasione al sig. WEIERSTRASS di studiare una più estesa classe di superficie minime periodiche, cioè formate di porzioni fra loro congruenti, ed i « Monatsberichte » dell'Agosto 1867 contengono una lettura da lui fatta su questo argomento. Questo breve lavoro non può che accrescere nel pubblico matematico il desiderio di conoscere per esteso le ricerche del sig. WEIERSTRASS del pari che quelle del sig. SCHWARZ, poichè il loro risultato non è solo di estendere le nostre cognizioni sulla teoria delle superficie minime, ma altresì di dare ad essa un indirizzo interamente nuovo e più conforme allo spirito che tende a prevalere nella moderna analisi. Una superficie indefinita dotata della proprietà di avere dovunque i suoi raggi di curvatura eguali e di segno contrario non possiede d'ordinario la proprietà di avere un'area minima che entro certi limiti determinati, epperò lo studio di una tal superficie non può essere disgiunto dalla simultanea considerazione dei limiti entro i quali si vuol realizzata la proprietà del minimo. È questo il punto di vista dal quale il sig. WEIERSTRASS ha mostrato doversi oggimai studiare le superficie minime, ed al quale i recenti progressi dell'analisi promettono un successo che non poteva essere nemmeno intraveduto quando la teoria delle funzioni era ancora in cerca delle sue vere basi.

Nello stesso spirito è concepito un lavoro postumo dell'illustre RIEMANN, redatto, per incarico di questi, dal sig. HATTENDORF ed inserito nel tomo XIII delle Memorie di Gottinga (1867), il quale riassume dei concetti che probabilmente non datano dagli ultimi anni della sua troppo breve carriera. Deploriamo che questa produzione del grande geometra sia pervenuta a nostra conoscenza solo quando il presente scritto era già interamente terminato, e che ci abbia resi accorti di alcune lacune nella parte storica, alle quali non siamo stati in tempo di supplire convenientemente.

La presente Memoria non entra ancora nel nuovo campo aperto da queste ultime ricerche, nè sarebbe giovevole il farlo prima che avvenga l'integrale pubblicazione dei

*) Le Memorie dell'Accademia di Napoli pel 1853 contengono una singolare scrittura del sig. TUCCI intitolata *Congetture circa la superficie minima terminata da un quadrilatero storto*. La congettura del sig. TUCCI, che egli si sforza di avvalorare con vaghe considerazioni indirette, è che la superficie cercata sia il paraboloide determinato dalle quattro rette. E poichè questa superficie non ha punto i suoi raggi di curvatura eguali e di segno contrario, il sig. TUCCI sembra inclinato a credere che essa sia un minimo straordinario soddisfacente alla condizione di continuità. Ma questa supposizione, che si potrebbe già confutare *a priori,* insieme colle considerazioni a cui si appoggia, è contraddetta in modo perentorio dai risultati del sig. SCHWARZ, che somministrano la vera superficie minima (della quale egli ha eziandio costruiti i modelli in rilievo) soddisfacente del pari alla condizione di continuità.

lavori testè citati. Essa riassume e completa le teorie generali fin quì conosciute, appoggiandosi in parte a formole nuove, le quali sembrano poter essere vantaggiosamente usate in moltissime altre quistioni della dottrina generale delle superficie. Così essa potrà servirci di punto di partenza per ulteriori investigazioni e giovare in pari tempo agli studiosi, dispensandoli dalla necessità di compulsare la lunga serie di Giornali scientifici e di Atti accademici nei quali abbiamo attinto i materiali per comporre la presente notizia storica.

Poichè questa Memoria termina colla considerazione delle superficie parallele a quelle d'area minima, ossia di quelle che hanno costante la somma dei raggi di curvatura, faremo quì cenno di due recenti lavori nei quali esse sono state studiate. Il primo è del sig. DINI ed è intitolato *Delle superficie nelle quali la somma dei raggi di curvatura è costante* (Annali del TORTOLINI, t. 7°, 1865). Partendo dalle formole fondamentali di BONNET relative alle coordinate tangenziali sferiche, il sig. DINI trova direttamente le equazioni generali delle superficie in discorso, ne studia le linee di curvatura, le asintotiche, le linee isometriche, ecc. e risolve alcuni interessanti problemi relativi alle superficie stesse. L'altro lavoro è l'importante Memoria *Sulla teoria delle coordinate curvilinee* del sig. BRIOSCHI, che inizia la nuova serie degli Annali di Matematica, recentemente passati dalle mani del benemerito prof. TORTOLINI in quelle degli egregi professori BRIOSCHI e CREMONA. Questa Memoria contiene, insieme con alcune formole generali di grande fecondità ed interesse, lo sviluppo di un concetto anteriormente adombrato in un lavoro brevissimo inserito negli Annali di TORTOLINI (1859), che consiste nel prendere come coordinate curvilinee dei punti di una superficie due variabili di cui si suppongono funzioni i parametri del piano tangente; concetto nel quale rientrano, come caso particolare, le coordinate tangenziali del BONNET, e che nella sua ampia generalità porge il mezzo di piegare l'analisi delle superficie alla più opportuna trattazione dei singoli problemi. La prima applicazione che il sig. BRIOSCHI ha fatto delle sue formole è stata appunto la ricerca delle superficie in cui è costante la somma dei raggi di curvatura, e particolarizzando in due modi diversi le sue variabili egli è giunto a due diverse espressioni differenziali delle coordinate di queste superficie, espressioni dalle quali risulta *a posteriori* il loro parallelismo con quelle d'area minima. Anzi, supponendo nullo il valore costante della somma dei due raggi, si deducono dalle une e dalle altre formole le espressioni differenziali delle coordinate delle superficie minime, sotto due aspetti diversi che corrispondono rispettivamente a quelli adottati dal sig. WEIERSTRASS e dai sig. SERRET, CATALAN, MATHET, etc.

§ 1.

Stabiliamo dapprima brevemente le formole di cui dovremo far uso.

Sieno x, y, z, le coordinate ortogonali di un punto P d'una superficie S qualunque. Sia P' un punto della stessa superficie, infinitamente vicino a P, e sieno $x + dx$, $y + dy$, $z + dz$ le sue coordinate. Considerando x, y, z come funzioni di due variabili indipendenti u, v, si ha

$$dx = \frac{\partial x}{\partial u} du + \frac{\partial x}{\partial v} dv,$$

$$dy = \frac{\partial y}{\partial u} du + \frac{\partial y}{\partial v} dv,$$

$$dz = \frac{\partial z}{\partial u} du + \frac{\partial z}{\partial v} dv,$$

e quindi, indicando con ds la lunghezza dell'elemento PP', si ottiene la formola fondamentale

(1) $$ds^2 = E du^2 + 2F du dv + G dv^2,$$

nella quale si è posto, per brevità,

$$E = \left(\frac{\partial x}{\partial u}\right)^2 + \left(\frac{\partial y}{\partial u}\right)^2 + \left(\frac{\partial z}{\partial u}\right)^2,$$

$$F = \frac{\partial x}{\partial u}\frac{\partial x}{\partial v} + \frac{\partial y}{\partial u}\frac{\partial y}{\partial v} + \frac{\partial z}{\partial u}\frac{\partial z}{\partial v},$$

$$G = \left(\frac{\partial x}{\partial v}\right)^2 + \left(\frac{\partial y}{\partial v}\right)^2 + \left(\frac{\partial z}{\partial v}\right)^2.$$

Denotiamo con X, Y, Z i coseni degli angoli che fa coi tre assi la normale alla superficie nel punto P. Siccome questa retta è perpendicolare alle due curve $u =$ cost., $v =$ cost. passanti pel punto P, così si hanno le due relazioni

(2) $$\begin{cases} X\dfrac{\partial x}{\partial u} + Y\dfrac{\partial y}{\partial u} + Z\dfrac{\partial z}{\partial u} = 0, \\ X\dfrac{\partial x}{\partial v} + Y\dfrac{\partial y}{\partial v} + Z\dfrac{\partial z}{\partial v} = 0, \end{cases}$$

alle quali conviene aggiungere la seguente

(3) $$X^2 + Y^2 + Z^2 = 1.$$

Queste tre equazioni dànno

$$
(4) \qquad \left\{ \begin{aligned} HX &= \frac{\partial y}{\partial u}\frac{\partial z}{\partial v} - \frac{\partial z}{\partial u}\frac{\partial y}{\partial v}, \\ HY &= \frac{\partial z}{\partial u}\frac{\partial x}{\partial v} - \frac{\partial x}{\partial u}\frac{\partial z}{\partial v}, \\ HZ &= \frac{\partial x}{\partial u}\frac{\partial y}{\partial v} - \frac{\partial y}{\partial u}\frac{\partial x}{\partial v}, \end{aligned} \right.
$$

dove

$$H = \sqrt{EG - F^2}.$$

Questo radicale si intenderà sempre preso positivamente, ed in tale ipotesi i coseni X, Y, Z corrisponderanno ad una direzione pienamente determinata. Per definirla con precisione, si concepisca che il sistema dei tre assi coordinati venga trasportato in modo che la sua origine O coincida col punto P e che i due assi positivi delle x e delle y si dispongano secondo le tangenti alle curve $v =$ cost., $u =$ cost. dalle parti verso cui crescono i valori di u e di v rispettivamente. Allora l'asse positivo delle z farà coi tre assi primitivi gli angoli che hanno i coseni X, Y, Z determinati dalle equazioni (4).

Da queste equazioni si deducono immediatamente le formole seguenti:

$$
(5) \qquad \left\{ \begin{aligned} Y\frac{\partial z}{\partial u} - Z\frac{\partial y}{\partial u} &= \frac{E\dfrac{\partial x}{\partial v} - F\dfrac{\partial x}{\partial u}}{H}, \\ Y\frac{\partial z}{\partial v} - Z\frac{\partial y}{\partial v} &= \frac{F\dfrac{\partial x}{\partial v} - G\dfrac{\partial x}{\partial u}}{H}, \end{aligned} \right.
$$

insieme con altre quattro analoghe, che si ricavano da queste permutando circolarmente le due terne x, y, z, X, Y, Z.

Notiamo anche le due equazioni seguenti:

$$
(6) \qquad \left\{ \begin{aligned} X\frac{\partial X}{\partial u} + Y\frac{\partial Y}{\partial u} + Z\frac{\partial Z}{\partial u} &= 0, \\ X\frac{\partial X}{\partial v} + Y\frac{\partial Y}{\partial u} + Z\frac{\partial Z}{\partial v} &= 0, \end{aligned} \right.
$$

che sono conseguenze dell'identità (3).

Introduciamo ora *) tre nuove quantità A, B, C, definite dalle equazioni

$$(7)\quad \begin{cases} A = X\dfrac{\partial^2 x}{\partial u^2} + Y\dfrac{\partial^2 y}{\partial u^2} + Z\dfrac{\partial^2 z}{\partial u^2}, \\[2ex] B = X\dfrac{\partial^2 x}{\partial u \partial v} + Y\dfrac{\partial^2 y}{\partial u \partial v} + Z\dfrac{\partial^2 z}{\partial u \partial v}, \\[2ex] C = X\dfrac{\partial^2 x}{\partial v^2} + Y\dfrac{\partial^2 y}{\partial v^2} + Z\dfrac{\partial^2 z}{\partial v^2}, \end{cases}$$

ed osserviamo che, in virtù delle quattro equazioni che si ottengono derivando le (2) rispetto ad u ed a v, si hanno pure le seguenti relazioni:

$$(8)\quad \begin{cases} -A = \dfrac{\partial X}{\partial u}\dfrac{\partial x}{\partial u} + \dfrac{\partial Y}{\partial u}\dfrac{\partial y}{\partial u} + \dfrac{\partial Z}{\partial u}\dfrac{\partial z}{\partial u}, \\[2ex] -B \begin{cases} = \dfrac{\partial X}{\partial u}\dfrac{\partial x}{\partial v} + \dfrac{\partial Y}{\partial u}\dfrac{\partial y}{\partial v} + \dfrac{\partial Z}{\partial u}\dfrac{\partial z}{\partial v}, \\[2ex] = \dfrac{\partial X}{\partial v}\dfrac{\partial x}{\partial u} + \dfrac{\partial Y}{\partial v}\dfrac{\partial y}{\partial u} + \dfrac{\partial Z}{\partial v}\dfrac{\partial z}{\partial u}, \end{cases} \\[2ex] -C = \dfrac{\partial X}{\partial v}\dfrac{\partial x}{\partial v} + \dfrac{\partial Y}{\partial v}\dfrac{\partial y}{\partial v} + \dfrac{\partial Z}{\partial v}\dfrac{\partial z}{\partial v}. \end{cases}$$

Dalle diverse formole che abbiamo stabilito è facile dedurre che le derivate parziali dei tre coseni possono essere espresse nel modo seguente:

$$(9)\quad \begin{cases} \dfrac{\partial X}{\partial u} = m\dfrac{\partial x}{\partial u} + n\dfrac{\partial x}{\partial v}, & \dfrac{\partial X}{\partial v} = m'\dfrac{\partial x}{\partial u} + n'\dfrac{\partial x}{\partial v}, \\[2ex] \dfrac{\partial Y}{\partial u} = m\dfrac{\partial y}{\partial u} + n\dfrac{\partial y}{\partial v}, & \dfrac{\partial Y}{\partial v} = m'\dfrac{\partial y}{\partial u} + n'\dfrac{\partial y}{\partial v}, \\[2ex] \dfrac{\partial Z}{\partial u} = m\dfrac{\partial z}{\partial u} + n\dfrac{\partial z}{\partial v}, & \dfrac{\partial Z}{\partial v} = m'\dfrac{\partial z}{\partial u} + n'\dfrac{\partial z}{\partial v}. \end{cases}$$

Infatti le prime tre derivate soddisfanno, in virtù delle (2), (6), (8), alle tre equazioni

*) L'utilità della simultanea considerazione delle coordinate x, y, z e dei coseni X, Y, Z come funzioni di u, v, è stata manifestata dal sig. WEINGARTEN nei suoi bei lavori [Journal für die reine und angewandte Mathematik, Bd. LIX (1861), pag. 382; LXII (1863), pag. 160] e fu messa in piena luce dal recente lavoro del prof. BRIOSCHI [Annali di Matematica pura ed applicata (2ª serie) t. I (1867-68), pag. 1].

qui trascritte:

$$X\frac{\partial X}{\partial u}+Y\frac{\partial Y}{\partial u}+Z\frac{\partial Z}{\partial u}=0,$$

$$\frac{\partial x}{\partial u}\frac{\partial X}{\partial u}+\frac{\partial y}{\partial u}\frac{\partial Y}{\partial u}+\frac{\partial z}{\partial u}\frac{\partial Z}{\partial u}=-A,$$

$$\frac{\partial x}{\partial v}\frac{\partial X}{\partial u}+\frac{\partial y}{\partial v}\frac{\partial Y}{\partial u}+\frac{\partial z}{\partial v}\frac{\partial Z}{\partial u}=-B.$$

Se in queste si sostituiscono i valori supposti, si trova che la prima è soddisfatta da sè medesima, e che le altre due diventano tali, determinando m, n in modo da rendere

$$mE+nF=-A,\qquad mF+nG=-B.$$

Analogamente si trova che m', n' devono soddisfare alle due equazioni

$$m'E+n'F=-B,\qquad m'F+n'G=-C.$$

Quindi se si pone per brevità

$$(10)\qquad \begin{cases} AF-BE=M, & AG-BF=N,\\ BF-CE=M', & BG-CF=N',\end{cases}$$

si devono sostituire nelle (9) i valori seguenti *):

$$(11)\qquad \begin{cases} m=-\dfrac{N}{H^2}, & n=\dfrac{M}{H^2},\\[2ex] m'=-\dfrac{N'}{H^2}, & n'=\dfrac{M'}{H^2}.\end{cases}$$

Noi non effettueremo tale sostituzione, ma osserveremo invece che se, reciprocamente, si ricavassero dalle (9) i valori delle m, n, m', n' (ciò che può farsi in molti modi), questi valori dovrebbero necessariamente coincidere coi precedenti (11). Le relazioni che si ottengono in tal modo sono le seguenti:

$$(12)\qquad \begin{cases} \dfrac{\partial Y}{\partial u}\dfrac{\partial z}{\partial u}-\dfrac{\partial Z}{\partial u}\dfrac{\partial y}{\partial u}=-\dfrac{MX}{H}, & \dfrac{\partial Y}{\partial v}\dfrac{\partial z}{\partial v}-\dfrac{\partial Z}{\partial v}\dfrac{\partial y}{\partial v}=-\dfrac{N'X}{H},\\[2ex] \dfrac{\partial Z}{\partial u}\dfrac{\partial x}{\partial u}-\dfrac{\partial X}{\partial u}\dfrac{\partial z}{\partial u}=-\dfrac{MY}{H}, & \dfrac{\partial Z}{\partial v}\dfrac{\partial x}{\partial v}-\dfrac{\partial X}{\partial v}\dfrac{\partial z}{\partial v}=-\dfrac{N'Y}{H},\\[2ex] \dfrac{\partial X}{\partial u}\dfrac{\partial y}{\partial u}-\dfrac{\partial Y}{\partial u}\dfrac{\partial x}{\partial u}=-\dfrac{MZ}{H}, & \dfrac{\partial X}{\partial v}\dfrac{\partial y}{\partial v}-\dfrac{\partial Y}{\partial v}\dfrac{\partial x}{\partial v}=-\dfrac{N'Z}{H},\end{cases}$$

*) BRIOSCHI, l. c.

$$(13)\left\{\begin{array}{ll}\frac{\partial Y}{\partial u}\frac{\partial z}{\partial v}-\frac{\partial Z}{\partial u}\frac{\partial y}{\partial v}=-\frac{NX}{H}, & \frac{\partial Y}{\partial v}\frac{\partial z}{\partial u}-\frac{\partial Z}{\partial v}\frac{\partial y}{\partial u}=-\frac{M'X}{H},\\ \frac{\partial Z}{\partial u}\frac{\partial x}{\partial v}-\frac{\partial X}{\partial u}\frac{\partial z}{\partial v}=-\frac{NY}{H}, & \frac{\partial Z}{\partial v}\frac{\partial x}{\partial u}-\frac{\partial X}{\partial v}\frac{\partial z}{\partial u}=-\frac{M'Y}{H},\\ \frac{\partial X}{\partial u}\frac{\partial y}{\partial v}-\frac{\partial Y}{\partial u}\frac{\partial x}{\partial v}=-\frac{NZ}{H}, & \frac{\partial X}{\partial v}\frac{\partial y}{\partial u}-\frac{\partial Y}{\partial v}\frac{\partial x}{\partial u}=-\frac{M'Z}{H}.\end{array}\right.$$

Torniamo ora nuovamente a considerare l'elemento lineare della superficie, $ds = PP'$, e immaginiamo condotti in P e P' i piani tangenti alla superficie. Sia P'' un punto infinitamente vicino a P nella direzione della retta comune intersezione di questi due piani tangenti. Potremo porre $PP'' = \delta s$ e rappresentare con δx, δy, δz gli incrementi di x, y, z relativi a questo secondo elemento, del pari che con δu, δv quelli delle u, v. Per tal modo le caratteristiche d e δ si riferiranno a spostamenti operati secondo direzioni aventi le tangenti conjugate. Ciò posto, se si riguardano le quantità X, Y, Z come coordinate dei punti di una sfera Σ di raggio uguale ad 1 col centro nell'origine, ad ogni punto $P(x, y, z)$ della superficie S corrisponde un punto $\Pi(X, Y, Z)$ della superficie sferica Σ, e tale corrispondenza è determinata: geometricamente, dall'essere le normali in P e Π parallele fra loro; analiticamente, dall'essere le coordinate di questi due punti determinate da una stessa coppia di valori delle u, v. Chiamiamo Π' il punto corrispondente a P', cioè il punto di coordinate

$$X + dX, \qquad Y + dY, \qquad Z + dZ,$$

e poniamo $\Pi\Pi' = d\sigma$. È chiaro che l'elemento lineare $d\sigma$, tracciato sulla sfera Σ ed avente sui tre assi le projezioni dX, dY, dZ, è perpendicolare alla comune intersezione dei piani tangenti in P e P', cioè all'elemento δs le cui projezioni sono δx, δy, δz: si ha quindi

$$dX.\delta x + dY.\delta y + dZ.\delta z = 0.$$

Sviluppando i differenziali contenuti in questa formola ed osservando le (8), si trova

$$(13) \qquad A du\delta u + B(du\delta v + dv\delta u) + C dv\delta v = 0,$$

relazione importante che lega fra loro le variazioni di u, v relative a due direzioni conjugate.

Se queste direzioni hanno ad essere quelle delle linee di curvatura nel punto P, bisogna che sia soddisfatta, oltre la precedente, anche la nota condizione di ortogonalità

$$E du\delta u + F(du\delta v + dv\delta u) + G dv\delta v = 0,$$

coll'ajuto della quale, eliminando $\delta u : \delta v$, si trova

$$(A\,du + B\,dv)(F\,du + G\,dv) - (B\,du + C\,dv)(E\,du + F\,dv) = 0,$$

ossia

(14) $$M\,du^2 + (M' + N)\,du\,dv + N'\,dv^2 = 0,$$

equazione differenziale delle linee di curvatura.

Se invece i due elementi coniugati devono coincidere fra loro, cioè se si deve avere $du : dv = \delta u : \delta v$, la (13) dà

(15) $$A\,du^2 + 2B\,du\,dv + C\,dv^2 = 0,$$

equazione differenziale delle linee asintotiche.

Finalmente, se si chiama R il raggio principale relativo ad una delle linee di curvatura, che supporremo definita dalle variazioni d, si ha evidentemente, per questa linea,

$$ds = R\,d\sigma,$$

perchè $d\sigma$ serve di misura all'angolo delle due normali all'estremità dell'elemento ds, le quali normali sono di lunghezza R e si incontrano nel centro di curvatura. Projettando sui tre assi i due elementi ds e $d\sigma$, si ha quindi

$$dx = R\,dX, \qquad dy = R\,dY, \qquad dz = R\,dZ,$$

risultato utilissimo, notato per la prima volta da RODRIGUES *). Sviluppando i differenziali si trova

$$\left(\frac{\partial x}{\partial u} - R\frac{\partial X}{\partial u}\right)du + \left(\frac{\partial x}{\partial v} - R\frac{\partial X}{\partial v}\right)dv = 0,$$

$$\left(\frac{\partial y}{du} - R\frac{\partial Y}{\partial u}\right)du + \left(\frac{\partial y}{\partial v} - R\frac{\partial Y}{\partial v}\right)dv = 0,$$

$$\left(\frac{\partial z}{\partial u} - R\frac{\partial Z}{\partial u}\right)du + \left(\frac{\partial z}{\partial v} - R\frac{\partial Z}{\partial v}\right)dv = 0,$$

e queste equazioni moltiplicate ordinatamente: prima per $\frac{\partial x}{\partial u}$, $\frac{\partial y}{\partial u}$, $\frac{\partial z}{\partial u}$, poscia per $\frac{\partial x}{\partial v}$, $\frac{\partial y}{\partial v}$, $\frac{\partial z}{\partial v}$, e sommate ciascuna volta, dànno

$$(E + AR)\,du + (F + BR)\,dv = 0,$$

$$(F + BR)\,du + (G + CR)\,dv = 0,$$

*) Correspondance sur l'École Polytechnique, t. III (1816), p. 162.

equazioni delle quali l'una o l'altra determina R, quando è noto il rapporto $du:dv$ relativo alla direzione principale che si considera.

Eliminando R fra queste due equazioni si ricade sull'equazione (14). Eliminando invece il rapporto $du:dv$ si trova

$$(16)\qquad H^2+(N-M')R+KR^2=0,$$

equazione che porge i due raggi principali R_1, R_2, e nella quale si è posto per brevità

$$K=AC-B^2.$$

§ 2.

Introdurremo ora alcune espressioni analitiche di cui abbiamo già in altre occasioni mostrata l'utilità nella teoria delle superficie *).

Indicando con $\varphi(u, v)$, $\psi(u, v)$ due funzioni quali si vogliano delle coordinate curvilinee u, v, queste espressioni sono le seguenti:

$$(17)\qquad \Delta_1\varphi=\frac{E\left(\frac{\partial\varphi}{\partial v}\right)^2-2F\frac{\partial\varphi}{\partial v}\frac{\partial\varphi}{\partial u}+G\left(\frac{\partial\varphi}{\partial u}\right)^2}{H^2},$$

$$(18)\qquad \Delta_1\varphi\psi=\frac{E\frac{\partial\varphi}{\partial v}\frac{\partial\psi}{\partial v}-F\left(\frac{\partial\varphi}{\partial v}\frac{\partial\psi}{\partial u}+\frac{\partial\varphi}{\partial u}\frac{\partial\psi}{\partial v}\right)+G\frac{\partial\varphi}{\partial u}\frac{\partial\psi}{\partial u}}{H^2},$$

$$(19)\qquad \Delta_2\varphi=\frac{1}{H}\left[\frac{\partial}{\partial u}\left(\frac{G\frac{\partial\varphi}{\partial u}-F\frac{\partial\varphi}{\partial v}}{H}\right)+\frac{\partial}{\partial v}\left(\frac{E\frac{\partial\varphi}{\partial v}-F\frac{\partial\varphi}{\partial u}}{H}\right)\right],$$

e possedono la proprietà di trasformarsi in espressioni della stessa forma, quando alle variabili u, v si sostituiscono altre variabili u', v' legate in modo qualunque alle prime. Vale a dire che se, mediante questa sostituzione, le funzioni φ, ψ si cangiano in φ', ψ' e l'equazione (1) nella

$$ds^2=E'du'^2+2F'du'dv'+G'dv'^2,$$

per trasformare quelle espressioni basta mutare le E, F, G, φ, ψ nelle $E', F', G', \varphi', \psi'$,

*) Veggansi le nostre *Ricerche di analisi applicata alla geometria*, nel Giornale di Matematiche, vol. II e III (1864-65), e la Memoria *Delle variabili complesse sopra una superficie qualunque*, negli Annali di Matematica pura ed applicata (2ª serie), t. I (1867); oppure queste OPERE, vol. I, pag. 107, 318.

e le derivate relative alle u, v nelle analoghe derivate relative alle u', v'. La prima e la terza delle precedenti espressioni vennero designate coi nomi di *parametri differenziali di primo e second'ordine* della funzione φ, per analogia colle quantità che hanno ricevuto queste denominazioni da LAMÉ, nella geometria a tre coordinate. La seconda espressione può essere convenientemente designata col nome di *parametro intermedio* o *misto* delle due funzioni φ, ψ. È manifesto ch'essa si converte in un parametro differenziale di primo ordine quando le due funzioni φ, ψ diventano eguali fra loro.

Cerchiamo i valori che spettano ai parametri differenziali delle coordinate x, y, z, considerate come funzioni di u, v.

Sottraendo membro a membro le due equazioni (5) dopo averle moltiplicate ordinatamente per $\frac{\partial x}{\partial v}$, $\frac{\partial x}{\partial u}$, si trova, avendo riguardo alle (4),

$$H(Y^2+Z^2)=\frac{E\left(\frac{\partial x}{\partial v}\right)^2-2F\frac{\partial x}{\partial v}\frac{\partial x}{\partial u}+G\left(\frac{\partial x}{\partial u}\right)^2}{H}.$$

Altre due equazioni analoghe si otterrebbero operando simmetricamente sulle due coppie d'equazioni simili alle (5). Da questi risultati si conclude immediatamente, per le (3), (17):

$$(20)\qquad \Delta_1 x=1-X^2,\qquad \Delta_1 y=1-Y^2,\qquad \Delta_1 z=1-Z^2.$$

Tali sono i valori semplicissimi dei parametri differenziali di 1° ordine. Queste formole sono state già date dal sig. BRIOSCHI *), e si potrebbero anche dedurre direttamente dal significato geometrico del parametro di prim'ordine di una funzione qualunque, esposto nell'art. IV delle mie *Ricerche di analisi applicata alla geometria* **). Anzi da questo significato consegue l'equazione più generale

$$\Delta_1\varphi=\left[\left(\frac{\partial\varphi}{\partial x}\right)^2+\left(\frac{\partial\varphi}{\partial y}\right)^2+\left(\frac{\partial\varphi}{\partial z}\right)^2\right]\operatorname{sen}^2\theta,$$

nella quale φ è una funzione qualunque delle x, y, z e per esse delle u, v, e θ è l'angolo che la normale alla superficie S nel punto (x, y, z) fa colla normale alla superficie

$$\varphi(x, y, z)=\varphi_0,$$

φ_0 essendo il valore che prende φ in quel punto.

---

*) *Sulla teoria delle coordinate curvilinee*, negli Annali di Matematica pura ed applicata (2ª serie), t. I (1867-68), pag. 1.

**) Giornale di Matematiche, vol. II (1864), pag. 275; oppure queste OPERE, vol. I, pag. 115.

Se invece si sottraggono membro a membro le stesse equazioni (5), dopo averle moltiplicate ordinatamente per $\frac{\partial y}{\partial v}$, $\frac{\partial y}{\partial u}$, si trova

$$-HXY = \frac{E\frac{\partial x}{\partial v}\frac{\partial y}{\partial v} - F\left(\frac{\partial x}{\partial v}\frac{\partial y}{\partial u} + \frac{\partial x}{\partial u}\frac{\partial y}{\partial v}\right) + G\frac{\partial x}{\partial u}\frac{\partial y}{\partial u}}{H},$$

e in modo analogo si hanno due altre equazioni di questo genere. Adottando la segnatura (18) si trovano così le formole

$$(21) \qquad \Delta_1 yz = -YZ, \qquad \Delta_1 zx = -ZX, \qquad \Delta_1 xy = -XY,$$

che somministrano i valori dei parametri intermedî o misti relativi alle tre coordinate. Queste formole sono state date anche da BRIOSCHI per il caso della superficie sferica di raggio uguale ad 1 *).

Passiamo ai parametri di second'ordine.

Per ottenere quello della x basta sottrarre l'una dall'altra le due equazioni (5), dopo avere derivata la prima rispetto a v e la seconda rispetto ad u: si trova in tal modo

$$\frac{\partial Y}{\partial v}\frac{\partial z}{\partial u} - \frac{\partial Z}{\partial v}\frac{\partial y}{\partial u} + \frac{\partial Z}{\partial u}\frac{\partial y}{\partial v} - \frac{\partial Y}{\partial u}\frac{\partial z}{\partial v}$$

$$= \frac{\partial}{\partial u}\left(\frac{G\frac{\partial x}{\partial u} - F\frac{\partial x}{\partial v}}{H}\right) + \frac{\partial}{\partial v}\left(\frac{E\frac{\partial x}{\partial v} - F\frac{\partial x}{\partial u}}{H}\right).$$

Il primo membro di quest'equazione equivale, in virtù delle (12), alla quantità

$$\frac{N - M'}{H} X,$$

ossia, per la (16), alla seguente

$$-\left(\frac{1}{R_1} + \frac{1}{R_2}\right) HX,$$

dove R_1, R_2 sono i due raggi principali di curvatura. Procedendo in modo analogo per y e per z, si giunge così alle formole seguenti:

*) l. c. equazione (17).

$$(22) \qquad \begin{cases} \Delta_2 x = -\left(\frac{1}{R_1} + \frac{1}{R_2}\right) X, \\ \Delta_2 y = -\left(\frac{1}{R_1} + \frac{1}{R_2}\right) Y, \\ \Delta_2 z = -\left(\frac{1}{R_1} + \frac{1}{R_2}\right) Z, \end{cases}$$

che ci sembrano importanti e nuove, e delle quali speriamo poter mostrare in altra occasione le molteplici applicazioni.

Rispetto ai segni dei due raggi principali R_1, R_2 è bene osservare che, dietro il processo che ci ha condotto all'equazione (16), essi debbono prendersi come positivi o come negativi, secondo che la direzione nella quale si va dal rispettivo centro di curvatura al punto P coincide o meno con quella definita dai coseni X, Y, Z.

§ 3.

Le formole (22) fanno manifesto che le superficie in ciascun punto delle quali ha luogo la relazione

$$\frac{1}{R_1} + \frac{1}{R_2} = 0,$$

cioè (generalmente parlando) le superficie d'area minima, costituiscono una classe in certo modo singolare. Infatti queste superficie sono dotate di proprietà tutte speciali e notevolissime.

Ed in primo luogo si ha per esse

$$(23) \qquad \Delta_2 x = 0, \qquad \Delta_2 y = 0, \qquad \Delta_2 z = 0,$$

equazioni le quali stabiliscono, in conseguenza dei teoremi dati nelle citate mie *Ricerche* (art. XVI), che le sezioni piane parallele ad uno qualunque dei tre piani coordinati (e quindi anche ad un piano qualunque) sono linee isometriche, anzi che le stesse coordinate x, y, z sono parametri di isometria.

È lecito prendere, come variabili indipendenti, le x, y al posto delle u, v: allora si ha, denotando al solito con p, q le derivate parziali di z rispetto ad x e ad y,

$$E = 1 + p^2, \qquad F = pq, \qquad G = 1 + q^2,$$

e l'equazione $\Delta^2 z = 0$ assume la forma

$$\frac{\partial}{\partial x}\frac{p}{\sqrt{1 + p^2 + q^2}} + \frac{\partial}{\partial y}\frac{q}{\sqrt{1 + p^2 + q^2}} = 0,$$

che è precisamente quella sotto la quale si presenta l'equazione differenziale delle superficie d'area minima, quando se ne fa la ricerca mediante il calcolo delle variazioni. Quest'equazione esprime quindi, per ciò che s'è veduto or ora, che le sezioni piane della superficie, parallele al piano xy, sono linee isometriche, col parametro isometrico z. Ma questa proprietà appartiene a qualunque sistema di sezioni piane parallele.

Le coordinate curvilinee u, v non essendo fin qui soggette a nessuna speciale restrizione, possiamo supporre che si prendano per esse i parametri d'isometria di due sistemi ortogonali isometrici, talchè sia

$$E = G, \qquad F = 0, \qquad H = E. \tag{24}$$

In questo caso le (23) assumono la forma semplicissima:

$$\frac{\partial^2 x}{\partial u^2} + \frac{\partial^2 x}{\partial v^2} = 0, \qquad \frac{\partial^2 y}{\partial u^2} + \frac{\partial^2 y}{\partial v^2} = 0, \qquad \frac{\partial^2 z}{\partial u^2} + \frac{\partial^2 z}{\partial v^2} = 0, \tag{23'}$$

donde si conclude che le x, y, z sono funzioni suscettibili d'essere rappresentate nel modo seguente:

$$x = \tfrac{1}{2}[\varphi(u + iv) + \overline{\varphi}(u - iv)],$$

$$y = \tfrac{1}{2}[\psi(u + iv) + \overline{\psi}(u - iv)],$$

$$z = \tfrac{1}{2}[\chi(u + iv) + \overline{\chi}(u - iv)],$$

dove $\overline{\varphi}$, $\overline{\psi}$, $\overline{\chi}$ sono le funzioni conjugate di φ, ψ, χ. In altri termini, se si pone

$$\begin{cases} \varphi(u + iv) = x + ix_1, \\ \psi(u + iv) = y + iy_1, \\ \chi(u + iv) = z + iz_1, \end{cases} \tag{25}$$

dove x, y, z, x_1, y_1, z_1 sono funzioni reali di u, v, le tre funzioni x, y, z, del pari che le tre x_1, y_1, z_1, costituiscono due sistemi di soluzioni delle (23'), anzi tanto l'uno quanto l'altro sistema ne porge la più generale soluzione reale. Ma le tre funzioni φ, ψ, χ non sono punto eleggibili ad arbitrario. Infatti, affinchè le condizioni (24) sieno soddisfatte, si deve avere

$$\left(\frac{\partial x}{\partial u}\right)^2 + \left(\frac{\partial y}{\partial u}\right)^2 + \left(\frac{\partial z}{\partial u}\right)^2 = \left(\frac{\partial x}{\partial v}\right)^2 + \left(\frac{\partial y}{\partial v}\right)^2 + \left(\frac{\partial z}{\partial v}\right)^2,$$

$$\frac{\partial x}{\partial u}\frac{\partial x}{\partial v} + \frac{\partial y}{\partial u}\frac{\partial y}{\partial v} + \frac{\partial z}{\partial u}\frac{\partial z}{\partial v} = 0.$$

Ora dalle (25) si ha pure, come è noto,

$$(26)\quad \begin{cases} \dfrac{\partial x}{\partial u} = \dfrac{\partial x_1}{\partial v}, & \dfrac{\partial y}{\partial u} = \dfrac{d y_1}{\partial v}, & \dfrac{\partial z}{\partial u} = \dfrac{\partial z_1}{\partial v}, \\ \dfrac{\partial x}{\partial v} = -\dfrac{\partial x_1}{\partial u}, & \dfrac{\partial y}{\partial v} = -\dfrac{\partial y_1}{\partial u}, & \dfrac{\partial z}{\partial v} = -\dfrac{\partial z_1}{\partial u}, \end{cases}$$

le quali relazioni riducono le due precedenti alla forma

$$\left(\frac{\partial x}{\partial u}\right)^2 + \left(\frac{\partial y}{\partial u}\right)^2 + \left(\frac{\partial z}{\partial u}\right)^2 - \left(\frac{\partial x_1}{\partial u}\right)^2 - \left(\frac{\partial y_1}{\partial u}\right)^2 - \left(\frac{\partial z_1}{\partial u}\right)^2 = 0,$$

$$\frac{\partial x}{\partial u}\frac{\partial x_1}{\partial u} + \frac{\partial y}{\partial u}\frac{\partial y_1}{\partial u} + \frac{\partial z}{\partial u}\frac{\partial z_1}{\partial u} = 0.$$

Queste, sommate dopo aver moltiplicata la seconda per $2i$, dànno

$$\left(\frac{\partial x}{\partial u} + i\frac{\partial x_1}{\partial u}\right)^2 + \left(\frac{\partial y}{\partial u} + i\frac{\partial y_1}{\partial u}\right)^2 + \left(\frac{\partial z}{\partial u} + i\frac{\partial z_1}{\partial u}\right)^2 = 0,$$

ovvero, ponendo

$$u + iv = w,$$

ed osservando le (25),

$$\left(\frac{d\varphi}{dw}\right)^2 + \left(\frac{d\psi}{dw}\right)^2 + \left(\frac{d\chi}{dw}\right)^2 = 0,$$

o più semplicemente

$$d\varphi^2 + d\psi^2 + d\chi^2 = 0.$$

Questa relazione necessaria fra tre funzioni di una medesima variabile w limita la forma delle funzioni stesse per guisa che, mutando opportunamente la variabile, una sola rimane arbitraria, o, meglio, che tutte tre dipendono da una sola e medesima funzione arbitraria.

Per trovare agevolmente questa dipendenza noi osserviamo che si può approfittare delle formole notissime colle quali LAGRANGE ha integrato generalmente ed in termini finiti l'equazione differenziale a tre variabili

$$ds^2 = dx^2 + dy^2$$

fra l'arco s e le coordinate ortogonali x, y di una curva piana: infatti basta scrivere quest'equazione nel modo seguente

$$dx^2 + dy^2 + (i\,ds)^2 = 0$$

per ridurla alla forma della precedente. Applicando quindi le note formole integrali di quest'equazione, si prenderà una funzione arbitraria $f(w)$ della variabile w, si porrà

$$(27)\quad \begin{cases} \varphi(w) = \dfrac{df}{dw}\,\mathrm{sen}\,w + \dfrac{d^2 f}{dw^2}\cos w\,, \\[2ex] \psi(w) = \dfrac{df}{dw}\cos w - \dfrac{d^2 f}{dw^2}\,\mathrm{sen}\,w, \\[2ex] \chi(w) = if(w) + i\dfrac{d^2 f}{dw^2}\,, \end{cases}$$

e si otterranno così le forme più generali delle tre funzioni φ, ψ, χ. Ciò fatto, egualgliando le x, y, z alle parti reali, ovvero ai coefficienti di i, dei secondi membri delle precedenti tre equazioni, si avranno due sistemi di formole, atti entrambi a rappresentare tutte le superficie d'area minima (ad eccezione del piano).

In questo modo si vede che le superficie d'area minima si presentano per coppie. Due superficie appartenenti alla stessa coppia, cioè ottenute da una medesima funzione $f(w)$, sono connesse fra loro da relazioni notevoli. Infatti le coordinate x, y, z ed x_1, y_1, z_1 di due loro punti corrispondenti soddisfanno alle relazioni (26): ora queste insegnano primieramente che la tangente alla curva $u =$ cost. nell'una superficie è parallela alla tangente della curva $v =$ cost. nell'altra e reciprocamente, talchè anche le normali nei punti corrispondenti sono parallele (ed egualmente dirette). Di più, chiamando E_1, F_1, G_1, le quantità analoghe ad E, F, G per la seconda superficie, dalle stesse (26) si trae

$$E = G_1, \qquad F = -F_1, \qquad G = E_1.$$

Ma, per il modo in cui si sono determinati i valori delle x, y, z, ed x_1, y_1, z_1, si ha

$$E = G, \qquad F = 0, \qquad E_1 = G_1, \qquad F_1 = 0,$$

quindi

$$E = G = E_1 = G_1, \qquad F = F_1 = 0,$$

epperò gli elementi lineari corrispondenti delle due superficie sono eguali fra loro. Ne risulta che le due superficie sono applicabili l'una sull'altra per via di semplice flessione (senza estensione o contrazione), e i punti che vengono a sovrapposizione sono quelli individuati da eguali valori delle u, v.

Questa interessante proprietà delle superficie d'area minima, d'essere conjugate a due a due, e quelle di una medesima coppia applicabili l'una sull'altra, era già stata annunciata dal sig. BONNET *).

---

*) Comptes rendus de l'Académie des Sciences, t. XXXVII (1853), pag. 529.

I teoremi del sig. MATHET possono essere dimostrati colla massima facilità, dipendentemente dai principî ora stabiliti. Da questi infatti risulta che una qualunque coppia di superficie minime conjugate può essere rappresentata colle formole differenziali

$$dx + i\,dx_1 = \xi.(du + i\,dv),$$

$$dy + i\,dy_1 = \eta.(du + i\,dv),$$

$$dz + i\,dz_1 = \zeta.(du + i\,dv),$$

dove ξ, η, ζ sono tre funzioni della variabile complessa $u + iv = w$, soddisfacenti alla relazione

$$\xi^2 + \eta^2 + \zeta^2 = 0.$$

Sia ora ds l'elemento di una curva tracciata sull'una o sull'altra delle due superficie, coi termini nei punti (u, v), $(u + du, v + dv)$. Facendola girare dell'angolo $\theta(u, v)$ intorno alla normale nel primo punto, il secondo suo termine passa nel punto $(u + \delta u, v + \delta v)$ tale che

$$\delta u + i\delta v = e^{i\theta}(du + i\,dv),$$

per essere le u, v coordinate isometriche *).

Si chiami δs l'elemento così spostato e variato di lunghezza nel rapporto di 1 ad $r(u, v)$, e sieno δx, δy, δz (oppure δx_1, δy_1, δz_1) le sue projezioni sui tre assi: avremo

$$\delta x + i\delta x_1 = \xi r e^{i\theta}(du + i\,dv),$$

$$\delta y + i\delta y_1 = \eta r e^{i\theta}(du + i\,dv),$$

$$\delta z + i\delta z_1 = \zeta r e^{i\theta}(du + i\,dv).$$

Ora queste equazioni acquistano la stessa forma delle precedenti se si ammette che le funzioni $r(u, v)$, $\theta(u, v)$ sieno tali da rendere $re^{i\theta}$ eguale ad una semplice funzione della variabile complessa $u + iv$. Infatti in tale ipotesi, ponendo

$$\xi r e^{i\theta} = \xi', \qquad \eta r e^{i\theta} = \eta', \qquad \zeta r e^{i\theta} = \zeta',$$

le tre quantità ξ', η', ζ' sono, come le ξ, η, ζ, funzioni della variabile $u + iv$, soggette alla condizione

$$\xi'^2 + \eta'^2 + \zeta'^2 = 0.$$

*) Veggasi la già citata mia Memoria *Delle variabili complesse sopra una superficie qualunque.*

Dunque anche i differenziali δx, δy, δz (oppure δx_1, δy_1, δz_1) si riferiscono agli elementi lineari di una nuova superficie d'area minima, purchè si supponga che i diversi elementi δs variati da una medesima curva s della superficie primitiva, vengano trasportati parallelamente a sè stessi al seguito l'uno dell'altro, in guisa da ricomporre una nuova curva, lo che costituisce precisamente la trasformazione considerata dal sig. MATHET. Ci sembra che questo sia il modo più limpido di presentare i risultati del detto autore, poichè le tre proprietà da lui trovate per le curve trasformate di quelle che uniscono due punti determinati di una superficie minima, cioè:

1° di avere tutte gli stessi termini;

2° di giacere tutte sopra una stessa superficie;

3° d'essere questa nuova superficie parimente d'area minima,

diventano una manifestissima conseguenza delle proprietà analitiche che si riscontrano nelle espressioni di δx, δy, δz (e δx_1, δy_1, δz_1), cioè:

1° d'essere differenziali esatti, e propriamente:

2° differenziali a due sole variabili;

3° di rendere i quozienti $\dfrac{\delta x + i\delta x_1}{\delta u + i\delta v}$, ecc. funzioni della variabile $u + iv$, tali che la somma dei loro quadrati è nulla.

È anche manifesto come, moltiplicando le ξ, η, ζ per una funzione arbitraria di $w = u + iv$, si possa ottenere da una determinata coppia di superficie minime ogni altra coppia di superficie della stessa specie. Così prendendo

$$\xi = \cos w, \qquad \eta = -\operatorname{sen} w, \qquad \zeta = i,$$

valori che corrispondono alla coppia comprendente la catenoide (vedi il § 4°), si ottengono le formole

$$\delta x + i\delta x_1 = F(w)\cos w\,dw,$$

$$\delta y + i\delta y_1 = -F(w)\operatorname{sen} w\,dw,$$

$$\delta z + i\delta z_1 = iF(w)\,dw,$$

che sono generali e non differiscono sostanzialmente da quelle di SERRET, MATHET, ecc. e dalle nostre (27). Notisi che in questo caso la $F(w)$ è precisamente la funzione trasformatrice $re^{i\theta}$.

Finalmente osserviamo che, quantunque le coordinate u, v da noi usate abbiano un carattere speciale (che verrà definito nel § seguente), pure i teoremi del sig. MATHET continuano a sussistere prendendo $re^{i\theta}$ eguale ad una funzione di $u' + iv'$, essendo u', v' parametri isometrici di due sistemi ortogonali isometrici: infatti vedremo fra breve che $u' + iv'$ è sempre funzione di $u + iv$, cioè di w.

§ 4.

Procediamo a sviluppare in modo più concreto la soluzione trovata nel § precedente.

Poniamo

$$f(w) = P + i\,Q,$$

dove P e Q sono due funzioni reali di u e v, soddisfacenti alle relazioni

$$\frac{\partial P}{\partial u} = \frac{\partial Q}{\partial v}, \qquad \frac{\partial P}{\partial v} = -\frac{\partial Q}{\partial u}. \tag{28}$$

Avendosi

$$\frac{df}{dw} = \frac{\partial P}{\partial u} + i\frac{\partial Q}{\partial u}, \qquad \frac{d^2 f}{dw^2} = \frac{\partial^2 P}{\partial u^2} + i\frac{\partial^2 Q}{\partial u^2},$$

e

$$\left\{\begin{array}{l} \operatorname{sen} w = \operatorname{sen} u \,.\, \cosh v + i \cos u \,.\, \operatorname{senh} v\,, \\ \cos w = \cos u \,.\, \cosh v - i \operatorname{sen} u \,.\, \operatorname{senh} v\,, \end{array}\right. \tag{29}$$

dove cosh, senh rappresentano il coseno ed il seno iperbolico, è facile ridurre i secondi membri delle equazioni (27) all'ordinaria forma $\alpha + i\beta$, ed è anche facile trasformare le espressioni così trovate in modo che le parti reali contengano tutte la sola funzione Q, le parti imaginarie la sola funzione P, poichè fra le derivate parziali di queste due funzioni sussistono le relazioni (28) insieme con quelle che se ne deducono mediante ulteriori derivazioni. Così operando si perviene al seguente risultato:

Tutte le superficie reali d'area minima sono contenute nell'una e nell'altra delle seguenti terne d'equazioni:

$$\left\{\begin{array}{l} x = \dfrac{\partial^2 Q}{\partial u^2} \operatorname{sen} u \operatorname{senh} v + \dfrac{\partial^2 Q}{\partial u \,\partial v} \cos u \cosh v \\ \qquad - \dfrac{\partial Q}{\partial u} \cos u \operatorname{senh} v + \dfrac{\partial Q}{\partial v} \operatorname{sen} u \cosh v\,, \\ y = \dfrac{\partial^2 Q}{\partial u^2} \cos u \operatorname{senh} v - \dfrac{\partial^2 Q}{\partial u \,\partial v} \operatorname{sen} u \cosh v \\ \qquad + \dfrac{\partial Q}{\partial u} \operatorname{sen} u \operatorname{senh} v + \dfrac{\partial Q}{\partial v} \cos u \cosh v\,, \\ z = -\,Q - \dfrac{\partial^2 Q}{\partial u^2}\,; \end{array}\right. \tag{30}$$

$$(30')\quad \begin{cases} x_1 = \dfrac{\partial^2 P}{\partial v^2} \operatorname{sen} u \operatorname{senh} v - \dfrac{\partial^2 P}{\partial u \partial v} \cos u \cosh v \\ \qquad + \dfrac{\partial P}{\partial u} \cos u \operatorname{senh} v - \dfrac{\partial P}{\partial v} \operatorname{sen} u \cosh v\,, \\ y_1 = \dfrac{\partial^2 P}{\partial v^2} \cos u \operatorname{senh} v + \dfrac{\partial^2 P}{\partial u \partial v} \operatorname{sen} u \cosh v \\ \qquad - \dfrac{\partial P}{\partial u} \operatorname{sen} u \operatorname{senh} v - \dfrac{\partial P}{\partial v} \cos u \cosh v\,, \\ z_1 = P + \dfrac{\partial^2 P}{\partial u^2}\,, \end{cases}$$

nelle quali le quantità P e Q sono le due funzioni di u e di v che si ottengono prendendo una qualunque funzione di $u + iv$ e sciogliendola nelle sue due parti reale ed imaginaria. Se poi si considerano simultaneamente questi due sistemi di formole, si ottengono sempre due superficie applicabili esattamente l'una sull'altra.

Per fare un esempio semplicissimo, prendiamo $f(w) = a w$, essendo a una costante reale, e quindi

$$P = a u\,, \qquad Q = a v:$$

in questa ipotesi si ottengono le due superficie

$$\begin{cases} x = a \operatorname{sen} u \cosh v\,, \\ y = a \cos u \cosh v\,, \\ -z = a v\,, \end{cases} \qquad \begin{cases} x_1 = a \cos u \operatorname{senh} v\,, \\ -y_1 = a \operatorname{sen} u \operatorname{senh} v\,, \\ z_1 = a u\,, \end{cases}$$

ossia, eliminando u e v,

$$\sqrt{x^2 + y^2} = \frac{a}{2}\left(e^{\frac{z}{a}} + e^{-\frac{z}{a}}\right),$$

$$y_1 = - x_1 \operatorname{tg} \frac{z_1}{a}\,.$$

La prima equazione rappresenta la superficie generata dalla rotazione di una catenaria; la seconda rappresenta l'elicoide a piano direttore ed a direttrice rettilinea. Questi sono appunto i due esempi più semplici che vengono citati dagli autori, dopo che MEUNIER li fece conoscere per la prima volta: ed è anche noto che queste due superficie sono applicabili l'una sull'altra.

Per procedere oltre colle nostre considerazioni ci è d'uopo formare le espressioni delle derivate delle coordinate x, y, z rispetto alle u, v: ma, per evitare lunghi calcoli, anzichè operare sulle equazioni (30), seguiremo quest'altra via.

Le (27) dànno

$$(31)\quad \begin{cases} d\varphi = \left(\dfrac{df}{dw} + \dfrac{d^3 f}{dw^3}\right)\cos w \,.\, dw\,, \\[2ex] d\psi = -\left(\dfrac{df}{dw} + \dfrac{d^3 f}{dw^3}\right)\operatorname{sen} w \,.\, dw\,, \\[2ex] d\chi = \left(\dfrac{df}{dw} + \dfrac{d^3 f}{dw^3}\right) i\,dw\,; \end{cases}$$

se quindi si pone di nuovo per brevità,

$$(32)\quad \frac{df}{dw} + \frac{d^3 f}{dw^3} = p + iq\,,$$

cioè

$$\frac{\partial P}{\partial u} + \frac{\partial^3 P}{\partial u^3} = p\,, \qquad \frac{\partial Q}{\partial u} + \frac{\partial^3 Q}{\partial u^3} = q\,,$$

si può dare alle (31), in virtù delle (25), (29), la forma seguente:

$$dx + i\,dx_1 = (p + iq)(\cos u \cosh v - i \operatorname{sen} u \operatorname{senh} v)(du + i\,dv)\,,$$

$$dy + i\,dy_1 = -(p + iq)(\operatorname{sen} u \cosh v + i \cos u \operatorname{senh} v)(du + i\,dv)\,,$$

$$dz + i\,dz_1 = i(p + iq)(du + i\,dv)\,.$$

Da queste si deducono immediatamente, per le derivate di x, y, z, le espressioni seguenti:

$$(33)\quad \begin{cases} \dfrac{\partial x}{\partial u} = p \cos u \cosh v + q \operatorname{sen} u \operatorname{senh} v\,, \\[2ex] \dfrac{\partial y}{\partial u} = -p \operatorname{sen} u \cosh v + q \cos u \operatorname{senh} v\,, \\[2ex] \dfrac{\partial z}{\partial u} = -q\,; \\[2ex] \dfrac{\partial x}{\partial v} = p \operatorname{sen} u \operatorname{senh} v - q \cos u \cosh v\,, \\[2ex] \dfrac{\partial y}{\partial v} = p \cos u \operatorname{senh} v + q \operatorname{sen} u \cosh v\,, \\[2ex] \dfrac{\partial z}{\partial v} = -p\,. \end{cases}$$

Se ne trae

$$E = G = (p^2 + q^2)\cosh^2 v\,,$$

e quindi

(34) $$ds^2 = (p^2 + q^2)\cosh^2 v\,.(du^2 + dv^2)\,.$$

Se ne conclude parimente

$$\frac{\partial y}{\partial u}\frac{\partial z}{\partial v} - \frac{\partial z}{\partial u}\frac{\partial y}{\partial v} = (p^2 + q^2)\,\text{sen}\,u\,.\cosh v\,,$$

$$\frac{\partial z}{\partial u}\frac{\partial x}{\partial v} - \frac{\partial x}{\partial u}\frac{\partial z}{\partial v} = (p^2 + q^2)\cos u\,.\cosh v\,,$$

$$\frac{\partial x}{\partial u}\frac{\partial y}{\partial v} - \frac{\partial y}{\partial u}\frac{\partial x}{\partial v} = (p^2 + q^2)\cosh v\,.\,\text{senh}\,v\,,$$

e quindi

(35) $$X = \frac{\text{sen}\,u}{\cosh v}\,, \qquad Y = \frac{\cos u}{\cosh v}\,, \qquad Z = \text{tgh}\,v\,.$$

Questi ultimi valori presentano il carattere notevolissimo di essere indipendenti dalla natura della funzione $f(w)$. Ciò manifesta che il significato geometrico dei parametri isometrici u e v è indipendente dalla superficie individuale che si considera, e che essi sono elementi relativi alla direzione della normale, ossia che sono coordinate *tangenziali*. Ma v'ha di più: le precedenti formole coincidono sostanzialmente con quelle che il sig. BONNET pose a fondamento della sua Memoria citata *Sur l'emploi d'un nouveau système de variables...*, talchè il processo che abbiamo qui tenuto ci conduce spontaneamente all'uso di questo sistema, per una via inversa di quella seguita dall'egregio geometra.

I valori trovati pei coseni X, Y, Z ci permettono di porre sotto una forma simmetrica ed elegante le espressioni (33). Infatti quei valori danno luogo alle seguenti relazioni:

$$\frac{\partial X}{\partial u} + i\frac{\partial X}{\partial v} = \frac{\cos w}{\cosh^2 v}\,,$$

$$\frac{\partial Y}{\partial u} + i\frac{\partial Y}{\partial v} = \frac{-\,\text{sen}\,w}{\cosh^2 v}\,,$$

$$\frac{\partial Z}{\partial u} + i\frac{\partial Z}{\partial v} = \frac{i}{\cosh^2 v}\,,$$

e quindi le formole (31) si possono scrivere nel modo che segue:

$$d\varphi = (p + iq)\left(\frac{\partial X}{\partial u} + i\frac{\partial X}{\partial v}\right)\cosh^2 v.(du + i dv),$$

$$d\psi = (p + iq)\left(\frac{\partial Y}{\partial u} + i\frac{\partial Y}{\partial v}\right)\cosh^2 v.(du + i dv),$$

$$d\chi = (p + iq)\left(\frac{\partial Z}{\partial u} + i\frac{\partial Z}{\partial v}\right)\cosh^2 v.(du + i dv),$$

donde si conclude

$$(33')\quad \left\{\begin{aligned} \frac{\partial x}{\partial u} &= \left(p\frac{\partial X}{\partial u} - q\frac{\partial X}{\partial v}\right)\cosh^2 v, \\ \frac{\partial y}{\partial u} &= \left(p\frac{\partial Y}{\partial u} - q\frac{\partial Y}{\partial v}\right)\cosh^2 v, \\ \frac{\partial z}{\partial u} &= \left(p\frac{\partial Z}{\partial u} - q\frac{\partial Z}{\partial v}\right)\cosh^2 v; \\ -\frac{\partial x}{\partial v} &= \left(p\frac{\partial X}{\partial v} + q\frac{\partial X}{\partial u}\right)\cosh^2 v, \\ -\frac{\partial y}{\partial v} &= \left(p\frac{\partial Y}{\partial v} + q\frac{\partial Y}{\partial u}\right)\cosh^2 v, \\ -\frac{\partial z}{\partial v} &= \left(p\frac{\partial Z}{\partial v} + q\frac{\partial Z}{\partial u}\right)\cosh^2 v. \end{aligned}\right.$$

Dalle (35) si deduce anche

$$(36)\qquad d\sigma^2 = dX^2 + dY^2 + dZ^2 = \frac{du^2 + dv^2}{\cosh^2 v},$$

espressione la quale fa vedere che le variabili u e v, considerate come coordinate curvilinee della superficie sferica Σ, sono isometriche ed ortogonali per questa superficie come lo sono già per la superficie S. Anzi esse costituiscono, rispetto alla sfera, un sistema molto semplice, poichè corrispondono [come risulta dalla forma dell'elemento e dalle (35)] ad una doppia famiglia di meridiani e di paralleli, dove propriamente u è la longitudine contata dal piano meridiano yz verso xz, e v il logaritmo della cotangente della semi-distanza polare (il polo positivo essendo sull'asse delle z positive).

Se si rammenta la teoria della rappresentazione *conforme* di una superficie sopra un'altra *), si riconosce immediatamente, dal confronto dei due elementi lineari (34) e

*) GAUSS, *Allgemeine Auflösung*, etc. 1825; Werke, Bd. IV, pag. 189.

(36), che le figure sferiche a cui appartengono i punti Π, sono appunto conformi (cioè simili nelle parti infinitesime) alle figure tracciate sulla superficie S dai punti P. È questo il teorema che venne recentemente notato dal sig. CHRISTOFFEL e che diede occasione ad una ricerca più generale della quale abbiamo fatto menzione al principio. È bene osservare che, per rendere più preciso il senso di questo teorema, conviene circoscrivere (come fa il sig. CHRISTOFFEL) sulla superficie d'area minima una porzione entro la quale i tre coseni X, Y, Z non riprendano più volte simultaneamente gli stessi valori.

Una conseguenza immediata del teorema precedente è che ogni sistema ortogonale di curve della superficie S dà luogo ad un sistema pure ortogonale sulla sfera Σ, e reciprocamente, donde scaturisce come caso particolare il teorema di MINDING. Se poi l'uno di questi sistemi ortogonali è al tempo stesso isometrico, è tale anche l'altro: proprietà già notata dal sig. BONNET e che non è meno generale di quella del sig. CHRISTOFFEL.

Osserveremo per ultimo che, essendo le variabili u, v coordinate tangenziali, non è possibile che esse servano alla rappresentazione delle superficie sviluppabili. Quindi l'unica superficie sviluppabile che si può riguardare come avente i raggi di curvatura eguali e di segno contrario, cioè il piano, non è contenuta nelle formole generali (30) o (30'), come si è già avvertito incidentemente.

§. 5

Il sig. WEIERSTRASS, che è partito anch'esso dalle equazioni (23'), seguendo fino ad un certo punto la stessa via da noi battuta, se ne è poi dipartito *) ed è pervenuto alle formole seguenti:

$$x = \boldsymbol{R}\int (1 - s^2)\boldsymbol{F}(s)\,ds,$$

$$y = \boldsymbol{R}\int (1 + s^2)\,i\boldsymbol{F}(s)\,ds,$$

$$z = \boldsymbol{R}\int 2s\boldsymbol{F}(s)\,ds,$$

nelle quali s è una variabile complessa, $\boldsymbol{F}(s)$ una sua funzione, ed il segno $\boldsymbol{R}$ indica che dei secondi membri si deve prendere la sola parte reale. (È pressochè inutile far

*) Monatsberichte der Königl. Akademie der Wissenschaften zu Berlin, Oct. 1866, pag. 619.

notare che quì il significato della s non ha alcun rapporto con quello che le abbiamo attribuito precedentemente).

Vogliamo ora investigare il nesso che deve esistere fra queste formole e le nostre, cioè la relazione che deve passare tra la variabile s e la variabile w, tra la funzione $F(s)$ e la funzione $f(w)$.

Per ciò incominceremo col ricordare che il sig. WEIERSTRASS ha egli stesso indicato il significato geometrico della sua variabile s, mostrando che se questa variabile si riguarda come l'indice di un punto π del piano xy, il punto π non è altro che la projezione del punto Π fatta dal polo positivo della sfera Σ, cioè che il luogo dei punti π è una projezione stereografica di quello dei punti Π. Le coordinate di Π essendo X, Y, Z, si trova facilmente che quelle del punto π sono

$$\frac{X}{1-Z}, \qquad \frac{Y}{1-Z},$$

e quindi che si ha

$$s=\frac{X+iY}{1-Z}.$$

Si tratta ora di mostrare che, per tale valore di s, i due sistemi di formole risultano fra loro equivalenti.

Sostituendo nel precedente valore di s i valori (35) delle X, Y, Z, si trova

$$s=i\,e^{v-iu},$$

ossia

$$s=i\,e^{-iw},$$

donde

$$ds=-\,i\,s\,dw.$$

Ora considerando alternativamente la nostra funzione f come dipendente sia da w, sia da s, in virtù della relazione esistente fra queste due variabili, si trova

$$\frac{df}{dw}=-\,i\,s\frac{df}{ds},$$

$$\frac{d^2f}{dw^2}=-\,s\frac{df}{ds}-s^2\frac{d^2f}{ds^2},$$

$$\frac{d^3f}{dw^3}=i\,s\frac{df}{ds}+3\,i\,s^2\frac{d^2f}{ds^2}+i\,s^3\frac{d^3f}{ds^3},$$

donde

$$\frac{df}{dw}+\frac{d^3f}{dw^3}=i\,s^2\left(3\frac{d^2f}{ds^2}+s\frac{d^3f}{ds^3}\right),$$

ossia

$$\frac{df}{dw} + \frac{d^3 f}{dw^3} = i s^2 \frac{d^3[sf(s)]}{ds^3}.$$

D'altronde

$$\cos w = i\,\frac{1 - s^2}{2s}, \qquad \operatorname{sen} w = \frac{1 + s^2}{2s},$$

dunque le formole (31) possono trasformarsi così:

$$d\varphi = \frac{1 - s^2}{2i}\,\frac{d^3[sf(s)]}{ds^3}\,ds,$$

$$d\psi = \frac{1 + s^2}{2}\,\frac{d^3[sf(s)]}{ds^3}\,ds,$$

$$d\chi = \frac{s}{i}\,\frac{d^3[sf(s)]}{ds^3}\,ds,$$

e coincidono con quelle di WEIERSTRASS ponendo

$$\frac{1}{2i}\,\frac{d^3[sf(s)]}{ds^3} = \boldsymbol{F}(s),$$

nella qual formola è contenuta quindi la cercata relazione fra le funzioni $\boldsymbol{F}$ ed f. L'altra funzione $F(s)$, che WEIERSTRASS introduce per render possibile l'integrazione generale, non è altro che quella la cui derivata terza è $\boldsymbol{F}(s)$, epperò si può porre

$$F(s) = \frac{sf(s)}{2i} = \frac{e^{-iw} f_1(w)}{2}.$$

Per mostrare direttamente l'identità delle nostre formole colle equazioni finite del WEIERSTRASS [segnate (E) nella sua Memoria], si può anche sostituire la quantità s alla w nelle (27), con che si trova

$$\varphi = -i\left(\frac{df}{ds} + \frac{s(1 - s^2)}{2}\,\frac{d^2 f}{ds^2}\right),$$

$$\psi = \frac{df}{ds} + \frac{s(1 + s^2)}{2}\,\frac{d^2 f}{ds^2},$$

$$\chi = i\left(f - s\,\frac{df}{ds} - s^2\,\frac{d^2 f}{ds^2}\right).$$

Se in queste formole si surroga alla funzione $f(s)$ una nuova funzione $F(s)$, in modo che sia

$$f(s) = \frac{2iF(s)}{s},$$

si ottengono queste altre formole

$$\varphi = (1 - s^2)\frac{d^2F}{ds^2} + 2s\frac{dF}{ds} - 2F,$$

$$\psi = i(1 + s^2)\frac{d^2F}{ds^2} - 2is\frac{dF}{ds} + 2iF,$$

$$\chi = 2s\frac{d^2F}{ds^2} - 2\frac{dF}{ds},$$

che coincidono esattamente colle formole (E) del sig. WEIERSTRASS.

Del resto, adottando la variabile s in luogo di w e ponendo

$$s = x + iy,$$

si trovano agevolmente fra le variabili x, y e le nostre u, v le relazioni seguenti:

$$x = e^v . \operatorname{sen} u, \qquad y = e^v . \cos u,$$

$$e^v = \sqrt{x^2 + y^2}, \qquad \cosh v = \frac{1 + x^2 + y^2}{2\sqrt{x^2 + y^2}},$$

e quindi

$$X = \frac{2x}{x^2 + y^2 + 1}, \qquad Y = \frac{2y}{x^2 + y^2 + 1}, \qquad Z = \frac{x^2 + y^2 - 1}{x^2 + y^2 + 1},$$

$$d\sigma^2 = \frac{du^2 + dv^2}{\cosh^2 v} = \frac{4(dx^2 + dy^2)}{(x^2 + y^2 + 1)^2}.$$

Quest'ultima formola dà l'espressione dell'elemento lineare sferico in funzione delle nuove variabili x, y, le quali sono relative, come le u, v, ad un doppio sistema ortogonale ed isometrico, tanto sulla superficie S quanto sulla sfera Σ.

Mediante le nostre variabili u, v i punti Π della sfera, imagini di quelli P della superficie, venivano riferiti ad un ordinario sistema geografico, cioè ad un sistema di meridiani e di paralleli. All'incontro colla variabile s del sig. WEIERSTRASS i punti Π vengono riferiti a due sistemi di cerchi minori, passanti pel punto d'intersezione della sfera coll'asse delle z positive e tangenti ivi ai due cerchi massimi posti nei piani xz ed yz. Si comprende quindi come, secondo la natura delle quistioni che si devono trattare, possa l'un metodo venire più in acconcio dell'altro; e così dicasi degli infiniti altri sistemi di formole integrali che si potrebbero sostituire ai precedenti. Il metodo del sig. WEIERSTRASS si presta di preferenza alla trattazione delle superficie di natura algebrica, che l'illustre analista sembra avere avuto specialmente in mira.

§ 6.

Per trovare i valori A, B, C [vedi eq. (7)] relativi alla superficie definita dalle equazioni (30), si potrebbero formare le derivate seconde delle x, y, z ed eseguirne i prodotti colle X, Y, Z. Ma è più comodo ricorrere alle espressioni (8), ed introdurvi i valori delle derivate prime delle x, y, z dati dalle (33'), osservando che, in virtù della (36), si ha:

$$(37)\quad \left\{\begin{aligned} &\left(\frac{\partial X}{\partial u}\right)^2+\left(\frac{\partial Y}{\partial u}\right)^2+\left(\frac{\partial Z}{\partial u}\right)^2=\left(\frac{\partial X}{\partial v}\right)^2+\left(\frac{\partial Y}{\partial v}\right)^2+\left(\frac{\partial Z}{\partial v}\right)^2=\frac{1}{\cosh^2 v},\\ &\frac{\partial X}{\partial u}\frac{\partial X}{\partial v}+\frac{\partial Y}{\partial u}\frac{\partial Y}{\partial v}+\frac{\partial Z}{\partial u}\frac{\partial Z}{\partial v}=0.\end{aligned}\right.$$

In tal modo si trova

$$(38)\qquad A=-p,\qquad B=q,\qquad C=p.$$

Per la superficie conjugata si avrebbe

$$(38')\qquad A_1=-q,\qquad B_1=-p,\qquad C_1=q.$$

Da questi valori si ricava

$$AC-B^2=A_1C_1-B_1^2=-(p^2+q^2),$$

e quindi, per la (16),

$$(39)\qquad R_1R_2=-(p^2+q^2)\cosh^4 v,$$

tanto per la prima quanto per la seconda superficie. Chiamando dunque R il valore assoluto di ciascuno dei due raggi principali, si ha

$$(40)\qquad R=\sqrt{p^2+q^2}\,.\cosh^2 v\,.$$

Per questo valore le (34), (36) dànno

$$\frac{ds}{d\sigma}=R,$$

talchè il rapporto di similitudine delle figure sferiche alle figure corrispondenti sulla superficie minima è quello di 1 ad R, come doveva essere.

Mediante i valori trovati per le A, B, C formiamo le equazioni differenziali delle linee di curvatura e delle linee asintotiche della prima superficie. Troveremo rispettivamente, applicando le equazioni (14), (15),

$$q(du^2 - dv^2) + 2p\,du\,dv = 0,$$

$$p(du^2 - dv^2) - 2q\,du\,dv = 0.$$

Ora, se si forma l'espressione differenziale

$$(p + iq)(du + i\,dv)^2,$$

ossia

$$\left(\frac{df}{dw} + \frac{d^3 f}{dw^3}\right) dw^2,$$

si riconosce immediatamente che le due precedenti equazioni si ottengono eguagliando a zero ordinatamente la parte imaginaria e la parte reale di quest'espressione. Di qui concludiamo in primo luogo che, sulla superficie conjugata, le linee di curvatura e le linee asintotiche sono rappresentate dalle medesime equazioni or ora trovate, scambiate però fra loro, in causa che la prima superficie si scambia colla conjugata prendendo $-if$ al posto di f. (Si deduce la stessa cosa dai valori di A_1, B_1, C_1). Questa proprietà è stata notata dal sig. BONNET *).

Ma se poniamo inoltre

$$\int \sqrt{\frac{df}{dw} + \frac{d^3 f}{dw^3}}\, dw = W,$$

dove W è una nuova funzione di w, e

$$W = U + iV,$$

talchè sia

$$(p + iq)(du + i\,dv)^2 = (dU + i\,dV)^2, \tag{41}$$

le due equazioni delle linee di curvatura e delle asintotiche diventeranno rispettivamente

$$dU.dV = 0,$$

$$dU^2 - dV^2 = 0;$$

talchè saranno

$$U = \text{cost.}, \qquad V = \text{cost.}$$

*) Comptes rendus de l'Académie des Sciences, t. XXXVII (1853), pag. 529.

le equazioni fiinite delle linee di curvatura, mentre le equazioni pure finite

$$U - V = \text{cost.}, \qquad U + V = \text{cost.}$$

rappresenteranno le linee asintotiche. Dunque ambedue questi sistemi di linee sono esprimibili analiticamennte per semplici quadrature, come ha trovato M. ROBERTS. Inoltre per essere $U + iV$ funzione di $u + iv$, le linee di curvatura formano un sistema ortogonale ed isometrico di cui U e V sono i parametri isometrici. L'isometria delle linee di curvatura è stata riconosciuta nelle superficie d'area minima dal sig. BONNET (l. c.), e dal sig. CHRISTOFFEL nell'estesa classe di superficie considerata nel citato suo lavoro *).

Se si pone

$$(U + iV)\, e^{i\omega} = U' + iV',$$

ω essendo un angolo costante, i due sistemi

$$U' = \text{cost.}, \qquad V' = \text{cost.}$$

sono isometrici, ortogonali e tagliano i corrispondenti sistemi delle linee di curvatura sotto l'angolo costante ω. Per $\omega = \frac{\pi}{4}$ si trova

$$U' = \frac{U - V}{\sqrt{2}}, \qquad V' = \frac{U + V}{\sqrt{2}},$$

dunque le linee asintotiche sono pur esse isometriche, inclinate di 45° sulle linee di curvatura e quindi perpendicolari fra loro: proprietà già notate da DUPIN, da M. ROBERTS e da BONNET.

Poichè le linee di curvatura sono linee isometriche, si presenta da sè stessa l'idea di sostituire i loro parametri U, V al posto dei primitivi u, v. Ora dalla (41), ossia dalla

$$\sqrt{p + iq}.(du + i\,dv) = dU + i\,dV,$$

si deduce immediatamente

$$\sqrt{p^2 + q^2}.(du^2 + dv^2) = dU^2 + dV^2,$$

epperò

$$d\sigma^2 = \frac{du^2 + dv^2}{\cosh^2 v} = \frac{dU^2 + dV^2}{\sqrt{p^2 + q^2}.\cosh^2 v},$$

ossia, per la (40),

(42) $$d\sigma^2 = \frac{dU^2 + dV^2}{R},$$

*) Journal für die reine und angewandte Mathematik, Bd. LXVII (1867), pag. 218.

e conseguentemente

$$ds^2 = R(dU^2 + dV^2). \tag{42'}$$

Ora la funzione $f(\omega)$ essendo arbitraria, è tale evidentemente anche la W, talchè U e V possono riguardarsi come i parametri isometrici di uno qualunque dei sistemi ortogonali isometrici che si possono tracciare sulla superficie sferica Σ. In conseguenza si può dire che: ogni doppio sistema ortogonale ed isometrico di curve tracciate sulla superficie sferica Σ può riguardarsi come corrispondente al doppio sistema delle linee di curvatura di una superficie S d'area minima, e la quantità R che contraddistingue l'elemento lineare di Σ riferito a quel sistema [vedi l'eq. (42)] non è altro che il valore assoluto di entrambi i raggi di curvatura di questa superficie S nel punto corrispondente.

Poichè le variabili U e V si riferiscono alle linee di curvatura, e i raggi principali sono R e $-R$, è chiaro che le formole di Rodrigues, già usate nel § 1 daranno luogo alle seguenti:

$$\frac{\partial x}{\partial U} = R\frac{\partial X}{\partial U}, \qquad \frac{\partial y}{\partial U} = R\frac{\partial Y}{\partial U}, \qquad \frac{\partial z}{\partial U} = R\frac{\partial Z}{\partial U},$$

$$\frac{\partial x}{\partial V} = -R\frac{\partial X}{\partial V}, \qquad \frac{\partial y}{\partial V} = -R\frac{\partial Y}{\partial V}, \qquad \frac{\partial z}{\partial V} = -R\frac{\partial Z}{\partial V},$$

donde

$$\left\{\begin{aligned} x &= \int R\left(\frac{\partial X}{\partial U}dU - \frac{\partial X}{\partial V}dV\right), \\ y &= \int R\left(\frac{\partial Y}{\partial U}dU - \frac{\partial Y}{\partial V}dV\right), \\ z &= \int R\left(\frac{\partial Z}{\partial U}dU - \frac{\partial Z}{\partial V}dV\right), \end{aligned}\right. \tag{43}$$

formole che dànno per quadrature le coordinate delle superficie d'area minima, in funzione dei parametri isometrici delle loro linee di curvatura, supposte note le espressioni di X, Y, Z in funzione dei parametri U, V di due sistemi ortogonali ed isometrici di curve sferiche, corrispondenti alle linee di curvatura. Queste formole sono precisamente quelle che si deducono dal teorema di Weingarten *) nel caso delle superficie minime, e mostrano che ad ogni sistema di coordinate ortogonali isometriche della sfera, come sono le U, V, corrisponde una determinata superficie minima (43).

Le quantità contenute sotto i segni d'integrazione devono risultare per sè stesse

*) Journal für die reine und angewandte Mathematik, Bd. LXII (1863), pag. 160.

differenziali esatti. Ciò emerge *a priori* dalla legittimità delle considerazioni che vi ci hanno condotto. Ma si può effettivamente verificare che le espressioni così trovate non differiscono da quelle che già conoscevamo. Per ciò trasformiamo nella quantità

$$R\left(\frac{\partial X}{\partial U}dU-\frac{\partial X}{\partial V}dV\right)$$

le variabili U, V nelle u, v. Ponendo per un istante

$$\sqrt{p+iq}=p'+iq',$$

si ha

$$du+idv=\frac{dU+idV}{p'+iq'},$$

quindi

$$du=\frac{p'dU+q'dV}{\sqrt{p^2+q^2}},\qquad dv=\frac{-q'dU+p'dV}{\sqrt{p^2+q^2}}.$$

Se ne deduce

$$\frac{\partial X}{\partial U}=\frac{p'}{\sqrt{p^2+q^2}}\frac{\partial X}{\partial u}-\frac{q'}{\sqrt{p^2+q^2}}\frac{\partial X}{\partial v},$$

$$\frac{\partial X}{\partial V}=\frac{q'}{\sqrt{p^2+q^2}}\frac{\partial X}{\partial u}+\frac{p'}{\sqrt{p^2+q^2}}\frac{\partial X}{\partial v},$$

epperò

$$\frac{\partial X}{\partial U}dU-\frac{\partial X}{\partial V}dV$$

$$=\frac{1}{\sqrt{p^2+q^2}}\left[(p'dU-q'dV)\frac{\partial X}{\partial u}-(q'dU+p'dV)\frac{\partial X}{\partial v}\right].$$

Ma avendosi pure

$$(p+iq)(du+idv)=(p'+iq')(dU+idV),$$

risulta

$$pdu-qdv=p'dU-q'dV,\qquad qdu+pdv=q'dU+p'dV,$$

quindi

$$R\left(\frac{\partial X}{\partial U}dU-\frac{\partial X}{\partial V}dV\right)$$

$$=\frac{R}{\sqrt{p^2+q^2}}\left[\left(p\frac{\partial X}{\partial u}-q\frac{\partial X}{\partial v}\right)du-\left(p\frac{\partial X}{\partial v}+q\frac{\partial X}{\partial u}\right)dv\right].$$

Il confronto di questa formola colla prima delle (43) dà

$$\frac{dx}{du} = \frac{R}{\sqrt{p^2+q^2}}\left(p\frac{\partial X}{\partial u} - q\frac{\partial X}{\partial v}\right),$$

$$-\frac{dx}{dv} = \frac{R}{\sqrt{p^2+q^2}}\left(p\frac{dX}{dv} + q\frac{dX}{du}\right),$$

ed analogamente per y e z.

Ma dalla relazione (41) si ha, vista la (42),

$$d\sigma^2 = \frac{dU^2+dV^2}{R} = \frac{\sqrt{p^2+q^2}}{R}(du^2+dv^2),$$

dunque, supponendo che colle nuove variabili u, v si abbia

$$d\sigma^2 = \frac{du^2+dv^2}{\varkappa^2},$$

il valore di $\varkappa$ è dato da

$$\frac{R}{\sqrt{p^2+p^2}} = \varkappa^2,$$

ossia

$$R = \varkappa^2\sqrt{p^2+q^2}.$$

Fin quì le variabili u, v erano semplicemente soggette alla condizione d'essere i parametri di due sistemi ortogonali ed isometrici sulla sfera. Se supponiamo che questi sistemi sieno formati da meridiani e paralleli, si ha

$$\varkappa = \cosh v,$$

e le espressioni precedentemente trovate per $\frac{\partial x}{\partial u}$, $\frac{\partial x}{\partial v}$ vengono a coincidere con quelle fornite dalla prima e quarta delle equazioni (33').

Questo risultato, nel mentre mostra l'esattezza delle equazioni (43), fa vedere altresì che le equazioni (33') sono suscettibili di una generalizzazione, che consiste nel potervisi intendere indicate colle u, v, anzichè ordinarie coordinate geografiche, altre coordinate ortogonali ed isometriche. In questo caso basta scrivere in quelle equazioni al posto della quantità $\cosh^2 v$, la quantità $\varkappa^2$ che figura nell'elemento lineare espresso colle nuove variabili. Le funzioni p e q sono sempre vincolate dalla condizione che $p+iq$ sia una funzione di $u+iv$.

Notiamo la forma singolare che le coordinate geografiche u, v fanno prendere all'equazione delle linee geodetiche sulla superficie d'area minima.

Per $E = G$, $F = 0$, la nota equazione di queste linee si riduce a

$$d\left(\operatorname{arc\,tg}\frac{dv}{du}\right) = \frac{\partial \log \sqrt{E}}{\partial v}\,du - \frac{\partial \log \sqrt{E}}{\partial u}\,dv,$$

e quindi, per essere $E = (p^2 + q^2)\cosh^2 v$,

$$d\left(\operatorname{arc\,tg}\frac{dv}{du}\right) + d\left(\operatorname{arc\,tg}\frac{q}{p}\right) = \operatorname{tgh} v . du,$$

ovvero anche

$$d\left(\operatorname{arc\,tg}\frac{q\,du + p\,dv}{p\,du - q\,dv}\right) = \operatorname{tgh} v . du.$$

Ma se si pone

$$f(w) + \frac{d^2 f}{dw^2} = \mu + i\nu,$$

si ha, pei valori di p, q [eq. (32)],

$$d\mu + i\,d\nu = (p + iq)(du + i\,dv),$$

quindi

$$d\mu = p\,du - q\,dv, \qquad d\nu = q\,du + p\,dv,$$

e conseguentemente, sostituendo nella precedente equazione differenziale,

$$d\left(\operatorname{arc\,tg}\frac{d\nu}{d\mu}\right) = \operatorname{tgh} v . du.$$

Tale è l'aspetto che assume l'equazione delle linee geodetiche.

§ 7.

Dalle cose svolte nei §§ precedenti consegue che a ciascuna forma della funzione $f(w)$ della variabile complessa $w = u + iv$ corrisponde una determinata superficie d'area minima e, reciprocamente, che a ciascuna superficie (reale) d'area minima corrisponde una certa forma della funzione $f(w)$ dalla quale dipendono le espressioni delle coordinate della superficie stessa. Siccome però le variabili u, v sono, per la loro stessa natura, connesse colla posizione assoluta della superficie nello spazio, perchè, sebbene una traslazione parallela di questa superficie non le alteri, al contrario una rotazione della superficie stessa le fa cambiare in ogni punto, così è chiaro che, nella totalità delle variazioni che si possono far subire alla funzione $f(w)$, alcune non avranno altro effetto che di cambiare l'orientazione della superficie, lasciandola, quanto alla forma, identica a sè stessa. Noi ci proponiamo quindi, nel presente §, di cercare quelle variazioni che corrispondono appunto a questa semplice mutazione di posizione assoluta, ed esponiamo la soluzione di questo problema precisamente nel modo in cui siamo pervenuti ad ottenerla.

Se consideriamo due posizioni differenti della medesima superficie nello spazio, è chiaro che le figure sferiche corrispondenti ad una stessa figura tracciata sulla superficie e spostata insieme con essa, sono eguali e similmente disposte. Riguardando dunque la prima figura sferica come riferita al polo Z posto sull'asse positivo delle z ed al meridiano ZY posto nel piano yz, è chiaro che la seconda figura sferica potrà supporsi nata dal trasporto del polo Z in una certa posizione Z', e del primo meridiano ZY in una certa posizione $Z'Y'$, mentre la prima figura segue questi elementi di riferimento nella loro nuova posizione, conservando con essi i primitivi rapporti di sito. Ciò premesso prendiamo un punto qualunque Π sulla sfera, congiungiamolo con archi massimi ai punti Z e Z', e poniamo *)

$$Y\hat{Z}Z'' = u_0, \qquad Y\hat{Z}\Pi = u,$$

$$Y'\hat{Z'}Z'' = u'_0, \qquad Y'\hat{Z'}\Pi = u',$$

$$\widehat{ZZ'} = \theta_0, \qquad \widehat{Z\Pi} = \theta, \qquad \widehat{Z'\Pi} = \theta'.$$

È chiaro che gli angoli segnati colla lettera u sono angoli analoghi a quelli già rappresentati in egual modo; invece gli angoli θ sono legati colla variabile v dalla relazione (§ 4)

$$\cot\frac{\theta}{2} = e^v,$$

donde

$$\cos\theta = \operatorname{tgh} v, \qquad \operatorname{sen}\theta = \frac{1}{\cosh v}.$$

Le quantità u e θ, ovvero u e v, sono variabili relative alla posizione del punto Π considerato nella prima figura; all'incontro u' e θ', ovvero u' e v', sono variabili relative alla posizione dello stesso punto nella seconda figura. La quistione si riduce a trovare le relazioni sussistenti fra queste due coppie di variabili.

Ora rappresentiamo per un momento con Z, Z' e Π gli angoli del triangolo sfe-

*) Si prega il lettore di fare la figura. La lettera Z'' indica un punto posto sul prolungamento di ZZ'.

rico $ZZ'\Pi$. Dalla trigonometria sferica avremo le relazioni seguenti:

$$\cos\theta' = \cos\theta \,.\, \cos\theta_0 + \operatorname{sen}\theta \,.\, \operatorname{sen}\theta_0 \,.\, \cos Z\,,$$

$$\cot\theta \,.\, \operatorname{sen}\theta_0 - \cot Z' \,.\, \operatorname{sen} Z = \cos\theta_0 \,.\, \cos Z\,,$$

$$\operatorname{sen}\theta' \,.\, \operatorname{sen} Z' = \operatorname{sen}\theta \,.\, \operatorname{sen} Z\,,$$

le quali, in virtù delle relazioni

$$\cot\frac{\theta}{2} = e^{v}, \qquad \cot\frac{\theta_0}{2} = e^{v_0}, \qquad \cot\frac{\theta'}{2} = e^{v'},$$

$$Z = u - u_0\,, \qquad Z' = \pi + u'_0 - u',$$

ricevono la forma seguente:

$$(44)\quad \left\{ \begin{aligned} \cot(u' - u'_0) &= \cot(u - u_0) \,.\, \operatorname{tgh} v_0 - \frac{\operatorname{senh} v}{\operatorname{sen}(u - u_0) \,.\, \cosh v_0}\,, \\ \operatorname{tgh} v' &= \operatorname{tgh} v \,.\, \operatorname{tgh} v_0 + \frac{\cos(u - u_0)}{\cosh v \,.\, \cosh v_0}\,, \\ \operatorname{sen}(u' - u'_0) \,.\, \cosh v &= \operatorname{sen}(u - u_0) \,.\, \cosh v'. \end{aligned} \right.$$

Dalle prime due di queste equazioni si deducono, riguardando u', v' come funzioni delle variabili indipendenti u, v, i seguenti valori per le derivate di u', v':

$$\frac{\partial u'}{\partial u} = \frac{\operatorname{sen}^2(u' - u'_0)}{\operatorname{sen}^2(u - u_0)} \left[\operatorname{tgh} v_0 - \frac{\operatorname{senh} v \,.\, \cos(u - u_0)}{\cosh v_0} \right],$$

$$\frac{\partial u'}{\partial v} = \frac{\operatorname{sen}^2(u' - u'_0) \,.\, \cosh v}{\operatorname{sen}(u - u_0) \,.\, \cosh v_0}\,,$$

$$-\frac{\partial v'}{\partial u} = \frac{\operatorname{sen}(u - u_0) \,.\, \cosh^2 v'}{\cosh v \,.\, \cosh v_0}\,,$$

$$\frac{\partial v'}{\partial v} = \frac{\cosh^2 v'}{\cosh^2 v} \left[\operatorname{tgh} v_0 - \frac{\operatorname{senh} v \,.\, \cos(u - u_0)}{\cosh v_0} \right].$$

Questi valori soddisfanno, in virtù della terza equazione (44), alle relazioni seguenti:

$$\frac{\partial u'}{\partial u} = \frac{\partial v'}{\partial v}\,, \qquad \frac{\partial u'}{\partial v} = -\frac{\partial v'}{\partial u}\,,$$

e quindi la quantità $u' + iv'$ è una funzione di $u + iv$, come doveva essere, poichè a seconda figura sferica, essendo identica alla prima, è una delle sue rappresentazioni conformi.

Poniamo $u - u_0 = U$, $u' - u'_0 = U'$ e scriviamo le due prime equazioni (44) nel modo seguente:

$$\cot U' = \frac{\cos U . \operatorname{senh} v_0 - \operatorname{senh} v}{\operatorname{sen} U . \cosh v_0},$$

$$\operatorname{tgh} v' = \frac{\operatorname{senh} v . \operatorname{senh} v_0 + \cos U}{\cosh v . \cosh v_0}.$$

Da queste, per le note relazioni

$$e^{2iU'} = \frac{i \cot U' - 1}{i \cot U' + 1}, \qquad e^{2v'} = \frac{1 + \operatorname{tgh} v'}{1 - \operatorname{tgh} v'},$$

si deduce:

$$e^{2iU'} = \frac{i \cos U . \operatorname{senh} v_0 - i \operatorname{senh} v - \operatorname{sen} U . \cosh v_0}{i \cos U . \operatorname{senh} v_0 - i \operatorname{senh} v + \operatorname{sen} U . \cosh v_0}$$

$$= \frac{\operatorname{sen}(i v_0 - U) - \operatorname{sen} i v}{\operatorname{sen}(i v_0 + U) - \operatorname{sen} i v},$$

$$e^{2v'} = \frac{\cosh v . \cosh v_0 + \operatorname{senh} v . \operatorname{senh} v_0 + \cos U}{\cosh v . \cosh v_0 - \operatorname{senh} v . \operatorname{senh} v_0 - \cos U}$$

$$= \frac{\cos(iv + i v_0) + \cos U}{\cos(i v - i v_0) - \cos U},$$

e quindi, per note trasformazioni goniometriche,

$$e^{2iU'} = \frac{\operatorname{sen} \frac{1}{2}(i v_0 - U - i v) . \cos \frac{1}{2}(i v_0 - U + i v)}{\operatorname{sen} \frac{1}{2}(i v_0 + U - i v) . \cos \frac{1}{2}(i v_0 + U + i v)},$$

$$- e^{2v'} = \frac{\cos \frac{1}{2}(iv + i v_0 + U) . \cos \frac{1}{2}(iv + i v_0 - U)}{\operatorname{sen} \frac{1}{2}(i v_0 - U - i v) . \operatorname{sen} \frac{1}{2}(i v_0 + U - i v)}.$$

Dividendo la seconda di queste equazioni per la prima, si trova

$$e^{-2i(U' + iv')} = - \left[\frac{\cos \frac{1}{2}(U + iv + i v_0)}{\operatorname{sen} \frac{1}{2}(U + iv - i v_0)} \right]^2,$$

ossia, riponendo i valori di U, U' e scrivendo w in luogo di $u + iv$, w' in luogo di

$u' + iv'$:

$$e^{-2i(w'-u'_0)} = -\left[\frac{\cos\frac{1}{2}(w - u_0 + iv_0)}{\operatorname{sen}\frac{1}{2}(w - u_0 - iv_0)}\right]^2,$$

risultato il quale mostra come effettivamente w' sia funzione di w. Siccome si ha

$$\frac{\cos\frac{1}{2}(w - u_0 + iv_0)}{\operatorname{sen}\frac{1}{2}(w - u_0 - iv_0)} = \frac{\cos\frac{1}{2}(w - u_0) - i\operatorname{sen}\frac{1}{2}(w - u_0)\,.\operatorname{tgh}\frac{v_0}{2}}{\operatorname{sen}\frac{1}{2}(w - u_0) - i\cos\frac{1}{2}(w - u_0)\,.\operatorname{tgh}\frac{v_0}{2}},$$

così quando $\theta_0 = 0$ (cioè $Z' = Z$), epperò quando $v_0 = \infty$, donde $\operatorname{tgh}\frac{v_0}{2} = 1$, si ha

$$\lim_{v_0=\infty}\frac{\cos\frac{1}{2}(w - u_0 + iv_0)}{\operatorname{sen}\frac{1}{2}(w - u_0 - iv_0)} = i\,e^{-i(w-u_0)}.$$

Poichè dunque, se si ponesse anche $u'_0 = u_0$, i due sistemi dovrebbero coincidere di nuovo, epperò $w' = w$, ne concludiamo che se da ambedue i membri della relazione trovata fra w' e w si estrae la radice quadrata, bisogna porre

$$(45)\qquad e^{-i(w'-u'_0)} = -i\,\frac{\cos\frac{1}{2}(w - u_0 + iv_0)}{\operatorname{sen}\frac{1}{2}(w - u_0 - iv_0)},$$

affinchè il segno del secondo membro sia determinato in modo da verificare l'ipotesi della coincidenza dei due sistemi.

La precedente equazione (45) contiene la risoluzione del proposto problema. Vale a dire: se, dopo aver determinato in un certo modo la funzione $f(w)$, e quindi individuata una certa superficie d'area minima, si sostituisce in luogo di w il valore dedotto dalla (45) per w', si ottiene una nuova funzione a cui corrisponde la stessa superficie di prima, considerata in un'altra posizione.

Se nel secondo membro della (45) si mutano le linee trigonometriche in funzioni esponenziali, si trova facilmente la formola inversa

$$(45')\qquad e^{-i(w-u_0)} = -i\,\frac{\operatorname{sen}\frac{1}{2}(w' - u'_0 + iv_0)}{\cos\frac{1}{2}(w' - u'_0 - iv_0)},$$

la cui forma è analoga a quella della primitiva. Essa avrebbe potuto stabilirsi direttamente osservando che, se si scambiano le due figure sferiche tra loro, θ_0 e quindi v_0 rimane invariato, perchè gli angoli θ sono tutti contati positivamente e minori di π; all'incontro u_0 aumenta di π. Bisogna dunque che la formola (45) sussista dopo che si è scambiato u_0 in $u'_0 + \pi$, u'_0 in u_0, w in w'.

Introducendo la variabile usata dal sig. WEIERSTRASS, cioè ponendo (§ 5)

$$s = i\,e^{-iw},$$

ed analogamente

$$s' = i\,e^{-iw'},$$

si trova facilmente che la (45) si trasforma nella seguente:

$$s s' e^{i(u_0 + u'_0)} + i s e^{i(u_0 - i v_0)} - i s' e^{i(u'_0 - i v_0)} = 1,$$

la quale è della forma

$$A s s' + B s + C s' + D = 0,$$

ossia è una relazione omografica fra s ed s'. Le due figure piane, proiezioni stereografiche sul piano xy delle due figure sferiche eguali, sono legate fra loro da quella relazione che MÖBIUS ha denominata *Kreisverwandtschaft* *): infatti le variabili complesse s ed s', che devono essere riguardate come indici di due punti corrispondenti delle dette figure piane, soddisfanno ad un'equazione di forma omografica, con coefficienti complessi.

La formola (45), che risolve una quistione la quale ha una utilità ed importanza sua propria, anche indipendentemente dall'applicazione speciale in vista della quale l'abbiamo posta, può dare occasione a molte considerazioni interessanti; ma siccome queste ci allontanerebbero dal nostro soggetto attuale, così ci limitiamo a questo semplice cenno.

§ 8.

Consideriamo ora le superficie in cui la somma dei raggi principali di curvatura è dovunque costante, e che, come è noto, si possono riguardare come superficie parallele a quelle d'area minima, per le quali quella somma è nulla.

Chiamiamo, in generale, x', y', z' le coordinate di un punto P' d'una superficie S' parallela ad S (§ 1), e propriamente sia P' il punto situato sulla normale del punto P, ad una distanza uguale a λ da questo punto, dalla parte verso la quale si riguarda diretta la normale. Si avrà

$$(46) \qquad x' = x + \lambda X, \qquad y' = y + \lambda Y, \qquad z' = z + \lambda Z,$$

*) Abhandlungen der Königl. Sächsische Gesellschaft der Wissenschaften (math.-phys. Kl.) Bd. II (1855), pag. 529.

λ essendo costante in ogni punto. Rappresentiamo con

$$ds'^2 = E'du^2 + 2F'du\,dv + G'dv^2$$

il quadrato dell'elemento lineare della superficie S', corrispondente al ds della superficie S, e poniamo

$$\left(\frac{\partial X}{\partial u}\right)^2 + \left(\frac{\partial Y}{\partial u}\right)^2 + \left(\frac{\partial Z}{\partial u}\right)^2 = \boldsymbol{E},$$

$$\frac{\partial X}{\partial u}\frac{\partial X}{\partial v} + \frac{\partial Y}{\partial u}\frac{\partial Y}{\partial v} + \frac{\partial Z}{\partial u}\frac{\partial Z}{\partial v} = \boldsymbol{F},$$

$$\left(\frac{\partial X}{\partial v}\right)^2 + \left(\frac{\partial Y}{\partial v}\right)^2 + \left(\frac{\partial Z}{\partial v}\right)^2 = \boldsymbol{G}.$$

Derivando le (46) si troverà facilmente

$$E' = E - 2\lambda A + \lambda^2 \boldsymbol{E},$$

$$F' = F - 2\lambda B + \lambda^2 \boldsymbol{F},$$

$$G' = G - 2\lambda C + \lambda^2 \boldsymbol{G},$$

$$A' = A - \lambda \boldsymbol{E},$$

$$B' = B - \lambda \boldsymbol{F},$$

$$C' = C - \lambda \boldsymbol{G}.$$

Ciò premesso se nelle (46) si sostituiscono al posto delle x, y, z le espressioni (30) ovvero le (30') delle coordinate di una superficie minima, ed al posto delle X, Y, Z i valori (35), le anzidette formole (46) rappresenteranno evidentemente una superficie in cui la somma dei raggi principali di curvatura è dovunque costante ed uguale a 2λ.

In virtù della equazione (36) si ha

$$\boldsymbol{E} = \boldsymbol{G} = \frac{1}{\cosh^2 v}, \qquad \boldsymbol{F} = 0,$$

quindi

$$E' = E + 2\lambda p + \frac{\lambda^2}{\cosh^2 v}, \qquad G' = G - 2\lambda p + \frac{\lambda^2}{\cosh^2 v},$$

$$F' = -2\lambda q, \qquad E'G' - F'^2 = \left(E - \frac{\lambda^2}{\cosh^2 v}\right)^2,$$

$$A' = -p - \frac{\lambda}{\cosh^2 v}, \qquad B' = q, \qquad C' = p - \frac{\lambda}{\cosh^2 v},$$

epperò

$$A' C' - B'^2 = -\left(p^2 + q^2 - \frac{\lambda^2}{\cosh^4 v}\right),$$

$$A' G' - 2 B' F' + C' E' = 2\lambda\left(p^2 + q^2 - \frac{\lambda^2}{\cosh^4 v}\right).$$

Se ne conclude, chiamando R'_1, R'_2 i raggi principali della superficie parallela che consideriamo,

$$R'_1 + R'_2 = 2\lambda, \qquad R'_1 R'_2 = \lambda^2 - (p^2 + q^2)\cosh^4 v = \lambda^2 - R^2,$$

e quindi

$$R'_1 = \lambda \pm R, \qquad R'_2 = \lambda \mp R, \tag{47}$$

ciò che dimostra, *a posteriori*, la relazione geometrica della superficie parallela colla primitiva.

Le due superficie parallele ed equidistanti da due superficie minime conjugate (§ 3) *non* sono, come queste, applicabili una sull'altra.

Le linee di curvatura hanno le medesime equazioni in u, v tanto sulla primitiva superficie d'area minima quanto su tutte le superficie parallele. Non così le linee asintotiche.

Pei valori di E', F', G' si ha

$$d s'^2 = \left[(p^2 + q^2)\cosh^2 v + \frac{\lambda^2}{\cosh^2 v}\right](d u^2 + d v^2) + 2\lambda[p(d u^2 - d v^2) - 2 q\, du\, dv],$$

e quindi, introducendo i parametri isometrici U, V delle linee di curvatura mediante la (41),

$$d s'^2 = \left(\sqrt{p^2 + q^2}\,.\cosh^2 v + \frac{\lambda^2}{\sqrt{p^2 + q^2}\,.\cosh^2 v}\right)(d U^2 + d V^2) + 2\lambda(d U^2 - d V^2),$$

ossia

$$d s'^2 = \left(\frac{\lambda}{\sqrt{R}} + \sqrt{R}\right)^2 d U^2 + \left(\frac{\lambda}{\sqrt{R}} - \sqrt{R}\right)^2 d V^2.$$

Prendendo quindi nelle (47) i segni superiori si ha

$$d s'^2 = \frac{R'^2_1 d U^2 + R'^2_2 d V^2}{R},$$

espressione elegante dell'elemento lineare, che si potrebbe anche dedurre dalla (42).

Per la superficie parallela alla conjugata di quella che abbiamo considerata, si ha

$$x'_1 = x_1 + \lambda X, \qquad y'_1 = y_1 + \lambda Y, \qquad z'_1 = z_1 + \lambda Z$$

e si trova agevolmente

$$ds_1'^2 = \left[(p^2 + q^2)\cosh^2 v + \frac{\lambda^2}{\cosh^2 v}\right](du^2 + dv^2) + 2\lambda[q(du^2 - dv^2) + 2p\,du\,dv]$$

$$= \left(R + \frac{\lambda^2}{R}\right)(dU^2 + dV^2) + 4\lambda\,dU\,dV.$$

Ma ponendo

$$U + V = \sqrt{2}\,U_1, \qquad U - V = \sqrt{2}\,V_1,$$

si trova

$$dU^2 + dV^2 = dU_1^2 + dV_1^2, \qquad 2\,dU\,dV = dU_1^2 - dV_1^2,$$

quindi

$$ds_1'^2 = \left(\frac{\lambda}{\sqrt{R}} + \sqrt{R}\right)^2 dU_1^2 + \left(\frac{\lambda}{\sqrt{R}} - \sqrt{R}\right)^2 dV_1^2,$$

ossia

$$ds_1'^2 = \frac{R_1'^2\,dU_1^2 + R_2'^2\,dV_1^2}{R},$$

espressione donde si conclude che le linee U_1, V_1 sono ortogonali per questa seconda superficie: ed infatti sappiamo che sono le sue linee di curvatura, poichè corrispondono alle asintotiche della prima superficie d'area minima.

XXVIII.

SULLA TEORIA GENERALE DELLE SUPERFICIE.

Atti dell'Ateneo Veneto, serie II, volume V (1868), pp. 535-542.

Consideriamo due superficie σ e Σ che sieno suscettibili d'essere spiegate, senza rotture nè duplicature, l'una sull'altra, almeno in certe loro determinate porzioni. Per le ricerche relative a questo genere di considerazioni si suole far uso di coordinate curvilinee, le quali sono infatti, nelle attuali condizioni dell'analisi, lo strumento più appropriato al soggetto. Siccome però queste coordinate non sono ancora entrate quanto sarebbe da desiderarsi nel dominio dell'analisi elementare, abbiamo creduto opera non del tutto inutile mostrare come, senza uscire dall'uso delle classiche coordinate rettangolari nello spazio, si possano stabilire i principali teoremi della preaccennata dottrina, ed aprire una via seguendo la quale se ne possano trovare degli altri, o dimostrarne altri fra i già noti.

Indichiamo con x, y, z le coordinate dei punti della superficie σ, con X, Y, Z quelle dei punti *omologhi* della superficie Σ: *omologhi* essendo fra loro quei punti che, mediante la sovrapposizione delle due superficie, vengono a coincidere in un solo. E le une e le altre coordinate si riferiscono ad una medesima terna d'assi ortogonali.

Consideriamo z come funzione di x, y; Z come funzione di X, Y e poniamo, com'è di pratica,

$$\frac{\partial z}{\partial x} = p, \qquad \frac{\partial z}{\partial y} = q; \qquad \frac{\partial Z}{\partial X} = P, \qquad \frac{\partial Z}{\partial Y} = Q.$$

Avendosi

$$dz = p\,dx + q\,dy, \qquad dZ = P\,dX + Q\,dY,$$

le lunghezze degli archetti infinitesimi che congiungono, sulla superficie σ i punti (x, y, z), $(x + dx, y + dy, z + dz)$, sulla superficie Σ i punti omologhi (X, Y, Z), $(X + dX, Y + dY, Z + dZ)$, sono date rispettivamente dalle radici quadrate delle seguenti espressioni:

$$dx^2 + dy^2 + (p\,dx + q\,dy)^2,$$

$$dX^2 + dY^2 + (P\,dX + Q\,dY)^2;$$

e poichè, per la sovrapponibilità (senza estendibilità) delle due superficie, è manifestamente necessario e sufficiente che queste lunghezze, per qualsivoglia coppia di simili archetti infinitesimi, sieno eguali fra loro, avremo l'equazione fondamentale del problema

$$(1 + p^2)dx^2 + 2pq\,dx\,dy + (1 + q^2)\,dy^2 = (1 + P^2)\,dX^2 + 2PQ\,dX\,dY + (1 + Q^2)\,dY^2,$$

dalla quale si deve poter dedurre tutta la dottrina di cui ci occupiamo.

Ed innanzi tutto essa si scompone in tre altre equazioni, tutte necessarie alla sua incondizionata sussistenza. Poichè fino a tanto che la seconda superficie Σ si considera in sè stessa, le coordinate X, Y sono due variabili indipendenti delle quali la terza coordinata Z è funzione determinata (quand'anche non conosciuta). Ma quando la superficie Σ si riguarda come una trasformazione della σ, le tre coordinate di ciascun suo punto, e quindi anche le variabili indipendenti X, Y, diventano suscettibili di essere considerate come funzioni di quelle del punto omologo, cioè delle x, y. Noi riguarderemo dunque le coordinate X, Y come funzioni, da determinarsi, delle x, y, delle quali saranno pure funzioni z e Z: ma quest'ultima si considererà come funzione *immediata* delle X, Y, e ciò per il migliore assetto del calcolo. Per conseguire comodità di scrittura porremo anche

$$\frac{\partial X}{\partial x} = X_1, \qquad \frac{\partial X}{\partial y} = X_2, \qquad \frac{\partial Y}{\partial x} = Y_1, \qquad \frac{\partial Y}{\partial y} = Y_2.$$

Ora avendosi, per queste segnature,

$$dX = X_1\,dx + X_2\,dy, \qquad dY = Y_1\,dx + Y_2\,dy,$$

se questi valori si sostituiscono nell'equazione fondamentale, la quale deve essere soddisfatta non solo per ogni valore delle variabili indipendenti x ed y, ma eziandio per ogni valore del rapporto $\frac{dx}{dy}$, dal quale dipende la direzione dell'archetto immaginato sulla prima superficie, si vede che non può aver luogo identità se non a condizione che le funzioni X, Y, Z sieno determinate in modo da rendere separatamente

$$(1)\quad \begin{cases} 1 + p^2 = (1 + P^2) X_1^2 + 2PQX_1Y_1 + (1 + Q^2) Y_1^2, \\ pq = (1 + P^2) X_1 X_2 + PQ(X_1Y_2 + X_2Y_1) + (1 + Q^2) Y_1 Y_2, \\ 1 + q^2 = (1 + P^2) X_2^2 + 2PQX_2Y_2 + (1 + Q^2) Y_2^2, \end{cases}$$

equazioni nelle quali le funzioni X, Y entrano non solo nel modo visibile, ma altresì implicite nelle P, Q, derivate parziali della funzione incognita Z di X ed Y.

Ciò premesso osserviamo che, senza punto mutare la forma delle due superficie, si possono desse disporre in modo che due loro punti omologhi vengano a coincidere in un solo, nel quale le superficie stesse sieno a contatto, e si può inoltre far girare l'una di esse intorno alla normale comune per guisa che le tangenti di due linee omologhe uscenti dal punto di contatto coincidano in una sola retta condotta da questo punto nel comun piano tangente. In tale stato di cose, prendendo il punto di contatto per origine degli assi, e la normale comune per asse delle z, le equazioni delle due superficie, supposte dotate di curvatura continua nelle vicinanze del punto comune, si possono mettere sotto questa forma:

$$(2)\quad \begin{cases} z = \frac{1}{2}(a_0x^2 + 2a_1xy + a_2y^2) + \frac{1}{2.3}(b_0x^3 + 3b_1x^2y + 3b_2xy^2 + b_3y^3) + \cdots, \\ Z = \frac{1}{2}(A_0X^2 + 2A_1XY + A_2Y^2) + \frac{1}{2.3}(B_0X^3 + 3B_1X^2Y + 3B_2XY^2 + B_3Y^3) + \cdots. \end{cases}$$

Le X, Y sono due funzioni di x, y che si annullano per $x = 0$, $y = 0$, che si possono sviluppare in serie procedenti secondo le potenze di queste due variabili, e che devono inoltre essere tali che i rapporti $\frac{X}{x}$, $\frac{Y}{y}$ convergano indefinitamente verso l'unità positiva, al diminuire di x, y; poichè è chiaro che la ammessa coincidenza delle tangenti di due linee omologhe all'origine, trae di necessità con sè la coincidenza di tutte le altre coppie di tangenti omologhe, e quindi l'eguaglianza dei rapporti $\frac{Y}{X}$ ed $\frac{y}{x}$, per tutti i punti omologhi infinitamente vicini al punto di contatto. Dunque le espressioni in serie di X, Y saranno della forma

$$X = x + \tfrac{1}{2}(m_0x^2 + 2m_1xy + m_2y^2) + \cdots$$

$$Y = y + \tfrac{1}{2}(n_0x^2 + 2n_1xy + n_2y^2) + \cdots.$$

I coefficienti di queste serie si devono determinare sostituendo nelle equazioni (1) i valori p, q, P, Q, X_1, X_2, Y_1, Y_2 dedotti dalle precedenti espressioni di z, Z, X, Y, e paragonando fra loro i coefficienti delle eguali potenze di x, y nei due membri delle stesse equazioni (1). In particolare è facile convincersi a colpo d'occhio che, per confrontare i termini di grado zero e primo, basta considerare, in luogo delle (1), le equazioni seguenti:

$$1 = X_1^2 + Y_1^2, \qquad 0 = X_1 X_2 + Y_1 Y_2, \qquad 1 = X_2^2 + Y_2^2,$$

ossia, sostituendo,

$$1 = 1 + 2m_0 x + 2m_1 y, \quad 0 = m_1 x + m_2 y + n_0 x + n_1 y, \quad 1 = 1 + 2n_1 x + 2n_2 y,$$

donde

$$m_0 = m_1 = m_2 = 0, \qquad n_0 = n_1 = n_2 = 0.$$

Si vede dunque che negli sviluppi di X e di Y mancano i termini del 2° grado. Porremo in conseguenza di ciò,

$$(3) \qquad \begin{cases} X = x + \frac{1}{2.3}(m_0 x^3 + 3m_1 x^2 y + 3m_2 x y^2 + m_3 y^3) + \cdots, \\ Y = y + \frac{1}{2.3}(n_0 x^3 + 3n_1 x^2 y + 3n_2 x y^2 + n_3 y^3) + \cdots, \end{cases}$$

e formeremo, in base a queste espressioni, le varie quantità che si debbono sostituire nelle equazioni (1), tenendo conto delle potenze di x ed y non superiori alla seconda. Innanzi tutto si osserverà che, in tale ipotesi, per esprimere mediante x, y le quantità P^2, PQ, Q^2, basta sostituire nei valori di P, Q dati dalla seconda equazione (2) le x, y al posto delle X, Y, come emerge evidentemente dalla forma delle (3). Si hanno per tal modo le equazioni seguenti, esatte fino alle quantità di second'ordine inclusivamente:

$$p^2 = a_0^2 x^2 + 2a_0 a_1 xy + a_1^2 y^2, \qquad P^2 = A_0^2 x^2 + 2A_0 A_1 xy + A_1^2 y^2,$$

$$pq = a_0 a_1 x^2 + (a_0 a_2 + a_1^2) xy + a_1 a_2 y^2, \qquad PQ = A_0 A_1 x^2 + (A_0 A_2 + A_1^2) xy + A_1 A_2 y^2,$$

$$q^2 = a_1^2 x^2 + 2a_1 a_2 xy + a_2^2 y^2, \qquad Q^2 = A_1^2 x^2 + 2A_1 A_2 xy + A_2^2 y^2.$$

Si ha inoltre, negli stessi limiti di approssimazione,

$$X_1^2 = 1 + m_0 x^2 + 2m_1 xy + m_2 y^2, \qquad X_1 X_2 = \tfrac{1}{2}(m_1 x^2 + 2m_2 xy + m_3 y^2),$$

$$Y_2^2 = 1 + n_1 x^2 + 2n_2 xy + n_3 y^2, \qquad Y_1 Y_2 = \tfrac{1}{2}(n_0 x^2 + 2n_1 xy + n_2 y^2),$$

$$X_2^2 = 0, \quad Y_1^2 = 0, \quad X_1 Y_1 = 0, \quad X_2 Y_2 = 0, \quad X_1 Y_2 + X_2 Y_1 = 1 + \cdots,$$

dove il segno $+$ dopo l'unità indica che seguono dei termini di 2° ordine dei quali non è necessario tener conto.

Sostituendo queste diverse espressioni nelle equazioni (1) che, per l'attuale approssimazione, possono scambiarsi colle seguenti:

$$1 + p^2 = P^2 + X_1^2,$$
$$pq = PQ + X_1 X_2 + Y_1 Y_2,$$
$$1 + q^2 = Q^2 + Y_2^2,$$

si trovano queste eguaglianze

$$a_0^2 x^2 + 2 a_0 a_1 xy + a_1^2 y^2 = A_0^2 x^2 + 2 A_0 A_1 xy + A_1^2 y^2 + m_0 x^2 + 2 m_1 xy + m_2 y^2,$$
$$a_0 a_1 x^2 + (a_0 a_2 + a_1^2) xy + a_1 a_2 y^2 = A_0 A_1 x^2 + (A_0 A_2 + A_1^2) yx + A_1 A_2 y^2$$
$$+ \tfrac{1}{2}[(m_1 + n_0) x^2 + 2(m_2 + n_1) xy + (m_3 + n_2) y^2],$$
$$a_1^2 x^2 + 2 a_1 a_2 xy + a_2^2 y^2 = A_1^2 x^2 + 2 A_1 A_2 xy + A_2^2 y^2 + n_1 x^2 + 2 n_2 xy + n_3 y^2,$$

donde si concludono le relazioni seguenti fra i parametri costanti

$$m_0 = a_0^2 - A_0^2, \qquad n_1 = a_1^2 - A_1^2, \qquad m_1 + n_0 = 2 a_0 a_1 - 2 A_0 A_1,$$
$$m_1 = a_0 a_1 - A_0 A_1, \quad n_2 = a_1 a_2 - A_1 A_2, \quad m_2 + n_1 = a_0 a_2 + a_1^2 - (A_0 A_2 + A_1^2),$$
$$m_2 = a_1^2 - A_1^2, \qquad n_3 = a_2^2 - A_2^2, \qquad m_3 + n_2 = 2 a_1 a_2 - 2 A_1 A_2.$$

Da queste nove equazioni si ricavano i seguenti valori degli otto coefficienti m ed n,

$$(4) \qquad \begin{cases} m_0 = a_0^2 - A_0^2, \\ m_1 = a_0 a_1 - A_0 A_1, \\ m_2 = a_1^2 - A_1^2, \\ m_3 = a_1 a_2 - A_1 A_2, \end{cases} \qquad \begin{cases} n_0 = a_0 a_1 - A_0 A_1, \\ n_1 = a_1^2 - A_1^2, \\ n_2 = a_1 a_2 - A_1 A_2, \\ n_3 = a_2^2 - A_2^2, \end{cases}$$

rimanendo a soddisfarsi la relazione

$$(5) \qquad a_0 a_2 - a_1^2 = A_0 A_2 - A_1^2,$$

la quale, siccome non contiene altro che le costanti delle equazioni delle due superficie σ e Σ, esprime una proprietà che le superficie stesse devono possedere per poter essere sovrapposte l'una all'altra. Ora, i due membri della precedente equazione, che sono i discriminanti delle forme quadratiche costituenti le parti di 2° ordine negli sviluppi (2) di ζ e Z, rappresentano, come è notissimo, i valori dei prodotti inversi dei raggi di curvatura delle superficie σ e Σ nell'origine delle coordinate; vale a dire che, indicando con r_0, r_1 i raggi della prima superficie, con R_0, R_1 quelli della seconda, si ha

$$a_0 a_2 - a_1^2 = \frac{1}{r_0 r_1}, \qquad A_0 A_2 - A_1^2 = \frac{1}{R_0 R_1};$$

dunque la trovata equazione (5) equivale alla formula

$$R_0 R_1 = r_0 r_1,$$

che si riferisce ad una qualunque coppia di punti omologhi, poichè non è stata fatta alcuna ipotesi speciale sopra quelli che si trasportano a coincidere nell'origine delle coordinate. Si ha così il celeberrimo teorema di Gauss, il quale si può enunciare nel modo seguente: *comunque varii la forma di una superficie, supposta flessibile ma inestendibile, in ciascun punto di essa rimane invariato il valore del prodotto dei due raggi principali di curvatura.*

Sostituendo i valori (4) dei coefficienti nelle due formole (3), si ottengono le espressioni delle funzioni X, Y, esatte fino alla terza dimensione. Queste espressioni per la forma dei loro coefficienti, possono assumere un aspetto speciale e notevolissimo. Infatti ponendo

$$U(x, y) = \frac{1}{2}(x^2 + y^2) + \frac{1}{2.3.4}[(a_0^2 - A_0^2)x^4 + 4(a_0 a_1 - A_0 A_1)x^3 y$$
$$+ 6(a_1^2 - A_1^2)x^2 y^2 + 4(a_1 a_2 - A_1 A_2)x y^3 + (a_2^2 - A_2^2)y^4],$$

si ha, entro l'anzidetto limite di approssimazione,

$$X = \frac{\partial U}{\partial x}, \qquad Y = \frac{\partial U}{\partial y}.$$

Questa forma però non sussiste che coll'approssimazione indicata. Infatti noi abbiamo calcolato i coefficienti dei termini di 4° grado negli sviluppi delle funzioni X ed Y ed abbiamo trovato che, rappresentando i complessi dei termini di quest'ordine con

$$\frac{1}{2.3.4}(m_0^1 x^4 + 4 m_1^1 x^3 y + 6 m_2^1 x^2 y^2 + 4 m_3^1 x y^3 + m_4^1 y^4),$$

$$\frac{1}{2.3.4}(n_0^1 x^4 + 4 n_1^1 x^3 y + 6 n_2^1 x^2 y^2 + 4 n_3^1 x y^3 + n_4^1 y^4),$$

si ha

$$m_0^1 = 3a_0b_0 - 3A_0B_0, \qquad n_0^1 = a_0b_1 + 2a_1b_0 - A_0B_1 - 2A_1B_0,$$

$$m_1^1 = 2a_0b_1 + a_1b_0 - 2A_0B_1 - A_1B_0, \qquad n_1^1 = 3a_1b_1 - 3A_1B_1,$$

$$m_2^1 = a_0b_2 + 2a_1b_1 - A_0B_2 - 2A_1B_1, \qquad n_2^1 = 2a_1b_2 + a_2b_1 - 2A_1B_2 - A_2B_1,$$

$$m_3^1 = 3a_1b_2 - 3A_1B_2, \qquad n_3^1 = a_1b_3 + 2a_2b_2 - A_1B_3 - 2A_2B_2,$$

$$m_4^1 = 2a_1b_3 + a_2b_2 - 2A_1B_3 - A_2B_2, \qquad n_4^1 = 3a_2b_3 - 3A_2B_3,$$

oltre le due equazioni

$$a_0b_2 - 2a_1b_1 + a_2b_0 = A_0B_2 - 2A_1B_1 + A_2B_0,$$

$$a_0b_3 - 2a_1b_2 + a_2b_1 = A_0B_3 - 2A_1B_2 + A_2B_1,$$

che esprimono relazioni necessarie fra le costanti delle equazioni delle due superficie. Come si vede, i coefficienti m^1, n^1 non hanno più la forma richiesta per appartenere ad una forma di 5° grado della quale i due gruppi di termini del 4° grado sieno le derivate parziali rapporto ad x e ad y. Quanto alle due relazioni fra i coefficienti delle equazioni (2), esse sono necessarie, quanto la (5), per la sovrapponibilità delle due superficie, ma non contengono alcun nuovo teorema oltre a quello di GAUSS. Esse esprimono che questo teorema sussiste non solo per l'origine delle coordinate, ma per tutte le coppie di punti omologhi infinitamente vicini all'origine. Bisogna quindi andar più avanti collo sviluppo in serie prima di trovare delle relazioni indipendenti da quella di GAUSS. Finora i geometri non ne hanno fatto conoscere alcuna che abbia un significato geometrico altrettanto netto e spiccato.

È bene notare che se le formole (3) si risolvessero rispetto ad x, y, si avrebbe evidentemente

$$x = X - \frac{1}{2.3}(m_0X^3 + 3m_1X^2Y + 3m_2XY^2 + m_3Y^3) + \cdots$$

$$y = Y - \frac{1}{2.3}(n_0X^3 + 3n_1X^2Y + 3n_2XY^2 + n_3Y^3) + \cdots.$$

Siccome d'altra parte nulla distingue fra loro le due superficie σ e Σ, così è chiaro che i valori di x, y per mezzo di X, Y devonsi ottenere nello stesso modo con cui si sono ottenuti i valori inversi (3), solo permutando le a, b colle A, B. Ora ciò si accorda esattamente colla natura dei valori (4) trovati pei coefficienti m ed n. Infatti questi cambiano segno per l'anzidetta permutazione, appunto come dev'essere affinchè si ritrovino le espressioni testè scritte di x, y in funzione di X, Y. La cosa procede egualmente rispetto ai termini di 4° ordine, i quali non fanno che cambiare di segno; ed ognuno vede fino a qual ordine la medesima circostanza deve continuare ad avverarsi.

Consideriamo due curve omologhe delle due superficie, passanti per il punto di contatto assunto come origine delle coordinate, e quindi tangenti fra loro, e poniamo mente alle loro projezioni sul comun piano tangente (piano delle xy). I binomi $X - x$, $Y - y$ sono le due projezioni della retta che congiunge il punto (xy) della curva tracciata sulla superficie σ col punto omologo (XY) della curva tracciata sulla superficie Σ. Questi binomî equivalgono [in virtù delle formole (3)] a due sviluppi in serie che incominciano con termini di grado dispari; epperò, considerati relativamente a punti poco discosti dall'origine, cambiano segno passando da una parte all'altra dell'origine stessa sopra le due curve tangenti. Ne segue che la retta infinitesima congiungente due punti omologhi delle curve projettate cambia direzione passando per l'origine, talchè le due curve stesse sono fra loro in questo punto non solo tangenti ma ancora seganti, ovverosia hanno un contatto tripunto e conseguentemente hanno la medesima curvatura. Ora la curvatura delle projezioni piane delle curve omologhe considerate, o, in altri termini, la projezione della curvatura assoluta di queste curve (nel loro punto comune) sopra il comune piano tangente è ciò che si chiama la curvatura *tangenziale* o curvatura *geodetica* delle linee omologhe stesse. Dunque la precedente osservazione conduce immediatamente a quello che si può riguardare come il secondo teorema fondamentale nella dottrina dello sviluppo delle superficie, e che si può enunciare come segue: *comunque varii la forma di una superficie, supposta flessibile ma inestendibile, rimane invariata la curvatura tangenziale di ogni linea tracciata sovr'essa, in ciascun punto della linea stessa.* Questo teorema è dovuto a MINDING.

XXIX.

INTORNO AD UN NUOVO ELEMENTO INTRODOTTO DAL SIG. CHRISTOFFEL NELLA TEORICA DELLE SUPERFICIE.

Rendiconti del Reale Istituto Lombardo, serie II, volume II (1869), pp. 853-863.

Il valente geometra sig. CHRISTOFFEL ha letto il 17 dicembre 1868 alla R. Accademia di Berlino una Memoria intitolata: *Allgemeine Theorie der geodätischen Dreiecke*, che venne non ha guari pubblicata fra quelle della nominata illustre Accademia *). In questo elegante ed ampio lavoro, che vivamente raccomandiamo all'attenzione dei lettori italiani, sono per la prima volta gettate le basi di una trigonometria delle superficie curve in generale, argomento di grande interesse per la geodesia razionale, non meno che per la teoria pura. Non è questo il luogo di riferire, neppure per sommi capi, il sistema delle vedute dell'Autore citato; ci fa d'uopo però accennarne una, forse la più felice dal lato geometrico, sulla quale è nostro proposito di presentare qualche osservazione.

Dati in un piano due punti a, b, se intorno ad a si fa girare di un angolo infinitesimo $d\omega$ la retta ab, l'archetto generato dell'altro punto b è normale ad ab ed ha per misura $ab.d\omega$. Dati invece sopra una superficie curva due punti a, b, se intorno ad a si fa girare di un angolo infinitesimo $d\omega$ la geodetica ab, l'archetto generato dall'altro punto b è bensì normale ad ab **), ma in generale non ha per misura $ab\,.\,d\omega$. Ora il sig. CHRISTOFFEL chiama (p. 131) *lunghezza ridotta* dell'arco geodetico ab, e designa col simbolo (ab) quella quantità per cui deve moltiplicarsi $d\omega$, affine di ot-

*) Math.-physik. Abhandlungen der k. Akademie der Wissenschaften zu Berlin (1868), pp. 119-176.

**) GAUSS, *Disquisitiones generales*, etc., XV.

tenere in ogni caso dal prodotto $(ab).d\omega$ la lunghezza effettiva del sovraccennato archetto. Questa quantità è in generale una funzione di *quattro* variabili, che sono i parametri dai quali dipendono le posizioni dei punti a, b. Ma se questi due punti s'intendono scelti sopra una determinata linea geodetica, essa diventa funzione di due sole variabili, che possono essere, per es., gli archi α, β intercetti sulla linea stessa fra i due punti a, b ed un punto fisso arbitrario. In questo caso la lunghezza ridotta può rappresentarsi con $(\alpha\beta)$, e i suoi termini si possono per maggior comodo indicare con α, β, cioè colle stesse lettere che ne designano le distanze dall'origine.

Il sig. CHRISTOFFEL stabilisce direttamente, per mezzo di considerazioni sui triangoli geodetici, le equazioni differenziali che caratterizzano la lunghezza ridotta, tanto sotto l'uno quanto sotto l'altro dei due mentovati aspetti *). Quelle di cui abbiamo bisogno qui si possono ottenere facilmente coll'aiuto di alcune proposizioni notissime di GAUSS.

Sia r la lunghezza di un arco geodetico spiccato da un punto o della superficie, ω l'azimut del suo primo elemento. Le variabili r ed ω, riguardate come coordinate curvilinee, fanno prendere all'elemento lineare la forma

$$ds^2 = dr^2 + m^2 d\omega^2,$$

dove m è una funzione di r e di ω, che dipende dalla natura della superficie e dalla posizione del punto o, ma che in qualunque caso deve soddisfare alle condizioni

$$m = 0, \qquad \frac{\partial m}{\partial r} = 1, \tag{1}$$

per $r = 0$; inoltre, chiamando k la misura della curvatura nel punto (r, ω), si ha **)

$$\frac{\partial^2 m}{\partial r^2} + km = 0. \tag{2}$$

Ora essendo $m\,d\omega$ la lunghezza dell'archetto generato dall'estremità mobile della geodetica r, quando questa linea descrive intorno al punto o l'angolo infinitesimo $d\omega$, è chiaro che m è la *lunghezza ridotta* dell'arco r, espressa in funzione delle coordinate

---

*) Ci sia permesso notare che la duplice espressione della misura della curvatura trovata dal sig. CHRISTOFFEL a pag. 141 è identica a quella già data dal sig. BRIOSCHI negli Annali di Matematica, 2ª serie, t. I (1867), pag. 5, equazione (8); e che le sei quantità segnate dal primo Autore coi simboli $\binom{11}{1}$, $\binom{11}{2}$, ecc. si riscontrano presso il secondo nei coefficienti dei secondi membri delle equazioni (3), pag. 3 (citati Annali).

**) GAUSS, *Disquisitiones generales*, etc., XIX.

r, ω del suo secondo termine, il primo essendo un punto invariabile. Quindi se ad ω si assegna un valore individuato, cioè se si considera una *individuata* linea geodetica passante per o, diventano k ed m funzioni della sola r, ed ove la prima di queste due quantità si consideri come nota, è chiaro che la seconda riesce completamente definita dall'equazione differenziale del second'ordine (2), in unione alle due condizioni (1). Considerando ora un punto arbitrario della geodetica come origine degli archi, e indicando con α la distanza del punto o da esso, è $\alpha + r$ la distanza del secondo termine dell'arco r dalla stessa origine. Quindi la lunghezza ridotta, testè indicata con m, può, secondo la fatta convenzione, rappresentarsi con $(\alpha, \alpha + r)$ e deve soddisfare all'equazione

$$\frac{\partial^2(\alpha, \alpha + r)}{\partial r^2} + k(\alpha, \alpha + r) = 0,$$

colle condizioni

$$(\alpha, \alpha + r) = 0, \qquad \frac{\partial(\alpha, \alpha + r)}{\partial r} = 1,$$

per $r = 0$. Scrivendo, per maggior comodo, r al posto di $\alpha + r$, si ha invece l'equazione

$$\frac{\partial^2(\alpha, r)}{\partial r^2} + k_r(\alpha, r) = 0,$$

colle condizioni

$$(\alpha, r) = 0, \qquad \frac{\partial(\alpha, r)}{\partial r} = 1,$$

per $r = \alpha$, dove k_r indica il valore della curvatura nel punto r, cioè nel secondo termine del segmento $r - \alpha$ di cui (α, r) è la lunghezza ridotta. Queste tre equazioni sono non solo necessarie ma altresì sufficienti (insieme colla condizione di continuità) a definire la lunghezza ridotta della geodetica considerata; dunque la funzione continua di α e di r, ch'esse determinano, è appunto quella che esprime generalmente la lunghezza ridotta dell'arco terminato a due punti *qualunque* della geodetica, in funzione delle distanze di questi due punti dall'origine. Solamente fa d'uopo osservare che nel caso di $r < \alpha$ la funzione così determinata differisce dalla lunghezza ridotta in quanto al segno; essa è perciò chiamata dal sig. CHRISTOFFEL (pag. 147) più propriamente *ascissa ridotta* e designata col simbolo $[\alpha r]$. Riassumendo dunque, l'*ascissa ridotta* $[\alpha r]$ è definita dall'equazione differenziale

$$\frac{\partial^2[\alpha r]}{\partial r^2} + k_r[\alpha r] = 0, \tag{3}$$

e dalle condizioni

$$[\alpha r] = 0, \qquad \frac{\partial[\alpha r]}{\partial r} = 1, \tag{4}$$

per $r = \alpha$. Quando la funzione $[\alpha r]$ è nota, l'integrale completo dell'equazione (3) può rappresentarsi con $p[\alpha r] + q[\beta r]$, dove α, β sono costanti individuate e p, q costanti arbitrarie, ovvero semplicemente con $p[\alpha r]$, considerando p ed α come costanti arbitrarie.

Dall'equazione (3) si deduce, con un processo notissimo,

$$[\alpha r]\frac{\partial[\beta r]}{\partial r} - [\beta r]\frac{\partial[\alpha r]}{\partial r} = \text{cost.},$$

donde, osservando che per $r = \beta$ si ha, (4), $[\beta r] = 0$, $\dfrac{\partial[\beta r]}{\partial r} = 1$, si deduce la relazione elegante (pag. 149)

$$(5) \qquad [\alpha r]\frac{\partial[\beta r]}{\partial r} - [\beta r]\frac{\partial[\alpha r]}{\partial r} = [\alpha\beta],$$

data dal sig. CHRISTOFFEL come formola d'addizione per la funzione $[\alpha r]$. Da essa si deduce in particolare

$$(6) \qquad [\alpha\beta] + [\beta\alpha] = 0,$$

proprietà donde emerge il notabile teorema (pag. 139) che *se un arco geodetico di data lunghezza si fa girare di un dato angolo infinitesimo intorno all'uno od all'altro dei suoi termini, la grandezza dell'elemento descritto dal termine mobile è la stessa in ambedue i casi*. Questa proprietà geometrica è la principal causa dell'utilità che offre il concetto della lunghezza ridotta nella considerazione delle figure formate da linee geodetiche di lunghezza finita.

Dalla (5), derivando rispetto a β e facendo poscia convergere β verso α, si trae (pag. 149)

$$(7) \qquad [\alpha r]\frac{\partial^2[\alpha r]}{\partial\alpha\,\partial r} - \frac{\partial[\alpha r]}{\partial\alpha}\frac{\partial[\alpha r]}{\partial r} = 1,$$

equazione a derivate parziali della quale il sig. CHRISTOFFEL non ha fatto uso per assegnare la forma generale della funzione $[\alpha r]$, come ci sembra potersi fare con qualche frutto, specialmente per agevolare l'intelligenza e la ricerca delle proprietà della funzione stessa. Infatti scrivendo quest'equazione nella forma

$$\frac{\partial^2 \log[\alpha r]}{\partial\alpha\,\partial r} = \frac{1}{[\alpha r]^2},$$

si riconosce ch'essa è soddisfatta dal valore

$$[\alpha r] = \frac{\varphi(r) - \psi(\alpha)}{\sqrt{\varphi'(r)\psi'(\alpha)}},$$

qualunque siano le due funzioni φ e ψ. Ma poichè è prescritto che per $r=\alpha$ la funzione $[\alpha r]$ vada a zero qualunque sia α, è chiaro che bisogna attribuire alle due funzioni φ e ψ la medesima forma, cioè che bisogna porre

$$(8) \qquad [\alpha r]=\frac{\varphi(r)-\varphi(\alpha)}{\sqrt{\varphi'(r)\varphi'(\alpha)}},$$

e siccome questo valore soddisfa pure alla seconda condizione (4), cioè alla

$$\frac{\partial[\alpha r]}{\partial r}=1,$$

per $r=\alpha$, si deve concludere che *esso porge un'espressione generale della funzione* $[\alpha r]$, *indipendente dalla natura della superficie e dalla linea geodetica individuata sovr'essa;* questi due elementi non possono influire che sulla specie della funzione $\varphi(r)$.

La forma dell'espressione (8), nella quale è resa evidente la proprietà (6), manifesta come per le ascisse ridotte relative ai segmenti di una data linea geodetica possano sussistere teoremi analoghi a quelli che valgono per i segmenti stessi, ossia per i segmenti di una linea retta. La proprietà (6) è appunto il più semplice esempio di tale analogia. Per vederne un secondo, si consideri l'identità

$$\begin{vmatrix} \varphi(r)-\varphi(\alpha) & 1 & \varphi(\alpha) \\ \varphi(r)-\varphi(\beta) & 1 & \varphi(\beta) \\ \varphi(r)-\varphi(\gamma) & 1 & \varphi(\gamma) \end{vmatrix}=0.$$

Sviluppando il determinante rispetto agli elementi della prima colonna e dividendo per

$$\sqrt{\varphi'(r)\varphi'(\alpha)\varphi'(\beta)\varphi'(\gamma)},$$

si ottiene

$$(9) \qquad [\alpha r][\beta\gamma]+[\beta r][\gamma\alpha]+[\gamma r][\alpha\beta]=0,$$

relazione (pag. 149) analoga alla notissima che ha luogo fra le mutue distanze di quattro punti in linea retta. In generale, ogni equazione algebrica fra più segmenti, nella quale ogni punto figuri uno stesso numero di volte in ciascun termine, ha luogo ancora sostituendo ai segmenti le ascisse ridotte. Ed ogni funzione razionale di più segmenti, nella quale ogni punto figuri uno stesso numero di volte in ciascun termine del numeratore e del denominatore, conserva la stessa forma sostituendo ai segmenti le ascisse ridotte, purchè in luogo delle distanze r dei varî punti dall'origine si considerino i corrispondenti valori della funzione $\varphi(r)$. Per esempio dalla (8) si deduce

$$(10) \qquad \frac{[\alpha r]}{[\beta r]}=\frac{\varphi(r)-\varphi(\alpha)}{\varphi(r)-\varphi(\beta)}\sqrt{\frac{\varphi'(\beta)}{\varphi'(\alpha)}},$$

e per conseguenza

$$\frac{[\alpha r]}{[\beta r]} : \frac{[\alpha r_1]}{[\beta r_1]} = \frac{\varphi(r) - \varphi(\alpha)}{\varphi(r) - \varphi(\beta)} : \frac{\varphi(r_1) - \varphi(\alpha)}{\varphi(r_1) - \varphi(\beta)}.$$

Il primo membro di quest'equazione, che rappresentiamo con $[\alpha\beta r r_1]$, presenta una composizione analoga a quella del rapporto anarmonico dei quattro punti α, β, r, r_1 (ed è effettivamente qualificato come tale dal sig. CHRISTOFFEL, pag. 156), mentre il secondo membro esprime il valore numerico di questo rapporto, nell'ipotesi che le distanze dei quattro punti dall'origine siano $\varphi(\alpha)$, $\varphi(\beta)$, $\varphi(r)$, $\varphi(r_1)$.

La funzione $\varphi(r)$ soddisfa ad un'equazione differenziale del terz'ordine. Infatti dalla (8), indicando con apici le derivate di φ, si trae

$$-\frac{1}{[\alpha r]}\frac{\partial^2[\alpha r]}{\partial r^2} = \frac{2\varphi'\varphi''' - 3\varphi''^2}{4\varphi'^2},$$

epperò si ha, (3),

(11) $$\frac{2\varphi'\varphi''' - 3\varphi''^2}{\varphi'^2} = 4k_r,$$

che è l'equazione in discorso. Di quest'equazione basta conoscere un integrale particolare, poichè ponendo

(12) $$\varphi(r) = \frac{p\psi(r) + q}{p'\psi(r) + q'}, \qquad (pq' - p'q \lesseqgtr 0)$$

si trova

$$\frac{2\varphi'\varphi''' - 3\varphi''^2}{\varphi'^2} = \frac{2\psi'\psi''' - 3\psi''^2}{\psi'^2},$$

talchè quando sia noto un integrale particolare $\psi(r)$, si ha tosto dalla (12) l'integrale completo con tre costanti arbitrarie. Ma per formare il valore (8) di $[\alpha r]$ basta operare sopra un integrale particolare della (11), giacchè dalla (12) si deduce

$$\frac{\varphi(r) - \varphi(\alpha)}{\sqrt{\varphi'(r)\varphi'(\alpha)}} = \frac{\psi(r) - \psi(\alpha)}{\sqrt{\psi'(r)\psi'(\alpha)}}.$$

L'equazione (11), potendosi scrivere

$$\frac{\varphi'^2}{\varphi''}\left(\frac{\varphi''^2}{\varphi'^3}\right)' = 4k_r,$$

è integrabile nel caso delle superficie di curvatura costante, e dà, con una prima integrazione,

$$\frac{\varphi''}{\varphi'\sqrt{a\varphi' - k}} = 2,$$

poscia, mutando la costante a,

$$\varphi' = \frac{a\sqrt{k}}{\cos^2[(r - r_0)\sqrt{k}\,]},$$

e finalmente

$$\varphi(r) = \varphi_0 + a \operatorname{tg}[(r - r_0)\sqrt{k}\,],$$

dove a, r_0, φ_0 sono tre costanti arbitrarie. Da questo valore si deduce

$$[\alpha r] = \frac{\operatorname{sen}[(r - \alpha)\sqrt{k}\,]}{\sqrt{k}},$$

come trova il signor Christoffel alla fine della sua Memoria (pag. 175). Si può osservare che il caso delle superficie di curvatura costante è il solo nel quale la lunghezza ridotta non dipende che dalla distanza geodetica dei due termini. Infatti, perchè $[\alpha r]$ sia funzione soltanto di $r - \alpha$ bisogna che si abbia

$$\frac{\partial[\alpha r]}{\partial\alpha} + \frac{\partial[\alpha r]}{\partial r} = 0,$$

ciò che riduce l'equazione (7) alla

$$[\alpha r]\frac{\partial^2[\alpha r]}{\partial r^2} - \left(\frac{\partial[\alpha r]}{\partial r}\right)^2 + 1 = 0.$$

Ora quest'equazione, derivata rispetto ad r, dà

$$[\alpha r]\frac{\partial^3[\alpha r]}{\partial r^3} - \frac{\partial[\alpha r]}{\partial r}\frac{\partial^2[\alpha r]}{\partial r^2} = 0,$$

ossia

$$\frac{\partial}{\partial r}\left\{\frac{\partial^2[\alpha r]}{\partial r^2} : [\alpha r]\right\} = 0,$$

donde, integrando,

$$\frac{\partial^2[\alpha r]}{\partial r^2} = \text{cost.}\,[r\alpha].$$

Quest'equazione, paragonata colla (3), mostra che la misura della curvatura è costante lungo ciascuna linea geodetica, epperò in tutta la superficie.

Siano $\varphi(r)$, $\Phi(r)$ due integrali dell'equazione (11), e sia r_1 un valore di r soddisfacente all'equazione

$$\varphi(r) = \Phi(r_1). \tag{13}$$

Riguardando r_1 come una funzione di r definita da questa equazione, si ha

$$\varphi' = \Phi' \frac{dr_1}{dr}, \qquad \varphi'' = \Phi'' \left(\frac{dr_1}{dr}\right)^2 + \Phi' \frac{d^2 r_1}{dr^2},$$

$$\varphi''' = \Phi''' \left(\frac{dr_1}{dr}\right)^3 + 3\Phi'' \frac{dr_1}{dr}\frac{d^2 r_1}{dr^2} + \Phi' \frac{d^3 r_1}{dr^3},$$

donde

$$\frac{2\varphi'\varphi''' - 3\varphi''^2}{\varphi'^2} = \frac{2\Phi'\Phi''' - 3\Phi''^2}{\Phi'^2}\left(\frac{dr_1}{dr}\right)^2 + \frac{2\frac{dr_1}{dr}\frac{d^3 r_1}{dr^3} - 3\left(\frac{d^2 r_1}{dr^2}\right)^2}{\left(\frac{dr_1}{dr}\right)^2},$$

epperò, in virtù della (11),

$$(14) \qquad 2\frac{dr_1}{dr}\frac{d^3 r_1}{dr^3} - 3\left(\frac{d^2 r_1}{dr^2}\right)^2 = 4k_r\left(\frac{dr_1}{dr}\right)^2 - 4k_{r_1}\left(\frac{dr_1}{dr}\right)^4.$$

L'integrale completo di quest'equazione differenziale di terz'ordine può mettersi sotto la forma

$$(15) \qquad \varkappa\varphi(r)\varphi(r_1) + \lambda\varphi(r) + \mu\varphi(r_1) + \nu = 0,$$

dove $\varkappa$, λ, μ, ν sono quattro costanti arbitrarie, mentre $\varphi(r)$ è un integrale della (11). Infatti dalla (15) si deduce

$$\varphi(r) = -\frac{\mu\varphi(r_1) + \nu}{\varkappa\varphi(r_1) + \lambda},$$

e poichè il secondo membro è un integrale della (11) [tale essendo per ipotesi $\varphi(r)$], se lo si indica con $\Phi(r_1)$ si ritorna appunto sulla (13) da cui la (14) è stata dedotta.

All'integrale (15) può darsi un'altra forma. Infatti considerando $\varphi(r)$ e $\varphi(r_1)$ come segmenti, l'equazione (15) è la solita relazione di projettività, e può tradursi per conseguenza in quest'altra

$$\frac{\varphi(r) - \varphi(\alpha)}{\varphi(r) - \varphi(\beta)} : \frac{\varphi(\gamma) - \varphi(\alpha)}{\varphi(\gamma) - \varphi(\beta)} = \frac{\varphi(r_1) - \varphi(\alpha_1)}{\varphi(r_1) - \varphi(\beta_1)} : \frac{\varphi(\gamma_1) - \varphi(\alpha_1)}{\varphi(\gamma_1) - \varphi(\beta_1)},$$

che esprime l'eguaglianza dei rapporti anarmonici fra i punti corrispondenti α, β, γ, r ed α_1, β_1, γ_1, r_1. Quest'ultima equazione può scriversi

$$(15') \qquad [\alpha\beta\gamma r] = [\alpha_1\beta_1\gamma_1 r_1],$$

epperò l'integrale completo della (14) può anche rappresentarsi con quest'equazione simbolica, nella quale le costanti arbitrarie sono α_1, β_1, γ_1, cioè le distanze dall'origine dei tre punti che corrispondono ai tre punti dati α, β, γ.

Un caso particolare della relazione (15) è

$$\varphi(r) = \varphi(r_1);$$

dunque se quest'ultima equazione può essere soddisfatta da un valore di r_1 diverso da r, cioè se l'ascissa ridotta $[\alpha r_1]$ può esser nulla per qualche segmento geodetico $r_1 - r$ di grandezza finita, la relazione fra le distanze r, r_1 dei due termini di questo segmento dall'origine è necessariamente una di quelle che soddisfanno all'equazione (14) e quindi alla (15'). Effettivamente l'equazione differenziale (14) è quella stessa che il sig. CHRISTOFFEL ha dedotto con diverso metodo (pag. 155) dalla supposizione $[r r_1] = 0$, e di cui ha assegnato l'integrale sotto la forma (15'). Importa notare che se α, β sono due valori distinti di r che rendono $[\alpha\beta] = 0$, cioè che dànno $\varphi(\alpha) = \varphi(\beta)$, si ha, dalla (10),

$$\frac{[\alpha r]}{[\beta r]} = \sqrt{\frac{\varphi'(\beta)}{\varphi'(\alpha)}}, \tag{16}$$

donde emerge che il rapporto $[\alpha r] : [\beta r]$ è indipendente dal valore di r (pag. 154). Siccome poi dalla $\varphi(\alpha) = \varphi(\beta)$ si ha

$$\frac{\varphi'(\alpha)}{\varphi'(\beta)} = \frac{d\beta}{d\alpha},$$

così la precedente equazione (16) dà luogo a quest'altra

$$\frac{d\beta}{d\alpha} = \frac{[\beta r]^2}{[\alpha r]^2},$$

che serve al sig. CHRISTOFFEL per formare l'equazione (14).

Dalla (10) si trae

$$\varphi(r) = \frac{[\alpha r]\sqrt{\varphi'(\alpha)}\,\varphi(\beta) - [\beta r]\sqrt{\varphi'(\beta)}\,\varphi(\alpha)}{[\alpha r]\sqrt{\varphi'(\alpha)} - [\beta r]\sqrt{\varphi'(\beta)}},$$

formola in luogo della quale si può prendere più semplicemente

$$\varphi(r) = \frac{p[\alpha r] + q[\beta r]}{p'[\alpha r] + q'[\beta r]}, \qquad (pq' - p'q \gtrless 0) \tag{17}$$

dove p, q, p', q' sono quattro costanti arbitrarie; infatti se si tiene conto dell'equazione (5) e della (9) scritta come segue

$$[\alpha r][\beta r_0] - [\alpha r_0][\beta r] = -[r_0 r][\alpha\beta],$$

dalla precedente espressione (17) si trae appunto

$$\frac{\varphi(r)-\varphi(r_0)}{\sqrt{\varphi'(r)\varphi'(r_0)}}=[r_0 r],$$

d'accordo colla (8). Dunque, come la conoscenza della funzione $\varphi(r)$ conduce per mezzo della (8) a quella della $[\alpha r]$, così reciprocamente la conoscenza di quest'ultima funzione conduce, per mezzo della (17), a quella della prima. Anzi la (17) mostra che $\varphi(r)$ *non è altro che il quoziente di due integrali distinti dell'equazione fondamentale* (3), ovvero il prodotto di una costante per *il quoziente di due ascisse ridotte, aventi in comune il termine variabile.*

Osserviamo da ultimo che l'equazione (8) dà

$$\frac{1}{[\alpha r][\beta r]}=\frac{\varphi'(r)\sqrt{\varphi'(\alpha)\varphi'(\beta)}}{[\varphi(r)-\varphi(\alpha)][\varphi(r)-\varphi(\beta)]},$$

ossia

$$\frac{1}{[\alpha r][\beta r]}=\frac{1}{[\alpha\beta]}\left[\frac{\varphi'(r)}{\varphi(r)-\varphi(\beta)}-\frac{\varphi'(r)}{\varphi(r)-\varphi(\alpha)}\right],$$

supposto $[\alpha\beta]$ diverso da zero, cioè supposto $\varphi(\alpha)\lesseqgtr\varphi(\beta)$. Di qui, moltiplicando per dr ed integrando fra r_0 ed r, nell'ipotesi che dentro questi limiti $\varphi(r)$ non diventi mai eguale nè a $\varphi(\alpha)$ nè a $\varphi(\beta)$, si deduce

$$\int_{r_0}^{r}\frac{dr}{[\alpha r][\beta r]}=\frac{1}{[\alpha\beta]}\log\left[\frac{\varphi(r_0)-\varphi(\alpha)}{\varphi(r_0)-\varphi(\beta)}:\frac{\varphi(r)-\varphi(\alpha)}{\varphi(r)-\varphi(\beta)}\right],$$

ossia, simbolicamente,

$$(18)\qquad \int_{r_0}^{r}\frac{dr}{[\alpha r][\beta r]}=\frac{1}{[\alpha\beta]}\log[\alpha\beta r_0 r].$$

Questa formola lascia indeterminato il valore del primo membro quando $[\alpha\beta]=0$. Ora se $\alpha=\beta$ la (8) dà

$$\frac{1}{[\alpha r]^2}=\frac{\varphi'(r)\varphi'(\alpha)}{[\varphi(r)-\varphi(\alpha)]^2},$$

e quindi

$$(19)\qquad \int_{r_0}^{r}\frac{dr}{[\alpha r]^2}=\frac{[r_0 r]}{[\alpha r_0][\alpha r]},$$

ammesso che nel corso dell'integrazione $[\alpha r]$ non diventi mai uguale a 0. Se invece β è differente da α, l'ipotesi $[\alpha\beta]=0$ trae con sè, (16),

$$\frac{1}{[\alpha r][\beta r]}=\frac{1}{[\alpha r]^2}\sqrt{\frac{\varphi'(\beta)}{\varphi'(\alpha)}},$$

e quindi, (19),

$$\int_{r_0}^{r} \frac{dr}{[\alpha r][\beta r]} = \frac{[r_0 r]}{[\alpha r_0][\alpha r]} \sqrt{\frac{\varphi'(\beta)}{\varphi'(\alpha)}},$$

ovvero, (16),

$$(20) \qquad \int_{r_0}^{r} \frac{dr}{[\alpha r][\beta r]} = \frac{[r_0 r]}{[\alpha r_0][\beta r]} = \frac{[r_0 r]}{[\beta r_0][\alpha r]}, \qquad [\alpha\beta] = 0.$$

XXX.

SULLA TEORICA GENERALE DEI PARAMETRI DIFFERENZIALI.

Memorie dell'Accademia delle Scienze dell'Istituto di Bologna, serie II, tomo VIII (1868), pp. 551-590.

(Memoria letta nella Sessione 25 Febbraio 1869).

Il signor LAMÉ ha dato il nome di *parametri differenziali* a certe espressioni formate colle derivate parziali d'una funzione di tre variabili, che s'incontrano frequentemente in varie dottrine dell'analisi pura ed applicata.

Queste espressioni si sono presentate dapprima nella teoria dell'attrazione degli sferoidi, e LAPLACE ha dovuto occuparsene per effettuare una trasformazione, che divenne poi celebre, dell'equazione del potenziale, equazione che risulta appunto dall'eguagliare a zero ciò che LAMÉ ha chiamato poscia il *parametro differenziale di second' ordine* del potenziale d'attrazione. Si connette intimamente con tale trasformazione l'importante teoria delle *funzioni sferiche*, che ricevette in questo secolo un grande sviluppo e diventò feconda di utili applicazioni.

La trasformazione di LAPLACE esigeva, coi metodi ordinarî, un calcolo alquanto prolisso. Colla sua ingegnosa teoria delle coordinate curvilinee il sig. LAMÉ l'ha fatta rientrare in una categoria assai più estesa di trasformazioni, i risultati delle quali sono stati da lui ridotti a formole sommamente semplici ed eleganti. La dimostrazione di queste non lascia però d'essere alquanto artificiosa, ed è d'altronde subordinata all'ipotesi che le coordinate curvilinee siano ortogonali. Il primo a francarsi da questa restrizione e ad indicare la via più breve per conseguire lo scopo che si era proposto LAMÉ fu JACOBI nella bellissima Memoria *Sopra una soluzione particolare dell'equazione del potenziale* *). In questo scritto trovasi espressamente dichiarata quella proprietà che parmi

*) *Opuscula Mathematica,* volumen II (Berolini 1851), pag. 37.

essere veramente la più cardinale nella dottrina dei parametri differenziali, cioè che la loro trasformazione non richiede altro fuorchè la conoscenza della forma che assume l'elemento lineare nel nuovo sistema di variabili; proprietà che invero si palesa anche nelle formole del sig. LAMÉ, ma che, per la restrizione in esse imposta alla natura delle coordinate, non vi apparisce chiaramente col suo carattere di necessità.

Tuttavia anche il processo di JACOBI non è stato usato da quest'Autore in tutta l'ampiezza di cui era suscettibile, e ciò, senza dubbio, per il solo motivo che la quistione da lui trattata non domandava un maggior grado di generalità, giacchè il metodo si sarebbe prestato senza difficoltà all'estensione cui alludo. Voglio dire che nella Memoria di JACOBI il primitivo elemento lineare è pur sempre supposto della forma $\sqrt{dx^2+dy^2+dz^2}$, mentre la teorica dei parametri differenziali sussiste egualmente quando il detto elemento non è riducibile a tal forma, anzi le leggi di composizione di quei parametri si mantengono del tutto inalterate in quest'ipotesi più generale. È bensì vero che nell'ordinaria geometria dello spazio quest'ipotesi offre poco interesse: ma per convincersi dell'inopportunità dell'accennata restrizione, basta considerare che l'averla tacitamente ammessa anche nel caso di due sole variabili ha fatto per lungo tempo ignorare l'esistenza dei parametri di superficie, la natura e l'utilità dei quali (specialmente di quello del second'ordine) è stata manifestata in alcuni recenti miei studi *).

Nella presente Memoria mi sono proposto di stabilire la teorica generale dei parametri differenziali sopra basi puramente analitiche, liberandola da ogni restrizione non necessaria, sia circa il numero delle variabili, sia circa il significato delle medesime. Spero che la semplicità del metodo usato, il quale nei suoi principali lineamenti non differisce da quello di JACOBI (prescindendo dall'estensione maggiore in cui è applicato), induca la persuasione che la via da esso aperta è la più naturale e la più diretta per giungere allo scopo.

La teorica in discorso è contenuta sostanzialmente nel § 3° del presente lavoro. I primi due §§ presentano l'esposizione dei principî sui quali posa il metodo adottato, esposizione che vorrei aver condotto in guisa da conciliare la brevità colla chiarezza e da servire anco al bisogno di quei lettori che non avessero già dei principi stessi una preliminare notizia. Il § 4° è dedicato alla ricerca di alcune formole di calcolo integrale, che fanno perfetto riscontro a quelle già note in alcuni casi particolari, e che confermano l'opportunità di concepire la nozione dei parametri differenziali con tutta quella generalità che ho cercato di conferirle. Nel § 5° ed ultimo è esposta la dimostrazione,

*) *Ricerche d'analisi applicata alla geometria* nel Giornale di Matematiche, t. 2° e 3°, 1864-65; *Delle variabili complesse,* ecc., negli Annali di Matematica, serie II, t. 1°; *Sulle proprietà generali delle superficie d'area minima,* nelle Memorie dell'Accademia di Bologna, serie II, t. 7°; oppure queste OPERE, vol. I, pag. 107, pag. 318; vol. II, pag. 1.

fondata sopra una di queste proposizioni generali, d'un teorema semplicemente enunciato dal sig. CARLO NEUMANN *) e da lui proposto come un'estensione di quello di GREEN.

Mi corre l'obbligo di ricordare, oltre questo del NEUMANN, alcuni scritti posteriori alla Memoria di JACOBI, nei quali la teorica dei parametri differenziali è richiamata, sotto diversi aspetti, ad una maggior generalità che non si trovi nelle opere di LAMÉ.

Nell'elegante Memoria *Sulle formole fondamentali riguardanti la curvatura delle superficie e delle linee* **) il sig. CHELINI ha formato (art. IX) le espressioni generali dei due parametri differenziali in coordinate curvilinee *qualunque*, deducendole dalle corrispondenti espressioni normali in coordinate rettangole ordinarie. Egli si è valso per tal uopo di considerazioni analitico-geometriche molto spontanee e semplici, che gli hanno servito sovente a portare la luce in questo come in altri argomenti, ed alle quali s'informa pure la bella Memoria *Sulla teoria delle coordinate curvilinee*, che il medesimo Autore ha recentemente presentata a quest'Accademia e dove ha raccolto la sostanza delle sue ricerche su tale interessante soggetto.

Nella *Teorica dei determinanti* del sig. BRIOSCHI ***) è data una trasformazione generale della somma delle derivate seconde di una funzione ad n variabili, trasformazione che l'illustre Autore ottiene con grandissima eleganza e semplicità, e dalla quale deduce (per mezzo delle variabili speciali di cui si è fatto uso anche nel § 5° di questa Memoria) una formola che riducesi a quella di LAPLACE nel caso di tre variabili.

Nel tomo 8°, serie VII, delle Memorie di Pietroburgo (1865) leggesi uno scritto del sig. SOMOFF, che contiene un'interessante esposizione della teorica dei parametri differenziali, per il caso di tre coordinate curvilinee qualunque. Le basi del metodo del sig. SOMOFF sono sostanzialmente le stesse di quello di JACOBI, ma l'Autore dà loro una veste dinamica, riguardando le variabili come coordinate di un punto mobile e considerando al posto dell'elemento lineare la forza viva. Senza punto detrarre al merito della ricerca, che è condotta con eleganza e in molte parti con originalità, mi sembra che tal punto di veduta non sia per avventura il preferibile in una quistione d'analisi pura.

Finalmente nella Memoria 1ª *Sulle coordinate curvilinee d'una superficie e dello spazio* †) il sig. CODAZZI ha calcolato le espressioni dei parametri differenziali in coordinate qualunque, partendo dalla loro forma normale nel sistema delle coordinate rettilinee ortogonali ed eseguendo distesamente tutte le trasformazioni necessarie.

---

*) Zeitschrift für Mathematik und Physik, 12 Jahrgang (1867), pag. 97.

**) Annali di Scienze Matematiche e Fisiche, tomo IV (1853), pag. 337.

***) Pavia 1854, § X, eq. (114).

†) Annali di Matematica, serie II, tomo I (1868), pag. 293.

Da questi brevi cenni emerge che i risultati più generali sono finora quelli conseguiti dal sig. BRIOSCHI nella citata classica produzione. Solamente fa d'uopo notare che il processo di dimostrazione tenuto da quest'Autore suppone essenzialmente che l'espressione differenziale quadratica, dai cui coefficienti dipende la formazione dei parametri, sia deducibile dalla forma normale $\sqrt{dx_1^2 + dx_2^2 + \cdots + dx_n^2}$. Lo scopo del presente lavoro è appunto di escludere la necessità di questa supposizione, senza ricorrere a trasformazioni troppo laboriose, le quali d'altronde, in tale ipotesi più generale, apparirebbero quali semplici verificazioni, poco adatte a far risaltare l'opportunità di considerare le espressioni di cui si tratta. Non ho tuttavia tralasciato di confermare con un calcolo di questo genere (recato alla maggior possibile speditezza) il risultato sul quale si fonda la definizione analitica del parametro di second'ordine.

Prima d'entrare in materia chiedo licenza d'adoperare talvolta il linguaggio geometrico, non ostante che il numero delle coordinate possa essere maggiore di tre. Le presenti ricerche, al pari di tutte quelle che si collegano coll'integrazione multipla, appartengono essenzialmente (come ha detto GAUSS a proposito d'altre investigazioni analitiche) « ad un campo superiore della dottrina astratta delle grandezze, che è indipen- « dente da ogni concetto di spazio e che ha per oggetto le combinazioni di grandezze « succedentisi con continuità, campo che al tempo nostro è ancor ben poco coltivato, « e nel quale non *si può fare un passo senza invocare la fraseologia propria delle figure « che esistono nello spazio* » *).

§ 1.

Teoremi algebrici sulle forme quadratiche.

Abbiasi la forma quadratica ad n variabili

$$\varphi = \sum^{rs} a_{rs} x_r x_s, \qquad (a_{rs} = a_{sr}) \tag{1}$$

dove il segno Σ si estende a tutti i termini che nascono da quello scritto, col dare a ciascuno dei due indici r, s tutti i valori $1, 2, \ldots, n$.

Se si pone

$$\frac{1}{2}\frac{\partial \varphi}{\partial x_r} = X_r, \qquad (r = 1, 2, \ldots n) \tag{2}$$

si ha, dal teorema d'EULERO sulle funzioni omogenee,

$$x_1 X_1 + x_2 X_2 + \cdots + x_n X_n = \varphi. \tag{3}$$

*) Memorie di Gottinga, tomo IV (1850).

Inoltre, risolvendo le equazioni (2) rispetto alle x, si ha

$$(4)\qquad x_r = A_{1r} X_1 + A_{2r} X_2 + \cdots + A_{nr} X_n,$$

dove A_{rs} è il quoziente per a del complemento di a_{rs} nel discriminante

$$a = \begin{vmatrix} a_{11} & a_{12} & \ldots & a_{1n} \\ a_{21} & a_{22} & \ldots & a_{2n} \\ \ldots & \ldots & \ldots & \ldots \\ a_{n1} & a_{n2} & \ldots & a_{nn} \end{vmatrix},$$

talchè si può scrivere (considerando a_{rs} come distinto da a_{sr})

$$A_{rs} = \frac{\partial \log a}{\partial a_{rs}},$$

e si ha $A_{rs} = A_{sr}$.

Ora, se si considera la forma quadratica

$$(1')\qquad \Phi = \sum^{rs} A_{rs} X_r X_s,$$

è chiaro che la formola (4) può scriversi

$$(2')\qquad \frac{1}{2} \frac{\partial \Phi}{\partial X_r} = x_r,$$

donde, pel citato teorema d'Eulero,

$$x_1 X_1 + x_2 X_2 + \cdots + x_n X_n = \Phi,$$

e quindi, per la (3),

$$\Phi = \varphi;$$

dunque la nuova forma Φ non è altro che la primitiva φ, trasformata dalle variabili x alle X per mezzo delle equazioni (2).

È chiaro che operando sulla Φ come si è operato sulla φ, si deve ricadere nuovamente sulla φ medesima. Per tal ragione le due forme quadratiche (1) ed (1') si chiamano *reciproche*. Le formole (2), (2') servono a trasformarle l'una nell'altra. La reciprocità delle due forme mostra senz'altro che a_{rs} è il quoziente per A del complemento di A_{rs} nel discriminante

$$A = \begin{vmatrix} A_{11} & A_{12} & \ldots & A_{1n} \\ A_{21} & A_{22} & \ldots & A_{2n} \\ \ldots & \ldots & \ldots & \ldots \\ A_{n1} & A_{n2} & \ldots & A_{nn} \end{vmatrix},$$

come risulta anche dalla teoria dei determinanti; talchè si può scrivere (considerando A_{rs} come distinto da A_{sr})

$$a_{rs} = \frac{\partial \log A}{\partial A_{rs}}.$$

Dalla regola di moltiplicazione dei determinanti risulta poi $Aa = 1$.

Supponiamo ora che le variabili x vengano sostituite da altre, y, per mezzo delle equazioni lineari

(5) $$x_r = p_{1r} y_1 + p_{2r} y_2 + \cdots + p_{nr} y_n, \qquad (r = 1, 2, \ldots n)$$

dalle quali traggasi, reciprocamente,

(6) $$y_r = q_{r1} x_1 + q_{r2} x_2 + \cdots + q_{rn} x_n,$$

dove, indicando con p, q i determinanti formati rispettivamente coi coefficienti p_{rs}, q_{rs}, si ha

(7) $$q_{rs} = \frac{\partial \log p}{\partial p_{rs}}, \qquad p_{rs} = \frac{\partial \log q}{\partial q_{rs}}, \qquad pq = 1.$$

Ammesso che la forma φ, trasformata per mezzo delle (5), diventi

(8) $$\psi = \sum^{rs} b_{rs} y_r y_s,$$

si ha

(9) $$b_{rs} = \sum^{uv} a_{uv} p_{ru} p_{sv}; \qquad (b_{rs} = b_{sr})$$

e siccome, sostituendo nella nuova funzione (8) i valori (6), si deve ricadere sulla (1), così si ha, reciprocamente,

(10) $$a_{rs} = \sum^{uv} b_{uv} q_{ur} q_{vs}.$$

La forma ψ possiede la reciproca

(8′) $$\Psi = \sum^{rs} B_{rs} Y_r Y_s,$$

che si ottiene ponendo in quella

(11) $$\frac{1}{2} \frac{\partial \psi}{\partial y_r} = Y_r,$$

e che la riproduce mediante le formole inverse

(11′) $$\frac{1}{2} \frac{\partial \Psi}{\partial Y_r} = y_r.$$

Le B_{rs} sono date (nel solito senso) dalla formola

$$B_{rs} = \frac{\partial \log b}{\partial b_{rs}},$$

b essendo il determinante della forma ψ.

Scriviamo le (5), (6) nel modo seguente:

$$y_u = \sum^r q_{ur} x_r, \qquad x_u = \sum^r p_{ru} y_r,$$

ed applichiamo ad ambedue i membri di ciascuna la doppia somma $\sum^{uv}$, dopo aver moltiplicata la prima per $b_{uv} q_{vs}$, la seconda per $a_{uv} p_{sv}$. Avendo riguardo alle (9), (10), si trova in tal modo

$$\sum^r a_{rs} x_r = \sum^v q_{vs} \left(\sum^u b_{uv} y_u\right), \qquad \sum^r b_{rs} y_r = \sum^v p_{sv} \left(\sum^u a_{uv} x_u\right),$$

ovvero, per le (1), (8),

$$\frac{1}{2}\frac{\partial \varphi}{\partial x_s} = \sum^v q_{vs} \cdot \frac{1}{2}\frac{\partial \psi}{\partial y_v}, \qquad \frac{1}{2}\frac{\partial \psi}{\partial y_s} = \sum^v p_{sv} \cdot \frac{1}{2}\frac{\partial \varphi}{\partial x_v},$$

ossia finalmente, per le (2), (11),

$$(5') \qquad X_s = q_{1s} Y_1 + q_{2s} Y_2 + \cdots + q_{ns} Y_n,$$

$$(6') \qquad Y_s = p_{s1} X_1 + p_{s2} X_2 + \cdots + p_{sn} X_n,$$

formole in cui i coefficienti sono visibilmente gli stessi di quelli delle primitive sostituzioni (5), (6), salvo che p_{rs} e q_{rs} vi si trovano scambiati fra loro. Mercè questo semplice scambio le sostituzioni atte a trasformare l'una nell'altra le forme φ, ψ, si mutano in quelle che servono a trasformare l'una nell'altra le forme reciproche Φ, Ψ.

Moltiplicando ambi i membri dell'equazione (9) per q_{ri} e sommando rispetto all'indice r, si trova

$$\sum^r b_{rs} q_{ri} = \sum^v a_{iv} p_{sv},$$

poichè $\sum^r p_{ru} q_{ri}$ è uguale ad 1 oppure a zero secondochè u è o non è uguale ad i. Mutando opportunamente gli indici si ha quindi

$$(12) \qquad \sum^m (a_{rm} p_{sm} - b_{ms} q_{mr}) = 0,$$

equazione che sussiste per ogni coppia di valori degli indici r ed s. Si ricavano di qui facilmente le formole che esprimono i coefficienti p in funzione dei coefficienti q, e viceversa. Infatti, moltiplicando la precedente equazione prima per A_{ri}, poi per B_{is}, e sommando, la prima volta rispetto ad r, la seconda rispetto ad s, si trova

$$p_{si} - \sum^{mr} b_{ms} A_{ri} q_{mr} = 0, \qquad \sum^{ms} a_{rm} B_{is} p_{sm} - q_{ir} = 0,$$

donde, mutando gli indici, si traggono le formole

$$(13) \qquad p_{rs} = \sum^{uv} b_{ru} A_{sv} q_{uv}, \qquad q_{rs} = \sum^{uv} a_{sv} B_{ru} p_{uv},$$

che sono appunto quelle di cui si tratta. Finalmente, moltiplicando la prima di queste per B_{ri} e sommando rispetto ad r, si trova un risultato che può scriversi come segue

$$(14) \qquad \sum^{m} (A_{rm} q_{sm} - B_{ms} p_{mr}) = 0,$$

e che è il reciproco di quello contenuto nell'equazione (12), in base alla quale avrebbe potuto essere stabilito senz'altra dimostrazione.

Insieme colla forma (1) occorre spesso di considerare l'espressione bilineare

$$\xi = \sum a_{rs} x_r x'_s,$$

formata non con una, ma con due serie di n variabili

$$x_1, x_2, \ldots, x_n,$$

$$x'_1, x'_2, \ldots, x'_n,$$

della quale è necessario notare alcune proprietà.

In primo luogo si osservi che se le variabili x' vengono trasformate linearmente colle stesse sostituzioni (5), cioè se si pone

$$x'_r = \sum^{u} p_{ur} y'_u,$$

evidentemente, insieme colla

$$\sum a_{rs} x_r x_s = \sum b_{rs} y_r y_s,$$

si ha pure, per ogni valore di λ,

$$\sum a_{rs} (x_r + \lambda x'_r)(x_s + \lambda x'_s) = \sum b_{rs} (y_r + \lambda y'_r)(y_s + \lambda y'_s),$$

ossia

$$\varphi + 2\lambda\xi + \lambda^2\varphi' = \psi + 2\lambda\eta + \lambda^2\psi',$$

dove $\eta = \sum b_{rs} y_r y'_s$. Perciò, essendo $\varphi = \psi$, $\varphi' = \psi'$ in virtù delle sostituzioni (5), deve essere del pari, in virtù di queste, $\xi = \eta$: talchè quelle sostituzioni che trasformano l'una nell'altra le due espressioni quadratiche

$$\sum a_{rs} x_r x_s, \qquad \sum b_{rs} y_r y_s,$$

trasformano pure l'una nell'altra le due espressioni bilineari

$$(15) \qquad \sum a_{rs} x_r x'_s \qquad \sum b_{rs} y_r y'_s.$$

Per la stessa ragione, le sostituzioni inverse (5'), (6') trasformano l'una nell'altra le due funzioni

$$(16) \qquad \sum A_{rs} X_r X'_s, \qquad \sum B_{rs} Y_r Y'_s.$$

È noto che i coefficienti d'una forma quadratica possono esser tali che la medesima si mantenga positiva per tutti i valori reali delle variabili. Non è necessario qui di scrivere le condizioni (di diseguaglianza) sotto le quali si verifica questo risultato, ed alle quali si possono dare molte forme diverse: basterà notare che, quando tali condizioni sono adempite, ogni trasformata contenente i soli quadrati delle variabili (riduzione chè è notissimo potersi conseguire in infiniti modi) ha necessariamente tutti i suoi coefficienti positivi. Supposto dunque che la forma φ si mantenga positiva per tutti i valori reali delle variabili, si può sempre, con un'opportuna sostituzione lineare reale, ridurla alla forma

$$\varphi = \sum^r z_r^2, \qquad (r = 1, 2, \dots n).$$

Ora la stessa sostituzione lineare rende pure, per ciò che si è veduto pocanzi,

$$\varphi' = \sum^r z_r'^2, \qquad \xi = \sum^r z_r z'_r,$$

dunque per essa si ha

$$\varphi\varphi' - \xi^2 = \sum^r z_r^2 . \sum^r z_r'^2 - \left(\sum^r z_r z'_r\right)^2,$$

ossia, per un notissimo teorema algebrico,

$$\varphi\varphi' - \xi^2 = \sum^{rs} (z_r z'_s - z_s z'_r)^2.$$

Di qui emerge l'importante proprietà che la funzione $\varphi\varphi' - \xi^2$, cioè

$$\sum^{rs} a_{rs} x_r x_s . \sum^{rs} a_{rs} x'_r x'_s - \left(\sum^{rs} a_{rs} x_r x'_s\right)^2,$$

si conserva positiva per ogni sistema di valori reali delle variabili x, x', quando tale proprietà ha luogo per la $\sum a_{rs} x_r x_s$.

In generale si ha (come agevolmente si dimostra)

$$(17)\qquad \left\{\begin{aligned} &\sum^{rs} a_{rs} x_r x_s \,.\, \sum^{rs} a_{rs} x'_r x'_s - \left(\sum^{rs} a_{rs} x_r x'_s\right)^2 \\ &= \sum (a_{rs} a_{tu} - a_{ru} a_{ts})(x_r x'_t - x_t x'_r)(x_s x'_u - x_u x'_s)\,, \end{aligned}\right.$$

dove nel secondo membro i quattro indici r, s, t, u devono separatamente ricevere tutti i valori $1, 2, \ldots n$, in modo però che ogni quadrato di uno dei binomî formati colle variabili compaja una volta sola, ed ogni prodotto di due binomî due volte.

Si deve osservare che siccome due forme reciproche sono rese identiche dalle formole di trasformazione, e siccome queste formole sono lineari rispetto alle une ed alle altre variabili, è evidente che se l'una forma si mantiene positiva per ogni sistema di valori reali delle proprie variabili, la stessa proprietà ha luogo anche per l'altra.

La teoria algebrica delle forme quadratiche reciproche è suscettibile d'una elegante applicazione al metodo delle coordinate rettilinee, applicazione che meriterebbe di prender posto nei trattati di geometria analitica. Basta porre a tal fine

$$\varphi = x^2 + y^2 + z^2 + 2yz\cos\alpha + 2zx\cos\beta + 2xy\cos\gamma\,,$$

α, β, γ essendo gli angoli di tre assi obliqui Ox, Oy, Oz presi a due a due. La quantità φ viene per tal modo ad esprimere il quadrato della distanza r del punto (x, y, z) dall'origine O, e le variabili X, Y, Z della forma reciproca alla φ non sono altro che le projezioni ortogonali di r sopra i tre assi Ox, Oy, Oz. Uscirei dal mio soggetto se mi trattenessi qui su tale considerazione, nella quale trovano il loro riscontro e la loro origine analitica le eleganti relazioni trovate dal sig. CHELINI fra quelle che egli chiama coordinate *componenti* e coordinate *projezioni*. Farò solo quest'osservazione generale, che l'espressione quadratica della distanza di un punto dall'origine ha, rispetto alla geometria finita in coordinate rettilinee, lo stesso officio di quella dell' elemento lineare rispetto alla geometria infinitesimale in coordinate curvilinee. Le più importanti e più essenziali formole dell'una e dell'altra geometria non dipendono che dai coefficienti delle forme quadratiche rappresentanti i due anzidetti elementi geometrici.

§ 2.

Proprietà delle espressioni differenziali quadratiche.

Sia

$$(1)\qquad ds^2 = \sum^{rs} a_{rs}\, dx_r\, dx_s \qquad (a_{rs} = a_{sr})$$

un'espressione differenziale quadratica ad n variabili $x_1, x_2, \ldots x_n$, delle quali siano funzioni i coefficienti a_{rs}. Rispetto ad una tale espressione (di cui per ora ds^2 deve semplicemente riguardarsi come il segno rappresentativo) valgono molti teoremi che hanno una perfetta analogìa con quelli del § precedente. Quest'analogìa si fonda sul fatto che se alle variabili $x_1, x_2, \ldots x_n$ si sostituiscono n nuove variabili $y_1, y_2, \ldots y_n$ legate a quelle da n equazioni indipendenti, i differenziali delle x sono legati a quelli delle y da due sistemi (equivalenti) d'equazioni lineari; anzi se si pone

$$(2) \qquad p_{rs} = \frac{\partial x_s}{\partial y_r}, \qquad q_{rs} = \frac{\partial y_r}{\partial x_s},$$

tali equazioni sono le stesse (5), (6) del § 1, purchè al posto delle x, y si scrivano i rispettivi differenziali dx, dy. In conseguenza di ciò, rappresentando con

$$(3) \qquad ds^2 = \sum\nolimits^{rs} b_{rs}\, dy_r\, dy_s \qquad (b_{rs} = b_{sr})$$

la trasformata della (1), si hanno immediatamente, dalle (9), (10) del § 1, le relazioni seguenti :

$$(4) \qquad b_{rs} = \sum\nolimits^{uv} a_{uv} \frac{\partial x_u}{\partial y_r}\frac{\partial x_v}{\partial y_s}, \qquad a_{rs} = \sum\nolimits^{uv} b_{uv} \frac{\partial y_u}{\partial x_r}\frac{\partial y_v}{\partial x_s}.$$

La (12) del § 1 diventa

$$(5) \qquad \sum\nolimits^{m} \left(a_{rm} \frac{\partial x_m}{\partial y_s} - b_{sm} \frac{\partial y_m}{\partial x_r} \right) = 0,$$

equazione che sussiste per ogni coppia di valori degli indici r, s. Così le (13) diventano

$$(6) \qquad \frac{\partial x_r}{\partial y_s} = \sum\nolimits^{uv} b_{sv} A_{ru} \frac{\partial y_v}{\partial x_u}, \qquad \frac{\partial y_r}{\partial x_s} = \sum\nolimits^{uv} a_{sv} B_{ru} \frac{\partial x_v}{\partial y_u},$$

dove A_{rs}, B_{rs} sono i coefficienti delle forme reciproche alle (1), (3), e quindi sono rispettivamente funzioni delle x e delle y. Finalmente la (14) si converte nella

$$(5') \qquad \sum\nolimits^{m} \left(A_{rm} \frac{\partial y_s}{\partial x_m} - B_{sm} \frac{\partial x_r}{\partial y_m} \right) = 0.$$

Nell'ipotesi che l'espressione (1) sia semplicemente

$$ds^2 = dx_1^2 + dx_2^2 + \cdots + dx_n^2,$$

le precedenti equazioni si riducono a quelle che servono di base alla teoria delle coordinate curvilinee.

Anche la dottrina della reciprocità delle forme quadratiche algebriche ha il suo riscontro nella considerazione delle espressioni differenziali quadratiche. Infatti nel § precedente si è trovato che le due forme

$$\sum^{rs} A_{rs} X_r X_s , \qquad \sum^{rs} B_{rs} Y_r Y_s$$

reciproche alle φ, ψ, sono trasformate l' una nell' altra dalle formole (5'), (6') del detto §, le quali nel caso presente, in forza delle (2), diventano

$$X_r = \frac{\partial y_1}{\partial x_r} Y_1 + \frac{\partial y_2}{\partial x_r} Y_2 + \cdots + \frac{\partial y_n}{\partial x_r} Y_n ,$$

$$Y_r = \frac{\partial x_1}{\partial y_r} X_1 + \frac{\partial x_2}{\partial y_r} X_2 + \cdots + \frac{\partial x_n}{\partial y_r} X_n .$$

Ora queste sono evidentemente soddisfatte quando si ponga

$$X_r = \frac{\partial U}{\partial x_r} , \qquad Y_r = \frac{\partial U}{\partial y_r} ,$$

dove U è una funzione qualunque delle $x_1 , x_2 , \ldots x_n$, epperò anche delle y_1, $y_2 , \ldots y_n$. Ne risulta dunque l'interessantissima proprietà (che è stata notata da JACOBI per il caso di tre variabili, e che si può vedere dimostrata in generale in un mio articolo nel Giornale di matematiche, t. 5°, p. 24, oppure queste OPERE, vol. I, pag. 306), che quelle trasformazioni di variabili le quali rendono identica l'equazione

$$\sum a_{rs} d x_r d x_s = \sum b_{rs} d y_r d y_s ,$$

rendono pure identica l'altra equazione

$$\sum A_{rs} \frac{\partial U}{\partial x_r} \frac{\partial U}{\partial x_s} = \sum B_{rs} \frac{\partial U}{\partial y_r} \frac{\partial U}{\partial y_s} ,$$

e reciprocamente; cosicchè l'espressione

$$(7) \qquad \sum^{rs} A_{rs} \frac{\partial U}{\partial x_r} \frac{\partial U}{\partial x_s}$$

è di tale natura, che si può assegnare il risultato della sua trasformazione senza punto conoscere le n relazioni sussistenti fra le primitive variabili x e le nuove variabili y, bastando solo sapere il risultato che si ottiene dall'analoga trasformazione dell'espressione differenziale quadratica (1). In virtù di quanto si è dimostrato nel § 1 circa le funzioni (16), tale proprietà appartiene del pari all'espressione

$$(8) \qquad \sum^{rs} A_{rs} \frac{\partial U}{\partial x_r} \frac{\partial V}{\partial x_s} ,$$

qualunque siano le due funzioni U, V.

Nelle applicazioni che si faranno in seguito di queste dottrine, si supporrà sempre che i coefficienti a_{rs} soddisfacciano alle condizioni necessarie perchè l'espressione differenziale (1) sia positiva per ogni sistema di valori dei rapporti

$$dx_1 : dx_2 : \cdots : dx_n$$

(conseguenza delle quali, in particolare, si è che il discriminante a non sia mai negativo), cosicchè esisterà sempre quella quantità positiva infinitesima ds il cui quadrato eguaglia il valore dell'espressione differenziale; per lo meno non si considererà che un campo di valori delle variabili dentro il quale questa proprietà si verifichi. In tale ipotesi, se $\delta x_1, \delta x_2, \ldots \delta x_n$ è un secondo sistema di incrementi infinitesimi delle $x_1, x_2, \ldots x_n$, e se si pone

$$\delta s^2 = \sum a_{rs} \delta x_r \delta x_s ,$$

da quanto è stato dimostrato alla fine del § 1 risulta che l'espressione

$$ds^2 . \delta s^2 - \left(\sum a_{rs} dx_r \delta x_s\right)^2$$

è positiva, e quindi che l'espressione

$$\frac{\sum a_{rs} dx_r \delta x_s}{ds . \delta s}$$

non è maggiore dell'unità, talchè si può sempre assegnare un angolo reale θ pel quale si abbia

$$(9) \qquad \sum^{rs} a_{rs} dx_r \delta x_s = \cos\theta . ds . \delta s .$$

Il seno dello stesso angolo θ sarebbe dato, in virtù dell'equazione (17) del § 1, dalla formola

$$(10) \sum (a_{rs} a_{tu} - a_{ru} a_{st})(dx_r \delta x_t - dx_t \delta x_r)(dx_s \delta x_u - dx_u \delta x_s) = \text{sen}^2\theta . ds^2 . \delta s^2 .$$

La possibilità di soddisfare all'equazione (9) con un valore reale di θ, tostochè siano soddisfatte le condizioni per le quali l'espressione differenziale quadratica si mantiene positiva per ogni sistema di valori dei dx, conduce all'importante conseguenza che il ds dato dall'espressione (1) si può considerare come un *elemento lineare*, analogo a quello che porta questo nome nella teoria delle superficie e nella geometria analitica dello spazio; poichè calcolando i tre valori di ds che nascono dai seguenti tre sistemi di valori delle variabili, considerati a due a due:

$$(x_1, x_2, \dots x_n),$$

$$(x_1 + dx_1, x_2 + dx_2, \dots x_n + dx_n),$$

$$(x_1 + \delta x_1, x_2 + \delta x_2, \dots x_n + \delta x_n),$$

si trovano tre numeri atti ad esprimere le lunghezze dei tre lati d'un triangolo rettilineo. Si indichino infatti con M, M', M'' gli anzidetti tre sistemi di valori e si rappresenti ds con MM', δs con MM''. I valori del sistema M'' si possono dedurre da quelli del sistema M' mediante gli incrementi rispettivi

$$\delta x_1 - dx_1, \quad \delta x_2 - dx_2, \dots \delta x_n - dx_n$$

dati a questi ultimi; quindi, trascurando gli infinitesimi d'ordine superiore al secondo, si può porre

$$\overline{M'M''}^2 = \sum a_{rs}(\delta x_r - dx_r)(\delta x_s - dx_s) = ds^2 + \delta s^2 - 2\sum a_{rs}\, dx_r \delta x_s ,$$

ossia, per la (9),

$$\overline{M'M''}^2 = \overline{MM'}^2 + \overline{MM''}^2 - 2\, MM' . MM'' . \cos\theta, \tag{11}$$

dove θ è un angolo reale. Quest'equazione dimostra la proprietà asserita, e fa comprendere come si possa assimilare ogni sistema di valori delle variabili $x_1, x_2, \dots x_n$ ad un *punto* definito dalle sue coordinate. Egli è nello stesso ordine d'idee che due elementi lineari ds, δs si considerano come *ortogonali* quando per essi si ha $\theta = \frac{\pi}{2}$, cioè, (9), quando gli incrementi d, δ ad essi relativi soddisfanno alla condizione

$$\sum^{rs} a_{rs}\, dx_r \delta x_s = 0 , \tag{12}$$

che può chiamarsi, per comodità di linguaggio, *condizione d'ortogonalità*. Seguendo le medesime analogie si può dire che il primo membro dell'equazione (10) esprime il quadrato dell'area del parallelogrammo i cui lati sono ds, δs.

È utile notare che, in virtù di quanto si è detto verso la fine del § precedente, dalle condizioni testè ammesse circa il segno dell'espressione di ds^2 risulta che anche l'espressione (7) si mantiene positiva per ogni funzione reale U.

Quando l'espressione quadratica (1) si mantiene costantemente positiva, coll'istituire una determinata dipendenza delle n variabili $x_1, x_2, \dots x_n$ da un'unica variabile indipendente t, si viene a definire una serie, generalmente continua, di sistemi di valori delle n variabili, serie che può essere concepita come una *linea* di cui ds sia l'arco elementare. Scrivendo, per brevità, s' ed x'_r in luogo di $\frac{ds}{dt}$, $\frac{dx_r}{dt}$, le equazioni differenziali che caratterizzano le *linee minime* sono le seguenti

$$(13) \qquad \frac{\partial s'}{\partial x_r} = \frac{d}{dt}\left(\frac{\partial s'}{\partial x'_r}\right), \qquad (r = 1, 2, \ldots n)$$

dove per s' devesi intendere l'espressione

$$s' = \sqrt{\sum a_{rs} x'_r x'_s},$$

e dove la derivazione indicata nel primo membro non si riferisce che alla x_r contenuta esplicitamente nei coefficienti a_{rs}.

Se le linee lungo le quali varia solamente x_1, ossia, come si può dire più brevemente, se le linee (x_1) sono esse stesse linee minime, le precedenti equazioni devono essere soddisfatte da

$$x'_2 = x'_3 = \cdots = x'_n = 0,$$

ed in tal caso, prendendo $t = x_1$, si hanno, al posto delle (13), le $n - 1$ equazioni seguenti

$$(14) \qquad \frac{\partial \sqrt{a_{11}}}{\partial x_r} = \frac{\partial \frac{a_{r1}}{\sqrt{a_{11}}}}{\partial x_1} \qquad (r = 2, 3, \ldots n).$$

Se, di più, il parametro delle linee (x_1), cioè la variabile x_1, dipende soltanto dal loro arco s, avendosi per tale arco $ds = \sqrt{a_{11}}\, dx_1$, è chiaro che a_{11} deve essere funzione della sola variabile x_1, talchè per le precedenti equazioni dovrà essere

$$\frac{\partial \frac{a_{r1}}{\sqrt{a_{11}}}}{\partial x_1} = 0,$$

donde

$$(15) \qquad a_{r1} = f_r(x_2, x_3, \ldots x_n) . \sqrt{a_{11}},$$

dove f_r è simbolo di funzione arbitraria. Suppongasi che le linee (x_1) siano inoltre ortogonali al campo $x_1 = c$ (c costante individuata), cioè siano ortogonali a tutti gli elementi lineari esistenti in esso ed uscenti dal punto d'incontro con ciascuna di quelle linee. Siccome, ponendo nella (12)

$$dx_2 = dx_3 = \cdots = dx_n = 0, \qquad \delta x_1 = 0,$$

quell'equazione riducesi alla seguente

$$a_{12}\delta x_2 + a_{13}\delta x_3 + \cdots + a_{1n}\delta x_n = 0,$$

che non può essere soddisfatta da ogni elemento δs appartenente ad $x_1 = c$ se non si abbia, per $x_1 = c$,

$$a_{12} = a_{13} = \cdots = a_{1n} = 0,$$

così, stante la forma delle espressioni (13) o (15), si vede che se a_{11} non è nullo per $x_1 = c$, gli $n - 1$ coefficienti a_{12}, a_{13}, ... a_{1n} sono necessariamente sempre eguali a zero quando lo sono per il solo valore $x_1 = c$. Dunque, se a_{11} non è nullo per $x_1 = c$, risulta da quanto precede che le linee (x_1) sono ortogonali a tutti i campi $x_1 =$ cost. quando lo sono ad un solo; la qual proprietà, combinata coll'altra che due qualunque di questi campi intercettano sulle linee (x_1) archi eguali (perchè a_{11} è funzione soltanto di x_1), costituisce l'evidente generalizzazione d'un notissimo teorema di Gauss sui sistemi di linee geodetiche d'una superficie. Reciprocamente, se i campi $x_1 =$ cost. sono tutti ortogonali alle linee (x_1), supposte *minime*, si ha dalla (13) o (12), per ogni valore di x_1,

$$a_{12} = a_{13} = \cdots = a_{1n} = 0,$$

e quindi, dalle (14),

$$\frac{\partial\sqrt{a_{11}}}{\partial x_r} = 0, \qquad (r = 2, 3, \ldots n)$$

donde emerge che a_{11} è funzione della sola x_1 e però che gli archi intercettati fra due di quei campi sono tutti eguali.

Nelle condizioni testè ammesse è lecito assumere per variabile x_1 la stessa distanza costante di due campi $x_1 =$ cost., cioè supporre $a_{11} = 1$, ed in tal caso scrivendo x_0, x_1, ... x_{n-1} in luogo di x_1, x_2, ... x_n, si ottiene l'elemento lineare sotto la forma notabile

$$(16) \qquad ds^2 = dx_0^2 + \sum^{rs} a_{rs}\,dx_r\,dx_s \qquad (r, s = 1, 2, \ldots n - 1).$$

Se le linee x_0 uscissero tutte da un medesimo punto ($x_0 = 0$), i coefficienti a_{rs} conterrebbero tutti il fattore x_0^2.

Nel caso di due sole variabili x_0, x_1 la (16) riproduce la nota riduzione indicata ed utilizzata da Gauss per la formola dell'elemento lineare d'una superficie. Quanto al caso generale è bene osservare che potendosi, al posto delle n variabili primitive, introdurre n funzioni arbitrarie di altrettante nuove variabili, si può, in generale soddisfare con queste nuove variabili ad n condizioni, che possono consistere in n relazioni prescritte ai coefficienti del nuovo elemento lineare. La forma (16), paragonata colla (1), offre appunto un esempio di tale determinazione: infatti nella forma (16) sono soddisfatte le n condizioni

$$a_{00}=1, \qquad a_{01}=a_{02}=\cdots=a_{0,n-1}=0.$$

Terminerò questo § con un'osservazione importante. Sia W una funzione qualunque delle n variabili $x_1, x_2, \ldots x_n$ ed abbiasi l'integrale n-plo

$$\int^{(n)} W\sqrt{a}\,.\,dx_1\,dx_2\,\ldots\,dx_n$$

esteso ad un certo campo continuo di valori delle variabili stesse, che indicherò con S_n. Per effettuare la trasformazione di questo integrale rispetto ad n nuove variabili y_1, $y_2, \ldots y_n$ bisogna, secondo la nota regola, surrogare il prodotto

$$dx_1\,dx_2\,\ldots\,dx_n$$

con quest'altro

$$p\,dy_1\,dy_2\,\ldots\,dy_n,$$

dove p è il determinante formato colle derivate p_{rs}, (2). Ma dal teorema notissimo circa il discriminante della forma (1) si ha $b=ap^2$, dunque la trasformazione in discorso è espressa dall'equazione

$$(17)\qquad \int^{(n)} W\sqrt{a}\,.\,dx_1\,dx_2\,\ldots\,dx_n=\int^{(n)} W\sqrt{b}\,.\,dy_1\,dy_2\,\ldots\,dy_n,$$

dove i radicali $\sqrt{a}$, $\sqrt{b}$ sono da prendersi positivamente (a e b essendo necessariamente quantità positive finchè ds^2 è quantità positiva, come già si è notato). La forma della precedente equazione autorizza a riguardare le quantità

$$\sqrt{a}\,.\,dx_1\,dx_2\,\ldots\,dx_n, \qquad \sqrt{b}\,.\,dy_1\,dy_2\,\ldots\,dy_n$$

come due espressioni diverse dell'elemento dS_n del campo S_n al quale si estende l'uno e l'altro integrale, non già nel senso che il valor numerico delle due espressioni sia lo stesso, ma nel senso che la prima forma dell'elemento sia quella corrispondente alla decomposizione di S_n per mezzo delle variabili x, e la seconda sia quella corrispondente alla decomposizione per mezzo delle y. Ciò è evidentemente appoggiato dall'analogia con quel che avviene nel caso delle superficie e dell'ordinario spazio a tre dimensioni.

In conseguenza di ciò tanto l'una quanto l'altra forma dell'integrale verrà indicata colla segnatura

$$(18)\qquad \int W\,dS_n,$$

che è molto utile per abbreviare la scrittura delle formole integrali.

§ 3.

Definizione e proprietà dei parametri differenziali.

Si è veduto nel § precedente che l'espressione

$$\Delta_1 U = \sum^{rs} A_{rs} \frac{\partial U}{\partial x_r} \frac{\partial U}{\partial x_s} \tag{1}$$

ha la proprietà di trasformarsi in un'altra della medesima forma, quando alle primitive variabili x si sostituiscono le nuove variabili y; vale a dire che per effettuare tale trasformazione basta sostituire alle derivate di U rispetto alle x le derivate omologhe rispetto alle y, ed ai coefficienti A_{rs} (reciproci degli a_{rs}) gli omologhi coefficienti B_{rs} (reciproci dei b_{rs}). Quest'espressione verrà denominata *parametro differenziale primo* (o *di prim'ordine*) della funzione U, e segnata col simbolo $\Delta_1 U$.

Siccome tale denominazione è già stata applicata dal sig. Lamé ad un'espressione che ricorre spesso nella geometria dello spazio ed in molte ricerche meccaniche e fisiche, ed è già stata in tal senso accettata dagli scrittori, così è necessario dimostrare che l'estensione di tale appellativo all'espressione molto più generale (1) è legittima, cioè fondata in un'essenziale analogia.

A tal fine si noti che, per essere le quantità A_{rs} coefficienti della forma quadratica reciproca di quella i cui coefficienti omologhi sono gli a_{rs}, si deve (per la stessa definizione delle forme reciproche) passare direttamente dall'espressione

$$ds^2 = \sum a_{rs}\, dx_r\, dx_s \tag{2}$$

alla (1), eguagliando la metà della derivata di ds^2 rispetto a dx_r alla derivata parziale $\dfrac{\partial U}{\partial x_r}$, e sostituendo nel valore di ds^2 i valori dedotti per dx_1, dx_2, ... dx_n dalle n equazioni lineari così stabilite. Per mantenere l'omogeneità differenziale giova costituire invece le n equazioni

$$\frac{1}{2} \frac{\partial\left(\sum a_{rs}\, dx_r\, dx_s\right)}{\partial (dx_r)} = \frac{\partial U}{\partial x_r} . dk, \qquad (r = 1, 2, \ldots n) \tag{3}$$

ed in tal modo, mediante l'accennata sostituzione, si otterrà

$$ds^2 = \Delta_1 U . dk^2. \tag{4}$$

Ora le equazioni (3), moltiplicate per δx_1, δx_2, ... δx_n e sommate, dànno

$$\sum a_{rs}\, dx_r\, \delta x_s = dk . \delta U; \tag{5}$$

quindi, se gli incrementi δ lasciano inalterato il valore di U, ossia se rendono $\delta U = 0$, è chiaro che ogni elemento δs ad essi corrispondente è ortogonale [in virtù dell'equazione (12) del § 2] all'elemento ds pel quale son soddisfatte le equazioni (3); epperò, inversamente, le variazioni d cui si riferiscono le (3) sono dirette ortogonalmente ai campi $U =$ cost. D'altronde la stessa (5), supponendovi gli incrementi δ identici ai d or ora definiti, dà

$$ds^2 = dk \, . \, dU; \tag{6}$$

dunque, eliminando dk fra quest'equazione e la (4), si ha

$$\Delta_1 U = \frac{dU^2}{ds^2} \, . \tag{7}$$

Questa formola esprime che il parametro differenziale primo della funzione U è uguale al quadrato del rapporto fra l'incremento dU dovuto ad una variazione ds normale ad $U =$ cost. e questa stessa variazione normale ds. Ora questa proprietà concorda appunto con quella che è caratteristica dei parametri considerati da Lamé nell'ordinario spazio di tre dimensioni, e non può sfuggire ad alcuno che tale concordanza (la quale manifestasi con tutta l'evidenza geometrica nei parametri di superficie) non è punto contingente, ma è bensì fondata nell'identità delle relazioni analitiche.

La formola (7) conferma la proprietà, già accennata nel § precedente, che il parametro differenziale primo d'ogni funzione reale è sempre una quantità positiva, quando sia tale il ds^2.

Dalla (7) si trae

$$\frac{dU}{ds} = \sqrt{\Delta_1 U} \, , \tag{7'}$$

equazione in cui (come in ogni altra formola dove entri $\sqrt{\Delta_1 U}$) si supporrà dato al radicale il valor *positivo*, talchè bisognerà intendere rivolto l'elemento normale ds nel verso in cui cresce U.

Per la teoria delle forme quadratiche reciproche, le equazioni (3), risolute rispetto a dx_1, dx_2, ... dx_n, dànno

$$dx_r = dk \, . \, U_r \, , \qquad (r = 1, 2, \ldots n) \tag{3'}$$

dove per brevità si è posto

$$U_r = \frac{1}{2} \frac{\partial \Delta_1 U}{\partial \frac{\partial U}{\partial x_r}} \, . \tag{8}$$

Queste nuove equazioni (3'), moltiplicate per $\frac{\partial V}{\partial x_1}$, $\frac{\partial V}{\partial x_2}$, ... $\frac{\partial V}{\partial x_n}$ e sommate, dànno

$$d V = d k \sum^r U_r \frac{\partial V}{\partial x_r},$$

ossia

$$d V = d k \sum^{rs} A_{rs} \frac{\partial U}{\partial x_r} \frac{\partial V}{\partial x_s},$$

donde eliminando $d k$ colla (6), si trae

$$\sum^{rs} A_{rs} \frac{\partial U}{\partial x_r} \frac{\partial V}{\partial x_s} = \frac{d U . d V}{d s^2},$$

equazione nella quale le variazioni d sono, come nella (7), normali al campo $U =$ cost. Si è già veduto che il primo membro di quest'equazione possiede lo stesso carattere dei parametri differenziali, cioè che si trasforma in un'espressione della stessa natura quando si mutano le variabili. Esso verrà segnato col simbolo

$$\Delta_1 U V = \sum^{rs} A_{rs} \frac{\partial U}{\partial x_r} \frac{\partial V}{\partial x_s}, \tag{9}$$

e potrà all'uopo chiamarsi *parametro intermedio* o *misto* delle due funzioni U, V. Quest'espressione si converte in un parametro differenziale primo quando le due funzioni U, V sono eguali, e soddisfa, in virtù di quanto precede, alla relazione

$$\Delta_1 U V = \frac{d U . d V}{d s^2}, \tag{10}$$

equivalente a queste altre, (7), (7'),

$$\Delta_1 U V = \frac{d V}{d s} \sqrt{\Delta_1 U}, \qquad \Delta_1 U V = \frac{d V}{d U} \Delta_1 U, \tag{10'}$$

dove $d s$ è l'elemento normale ad $U =$ cost. rivolto nel verso in cui U cresce, e $d U$, $d V$ sono gli incrementi di U, V lungo questo elemento.

Se fosse $d V = 0$, vorrebbe dire che ogni variazione $d s$ normale ad $U =$ cost. rende $V =$ cost. In questo caso i due campi $U =$ cost., $V =$ cost. sarebbero da considerarsi come ortogonali fra loro, e la condizione necessaria e sufficiente a ciò è, per conseguenza,

$$\Delta_1 U V = 0 .$$

Si può osservare che la (9) dà

$$\Delta_1 x_r x_s = A_{rs}, \tag{11}$$

talchè la stessa (9) può scriversi

$$\Delta_1 U V = \sum^{rs} \frac{\partial U}{\partial x_r} \frac{\partial V}{\partial x_s} \Delta_1 x_r x_s,$$

equazione che manifestamente sussiste anche quando le $x_1, x_2, \ldots x_n$, anzichè essere le variabili indipendenti, sono n funzioni qualunque delle medesime.

Nelle citate mie *Ricerche di analisi applicata alla geometria* (art. IV) ho dimostrato che l'equazione

$$\Delta_1 U = 1 \tag{12}$$

[in luogo della quale si potrebbe considerare, senza maggiore generalità, la $\Delta_1 U = f(U)$], definisce sulle superficie una certa relazione che denominai *parallelismo geodetico*, consistente in ciò che il sistema delle linee ortogonali alle $U =$ cost. è formato di linee *geodetiche* o minime, sulle quali (pel teorema di GAUSS) le $U =$ cost. intercettano segmenti di lunghezza costante. Tale proprietà, di cui già si scorge la ragione nella formola (7), si conserva (analiticamente parlando, se vuolsi) anche nel caso generale di n variabili, come ora procedo a dimostrare.

Perciò, si rappresentino nuovamente con s', x'_r le quantità $\frac{ds}{dt}$, $\frac{dx_r}{dt}$ (come nel precedente §) e si osservi che le equazioni (3), (3') del presente § possono scriversi, vista la (4),

$$\frac{\partial s'}{\partial x'_r} = \frac{1}{\sqrt{\Delta_1 U}} \frac{\partial U}{\partial x_r}, \qquad \frac{dx_r}{ds} = \frac{1}{\sqrt{\Delta_1 U}} U_r. \tag{13}$$

Ciò premesso, si rammentino dal § precedente le equazioni

$$\frac{\partial s'}{\partial x_r} = \frac{d}{dt}\left(\frac{\partial s'}{\partial x'_r}\right), \qquad (r = 1, 2, \ldots n) \tag{14}$$

caratteristiche delle linee minime, e si supponga che esse abbiano i seguenti n integrali primi

$$x'_r = \text{funz.}(x_1, x_2, \ldots x_n), \qquad (r = 1, 2, \ldots n). \tag{15}$$

Immaginando sostituiti nelle espressioni

$$s' = \sqrt{\sum a_{rs} x'_r x'_s}, \qquad \frac{\partial s'}{\partial x'_r}$$

i valori (15) di $x'_1, x'_2, \ldots x'_n$ in funzione di $x_1, x_2, \ldots x_n$ e rappresentando con $\left(\frac{\partial}{\partial x_r}\right)$ le derivate prese in tale ipotesi rispetto alla x_r, si hanno le due equazioni

$$\frac{d}{dt}\left(\frac{\partial s'}{\partial x'_r}\right) = \sum^m x'_m \left(\frac{\partial}{\partial x_m}\frac{\partial s'}{\partial x'_r}\right), \quad \left(\frac{\partial s'}{\partial x_r}\right) = \frac{\partial s'}{\partial x_r} + \sum^m \frac{\partial s'}{\partial x'_m}\frac{\partial x'_m}{\partial x_r}. \tag{16}$$

L'equazione identica

$$s' = \sum^m \frac{\partial s'}{\partial x'_m} x'_m$$

dà nello stesso modo

$$\left(\frac{\partial s'}{\partial x_r}\right) = \sum^m x'_m \left(\frac{\partial}{\partial x_r}\frac{\partial s'}{\partial x'_m}\right) + \sum^m \frac{\partial s'}{\partial x'_m}\frac{\partial x'_m}{\partial x_r},$$

epperò dal confronto colla seconda equazione (16), si ha

$$\frac{\partial s'}{\partial x_r} = \sum^m x'_m \left(\frac{\partial}{\partial x_r}\frac{\partial s'}{\partial x'_m}\right).$$

Per quest'equazione e per la prima delle (16), il sistema delle equazioni (14) si trasforma nel seguente:

$$(14') \qquad \sum^m \left[\left(\frac{\partial}{\partial x_m}\frac{\partial s'}{\partial x'_r}\right) - \left(\frac{\partial}{\partial x_r}\frac{\partial s'}{\partial x'_m}\right)\right] x'_m = 0, \qquad (r = 1, 2, \ldots n)$$

che è notabile per la sua forma *pfaffiana*. Per $n = 2$ si ottiene di qui la trasformazione esposta nella mia Nota *Sulla teoria delle linee geodetiche* *).

Le precedenti equazioni (14'), e quindi le (14), riescono evidentemente soddisfatte quando si può assegnare una funzione U tale che si abbia

$$(17) \qquad \frac{\partial s'}{\partial x'_r} = \frac{\partial U}{\partial x_r}, \qquad (r = 1, 2, \ldots n).$$

Ora, osservando la prima delle equazioni (13), si scorge che tale condizione è verificata da ogni funzione U soddisfacente all'equazione differenziale parziale (12). Dunque le linee che attraversano ortogonalmente i campi $U = \text{cost.}$, U essendo una soluzione dell'equazione (12), sono tutte linee minime, e le loro equazioni differenziali sono le stesse (17) o le equivalenti

$$\frac{d x_r}{d s} = U_r.$$

Queste equazioni, ossia le (15), possono essere integrate nel modo che segue.

Immaginiamo che le espressioni (15) delle x'_r in funzione delle x_r contengano una costante arbitraria α. Evidentemente questa costante entrerà anche nella funzione U, e poichè si ha dalle (17)

$$d U = \sum^r \frac{\partial s'}{\partial x'_r} d x_r,$$

*) Atti dell'Istituto Lombardo, serie II, t. I, oppure queste OPERE, vol. I, pag. 366.

derivando rispetto ad α si ottiene

(18) $$d\frac{dU}{d\alpha} = \sum^r \frac{d}{d\alpha}\left(\frac{\partial s'}{\partial x'_r}\right) . d x_r .$$

Si ha del pari

$$\frac{ds'}{d\alpha} = \sum^r \frac{\partial s'}{\partial x'_r} \frac{dx'_r}{d\alpha} ;$$

ma dall'equazione identica

$$s' = \sum^r \frac{\partial s'}{\partial x'_r} x'_r ,$$

si trae

$$\frac{ds'}{d\alpha} = \sum^r \frac{d}{d\alpha}\left(\frac{\partial s'}{\partial x'_r}\right) . x'_r + \sum^r \frac{\partial s'}{\partial x'_r} \frac{dx'_r}{d\alpha} ,$$

dunque

(19) $$\sum^r \frac{d}{d\alpha}\left(\frac{\partial s'}{\partial x'_r}\right) . x'_r = 0 .$$

In virtù di quest'equazione è chiaro che il porre nella (18)

(20) $$dx_1 : dx_2 : \cdots : dx_n = x'_1 : x'_2 : \cdots : x'_n ,$$

equivale al porre

$$d\frac{dU}{d\alpha} = 0 ,$$

cioè

$$\frac{dU}{d\alpha} = \beta ,$$

β essendo una nuova costante. Si osservi ora che se U è una soluzione *completa* dell'equazione (12), essa contiene $n - 1$ costanti arbitrarie $\alpha_1, \alpha_2, \ldots \alpha_{n-1}$, oltre ad una costante additiva. Ciò ammesso, si assumano $n - 1$ nuove costanti arbitrarie $\beta_1, \beta_2, \ldots \beta_{n-1}$ e si stabiliscano le equazioni

(21) $$\frac{\partial U}{\partial \alpha_1} = \beta_1 , \qquad \frac{\partial U}{\partial \alpha_2} = \beta_2 , \ldots \frac{\partial U}{\partial \alpha_{n-1}} = \beta_{n-1} .$$

Confrontando i due sistemi d'equazioni che si deducono dalle (18), (19) col porre in luogo di α successivamente $\alpha_1, \alpha_2, \ldots \alpha_{n-1}$, si scorge facilmente che il sistema delle equazioni risultanti dalla differenziazione delle (21) (senza far variare le $\alpha_1, \alpha_2, \ldots \alpha_{n-1}$; $\beta_1, \beta_2, \ldots \beta_{n-1}$) equivale in sostanza al sistema (20), ossia al sistema (15) degli integrali primi da cui si è partiti. Se ne conclude che le equazioni (21) non sono altro che gli integrali finiti, con $2(n-1)$ costanti arbitrarie, delle linee minime costituenti il sistema ortogonale ad $U = \text{cost}$.

La corrispondenza di questo processo col metodo d'integrazione HAMILTON-JACOBI è manifesta.

Dalle formole precedenti, oppure dalla (7), si ha $U = s$, donde risulta (a conferma di ciò che si è dimostrato nel § precedente) che le porzioni di linee minime intercette fra $U = c_1$ ed $U = c_2$ sono tutte eguali, qualunque siano le costanti c_1, c_2.

Lascio di notare, come troppo ovvie, le conseguenze che si deducono da queste formole nel caso dell'ordinario spazio di tre dimensioni.

Si consideri ora l'integrale n-plo, esteso al campo S_n,

$$\int \Delta_1 U . d S_n = \int^{(n)} \Delta_1 U . \sqrt{a} . d x_1 d x_2 \ldots d x_n ,$$

e si rammenti che, in virtù dell'equazione (17) del § precedente, si ha

$$\int^{(n)} \Delta_1 U . \sqrt{a} . d x_1 d x_2 \ldots d x_n = \int^{(n)} \Delta_1 U . \sqrt{b} . d y_1 d y_2 \ldots d y_n ,$$

dove bisogna intendere che il parametro $\Delta_1 U$ sia espresso: nel primo membro, dalla formola

$$\sum A_{rs} \frac{\partial U}{\partial x_r} \frac{\partial U}{\partial x_s} ,$$

nel secondo, dalla

$$\sum B_{rs} \frac{\partial U}{\partial y_r} \frac{\partial U}{\partial y_s} .$$

Facendo variare la funzione U e denotando con δU la sua variazione, supposta nulla ai confini del campo S_n, si ha dalle note regole [usando la segnatura (8)]

$$\int^{(n)} \delta U . \sum_r \frac{\partial (U_r \sqrt{a})}{\partial x_r} d x_1 d x_2 \ldots d x_n = \int^{(n)} \delta U . \sum_r \frac{\partial (U'_r \sqrt{b})}{\partial y_r} d y_1 d y_2 \ldots d y_n ,$$

ossia

$$\int \delta U \left[\frac{1}{\sqrt{a}} \sum_r \frac{\partial (U_r \sqrt{a})}{\partial x_r} \right] d S_n = \int \delta U \left[\frac{1}{\sqrt{b}} \sum_r \frac{\partial (U'_r \sqrt{b})}{\partial y_r} \right] d S_n ,$$

dove U'_r esprime la quantità analoga ad U_r, quando le variabili sono le y anzichè le x. Di qui si conclude manifestamente, per essere sempre un solo il campo (del resto arbitrario) a cui si estende l'uno e l'altro integrale,

$$(\dagger) \qquad \frac{1}{\sqrt{a}} \sum_r \frac{\partial (U_r \sqrt{a})}{\partial x_r} = \frac{1}{\sqrt{b}} \sum_r \frac{\partial (U'_r \sqrt{b})}{\partial y_r} ,$$

eguaglianza che deve aver luogo in virtù delle relazioni che si sono stabilite fra le

x e le y. Ma poichè i due membri di quest'eguaglianza sono formati in modo del tutto analogo, l'uno coi soli coefficienti dell'espressione

$$\sum a_{rs} d x_r d x_s ,$$

l'altro con soli quelli dell'espressione

$$\sum b_{rs} d y_r d y_s ,$$

è chiaro che per effettuare la trasformazione dell'un membro nell'altro non è punto necessario conoscere tutte le relazioni stabilite fra le x e le y, ma basta conoscere la forma che assume l'elemento lineare nell'uno e nell'altro sistema di variabili. Questa proprietà, che già si è riscontrata nel parametro differenziale primo, conferisce una grande importanza alle espressioni equivalenti che si sono testè incontrate e che contengono le derivate prime e seconde della funzione U. L'espressione

$$(22) \qquad \Delta_2 U = \frac{1}{\sqrt{a}} \sum_r \frac{\partial (U_r \sqrt{a})}{\partial x_r}$$

verrà denominata *parametro differenziale secondo* (o *di second'ordine*) della funzione U, e segnata col simbolo $\Delta_2 U$; nè fa d'uopo giustificare la convenienza di tal denominazione, dappoichè l'artificio col quale si è ricavato questo secondo parametro dal parametro di prim'ordine è precisamente quello che fu già usato da JACOBI per conseguire l'eguale intento rispetto agli ordinarî parametri del LAMÉ. Farò solo notare che per $n = 2$ la formola (22) fornisce quell'espressione che ho più volte usata sotto lo stesso nome nella teoria delle superficie, e che recentemente ancora il sig. CHELINI ha ritrovata coi proprî metodi, nell'egregia sua Memoria sulle coordinate curvilinee.

Dall'equazione (22) si trae

$$\Delta_2 x_r = \frac{1}{\sqrt{a}} \sum_s \frac{\partial (A_{rs} \sqrt{a})}{\partial x_s} ,$$

e di quì, rammentando la formola (11), si conclude agevolmente il seguente sviluppo del secondo parametro differenziale:

$$(22') \qquad \Delta_2 U = \sum_r \frac{\partial U}{\partial x_r} \Delta_2 x_r + \sum_{rs} \frac{\partial^2 U}{\partial x_r \partial x_s} \Delta_1 x_r x_s ,$$

nel quale si può evidentemente supporre che le $x_1 , x_2 , \ldots x_n$ siano n funzioni qualunque delle variabili indipendenti. Anche questo sviluppo comprende come caso particolare quello che fu dato, per tre variabili, da CAUCHY *).

La proprietà fondamentale dell'espressione (22) si può facilmente verificare *a posteriori*, nel modo che segue.

In virtù della formola (13, 2ª) l'equazione

$$dx_r = \sum^m \frac{\partial x_r}{\partial y_m} dy_m$$

dà luogo a quest'altra

$$U_r = \sum^m \frac{\partial x_r}{\partial y_m} U'_m$$

[che si può facilmente dimostrare per via diretta, coll'ajuto delle equazioni (6) del § 2°]. Da questa, dopo aver moltiplicati ambi i membri per $\sqrt{a}$, si deduce [rammentando la segnatura (2) del § 2]

$$\frac{\partial(U_r\sqrt{a})}{\partial x_r} = \sum^m\left[\left(\sum^v \frac{\partial(U'_m\sqrt{a})}{\partial y_v}\frac{\partial y_v}{\partial x_r}\right)\frac{\partial x_r}{\partial y_m} + U'_m\sqrt{a}\,\frac{\partial p_{mr}}{\partial x_r}\right].$$

Ma

$$\frac{\partial p_{mr}}{\partial x_r} = \sum^v \frac{\partial p_{mr}}{\partial y_v} q_{vr} = \sum^v \frac{\partial p_{vr}}{\partial y_m} q_{vr},$$

ossia, per le (7) del § 1,

$$\frac{\partial p_{mr}}{\partial x_r} = \sum^v \frac{\partial \log p}{\partial p_{vr}}\frac{\partial p_{vr}}{\partial y_m},$$

quindi

$$\frac{\partial(U_r\sqrt{a})}{\partial x_r} = \sum^{mv}\left(\frac{\partial y_v}{\partial x_r}\frac{\partial x_r}{\partial y_m}\right)\frac{\partial(U'_m\sqrt{a})}{\partial y_v} + \sum^{mv}\left(\frac{\partial \log p}{\partial p_{vr}}\frac{\partial p_{vr}}{\partial y_m}\right)U'_m\sqrt{a}.$$

Si faccia ora la somma su ambedue i membri rispetto all'indice r. Siccome l'espressione

$$\sum^r \frac{\partial y_v}{\partial x_r}\frac{\partial x_r}{\partial y_m}$$

è eguale ad 1 od a 0 secondo che gli indici m, v sono fra loro eguali o diversi, così il primo gruppo di termini del 2° membro si riduce a

$$\sum^r \frac{\partial(U'_r\sqrt{a})}{\partial y_r}.$$

*) *Exercices d'analyse et de physique mathématique*, t. II (Paris, 1841), pag. 347.

Il secondo gruppo può scriversi

$$\sum^{m}\left(\sum^{vr}\frac{\partial \log p}{\partial p_{vr}}\frac{\partial p_{vr}}{\partial y_m}\right)U'_m\sqrt{a}=\sum^{m}\frac{\partial \log p}{\partial y_m}U'_m\sqrt{a};$$

quindi si ha

$$\sum^{r}\frac{\partial(U_r\sqrt{a})}{\partial x_r}=\sum^{r}\left[\frac{\partial(U'_r\sqrt{a})}{\partial y_r}+\frac{\partial \log p}{\partial y_r}U'_r\sqrt{a}\right],$$

ossia

$$\sum^{r}\frac{\partial(U_r\sqrt{a})}{\partial x_r}=\frac{1}{p}\sum^{r}\frac{\partial(U'_r p\sqrt{a})}{\partial y_r},$$

donde, rammentando che $p\sqrt{a}=\sqrt{b}$, si trae finalmente

$$\frac{1}{\sqrt{a}}\sum^{r}\frac{\partial(U_r\sqrt{a})}{\partial x_r}=\frac{1}{\sqrt{b}}\sum^{r}\frac{\partial(U'_r\sqrt{b})}{\partial y_r},$$

equazione identica alla (†) che si è trovata direttamente col calcolo delle variazioni, e che ha servito a definire analiticamente il secondo parametro differenziale.

Badando alla (13, 2ª) la (22) può scriversi

(23) $$\Delta_2 U=\frac{1}{\sqrt{a}}\sum^{r}\frac{\partial\left(\frac{dx_r}{ds}\sqrt{\Delta_1 U}\,.\sqrt{a}\right)}{\partial x_r},$$

ossia

$$\Delta_2 U=\frac{d\sqrt{\Delta_1 U}}{ds}+\left(\frac{d\log\sqrt{a}}{ds}+\sum^{r}\frac{\partial\frac{dx_r}{ds}}{\partial x_r}\right)\sqrt{\Delta_1 U},$$

donde, per la (7′),

(24) $$\frac{\Delta_2 U}{\sqrt{\Delta_1 U}}-\frac{d\sqrt{\Delta_1 U}}{dU}=\frac{d\log\sqrt{a}}{ds}+\sum^{r}\frac{\partial\frac{dx_r}{ds}}{\partial x_r},$$

equazione simbolica, in cui le quantità

$$\frac{d\sqrt{\Delta_1 U}}{dU},\qquad \frac{d\log\sqrt{a}}{ds},\qquad \frac{dx_r}{ds}$$

non sono (in generale) vere derivate, ma semplici quozienti di variazioni simultanee delle quantità

$$\sqrt{\Delta_1 U},\qquad U,\qquad \sqrt{a},\qquad x_r,$$

per uno spostamento ds normale ad $U=\text{cost}$.

Per $n = 2$ il primo membro dell'equazione (24) diventa l'espressione della *curvatura tangenziale* della linea $U =$ cost. nel punto (x_1, x_2), come emerge dalle formole (55') delle citate *Ricerche d'analisi*, ecc. Quest'osservazione è resa interessante dal significato che assume lo stesso primo membro nel caso dell'ordinario spazio di tre dimensioni. Supponendo infatti che si abbia

$$ds^2 = dx^2 + dy^2 + dz^2,$$

e quindi $a = 1$, le quantità $\frac{dx}{ds}$, $\frac{dy}{ds}$, $\frac{dz}{ds}$ non sono altro che i coseni X, Y, Z degli angoli fatti coi tre assi dalla normale nel punto (x, y, z) alla superficie $U =$ cost., epperò la (24) porge

$$\frac{\Delta_2 U}{\sqrt{\Delta_1 U}} - \frac{d\sqrt{\Delta_1 U}}{dU} = \frac{\partial X}{\partial x} + \frac{\partial Y}{\partial y} + \frac{\partial Z}{\partial z}.$$

Ma per l'identità $X^2 + Y^2 + Z^2 = 1$, si ha

$$\frac{\partial X}{\partial x} + \frac{\partial Y}{\partial y} + \frac{\partial Z}{\partial z} = \left(\frac{\partial X}{\partial x} - \frac{X}{Z}\frac{\partial X}{\partial z}\right) + \left(\frac{\partial Y}{\partial y} - \frac{Y}{Z}\frac{\partial Y}{\partial z}\right),$$

ossia, per essere $-\frac{X}{Z} = \frac{\partial z}{\partial x}$, $-\frac{Y}{Z} = \frac{\partial z}{\partial y}$,

$$\frac{\partial X}{\partial x} + \frac{\partial Y}{\partial y} + \frac{\partial Z}{\partial z} = \left(\frac{\partial X}{\partial x}\right) + \left(\frac{\partial Y}{\partial y}\right),$$

dove le derivate fra parentesi sono prese rispetto alle x, y considerate come variabili principali, di cui la z è funzione in virtù dell'equazione $U =$ cost. Si ha dunque, in forza d'un teorema ben noto *),

$$\frac{\partial X}{\partial x} + \frac{\partial Y}{\partial y} + \frac{\partial Z}{\partial z} = \frac{1}{R_1} + \frac{1}{R_2},$$

dove R_1, R_2 denotano i raggi principali di curvatura della superficie $U =$ cost. nel punto (x, y, z). In virtù di questa relazione, che si può anche stabilire direttamente **), si ha

$$\frac{\Delta_2 U}{\sqrt{\Delta_1 U}} - \frac{d\sqrt{\Delta_1 U}}{dU} = \frac{1}{R_1} + \frac{1}{R_2}. \tag{25}$$

*) V. Correspondance sur l'École Polytechnique, t. III (1816), pag. 168.

**) Veggasi per es. una Memoria di BORCHARDT, nel Journal de Mathématiques pures et appliquées, t. XIX (1854), pag. 374.

Questo risultato [che si trova già in LAMÉ *)] posto a riscontro con quello pocanzi rammentato per il caso di $n = 2$, rivela una perfetta analogia fra la *curvatura tangenziale* (o geodetica) d'una linea tracciata sopra una superficie e la *somma delle curvature principali* d'una superficie esistente nello spazio, essendochè l'una e l'altra quantità è rappresentata (astrazion fatta dal numero delle variabili) da una sola e medesima espressione analitica. Quest'analogia è la vera origine di due proprietà conosciute già da lungo tempo, cioè che la somma delle curvature principali è costante per le superficie la cui *area*, a parità di *volume* racchiuso, è un minimo, ed è nulla per quelle la cui *area*, fra dati limiti, è un minimo assoluto. Tali proprietà infatti offrono un esatto riscontro a queste altre due, che la curvatura tangenziale (d'una linea tracciata sopra una superficie) è costante per quelle linee la cui *lunghezza*, a parità d'*area* racchiusa, è un minimo, ed è nulla per quelle la cui *lunghezza*, fra due punti dati, è un minimo assoluto.

Si può notare che la curvatura $\frac{1}{r}$ d'una curva piana $U = \text{cost.}$ può esprimersi, in base alla (24), colla formola

$$\frac{1}{r} = \frac{dX}{dx} + \frac{dY}{dy}, \qquad (X^2 + Y^2 = 1)$$

dove X, Y sono i coseni degli angoli fatti con due assi ortogonali dalla normale alla $U = \text{cost.}$ diretta nel senso in cui cresce U.

I parametri differenziali assumono una forma notabile quando l'elemento lineare ha la forma (16) del § 2. Si ha infatti dalle equazioni (1), (9), (22) del § presente, per tale ipotesi,

$$(26) \qquad \left\{ \begin{aligned} \Delta_1 U &= \left(\frac{\partial U}{\partial x_0}\right)^2 + \Delta_1' U, \\ \Delta_1 U V &= \frac{\partial U}{\partial x_0}\frac{\partial V}{\partial x_0} + \Delta_1' U V, \\ \Delta_2 U &= \frac{1}{\sqrt{a}}\frac{\partial}{\partial x_0}\left(\frac{\partial U}{\partial x_0}\sqrt{a}\right) + \Delta_2' U, \end{aligned} \right.$$

dove Δ_1', Δ_2' indicano i parametri relativi all'elemento

$$\sum^{rs} a_{rs}\, dx_r\, dx_s, \qquad (r, s = 1, 2, \ldots n - 1).$$

La prima formola insegna che se U è funzione della sola x_0, è tale anche $\Delta_1 U$; dun-

*) *Leçons sur les coordonnées curvilignes* (Paris, 1859), pag. 42.

que, in generale, se le trajettorie ortogonali dei campi $U =$ cost. sono tutte linee minime, si ha

$$\Delta_1 U = f(U),$$

ciò che riproduce, per una via diversa, il teorema già dimostrato in questo § come conseguenza dell'equazione (12), a cui l'ultima scritta è immediatamente riducibile.

L'ultima delle formole (26) insegna che l'equazione

$$\Delta_2 U = 0 \tag{27}$$

non può esser soddisfatta da una funzione della sola x_0, se non quando il discriminante a' dell'espressione differenziale in $x_1, x_2, \ldots x_{n-1}$ è il prodotto d'una funzione della sola x_0 per una funzione delle altre $n - 1$ variabili. Infatti in questo caso, se X_0 è il fattore funzione della sola x_0, basta porre

$$U = k \int \frac{d x_0}{\sqrt{X_0}}. \tag{28}$$

Se fosse, per esempio,

$$d s^2 = d y_1^2 + d y_2^2 + \cdots + d y_n^2,$$

ponendo

$$y_1 = \lambda_1 x_0, \qquad y_2 = \lambda_2 x_0, \ \ldots \ y_n = \lambda_n x_0,$$

colla condizione

$$\lambda_1^2 + \lambda_2^2 + \cdots + \lambda_n^2 = 1,$$

si otterrebbe

$$d s^2 = d x_0^2 + x_0^2 d \Lambda^2, \qquad d \Lambda^2 = d \lambda_1^2 + d \lambda_2^2 + \cdots + d \lambda_n^2.$$

I coefficienti dell'elemento $d\Lambda^2$ sono evidentemente riducibili a funzioni di $n - 1$ variabili indipendenti dalla x_0, quindi il discriminante di questo elemento sarà eguale al prodotto di $x_0^{2(n-1)}$ per una funzione delle dette $n - 1$ variabili, e dalla (28) si avrà la seguente soluzione dell'equazione (27):

$$U = k \int \frac{d x_0}{x_0^{n-1}},$$

cioè

$$U = \frac{1}{x_0^{n-2}}, \qquad \text{quando } n > 2,$$

$$U = \log \frac{1}{x_0}, \qquad \text{quando } n = 2,$$

dove

$$x_0 = \sqrt{y_1^2 + y_2^2 + \cdots + y_n^2}.$$

§ 4.

Dimostrazione di alcune formole integrali.

In ciò che segue si supporrà che il campo dei valori delle variabili $x_1, x_2, \ldots x_n$ sia sempre limitato per guisa che le funzioni a_{rs} vi si mantengano tutte monodrome, finite e continue insieme colle loro derivate prime; si supporrà inoltre che dentro questo campo l'equazione $ds^2 = 0$ non possa essere soddisfatta da relazioni reali, tranne che ponendo $dx_1 = dx_2 = \cdots = dx_n = 0$.

Si indichino con $U_1, U_2, \ldots U_n$, n funzioni delle variabili $x_1, x_2, \ldots x_n$, monodrome, continue e finite in tutto l'interno d'un campo S_n dentro il quale si avverino le sovraccennate supposizioni, e si consideri l'integrale n-plo

$$W_r = \int \frac{\partial (U_r \sqrt{a})}{\partial x_r} dx_1 dx_2 \ldots dx_n,$$

ossia

$$(1) \qquad W_r = \int \frac{1}{\sqrt{a}} \frac{\partial (U_r \sqrt{a})}{\partial x_r} dS_n,$$

esteso a tutti i sistemi di valori delle variabili compresi in S_n.

Il limite di S_n è un campo di $n - 1$ dimensioni, che si denoterà con S_{n-1}, e che si supporrà costituito dal complesso di quei sistemi di valori delle variabili che soddisfanno l'equazione

$$(2) \qquad y_0 = h,$$

dove y_0 è una funzione data delle $x_1, x_2, \ldots x_n$ ed h una costante. Per la precisione delle considerazioni e degli enunciati si supporrà ancora che, passando da un punto interno a un punto esterno ad S_n (entrambi vicini al limite S_{n-1}), la funzione y_0 aumenti di valore.

Ciò posto si ha

$$(3) \qquad \int \frac{\partial (U_r \sqrt{a})}{\partial x_r} dx_r = \sum (U_r \sqrt{a})_{\prime\prime} - \sum (U_r \sqrt{a})_{\prime},$$

dove colle scritture

$$(U_r \sqrt{a})_{\prime}, \qquad (U_r \sqrt{a})_{\prime\prime}$$

sono indicati i valori che assume l'espressione $U_r \sqrt{a}$ quando, avendo assegnato dapprima valori determinati (compresi nel campo S_n) alle $n-1$ variabili

$$x_1, \dots x_{r-1}, x_{r+1}, \dots x_n,$$

si attribuiscono ad x_r quei valori (in numero di due almeno, e sempre in numero pari) che insieme coi precedenti soddisfanno all'equazione (2), cioè che formano con essi dei sistemi di valori appartenenti al campo limite S_{n-1}. E propriamente, supponendo che x_r varii con continuità dal più piccolo al più grande di tali valori, si sono indicati con un solo apice i corrispondenti valori di posto dispari dell'espressione $U_r\sqrt{a}$, e con due apici quelli di posto pari. Nel linguaggio figurato si può dire che gli anzidetti valori di x_r corrispondono ai punti in cui una linea (x_r) penetra nel campo S_n od esce dal campo medesimo, cioè ai punti in cui essa attraversa il campo limite S_{n-1}.

Moltiplicando ambi i membri dell'equazione (3) per

$$dx_1\,dx_2 \dots dx_{r-1}\,dx_{r+1} \dots dx_n,$$

ed integrando per tutto il campo S_n, si ha, (1),

$$(4)\qquad W_r = \int\left[\sum(U_r\sqrt{a})_{\prime\prime} - \sum(U_r\sqrt{a})_{\prime}\right] dx_1\,dx_2 \dots dx_{r-1}\,dx_{r+1} \dots dx_n.$$

L'integrale del secondo membro dev'essere manifestamente esteso al solo campo S_{n-1}. Esso è formato di più integrali parziali, ciascuno dei quali si riferisce ad una porzione del campo S_{n-1}, limitata da sistemi di valori delle variabili in cui il valore di x_r (ritenuti costanti quelli delle altre variabili) è radice doppia dell'equazione (2), cioè limitata da punti nei quali le linee sopramentovate non attraversano, ma toccano il campo limite S_{n-1}.

Ora conviene sostituire alle primitive variabili n nuove variabili $y_0, y_1, \dots y_{n-1}$ (analoghe alle $y_1, y_2, \dots y_n$ dei §§ precedenti), la prima delle quali è precisamente la funzione y_0, ed è quindi costante in tutto il campo limite S_{n-1}. Ponendo

$$p = \sum\left(\pm \frac{\partial x_1}{\partial y_0}\frac{\partial x_2}{\partial y_1} \dots \frac{\partial x_n}{\partial y_{n-1}}\right)$$

è chiaro, per la regola di trasformazione degli integrali multipli, che al posto di

$$dx_1\,dx_2 \dots dx_{r-1}\,dx_{r+1} \dots dx_n$$

bisogna porre, nell'integrale $(n-1)$-plo,

$$\pm \frac{\partial p}{\partial \dfrac{\partial x_r}{\partial y_0}}\, dy_1\,dy_2 \dots dy_{n-1},$$

ossia, per una nota relazione,

$$\pm p \frac{\partial y_0}{\partial x_r} dy_1 dy_2 \dots dy_{n-1}.$$

Il segno di questa quantità dev'essere scelto in modo ch'essa risulti positiva, nel che fare si supporrà che il determinante p (il quale non deve mai annullarsi) si mantenga sempre positivo. Ora poichè y_0, per ipotesi, cresce dall'interno verso l'esterno del campo S_n, la derivata $\frac{\partial y_0}{\partial x_r}$ è negativa quando la linea (x_r) entra nel detto campo, ed è positiva quando questa linea ne esce. Bisogna quindi prendere nel primo caso il — e nel secondo il $+$, donde risulta che l'integrale $(n-1)$-plo può scriversi nel modo seguente:

$$\int \sum \left(U_r \frac{\partial y_0}{\partial x_r} p \sqrt{a} \right) dy_1 dy_2 \dots dy_{n-1}.$$

Nell'espressione fra parentesi si devono intendere sostituite alle $x_1, x_2, \dots x_n$ le $y_0, y_1, \dots y_{n-1}$ e dato ad y_0 il valore h. Si può sopprimere il segno Σ purchè si ritenga estesa l'integrazione a tutto il campo S_{n-1}; si può inoltre scrivere $\sqrt{b}$ in luogo di $p\sqrt{a}$, essendo b il discriminante dell'espressione quadratica formata colle y; e finalmente si può sopprimere la parentesi, avvertendo che l'integrazione viene eseguita nel solo campo limite. Per tal guisa l'integrale $(n-1)$-plo si può indicare nel modo seguente:

$$\int U_r \frac{\partial y_0}{\partial x_r} \sqrt{b} \,.\, dy_1 dy_2 \dots dy_{n-1}.$$

Sostituito questo integrale nell'equazione (4), e fatta la somma su ambedue i membri rispetto all'indice r, si ottiene

$$(5) \qquad \int \left(\sum^r U_r \frac{\partial y_0}{\partial x_r} \right) \sqrt{b} \,.\, dy_1 dy_2 \dots dy_{n-1} = \int \frac{1}{\sqrt{a}} \sum^r \frac{\partial (U_r \sqrt{a})}{\partial x_r} dS_n,$$

il primo integrale dovendo estendersi a tutto il campo S_{n-1}, il secondo a tutto il campo S_n.

Per fare una prima applicazione di questa formola generale si ponga al posto di U_r il prodotto $U_r V$, essendo U_r l'espressione dedotta da U colla formola (8) del § precedente. Ciò richiede che la funzione U sia monodroma, continua e finita nel campo S_n, insieme colle sue derivate prime, condizioni cui si supporrà soddisfare anche la funzione V. Per tale sostituzione si ha

$$\sum^r U_r V \frac{\partial y_0}{\partial x_r} = V \,.\, \Delta_1 U y_0,$$

e quindi, in virtù dell'equazione (10') del § 3 (avvertendo all'ipotesi fatta circa il modo di variare di y_0),

$$\sum^r U_r V \frac{\partial y_0}{\partial x_r} = - V \frac{dU}{d\nu} \sqrt{\Delta_1 y_0},$$

dove $d\nu$ è l'elemento lineare normale al campo S_{n-1} ed *interno* al campo S_n, e dU è l'incremento che riceve U lungo $d\nu$. L'equazione (5) può quindi scriversi

$$(6) \qquad \int V \frac{dU}{d\nu} \sqrt{b \Delta_1 y_0} \, . \, dy_1 dy_2 \ldots dy_{n-1} + \int \frac{1}{\sqrt{a}} \sum^r \frac{\partial (U_r V \sqrt{a})}{\partial x_r} dS_n = 0 .$$

Ora se nell'espressione

$$ds^2 = \sum^{rs} b_{rs} dy_r dy_s \qquad (r, s = 0, 1, 2, \ldots n-1)$$

si pone $y_0 = h$, $dy_0 = 0$, il valore risultante per ds, che può indicarsi con ds_0 e che è dato da

$$ds_0^2 = \sum^{rs} b_{rs} dy_r dy_s , \qquad (r, s = 1, 2, \ldots n-1)$$

esprime l'elemento lineare generico del campo S_{n-1}, talchè, secondo ciò che si è stabilito alla fine del § 2, bisogna porre

$$dS_{n-1} = \sqrt{\frac{\partial b}{\partial b_{00}}} \cdot dy_1 dy_2 \ldots dy_{n-1} .$$

Ma la quantità B_{00}, reciproca di b_{00}, è data da

$$B_{00} = \frac{\partial \log b}{\partial b_{00}} ,$$

e d'altronde per l'equazione (11) del § 3 si ha

$$B_{00} = \Delta_1 y_0 ,$$

quindi

$$\frac{\partial b}{\partial b_{00}} = b \Delta_1 y_0 ,$$

epperò

$$(\dagger) \qquad dS_{n-1} = \sqrt{b \Delta_1 y_0} dy_1 dy_2 \ldots dy_{n-1} .$$

In base a ciò l'equazione (6) può scriversi più brevemente così

$$(7) \qquad \int \frac{1}{\sqrt{a}} \sum^r \frac{\partial (U_r V \sqrt{a})}{\partial x_r} dS_n + \int V \frac{dU}{d\nu} dS_{n-1} = 0 ,$$

od anche

$$(8)\qquad \int (\Delta_1 U V + V \Delta_2 U) d S_n + \int V \frac{d U}{d \nu} d S_{n-1} = 0,$$

poichè

$$\frac{1}{\sqrt{a}} \sum^r \frac{\partial (U_r V \sqrt{a})}{\partial x_r} = \sum^r U_r \frac{\partial V}{\partial x_r} + V \frac{1}{\sqrt{a}} \sum^r \frac{\partial (U_r \sqrt{a})}{\partial x_r} = \Delta_1 U V + V \Delta_2 U.$$

Confrontando l'equazione (8) con quella che se ne deduce permutando U con V si ottiene

$$(9)\qquad \int (U \Delta_2 V - V \Delta_2 U) d S_n + \int \left(U \frac{d V}{d \nu} - V \frac{d U}{d \nu} \right) d S_{n-1} = 0.$$

Quest'ultima equazione (9) contiene la generalizzazione (recata, per quanto sembra, alla maggiore sua ampiezza) d'un noto ed utile teorema di calcolo integrale. Per il caso di $n = 2$ essa venne stabilita per la prima volta (senza restrizioni non necessarie) nella mia Memoria *Delle variabili complesse sopra una superficie qualunque* *).

Convien fare un'avvertenza sui risultati precedenti. Si è ammesso al principio di questo § che, per la natura delle funzioni a_{rs}, l'espressione di $d s^2$ non potesse annullarsi che per $d x_1 = d x_2 = \cdots = 0$. Questa condizione è necessaria per rendere legittima la dimostrazione che si è adottata, ma non è indispensabile in sè stessa, poichè le equazioni (8), (9) non contengono più traccia del sistema speciale di variabili che ha servito alla loro deduzione. Queste equazioni possono dunque applicarsi in ogni caso, purchè le integrazioni vengano debitamente regolate secondo le circostanze, con accurato riguardo alla natura delle variabili colle quali si opera. Del che si vedrà un esempio semplice nella ricerca speciale che forma il soggetto del § seguente.

In virtù delle formole trovate innanzi, l'equazione (9) può mettersi anche sotto la forma

$$(10)\quad \int (U \Delta_2 V - V \Delta_2 U) d S_n = \int (U \Delta_1 V y_0 - V \Delta_1 U y_0) \sqrt{b} . d y_1 d y_2 \ldots d y_{n-1},$$

dove l'integrale del secondo membro è esteso a tutto il campo S_{n-1}.

Passiamo ad un'altra applicazione della formola (5).

Immaginiamo che la posizione di ciascun punto $(x_1, x_2, \ldots x_n)$ sia variabile col tempo t. Le derivate $x'_1, x'_2, \ldots x'_n$ delle coordinate rispetto al tempo diventano per tale ipotesi funzioni (generalmente parlando) delle coordinate stesse e del tempo, e propriamente funzioni che supporremo essere monodrome, continue e finite. Ciò ammesso

*) Annali di matematica, serie II, t. 1°, ovvero queste Opere, vol. I, pag. 318.

si faccia nella (5)

$$U_1 = V x'_1, \qquad U_2 = V x'_2, \ldots \; U_n = V x'_n,$$

dove V è un'altra funzione monodroma, continua e finita di $x_1, x_2, \ldots x_n$ e di t. Poichè y_0 non contiene t, si ha

$$\sum^r U_r \frac{\partial y_0}{\partial x_r} = V \sum^r \frac{\partial y_0}{\partial x_r} x'_r = V y'_0,$$

epperò l'equazione (5) diventa

$$(11) \qquad \int V\sqrt{b}.y'_0 dy_1 dy_2 \ldots dy_{n-1} = \int \frac{1}{\sqrt{a}} \sum^r \frac{\partial (V x'_r \sqrt{a})}{\partial x_r} dS_n .$$

Si osservi ora che il campo S_n, terminato dal campo limite S_{n-1}, si muta, nel tempo infinitesimo dt, in un altro campo S'_n, terminato da un campo limite S'_{n-1} infinitamente vicino ad S_{n-1} (ritenendo S'_n formato dai punti che prima erano in S_n). Per tale mutazione l'integrale

$$\mathrm{V} = \int V_t \, dS_n$$

esteso a tutto il campo S_n si cambia nell'integrale

$$\mathrm{V}' = \int V_{t+dt} \, dS'_n$$

esteso a tutto il campo S'_n, ricevendo un accrescimento $d\mathrm{V} = \mathrm{V}' - \mathrm{V}$ che si tratta di calcolare.

Questo accrescimento si compone di due parti.

Infatti i due campi S_n ed S'_n hanno in comune un terzo campo S''_n, nel quale la variazione di V dipende unicamente dall'incremento dt dato al tempo t che figura *esplicitamente* nella funzione V; la parte di $d\mathrm{V}$ relativa a questo campo comune è quindi

$$dt \int \frac{\partial V}{\partial t} dS''_n,$$

quantità invece della quale si può senza errore assumere quest'altra

$$(12) \qquad dt \int \frac{\partial V}{\partial t} dS_n,$$

che ne differisce soltanto nel second'ordine, per essere evidentemente $S_n - S''_n$ quantità infinitesima.

L'altra parte di $d\mathrm{V}$ proviene dall'aggregato degli elementi $V\,dS$ compresi fra i campi limiti S_{n-1} ed S'_{n-1}, elementi che figurano come incrementi o come decrementi di V secondo che i corrispondenti dS sono esterni od interni ad S_n; e questi elementi si possono senza errore considerare nello stato relativo all'istante t, anzichè all'istante $t+dt$ come propriamente dovrebb'essere. Ora la funzione y_0, costante in tutto il campo S_{n-1}, riceve nel passaggio sopra S'_{n-1} l'incremento $y'_0\,dt$, talchè l'espressione generale (nelle variabili y) di un elemento dS compreso fra S_{n-1} ed S'_{n-1} è

$$dS = \sqrt{b}.y'_0\,dt\,dy_1\,dy_2\,\ldots\,dy_{n-1}.$$

Avuto riguardo all'ipotesi fatta sulla variazione della funzione y_0, il dS dato da quest'espressione è positivo nei luoghi dove S'_{n-1} è esterno ad S_{n-1} (rispetto ad S_n) e negativo in quelli dove S'_{n-1} è interno ad S_{n-1}. Ne risulta che la quantità

$$dt\int V\sqrt{b}.y'_0\,dy_1\,dy_2\,\ldots\,dy_{n-1},$$

ossia, (11),

(13)
$$dt\int\frac{1}{\sqrt{a}}\sum_r\frac{\partial(Vx'_r\sqrt{a})}{\partial x_r}\,dS_n,$$

esprime appunto, tanto nel valore numerico quanto nel segno, la seconda parte dell'accrescimento $d\mathrm{V}$.

Raccogliendo insieme le due parti (12), (13) si ottiene

(14)
$$\frac{d\mathrm{V}}{dt}=\int\left(\frac{\partial V}{\partial t}+\frac{1}{\sqrt{a}}\sum_r\frac{\partial(Vx'_r\sqrt{a})}{\partial x_r}\right)dS_n,$$

ovvero

(14')
$$\frac{d\mathrm{V}}{dt}=\int\left(V'+\frac{V}{\sqrt{a}}\sum_r\frac{\partial(x'_r\sqrt{a})}{\partial x_r}\right)dS_n,$$

dove l'integrale è esteso a tutto il primitivo campo S_n. Tale è la formola che fa conoscere la variazione dell'integrale V dipendentemente dal moto dei punti che ne riempiono il campo, supposto che questo campo (mobile) sia sempre formato dai medesimi punti (mobili).

Quando V esprime il valore di un'entità che è o che si suppone invariabile rispetto al tempo (qualunque sia S_n), si ha $d\mathrm{V}=0$ e quindi

$$\frac{\partial V}{\partial t}+\frac{1}{\sqrt{a}}\sum_r\frac{\partial(Vx'_r\sqrt{a})}{\partial x_r}=0,$$

oppure

$$(\log V)'+\frac{1}{\sqrt{a}}\sum_r\frac{\partial(x'_r\sqrt{a})}{\partial x_r}=0.$$

Nell'ordinario spazio di tre dimensioni l'equazione precedente coincide con quella che in idrodinamica è detta *equazione della continuità*, V essendo la densità del fluido che si considera.

Se $V = 1$ la (14') diventa

$$\frac{dS_n}{dt} = \int \frac{1}{\sqrt{a}} \sum_r \frac{\partial(x'_r \sqrt{a})}{\partial x_r} dS_n,$$

donde

(15) $$\lim \frac{d \log S_n}{dt} = \frac{1}{\sqrt{a}} \sum_r \frac{\partial(x'_r \sqrt{a})}{\partial x_r},$$

per $S_n = 0$. Si può dedurre di qui una definizione del parametro differenziale di second'ordine d'una funzione qualunque $U(x_1, x_2, \ldots x_n)$, definizione che comprende in sè quella data dal sig. SOMOFF (v. Memoria citata) per il caso dell'ordinario spazio di tre dimensioni. Infatti supponendo che le trajettorie dei varî punti siano dovunque normali ai campi $U =$ cost. e che le velocità loro siano dovunque regolate dall'equazione

$$\frac{ds}{dt} = \sqrt{\Delta_1 U},$$

la formola (23) del § precedente dà

$$\Delta_2 U = \frac{1}{\sqrt{a}} \sum_r \frac{\partial(x'_r \sqrt{a})}{\partial x_r},$$

epperò, (15),

$$\lim \frac{d \log S_n}{dt} = \Delta_2 U,$$

per $S_n = 0$. Si può dunque dire che il secondo parametro differenziale d'una funzione U è il limite, per $S_n = 0$, della derivata

(16) $$\frac{d \log S_n}{dt},$$

nell'ipotesi che ogni punto di S_n si sposti normalmente ad $U =$ cost. con velocità uguale a $\sqrt{\Delta_1 U}$.

La quantità (16) è stata denominata dal sig. SOMOFF (nel caso dell'ordinario spazio) *dilatazione cubica media* del volume S_3.

Dall'equazione generale (5), che, in virtù della (†), si può scrivere nel modo seguente:

$$\int \frac{\sum_r U_r \frac{\partial y_0}{\partial x_r}}{\sqrt{\Delta_1 y_0}} dS_{n-1} = \int \frac{1}{\sqrt{a}} \sum_r \frac{\partial(U_r \sqrt{a})}{\partial x_r} dS_n,$$

facendo

$$U_r = \frac{V Y_r}{\sqrt{\Delta_1 y_0}},$$

dove

$$Y_r = \frac{1}{2} \frac{\partial \Delta_1 y_0}{\partial \frac{\partial y_0}{\partial x_r}},$$

(lo chè suppone y_0 funzione monodroma, continua e finita in tutto il campo S_n, insieme colle sue derivate) si deduce

$$(17) \qquad \int V\, dS_{n-1} = \int \frac{1}{\sqrt{a}} \sum^r \frac{\partial}{\partial x_r} \left(\frac{V Y_r \sqrt{a}}{\sqrt{\Delta_1 y_0}} \right) dS_n,$$

formola che comprende come casi particolari quelle date dai signori Borchardt (Memoria citata) e Somoff (l. c.) per la quadratura delle superficie. In virtù delle formole (13, 2ª) e (24) del § 3 essa può ancora trasformarsi nella seguente

$$(18) \qquad \int V\, dS_{n-1} = \int \left[\frac{dV}{dp} + V \left(\frac{\Delta_2 y_0}{\sqrt{\Delta_1 y_0}} - \frac{d\sqrt{\Delta_1 y_0}}{dy_0} \right) \right] dS_n,$$

dove dp è l'elemento normale ad S_{n-1} esterno ad S_n.

Di qui si trae, per il caso dell'ordinario spazio di tre dimensioni, in virtù dell'equazione (25) del § 3,

$$(19) \qquad \int V\, d\Omega = \int \left[\frac{dV}{dp} + V \left(\frac{1}{R_1} + \frac{1}{R_2} \right) \right] dS;$$

e, per il caso d'una superficie qualunque, in virtù dell'espressione ricordata al § 3 della curvatura tangenziale $\frac{1}{r}$,

$$(20) \qquad \int V\, ds = \int \left(\frac{dV}{dp} + \frac{V}{r} \right) d\Omega.$$

Nell'equazione (19) il secondo integrale si estende a tutto il volume S racchiuso dalla superficie Ω alla quale si estende il primo integrale, e i raggi principali R_1, R_2 si riferiscono alle superficie $y_0 =$ cost. delle quali fa parte la superficie limite Ω. Nell'equazione (20) il secondo integrale si estende a tutta l'area Ω racchiusa dal contorno s al quale si estende il primo integrale, e la curvatura tangenziale $\frac{1}{r}$ si riferisce alle linee $y_0 =$ cost. delle quali fa parte il contorno s.

Per $V = 1$ l'equazione (19) riproduce la formola nota

$$\Omega = \int \left(\frac{1}{R_1} + \frac{1}{R_2} \right) dS.$$

§ 5.

Applicazione delle formole precedenti.

Nella citata Memoria *Delle variabili complesse*, ecc. ho fatto vedere, per il caso di $n = 2$, che dall'equazione (9) del § precedente si deduce un'altra formola che dev'essere considerata come l'analoga del teorema di GREEN. La deduzione d'una formola della stessa natura nel caso di n qualunque presenta difficoltà assai maggiori, finchè non si vogliano istituire ipotesi speciali sull'espressione dell'elemento lineare. Mi limiterò quindi a presentare questa deduzione in un caso speciale già considerato dal ch°. sig. NEUMANN (Carlo) nell'eccellente suo lavoro sulle funzioni sferiche ed ultrasferiche *).

Il caso in discorso è quello nel quale l'elemento lineare ha la forma

$$(1) \qquad ds^2 = dx_1^2 + dx_2^2 + \cdots + dx_n^2,$$

e nel quale quindi, come s'è già veduto alla fine del § 3, l'equazione $\Delta_2 V = 0$ è soddisfatta dalla funzione

$$(2) \qquad V = \frac{1}{[(x_1 - a_1)^2 + (x_2 - a_2)^2 + \cdots + (x_n - a_n)^2]^{\frac{n}{2} - 1}},$$

dove $a_1, a_2, \ldots a_n$ sono costanti.

Se il sistema di valori $x_1 = a_1$, $x_2 = a_2$, $\ldots$ $x_n = a_n$, o, come si può dire più brevemente, se il punto a giace dentro il campo S_n, non si può applicare al valore (2) di V la formola (9) del § precedente, perchè tale funzione V diventa infinita nel detto punto. Per togliere quest'ostacolo all'applicazione di quella formola si concepisca rimosso dal campo S_n un piccolo campo S'_n comprendente il punto a e limitato da un altro piccolo campo S'_{n-1}. In tal modo la formola (9) del § 4 diventa applicabile al campo residuo $S_n - S'_n$ ed assume per esso la forma

$$\int V \Delta_2 U . dS'_n - \int V \Delta_2 U . dS_n + \int \left(U \frac{dV}{d\nu} - V \frac{dU}{d\nu} \right) dS_{n-1}$$
$$+ \int \left(U \frac{dV}{d\nu'} - V \frac{dU}{d\nu'} \right) dS'_{n-1} = 0,$$

*) Zeitschrift für Mathematik und Physik, 12. Jahrgang (1867), pag. 97.

poichè, mentre da S_n si sottrae S'_n, bisogna ad S_{n-1} aggiungere S'_{n-1}, ammesso che l'elemento $d\nu'$ sia normale ad S'_{n-1} e diretto verso l'interno del campo residuo $S_n - S'_n$. Ma rappresentando con z_0 una funzione (analoga ad y_0) che conserva uno stesso valore k in tutti i punti di S'_{n-1} e che cresce dall'interno verso l'esterno di S'_n; con z_1, $z_2, \ldots z_{n-1}$, $n - 1$ variabili (analoghe alle $y_1, y_2, \ldots y_{n-1}$) che insieme con z_0 individuano i punti di S'_n; e con c il discriminante dell'espressione quadratica di ds^2 formata colle variabili $z_0, z_1, \ldots z_{n-1}$, si ha (dietro quanto s'è veduto nel § precedente, ed osservando che $d\nu'$ è diretto nel senso in cui cresce z_0)

$$\int\left(U\frac{dV}{d\nu'} - V\frac{dU}{d\nu'}\right)dS'_{n-1} = \int(U\Delta_1 Vz_0 - V\Delta_1 Uz_0)\sqrt{c}\,.\,dz_1 dz_2 \ldots dz_{n-1}.$$

Quindi l'equazione superiore può scriversi

$$(3)\quad \left\{\begin{array}{l} \int V\Delta_2 U\,.\,dS'_n - \int V\Delta_2 U\,.\,dS_n + \int\left(U\frac{dV}{d\nu} - V\frac{dU}{d\nu}\right)dS_{n-1} \\ + \int(U\Delta_1 Vz_0 - V\Delta_1 Uz_0)\sqrt{c}\,.\,dz_1 dz_2 \ldots dz_{n-1} = 0. \end{array}\right.$$

La scelta del campo S'_n è arbitraria, purchè il punto a vi sia contenuto. Si può pertanto definirlo colla condizione

$$(4)\quad (x_1 - a_1)^2 + (x_2 - a_2)^2 + \cdots + (x_n - a_n)^2 \leqq k^2,$$

dove k è una costante positiva, soggetta alla sola condizione d'essere abbastanza piccola perchè il campo S'_n (che evidentemente comprende il punto a) non esca dai confini di S_n. Poscia si può definire la funzione z_0 ponendo

$$(5)\quad z_0 = \sqrt{(x_1 - a_1)^2 + (x_2 - a_2)^2 + \cdots + (x_n - a_n)^2}$$

ed attribuendo sempre al radicale il valore positivo: in questo modo z_0 diventa uguale a k in tutto il campo S'_{n-1} e cresce dall'interno verso l'esterno di S'_n, appunto come si è supposto. Ammesso ciò, in virtù delle formole del § 3 applicate al caso attuale, si ha

$$\Delta_1 Vz_0 = \sum\nolimits^r \frac{\partial V}{\partial x_r}\frac{\partial z_0}{\partial x_r} = \frac{2-n}{z_0^{n-1}},$$

$$\Delta_1 Uz_0 = \frac{1}{z_0}\sum\nolimits^r (x_r - a_r)\frac{\partial U}{\partial x_r},$$

quindi, per $z_0 = k$,

$$(6)\quad U\Delta_1 Vz_0 - V\Delta_1 Uz_0 = -\frac{1}{k^{n-1}}\left[(n-2)U + \sum\nolimits^r (x_r - a_r)\frac{\partial U}{\partial x_r}\right].$$

Resta ora a fissare opportunamente il significato delle nuove variabili $\chi_1, \chi_2, \ldots \chi_{n-1}$, rispetto a cui quest'ultima espressione dev'essere integrata. Osservando che dalle due relazioni

$$\xi = \rho \cos \psi, \qquad \eta = \rho \operatorname{sen} \psi$$

nascono queste altre due

$$\xi^2 + \eta^2 = \rho^2, \qquad d\xi^2 + d\eta^2 = d\rho^2 + \rho^2 d\psi^2,$$

si scorge subito che, stabilendo le $n - 1$ coppie di formole

$$\text{(7)} \qquad \left\{ \begin{aligned} x_r - a_r &= k_r \cos \chi_r, \\ k_{r+1} &= k_r \operatorname{sen} \chi_r, \end{aligned} \right. \qquad (r = 1, 2, \ldots n - 1)$$

dove per k_n si deve intendere scritto $x_n - a_n$, si hanno, in corrispondenza, le seguenti $n - 1$ coppie di relazioni

$$\left\{ \begin{aligned} (x_r - a_r)^2 + k_{r+1}^2 &= k_r^2, \\ dx_r^2 + dk_{r+1}^2 &= dk_r^2 + k_r^2 d\chi_r^2, \end{aligned} \right. \qquad (r = 1, 2, \ldots n - 1)$$

dalle quali si trae, sommando separatamente le prime $n - 1$ e le seconde $n - 1$,

$$(x_1 - a_1)^2 + (x_2 - a_2)^2 + \cdots + (x_n - a_n)^2 = k_1^2,$$

$$\text{(8)} \quad dx_1^2 + dx_2^2 + \cdots + dx_n^2 = dk_1^2 + k_1^2 d\chi_1^2 + k_2^2 d\chi_2^2 + \cdots + k_{n-1}^2 d\chi_{n-1}^2.$$

La prima di queste equazioni coincide colla (5) ponendo $k_1 = \chi_0$ e le (7) dànno agevolmente, nella stessa ipotesi,

$$\text{(9)} \qquad \left\{ \begin{aligned} x_r - a_r &= \chi_0 \operatorname{sen} \chi_1 \operatorname{sen} \chi_2 \ldots \operatorname{sen} \chi_{r-1} \cos \chi_r, \qquad (r = 1, 2, \ldots n - 1) \\ x_n - a_n &= \chi_0 \operatorname{sen} \chi_1 \operatorname{sen} \chi_2 \ldots \operatorname{sen} \chi_{n-2} \operatorname{sen} \chi_{n-1}, \end{aligned} \right.$$

$$\text{(10)} \qquad k_r = \chi_0 \operatorname{sen} \chi_1 \operatorname{sen} \chi_2 \ldots \operatorname{sen} \chi_{r-1}. \qquad (r = 1, 2, \ldots n - 1).$$

Le equazioni (9) mostrano che per far percorrere una sola volta alle $x_1, x_2, \ldots x_n$ tutti i valori compresi nel campo S'_n bisogna e basta far variare χ_0 fra 0 e k; χ_1, $\chi_2, \ldots \chi_{n-2}$ fra 0 e π; χ_{n-1} fra 0 e 2π. Per avere invece tutti i valori appartenenti al campo limite S'_{n-1} bisogna e basta far variare le $\chi_1, \chi_2, \ldots \chi_{n-1}$ nel modo ora detto, tenendo la χ_0 costante ed uguale a k. La quantità c, discriminante dell'espressione differenziale quadratica che costituisce il secondo membro della (8), è data da

$$c = k_1^2 k_2^2 \ldots k_{n-1}^2;$$

donde, pei valori (10),

$$(11)\qquad \sqrt{c} = z_0^{n-1}(\operatorname{sen} z_1)^{n-2}(\operatorname{sen} z_2)^{n-3}\ldots\operatorname{sen} z_{n-2}.$$

Bisogna osservare che $\sqrt{c}$ nel secondo membro dell'equazione (3) si riferisce al campo limite S'_{n-1}, talchè vi si deve fare $z_0 = k$, mentre nel primo membro della stessa equazione bisogna porre generalmente, (11),

$$(12)\qquad dS'_n = z_0^{n-1}(\operatorname{sen} z_1)^{n-2}(\operatorname{sen} z_2)^{n-3}\ldots\operatorname{sen} z_{n-2}.dz_0 dz_1\ldots dz_{n-1}.$$

Sostituendo nell'equazione (3) i valori (6), (11), (12) insieme col valore $V = \frac{1}{z_0^{n-2}}$, si trova

$$\int z_0 \Delta_2 U.(\operatorname{sen} z_1)^{n-2}(\operatorname{sen} z_2)^{n-3}\ldots\operatorname{sen} z_{n-2}.dz_0 dz_1\ldots dz_{n-1}$$

$$+\int\left(U\frac{dV}{d\nu} - V\frac{dU}{d\nu}\right)dS_{n-1} - \int V\Delta_2 U\, dS_n$$

$$=\int\left[(n-2)U + \sum^r (x_r - a_r)\frac{\partial U}{\partial x_r}\right](\operatorname{sen} z_1)^{n-2}(\operatorname{sen} z_2)^{n-3}\ldots\operatorname{sen} z_{n-2}.dz_1 dz_2\ldots dz_{n-1}.$$

Ora si faccia decrescere indefinitamente la costante k, ricordando che la funzione U si mantiene finita, insieme colle sue derivate, in tutto il campo S_n e quindi anche nel punto $z_0 = 0$. Il primo integrale n-plo converge evidentemente a zero, per il fattore z_0 che ne moltiplica l'elemento e che è sempre compreso fra o e k. Nell'ultimo integrale $(n - 1)$-plo la funzione U tende ad assumere il valore U_a (cioè il valore corrispondente ad $x_1 = a_1$, $x_2 = a_2$, ... $x_n = a_n$) in tutto il corso dell'integrazione, mentre la somma

$$\sum^r (x_r - a_r)\frac{\partial U}{\partial x_r}$$

tende evidentemente a zero, pei valori (9). Ne risulta che la trovata equazione si riduce, per $z_0 = 0$, alla seguente

$$\int\left(U\frac{dV}{d\nu} - V\frac{dU}{d\nu}\right)dS_{n-1} - \int V\Delta_2 U.dS_n = 2\pi(n-2)Z\,U_a,$$

dove

$$Z = \int^{\pi}(\operatorname{sen} z)^{n-2}dz.\int_0^{\pi}(\operatorname{sen} z)^{n-3}dz\ldots\int_0^{\pi}\operatorname{sen} z\,dz.$$

Quest'ultima quantità si calcola facilmente rammentando che

$$\int_0^\pi (\operatorname{sen} z)^m dz = \begin{cases} \pi \dfrac{1.3 \ldots (m-1)}{2.4 \ldots m}, & \text{quando } m \text{ è pari,} \\ 2 \dfrac{2.4 \ldots (m-1)}{3.5 \ldots m}, & \text{quando } m \text{ è dispari,} \end{cases}$$

donde si deduce

$$Z = \begin{cases} \dfrac{(2\pi)^{\frac{n-2}{2}}}{2.4 \ldots (n-2)}, & \text{quando } n \text{ è pari,} \\ \dfrac{2(2\pi)^{\frac{n-3}{2}}}{3.5 \ldots (n-2)}, & \text{quando } n \text{ è dispari.} \end{cases}$$

Ponendo dunque con NEUMANN

$$N = \begin{cases} \dfrac{(2\pi)^{\frac{n}{2}}}{2.4 \ldots n}, & \text{quando } n \text{ è pari,} \\ \dfrac{2(2\pi)^{\frac{n-1}{2}}}{3.5 \ldots n}, & \text{quando } n \text{ è dispari,} \end{cases}$$

si ha finalmente

$$(13) \qquad \begin{cases} n(n-2) N U_a = \displaystyle\int \left(U \frac{dV}{d\nu} - V \frac{dU}{d\nu} \right) dS_{n-1} \\ - \displaystyle\int \frac{\Delta_2 U \,.\, dS_n}{[(x_1-a_1)^2 + (x_2-a_2)^2 + \cdots + (x_n-a_n)^2]^{\frac{n}{2}-1}}, \end{cases}$$

dove per brevità si è tralasciato di porre nel primo integrale del secondo membro il valore sviluppato di V, dato dalla (2).

Quest'equazione sussiste fintantochè il punto a è contenuto in S_n, giacchè se ciò non fosse, avrebbe luogo l'equazione (9) del § precedente, epperò la (13) darebbe $U_a = 0$.

Supponendo che la funzione U soddisfaccia in tutto il campo S_n all'equazione $\Delta_2 U = 0$, la formola precedente contiene il nuovo teorema dato senza dimostrazione da NEUMANN, come un'estensione di quello di GREEN.

Nel caso di $n = 2$ l'equazione (13) ricade nella (9) del § precedente, anche quando a è interno ad S_n. Per ottenere in questo caso la vera equazione analoga alla

(13) bisogna assumere

$$V = \log \frac{1}{\sqrt{(x_1 - a_1)^2 + (x_2 - a_2)^2}},$$

come risulta dall'osservazione che chiude il § 3, e come ho fatto appunto nella Memoria già citata, dove il teorema in discorso è stabilito senza alcuna restrizione circa la forma dell'elemento lineare.

XXXI.

ZUR THEORIE DES KRÜMMUNGSMAASSES.

Mathematische Annalen, tomo I (1869), pp. 575-582.

Ich habe schon mehrmals Gelegenheit gehabt, auf gewisse Ausdrücke aufmerksam zu machen, die mir nicht unwesentliche Dienste in der allgemeinen analytischen Theorie der Flächen zu gewähren scheinen. Ich meine damit jene Ausdrücke, die ich, auf sehr entscheidende Analogien gestützt, als *Differentialparameter erster und zweiter Ordnung* einer gegebenen Function der Gaussischen krummlinigen Coordinaten bezeichnet habe, und deren nützliche Anwendung von mir in vielfacher Richtung angedeutet ist.

Unter Voraussetzung der gewöhnlichen Darstellung

$$ds^2 = E du^2 + 2F du dv + G dv^2$$

für das Linienelement der Fläche, sind die in Rede stehenden Ausdrücke folgende, wo $\varphi(u, v)$, $\psi(u, v)$ zwei beliebige Functionen der unabhängigen Variabeln u, v bezeichnen *):

$$\Delta_1 \varphi = \frac{E\left(\frac{\partial \varphi}{\partial v}\right)^2 - 2F\frac{\partial \varphi}{\partial v}\frac{\partial \varphi}{\partial u} + G\left(\frac{\partial \varphi}{\partial u}\right)^2}{EG - F^2},$$

*) BELTRAMI, *Ricerche di analisi applicata alla geometria*, art. IV, XIV, XV (Giornale di Matematiche, vol. 2, 3; oppure queste OPERE, vol. I, pag. 107). Ich habe hier die kleinen Veränderungen der Bezeichnung beibehalten, die ich im ersten Artikel des Aufsatzes *Delle variabili complesse sopra una superficie* (Annali di Matem. Serie II, vol. 1; oppure queste OPERE, vol. I, pag. 318) eingeführt habe.

$$\Delta_1 \varphi\psi = \frac{E \frac{\partial \varphi}{\partial v} \frac{\partial \psi}{\partial v} - F\left(\frac{\partial \varphi}{\partial v} \frac{\partial \psi}{\partial u} + \frac{\partial \varphi}{\partial u} \frac{\partial \psi}{\partial v}\right) + G \frac{\partial \varphi}{\partial u} \frac{\partial \psi}{\partial u}}{EG - F^2},$$

$$\Delta_2 \varphi = \frac{1}{\sqrt{EG - F^2}} \left[\frac{\partial}{\partial u} \left(\frac{G \frac{\partial \varphi}{\partial u} - F \frac{\partial \varphi}{\partial v}}{\sqrt{EG - F^2}} \right) + \frac{\partial}{\partial v} \left(\frac{E \frac{\partial \varphi}{\partial v} - F \frac{\partial \varphi}{\partial u}}{\sqrt{EG - F^2}} \right) \right].$$

Hier ist $\Delta_1 \varphi$ der Differentialparameter erster Ordnung, und $\Delta_2 \varphi$ der zweiter Ordnung der Function $\varphi(u, v)$; $\Delta_1 \varphi\psi$ bezeichne ich als *Zwischenparameter* zweier Functionen $\varphi(u, v)$ und $\psi(u, v)$.

Diese drei Parameter besitzen die charakteristische Eigenschaft, dass ihre Bildung mittelst der Differentialquotienten der bezüglichen Functionen und der Coefficienten des Linienelementes, durch Einsetzung beliebiger neuer Variabeln u', v' statt der vorigen u, v, gar keine Veränderung erleidet; man braucht nämlich nur an die Stelle von

$$E, \quad F, \quad G, \quad \frac{\partial}{\partial u}, \quad \frac{\partial}{\partial v},$$

respective

$$E', \quad F', \quad G', \quad \frac{\partial}{\partial u'}, \quad \frac{\partial}{\partial v'},$$

in den obigen Ausdrücken zu setzen, um sie nach den neuen Variablen u', v', die dem Linienelemente die Form

$$ds^2 = E' du'^2 + 2 F' du' dv' + G' dv'^2$$

ertheilen, zu transformiren.

Ich erlaube mir hier mit wenigen Worten einige der vorzüglichsten speciellen Eigenschaften dieser Ausdrücke auszusprechen.

Der Gleichung $\varphi(u, v) = \text{const.}$ entspricht auf der Fläche ein bestimmtes System von Curven, von denen (in der Regel) wenigstens Eine durch einen beliebigen Punkt (u, v) geht. Wenn δn dasjenige Linienelement der Fläche bezeichnet, welches von dem Punkte (u, v) ausgeht und zu der durch (u, v) gehenden Curve des Systems $\varphi = \text{const.}$ normal steht, so hat man *), wie für den LAMÉ'schen ersten Parameter,

$$\Delta_1 \varphi = \frac{\delta \varphi^2}{\delta n^2},$$

*) Cit. *Ricerche*, etc. art. IV.

wo $\delta\varphi$ die Veränderung bedeutet, welche der Werth der Function bekommt am Endpunkte von δn.

Ferner ist, mit Beibehaltung dieser Bedeutung von δn *),

$$\Delta_1 \varphi\psi = \sqrt{\Delta_1 \varphi} \cdot \frac{\delta\psi}{\delta n},$$

vorausgesetzt, dass man unter $\sqrt{\Delta_1 \varphi}$ den positiven Verth und unter δn die Richtung des wachsenden φ versteht. Die Gleichung

$$\Delta_1 \varphi\psi = 0$$

bedingt mithin **) die Rechtwinkligkeit der beiden Curven-Systeme $\varphi =$ const. und $\psi =$ const.

Jeder Lösung $\varphi(u, v)$ der partiellen Differentialgleichung erster Ordnung

$$\Delta_1 \varphi = f(\varphi),$$

oder (was auf dasselbe hinauskommt) jeder Lösung der Gleichung

$$\Delta_1 \varphi = 1,$$

entspricht ein Curvensystem $\varphi =$ const. von eigenthümlicher Art, welches dadurch charakterisirt wird, dass das entsprechende orthogonale System aus kürzesten Linien besteht ***). Zufolge eines bekannten Theorems von GAUSS schneiden zwei beliebige Curven $\varphi = c'$, $\varphi = c''$ des ersten Systems auf diesen kürzesten Linien Bogen aus, die sämmtlich von gleicher Länge sind; und im Falle der Gleichung $\Delta_1 \varphi = 1$ ist $c'' - c'$ der Betrag dieser Länge. Die gegenseitige Beziehung der Curven eines solchen Systems $\varphi =$ const. kann also bezeichnet werden als ein geodätischer Parallelismus. Man kann dieses System auch als das der sämmtlichen geodätischen Evolventen einer beliebigen

*) BELTRAMI, *Sulla teorica generale dei parametri differenziali*, § 3 (Memorie dell'Accademia di Bologna, serie II, vol. 8; oppure queste OPERE, vol. II, pag. 74).

**) Cit. *Ricerche*, art. XIV.

***) Cit. *Ricerche*, art. IV.

BELTRAMI, *Sulla teoria delle linee geodetiche* (Rendiconti dell'Istituto Lombardo, serie 2ª, vol. 1; oppure queste OPERE, vol. I, pag. 366).

Man vergleiche darüber:

GAUSS, *Disquisitiones generales circa superf. curv.* art. XXII. (Commentationes recentiores Göttingenses, Vol. VI);

WEINGARTEN, *Ueber die Oberflächen, für welche einer der beiden Hauptkrümmungshalbmesser eine Function des andern ist.* [Journal für die reine und angewandte Mathematik, Bd. LXII (1863), pag. 160].

Curve auf der Fläche betrachten. Wenn die Lösung φ der Gleichung $\Delta_1\varphi = 1$ eine willkürliche (nicht bloss additive) Constante in sich enthält, so kann daraus, ohne weitere Integration, die allgemeine endliche Gleichung der orthogonalen kürzesten Linien abgeleitet werden.

Die Gleichung

$$\Delta_1 f = 0$$

wird befriedigt durch alle Functionen f, welche abhängig sind von einem *gewissen complexen Argument*. Die Componenten dieses complexen Argumentes, keineswegs identisch mit u, v selber, sind Functionen von u, v, und zwar Functionen, welche aus den gegebenen Functionen E, F, G durch ein ziemlich einfaches Verfahren abgeleitet werden können *). Ist also f eine *beliebige* Function des in Rede stehenden complexen Argumentes, und bezeichnet man diese Function, bei Sonderung des Reellen und Imaginären, mit $\varphi + i\psi$, so wird f oder $\varphi + i\psi$ der vorstehenden Gleichung Genüge leisten. Gleichzeitig sind alsdann $\varphi =$ const. und $\psi =$ const. zwei zu einander orthogonale und isometrische Curvensysteme; mit andern Worten, bei constanten $d\varphi$ und $d\psi$ wird die Fläche in unendlich kleine Quadrate getheilt, d. h. dem Linienelement die Form

$$ds^2 = \frac{d\varphi^2 + d\psi^2}{h^2}$$

zuertheilt. Die Functionen φ, ψ leisten gleichzeitig auch Genüge der partiellen Differentialgleichung zweiter Ordnung

$$\Delta_2 f = 0\,;$$

und umgekehrt, einer jeden reellen Lösung φ dieser letztern Gleichung kann immer eine zweite reelle Lösung ψ so zugeordnet werden, dass die complexe Function $\varphi + i\psi$ der Gleichung $\Delta_1 f = 0$ genügt **).

Die Bedingung dafür, dass ein Curvensystem $\varphi =$ const. isometrisch sei, d. h. mit Zuziehung des Orthogonalsystems, und mittelst einer schicklichen Wahl der Const., die Fläche in unendlich kleine Quadrate theile, ist folgende ***):

$$\frac{\Delta_2\varphi}{\Delta_1\varphi} = \text{einer Function von } \varphi \text{ allein,}$$

wie dies bei dem Lamé'schen Parameter in der Ebene der Fall ist.

*) Cit. Abhandl. *Delle variabili complesse*, art. II.

**) Ibid., art. II.

***) Cit. *Ricerche*, art. XVI.

Man kann den von uns definirten zweiten Differentialparameter in eben derselben Weise aus dem ersten herleiten, wie es JACOBI, mittelst der Variationsrechnung, für die LAMÉ'schen Parameter im Raume gethan hat *).

Wenn die Functionen φ, ψ in einem bestimmten Flächengebiete mit ihren ersten Derivirten endlich und stetig bleiben, so findet die Gleichung

$$\int (\varphi \Delta_2 \psi - \psi \Delta_2 \varphi) d\omega + \int \left(\varphi \frac{\delta \psi}{\delta n} - \psi \frac{\delta \varphi}{\delta n}\right) ds = 0$$

statt. Hier erstreckt sich das erste Integral über alle Elemente $d\omega$ des besagten Flächengebietes, und das zweite über die zum Rande dieses Gebietes gehörigen Linienelemente ds; gleichzeitig ist unter δn ein Linienelement zu verstehen, welches normal zu ds liegt, und gegen das Innere des Gebietes gerichtet ist. Wenn für ψ in Betreff der obigen Bedingungen an einem einzigen Punkte des Gebietes eine Ausnahme stattfindet, und diese Function dort wie $\log \frac{1}{\rho}$ unendlich wird, wo ρ den kürzesten Abstand zwischen diesem Punkte und einem beliebigen anderen bedeutet, so gilt, anstatt der vorhergehenden Gleichung, die folgende:

$$2\pi \varphi_0 = \int (\varphi \Delta_2 \psi - \psi \Delta_2 \varphi) d\omega + \int \left(\varphi \frac{\delta \psi}{\delta n} - \psi \frac{\delta \varphi}{\delta n}\right) ds,$$

wo φ_0 den Werth von φ im Punkte $\rho = 0$ bezeichnet **). Beim Gebrauche dieser beiden letzten Formeln sind gewisse Vorsichtsmassregeln zu beobachten, deren Erklärung ich um so mehr bei dieser gedrängten Kürze weglassen zu können glaube, als hier keine Anwendung derselben beabsichtigt wird.

Es giebt in der Gaussischen Flächentheorie zwei Grössen, die, wegen ihrer Unveränderlichkeit bei jeder Biegung der Fäche, von vorzüglicher Wichtigkeit sind. Ich meine das Krümmungsmaass k in jedem Punkte der Fläche, und die geodätische oder tangentielle Krümmung $\frac{1}{r}$ der auf der Fläche gezogenen Linien. Die Kenntniss von der Unveränderlichkeit dieser Grössen verdankt man, was die erste derselben anbelangt, GAUSS selber ***), zu dessen schönsten Entdeckungen sie wohl gehört, und, was die zweite anbetrifft, dem Herrn MINDING †). Ich habe für diese Grössen, mit Anwen-

*) *Mathematische Werke*, Bd. 2. Auch cit. Abh. *Sulla teorica generale dei parametri differenziali*, wo allgemeine Formeln aufgestellt sind.

**) Cit. Abh. *Delle variabili complesse*, art. V-VI.

***) *Disquis. gener.* art. XII.

†) Journal für die reine und angewandte Mathematik, Bd. 6 (1830), S. 159.

dung der Differentialparameter, folgende neue Gleichungen aufgestellt *):

$$k = \Delta_2 \log(\operatorname{mod} \varkappa),$$

$$\frac{1}{r} = \frac{\Delta_2 \varphi}{\sqrt{\Delta_1 \varphi}} - \frac{\delta \sqrt{\Delta_1 \varphi}}{\delta \varphi},$$

wo $\varkappa$ der integrirende Factor der Differentialgleichung $ds^2 = 0$, d. h.

$$E du^2 + 2F du dv + G dv^2 = 0,$$

und $\varphi = \text{const.}$ die Gleichung derjenigen Curven ist, deren tangentielle Krümmung im Punkte (u, v) mit $\frac{1}{r}$ bezeichnet wird. Das Zeichen δ entspricht den simultanen Aenderungen, die bei $\Delta_1 \varphi$ und φ aus einer zur Linie $\varphi = \text{const.}$ normalen Verrückung entstehen.

Wenn der Ausdruck für ds^2 in der Form

$$ds^2 = \frac{du^2 + dv^2}{h^2}$$

gegeben ist, so kann man $\varkappa = h$ setzen, und die erste Formel gibt alsdann für k den bekannten Ausdruck

$$k = h^2 \left(\frac{\partial^2 \log h}{\partial u^2} + \frac{\partial^2 \log h}{\partial v^2} \right).$$

Man kann, wie ich zeigte **), auch die andern allgemeinen Ausdrücke, welche vom Herrn LIOUVILLE ***) angegeben worden sind, aus der obigen Formel leicht ableiten.

Unsere Formel für $\frac{1}{r}$ lehrt insbesondere, dass man bei einem Systeme paralleler Curven, für welches $\Delta_1 \varphi = 1$, den einfachen Werth erhält

$$\frac{1}{r} = \Delta_2 \varphi;$$

während man bei einem isometrischen Curvensystem, für welches $\Delta_2 \varphi = 0$, im obigen Sinne erhält

$$\frac{1}{r} = -\frac{\delta \sqrt{\Delta_1 \varphi}}{\delta \varphi}.$$

---

*) Cit. *Ricerche*, art. XXIV und XXI.

**) *Ibid.* art. XXIV.

***) Journal de Mathématiques pures et appliquées, Bd. 16 (1851), pag. 130. Für die vorhergehende specielle Formel ist Bd. 12 (1847), pag. 291, zu vergleichen.

Für die kürzesten Linien besteht die allgemeine Gleichung

$$\Delta_2\varphi = \frac{1}{2}\frac{\delta\Delta_1\varphi}{\delta\varphi}.$$

Ich werde nun mit ρ, wie oben, den kürzesten Bogen zwischen einem bestimmten Punkte o der Fläche und dem beliebigen Punkte (u, v) bezeichnen; mit Θ aber den Richtungswinkel dieses kürzesten Bogens, von einer beliebigen Anfangsrichtung gezählt. Es folgt dann aus den Lehren von Gauss *), dass man dem Linienelement den Ausdruck

$$ds^2 = d\rho^2 + m^2 d\Theta^2$$

geben kann, wo m im Allgemeinen eine Function von ρ und Θ bezeichnet. Unter Voraussetzung der Stetigkeit und Endlichkeit des Krümmungsmaasses in der Nähe des Punktes $\rho = 0$, ergiebt sich aus der Gaussischen Formel

$$k = -\frac{1}{m}\frac{\partial^2 m}{\partial\rho^2},$$

dass m von der Form

$$m = a\rho + b\rho^3$$

sein muss, wo a eine Constante, und b eine von ρ, Θ abhängige Function ist, die mit ihrer Derivirten nach ρ endlich und stetig bei $\rho = 0$ bleibt: dann hat man im Punkte o

$$k_0 = -\frac{6b_0}{a}.$$

Betrachtet man nun den zweiten Differentialparameter der Function $\log\frac{1}{\rho}$, d. h. den Ausdruck

$$\Delta_2 \log\frac{1}{\rho} = -\frac{1}{m}\frac{\partial\frac{m}{\rho}}{\partial\rho},$$

so findet man, für $\rho = 0$,

$$\left(\Delta_2 \log\frac{1}{\rho}\right)_0 = -\frac{2b_0}{a} = \frac{1}{3}k_0.$$

Man kann also schreiben (unter R_1, R_2 die Hauptkrümmungsradien in o verstanden)

$$\lim_{\rho=0}\left(\Delta_2 \log\frac{1}{\rho}\right) = \frac{1}{3}\frac{1}{R_1 R_2},$$

*) *Disquis. gener.* art. XIX.

eine Gleichung, welche das Krümmungsmaass in einer neuen Form darbietet, und die, wie es mir scheint, vielleicht nicht ohne Interesse sein dürfte.

Diesem Ergebnisse will ich ein anderes zur Seite setzen. Dabei soll aber die bis jetzt betrachtete Fläche nicht im Gaussischen Sinne, d. h. im Zustande der unbedingten Biegsamkeit gedacht, sondern mit Erhaltung ihrer Identität, in einer ganz bestimmten Gestalt vorausgesetzt werden. Dies wird z. B. der Fall sein, wenn die rechtwinkligen Coordinaten x, y, z eines beliebigen Punktes der Fläche, angesehen werden als bestimmt gegebene Functionen von zwei unabhängigen Variabeln u, v.

Man findet bei dieser Hypothese:

$$\Delta_1 x = 1 - X^2, \qquad \Delta_1 y = 1 - Y^2, \qquad \Delta_1 z = 1 - Z^2,$$

$$\Delta_1 yz = -YZ, \qquad \Delta_1 zx = -ZX, \qquad \Delta_1 xy = -XY,$$

$$\Delta_2 x = -\left(\frac{1}{R_1} + \frac{1}{R_2}\right) X, \quad \Delta_2 y = -\left(\frac{1}{R_1} + \frac{1}{R_2}\right) Y, \quad \Delta_2 z = -\left(\frac{1}{R_1} + \frac{1}{R_2}\right) Z,$$

wo unter X, Y, Z die Richtungscosinus der Normale der Fläche zu verstehen sind. Von diesen Formeln sind die ersten sechs vom Herrn BRIOSCHI *), die letzten drei von mir aufgestellt worden **). Man kann die letztern, für eine specielle Wahl der Variablen u, v, in einem Aufsatze des Herrn WEIERSTRASS leicht wiederfinden ***). In den rechten Seiten derselben wird man gewisse Verbindungen erkennen, die in der mathematischen Theorie der Capillarität vorkommen †). Aus denselben drei Formeln ergiebt sich u. A., dass bei einer jeden Minimalfläche jede Schaar paralleler Ebenen ein isometrisches Schnittcurvensystem erzeugt.

Es sei nun $F(x, y, z)$ eine gegebene Function der drei Coordinaten. Nachdem man dieselbe, durch Einsetzung der entsprechenden Ausdrücke für diese Coordinaten, zu einer Function der zwei Variabeln u, v gemacht hat, ergiebt sich ohne Mühe

$$\Delta_2 F = \frac{\partial F}{\partial x}\Delta_2 x + \frac{\partial F}{\partial y}\Delta_2 y + \frac{\partial F}{\partial z}\Delta_2 z + \frac{\partial^2 F}{\partial x^2}\Delta_1 x + \frac{\partial^2 F}{\partial y^2}\Delta_1 y + \frac{\partial^2 F}{\partial z^2}\Delta_1 z$$
$$+ 2\frac{\partial^2 F}{\partial y \partial z}\Delta_1 yz + 2\frac{\partial^2 F}{\partial z \partial x}\Delta_1 zx + 2\frac{\partial^2 F}{\partial x \partial y}\Delta_1 xy,$$

---

*) BRIOSCHI, *Sulla teoria delle coordinate curvilinee* [Annali di Matematica, Serie II, t. I (1867-68), pag. 1].

**) BELTRAMI, *Sulla teoria generale delle superficie d'area minima*, § 2 (Memorie dell'Accademia di Bologna, Serie II, vol. 7; oppure queste OPERE, vol. II, pag. 1).

***) WEIERSTRASS, *Ueber die Flächen, deren mittlere Krümmung überall null ist*, N° 1 (Monatsberichte der Berl. Acad. für 1866).

†) GAUSS, *De figura fluidorum in statu aequilibrii*, art. 24 (Commentationes recentiores Gotting. vol. VII).

oder, wegen der angegebenen Ausdrücke für $\Delta_1 x$, etc.,

$$\Delta_2 F = -\left(\frac{1}{R_1} + \frac{1}{R_2}\right)\left(X\frac{\partial}{\partial x} + Y\frac{\partial}{\partial y} + Z\frac{\partial}{\partial z}\right)F + \left(\frac{\partial^2}{\partial x^2} + \frac{\partial^2}{\partial y^2} + \frac{\partial^2}{\partial z^2}\right)F$$
$$-\left(X\frac{\partial}{\partial x} + Y\frac{\partial}{\partial y} + Z\frac{\partial}{\partial z}\right)^2 F,$$

eine Formel, in deren rechter Seite eine wohlbekannte symbolische Darstellungsart zur Abkürzung verwendet worden ist.

Wir wollen von dieser Formel eine specielle Anwendung auf den Fall machen, dass die Function F von der einzigen Grösse $r = \sqrt{x^2 + y^2 + z^2}$ abhängt. Man findet bei dieser Annahme

$$\Delta_2 F = \left[\frac{1 + \cos^2\psi}{r} - \left(\frac{1}{R_1} + \frac{1}{R_2}\right)\cos\psi\right]\frac{dF}{dr} + \frac{d^2 F}{dr^2}\sin^2\psi,$$

wo ψ den Winkel bezeichnet, den die Normale der Fläche mit dem Radiusvector r bildet.

Setzt man in dieser Gleichung $F = \log\frac{1}{r}$, so ergiebt sich die merkwürdige Formel

$$\Delta_2 \log\frac{1}{r} = \frac{\cos\psi}{r}\left(\frac{1}{R_1} + \frac{1}{R_2} - \frac{2\cos\psi}{r}\right).$$

Lässt man nun den Coordinatenanfang o in einen beliebigen aber bestimmten Punkt der gegebenen Fläche rücken, in dessen Gegend die Fläche selbst und ihre Krümmung keine Unterbrechung der Stetigkeit erleiden, so findet man sehr leicht (mittelst bekannter analytischer Beziehungen, oder einfacher geometrischer Betrachtungen) dass, wenn der Punkt (x, y, z) auf der Fläche hinlaufend dem Punkte o unbegrenzt sich nähert, die Gleichung stattfindet:

$$\lim\frac{2\cos\psi}{r} = \frac{1}{R},$$

wo R den Krümmungsradius im Punkte o für denjenigen Normalschnitt bedeutet, nach dessen Richtung die unbegrenzte Annäherung des beweglichen Punktes zuletzt geschieht. Es ist also

$$\lim\left(\Delta_2 \log\frac{1}{r}\right) = \frac{1}{2R}\left(\frac{1}{R_1} + \frac{1}{R_2} - \frac{1}{R}\right),$$

oder, einer wohlbekannten Relation zufolge:

$$\lim_{r=0}\left(\Delta_2 \log \frac{1}{r}\right) = \frac{1}{2}\,\frac{1}{RR'}\,,$$

wo R' den Krümmungsradius im Punkte o für denjenigen Normalschnitt bedeutet, der mit dem vorigen einen rechten Winkel macht.

Man schliesst hieraus, dass, während, bei unendlich abnehmendem ρ (für ρ die vorhergehende Bedeutung gelassen), der Werth von $\Delta_2 \log \frac{1}{\rho}$ gegen eine bestimmte Grenze convergirt, die von der Richtung der kürzesten Linie ρ gar nicht abhängt, und die, von dem numerischen Factor $\frac{1}{3}$ abgesehen, mit dem Gaussischen Krümmungsmaasse im Punkte $\rho = 0$ zusammenfällt, Aehnliches für den Werth von $\Delta_2 \log \frac{1}{r}$ (wo r als die Sehne des Bogens ρ angesehen werden kann) durchaus nicht stattfindet. Vielmehr wird die Grenze des letztern Ausdruckes, bei unendlich abnehmenden r, immer eine andere, je nachdem die Richtung eine andere wird, nach welcher zuletzt die Abnahme geschieht. Die in Rede stehende Grenze hat gleiche Werthe für zwei zu einander rechtwinklige Richtungen. Nur für die Richtungen der Hauptkrümmungsschnitte trifft sie, von dem numerischen Factor $\frac{1}{2}$ abgesehen, mit dem Krümmungsmaasse zusammen.

Bologna, den 15. März 1869.

XXXII.

RICERCHE SULLA GEOMETRIA DELLE FORME BINARIE CUBICHE.

Memorie dell'Accademia delle Scienze dell'Istituto di Bologna, serie II, tomo IX (1869), pp. 607-657.

(Memoria letta nella Sessione 10 Febbraio 1870).

1. Sia z una variabile *complessa*, cioè un'espressione della forma

$$z = x + iy, \qquad (i = \sqrt{-1})$$

dove x ed y sono due variabili *reali*. Terremo questa variabile complessa come rappresentata dal punto di coordinate x ed y in un piano riferito a due assi rettangolari Ox, Oy; e ciò a tenore di quella ben nota costruzione geometrica degli immaginarî che per la sua chiarezza e proficuità è stata ormai universalmente adottata, massime dopo i lavori di GAUSS e di CAUCHY.

Questa rappresentazione, che nell'analisi pura non serve il più delle volte che di sussidio alle speculazioni sulla variabilità delle funzioni, trova un'applicazione più immediata e più concreta nella geometria, dove si presta mirabilmente ad estendere e completare il campo delle più elementari considerazioni. Essa infatti permette di trasformare le relazioni fra punti in linea retta in altrettante relazioni fra punti di un piano, togliendo così di mezzo le difficoltà che possono sorgere in molti casi dalla loro interpretazione segmentaria, e, quel ch'è più, recando il significato generale ed intrinseco delle relazioni stesse alla sua maggiore pienezza e perspicuità.

Questa importante veduta, sviluppata in prima dal chiar.^{mo} BELLAVITIS, benchè sotto aspetto alquanto diverso, e messa da lui alla prova di interessanti e svariate applicazioni, è stata successivamente ridotta in forma di regolare dottrina per opera del sullodato professore e dell'illustre MOEBIUS, talchè può ora considerarsi come entrata nel dominio comune della scienza. Supponendo noti al lettore i principî fondamentali di questa dottrina *), alcuni de' quali saranno per chiarezza richiamati, noi ci proponiamo adesso di mostrare, con un esempio scelto fra i più semplici, l'utilità di farne l'applicazione sistematica allo studio delle forme binarie, la considerazione delle quali ha gettato tanta luce sulla difficile teoria delle equazioni algebriche.

Propriamente noi non avremo da considerare che funzioni razionali e intere di *una* sola variabile; ma siccome il precipuo materiale per le presenti ricerche è fornito dagli invarianti e dai covarianti delle forme binarie che si ottengono rendendo omogenee quelle funzioni coll'introduzione di una seconda variabile, così le ricerche stesse devono riguardarsi come sostanzialmente legate alla teoria delle forme binarie.

2. L'esempio che abbiamo scelto è quello della funzione razionale e intera di 3° grado

$$F = a_0 z^3 + 3a_1 z^2 + 3a_2 z + a_3,$$

nella quale supporremo che tanto la variabile z quanto i coefficienti a_0, a_1, a_2, a_3 possano avere ogni valore, reale o complesso. Indicheremo con z_1, z_2, z_3 le radici dell'equazione $F = 0$; con D il *discriminante*, cioè l'espressione

$$D = a_0^2 a_3^2 + 4a_0 a_2^3 + 4a_1^3 a_3 - 3a_1^2 a_2^2 - 6a_0 a_1 a_2 a_3$$
$$= -\frac{a_0^4}{27}(z_2 - z_3)^2 (z_3 - z_1)^2 (z_1 - z_2)^2;$$

con H l'hessiano

$$H = (a_0 a_2 - a_1^2) z^2 + (a_0 a_3 - a_1 a_2) z + a_1 a_3 - a_2^2;$$

e con E il *covariante cubico* (che per brevità diremo *evettante*)

$$E = (a_0^2 a_3 + 2a_1^3 - 3a_0 a_1 a_2) z^3 + 3(a_1^2 a_2 + a_0 a_1 a_3 - 2a_0 a_2^2) z^2$$
$$+ 3(2a_1^2 a_3 - a_0 a_2 a_3 - a_1 a_2^2) z + 3a_1 a_2 a_3 - a_0 a_3^2 - 2a_2^3,$$

ossia

$$2E = \frac{\partial D}{\partial a_3} z^3 - \frac{\partial D}{\partial a_2} z^2 + \frac{\partial D}{\partial a_1} z - \frac{\partial D}{\partial a_0}.$$

Omettiamo di richiamare le proprietà di queste espressioni, sia perchè notissime, sia

*) Si consulti all'uopo l'ottimo libro del WITZSCHEL, *Grundlinien der neueren Geometrie*, Lipsia 1858, Capo V. È altresì utile a conoscersi una Memoria di SIEBECK, nel tomo 55° del Journal für die reine und angewandte Mathematik (1858), pag. 221.

perchè risultanti in gran parte dagli sviluppi che seguono. Noteremo solo che giovando talvolta, per semplicità, di rappresentare l'hessiano e l'evettante colle espressioni

$$H = h_0 z^2 + 2 h_1 z + h_2,$$

$$E = e_0 z^3 + 3 e_1 z^2 + 3 e_2 z + e_3,$$

bisognerà aver riguardo alle seguenti relazioni identiche

$$(1)\qquad \begin{cases} D = 4(h_1^2 - h_0 h_2), \\ 0 = a_0 h_2 - 2 a_1 h_1 + a_2 h_0, \\ 0 = a_1 h_2 - 2 a_2 h_1 + a_3 h_0, \\ e_0^2 = a_0^2 D - 4 h_0^3, \\ e_1^2 = a_1^2 D - 4 h_0^2 h_2 = a_0 a_2 D - 4 h_0 h_1^2, \\ e_2^2 = a_2^2 D - 4 h_0 h_2^2 = a_1 a_3 D - 4 h_1^2 h_2, \\ e_3^2 = a_3^2 D - 4 h_2^3. \end{cases}$$

Dovremo considerare in via ausiliaria anche la funzione razionale e intera del 4° grado

$$\Phi = A_0 z^4 + 4 A_1 z^3 + 6 A_2 z^2 + 4 A_3 z + A_4,$$

ma di questa basterà ricordare i due noti invarianti

$$S = A_0 A_4 - 4 A_1 A_3 + 3 A_2^2,$$

$$T = A_0 A_2 A_4 + 2 A_1 A_2 A_3 - A_0 A_3^2 - A_1^2 A_4 - A_2^3,$$

dai quali, per un teorema di CAUCHY, si compone razionalmente il discriminante mercè la formola

$$\Delta = \frac{a_0^6 \Pi (z_1 - z_2)^2}{256} = S^3 - 27 T^2,$$

dove Π indica un prodotto simmetrico, cioè il prodotto dei quadrati delle differenze delle quattro radici z_1, z_2, z_3, z_4.

Occorrendo di considerare simultaneamente un'espressione complessa e la sua coniugata, indicheremo sempre quest'ultima collo stesso simbolo della prima, munito di un apice.

3. È proposizione nota, e pressochè evidente, che, ove sia possibile soddisfare alle

condizioni

$$\begin{cases} \lambda z_1 + \mu z_2 + \nu z_3 = 0, \\ \lambda + \mu + \nu = 0, \end{cases}$$

con tre numeri *reali* λ, μ, ν (naturalmente non tutti nulli), i tre punti z_1, z_2, z_3 sono in linea retta.

Posto ciò, proponiamoci di trovare la condizione cui devono soddisfare i coefficienti di F (art. 2) affinchè i tre punti-radici della cubica $F = 0$ siano in linea retta. A tale scopo, esprimendo coi noti metodi in funzione dei coefficienti a_0, a_1, a_2, a_3 il prodotto simmetrico dei sei trinomî che nascono da

$$\lambda z_1 + \mu z_2 + \nu z_3$$

colla permutazione delle tre radici z_1, z_2, z_3, avuto riguardo alla relazione

$$\lambda + \mu + \nu = 0,$$

si ottiene un risultato che, posto eguale a zero, fornisce la seguente equazione *):

$$\frac{h_0^3}{a_0^2 D} + \frac{(\mu\nu + \nu\lambda + \lambda\mu)^3}{27\lambda^2\mu^2\nu^2} = 0,$$

*) Da quest'equazione si può dedurre un curioso teorema algebrico. Non essendo ancora stata introdotta la condizione che le quantità λ, μ, ν siano reali, si può porre

$$\lambda = \zeta_2 - \zeta_3, \qquad \mu = \zeta_3 - \zeta_1, \qquad \nu = \zeta_1 - \zeta_2$$

e considerare ζ_1, ζ_2, ζ_3 come radici di un'equazione cubica qualunque

$$\Phi = \alpha_0 \zeta^3 + 3\alpha_1 \zeta^2 + 3\alpha_2 \zeta + \alpha_3 = 0,$$

di cui indicheremo con Δ il discriminante. In tale ipotesi si trova

$$\frac{(\mu\nu + \nu\lambda + \lambda\mu)^3}{27\lambda^2\mu^2\nu^2} = -\frac{(\alpha_0\alpha_2 - \alpha_1^2)^3}{\alpha_0^2\Delta},$$

talchè: *l'equazione*

$$\frac{(a_0 a_2 - a_1^2)^3}{a_0^2 D} = \frac{(\alpha_0\alpha_2 - \alpha_1^2)^3}{\alpha_0^2\Delta}$$

esprime la condizione perchè fra le radici delle due equazioni $F = 0$, $\Phi = 0$ *sussista la relazione*

$$\begin{vmatrix} z_1 & \zeta_1 & 1 \\ z_2 & \zeta_2 & 1 \\ z_3 & \zeta_3 & 1 \end{vmatrix} = 0.$$

ossia, in virtù della quarta relazione (1),

$$\frac{4p^3 + 27q^2}{27q^2} = \frac{e_0^2}{a_0^2 D},$$

supposto che sia

$$z^3 + px - q = 0$$

l'equazione che ha per radici λ, μ, ν. Ora, perchè queste radici siano tutte reali, è necessario, come è noto, che le quantità p e q siano reali, e che l'espressione

$$4p^3 + 27q^2$$

non sia positiva. È chiaro dunque che, affinchè esistano valori reali di p e q soddisfacenti a quest'ultima condizione, ossia perchè esistano valori reali di λ, μ, ν, è necessario e sufficiente che la quantità

$$\frac{e_0^2}{a_0^2 D}$$

sia reale e non positiva, epperò che la quantità

$$\frac{e_0}{a_0 \sqrt{D}}$$

manchi di parte reale. Dunque: *affinchè le tre radici di una cubica siano in linea retta è necessario e sufficiente che la quantità*

$$\frac{e_0}{a_0 \sqrt{D}}, \tag{2}$$

ossia

$$\frac{1}{a_0} \frac{\partial \sqrt{D}}{\partial a_3},$$

manchi di parte reale, cioè che si abbia

$$\frac{e_0}{a_0 \sqrt{D}} + \frac{e_0'}{a_0' \sqrt{D'}} = 0 \text{ *)}.$$

---

*) I due radicali $\sqrt{D}$, $\sqrt{D'}$ devono scegliersi fra loro coniugati, cioè dev'essere

$$\sqrt{D'} = (\sqrt{D})'.$$

Quest'osservazione circa i radicali di espressioni coniugate deve estendersi ad ogni caso analogo.

Per vedere un'applicazione di questo teorema, si prenda la cubica F sotto la forma

$$F = (u - z)\, U,$$

dove

$$U = b_0 u^2 + 2 b_1 u + b_2 ,$$

e si consideri u come variabile, z come un parametro costante. Si trova in tal caso

$$\frac{e_0}{a_0 \sqrt{D}} = - \frac{b_0 z + b_1}{\sqrt{27}\sqrt{\beta}} \left(1 + \frac{8\beta}{b_0 U} \right),$$

dove

$$\beta = b_0 b_2 - b_1^2, \qquad U = b_0 z^2 + 2 b_1 z + b_2 ;$$

e però si conclude che, affinchè il punto z sia in linea retta colle due radici della quadratica $U = 0$, è necessario e sufficiente che l'espressione

$$\frac{b_0 z + b_1}{\sqrt{\beta}} \left(1 + \frac{8\beta}{b_0 U} \right)$$

manchi di parte reale. Ora ponendo

$$\frac{b_0 z + b_1}{\sqrt{\beta}} = v,$$

quest'espressione prende la forma

$$\frac{v(v^2 + 9)}{v^2 + 1},$$

ed una facile discussione conduce a riconoscere che, affinchè quest'ultima manchi di parte reale, bisogna che la stessa v manchi di parte reale. Dunque la condizione perchè il punto z sia in linea retta colle due radici dell'equazione $U = 0$, è che la quantità

$$\frac{b_0 z + b_1}{\sqrt{\beta}},$$

ovvero

$$\frac{1}{\sqrt{\beta}} \frac{dU}{dz},$$

manchi di parte reale. Si ha di qui il seguente teorema: *l'equazione*

$$\frac{1}{\sqrt{\beta}} \frac{dU}{dz} + \frac{1}{\sqrt{\beta'}} \frac{dU'}{dz'} = 0 \tag{3}$$

rappresenta la retta individuata dalle due radici della quadratica

$$U = b_0 z^2 + 2 b_1 z + b_2 = 0 \text{ *)}.$$

Questo risultato si può verificare direttamente osservando che se s'indicano con z_1, z_2 le radici della quadratica, con z un punto qualunque della retta da esse individuata, si ha l'identità

$$\begin{vmatrix} z & z' & 1 \\ z_1 & z'_1 & 1 \\ z_2 & z'_2 & 1 \end{vmatrix} = 0$$

già usata dal sig. Bellavitis. Sviluppando quest'equazione e sostituendo i valori effettivi delle due radici z_1, z_2, si ritrova l'equazione (3).

L'equazione

$$(4) \qquad \frac{1}{\sqrt{\beta}} \frac{dU}{dz} - \frac{1}{\sqrt{\beta'}} \frac{dU'}{dz'} = 0$$

rappresenta invece la retta luogo dei punti equidistanti da z_1 e z_2; e l'equazione

$$\frac{b_0 U}{\beta} - \frac{b'_0 U'}{\beta'} = 0$$

rappresenta la coppia delle rette (3) e (4).

4. L'espressione

$$(z_1 z_2 z_3 z_4) = \frac{z_3 - z_1}{z_2 - z_3} : \frac{z_4 - z_1}{z_2 - z_4}$$

è detta *rapporto anarmonico complesso* dei quattro punti z_1, z_2, z_3, z_4, considerati nell'ordine indicato dalla scrittura simbolica $(z_1 z_2 z_3 z_4)$. Quando son dati tre punti z_1, z_2, z_3 in un piano e il valore del rapporto anarmonico complesso che un quarto punto z_4 deve formare con essi, questo quarto punto è sempre unico ed individuato, e di facilissima costruzione. Infatti l'equazione

$$(z_1 z_2 z_3 z_4) = r e^{i\omega},$$

decomposta col noto metodo in due equazioni reali, dà: 1°) una relazione fra i seg-

*) Cioè facendo le sostituzioni $z = x + iy$, $z' = x - iy$, la (3) si converte nell'ordinaria equazione cartesiana della retta in discorso.

menti rettilinei determinati dai punti z_1, z_2 con z_3, z_4, relazione identica nella forma a quella fornita dall'ordinario rapporto anarmonico di quattro punti in linea retta; 2°) una relazione fra gli angoli compresi dai detti segmenti, la quale è di forma analoga a quella che si otterrebbe prendendo il logaritmo della precedente. Mediante queste due relazioni il punto cercato z_4 può essere costruito in base ai più elementari teoremi della geometria piana.

La necessità di considerare rapporti anarmonici complessi emerge, per esempio, dall'esistenza di gruppi *equianarmonici*, cioè di quaterne di punti aventi i tre rapporti anarmonici fondamentali eguali fra loro *). Infatti essendo il valor comune di questi tre rapporti una delle radici cubiche complesse dell'unità negativa, non è possibile ottenere un tal valore da quattro punti *reali* disposti in linea retta.

Indicando con θ una radice dell'equazione

$$\theta^2 + \theta + 1 = 0,$$

le dipendenze fra i 24 rapporti anarmonici che si possono formare con 4 punti son tali che, ove un solo di essi sia $-\theta$, ogni altro non può essere che $-\theta$, oppure $-\theta^2$. Quindi l'equazione

$$[(z_1 z_2 z_3 z_4) + \theta][(z_1 z_2 z_3 z_4) + \theta^2] = 0$$

(che risulta simmetrica rispetto a z_1, z_2, z_3, z_4) esprime la condizione perchè questi quattro punti formino un gruppo equianarmonico. Facendo lo sviluppo si trova

$$\sum z_1^2 z_2^2 - \sum z_1^2 z_2 z_3 + 6 z_1 z_2 z_3 z_4 = 0,$$

dove il segno Σ indica una somma simmetrica.

Quest'equazione può esser considerata sotto diversi aspetti.

a) Se le z_1, z_2, z_3, z_4 sono radici d'un'equazione biquadratica

$$\Phi = A_0 z^4 + 4 A_1 z^3 + 6 A_2 z^2 + 4 A_3 z + A_4 = 0,$$

essa diventa (art. 2)

$$S = 0;$$

b) Se le z_1, z_2, z_3 sono radici d'un'equazione cubica

$$F = a_0 z^3 + 3 a_1 z^2 + 3 a_2 z + a_3 = 0,$$

essa prende la forma

$$b_0 z_4^2 + 2 b_1 z_4 + b_2 = H(z_4) = 0,$$

*) CREMONA, *Introduzione ad una teoria geometrica delle curve piane.* Bologna 1862, n° 26.

donde si conclude che i *due* valori di z_4 formanti gruppi equianarmonici coi tre dati z_1, z_2, z_3 non sono altro che le radici dell'hessiano della cubica;

c) Finalmente se z_1, z_2 sono radici d'un'equazione quadratica

$$U = b_0 z^2 + 2 b_1 z + b_2 = 0,$$

e z_3, z_4 sono radici d'un'altra equazione quadratica

$$V = c_0 z^2 + 2 c_1 z + c_2 = 0,$$

la relazione superiore diventa

$$\delta^2 + 12 \beta \gamma = 0,$$

dove

$$\beta = b_0 b_2 - b_1^2, \qquad \gamma = c_0 c_2 - c_1^2, \qquad \delta = b_0 c_2 + b_2 c_0 - 2 b_1 c_1 .$$

5. Quando il valore del rapporto anarmonico complesso di quattro punti di un piano è reale, i quattro punti sono sopra una circonferenza. Quindi se tre di essi fossero in linea retta, lo sarebbero necessariamente tutti quattro. Le condizioni perchè quattro punti z_1, z_2, z_3, z_4 siano sopra una circonferenza possono esprimersi simmetricamente così

$$\begin{cases} \lambda(z_1 z_4 + z_2 z_3) + \mu(z_2 z_4 + z_3 z_1) + \nu(z_3 z_4 + z_1 z_2) = 0, \\ \lambda + \mu + \nu = 0, \end{cases}$$

dove λ, μ, ν devono essere numeri *reali* (non tutti nulli). Infatti se esistono tre numeri reali soddisfacenti ad esse, eliminandone uno, per es. ν, si ha

$$\lambda(z_3 - z_1)(z_2 - z_4) + \mu(z_2 - z_3)(z_4 - z_1) = 0,$$

ossia

$$(z_1 z_2 z_3 z_4) = -\frac{\mu}{\lambda},$$

talchè il rapporto anarmonico dei quattro punti è reale, c. d. d.

Si può assumere anche come condizione l'unica seguente

$$\lambda(z_1 - z_4)(z_2 - z_3) + \mu(z_2 - z_4)(z_3 - z_1) + \nu(z_3 - z_4)(z_1 - z_2) = 0,$$

da soddisfarsi con tre numeri *reali* λ, μ, ν, fra loro indipendenti. Siccome poi ha sempre luogo l'identità

$$(z_1 - z_4)(z_2 - z_3) + (z_2 - z_4)(z_3 - z_1) + (z_3 - z_4)(z_1 - z_2) = 0,$$

così, quando la precedente condizione è soddisfatta, si ha pure

$$\frac{(z_1 - z_4)(z_2 - z_3)}{\mu - \nu} = \frac{(z_2 - z_4)(z_3 - z_1)}{\nu - \lambda} = \frac{(z_3 - z_4)(z_1 - z_2)}{\lambda - \mu},$$

donde risulta che, dei numeratori di questi tre rapporti, l'uno deve avere il modulo uguale alla somma dei moduli degli altri due. Ciò fornisce il noto teorema di Tolomeo, ritrovato dal Bellavitis per questa nuova via.

Dalle formole precedenti emerge questa conseguenza che, essendo z_1, z_2, z_3 tre punti qualunque del piano, l'equazione

$$z = -\frac{\lambda z_2 z_3 + \mu z_3 z_1 + \nu z_1 z_2}{\lambda z_1 + \mu z_2 + \nu z_3}$$

fornisce, colla variazione continua dei coefficienti *reali* λ, μ, ν, legati dalla relazione

$$\lambda + \mu + \nu = 0,$$

tutti i punti z della circonferenza individuata dai tre punti dati. Rinunciando alla simmetria si può sostituire alla precedente la formola

$$z = \frac{(z_1 - z_3) z_2 + \lambda (z_2 - z_3) z_1}{z_1 - z_3 + \lambda (z_2 - z_3)}, \tag{5}$$

dove rimane un solo parametro λ, che può ricevere qualunque valore reale. Questa formola verrà utilmente applicata in seguito.

6. Se z, Z sono due variabili complesse, rappresentate su due piani (che possono anche coincidere in un solo), e legate fra loro dalla relazione bilineare

$$\alpha z Z + \beta z + \gamma Z + \delta = 0,$$

dove α, β, γ, δ sono costanti (in generale complesse), la dipendenza fra le figure corrispondenti generate dai punti z, Z è manifestamente tale che ad un punto dell'una corrisponde un punto unico dell'altra, e reciprocamente, e che quattro punti dell'una hanno egual rapporto anarmonico complesso dei loro quattro corrispondenti nell'altra. Una proprietà interessantissima di questa trasformazione (cfr. art. 5) è che ad una circonferenza qualunque della prima figura corrisponde sempre una circonferenza nella seconda, ciò che le ha fatto dare da Moebius il nome di *affinità circolare* (*Kreisverwandtschaft*). Si dimostra poi che sovrapponendo convenientemente i piani delle due figure, l'una di esse può sempre diventare la trasformata per inversione dell'altra.

7. Cerchiamo la condizione necessaria affinchè le quattro radici d'una biquadratica esistano sopra una circonferenza.

Sia

$$\Phi = A_0 z^4 + 4 A_1 z^3 + 6 A_2 z^2 + 4 A_3 z + A_4 = 0$$

la biquadratica, di radici z_1, z_2, z_3, z_4. Posto

$$z_1 z_4 + z_2 z_3 = u_1, \qquad z_2 z_4 + z_3 z_1 = u_2, \qquad z_3 z_4 + z_1 z_2 = u_3,$$

si formi la cubica di radici u_1, u_2, u_3, che, come è noto, è una risolvente della biquadratica, ed ha la forma

$$A_0^3 u^3 - 6 A_0^2 A_2 u^2 + 4 A_0 (4 A_1 A_3 - A_0 A_4) u$$
$$- 8(2 A_0 A_3^2 + 2 A_1^2 A_4 - 3 A_0 A_2 A_4) = 0.$$

In virtù degli art. 3 e 5 *la biquadratica avrà le sue radici sopra una circonferenza, se la risolvente cubica avrà le sue sopra una retta.*

Non resterebbe dunque che formare coi coefficienti della risolvente l'espressione (2), dalla cui natura si è veduto dipendere la sussistenza di quest'ultima proprietà. Ma il calcolo a ciò necessario si può semplificare notabilmente, approfittando della proprietà menzionata all'art. 6, e prendendo la biquadratica sotto la forma canonica

$$z^4 + 6 m z^2 + 1 = 0,$$

alla quale essa è sempre riducibile per mezzo d'una trasformazione omografica, che lascia inalterato il rapporto anarmonico delle quattro radici. La risolvente si riduce in tal modo alla

$$u^3 - 6 m u^2 - 4 u + 24 m = 0,$$

la quale, confrontata colla $F = 0$, dà

$$a_0 = 1, \qquad e_0 = 16 T, \qquad D = -\frac{256}{27} \Delta,$$

donde

$$\frac{e_0}{a_0 \sqrt{D}} = -i \frac{T}{\sqrt{\Delta}} \sqrt{27}.$$

Dunque (art. 4): *la condizione necessaria e sufficiente affinchè le quattro radici d'una biquadratica siano sopra una circonferenza, è che la quantità*

(6) $$\frac{T}{\sqrt{\Delta}}$$

sia reale, cioè che si abbia

$$\frac{T}{\sqrt{\Delta}} - \frac{T'}{\sqrt{\Delta'}} = 0.$$

Essendo $\Delta = S^3 - 27\,T^2$, è chiaro che questa condizione dipende unicamente dal valore dell'invariante assoluto

$$\frac{S^3}{T^2},$$

come d'altronde si doveva prevedere. Si può mettere in maggiore evidenza questa proprietà osservando che la precedente condizione equivale alla seguente

$$(6') \qquad \frac{27\,T^2}{S^3} = \cos^2 \omega,$$

dove ω è un qualunque arco *reale*. Questa forma è spesso più comoda nelle applicazioni.

Indicando con T_1, Δ_1 i valori di T e Δ relativi all'hessiano della biquadratica, si ha

$$\frac{T_1}{\sqrt{\Delta_1}} = \frac{1}{2}\left[\frac{T}{\sqrt{\Delta}} - \frac{1}{27}\frac{\sqrt{\Delta}}{T}\right],$$

donde si conclude che: *se le quattro radici d'una biquadratica sono in una circonferenza, sono tali anche quelle dell'hessiano, e reciprocamente.*

Si prenda ora la biquadratica sotto la forma

$$\Phi = (u - z)\,F,$$

dove

$$F = a_0 u^3 + 3\,a_1 u^2 + 3\,a_2 u + a_3,$$

e si consideri u come variabile, z come un parametro costante. Si troverà

$$S = -\frac{3}{4}\,H, \qquad T = \frac{1}{16}\,E, \qquad \Delta = -\frac{27}{256}(E^2 + 4\,H^3).$$

D'altronde la considerazione delle radici dà facilmente

$$\Delta = -\frac{27}{256}\,D\,F^2;$$

dunque

$$E^2 + 4\,H^3 = D\,F^2,$$

nota relazione dovuta a CAYLEY. Se le radici della biquadratica devono essere sopra una circonferenza, si deve avere, (6′),

$$-\frac{E^2}{4H^3}=\cos^2\omega\,;$$

quindi, eliminando H dalla relazione precedente, si ottiene, come condizione equivalente alla (6′),

$$F\sqrt{D}+iE\operatorname{tg}\omega=0.$$

Potendo ω avere qualunque valore reale si conclude di qui che: *l'equazione di 3° grado*

$$F\sqrt{D}+i\lambda E=0 \tag{7}$$

rappresenta, al variare del parametro reale λ, *un'infinità di terne di punti tutti situati sulla circonferenza individuata dalle tre radici della* $F=0$.

Si esamineranno più avanti le proprietà caratteristiche di queste terne, che appartengono ad una speciale involuzione cubica.

Il teorema precedente può enunciarsi dicendo che se un punto z è nella circonferenza individuata dalle radici della cubica $F=0$, l'espressione

$$\frac{F\sqrt{D}}{E}$$

manca di parte reale. Di qui risulta che le coordinate x, y di un punto qualunque della circonferenza anzidetta soddisfanno all'equazione

$$FE'\sqrt{D}+F'E\sqrt{D'}=0.$$

Il primo membro di questa, ossia la parte reale di $FE'\sqrt{D}$, è un polinomio del sesto grado in x, y che è decomponibile, come si vedrà in seguito (art. 16), nel prodotto di tre fattori quadratici, razionali rispetto ad x, y, ciascun dei quali, eguagliato a zero, rappresenta una circonferenza. Due di queste circonferenze sono immaginarie; la terza è reale ed è appunto quella che passa pei tre punti-radici di $F=0$. Si vedrà parimente che l'equazione

$$FE'\sqrt{D}-F'E\sqrt{D'}=0,$$

risultante dall'eguagliare a zero la parte immaginaria di $FE'\sqrt{D}$, è decomponibile in tre fattori quadratici, rappresentanti altre tre circonferenze ortogonali a quella delle radici di F.

Prendendo finalmente la biquadratica sotto la forma

$$\Phi=UV,$$

dove

$$U = b_0 z^2 + 2 b_1 z + b_2, \qquad V = c_0 z^2 + 2 c_1 z + c_2,$$

si troverà, (6'),

$$\frac{27\,T^2}{S^3} = \frac{\left(36\frac{\beta\gamma}{\delta^2} - 1\right)^2}{\left(12\frac{\beta\gamma}{\delta^2} + 1\right)^3} = \cos^2\omega,$$

dove β, γ, δ hanno gli stessi significati che nell'art. 4, *c*). Ponendo

$$12\frac{\beta\gamma}{\delta^2} = v,$$

la precedente equazione può scriversi

$$v^3\cos^2\omega - 3v^2(2 + \operatorname{sen}^2\omega) + 3v(2 + \cos^2\omega) - \operatorname{sen}^2\omega = 0,$$

ed ha quindi tutte le sue radici v reali e positive, poichè i segni sono alternati ed il discriminante è uguale a $-(8\operatorname{sen}2\omega)^2$. Dunque affinchè le due coppie di radici delle quadratiche U, V siano sopra una stessa circonferenza, bisogna che la quantità

$$\frac{\delta^2}{\beta\gamma}$$

sia reale e non negativa. Ciò coincide col fatto ben noto e facilmente dimostrabile che la precedente espressione equivale a

$$4\left(\frac{1+k}{1-k}\right)^2,$$

dove k è il rapporto anarmonico delle due coppie.

8. Quattro punti di un piano formano un gruppo armonico quando si ha

$$(z_1 z_2 z_3 z_4) = -1,$$

supposte $z_1 z_2$, $z_3 z_4$ le coppie coniugate fra loro armonicamente. Il valore reale di $(z_1 z_2 z_3 z_4)$ indica senz'altro (art. 5) che i quattro punti di un gruppo armonico sono sempre sopra una stessa circonferenza.

Siccome quando uno dei 24 rapporti anarmonici è uguale a -1, ogni altro non può essere che uguale a -1, oppure uguale a $\frac{1}{2}$, oppure uguale a 2, così l'equazione

$$[(z_1 z_2 z_3 z_4) + 1][(z_1 z_2 z_3 z_4) - \tfrac{1}{2}][(z_1 z_2 z_3 z_4) - 2] = 0$$

(che risulta simmetrica rispetto alle z_1, z_2, z_3, z_4) esprime la condizione perchè i quattro punti z_1, z_2, z_3, z_4 formino un gruppo armonico. Facendo lo sviluppo si trova

$$3\sum z_1^3 z_2^3 - 3\sum z_1^3 z_2^2 z_3 - 6\sum z_1^2 z_2^2 z_3 z_4 + 12\sum z_1^2 z_2^2 z_3^2 + 12 z_1 z_2 z_3 z_4 \sum z_1^2 = 0,$$

equazione che può essere considerata sotto i seguenti diversi aspetti.

a) Nell'ipotesi [art. 4, *a*)] essa prende la forma

$$T = 0.$$

b) Nell'ipotesi [id. *b*)] essa diventa

$$E = 0,$$

donde emerge la notissima proprietà che ciascuno dei punti-radici dell'evettante E è coniugato armonicamente con uno dei punti-radici della cubica F rispetto agli altri due; e siccome due radici così corrispondenti di F e di E si manifestano per ciò stesso (stante la teoria generale dei sistemi polari) come i primi-poli della prima di esse rispetto alla terna $F = 0$, così si conclude che quelle radici sono pure coniugate armonicamente rispetto alla coppia delle radici dell'hessiano;

c) Nell'ipotesi [id. *c*)] si trova

$$\delta(\delta^2 - 36\beta\gamma) = 0.$$

La soluzione $\delta = 0$ corrisponde, come è noto, al caso che le due forme quadratiche rappresentino due coppie coniugate fra loro armonicamente. L'altro fattore corrisponde invece al caso che due punti coniugati appartengano a coppie diverse.

9. Se

$$\varphi(x, y) = 0, \qquad \psi(x, y) = 0$$

sono le equazioni (a coefficienti reali) di due linee esistenti nel piano rappresentativo, e se si eliminano le x, y fra queste due equazioni e la

$$z = x + iy,$$

si ottiene un'equazione in z che porge per z tanti valori quante sono le intersezioni reali od immaginarie di quelle due linee. Sia $z = p + iq$ uno di questi valori, p e q essendo quantità reali. Se le sostituzioni $x = p$, $y = q$ rendono identicamente soddisfatte le equazioni $\varphi = 0$, $\psi = 0$, il punto $z = p + iq$ è un'intersezione *reale* delle due linee; in caso contrario questo punto, che è sempre costruibile, dicesi una loro intersezione *ideale* *).

10. Quando due circonferenze s'intersecano ad angolo retto (e quindi dividono armonicamente la retta dei centri) la coppia dei punti comuni ad esse forma un gruppo armonico (complesso) con una qualunque delle coppie di punti in cui una di esse è segata dalle rette che vanno al centro dell'altra. Quindi **) ogni coppia di punti, come AA', posti sopra una data circonferenza e formanti un gruppo armonico con due punti fissi E, F della medesima è determinata da una corda passante per il polo O' della corda fissa EF. Se poi da questo polo O' si tira una retta $O'L$ che non incontri la circonferenza data, al posto delle intersezioni reali (quali erano le A, A') sottentrano le intersezioni ideali (art. 9), che si ottengono conducendo dal centro O la retta OM perpendicolare ad $O'L$, e segandola in B, B' colla circonferenza ortogonale di centro O' e di raggio $O'E = O'F$. Per tal modo le coppie armoniche colla EF, situate realmente sulla circonferenza ortogonale di centro O', completano il novero delle coppie armoniche colla stessa EF ed appartenenti, in senso reale od ideale, alla circonferenza data.

11. Più coppie di punti coniugate armonicamente (in piano) con una sola e medesima coppia formano un'*involuzione complessa*. I due punti coniugati rispetto a tutte le coppie sono i *punti doppi* dell'involuzione. Il loro punto di mezzo è il *centro* dell'involuzione, ed è coniugato armonicamente col punto all'infinito. La retta che contiene il centro ed i punti doppi è l'*asse* dell'involuzione.

Due coppie di punti arbitrariamente disposte in un piano determinano sempre un'involuzione complessa, poichè esiste sempre una terza coppia coniugata armonicamente con entrambe. Il numero delle coppie d'una stessa involuzione complessa è doppiamente infinito. La totalità di queste coppie può (art. 10) concepirsi generata come segue. Siano E, F i punti doppi. Si faccia passare per questi punti un sistema di circonferenze, ed in ciascuna di queste si traccino tutte le corde concorrenti nel polo della retta EF rispetto alla circonferenza medesima. Le estremità di queste corde (come AA') sono le coppie dell'involuzione, ed è evidente che ogni punto del piano fa parte di una (e di una sola) coppia.

---

*) Cfr. BELLAVITIS, *Sposizione dei nuovi metodi di geometria analitica*, Memorie dell'I. R. Istituto Veneto, t. VIII (1859), art. 170, pag. 324. Il sig. BELLAVITIS designa questi ultimi punti coll'epiteto di *fittizii*.

**) Il lettore è pregato di costruire le figure. I punti dotati di proprietà comuni saranno in generale designati colle stesse lettere, benchè appartenenti a figure diverse.

Si può concepire la stessa cosa anche in altro modo. Siano A, A' i punti doppî, pei quali siasi fatto passare, come precedentemente, un sistema di circonferenze. Fatto centro in un punto qualunque O' del prolungamento di AA', si descriva con raggio uguale a $\sqrt{O'A . O'A'}$ una nuova circonferenza, evidentemente ortogonale a tutte le precedenti. Le coppie (come EF) dei punti comuni ad una qualunque di queste circonferenze ed alla circonferenza ortogonale sono coppie dell'involuzione i cui punti doppî sono A, A', e le corde EF passano tutte per quel punto di AA' che è coniugato armonicamente col centro O' della circonferenza ortogonale cui appartengono. Cambiando il centro O' e tracciando tutte le circonferenze ortogonali alle prime, si ottengono tutte le coppie dell'involuzione, come coppie dei punti comuni ad una qualunque delle circonferenze del primo sistema, e ad una qualunque di quelle del secondo.

L'involuzione complessa rientra dunque nella considerazione del doppio sistema ortogonale costituito da *tutte* le circonferenze che hanno in comune due punti fissi del piano, i quali sono punti di comune intersezione *reale* per quelle del primo sistema, e punti di comune intersezione *ideale* per quelle del secondo. I due punti fissi sono i punti doppî dell'involuzione costituita dalle coppie dei punti in cui s'intersecano due circonferenze di sistema diverso.

Ponendo per semplicità i due punti doppî, che d'ora innanzi segneremo con H_1, H_2, sull'asse delle y a egual distanza h dall'origine O, che è il centro dell'involuzione, le equazioni dei due sistemi di circonferenze sono

$$(8)\qquad \begin{cases} x^2 + y^2 - 2ux - h^2 = 0 & \text{(primo sistema)}, \\ x^2 + y^2 - 2vy + h^2 = 0 & \text{(secondo sistema)}, \end{cases}$$

u e v essendo i parametri rispettivi, esprimenti le distanze dei centri dall'origine. Eliminando x, y fra queste due equazioni e la

$$z = x + iy,$$

si ottiene

$$(9)\qquad z^2 + 2\,\frac{h^2 - iuv}{u + iv}\,z - h^2 = 0,$$

le cui radici sono le intersezioni delle due circonferenze (u), (v), intersezioni esistenti sulla loro corda comune

$$ux - vy - h^2 = 0.$$

Chiamando z', z'' queste due radici si ha quindi

$$z'z'' + h^2 = 0,$$

equazione che manifesta nel modo più chiaro la legge che vincola i due punti A, A'

d'una stessa coppia dell'involuzione. Essa esprime infatti che il prodotto delle due distanze OA, OA' dal centro dell'involuzione O è costante ed eguale ad h^2, e che l'angolo AOA' è diviso per metà *internamente* dall'asse d'involuzione Oy. Di qui risulta che la figura formata dai punti A' non è altro che la trasformata per inversione della figura formata dai punti A. Il centro d'inversione è O, e il prodotto costante dei raggi reciproci è h^2.

La retta AA' incontra gli assi Ox, Oy nei due punti U', V': il primo è il polo della retta Oy rispetto alla circonferenza (u) e in pari tempo il punto coniugato (nell'involuzione) col centro U della circonferenza stessa, talchè la sua ascissa è uguale a $-\frac{h^2}{u}$; il secondo è il polo della retta Ox rispetto alla circonferenza (v) e in pari tempo il punto coniugato (nell'involuzione) col centro V della circonferenza stessa, talchè la sua ordinata è uguale ad $\frac{h^2}{v}$. La circonferenza del primo sistema col centro in U' è ortogonale a quella (del medesimo sistema) col centro in U, ed i punti A, A' sono le sue intersezioni ideali colla retta UV, perpendicolare alla AA'; così la circonferenza del secondo sistema col centro in V' è ortogonale a quella (del medesimo sistema) col centro in V, e i punti A, A' sono le sue intersezioni ideali colla stessa retta UV; ma quest'ultima circonferenza (col centro in V') è immaginaria *). Di qui emerge che ciascuna coppia AA' dell'involuzione è propriamente l'intersezione di due distinte coppie di circonferenze; per l'una di queste coppie, quella che si considera ordinariamente, i punti A, A' sono intersezioni reali; per l'altra (che comprende una circonferenza immaginaria) essi sono intersezioni ideali. Ciò non apparisce dalle equazioni (8), nelle quali le x, y son supposte reali, ma emerge chiaramente dall'equazione complessa (9), poichè ponendovi per z il valore relativo ad uno dei punti A, A', se ne traggono per u, v due coppie di valori, che sono appunto (u, v), $\left(-\frac{h^2}{u}, \frac{h^2}{v}\right)$.

La retta UV è perpendicolare alla corda AA' e la incontra nel suo punto di mezzo M. Il luogo del punto M, per tutte le corde analoghe ad AA' ed appartenenti alla circonferenza (u) del primo sistema, è un'altra circonferenza del medesimo sistema, di diametro UU' e di parametro $\frac{u^2 - h^2}{2u}$. Il luogo dello stesso punto M, per tutte

*) Le quattro circonferenze di parametri u, $-\frac{h^2}{u}$, v, $\frac{h^2}{v}$ hanno dunque fra loro questa relazione, che ciascuna è ortogonale alle altre tre; ma, come si è detto sopra, supposta reale la terza, la quarta è immaginaria. Una terna di circonferenze reali, ciascuna delle quali sia ortogonale alle altre due, ha questa notabile proprietà che i sei punti in cui esse s'intersecano a due a due sono le radici d'una equazione di sesto grado, il cui primo membro è il noto covariante di sesto grado d'una forma biquadratica.

le corde analoghe ad AA' ed appartenenti alla circonferenza (v) del secondo sistema è un'altra circonferenza del medesimo sistema, di diametro VV' e di parametro $\frac{v^2 - h^2}{2v}$.
L'angolo delle due rette che vanno da M ai due punti doppî è diviso per metà internamente dalla retta AA', ed esternamente dalla UV.

In ogni retta del piano, ad eccezione dei due assi Ox, Oy, esiste, in senso reale od in senso ideale, una (ed una sola) coppia di punti dell'involuzione. Infatti se la retta data, come la $U'V'$, incontra il segmento $H_1 H_2$ terminato ai due punti doppî, basta determinare i punti U, V coniugati rispettivamente coi punti U', V': le due circonferenze (u), (v) coi centri U e V segano entrambe la data retta nei due punti cercati. Se invece questa retta, come la UV, non incontra che un prolungamento del segmento $H_1 H_2$, le due circonferenze (u), (v) che hanno i centri negli stessi punti U, V, dov'essa incontra gli assi, determinano due punti A, A', posti sopra una perpendicolare alla retta UV ad eguali distanze da essa, che sono punti coniugati dell'involuzione, e che sono le intersezioni ideali della retta data con due altre circonferenze (u), (v), l'una reale col centro in U' coniugato di U, l'altra immaginaria col centro in V' coniugato di V.

Gli assi Ox, Oy sono le sole rette del piano sulle quali esista un'infinità di coppie dell'involuzione complessa, costituenti due ordinarie involuzioni rettilinee. I punti doppî di queste due involuzioni sono gli H_1, H_2, reali per la seconda, ideali per la prima. Ogni altra retta del piano è bensì segata dalle circonferenze dell'uno o dell'altro sistema in coppie di punti formanti un'involuzione ordinaria, ma queste coppie non appartengono punto, ad eccezione d'una, all'involuzione complessa, e i relativi punti doppi sono diversi dagli H_1, H_2. La considerazione di queste involuzioni è dunque estranea a quella dell'involuzione complessa.

Ogni coppia dell'involuzione complessa, come AA', è individuata dal suo punto di mezzo M. Infatti, facendo passare per questo punto due circonferenze, l'una del primo, l'altra del secondo sistema, queste determinano sugli assi Ox, Oy due coppie UU', VV' tali che i punti U, M, V sono in linea retta, del pari che i punti U', M, V'. Di queste due rette l'una incontra necessariamente il segmento finito $H_1 H_2$, l'altra un suo prolungamento. La coppia cercata giace sulla prima retta; la seconda determina i centri delle due circonferenze che hanno in comune la coppia stessa.

12. Sia A un punto qualunque z del piano e pongasi

$$H_1 A = r' e^{is'}, \qquad AH_2 = r'' e^{is''},$$

donde

$$\frac{H_1 A}{AH_2} = \frac{z - ih}{-ih - z} = e^{q+ip},$$

dove si è posto

$$p = s' - s'', \qquad q = \log \frac{r'}{r''}.$$

Dall'equazione precedente si trae

(10) $$z = h \operatorname{tg} \frac{p - iq}{2},$$

e, scrivendo $x + iy$ in luogo di z, l'equazione stessa diventa

$$\frac{x + i(y - h)}{x + i(y + h)} = -e^{q+ip},$$

donde

$$\frac{(x - ih)^2 + y^2}{(x + ih)^2 + y^2} = e^{2ip}, \qquad \frac{x^2 + (y - h)^2}{x^2 + (y + h)^2} = e^{2q},$$

ossia

$$x^2 + y^2 + 2hx \cot p - h^2 = 0,$$

$$x^2 + y^2 + 2hy \coth q + h^2 = 0.$$

Confrontando queste equazioni colle (8) si vede che le quantità p, q possono assumersi come parametri dei due sistemi di circonferenze, in luogo dei precedenti parametri u, v, coi quali hanno le relazioni

$$u = -h \cot p, \qquad v = -h \coth q.$$

Occorrendo di considerare questi nuovi parametri p, q, li distingueremo col nome di *parametri isometrici* *), in riguardo a proprietà note derivanti dalla natura dell'equazione (10).

Conviene osservare che ciascun valore di p individua propriamente un solo segmento di circonferenza del primo sistema, terminato ai punti H_1, H_2. I parametri p di due segmenti complementari differiscono di π, talchè il valore di $\cot p$, e quindi di u, è lo stesso per entrambi. È facile vedere che p è la misura dell'angolo formato colla retta $H_1 H_2$ dalla tangente in H_1 al segmento circolare di cui p è il parametro isometrico, di modo che, per esempio, al valore $p = 0$ corrisponde il segmento rettilineo $H_1 H_2$, ed al valore $p = \pi$ il complesso dei due prolungamenti indefiniti di questo segmento.

---

*) L'utilità di questi parametri è stata messa in evidenza dalle belle applicazioni che ne hanno fatto il sig. CARLO NEUMANN (*Allgemeine Lösung des Problemes ueber den stationären Temperaturzustand eines homogenen Körpers welcher von irgend zwei nicht-concentrischen Kugelflächen begrenzt wird*, Halle, 1862) ed il sig. BETTI (*Teorica delle forze che agiscono secondo la legge di* NEWTON, Pisa 1865).

13. Ora mostreremo, coll'aiuto di considerazioni geometriche semplicissime, che i rapporti della cubica F colle due funzioni concomitanti H ed E sono suscettibili di un'elegante rappresentazione grafica, che mette nella maggior luce le loro mutue dipendenze e fa riconoscere molte curiose proprietà cui difficilmente guiderebbe la via puramente algebrica *).

Siano A, B, C i tre punti rappresentanti le radici della cubica $F = 0$, punti che chiameremo *fondamentali.*

Si descriva la circonferenza Q circoscritta al triangolo ABC. Le tangenti a questa circonferenza nei vertici A, B, C incontrano i lati rispettivamente opposti nei punti a, b, c. Questi tre punti, in virtù del teorema di PASCAL, sono situati sopra una retta K. Fatto centro successivamente in a, b, c si descrivano tre circonferenze P_a, P_b, P_c coi raggi rispettivi aA, bB, cC. Queste circonferenze, essendo tutte tre ortogonali alla circonferenza Q ed avendo i centri in linea retta, si segano necessariamente in due soli punti H_1, H_2, posti sulla retta H perpendicolare alla K e passante per il centro di Q, e collocati ad eguali ed opposte distanze dalla retta K. *I due punti H_1, H_2 rappresentano le radici dell'equazione quadratica che si ottiene eguagliando a zero l'hessiano H della cubica data.*

Infatti ogni punto M della circonferenza P_a è tale che il rapporto $\frac{MB}{MC}$ è eguale al rapporto $\frac{AB}{AC}$, poichè questa circonferenza taglia armonicamente il lato BC; quindi su tale circonferenza deve necessariamente trovarsi ciascuno dei due punti che formano coi tre fondamentali un gruppo equianarmonico (art. 4). Siccome ciò vale anche per le altre due circonferenze P_b, P_c, è chiaro che i due punti anzidetti, che per brevità chiameremo *equianarmonici* od *hessiani*, non possono essere che gli stessi due punti H_1, H_2 comuni alle tre circonferenze P_a, P_b, P_c. E poichè d'altra parte tali due punti sono le radici dell'hessiano eguagliato a zero [art. 4, *b*)], risulta provata la verità dell'enunciata proposizione.

Dalla proprietà dei due punti equianarmonici d' esser comuni alle circonferenze P_a, P_b, P_c ortogonali alla Q risulta non solo che essi sono in linea retta col centro di quest'ultima, ma eziandio che sono poli armonici rispetto a questa circonferenza, ed in pari tempo intersezioni ideali della retta K colla medesima.

Le circonferenze P_a, P_b, P_c incontrano di nuovo la Q nei punti A', B', C':

---

*) Le considerazioni che seguono presentano molte analogie con quelle svolte dal chiarissimo Prof. BATTAGLINI nelle sue interessanti ricerche sulla rappresentazione delle forme binarie. Ma il nostro punto di vista è diverso, specialmente perchè *ne risulta totalmente escluso ogni elemento immaginario.* Contuttociò la sostanziale priorità appartiene al nostro egregio amico.

questi punti rappresentano le radici dell'equazione cubica che si ottiene eguagliando a zero l'evettante E della cubica data.

Infatti dall'ortogonalità delle due circonferenze P_a, Q risulta (art. 10) che i punti A ed A' sono coniugati armonicamente tanto coi punti B, C, i quali nella circonferenza Q sono in linea retta col centro di P_a, quanto coi punti H_1, H_2, i quali nella circonferenza P_a sono in linea retta col centro di Q. Di qui emerge che le coppie AA', BB', CC' realizzano appunto quelle proprietà che sussistono fra le radici della cubica fondamentale e quelle della cubica evettante [art. 8, *b*)].

Chiamando per brevità *triangolo evettante* il triangolo formato dai punti A', B', C', si vede, in particolare, che *il triangolo fondamentale ed il triangolo evettante sono inscritti in una medesima circonferenza ;* donde consegue che questi due triangoli sono simultaneamente circoscritti ad una medesima conica.

La retta AA' è evidentemente la polare del punto a rispetto alla circonferenza Q, epperò deve contenere il polo, rispetto a questa circonferenza, della retta K che contiene il punto a. Lo stesso vale per le rette BB', CC'. Dunque le tre rette AA', BB', CC' passano per un solo e medesimo punto I, polo della retta K rispetto alla circonferenza Q. Vale a dire : *le tre rette che congiungono i punti-radici della cubica fondamentale coi corrispondenti punti-radici della cubica evettante passano per un solo e medesimo punto.*

Questo punto giace sulla perpendicolare condotta dal centro di Q alla retta K, cioè sulla retta H, ed è in pari tempo il coniugato armonico del detto centro rispetto alla coppia $H_1 H_2$, poichè, in generale, quando due segmenti sono fra loro coniugati armonicamente, esiste sempre un punto (unico) che è coniugato armonico del punto di mezzo di ciascun segmento rispetto all'altro segmento. (Questo punto divide la distanza dei due punti di mezzo in parti direttamente proporzionali ai quadrati dei rispettivi segmenti armonici).

Pel punto a passa la retta BC il cui polo, rispetto alla circonferenza Q, è il punto α dove s'intersecano le tangenti condotte nei punti B, C. Dunque la retta AA', polare di a, deve passare per α. I vertici del triangolo evettante si possono quindi ottenere anche più semplicemente, congiungendo ciascun vertice del triangolo fondamentale col punto d'intersezione delle tangenti negli altri due vertici : le intersezioni di queste congiungenti colla circonferenza Q sono appunto i vertici del triangolo evettante. Questa costruzione corrisponde alla proprietà di tali vertici, di formare gruppi armonici (complessi) coi vertici del triangolo fondamentale.

Essendo I il polo della retta K, ed essendo BB', CC' due corde intersecantisi in detto punto, le rette BC, $B'C'$ devono, per una proprietà nota, concorrere in un punto della retta K. Dunque il lato $B'C'$ del triangolo evettante, omologo al lato BC del primitivo, deve concorrere con questo nel punto a, e così i lati $C'A'$, $A'B'$ devono concorrere in b, c. Cioè: *i lati omologhi del triangolo fondamentale e del triangolo evettante s'incontrano in tre punti a, b, c posti sulla retta K.*

Da quanto precede risulta che *il triangolo fondamentale ed il triangolo evettante sono triangoli omologici, inscritti in una medesima circonferenza. Le rette congiungenti i vertici corrispondenti passano per un punto I, che è il polo, rispetto a questa circonferenza, della retta K sulla quale s'incontrano i loro lati corrispondenti* *).

Siccome nel punto a concorre evidentemente, insieme col lato $B'C'$ del triangolo evettante, anche la tangente di Q nel vertice opposto A', così è chiaro che se, supposto costruito il triangolo evettante, si opera sovr'esso come si è operato sul triangolo fondamentale, si riproduce di nuovo quest'ultimo. In tal modo è posta in evidenza la perfetta reciprocità che regna fra questi due triangoli. Le circonferenze P_a, P_b, P_c fanno lo stesso ufficio per l'uno e per l'altro, non meno che i punti H_1, H_2. E siccome le tangenti di Q in B', C' concorrono in un punto a' della polare di a, cioè della retta AA', così anche la seconda costruzione del triangolo evettante, applicata a questo, riproduce nuovamente il triangolo fondamentale.

Si può notare che sono pure omologiche le coppie di triangoli: ABC ed $\alpha'\beta'\gamma'$, l'uno inscritto, l'altro circoscritto alla circonferenza Q; $A'B'C'$ ed $\alpha\beta\gamma$, che si trovano in analoghe condizioni; $\alpha\beta\gamma$ ed $\alpha'\beta'\gamma'$ entrambi circoscritti alla circonferenza Q. Per tutte tre queste coppie il centro d'omologia è I, l'asse d'omologia K.

La retta K, considerata come una trasversale condotta nel piano del triangolo fondamentale, ha per centro armonico rispetto a questo triangolo il punto I, poichè la retta che va da ciascun vertice del detto triangolo a questo punto è coniugata armonica, rispetto ai lati concorrenti nello stesso vertice, di quella che va al punto d'intersezione del lato opposto con K. Sotto questo aspetto la retta K è caratterizzata da ciò, che il suo centro armonico rispetto al triangolo fondamentale (od al triangolo evettante) coincide col polo della stessa retta rispetto alla circonferenza Q circoscritta al triangolo. La K è la sola retta soddisfacente a questa duplice condizione.

Siano a', b', c' i punti d'incontro delle rette AA', BB', CC' colla retta K. Essendo $A(aIBC)$ un fascio armonico, è pure armonico il gruppo $(aa'bc)$. Dunque *ciascuno dei tre punti a', b', c' è il coniugato armonico di uno dei punti a, b, c rispetto agli altri due*, e propriamente sono fra loro armoniche le coppie aa' e bc, bb' e ca, cc' ed ab. Nel primo dei punti a', b', c' concorrono le rette BC', $B'C$ che congiungono al tempo stesso i termini delle due corde BB', CC' concorrenti in I (polo di K) e delle due corde BC, $B'C'$ concorrenti in a (polo di AA'). Così per gli altri due punti b', c'. I tre triangoli Iaa', Ibb', Icc' sono coniugati a sè stessi rispetto alla circonferenza Q, e *le coppie aa', bb', cc' formano un'involuzione sulla retta K*. Quest'ultima proprietà

*) Cfr. Poncelet, *Traité des propriétés projectives*, art. 564.

emerge anche da ciò che tali coppie sono le intersezioni della trasversale K colle tre coppie di lati opposti del quadrangolo $ABCI$, ovvero del quadrangolo $A'B'C'I$.

L'involuzione formata dalle coppie aa', bb', cc' *ha per punti doppi* (ideali) *i punti* H_1, H_2. Infatti essendo H_1 una delle intersezioni ideali della retta K colla circonferenza Q, se si conduce la retta $a'H_1$, la potenza del punto a' rispetto a questa è $\overline{a'H_1}^2$; quindi, essendo a' un punto della corda comune alle circonferenze Q e P_a, deve pure essere uguale ad $\overline{a'H_1}^2$ la potenza di a' rispetto alla circonferenza P_a. Ma H_1 essendo già un punto di questa circonferenza, la retta $a'H_1$ deve riescire ad essa tangente in quel punto, epperò perpendicolare al raggio aH_1. Di qui risulta che gli angoli aH_1a', bH_1b', cH_1c' sono retti, cioè che l'involuzione in discorso è generata da un angolo retto mobile intorno al suo vertice, o dal sistema delle circonferenze passanti pei punti H_1, H_2; e tale involuzione ha appunto (art. 11) in H_1, H_2 i suoi punti doppî ideali.

Si può considerare questa proprietà come implicita in quest'altra, che, *ove i punti* a, b, c *siano le radici di una cubica, i punti* a', b', c' *sono le radici della cubica evettante, e i punti* H_1, H_2 *quelle dell'hessiano.*

Infatti la circonferenza P_a è tagliata dalla retta BC in due punti diametralmente opposti e tali che il rapporto delle loro distanze da B e da C è eguale in valore assoluto a quello delle distanze che il punto A ha dagli stessi due punti. Supponendo dunque che il punto A, cambiando continuamente di posizione, andasse a collocarsi sulla retta BC, la circonferenza P_a avrebbe per diametro il segmento compreso, sulla retta stessa, fra A ed il coniugato armonico di A rispetto a BC. Questa circonferenza, insieme colle altre due analogamente descritte, passerebbe per due punti formanti un gruppo equianarmonico coi tre dati A, B, C, supposti in linea retta. Ora, tornando ai tre punti a, b, c della retta K ed applicando ai medesimi questa costruzione, è chiaro che le tre circonferenze da descriversi sarebbero appunto quelle aventi per diametri i segmenti aa', bb', cc', le quali, come si è già provato, passano per i punti H_1, H_2. Ciascuno di questi forma quindi un gruppo equianarmonico sia coi punti a, b, c, sia cogli a', b', c'.

Il sistema delle infinite circonferenze P passanti pei punti H_1, H_2, fra le quali sono le P_a, P_b, P_c, è ortogonale a quello delle infinite circonferenze Q aventi colla retta K le intersezioni ideali H_1, H_2, fra le quali è la Q. Ogni coppia di punti comuni ad una circonferenza P e ad una circonferenza Q è dunque (art. 11) una coppia dell'involuzione complessa i cui punti doppi sono H_1, H_2. E poichè d'altra parte è noto che le coppie di primi-poli formano un'involuzione quadratica complessa i cui punti doppî sono le radici dell'hessiano *), cioè i punti equianarmonici H_1, H_2, così è chiaro

*) Ciò risulta per es. dalla seconda e dalla terza delle relazioni (1).

che ciascuna delle dette coppie di punti comuni a due circonferenze P e Q deve corrispondere, come coppia di primi-poli, ad un certo punto del piano, che è alla sua volta il secondo-polo dell'uno e dell'altro punto della coppia.

Si presenta così spontaneamente la quistione della dipendenza geometrica fra ciascun punto del piano e la coppia dei suoi primi-poli; questa quistione verrà risoluta più tardi (art. 17).

14. Le precedenti considerazioni geometriche dànno luogo ad un'interessante applicazione del metodo delle coordinate trilineari, applicazione che, sebbene non intimamente collegata all'indirizzo generale del presente studio, ci sembra tuttavia meritevole di un cenno sommario.

Scegliamo a triangolo di riferimento quello che si è chiamato fondamentale, e indichiamo con A, B, C gli angoli interni del medesimo, con x, y, z le lunghezze delle perpendicolari condotte dal punto (x, y, z) ai tre lati BC, CA, AB rispettivamente, o quantità ad esse proporzionali.

Ponendo per brevità

$$\begin{cases} x^2 - 2yz\cos A = X, \\ y^2 - 2zx\cos B = Y, \\ z^2 - 2xy\cos C = Z, \end{cases}$$

le tre circonferenze P_a, P_b, P_c sono rispettivamente rappresentate dalle equazioni

$$(11) \qquad Y = Z, \qquad Z = X, \qquad X = Y,$$

talchè le coordinate dei punti equianarmonici sono determinate dalle equazioni

$$X = Y = Z.$$

Si trova agevolmente che questi punti sono individuati dai rapporti

$$x : y : z = \operatorname{sen}\left(A \pm \frac{\pi}{3}\right) : \operatorname{sen}\left(B \pm \frac{\pi}{3}\right) : \operatorname{sen}\left(C \pm \frac{\pi}{3}\right)$$

dove il segno $+$ corrisponde all'uno di essi, il segno $-$ all'altro. Per convincersene basta osservare che indicando per poco con ξ, η, ζ gli angoli formati in H_1 dalle rette H_1A, H_1B, H_1C, si ha per ogni punto del piano

$$BC \cdot H_1A \cdot \frac{x}{\operatorname{sen}\xi} = CA \cdot H_1B \cdot \frac{y}{\operatorname{sen}\eta} = AB \cdot H_1C \cdot \frac{z}{\operatorname{sen}\zeta} = H_1A \cdot H_1B \cdot H_1C.$$

Ma, per la natura speciale del punto H_1, si ha inoltre

$$BC \,.\, H_1 A = CA \,.\, H_1 B = AB \,.\, H_1 C,$$

quindi per esso si ha pure

$$\frac{x}{\operatorname{sen} \xi} = \frac{y}{\operatorname{sen} \eta} = \frac{z}{\operatorname{sen} \zeta},$$

cioè le coordinate trilineari del punto H_1 sono proporzionali ai seni degli angoli sotto cui sono da esso veduti i tre lati del triangolo. Ma è facile riconoscere, stante il valore del rapporto anarmonico $(ABCH_1)$, che *)

$$\xi = A \pm \frac{\pi}{3}, \qquad \eta = B \pm \frac{\pi}{3}, \qquad \zeta = C \pm \frac{\pi}{3};$$

così sono verificate le formole superiori.

La corda comune alle tre circonferenze (11), cioè la retta H, è rappresentata dall'equazione

$$x \operatorname{sen}(B - C) + y \operatorname{sen}(C - A) + z \operatorname{sen}(A - B) = 0,$$

la quale è soddisfatta da tutti quei sistemi di valori delle coordinate i cui rapporti sono esprimibili nel modo seguente:

$$x : y : z = \operatorname{sen}(A + \theta) : \operatorname{sen}(B + \theta) : \operatorname{sen}(C + \theta),$$

qualunque sia l'angolo θ, ossia da

$$x : y : z = \operatorname{sen} A + \omega \cos A : \operatorname{sen} B + \omega \cos B : \operatorname{sen} C + \omega \cos C,$$

qualunque sia il coefficiente ω. In particolare quindi essa è soddisfatta dalle coordinate dei due punti equianarmonici $(\omega = \pm \sqrt{3})$, da quelle del centro della circonferenza circoscritta al triangolo $ABC (\omega = \infty)$, e da quelle del punto $(\omega = 0)$ ossia dalle

$$x : y : z = \operatorname{sen} A : \operatorname{sen} B : \operatorname{sen} C,$$

che facilmente si riconoscono appartenere al punto I.

La retta K è rappresentata dall'equazione

$$\frac{x}{\operatorname{sen} A} + \frac{y}{\operatorname{sen} B} + \frac{z}{\operatorname{sen} C} = 0,$$

*) Cfr. BELLAVITIS.

la quale è soddisfatta da tutti quei sistemi di valori delle coordinate i cui rapporti sono esprimibili nel modo seguente:

$$x : y : z = \lambda \operatorname{sen} A : \mu \operatorname{sen} B : \nu \operatorname{sen} C,$$

dove

$$\lambda + \mu + \nu = 0.$$

In particolare per i punti a, b, c si ha rispettivamente

$$\lambda = 0, \qquad \mu = 1, \qquad \nu = -1,$$

$$\lambda = -1, \qquad \mu = 0, \qquad \nu = 1,$$

$$\lambda = 1, \qquad \mu = -1, \qquad \nu = 0,$$

e per i punti a', b', c'

$$\lambda = -2, \qquad \mu = 1, \qquad \nu = 1,$$

$$\lambda = 1, \qquad \mu = -2, \qquad \nu = 1,$$

$$\lambda = 1, \qquad \mu = 1, \qquad \nu = -2.$$

Rammentando la nota equazione trilineare della circonferenza circoscritta al triangolo fondamentale si può formulare l'elegante teorema che: *i punti equianarmonici del triangolo fondamentale sono le intersezioni ideali della retta*

$$\frac{x}{\operatorname{sen} A} + \frac{y}{\operatorname{sen} B} + \frac{z}{\operatorname{sen} C} = 0$$

colla circonferenza

$$\frac{\operatorname{sen} A}{x} + \frac{\operatorname{sen} B}{y} + \frac{\operatorname{sen} C}{z} = 0.$$

I punti α, β, γ sono individuati dalle coordinate

$$-\operatorname{sen} A, \qquad \operatorname{sen} B, \qquad \operatorname{sen} C,$$

$$\operatorname{sen} A, \qquad -\operatorname{sen} B, \qquad \operatorname{sen} C,$$

$$\operatorname{sen} A, \qquad \operatorname{sen} B, \qquad -\operatorname{sen} C;$$

i vertici del triangolo evettante dalle coordinate

$$-\operatorname{sen} A, \qquad 2 \operatorname{sen} B, \qquad 2 \operatorname{sen} C,$$

$$2 \operatorname{sen} A, \qquad -\operatorname{sen} B, \qquad 2 \operatorname{sen} C,$$

$$2 \operatorname{sen} A, \qquad 2 \operatorname{sen} B, \qquad -\operatorname{sen} C,$$

e i lati del medesimo triangolo sono rappresentati dalle equazioni

$$-\frac{x}{\operatorname{sen} A}+\frac{2y}{\operatorname{sen} B}+\frac{2z}{\operatorname{sen} C}=0,$$

$$\frac{2x}{\operatorname{sen} A}-\frac{y}{\operatorname{sen} B}+\frac{2z}{\operatorname{sen} C}=0,$$

$$\frac{2x}{\operatorname{sen} A}+\frac{2y}{\operatorname{sen} B}-\frac{z}{\operatorname{sen} C}=0.$$

I punti α', β', γ' hanno le coordinate

$$\begin{array}{lll} -5\operatorname{sen} A, & \operatorname{sen} B, & \operatorname{sen} C, \\ \operatorname{sen} A, & -5\operatorname{sen} B, & \operatorname{sen} C, \\ \operatorname{sen} A, & \operatorname{sen} B, & -5\operatorname{sen} C. \end{array}$$

L'equazione

$$(12)\qquad \sqrt{\frac{x}{\operatorname{sen} A}}+\sqrt{\frac{y}{\operatorname{sen} B}}+\sqrt{\frac{z}{\operatorname{sen} C}}=0$$

rappresenta la conica inscritta simultaneamente nel triangolo fondamentale e nell'evettante. Quest'equazione, sviluppata, può scriversi

$$\frac{4Q}{\operatorname{sen} A \operatorname{sen} B \operatorname{sen} C}-K^2=0,$$

dove per brevità si è posto

$$Q=yz\operatorname{sen} A+zx\operatorname{sen} B+xy\operatorname{sen} C,$$

$$K=\frac{x}{\operatorname{sen} A}+\frac{y}{\operatorname{sen} B}+\frac{z}{\operatorname{sen} C}.$$

Quindi la detta conica ha un doppio contatto (immaginario) colla circonferenza Q secondo la corda K. I punti in cui essa tocca i lati del triangolo fondamentale e dell'evettante sono quelli in cui questi lati sono incontrati dalle rette che congiungono i vertici opposti col punto I.

I lati del triangolo fondamentale e quelli dell'evettante formano un esagono che è inscritto in una conica la cui equazione è

$$\frac{9Q}{2\operatorname{sen} A \operatorname{sen} B \operatorname{sen} C}-K^2=0,$$

talchè anche questa conica ha colla circonferenza Q un doppio contatto (immaginario) secondo la corda K.

Così la conica rappresentata dall'equazione

$$\left(\frac{z}{\operatorname{sen} C}+\frac{x}{\operatorname{sen} A}\right)\left(\frac{x}{\operatorname{sen} A}+\frac{y}{\operatorname{sen} B}\right)+\left(\frac{x}{\operatorname{sen} A}+\frac{y}{\operatorname{sen} B}\right)\left(\frac{y}{\operatorname{sen} B}+\frac{z}{\operatorname{sen} C}\right)$$
$$+\left(\frac{y}{\operatorname{sen} B}+\frac{z}{\operatorname{sen} C}\right)\left(\frac{z}{\operatorname{sen} C}+\frac{x}{\operatorname{sen} A}\right)=0$$

è simultaneamente circoscritta al triangolo $\alpha\beta\gamma$ ed al triangolo $\alpha'\beta'\gamma'$, ed ha la stessa proprietà delle precedenti, poichè la sua equazione può scriversi

$$\frac{Q}{\operatorname{sen} A \operatorname{sen} B \operatorname{sen} C}+K^2=0\,.$$

Le circonferenze P passanti pei punti H_1, H_2, che diremo del *primo* sistema, sono rappresentate dall'equazione generale

$$(13)\qquad \lambda X+\mu Y+\nu Z=0\,,$$

λ, μ, ν essendo tre numeri vincolati dalla relazione

$$\lambda+\mu+\nu=0.$$

Il centro della circonferenza (13) è il punto

$$(13')\qquad (\lambda \operatorname{sen} A\,,\quad \mu \operatorname{sen} B\,,\quad \nu \operatorname{sen} C)\,,$$

evidentemente posto sulla retta K. Il polo, rispetto alla stessa circonferenza, della retta H, è il punto

$$(13'')\qquad [(\mu-\nu)\operatorname{sen} A\,,\quad (\nu-\lambda)\operatorname{sen} B\,,\quad (\lambda-\mu)\operatorname{sen} C]$$

pure situato sulla retta K. Le infinite coppie dell'involuzione complessa avente i punti doppi in H_1, H_2, situate sulla circonferenza (13), sono determinate dalle corde concorrenti in questo punto, il quale è alla sua volta il centro d'una circonferenza dello stesso sistema, rappresentata dall'equazione

$$(\mu-\nu)X+(\nu-\lambda)Y+(\lambda-\mu)Z=0\,.$$

Questa circonferenza ha il suo polo nel centro della prima ed è ortogonale a questa.

Le circonferenze Q, che diremo del *secondo* sistema, ortogonale al precedente, aventi la retta K per corda ideale comune, possono essere rappresentate dall'equazione generale

$$(x \operatorname{sen} A + y \operatorname{sen} B + z \operatorname{sen} C) K + \rho Q = 0,$$

che per $\rho = \infty$ rappresenta la stessa circonferenza circoscritta al triangolo fondamentale. Ma è più comodo sostituire a ρ la differenza

$$\rho - \frac{1 + \cos A \cos B \cos C}{\operatorname{sen} A \operatorname{sen} B \operatorname{sen} C},$$

nel qual modo la precedente equazione prende la forma

$$\mathfrak{P} + \rho Q = 0, \tag{14}$$

dove

$$\mathfrak{P} = x^2 + y^2 + z^2 + yz \cos A + zx \cos B + xy \cos C.$$

L'equazione $\mathfrak{P} = 0$ rappresenta quella circonferenza del secondo sistema che ha il centro nel punto I e il polo di K nel centro della circonferenza circoscritta; ma questa circonferenza è immaginaria, poichè il punto I è posto fra H_1 ed H_2. Per avere circonferenze reali bisogna dare a ρ valori compresi fra $-\infty$ e $-\sqrt{3}$, fra $+\sqrt{3}$ e $+\infty$. Al valore

$$\rho = \frac{1 + \cos A \cos B \cos C}{\operatorname{sen} A \operatorname{sen} B \operatorname{sen} C}$$

(che è sempre positivo e maggiore di $\sqrt{3}$, tranne nel caso del triangolo equilatero, in cui è uguale a $\sqrt{3}$) corrisponde una coppia di rette, cioè la retta K e la retta all'infinito.

Il centro della circonferenza (14) è il punto

$$(\operatorname{sen} A - \rho \cos A, \quad \operatorname{sen} B - \rho \cos B, \quad \operatorname{sen} C - \rho \cos C). \tag{14'}$$

Il polo della retta K rispetto alla stessa circonferenza è il punto

$$\left(\operatorname{sen} A - \frac{3}{\rho} \cos A, \quad \operatorname{sen} B - \frac{3}{\rho} \cos B, \quad \operatorname{sen} C - \frac{3}{\rho} \cos C\right), \tag{14''}$$

che per ρ eguale al precedente valore è il punto medio del segmento $H_1 H_2$, cioè il punto O centro dell'involuzione e intersezione delle due rette H, K. Le infinite coppie dell'involuzione, situate sulla circonferenza (14), sono determinate dalle corde passanti per il polo anzidetto.

Di qui risulta un metodo semplice per determinare la coppia dell'involuzione che giace sopra una retta qualunque

$$px + qy + rz = 0.$$

Infatti questa retta incontra la K nel punto

$$[(q \operatorname{sen} B - r \operatorname{sen} C) \operatorname{sen} A, \quad (r \operatorname{sen} C - p \operatorname{sen} A) \operatorname{sen} B, \quad (p \operatorname{sen} A - q \operatorname{sen} B) \operatorname{sen} C],$$

e la H nel punto

$$(\operatorname{sen} A - \rho' \cos A, \quad \operatorname{sen} B - \rho' \cos B, \quad \operatorname{sen} C - \rho' \cos C),$$

dove

$$\rho' = \frac{p \operatorname{sen} A + q \operatorname{sen} B + r \operatorname{sen} C}{p \cos A + q \cos B + r \cos C}.$$

Quindi (art. 11) se quest'ultimo valore è compreso fra $+\sqrt{3}$ e $-\sqrt{3}$, le due circonferenze che intersecano la retta data nei punti cercati sono: quella del primo sistema per la quale

$$\lambda = p \operatorname{sen} A - s, \qquad \mu = q \operatorname{sen} B - s, \qquad \nu = r \operatorname{sen} C - s,$$

$$3s = p \operatorname{sen} A + q \operatorname{sen} B + r \operatorname{sen} C;$$

e quella del secondo sistema per la quale

$$\rho = \frac{3}{\rho'} = \frac{p \cos A + q \cos B + r \cos C}{s}.$$

Se invece il valore di ρ' è fuori del detto intervallo, le due circonferenze sono rispettivamente quelle per le quali

$$\lambda = q \operatorname{sen} B - r \operatorname{sen} C, \qquad \mu = r \operatorname{sen} C - p \operatorname{sen} A, \qquad \nu = p \operatorname{sen} A - q \operatorname{sen} B,$$

$$\rho = \rho'.$$

I punti comuni a queste due circonferenze *reali* sono le intersezioni *ideali* della retta data con quelle due altre circonferenze (una delle quali immaginaria) che avrebbero in comune la coppia cercata.

Per determinare il punto (x', y', z') conjugato nell'involuzione con un punto dato (x_1, y_1, z_1), basta osservare che la circonferenza del secondo sistema passante pel punto dato è

$$(15) \qquad \mathfrak{P} Q_1 - Q \mathfrak{P}_1 = 0,$$

dove l'indice 1 designa i risultati della sostituzione di x_1, y_1, z_1 al posto di x, y, z, e che il polo di K rispetto a questa circonferenza ha le coordinate

$$\mathfrak{P}_1 \operatorname{sen} A + 3 Q_1 \cos A, \qquad \mathfrak{P}_1 \operatorname{sen} B + 3 Q_1 \cos B, \qquad \mathfrak{P}_1 \operatorname{sen} C + 3 Q_1 \cos C.$$

In base a ciò è facile riconoscere che le coordinate cercate devono avere la forma

$$x' \equiv \mathfrak{P}_1 \operatorname{sen} A + 3\, Q_1 \cos A + k x_1\,,$$

$$y' \equiv \mathfrak{P}_1 \operatorname{sen} B + 3\, Q_1 \cos B + k y_1\,,$$

$$z' \equiv \mathfrak{P}_1 \operatorname{sen} C + 3\, Q_1 \cos C + k z_1\,,$$

dove resta da determinare k. Dovendo queste coordinate soddisfare all'equazione (15) si trova

$$k = -\frac{3}{2}\,\frac{\mathfrak{P}_1 + Q_1 \Omega}{K_1}\,, \qquad \left(\Omega = \frac{1 + \cos A \cos B \cos C}{\operatorname{sen} A \operatorname{sen} B \operatorname{sen} C}\right).$$

L'equazione della retta passante per il punto dato (x_1, y_1, z_1) e per il suo coniugato può mettersi sotto la forma

$$\begin{vmatrix} x & x_1 & \mathfrak{P}_1 \operatorname{sen} A + 3\, Q_1 \cos A \\ y & y_1 & \mathfrak{P}_1 \operatorname{sen} B + 3\, Q_1 \cos B \\ z & z_1 & \mathfrak{P}_1 \operatorname{sen} C + 3\, Q_1 \cos C \end{vmatrix} = 0.$$

La circonferenza del primo sistema passante per il punto dato ha per equazione

$$(Y_1 - Z_1) X + (Z_1 - X_1) Y + (X_1 - Y_1) Z = 0,$$

e potrebbe egualmente servire a determinare il punto coniugato.

Date le due circonferenze (13), (14), dovendo la corda comune passare pei punti (13''), (14''), si ottiene immediatamente la sua equazione, nella forma

$$(\lambda \cot A + \mu \cot B + \nu \cot C) K + \left(\frac{\lambda x}{\operatorname{sen} A} + \frac{\mu y}{\operatorname{sen} B} + \frac{\nu z}{\operatorname{sen} C}\right)(\rho - \Omega) = 0\,.$$

La retta

$$\frac{\lambda x}{\operatorname{sen} A} + \frac{\mu y}{\operatorname{sen} B} + \frac{\nu z}{\operatorname{sen} C} = 0$$

è quella che va dal polo della prima circonferenza al punto I.

Queste applicazioni del metodo trilineare si potrebbero moltiplicare indefinitamente; ma noi dobbiamo troncare questa già troppo lunga digressione.

15. D'ora innanzi rappresenteremo con H_1, H_2 i numeri complessi corrispondenti ai punti equianarmonici od hessiani (già indicati colle stesse lettere), e con ζ il numero complesso $\zeta = -\frac{a_1}{a_0}$, corrispondente al baricentro della terna formata dai punti-radici della cubica F.

I coefficienti di questa cubica si possono esprimere razionalmente in funzione di ζ, H_1, H_2. Infatti per la seconda e la terza delle relazioni (1) si ha, ponendo per semplicità $a_0 = 1$,

$$a_1 = -\zeta,$$

$$a_2 = -\frac{2\zeta h_1 + h_2}{h_0} = \zeta(H_1 + H_2) - H_1 H_2,$$

$$a_3 = \frac{2a_2 h_1 + \zeta h_2}{h_0} = H_1 H_2 (H_1 + H_2) - \zeta(H_1^2 + H_1 H_2 + H_2^2).$$

Sostituendo questi valori in F si trova un risultato che può esser posto sotto la forma seguente

$$F = \frac{(\zeta - H_1)(H_2 - z)^3 - (H_2 - \zeta)(z - H_1)^3}{H_1 - H_2}. \tag{16}$$

A questa corrispondono, come hessiano e come discriminante, le espressioni seguenti:

$$H = -(\zeta - H_1)(\zeta - H_2)(z - H_1)(z - H_2)$$

$$D = [(\zeta - H_1)(\zeta - H_2)(H_1 - H_2)]^2 \text{ *)}.$$

E siccome, continuando a designare con z_1, z_2, z_3 le tre radici di $F = 0$ (rappresentate dai punti A, B, C), si ha pure (art. 2)

$$D = -\frac{[(z_2 - z_3)(z_3 - z_1)(z_1 - z_2)]^2}{27},$$

così ha luogo la relazione

$$[(z_2 - z_3)(z_3 - z_1)(z_1 - z_2)]^2 + 27[(\zeta - H_1)(\zeta - H_2)(H_1 - H_2)]^2 = 0. \tag{17}$$

Indicando con z una qualunque delle radici dell'equazione $F = 0$, la (16) dà

$$\frac{\zeta - H_1}{H_2 - \zeta} = \left(\frac{z - H_1}{H_2 - z}\right)^3, \tag{18}$$

formola che mette in evidenza il processo conducente alla determinazione delle tre ra-

*) Conservando a ζ, H_1, H_2 i significati precedenti, l'hessiano ed il discriminante della primitiva forma F possono esser posti sotto le forme $a_0^2 H$, $a_0^4 D$, dove H e D hanno i valori superiori.

dici, mostrando che, risoluta l'equazione quadratica $H=0$, l'equazione generale di 3° grado è riducibile omograficamente alla forma binomia *).

Applicando la formola precedente ai tre punti-radici A, B, C e scrivendola a modo di relazione segmentaria, si ha

$$\frac{H_1A}{AH_2}=\sqrt[3]{\frac{H_1\zeta}{\zeta H_2}},\quad \frac{H_1B}{BH_2}=\theta\sqrt[3]{\frac{H_1\zeta}{\zeta H_2}},\quad \frac{H_1C}{CH_2}=\theta^2\sqrt[3]{\frac{H_1\zeta}{\zeta H_2}},$$

donde

$$(H_1H_2BC)=(H_1H_2CA)=(H_1H_2AB)=\theta^2,$$

cioè: *due punti qualunque della terna formano colla coppia hessiana un rapporto anarmonico costante ed eguale ad una radice cubica immaginaria dell'unità positiva.*

Siccome, continuando ad indicare con A', B', C' i punti-radici dell'evettante rispettivamente corrispondenti ad A, B, C, si ha (art. 13)

$$(H_1H_2AA')=-1,$$

così, indicando con ζ' il baricentro della terna evettante, si deve avere, per le formole precedenti,

$$\frac{H_1\zeta}{\zeta H_2}+\frac{H_1\zeta'}{\zeta' H_2}=0,$$

ossia

$$(H_1H_2\zeta\zeta')=-1;$$

dal che si vede che *i baricentri della terna primitiva e della terna evettante sono coniugati armonicamente rispetto alla coppia dei punti hessiani.* In conseguenza si ha

$$\frac{H_1A'}{A'H_2}=-\sqrt[3]{\frac{H_1\zeta}{\zeta H_2}},\quad \frac{H_1B'}{B'H_2}=-\theta\sqrt[3]{\frac{H_1\zeta}{\zeta H_2}},\quad \frac{H_1C'}{C'H_2}=-\theta^2\sqrt[3]{\frac{H_1\zeta}{\zeta H_2}}.$$

Da queste formole e dalle tre superiori analoghe si trae

$$\left.\begin{array}{r}(H_1H_2BC')=(H_1H_2CA')=(H_1H_2AB')\\ =(H_1H_2B'C)=(H_1H_2C'A)=(H_1H_2A'B)\end{array}\right\}=-\theta^2,$$

talchè *questi sei doppi-rapporti sono tutti equianarmonici* (art. 4). Dunque le terne

$$AH_1H_2,\qquad BH_1H_2,\qquad CH_1H_2$$

*) La formola (18) può bensì esser dedotta da quelle che l'illustre Hesse ha dato nel Journal für die reine und angewandte Mathematik, t. XXXVIII (1849), p. 262, ma non mi consta che sia stata presentata altrove nello stesso aspetto semplice.

hanno rispettivamente per coppie equianarmoniche le

$$B'C', \qquad C'A', \qquad A'B';$$

e le terne

$$A'H_1H_2, \qquad B'H_1H_2, \qquad C'H_1H_2$$

hanno per tali rispettivamente le

$$BC, \qquad CA, \qquad AB.$$

Si possono abbracciare queste proprietà in un solo enunciato dicendo che: *i due punti hessiani formano un gruppo equianarmonico con un punto della terna primitiva e con un punto non corrispondente della terna evettante.*

Mercè questo teorema si può aggiungere un complemento importante alle costruzioni grafiche dell'art. 13; si possono, cioè, determinare i due punti B, C di una terna della quale sia dato il solo punto A e la coppia equianarmonica H_1H_2. Infatti costruito il punto A' coniugato armonico di A rispetto ad H_1H_2, il problema è ridotto, dietro quanto precede, alla determinazione dei punti equianarmonici della terna $A'H_1H_2$. Questa si fa nel modo esposto in detto articolo o ancora più semplicemente osservando che le tangenti alla circonferenza P_a, circoscritta alla terna $A'H_1H_2$, sono H_1a', H_2a'. Se dunque si fa passare una retta per le intersezioni delle

$$(H_1A', H_2a'), \qquad (H_2A', H_1a'),$$

la qual retta contiene il centro di Q per le proprietà armoniche del quadrangolo $H_1H_2A'a'$, i due punti cercati devono trovarsi sulla perpendicolare condotta ad essa dal punto a (centro di P_a) e sono quindi le intersezioni di questa perpendicolare colla circonferenza Q. L'intersezione della retta suaccennata colla AA' è il punto già segnato con α.

16. Ponendo

$$z - H_1 = r'e^{is'}, \qquad H_2 - z = r''e^{is''},$$

$$\zeta - H_1 = \rho'e^{i\sigma'}, \qquad H_2 - \zeta = \rho''e^{i\sigma''},$$

si ha dalla (18)

$$(19) \qquad 3\log\frac{r'}{r''} = \log\frac{\rho'}{\rho''}, \qquad 3(s' - s'') = \sigma' - \sigma'' + 2n\pi,$$

dove n è un intero, al quale basta dare tre valori consecutivi.

Indichiamo, come abbiamo già fatto, con P una qualunque delle circonferenze che hanno in comune la corda H_1H_2; con Q una qualunque di quelle che dividono armonicamente questa stessa corda, e che sono ortogonali alle precedenti.

Il rapporto $\frac{r'}{r''}$, nella prima delle formole (19), si riferisce ad uno qualunque dei punti A, B, C. Poichè dunque questo rapporto è lo stesso per tutti, si vede che *i tre punti della terna sono sopra una circonferenza Q il cui parametro isometrico* (art. 12) *è la terza parte di quello della circonferenza d'egual sistema che passa pel baricentro.*

La differenza $s' - s''$ misura l'angolo che la retta $H_1 z$ fa colla $z H_2$, ossia l'angolo che la tangente in H_1 al segmento circolare $H_1 z H_2$ fa colla retta $H_1 H_2$ (art. 12). La seconda delle formole (19) insegna dunque che le tangenti in H_1 (od anche in H_2) ai segmenti circolari $H_1 A H_2$, $H_1 B H_2$, $H_1 C H_2$ (i quali fanno parte delle circonferenze P_a, P_b, P_c dell'art. 13) formano fra loro angoli di $120°$, e che gli angoli formati da esse colla retta $H_1 H_2$ risultano dalla trisezione di un solo e medesimo angolo, che è quello formato analogamente dalla tangente al segmento circolare $H_1 \zeta H_2$ passante pel baricentro. Ossia: *le tre radici si trovano alle intersezioni della circonferenza Q con tre segmenti circolari P i cui parametri isometrici risultano dalla trisezione di quello dell'analogo segmento passante pel baricentro.*

Si vede facilmente che i segmenti circolari complementari dei precedenti intersecano la circonferenza Q nei punti della terna evettante, e che i loro parametri isometrici risultano dalla trisezione d'uno stesso parametro, appartenente al segmento che passa pel baricentro della terna evettante e complementare di quello passante pel baricentro della terna primitiva. I due baricentri si trovano in pari tempo sopra una stessa circonferenza del sistema Q.

Un punto qualunque z della circonferenza Q che contiene i punti della terna (sì primitiva che evettante) soddisfa evidentemente alla condizione

$$\operatorname{mod} \frac{z - H_1}{H_2 - z} = \operatorname{mod} \sqrt[3]{\frac{\zeta - H_1}{H_2 - \zeta}} .$$

Se dunque si pone

$$\sqrt[3]{\frac{\zeta - H_1}{H_2 - \zeta}} = \rho e^{i\sigma}, \tag{20}$$

l'equazione

$$\frac{(z - H_1)(z' - H_1')}{(H_2 - z)(H_2' - z')} = \rho^2$$

rappresenta appunto l'anzidetta circonferenza Q. Scrivendo quest'equazione nella forma

$$\left(z - \frac{H_1 - \rho^2 H_2}{1 - \rho^2}\right)\left(z' - \frac{H_1' - \rho^2 H_2'}{1 - \rho^2}\right) = \frac{(H_1 - H_2)(H_1' - H_2')\rho^2}{(1 - \rho^2)^2},$$

si riconosce tosto che il centro di Q è nel punto

$$\frac{H_1 - \rho^2 H_2}{1 - \rho^2},$$

il quale divide il segmento $H_1 H_2$ nel rapporto (reale) di $-\rho^2$ ad 1; e che il quadrato del raggio ha per valore

$$\frac{(H_1 - H_2)(H_1' - H_2')\rho^2}{(1 - \rho^2)^2},$$

ossia

$$\frac{\rho^2 \sqrt{D D'}}{h_0 h_0' (1 - \rho^2)^2},$$

quantità essenzialmente positiva.

Così, un punto qualunque z di uno dei segmenti circolari P che contengono un punto della terna, soddisfa alla condizione

$$\arg \frac{z - H_1}{H_2 - z} = \arg \sqrt[3]{\frac{\zeta - H_1}{H_2 - \zeta}},$$

e quindi all'equazione

$$\frac{(z - H_1)(H_2' - z')}{(H_2 - z)(z' - H_1')} = e^{2i\sigma},$$

alla quale soddisfa pure un punto qualunque del segmento complementare, e che rappresenta quindi tutta intera una circonferenza P. Scrivendo quest'equazione nella forma

$$\left(z - i\,\frac{H_1 e^{-i\sigma} - H_2 e^{i\sigma}}{2 \operatorname{sen} \sigma}\right)\left(z' + i\,\frac{H_1' e^{i\sigma} - H_2' e^{-i\sigma}}{2 \operatorname{sen} \sigma}\right) = \frac{(H_1 - H_2)(H_1' - H_2')}{4 \operatorname{sen}^2 \sigma},$$

si riconosce che il centro di questa circonferenza è nel punto

$$i\,\frac{H_1 e^{-i\sigma} - H_2 e^{i\sigma}}{2 \operatorname{sen} \sigma},$$

il quale divide il segmento $H_1 H_2$ nel rapporto complesso di $-e^{2i\sigma}$ ad 1 *), e che il quadrato del raggio è

$$\frac{(H_1 - H_2)(H_1' - H_2')}{4 \operatorname{sen}^2 \sigma},$$

*) Scrivendo quest'espressione nella forma

$$\frac{H_1 + H_2}{2} + i\,\frac{H_1 - H_2}{2} \cot \sigma,$$

si vede immediatamente che il centro della circonferenza P si trova sulla retta K.

ossia

$$\frac{\sqrt{DD'}}{4h_0h'_0 \operatorname{sen}^2\sigma},$$

quantità essenzialmente positiva.

Cambiando σ in $\sigma \pm \frac{2\pi}{3}$ si ottengono le altre due circonferenze analoghe.

Le tre circonferenze P_a, P_b, P_c sono simultaneamente rappresentate dall'equazione di 6° grado in x, y

$$(21)\qquad \left[\frac{(z-H_1)(H'_2-z')}{(H_2-z)(z'-H'_1)}\right]^3 = \frac{(\zeta-H_1)(H'_2-\zeta')}{(H_2-\zeta)(\zeta'-H'_1)}.$$

L'analoga equazione

$$(22)\qquad \left[\frac{(z-H_1)(z'-H'_1)}{(H_2-z)(H'_2-z')}\right]^3 = \frac{(\zeta-H_1)(\zeta'-H'_1)}{(H_2-\zeta)(H'_2-\zeta')}$$

rappresenta del pari tre circonferenze, una delle quali è la Q pocanzi considerata; ma le altre due sono immaginarie, poichè nell'espressione del loro raggio la quantità ρ^2 si trova sostituita da $\theta\rho^2$, $\theta^2\rho^2$.

Si ha in generale la relazione

$$(H_1-H_2)^2 = \frac{D}{h_0^2}$$

e, nel caso della cubica (16),

$$h_0 = -(\zeta-H_1)(\zeta-H_2),$$

donde

$$-\frac{h_0^3}{D} = \frac{(\zeta-H_1)(\zeta-H_2)}{(H_1-H_2)^2},$$

e quindi (art. 2), per essere quì $a_0 = 1$,

$$\frac{D-4h_0^3}{D} = \frac{e_0^2}{D} = \left[\frac{2\zeta-H_1-H_2}{H_1-H_2}\right]^2.$$

Ora noi abbiamo veduto, nell'art. 3, che la quantità $\frac{e_0}{\sqrt{D}}$ manca di parte reale quando i tre punti della terna sono in linea retta: perchè dunque si verifichi questa circostanza dev'essere

$$\frac{2\zeta-H_1-H_2}{H_1-H_2} = ik,$$

ossia

$$\frac{\zeta-H_1}{H_2-\zeta} = \frac{1-ik}{1+ik},$$

dove k è quantità reale. Questa condizione equivale a

$$\operatorname{mod}\frac{\zeta - H_1}{H_2 - \zeta} = 1,$$

ossia (20)

$$\rho = 1;$$

ed infatti per $\rho = 1$ le espressioni che abbiamo trovate sì pel centro che pel raggio di Q diventano entrambe infinite.

Pei valori di F e di D dati all'art. 15 si ha

$$F\sqrt{D} = (\zeta - H_1)(\zeta - H_2)[(\zeta - H_1)(H_2 - z)^3 - (H_2 - \zeta)(z - H_1)^3].$$

D'altra parte, se s'indica con u il punto corrispondente a z nella terna evettante, si ha

$$\frac{z - H_1}{H_2 - z} + \frac{u - H_1}{H_2 - u} = 0,$$

cosicchè

$$\frac{(\zeta - H_1)(H_2 - z)^3 + (H_2 - \zeta)(z - H_1)^3}{H_1 + H_2 - 2\zeta} = 0$$

è l'equazione che ha per radici i punti della terna evettante. Il primo membro di essa non coincide però coll'evettante E, poichè il coefficiente di z^3 vi è uguale a 1, mentre è uguale a e_0 nell'evettante (art. 2). Ma avendosi nel nostro caso (come risulta sia dal calcolo diretto, sia da alcune relazioni utilizzate pocanzi)

$$e_0 = (\zeta - H_1)(\zeta - H_2)(H_1 + H_2 - 2\zeta),$$

se ne conclude che l'espressione dell'evettante, per la forma (16), è

$$E = (\zeta - H_1)(\zeta - H_2)[(\zeta - H_1)(H_2 - z)^3 + (H_2 - \zeta)(z - H_1)^3].$$

Dai valori trovati per $F\sqrt{D}$ e per E si deduce

$$\frac{F\sqrt{D}}{E} = \frac{1 - W}{1 + W},$$

dove

$$W = \frac{(z - H_1)^3(H_2 - \zeta)}{(H_2 - z)^3(\zeta - H_1)},$$

e potendosi scrivere anche

$$\frac{F\sqrt{D}}{E} = \frac{(1 - W)(1 + W')}{(1 + W)(1 + W')} = \frac{1 - WW' + (W' - W)}{(1 + W)(1 + W')},$$

si scorge che le parti reale ed immaginaria di $\frac{F\sqrt{D}}{E}$ sono rispettivamente

$$\frac{1 - WW'}{(1+W)(1+W')}, \qquad \frac{W' - W}{(1+W)(1+W')},$$

talchè, per annullare la prima o la seconda di esse, bisogna stabilire rispettivamente le equazioni

$$WW' = 1, \qquad W = W',$$

che coincidono perfettamente colle (22), (21), delle quali abbiamo veduto l'origine ed il significato.

Da questa coincidenza emerge la dimostrazione di ciò che venne semplicemente asserito, nell'art. 7, circa la decomposizione in tre fattori quadratici delle equazioni di 6° grado che risultano dall'eguagliare a zero le parti reale ed immaginaria di $\frac{F\sqrt{D}}{E}$. Si scorge in pari tempo che questa decomposizione non introduce, rispetto ai coefficienti, altre irrazionalità all'infuori di quelle dovute alla risoluzione dell'equazione $F = 0$.

Dai valori di E e di $F\sqrt{D}$ si deducono agevolmente le relazioni

$$E - F\sqrt{D} = -2(\zeta - H_1)(H_2 - \zeta)^2(z - H_1)^3,$$
$$E + F\sqrt{D} = -2(\zeta - H_1)^2(H_2 - \zeta)(H_2 - z)^3,$$

che moltiplicate insieme riproducono l'equazione di Cayley (art. 7). Se ne conclude

$$\sqrt[3]{E - F\sqrt{D}} - \sqrt[3]{E + F\sqrt{D}}$$
$$= (z - H_1)\sqrt[3]{-2(\zeta - H_1)(H_2 - \zeta)^2} - (H_2 - z)\sqrt[3]{-2(\zeta - H_1)^2(H_2 - \zeta)}.$$

Il secondo membro di quest'eguaglianza è annullato da

$$\frac{z - H_1}{H_2 - z} = \sqrt[3]{\frac{\zeta - H_1}{H_2 - \zeta}},$$

cioè, (18), da una radice della $F = 0$; dunque esso è un fattore lineare di F. Ciò rende evidente il nesso fra il metodo di risoluzione fondato sull'equazione (18) ed il noto metodo di Cayley *).

*) *A Fifth Memoir upon Quantics.* Philosophical Transactions of the R. Society of London, vol. CXLVIII (1858), pag. 429.

17. Prendiamo di nuovo a considerare la cubica F sotto la forma (16), supponendo che le H_1, H_2 siano quantità costanti, e che ζ sia un parametro suscettibile di prendere ogni valore reale o complesso. Siccome questo parametro entra linearmente nell'equazione $F = 0$, così quest'equazione definisce in tale ipotesi una speciale *involuzione cubica*, costituita da tutte quelle terne di punti la cui coppia hessiana od equianarmonica è invariabilmente fissata nel piano. Ogni terna dell'involuzione è determinata senz'ambiguità dalla posizione del suo baricentro, e il numero totale delle terne è doppiamente infinito. Lo studio della loro distribuzione nel piano conduce ad interessanti risultati, che ci proponiamo di esporre.

In virtù di quanto si è veduto, *ogni terna dell'involuzione è inscritta in una circonferenza del sistema Q*. Ma il numero di tali circonferenze è semplicemente infinito, quindi in ciascuna d'esse deve trovarsi inscritto un numero semplicemente infinito di terne dell'involuzione (e infatti si è veduto, nell'art. 15, che, dato ad arbitrio sopra una circonferenza Q un punto di una terna, si possono sempre costruire gli altri due). Combinando quest'osservazione con uno dei teoremi dell'articolo precedente possiamo dunque dire che: *in ogni circonferenza Q sono inscritte infinite terne dell'involuzione, i cui baricentri esistono sopra un'altra circonferenza dello stesso sistema. Il parametro isometrico di questa seconda circonferenza è triplo di quello della prima.*

La circonferenza P che contiene un punto di una terna determina le due circonferenze analoghe che contengono rispettivamente gli altri due punti, ed è alla sua volta determinata dalla circonferenza dello stesso sistema passante per il baricentro. Quando dunque il baricentro si muove sopra una circonferenza P, i tre punti della terna si muovono simultaneamente sopra tre determinate circonferenze del medesimo sistema, ossia: *le infinite terne dell'involuzione che hanno uno dei loro punti sopra una data circonferenza P hanno pure gli altri due sopra due circonferenze determinate dello stesso sistema, e i loro baricentri sono pure distribuiti sopra una circonferenza analoga. Il parametro isometrico di quest'ultima è triplo di ciascuno di quelli delle prime* *).

Fra un sistema di terne mobili sopra una stessa circonferenza Q ed un sistema di terne mobili sopra tre circonferenze P intercede questa importante differenza, che nel primo sistema ogni terna si ripresenta *tre* volte, mentre nel secondo le terne sono tutte fra loro distinte. Nell'un caso e nell'altro, insieme con ciascuna terna, si presenta sempre, nello stesso sistema, la corrispondente terna evettante.

Si concepisca costruito l'intero sistema delle circonferenze Q e spiccati da uno dei due punti hessiani H_1, H_2 tre raggi inclinati reciprocamente di 120°, in modo da formare una stella S. Descrivendo le tre circonferenze P tangenti a questi raggi, si

*) Giova ricordare che il parametro d'una circonferenza P può sempre essere aumentato o diminuito di un multiplo di 2π.

hanno tre segmenti circolari P_1 i cui primi elementi si confondono coi raggi stessi, e tre segmenti complementari P_2 i cui primi elementi si confondono coi loro prolungamenti al di là del centro della stella. Le intersezioni dei tre segmenti P_1 con una qualunque delle circonferenze Q formano una terna dell'involuzione, e quelle dei tre segmenti P_2 colla stessa circonferenza formano la corrispondente terna evettante. Facendo girare la stella S intorno al suo centro e immaginando che le tre circonferenze P ne seguano il movimento, mantenendosi tangenti ai suoi raggi, si ottengono evidentemente tutte le terne dell'involuzione, le quali si presentano sempre associate a due a due, l'una come primitiva, l'altra come evettante. Per ciò che abbiamo già veduto (art. 15), i baricentri delle terne così associate sono le coppie d'un'involuzione quadratica coi punti doppî in H_1, H_2.

Siccome fra le circonferenze Q ve n'è una che ha il centro all'infinito sulla retta H e la cui parte a distanza finita è costituita dalla retta K, così su quest'ultima retta esiste un'infinità (semplice) di terne dell'involuzione cubica. Queste terne possono essere generate in un modo più semplice delle altre. Infatti è facile vedere che se dal centro di S si conducono due raggi alle intersezioni di K con due segmenti circolari P_1, questi raggi fanno tra loro un angolo che è la metà di quello sotto cui si tagliano i due segmenti circolari. Quindi dei tre raggi che vanno dal centro di S ai tre punti di una terna posta sulla retta K due debbono formare un angolo di 120°, diviso per metà internamente dal terzo raggio, talchè quest'ultimo raggio si deve trovare nel prolungamento di quello che insieme coi due primi forma una stella eguale ad S. Ne risulta che *le terne poste sulla retta K possono risguardarsi come generate dalle intersezioni di questa retta coi raggi stessi della stella mobile S o coi loro prolungamenti. Dopo una rotazione di 90° la stessa S genera la terna evettante di quella generata nella prima posizione.*

Considerando la stella in due posizioni perpendicolari, è evidente che i raggi dell'una incontrano la retta K nei centri delle circonferenze P tangenti ai raggi dell'altra. Quindi i centri delle circonferenze P passanti pei punti di una terna qualunque (nel piano) costituiscono una terna dell'involuzione rettilinea; la terna evettante di quest'ultima è generata dalla stella formata cogli stessi raggi tangenti alle P (cfr. art. 13, dove la terna dei centri è abc, la terna evettante $a'b'c'$).

Tornando alla costruzione generale, si vede facilmente che due punti di una terna non possono coincidere fra loro se non si confondono con uno dei due punti equianarmonici, e che in questo caso anche il terzo punto coincide coi due primi. Egli è in questa proprietà che risiede il carattere peculiare dell'involuzione cubica in discorso, giacchè l'involuzione cubica generale ha quattro punti doppî, ciò che ne fa dipendere lo studio dalla teoria delle forme biquadratiche. Questi quattro punti doppî sono surrogati nel caso attuale da due punti tripli. In causa di questa riduzione l'involuzione di cui stiamo trattando si presenta come una diretta estensione dell'involuzione quadratica. Infatti l'involuzione quadratica coi punti doppî H_1, H_2 può esprimersi colla formola

$$\left(\frac{z - H_1}{H_2 - z}\right)^2 = \lambda$$

dove λ è il parametro variabile, e la nostra involuzione cubica può analogamente rappresentarsi colla formola

$$\left(\frac{z - H_1}{H_2 - z}\right)^3 = \lambda$$

[cfr. art. 15, eq. (18)]. Quest'analogia si ritrova pure nella disposizione dei gruppi posti sulla retta K, giacchè nell'involuzione quadratica essi sono generati dalla rotazione di un angolo retto intorno ad un punto doppio, e nell'involuzione cubica essi lo sono da una stella a tre raggi girevole intorno ad un punto triplo. Senonchè in quest'ultima involuzione non esistono terne poste sulla retta H, tranne le due coincidenti in H_1, H_2, mentre su essa esistono infinite coppie della prima.

L'attuale involuzione cubica è suscettibile d'un'altra espressione analitica dalla quale si potrebbero ricavare di nuovo alcune delle relazioni precedentemente dimostrate. Mercè una trasformazione di coordinate, si facciano passare i punti H_1, H_2 sull'asse delle y ad eguali distanze h dall'origine. Ciò corrisponde evidentemente al fare una sostituzione della forma

$$z = aZ + b,$$

dove

$$\operatorname{mod} a = 1.$$

Per assegnare in generale la forma di questa sostituzione, partendo dalla primitiva espressione di F (art. 2), si osservi che in virtù del teorema dato nell'art. 3 [eq. (3)] l'equazione

$$Z = \frac{k}{\sqrt{-D}} \frac{dH}{dz},$$

dove k è una costante *reale*, esprime una doppia relazione fra le X, Y e le x, y, tale che $X = 0$ è l'equazione della retta H ed $Y = 0$ quella della retta K. Il coefficiente di z nel secondo membro è $-\frac{2kh_0 i}{\sqrt{D}}$; se dunque si dispone di k in modo che il modulo di questo coefficiente sia uguale ad 1, cioè se si prende

$$k = \frac{1}{2} \operatorname{mod} \frac{\sqrt{D}}{h_0},$$

l'equazione precedente diventa appunto la cercata formola di trasformazione. *Tale trasformazione si ottiene dunque ponendo nella primitiva funzione F in luogo di z il valore cavato dall'equazione lineare*

$$\frac{1}{2}\frac{dH}{dz} = i Z \sqrt{D} . \mathrm{mod} \frac{h_0}{\sqrt{D}} .$$

Fatta questa sostituzione, i nuovi valori di H_1, H_2 risultano della forma

$$H_1 = ih, \qquad H_2 = -ih,$$

dove h è una costante *reale* di valore individuato (facile a determinarsi in generale), e la cubica F assume la forma più semplice [cfr. eq. (16)]

(23) $$F = z^3 - 3\zeta z^2 - 3h^2 z + \zeta h^2,$$

dove ζ è il valore di Z per $z = -\frac{a_1}{a_0}$.

Siano p, q i parametri isometrici del punto qualunque z; ϖ, $\varkappa$ gli analoghi parametri del punto ζ: dall'art. 12, eq. (10), si ha

$$z = h \,\mathrm{tg} \frac{p - iq}{2}, \qquad \zeta = h \,\mathrm{tg} \frac{\varpi - i\varkappa}{2},$$

e l'equazione $F = 0$, come risulta facilmente dalla trasformazione (18) e dalle formole del citato art. 12, esprime che il parametro complesso $\frac{\varpi - i\varkappa}{2}$ è triplo di ciascuno di quelli analoghi a $\frac{p - iq}{2}$ e relativi ai punti della terna di baricentro ζ. Si può dunque dire che *i punti d'una stessa terna dell'involuzione rappresentano le tangenti trigonometriche di tre archi reali o complessi risultanti dalla trisezione di un solo e medesimo arco dato per la sua tangente. Prendendo per questo ultimo arco tutti i possibili valori, reali o complessi, si hanno tutte le terne dell'involuzione. Due di questi valori, differenti fra loro di 90°, danno luogo a due terne di cui l'una è l'evettante dell'altra.*

La forma (23) si presta assai bene per assegnare una semplice costruzione dei primi-poli d'un punto qualunque z_0, rispetto alla terna $F = 0$. Formando infatti l'equazione della coppia polare di z_0, si ha

$$z^2 - 2\frac{h^2 + \zeta z_0}{z_0 - \zeta} z - h^2 = 0,$$

cosicchè, indicando con m il punto di mezzo dei due primi-poli, si ha

$$m = \frac{h^2 + \zeta z_0}{z_0 - \zeta},$$

donde

$$(z_0 - \zeta)(m - \zeta) = h^2 + \zeta^2.$$

Di qui emerge che i punti z_0 ed m sono punti corrispondenti d'una involuzione quadratica di cui ζ è il centro e di cui H_1, H_2 sono pure punti corrispondenti. I punti doppî K_1, K_2 di quest'involuzione, essendo dati dall'equazione

$$(K - \zeta)^2 = h^2 + \zeta^2,$$

donde

$$K_1 K_2 + h^2 = 0,$$

formano una coppia dell'involuzione quadratica i cui punti doppî sono H_1, H_2, epperò si ottengono cercando (art. 11) quella coppia di tale involuzione che ha il punto di mezzo in ζ. Ne risulta che, determinata questa coppia una volta per sempre, la costruzione grafica dei primi-poli del punto qualunque z_0 si eseguisce facilmente trovando dapprima il punto m coniugato di z_0 nell'involuzione i cui punti doppî sono K_1, K_2, e poscia la coppia di punto medio m nell'involuzione i cui punti doppî sono H_1, H_2. Quest'ultima coppia è la cercata.

In ciò che segue faremo uso della forma semplificata (23), alla quale abbiamo veduto potersi sempre ridurre la forma generale, coll'ajuto d'una determinata sostituzione lineare. La terna evettante è rappresentata allora dall'equazione $f = 0$, dove

$$f = z^3 + 3\frac{h^2}{\zeta}z^2 - 3h^2 z - \frac{h^4}{\zeta}, \tag{24}$$

mentre l'evettante propriamente detto è dato da

$$E = -2\zeta(h^2 + \zeta^2)f,$$

e il discriminante da

$$D = -4h^2(h^2 + \zeta^2)^2,$$

talchè

$$E = i\frac{\zeta}{h}f\sqrt{D}. \tag{25}$$

Per comodità di linguaggio chiameremo *triangolo* ciò che abbiamo fin qui denominato *terna* di punti dell'involuzione, talchè potremo dir *lato* ogni retta passante per due punti d'una stessa terna. Avremo così il seguente teorema, risultante dalle costruzioni dell'art. 13: *i lati d'ogni triangolo dell'involuzione passano pei centri delle circonferenze P sulle quali si trovano i vertici rispettivamente opposti* *).

---

*) Notiamo di passaggio quest'altro teorema, che scaturisce dalla relazione (17) dell'art. 15: *il luogo geometrico dei baricentri di tutti i triangoli dell'involuzione pei quali è costante il prodotto dei lati è un'ovale cassiniana coi fuochi nei punti equianarmonici.*

18. La forma (23) dell'espressione F insegna che le radici z_1, z_2, z_3 dell'equazione $F = 0$ soddisfanno, qualunque sia ζ, alle due relazioni

$$z_2 z_3 + z_3 z_1 + z_1 z_2 + 3h^2 = 0,$$

$$h^2(z_1 + z_2 + z_3) + 3 z_1 z_2 z_3 = 0,$$

in virtù delle quali, data una di esse, per es. z_3, le altre due risultano determinate dalle formole

$$(26) \qquad z_1 = h\frac{z_3 + h\sqrt{3}}{h - z_3\sqrt{3}}, \qquad z_2 = h\frac{z_3 - h\sqrt{3}}{h + z_3\sqrt{3}}.$$

Considerando il punto z_3 come dato, si hanno così i valori di z relativi a tre punti z_1, z_2, z_3 della circonferenza Q che passa per il punto z_3, epperò si può, mediante la formola (5), esprimere in funzione d'un parametro arbitrario λ il valore di z relativo a un punto qualunque della detta circonferenza. Se per semplicità si scrive λ in luogo di $\frac{1+\lambda}{1-\lambda}\sqrt{3}$ e c in luogo di z_3, si trova così la formola

$$(27) \qquad z = h\frac{c - \lambda h}{h + \lambda c}.$$

Questa formola dà, colla variazione continua del parametro reale λ, tutti i punti della circonferenza Q passante pel punto c. Due punti i cui parametri λ e λ' sono vincolati dalla relazione $\lambda\lambda' + 1 = 0$, sono coniugati armonici con H_1, H_2. Il parametro λ dipende evidentemente dalla circonferenza P che determina, intersecando la Q, il punto z. Per trovare questa dipendenza basta eguagliare la presente espressione (27) alla (10) ed eliminare q. Si trova così

$$\frac{2\lambda}{\lambda^2 - 1} = \operatorname{tg}(p - p_0),$$

dove p_0 è il parametro isometrico della circonferenza P passante pel punto c.

Il punto $\lambda = \lambda_1$ della circonferenza (27) può assumersi come il vertice z_1 di un triangolo dell'involuzione (che non ha alcun rapporto con quello dal quale siamo partiti). I tre vertici z_1, z_2, z_3 di questo triangolo sono dati, in virtù delle (26), dalle formole

$$(28) \qquad z_1 = h\frac{c - \lambda_1 h}{h + \lambda_1 c}, \qquad z_2 = h\frac{c - \lambda_2 h}{h + \lambda_2 c}, \qquad z_3 = h\frac{c - \lambda_3 h}{h + \lambda_3 c},$$

dove

$$\lambda_2 = \frac{\lambda_1 - \sqrt{3}}{1 + \lambda_1\sqrt{3}}, \qquad \lambda_3 = \frac{\lambda_1 + \sqrt{3}}{1 - \lambda_1\sqrt{3}},$$

ossia

$$(29)\qquad \begin{cases} \lambda_2\lambda_3 + \lambda_3\lambda_1 + \lambda_1\lambda_2 + 3 = 0, \\ \lambda_1 + \lambda_2 + \lambda_3 + 3\lambda_1\lambda_2\lambda_3 = 0. \end{cases}$$

Queste due ultime relazioni mostrano che i tre parametri λ_1, λ_2, λ_3 sono radici di un'equazione della forma

$$\lambda^3 - 3\lambda^2 \operatorname{tg}\omega - 3\lambda + \operatorname{tg}\omega = 0,$$

la quale dà

$$\lambda_1 = \operatorname{tg}\frac{\omega}{3}, \qquad \lambda_2 = \operatorname{tg}\frac{\omega + 2\pi}{3}, \qquad \lambda_3 = \operatorname{tg}\frac{\omega - 2\pi}{3},$$

rimanendo arbitrario il valore dell'arco *reale* ω.

Il punto c essendo totalmente arbitrario, si può scegliere per esso uno di quelli nei quali la circonferenza Q incontra la retta H (ossia l'asse delle y), il che si ottiene ponendo $c = ib$, dove b è quantità reale. In tale ipotesi, ponendo

$$z_1 = x_1 + iy_1, \qquad z_2 = x_2 + iy_2,$$

si deduce dalle (28)

$$x_1 = h\frac{\lambda_1(b^2 - h^2)}{h^2 + \lambda_1^2 b^2}, \qquad y_1 = h\frac{bh(1 + \lambda_1^2)}{h^2 + \lambda_1^2 b},$$

$$x_2 = h\frac{\lambda_2(b^2 - h^2)}{h^2 + \lambda_2^2 b^2}, \qquad y_2 = h\frac{bh(1 + \lambda_2^2)}{h^2 + \lambda_2^2 b^2}.$$

Sostituendo questi valori nell'equazione del lato $z_1 z_2$, cioè nella

$$x(y_1 - y_2) - y(x_1 - x_2) + x_1 y_2 - x_2 y_1 = 0,$$

si trova, in virtù delle relazioni (29) e scrivendo λ in luogo di λ_3,

$$[(3h^2 + b^2)y - 4bh^2]\lambda^2 - 8bhx.\lambda - [(h^2 + 3b^2)y - 4bh^2] = 0.$$

Si troverebbe evidentemente un'equazione di forma identica pei lati $z_2 z_3$, $z_3 z_1$, poichè le relazioni fra le λ_1, λ_2, λ_3 sono simmetriche.

Variando λ, la retta $z_1 z_2$ inviluppa l'ellisse

$$16b^2h^2x^2 + (h^2 + 3b^2)(3h^2 + b^2)y^2 - 16bh^2(h^2 + b^2)y + 16b^2h^4 = 0.$$

Ma rappresentando (art. 11) con

$$(30)\qquad x^2 + y^2 - 2vy + h^2 = 0$$

l'equazione della circonferenza Q, si ha, per $x = 0$, $y = b$,

$$b^2 - 2bv + h^2 = 0:$$

eliminando con quest'equazione la quantità b dall'equazione dell'inviluppo, si trova finalmente

$$x^2 + \frac{3v^2 + h^2}{4h^2} y^2 - 2vy + h^2 = 0.$$

Tale è l'equazione dell'ellisse che è toccata continuamente dal lato $z_1 z_2$ e quindi anche dagli altri due lati del triangolo mobile, inscritto nella circonferenza Q rappresentata dalla (30) *). Quest'equazione può scriversi nei due modi seguenti:

$$(x^2 + y^2 - 2vy + h^2) + \frac{3(v^2 - h^2)}{4h^2} y^2 = 0,$$

$$\left(x^2 + \frac{y^2}{4} - \frac{h^2}{3}\right) + \frac{3v^2}{4h^2}\left(y - \frac{4h^2}{3v}\right)^2 = 0.$$

Sotto la prima forma, si riconosce che l'ellisse inscritta ha un doppio contatto (immaginario) secondo la corda K colla circonferenza circoscritta. Sotto la seconda, si riconosce che la stessa ellisse ha pure un doppio contatto coll'ellisse fissa (cioè indipendente da Q)

$$x^2 + \frac{y^2}{4} = \frac{h^2}{3}$$

secondo la corda

$$y = \frac{4h^2}{3v},$$

cioè secondo la polare, rispetto alla medesima ellisse fissa, del centro di Q **). Possiamo comprendere le proprietà così trovate nel seguente enunciato: *tutti i triangoli dell'involuzione che si trovano inscritti in una medesima circonferenza sono simultaneamente circoscritti ad una medesima ellisse, che ha colla circonferenza un doppio contatto immaginario secondo la retta comune secante ideale di tutte le circonferenze circoscritte. Le infinite ellissi inscritte, corrispondenti alle infinite circonferenze circoscritte, hanno alla loro*

---

*) Quest'ellisse coincide evidentemente con quella considerata nell'art. 14 e rappresentata dall'equazione trilineare (12).

**) Questo doppio contatto è reale finchè v è maggiore di $\frac{2h}{\sqrt{3}}$, ma diventa immaginario quando v decresce da $\frac{2h}{\sqrt{3}}$ ad h, vale a dire quando il centro di Q penetra nell'interno dell'ellisse fissa.

volta un doppio contatto con un'ellisse fissa, e il polo della corda di contatto è, per ciascuna ellisse inscritta, il centro della corrispondente circonferenza circoscritta.

Passiamo ora a considerare i triangoli dell'involuzione che hanno i vertici sopra tre date circonferenze P, ed osserviamo che, passando ciascuna di queste per i due punti $z_1 = ih$, $z_2 = -ih$, se si fissa un terzo punto $z = c$, si può immediatamente applicare la formola (5); si ottiene così

$$z = h\,\frac{c - i\mu h}{h + i\mu c} \tag{31}$$

come *espressione di un punto qualunque z della circonferenza P che passa per il punto c, essendo μ un parametro reale.* Questa formola non differisce dalla (27) che per il cambiamento di λ in $i\mu$. Due punti i cui parametri μ, μ' sono legati dalla relazione $\mu\mu' - 1 = 0$, sono coniugati armonici con H_1, H_2. Per $\mu = 0$ si ha $z = c$, per $\mu = \pm 1$ si ha $z = \mp ih$; quindi allorchè μ varia fra -1 e $+1$ si ottengono i punti del segmento contenente il punto c, ed allorchè μ varia fuori di questo intervallo si ottengono i punti del segmento complementare. La relazione fra μ e il parametro isometrico q della circonferenza Q su cui si trova il punto z è

$$\frac{2\mu}{\mu^2 + 1} = \operatorname{tgh}(q - q_0),$$

dove q_0 è il parametro isometrico della circonferenza Q passante pel punto c.

Si potrebbe, coll'aiuto di questa formola, cercare l'inviluppo di un lato del triangolo involutorio, nell'ipotesi che i suoi vertici descrivano tre circonferenze P. Ma tale ricerca, facile ad eseguirsi con un processo poco dissimile da quello tenuto precedentemente, non condurrebbe ad alcun risultato nuovo. L'ultimo teorema dell'art. prec. può infatti essere enunciato così: *tutti i triangoli dell'involuzione, i cui vertici si trovano sopra tre date circonferenze P, hanno i loro lati concorrenti in tre punti fissi, cioè nei centri delle circonferenze su cui si trovano i vertici rispettivamente opposti.*

In virtù di questo e del precedente teorema la legge di deformazione dei triangoli dell'involuzione è resa pienamente manifesta.

Osserviamo che, essendo $F = 0$, $E = 0$ le equazioni di due distinti gruppi dell'involuzione, ogni altro gruppo può, come è noto, essere rappresentato dall'equazione

$$F\sqrt{D} + \varkappa E = 0,$$

dove $\varkappa$ è il parametro variabile (il fattore $\sqrt{D}$ è stato introdotto per ottenere l'omogeneità nei coefficienti a_0, a_1, a_2, a_3). In virtù della (25) quest'equazione può scriversi

$$hF + i\varkappa\zeta f = 0,$$

ovvero, sostituendo per F, f i loro valori (23), (24),

$$z^3 - 3h\frac{\zeta - i\varkappa h}{h + i\varkappa\zeta}z^2 - 3h^2 z + h\frac{\zeta - i\varkappa h}{h + i\varkappa\zeta}h^2 = 0.$$

Quest'equazione differisce dalla $F = 0$ solo per ciò che al posto del punto ζ trovasi sostituito il punto

$$h\frac{\zeta - i\varkappa h}{h + i\varkappa\zeta},$$

il quale appartiene, per $\varkappa$ reale, alla circonferenza P passante per ζ [eq. (30)], e, per $\varkappa$ immaginario puro, alla circonferenza Q passante per lo stesso punto [eq. (28)]. Di qui si conclude il seguente teorema, che sussiste per ogni forma di F: *se nell'equazione cubica*

$$F\sqrt{D} + \varkappa E = 0$$

si danno a $\varkappa$ tutti i valori reali, le tre radici camminano sopra tre circonferenze fisse P, mantenendosi al tempo stesso sopra una circonferenza mobile Q; e se invece si danno a $\varkappa$ tutti i valori immaginarî puri, esse camminano sopra una circonferenza fissa Q. Quando $\varkappa = \pm 1$ le tre radici coincidono in un solo punto, H_1 od H_2 (art. 16). La seconda parte del teorema era già stata dimostrata in altro modo all'art. 7.

Notiamo quest'altra proprietà. Se z_4, z_5, z_6 sono i punti di mezzo delle rette (analoghe alle AA', BB', CC') che congiungono ciascun vertice di un triangolo dell'involuzione col vertice corrispondente del triangolo evettante, si ha

$$z_4 = \frac{z_1^2 - h^2}{2z_1}, \qquad z_5 = \frac{z_2^2 - h^2}{2z_2}, \qquad z_6 = \frac{z_3^2 - h^2}{2z_3}.$$

Questi tre punti sono vertici di un nuovo triangolo dell'involuzione. Infatti si verifica agevolmente che la sussistenza delle due prime equazioni di questo articolo trae con sè quella delle due analoghe

$$z_5 z_6 + z_6 z_4 + z_4 z_5 + 3h^2 = 0,$$

$$h^2(z_4 + z_5 + z_6) + 3z_4 z_5 z_6 = 0.$$

La stessa cosa risulta dall'eliminare z fra le due equazioni

$$z^3 - 3\zeta z^2 - 3h^2 z + \zeta h^2 = 0,$$

$$z^2 - 2uz - h^2 = 0;$$

si ottiene infatti, scrivendo di nuovo z invece di u,

$$z^3 - 3\frac{\zeta^2 - h^2}{2\zeta}z^2 - 3h^2 z + h^2\frac{\zeta^2 - h^2}{2\zeta} = 0,$$

equazione di quella terna dell'involuzione il cui baricentro è nel punto

$$\frac{\zeta^2 - h^2}{2\zeta},$$

cioè nel punto di mezzo della retta che congiunge il baricentro ζ della prima terna col suo coniugato rispetto alla coppia hessiana: talchè il baricentro del triangolo derivato è legato a quello del primo colla stessa legge dei vertici corrispondenti. La spiegazione geometrica di questi risultati diventa intuitiva se si richiama il contenuto dell'art. 11.

Riferendosi alla costruzione dell'art. 13 e considerando ABC come il triangolo $z_1 z_2 z_3$, si vede che il nuovo triangolo $z_4 z_5 z_6$ sarebbe inscritto nella circonferenza del secondo sistema passante pel punto I e pel centro di quella circoscritta ad ABC, ed avrebbe i vertici nei segmenti circolari P passanti pei punti a, b, c. È chiaro inoltre che se i vertici A, B, C percorressero le circonferenze P di centri a, b, c, i vertici del triangolo derivato percorrerebbero contemporaneamente quelle di diametri aa', bb', cc', talchè quando la circonferenza Q circoscritta ad ABC diventasse la retta K, i vertici del triangolo derivato cadrebbero in abc, oppure in $a'b'c'$, queste due terne essendo l'una evettante dell'altra (ciò che serve di conferma ad un'osservazione dell'art. 17).

Notiamo per ultimo che il confronto delle formole (27), (31) mostra che, se si pone

$$z = h\frac{\lambda - i\mu}{1 + i\lambda\mu},$$

dove λ, μ sono parametri reali, facendo variare λ e tenendo costante μ, si hanno tutti i punti di una circonferenza Q, mentre facendo variare μ e tenendo costante λ, si hanno tutti quelli d'una circonferenza P. Effettivamente ponendo

$$\lambda = \mathrm{tg}\frac{p}{2}, \qquad \mu = \mathrm{tgh}\frac{q}{2},$$

la formola precedente si converte nella (10).

19. Oltre i triangoli fin qui considerati, ve ne sono degli altri la cui teoria meriterebbe di essere studiata, cioè quelli formati dalle terne *armoniche* con una terna

data. Continuando a considerare quest'ultima terna come rappresentata dalla forma (23), e designando con Z_1, Z_2, Z_3 i vertici di un triangolo armonico, la relazione che serve di definizione per tale triangolo è la seguente

$$Z_1 Z_2 Z_3 - \zeta(Z_2 Z_3 + Z_3 Z_1 + Z_1 Z_2) - h^2(Z_1 + Z_2 + Z_3) + \zeta h^2 = 0,$$

che determina un vertice in funzione degli altri due, restando questi arbitrarî.

Ci limiteremo a dare un teorema su questi triangoli, per mostrare l'utilità del metodo fin quì usato.

Sia z_0 un punto della circonferenza circoscritta al triangolo $F = 0$, e cerchiamo se si possa soddisfare alla precedente relazione ponendo

$$Z_1 = h \frac{z_0 - \lambda_1 h}{h + \lambda_1 z_0}, \qquad Z_2 = h \frac{z_0 - \lambda_2 h}{h + \lambda_2 z_0}, \qquad Z_3 = h \frac{z_0 - \lambda_3 h}{h + \lambda_3 z_0},$$

cioè [eq. (27)] se esistano triangoli armonici inscritti nella stessa circonferenza in cui è inscritto il triangolo fondamentale. Facendo queste sostituzioni si trova un risultato riducibile alla forma seguente

$$h F_0(\lambda_2\lambda_3 + \lambda_3\lambda_1 + \lambda_1\lambda_2 - 1) + \zeta f_0(\lambda_1 + \lambda_2 + \lambda_3 - \lambda_1\lambda_2\lambda_3) = 0,$$

dove F_0, f_0 sono ciò che diventano F ed f per $z = z_0$. Potendo z_0 essere un punto qualunque della circonferenza circoscritta, facciamolo coincidere, per semplicità, con uno dei vertici del triangolo $F = 0$, talchè sia $F_0 = 0$. Per tal guisa la precedente condizione si riduce alla forma semplicissima

$$\lambda_1 + \lambda_2 + \lambda_3 = \lambda_1\lambda_2\lambda_3,$$

cui si soddisfa ponendo

$$\lambda_1 = \operatorname{tg}\alpha_1, \qquad \lambda_2 = \operatorname{tg}\alpha_2, \qquad \lambda_3 = \operatorname{tg}\alpha_3,$$

$$\alpha_1 + \alpha_2 + \alpha_3 = n\pi,$$

n numero intero arbitrario. Vi è dunque un numero doppiamente infinito di triangoli armonici con un dato, ed inscritti con esso in una medesima circonferenza. Questa proprietà può enunciarsi nel modo seguente: *se due dei vertici d'un triangolo armonico con un dato sono situati sulla circonferenza circoscritta a quest'ultimo, anche il terzo vertice è situato sulla medesima circonferenza* *).

*) Questa proprietà sussiste anche per ciascuna delle circonferenze passanti pei due punti equianarmonici e per uno dei vertici del triangolo.

Supponendo eguali fra loro gli angoli α_2, α_3, il loro valor comune può essere tanto $\frac{\pi}{2} - \frac{\alpha_1}{2}$, quanto $\pi - \frac{\alpha_1}{2}$. In ambedue i casi i due punti Z_2, Z_3 coincidono in un solo e i due punti così ottenuti non sono altro che i primi-poli del punto Z_1. Dunque: *ogni punto della circonferenza circoscritta ad una terna ha i suoi primi-poli sulla circonferenza medesima.*

XXXIII.

ALCUNE FORMOLE PER LA TEORIA ELEMENTARE DELLE CONICHE.

Giornale di Matematiche, volume IX (1871), pp. 341-344.

Indichiamo colla segnatura $[\lambda]$ il trinomio $\lambda^2 x + \lambda y + z$. Al variare di λ la retta $[\lambda] = 0$ inviluppa la conica

$$y^2 - 4zx = 0. \tag{1}$$

Dalle tre equazioni

$$\alpha^2 x + \alpha y + z = [\alpha], \qquad \beta^2 x + \beta y + z = [\beta], \qquad \gamma^2 x + \gamma y + z = [\gamma]$$

si deduce, ponendo $H = (\beta - \gamma)(\gamma - \alpha)(\alpha - \beta)$,

$$\left\{\begin{aligned} -Hx &= (\beta - \gamma)[\alpha] + (\gamma - \alpha)[\beta] + (\alpha - \beta)[\gamma], \\ Hy &= (\beta^2 - \gamma^2)[\alpha] + (\gamma^2 - \alpha^2)[\beta] + (\alpha^2 - \beta^2)[\gamma], \\ -Hz &= \beta\gamma(\beta - \gamma)[\alpha] + \gamma\alpha(\gamma - \alpha)[\beta] + \alpha\beta(\alpha - \beta)[\gamma]. \end{aligned}\right. \tag{2}$$

Sostituendo questi valori nella (1) si trova

$$(\beta - \gamma)\sqrt{[\alpha]} + (\gamma - \alpha)\sqrt{[\beta]} + (\alpha - \beta)\sqrt{[\gamma]} = 0,$$

equazione della conica (1) riferita al triangolo circoscritto $\alpha\beta\gamma$.

Se alle tre tangenti α, β, γ si aggiunge una quarta

$$\delta^2 x + \delta y + z = [\delta],$$

diventa possibile l'eliminazione delle x, y, z e si ottiene l'identità

$$(3)\qquad \left\{\begin{aligned} &\frac{[\alpha]}{(\alpha-\beta)(\alpha-\gamma)(\alpha-\delta)}+\frac{[\beta]}{(\beta-\gamma)(\beta-\delta)(\beta-\alpha)}\\ &+\frac{[\gamma]}{(\gamma-\delta)(\gamma-\alpha)(\gamma-\beta)}+\frac{[\delta]}{(\delta-\alpha)(\delta-\beta)(\delta-\gamma)}=0, \end{aligned}\right.$$

che serve ad esprimere ogni quarta tangente in funzione di altre tre. Se ne deduce, per esempio, che le due equazioni

$$\frac{[\alpha]}{(\alpha-\gamma)(\alpha-\delta)}-\frac{[\beta]}{(\beta-\gamma)(\beta-\delta)}=0,\qquad \frac{[\gamma]}{(\gamma-\alpha)(\gamma-\beta)}-\frac{[\delta]}{(\delta-\alpha)(\delta-\beta)}=0$$

rappresentano una sola e medesima retta, cioè la congiungente l'intersezione delle tangenti α, β coll'intersezione delle tangenti γ, δ. Così l'equazione

$$\frac{[\alpha]}{(\alpha-\gamma)^2}=\frac{[\beta]}{(\beta-\gamma)^2}$$

rappresenta la congiungente l'intersezione delle tangenti α, β col punto γ della conica (1).

Ponendo $\varphi(u)=(u-\alpha)(u-\beta)(u-\gamma)$ e considerando tre nuove tangenti α', β', γ' della conica (1), si ha dalla (3)

$$\frac{H[\alpha']}{\varphi(\alpha')}=\frac{\beta-\gamma}{\alpha'-\alpha}[\alpha]+\frac{\gamma-\alpha}{\alpha'-\beta}[\beta]+\frac{\alpha-\beta}{\alpha'-\gamma}[\gamma],$$

$$\frac{H[\beta']}{\varphi(\beta')}=\frac{\beta-\gamma}{\beta'-\alpha}[\alpha]+\frac{\gamma-\alpha}{\beta'-\beta}[\beta]+\frac{\alpha-\beta}{\beta'-\gamma}[\gamma],$$

$$\frac{H[\gamma']}{\varphi(\gamma')}=\frac{\beta-\gamma}{\gamma'-\alpha}[\alpha]+\frac{\gamma-\alpha}{\gamma'-\beta}[\beta]+\frac{\alpha-\beta}{\gamma'-\gamma}[\gamma].$$

Formando coi secondi membri di queste equazioni l'espressione equivalente alla seguente

$$\frac{H^2}{\varphi(\alpha')\varphi(\beta')\varphi(\gamma')}\left\{l\varphi(\alpha')[\beta'][\gamma']+m\varphi(\beta')[\gamma'][\alpha']+n\varphi(\gamma')[\alpha'][\beta']\right\},$$

che risulta dal moltiplicare i primi membri fra loro a due a due, apponendo ai prodotti i fattori indeterminati l, m, n, si trova facilmente che la parte contenente i quadrati delle rette $[\alpha]$, $[\beta]$, $[\gamma]$ è

$$\frac{(\beta-\gamma)^2[\alpha]^2}{\psi(\alpha)}[l(\alpha-\alpha')+m(\alpha-\beta')+n(\alpha-\gamma')]$$

$$+\frac{(\gamma-\alpha)^2[\beta]^2}{\psi(\beta)}[l(\beta-\alpha')+m(\beta-\beta')+n(\beta-\gamma')]$$

$$+\frac{(\alpha-\beta)^2[\gamma]^2}{\psi(\gamma)}[l(\gamma-\alpha')+m(\gamma-\beta')+n(\gamma-\gamma')],$$

dove

$$\psi(u)=(u-\alpha')(u-\beta')(u-\gamma').$$

Per annullare questo gruppo di termini basta porre

$$l\alpha'+m\beta'+n\gamma'=0, \qquad l+m+n=0,$$

per il che prenderemo

$$l=\beta'-\gamma', \qquad m=\gamma'-\alpha', \qquad n=\alpha'-\beta'.$$

Formando con questi valori la restante parte dell'espressione equivalente alla superiore, si ottiene la seguente identità quadratica fra due terne di tangenti α, β, γ ed α', β' γ':

$$(4)\left\{\begin{aligned}&\frac{(\beta-\gamma)\psi(\alpha)[\beta][\gamma]+(\gamma-\alpha)\psi(\beta)[\gamma][\alpha]+(\alpha-\beta)\psi(\gamma)[\alpha][\beta]}{(\beta-\gamma)(\gamma-\alpha)(\alpha-\beta)}\\&+\frac{(\beta'-\gamma')\varphi(\alpha')[\beta'][\gamma']+(\gamma'-\alpha')\varphi(\beta')[\gamma'][\alpha']+(\alpha'-\beta')\varphi(\gamma')[\alpha'][\beta']}{(\beta'-\gamma')(\gamma'-\alpha')(\alpha'-\beta')}=0.\end{aligned}\right.$$

Di qui si deduce senz'altro: *due triangoli circoscritti alla conica* (1) *sono sempre inscritti in un'altra conica, l'equazione della quale è*

$$(5)\qquad \frac{(\beta-\gamma)\psi(\alpha)}{[\alpha]}+\frac{(\gamma-\alpha)\psi(\beta)}{[\beta]}+\frac{(\alpha-\beta)\psi(\gamma)}{[\gamma]}=0,$$

dove α, β, γ *sono i parametri dei lati del primo triangolo, mentre i parametri dei lati del secondo sono le radici dell'equazione cubica* $\psi(u)=0$.

Se in luogo dell'equazione $\psi(u)=0$ si prendesse la

$$f(u)=\psi(u)+k\varphi(u)=0,$$

il secondo triangolo sarebbe diverso, e varierebbe continuamente con k, ma l'equazione (5) resterebbe la stessa, poichè si avrebbe sempre

$$f(\alpha)=\psi(\alpha), \qquad f(\beta)=\psi(\beta), \qquad f(\gamma)=\psi(\gamma).$$

Dunque: *se* $\varphi(u)=0$, $\psi(u)=0$ *sono due equazioni di terzo grado in* u, *l'equazione sizigetica* $\varphi(u)+k\psi(u)=0$ *definisce, al variare di* k, *una serie continua di triangoli circoscritti alla conica* (1), *i quali sono tutti inscritti in una medesima conica. L'equazione di questa è ancora la* (5) *se* α, β, γ *sono le radici di* $\varphi(u)=0$.

Poniamo per semplicità

$$\varphi(u)=u^3-pu^2+qu-r\,,\qquad \psi(u)=u^3-p'u^2+q'u-r'\,,$$

e sostituiamo di nuovo nella (5) i valori di $[\alpha]$, $[\beta]$, $[\gamma]$ in x, y, z. Facendo uso delle notissime relazioni fra i coefficienti e le radici di un'equazione algebrica, si trova facilmente il risultato seguente:

$$(6)\qquad \left\{\begin{array}{l}(p-p')z^2+(q-q')yz+(r-r')(y^2-zx)\\ -(qr'-q'r)x^2+(rp'-r'p)xy-(qp'-p'q)zx=0\,,\end{array}\right.$$

nel quale i coefficienti di φ e ψ non figurano che in sei funzioni, fra cui ha luogo la relazione identica

$$(p-p')(qr'-q'r)+(q-q')(rp'-r'p)+(r-r')(pq'-p'q)=0\,.$$

Osservando questa circostanza, se sia data una conica

$$(7)\qquad Ax^2+By^2+Cz^2+A_1yz+B_1zx+C_1xy=0\,,$$

e si voglia cercare la condizione perchè esista un triangolo inscritto in essa e circoscritto alla prima, si vedrà subito che basta scriverla nella forma

$$Cz^2+A_1yz+B(y^2-zx)+Ax^2+C_1xy+(B+B_1)zx=0\,,$$

donde, paragonandola colla (6), si ricaverà

$$\frac{p-p'}{C}=\frac{q-q'}{A_1}=\frac{r-r'}{B}=\frac{qr'-q'r}{-A}=\frac{rp'-r'p}{C_1}=\frac{pq'-p'q}{-(B+B_1)},$$

e quindi

$$B^2+CA+BB_1-C_1A_1=0$$

quale condizione cercata. Quando questa è soddisfatta, l'eliminazione delle p', q', r' dà

$$p=\frac{Cr+C_1}{B}\,,\qquad q=\frac{A+A_1r}{B}\,,$$

r restando arbitraria. *Esistono quindi infiniti triangoli soddisfacenti alla data condizione, quando ne esiste un solo ; i loro lati hanno per parametri le radici della cubica*

$$Bu^3 - C_1 u^2 + Au - r(Cu^2 - A_1 u + B) = 0,$$

dove r è quantità arbitraria.

Operando in un modo analogo a quello tenuto per ottenere l'identità (4), si perviene facilmente a quest'altra identità quadratica

$$(8)\qquad \left\{\begin{array}{l} \frac{1}{H}\left\{\frac{\beta-\gamma}{\psi(\alpha)}[\alpha]^2 + \frac{\gamma-\alpha}{\psi(\beta)}[\beta]^2 + \frac{\alpha-\beta}{\psi(\gamma)}[\gamma]^2\right\} \\ + \frac{1}{H'}\left\{\frac{\beta'-\gamma'}{\varphi(\alpha')}[\alpha']^2 + \frac{\gamma'-\alpha'}{\varphi(\beta')}[\beta']^2 + \frac{\alpha'-\beta'}{\varphi(\gamma')}[\gamma']^2\right\} = 0, \end{array}\right.$$

dalla quale si deduce: *due triangoli circoscritti alla conica* (1) *sono sempre coniugati con un'altra conica, l'equazione della quale è*

$$(9)\qquad \frac{\beta-\gamma}{\psi(\alpha)}[\alpha]^2 + \frac{\gamma-\alpha}{\psi(\beta)}[\beta]^2 + \frac{\alpha-\beta}{\psi(\gamma)}[\gamma]^2 = 0,$$

dove α, β, γ sono i parametri dei lati del primo triangolo, mentre i parametri dei lati del secondo sono le radici dell'equazione cubica $\psi(u) = 0$. Questa nuova conica possiede la stessa proprietà rispetto ad infiniti altri triangoli circoscritti alla (1), *e precisamente rispetto a tutti quelli definiti dalle radici dell'equazione $\varphi(u) + k\psi(u) = 0$, qualunque sia k.*

Se anche in questa nuova equazione (9) si ripongono per $[\alpha]$, $[\beta]$, $[\gamma]$ i valori in x, y, z, si ritrova un risultato che è molto meno semplice di quello (6) trovato pel caso dei triangoli inscritti, ma che è parimenti notabile in quanto non contiene nei coefficienti che le funzioni

$$p - p', \qquad q - q', \qquad r - r'$$

$$pq' - p'q, \qquad rp' - r'p, \qquad pq' - p'q.$$

Ciò dà luogo alla supposizione che queste sei espressioni (le quali si presentano in un'altra ben nota teoria) siano dotate di proprietà più generali, da potersi utilmente invocare in altre quistioni relative ai triangoli ed alle coniche. È una congettura che abbandoniamo al benevolo lettore, invitandolo pure a investigare se e come le formole da cui siamo partiti possano giovare alla trattazione generale dei *poligoni* simultaneamente inscritti e circoscritti a due coniche *).

Venezia, 15 ottobre 1871.

---

*) Questa Nota offrì argomento ad una lettera diretta dal Prof. CREMONA al BELTRAMI, lettera che trovasi inserita nel Volume X (1872) del Giornale di Matematiche, pp. 47-48, ed è accompagnata da brevi considerazioni del BELTRAMI stesso. Il lettore che volesse prenderne cognizione potrà consultare il Giornale citato. (N. d. R.).

XXXIV.

NOTA SULLA TEORIA MATEMATICA DEI SOLENOIDI ELETTRODINAMICI.

Il Nuovo Cimento, serie II, tomo VII-VIII (1871-72), pp. 285-301.

I solenoidi considerati in questa nota sono sistemi continui di correnti, la cui legge di distribuzione è molto più generale di quella che si ammette ordinariamente.

Ecco come io li suppongo costituiti.

Uno spazio chiuso qualunque, S, è limitato in ogni senso da una superficie chiusa, ω. Si assume una funzione $\varphi(x, y, z)$ delle coordinate dei punti di S, soggetta alla sola condizione d'essere entro questo spazio monodroma, finita e continua insieme colle sue derivate prime. Le superficie rappresentate dall'equazione $\varphi = \text{cost.}$, che indicherò col simbolo (φ), sono tutte distinte l'una dall'altra, epperò le linee secondo cui intersecano la superficie ω sono chiuse, e distinte anch'esse l'una dall'altra. Queste linee dividono la superficie ω in un'infinità di striscie elementari, ciascuna delle quali corrisponde ad un incremento infinitesimo $d\varphi$ della funzione φ. Ciò posto, si fa circolare, in un determinato senso, lungo ciascuna di queste striscie, una corrente d'intensità uguale a $k\,d\varphi$, dove k è una costante e $d\varphi$ è l'incremento che riceve la funzione φ passando dall'uno all'altro margine della striscia che si considera. L'insieme di tutte queste correnti costituisce il solenoide generale ch'io mi propongo di considerare, e che dirò Σ.

Giova premettere alcune avvertenze generiche sopra la natura di questo sistema.

In primo luogo è da notare che il modo di generazione testè esposto non esclude punto che il luogo geometrico delle correnti *effettive* possa costituire una superficie *aperta*, anzichè *chiusa*. Infatti se si fa coincidere una porzione della superficie ω con una porzione di una delle superficie (φ), la linea limite di questa porzione comune diventa una corrente *terminale* del solenoide, perchè risulta evidentemente *nulla* l'intensità di quelle correnti che nel caso generale dovrebbero circolare sulla porzione comune.

In secondo luogo osservo che col supporre costante il fattore k non s'impone alcuna restrizione reale alla legge di variazione delle intensità. Infatti se si volesse far variare k da una striscia all'altra, ponendo per es. $k = F(\varphi)$, basterebbe sostituire a φ la funzione $\Psi = \int F(\varphi)\,d\varphi$. Si otterrebbe in tal guisa un nuovo sistema, sostanzialmente identico al dato, ma nel quale l'intensità d'ogni corrente elementare sarebbe espressa semplicemente da $d\Psi$. Per maggior semplicità supporrò addirittura $k = 1$, giacchè moltiplicando il risultato finale per k si rientra nell'ipotesi ammessa da principio.

Aggiungerò finalmente che, se è necessaria la condizione della monodromia delle derivate della funzione φ, non lo è punto quella della monodromia della funzione stessa. È utile anzi poter prendere una funzione polidroma (cioè dotata di moduli di periodicità) per rendere applicabile il metodo a solenoidi di forme usitatissime. Tuttavia ammetterò, per ora, che la funzione φ sia monodroma, affine di rendere più semplice, anzi dirò quasi intuitiva, la ricerca del potenziale del solenoide, e darò alla fine una seconda dimostrazione della formola trovata, dalla quale sarà facile passare al caso d'una funzione polidroma.

Per maggior chiarezza ragionerò nell'ipotesi che le successive linee d'intersezione della superficie ω colle (φ) corrispondano a valori del parametro φ procedenti, senza interruzione, da un valor minimo φ_1 ad un valor massimo φ_2. Infatti se la superficie ω non è in questo caso, si può sempre sostituire ad essa un certo numero di superficie chiuse soddisfacenti a questa condizione, e ciò coll'aggiungere alcuni *diaframmi*, sulle due faccie di ciascuno dei quali vengono a circolare correnti, o porzioni di correnti, d'eguale intensità e di contraria direzione.

Designo con n la direzione della normale *interna* all'elemento superficiale $d\omega$ e con r la distanza di questo elemento, di cui dirò x, y, z le coordinate, da un punto m_1, di coordinate x_1, y_1, z_1, sul quale suppongo esercitarsi l'azione elettromagnetica del solenoide. Ammetterò sempre che quest'ultimo punto si trovi a distanza *finita* dalla superficie ω, sia dalla parte interna sia dall'esterna.

Ciò posto, si consideri una delle striscie elementari in cui è stata suddivisa la superficie ω, e siano φ e $\varphi + d\varphi$ i valori del parametro corrispondenti alle due linee fra cui tale striscia è racchiusa. Supporrò *positivo* l'incremento $d\varphi$, del pari che tutti gli incrementi analoghi; non è del resto necessario che questi incrementi sieno anche eguali. Sia ω' quella porzione di ω che è il luogo di tutte le linee (φ) i cui parametri sono compresi fra il valore *intermedio* φ ed il valor *massimo* φ_2. Questa porzione di superficie è *totalmente* terminata dalla linea chiusa di parametro φ, e quindi, in virtù del teorema fondamentale di Ampère sull'azione elettromagnetica delle correnti chiuse, il potenziale sul punto m_1 della corrente d'intensità $d\varphi$, che circola lungo il contorno della superficie ω', si può esprimere coll'integrale

$$d\varphi \int \frac{d\frac{1}{r}}{dn'} d\omega',$$

esteso a tutta la superficie ω'. Ora il potenziale Φ dell'intero solenoide è evidentemente la somma di tutte le espressioni analoghe a questa, e relative ai successivi incrementi di φ da φ_1 a φ_2. Eseguendo tal somma, e raccogliendo tutti quei fattori che in essa si trovano moltiplicati per ciascun elemento $d\omega$ della superficie totale, si ha dunque

$$\Phi = \int \left(\frac{d\frac{1}{r}}{dn} \sum d\varphi \right) d\omega .$$

D'altronde è chiaro che si ha

$$\sum d\varphi = \varphi - \varphi_1 ,$$

dove φ è il valore del parametro sull'elemento $d\omega$: dunque

$$\Phi = \int \varphi \frac{d\frac{1}{r}}{dn} d\omega - \varphi_1 \int \frac{d\frac{1}{r}}{dn} d\omega ,$$

ossia, per un noto teorema,

$$\Phi = \int \varphi \frac{d\frac{1}{r}}{dn} d\omega - 4\pi\varepsilon\varphi_1 ,$$

dove ε indica l'*unità* o lo *zero* secondo che il punto m_1 è *interno* od *esterno* allo spazio S.

La funzione Φ così determinata è continua in tutto lo spazio. È però più comodo assumere in sua vece l'altra funzione (che continuerò a denotare collo stesso simbolo)

$$\Phi = \int \varphi \frac{d\frac{1}{r}}{dn} d\omega , \tag{1}$$

che ha le medesime derivate della precedente, sebbene sia discontinua in tutti i punti della superficie ω. Quest'ultima circostanza non ha alcuna influenza, perchè, come ho già detto, il punto m_1 non deve mai attraversare questa superficie.

Si rammenti ora l'equazione di GREEN

$$\int\left(\varphi\frac{d\frac{1}{r}}{dn}-\frac{1}{r}\frac{d\varphi}{dn}\right)d\omega=\int\frac{\Delta^2\varphi}{r}dS+4\pi\varepsilon\varphi(x_1, y_1, z_1),$$

dove ε ha lo stesso significato di pocanzi, e dove al solito si è posto

$$\Delta^2\varphi=\frac{\partial^2\varphi}{\partial x^2}+\frac{\partial^2\varphi}{\partial y^2}+\frac{\partial^2\varphi}{\partial z^2}.$$

Se per brevità si usano le segnature

$$P=\int\frac{\Delta^2\varphi}{r}dS,\qquad \Pi=\int\frac{d\varphi}{dn}\frac{d\omega}{r},$$

si ha quindi

(2) $$\Phi=P+\Pi+4\pi\varepsilon\varphi_1,$$

dove φ_1 rappresenta il valore della funzione φ nel punto m_1.

Le due funzioni P e Π sono due potenziali newtoniani, l'uno di spazio, l'altro di superficie, che corrispondono a note distribuzioni di materia nello spazio S e sulla superficie ω, distribuzioni che rappresenterò con p e π. Le masse totali di queste due distribuzioni sono eguali in valore assoluto, ma di segno contrario, poichè si ha l'equazione

$$\int\Delta^2\varphi . dS+\int\frac{d\varphi}{dn}\cdot d\omega=0.$$

Delle due espressioni (1) e (2) del potenziale Φ la seconda è, nel maggior numero dei casi, d'uso più comodo della prima. Tralasciando quindi d'enunciare a parole il significato dell'equazione (1), formulerò nel modo seguente il risultato contenuto nell'equazione (2):

L'azione elettromagnetica del solenoide generale Σ è eguale, in ogni punto esterno ad S, alla risultante delle azioni newtoniane dovute alle due distribuzioni p e π, ed in ogni punto interno, alla risultante di queste due azioni e di una terza, il cui potenziale è uguale a $4\pi\varphi$.

Questo teorema sussiste senza modificazione alcuna anche nel caso che φ sia una *funzione polidroma* a differenziale monodromo, *purchè le sue linee di diramazione sieno esterne allo spazio S.* Ciò risulta immediatamente dalla dimostrazione, che darò in fine, dell'equazione (1), epperò tutto ciò che sto per dire si riferisce anche alle funzioni polidrome, ben inteso colla restrizione or detta quanto alle loro linee di diramazione. Inoltre siccome è possibile, nella maggior parte dei casi più ordinarî, soddisfare alla condizione $\Delta^2 \varphi = 0$, e siccome d'altronde essa si trova effettivamente soddisfatta in tutti i casi particolari, noti fin quì, del teorema generale precedentemente enunciato, così supporrò verificata tale condizione. Ciò equivale a supporre nulla la distribuzione p, e quindi $P = 0$, talchè non rimane da considerare che la distribuzione π, col relativo potenziale di superficie Π.

Il modo più semplice di soddisfare all'equazione $\Delta^2 \varphi = 0$ è di prendere per φ una funzione *lineare* delle coordinate x, y, z. In questo caso il solenoide Σ è costituito da correnti poste in piani paralleli, e dotate d'intensità costante, se è costante la distanza di questi piani. In tali ipotesi il teorema precedente riproduce quello che fu dato dal sig. RIECKE *). L'osservazione fatta da questo Autore circa la possibilità di sostituire alla distribuzione superficiale π, la cui densità è variabile, una certa distribuzione di spazio, a densità costante, non è che il corollario di un'altra proprietà generale per la quale debbo rinviare il lettore alla mia Monografia *Ricerche sulla cinematica dei fluidi* **), poichè il suo enunciato si riferisce al moto d'un fluido.

In secondo luogo si supponga che la superficie ω sia costituita da una porzione *tubulare*, a direttrice qualunque *ortogonale* alle superficie (φ) e chiusa alle sue estremità dalle porzioni che essa intercetta su due superficie. In questo caso la distribuzione π esiste soltanto sulle due porzioni terminali (poichè su tutta la parte tubulare si ha $\frac{d\varphi}{dn} = 0$), le correnti circolano soltanto intorno alla porzione tubulare, e il teorema che si ottiene sull'azione di queste correnti coincide con quello dato dal sig. LIPSCHITZ ***).

Questi due teoremi, di RIECKE e di LIPSCHITZ, hanno un caso particolare in comune, nel quale essi coincidono. Esso si verifica quando φ è una funzione *lineare* ed ω è una superficie *cilindrica* colle generatrici normali ai piani $\varphi =$ cost., chiusa da due sezioni terminali giacenti in due di questi piani medesimi. Il teorema relativo a questo solenoide cilindrico (a direttrice arbitraria) era già stato enunciato, molto tempo prima, dal sig. F. NEUMANN †) e fu recentemente discusso con molta accuratezza dal sig. EMILIO WEYR ††).

Un caso in qualche modo reciproco di questo considerato dal NEUMANN e dal WEYR è il seguente. Sia φ un potenziale *cilindrico*, φ_1, φ_2 i parametri di due superficie equipotenziali *esterne* alla massa agente, e delle quali la prima sia interna alla seconda;

---

*) Nachrichten von der K. Gesellschaft d. W., Göttingen (1870); Annalen der Physik und Chemie von Poggendorff, t. CXLV (1872).

**) Memoria XXXV di queste OPERE, vol. II.

***) Journal für die reine und angewandte Mathematik, t. LXIX (1868), pp. 125-126.

†) Journal für die reine und angewandte Mathematik, t. XXXVII (1848), pag. 47.

††) Sitzungsberichte der K. Böhmischen Gesellschaft d. W. (1871), pag. 25.

siano finalmente ρ' e ρ'' le porzioni intercette da queste superficie su due piani normali alle medesime. Applicando il teorema generale alla superficie ω costituita dalle due basi piane ρ' e ρ'' e dalle due porzioni cilindriche φ_1 e φ_2, è chiaro che la distribuzione π esiste in questo caso soltanto sulle due ultime, mentre le correnti circolano soltanto sulle due prime, e che le azioni di quella e di queste si equivalgono sui punti esterni, mentre differiscono, sui punti interni, di quella dovuta allo stesso potenziale φ. Si supponga, per esempio, che sia $\varphi = \log r$, dove r è la distanza del punto (x, y, z) da una retta data, cioè che il potenziale cilindrico sia quello di una retta indefinita, e che i raggi delle due superficie cilindriche φ_1 e φ_2 siano a_1 ed a_2. Siccome, per essere $a_1 < a_2$, si ha

$$\frac{d\varphi}{dn} = \frac{1}{a_1} \qquad \text{sulla superficie } \varphi_1,$$

$$\frac{d\varphi}{dn} = -\frac{1}{a_2} \qquad \text{sulla superficie } \varphi_2,$$

il potenziale delle correnti che percorrono le due corone ρ' e ρ'' è dato da

$$\Pi = \frac{1}{a_1}\int\frac{d\omega_1}{r_1} - \frac{1}{a_2}\int\frac{d\omega_2}{r_2} + 4\pi\varepsilon\log r,$$

dove gli indici 1, 2 servono a distinguere le quantità relative alle due porzioni cilindriche φ_1 e φ_2. I due integrali compresi in questa formola sono evidentemente i potenziali newtoniani di due strati di densità 1 deposti sulle due porzioni medesime. Le correnti percorrono, sulle corone ρ' e ρ'', circonferenze concentriche alle due estreme, con intensità inversamente proporzionali ai raggi rispettivi, supposta costante la larghezza delle singole striscie. Se si allontana indefinitamente una delle basi piane, per es. la ρ'', resta una sola corona ρ' percorsa da correnti, e la formola precedente riproduce il risultato cui pervenne per altra via il sig. EMILIO WEYR, nel t. 13 (1868) del Giornale di SCHLÖMILCH, p. 437. Il teorema generale spiega al tempo stesso la differenza che ha luogo nell'azione elettromagnetica, secondo che il punto sul quale essa si esercita si proietta nell'interno della corona, o al di fuori della medesima.

Supporrò ora che la superficie ω sia ortogonale *in ogni suo punto* alle (φ) da essa attraversate. Generalmente parlando, ciò richiede che φ sia un potenziale *polidromo*, e la forma della superficie ω è in tal caso analoga a quella d'un tubo rientrante in sè stesso. In queste ipotesi si ha tanto $P = 0$, quanto $\Pi = 0$, epperò rimane

$$\Phi = 4\pi\varepsilon\varphi,$$

donde si conclude che: *l'azione esterna del solenoide così costituito è nulla, mentre l'interna è data dal prodotto di* 4π *per quella delle correnti esterne donde emana il potenziale* φ.

Avuto riguardo alla prima di queste due proprietà, che è già per sè stessa una condizione dell'altra, si può denominare opportunamente *solenoide neutro* un sistema della specie ora considerata.

I solenoidi neutri presentano una notabile reciprocità di caratteri cogli strati elettrici in equilibrio sopra i corpi conduttori. Per mettere nella maggiore evidenza questa interessante circostanza, ricorrerò di nuovo alla formola di GREEN, scrivendola nel modo seguente:

$$\frac{1}{4\pi}\int\left(\varphi\frac{d\frac{1}{r}}{dn}-\frac{1}{r}\frac{d\varphi}{dn}\right)d\omega=\frac{1}{4\pi}\int\frac{\Delta^2\varphi}{r}dS+\varepsilon\varphi_1.$$

Ciò posto si osservi che:

1° Se φ è il potenziale magnetico d'un sistema di *masse* e se ω è una *superficie equipotenziale chiusa,* che *abbracci* nel suo interno *tutte* le masse, si ha su questa superficie $\varphi=$ cost. $=\varphi_0$, e quindi

$$\frac{1}{4\pi}\int\frac{d\varphi}{dn}\frac{d\omega}{r}=(1-\varepsilon)\varphi_1+\varepsilon\varphi_0.$$

Questa formola contiene tutta la teoria degli *strati di livello* i quali, come è noto e come risulta dalla precedente equazione, tengono le veci delle masse su tutti i punti *esterni* ($\varepsilon=0$) e son privi d'azione su tutti i punti *interni* ($\varepsilon=1$).

2° Se φ è il potenziale elettromagnetico d'un sistema di *correnti* e se ω è una *superficie chiusa ortogonale alle superficie equipotenziali,* che *non abbracci* nel suo interno *alcuna* corrente, si ha su questa superficie $\frac{d\varphi}{dn}=0$, e quindi

$$\frac{1}{4\pi}\int\varphi\frac{d\frac{1}{r}}{dn}d\omega=\varepsilon\varphi_1.$$

Questa formola contiene tutta la teoria dei *solenoidi neutri* i quali, come si è già detto e come risulta dalla precedente equazione, tengono le veci delle *correnti* su tutti i punti *interni* ($\varepsilon=1$) e son privi d'azione su tutti i punti *esterni* ($\varepsilon=0$).

Il confronto di questi due enunciati, nei quali ho sottilineato le parole e le frasi che ne costituiscono la differenza, pone in chiaro la specie di dualità che regna, in un cert'ordine di questioni, fra l'elettrostatica e l'elettrodinamica, e dimostra in particolare la reciprocità cui alludevo, poichè è noto che l'elettricità in equilibrio sopra un conduttore si distribuisce in modo da formare uno strato di livello *).

---

*) Veggasi il § XI dell'eccellente *Teorica delle forze che agiscono secondo la legge di* NEWTON, inserita dal BETTI in questo stesso Giornale.

A questa stessa analogia accennò già il sig. BOLTZMANN *), ponendosi però da un altro punto di vista; dimostrando, cioè, che il potenziale del solenoide neutro sopra sè stesso è il *minimo* fra quelli di tutti i sistemi di correnti che possono circolare sulla *data* superficie ω, subordinatamente a certe altre condizioni che qui non è necessario specificare; donde consegue che nel solenoide neutro le correnti si tengono vicendevolmente in equilibrio, appunto come avviene dell'elettricità statica distribuita sulla superficie di un conduttore. Questa proprietà di minimo è intimamente connessa col principio di DIRICHLET; poichè in virtù d'una formola dimostrata alla fine del § 17 della già citata Monografia (e che non è che l'estensione di un'altra data da HELMHOLTZ nella Memoria sui vortici), il potenziale del solenoide neutro sopra sè stesso è eguale al prodotto di 2π per l'integrale

$$\int\left[\left(\frac{\partial\varphi}{\partial x}\right)^2+\left(\frac{\partial\varphi}{\partial y}\right)^2+\left(\frac{\partial\varphi}{\partial z}\right)^2\right]dS$$

esteso a tutto lo spazio S interno al solenoide.

Una circostanza singolare è che il teorema generale superiormente dimostrato, il quale si applica con tanta facilità alle varie quistioni fin quì trattate, non si presta con altrettanta prontezza al calcolo dei solenoidi più semplici, vale a dire di quelli che AMPÈRE considerò pel primo e chiamò con questo nome **). Sebbene il potenziale di questi solenoidi, costituiti da correnti elementari, eguali ed equidistanti, disposte normalmente ad una direttrice qualunque, si deduca immediatamente da quello d'una delle loro correnti elementari, per mezzo d'un'integrazione lungo la direttrice, credo che giovi mostrare come anche la loro teoria si possa far rientrare in quella del solenoide generale Σ.

La funzione φ, anzichè esser data esplicitamente in x, y, z, sia soltanto definita da un'equazione della forma $F(x, y, z, \varphi) = 0$. In questo caso, rappresentando al solito con Δ la somma dei quadrati delle derivate prime rispetto ad x, y, z, si ha

$$\Delta\varphi = \frac{\Delta F}{F'^2}, \qquad \Delta^2\varphi = \frac{1}{F'}\left[\left(\frac{\Delta F}{F'}\right)' - \Delta^2 F\right],$$

dove l'apice indica una derivazione parziale rispetto alla φ contenuta in F, e quindi anche in ΔF. Ciò posto si prenda per F una funzione della forma seguente

$$F = (x-\xi)\frac{d\xi}{d\varphi} + (y-\eta)\frac{d\eta}{d\varphi} + (z-\zeta)\frac{d\zeta}{d\varphi},$$

dove ξ, η, ζ sono le coordinate e φ l'arco d'una linea qualunque L, talchè le superficie

*) Journal für die reine und angewandte Mathematik, t. LXXIII (1871), pp. 116-119.

**) Mémoires de l'Académie Royale des Sciences de l'Institut de France, tomo VI (1823), pag. 175.

(φ) sono in questo caso i piani normali a questa linea. In tale ipotesi si trova $\Delta F = 1$, $\Delta^2 F = 0$ e quindi

$$\Delta\varphi = \frac{1}{F'^2}, \qquad \Delta^2\varphi = -\frac{F''}{F'^3},$$

dove

$$F' = (x-\xi)\xi'' + (y-\eta)\eta'' + (z-\zeta)\zeta'' - 1,$$

$$F'' = (x-\xi)\xi''' + (y-\eta)\eta''' + (z-\zeta)\zeta'''.$$

Le x, y, z che entrano in queste espressioni sono, in virtù dell'equazione $F = 0$, le coordinate d'un punto m esistente nel piano normale alla linea L nel punto μ, di coordinate ξ, η, ζ e di parametro φ. Per fissare la posizione di m nel detto piano, immagino condotte in esso, dal punto μ, due rette ortogonali ben determinate per ogni valore di φ, cioè la normale principale e la perpendicolare al piano osculatore, e chiamo u, v le coordinate del punto m rispetto a questi due assi. In questo modo la posizione di un punto qualunque dello spazio resta determinata da una terna di valori delle quantità φ, u, v, terna che è totalmente individuata finchè il punto non esca da una certa regione circostante alla linea L. In virtù di queste convenzioni e di noti teoremi di geometria analitica, chiamando γ e δ le curvature di 1ª e 2ª specie della linea L nel punto φ, si trova

$$F' = \gamma u - 1, \qquad F'' = \gamma' u - \gamma\delta v,$$

donde emerge che per $u = 0$, $v = 0$ si ha $\Delta\varphi = 1$, $\Delta^2\varphi = 0$. Si può formulare questo risultato nel modo seguente: considerando l'arco φ come funzione delle coordinate x, y, z di un punto del piano normale alla linea L nell'estremità variabile del detto arco, le equazioni $\Delta\varphi = 1$, $\Delta^2\varphi = 0$ sono soddisfatte dalle coordinate x, y, z di tutti i punti della linea stessa.

In conseguenza di questa proprietà le espressioni $\Delta\varphi - 1$, $\Delta^2\varphi$ sono infinitamente piccole in ogni punto infinitamente vicino alla linea L, e lo sono dell'ordine della distanza di esso dalla linea. Perciò, se questa linea è la direttrice d'un solenoide ampèriano, si può, nella formola (2) applicata a questo, porre

$$\Delta\varphi = 1, \qquad \Delta^2\varphi = 0,$$

e quindi

$$P = 0,$$

poichè, essendo la derivata $\frac{d\varphi}{dn}$ *rigorosamente nulla* su tutta la superficie tubulare, non ne risulta che un errore di terz'ordine, mentre le quantità che restano sono del secondo. Queste quantità sono i valori di Π dipendenti dalle due sezioni terminali, e poichè su queste si ha $\frac{d\varphi}{dn} = \pm\sqrt{\Delta\varphi} = \pm 1$ (il segno $+$ valendo per la sezione all'origine dell'arco e il $-$ per quella al termine), è chiaro che la detta formola riproduce esattamente il risultato noto.

Non mi resta che dare la promessa dimostrazione analitica dell'equazione (1). Il che farò ora, stabilendo dapprima un lemma.

Per le condizioni di monodromia e continuità prescritte alla funzione φ, si ha, da note trasformazioni,

$$\int \frac{\partial^2 \varphi}{\partial y \partial z} dS = -\int \frac{\partial \varphi}{\partial y}\frac{dz}{dn} d\omega = -\int \frac{\partial \varphi}{\partial z}\frac{dy}{dn} d\omega,$$

donde consegue la relazione

$$\int \left(\frac{\partial \varphi}{\partial y}\frac{dz}{dn} - \frac{\partial \varphi}{\partial z}\frac{dy}{dn}\right) d\omega = 0.$$

Dimostrerò che questa sussiste anche nel caso che alla funzione φ si sostituisca la $\frac{\varphi}{r}$. Ciò è evidente quando il punto m_1 è *esterno* allo spazio S. Ma quando m_1 è *interno* ad esso, la funzione $\frac{\varphi}{r}$ diventa infinita in m_1 e non si può più applicare ad essa la precedente trasformazione. Supporrò dunque, per un istante, che la superficie ω sia una superficie sferica ω_1, col centro in m_1 e col raggio *finito* r, indi riscriverò l'equazione precedente ponendo in luogo di φ il prodotto $r\frac{\varphi}{r}$. Si ha così, svolgendo le derivate del prodotto,

$$r\int \left(\frac{\partial \frac{\varphi}{r}}{\partial y}\frac{dz}{dn} - \frac{\partial \frac{\varphi}{r}}{\partial z}\frac{dy}{dn}\right) d\omega_1 + \frac{1}{r}\int \varphi \left(\frac{\partial r}{\partial y}\frac{dz}{dn} - \frac{\partial r}{\partial z}\frac{dy}{dn}\right) d\omega = 0.$$

Ora l'elemento del secondo integrale è identicamente nullo, giacchè per le fatte ipotesi si ha

$$\frac{\partial r}{\partial x} = -\frac{dx}{dn}, \qquad \frac{\partial r}{\partial y} = -\frac{dy}{dn}, \qquad \frac{\partial r}{\partial z} = -\frac{dz}{dn},$$

quindi, per essere $r > 0$, si ottiene

$$\int \left(\frac{\partial \frac{\varphi}{r}}{\partial y}\frac{dz}{dn} - \frac{\partial \frac{\varphi}{r}}{\partial z}\frac{dy}{dn}\right) d\omega_1 = 0,$$

equazione che ha la stessa forma della superiore, ma che si riferisce ad una superficie sferica ω_1 di raggio finito, col centro nel punto m_1, ove la funzione $\frac{\varphi}{r}$ diventa infinita. Si osservi ora che se ω è una superficie chiusa qualunque, dalla quale il punto ω_1 trovisi a distanza *finita*, si può sempre descrivere intorno ad esso come centro una superficie sferica ω_1 di raggio *finito*, la quale non esca dallo spazio S contenuto in ω. Nello spazio intercetto fra le due superficie la funzione $\frac{\varphi}{r}$ soddisfa alle condizioni ammesse per φ; quindi l'integrale

$$\int\left(\frac{\partial\frac{\varphi}{r}}{\partial y}\frac{dz}{dn}-\frac{\partial\frac{\varphi}{r}}{\partial z}\frac{dy}{dn}\right)d\omega$$

ha il medesimo valore tanto per la superficie ω, quanto per la ω_1. Ma esso è nullo per quest'ultima; dunque l'equazione

$$\int\left(\frac{\partial\frac{\varphi}{r}}{\partial y}\frac{dz}{dn}-\frac{\partial\frac{\varphi}{r}}{\partial z}\frac{dy}{dn}\right)d\omega=0 \tag{3}$$

ha luogo per ogni superficie chiusa ω, purchè il punto m_1 sia a distanza finita da tutti i suoi punti. (Egualmente si proverebbe che tale equazione sussiste sostituendo ad r una funzione di r, che si annulli per $r = 0$).

Tornando ora all'argomento, indicherò con s l'arco d'una qualunque delle linee (φ), e ne determinerò la *direzione* nel modo seguente: da un punto (x, y, z) di questa linea (φ) conduco due raggi, l'uno nella direzione della normale *interna* ad ω, l'altro nella direzione della minima distanza $d\sigma$ del punto stesso dalla linea contigua $(\varphi + d\varphi)$, scelta dalla parte dove $d\varphi$ è *positivo*. Ciò fatto assumo come direzione degli archi s *crescenti*, ossia dei ds *positivi*, quella che si trova disposta, rispetto alla prima ed alla seconda delle ora definite, come l'asse delle z positive è disposto rispetto a quelli delle x e delle y positive. In quest'ipotesi, per via di facili considerazioni geometriche, si ottiene

$$\left\{\begin{aligned}
&\frac{\partial\varphi}{\partial y}\frac{dz}{dn}-\frac{\partial\varphi}{\partial z}\frac{dy}{dn}=-\frac{dx}{ds}\frac{d\varphi}{d\sigma},\\
&\frac{\partial\varphi}{\partial z}\frac{dx}{dn}-\frac{\partial\varphi}{\partial x}\frac{dz}{dn}=-\frac{dy}{ds}\frac{d\varphi}{d\sigma},\\
&\frac{\partial\varphi}{\partial x}\frac{dy}{dn}-\frac{\partial\varphi}{\partial y}\frac{dx}{dn}=-\frac{dz}{ds}\frac{d\varphi}{d\sigma}.
\end{aligned}\right. \tag{4}$$

Ora è noto che le componenti dell'azione elettromagnetica del sistema di correnti son date da

(5)
$$\begin{cases} \dfrac{\partial \Phi}{\partial x_1} = \dfrac{\partial Z}{\partial y_1} - \dfrac{\partial Y}{\partial z_1}, \\[2ex] \dfrac{\partial \Phi}{\partial y_1} = \dfrac{\partial X}{\partial z_1} - \dfrac{\partial Z}{\partial x_1}, \\[2ex] \dfrac{\partial \Phi}{\partial z_1} = \dfrac{\partial Y}{\partial x_1} - \dfrac{\partial X}{\partial y_1}, \end{cases}$$

dove

$$X = \int d\varphi \int \frac{dx}{r}, \qquad Y = \int d\varphi \int \frac{dy}{r}, \qquad Z = \int d\varphi \int \frac{dz}{r}.$$

Si ha dunque, in virtù delle equazioni (4), e ponendo $ds\, d\sigma = d\omega$,

$$X = -\int \left(\frac{\partial \varphi}{\partial y} \frac{dz}{dn} - \frac{\partial \varphi}{\partial z} \frac{dy}{dn} \right) \frac{d\omega}{r},$$

ossia, per l'equazione (3),

$$X = \frac{\partial}{\partial z_1} \int \frac{dy}{dn} \frac{\varphi\, d\omega}{r} - \frac{\partial}{\partial y_1} \int \frac{dz}{dn} \frac{\varphi\, d\omega}{r},$$

e similmente

$$Y = \frac{\partial}{\partial x_1} \int \frac{dz}{dn} \frac{\varphi\, d\omega}{r} - \frac{\partial}{\partial z_1} \int \frac{dx}{dn} \frac{\varphi\, d\omega}{r},$$

$$Z = \frac{\partial}{\partial y_1} \int \frac{dx}{dn} \frac{\varphi\, d\omega}{r} - \frac{\partial}{\partial x_1} \int \frac{dy}{dn} \frac{\varphi\, d\omega}{r}.$$

Sostituendo questi valori nei secondi membri delle (5) ed osservando che si ha

$$\Delta^2 \int \frac{dx}{dn} \frac{\varphi\, d\omega}{r} = 0, \qquad \Delta^2 \int \frac{dy}{dn} \frac{\varphi\, d\omega}{r} = 0, \qquad \Delta^2 \int \frac{dz}{dn} \frac{\varphi\, d\omega}{r} = 0,$$

$$\frac{\partial}{\partial x_1} \int \frac{dx}{dn} \frac{\varphi\, d\omega}{r} + \frac{\partial}{\partial y_1} \int \frac{dy}{dn} \frac{\varphi\, d\omega}{r} + \frac{\partial}{\partial z_1} \int \frac{dz}{dn} \frac{\varphi\, d\omega}{r} = - \int \varphi \frac{d\frac{1}{r}}{dn} d\omega,$$

si trova che le tre derivate del potenziale Φ e della funzione

$$\int \varphi \frac{d\frac{1}{r}}{dn} d\omega$$

sono eguali ciascuna a ciascuna. Queste due funzioni si possono dunque prendere l'una per l'altra, nel calcolo delle componenti, ed è appunto in questo senso che si è stabilita l'equazione (1), la quale trovasi così nuovamente dimostrata.

Ora si osservi che quando la funzione φ è polidroma, con uno o più moduli di periodicità, si può sempre, mediante opportune sezioni trasverse fatte nello spazio S (in numero eguale a quello dei moduli), ripristinare la monodromia di quella funzione in questo spazio. La presenza di tali sezioni, ciascuna delle quali entra due volte, cioè colle sue due faccie, nella nuova superficie totale, che dirò Ω, non influisce che su quegli integrali di superficie il cui elemento contiene φ in fattore. Quindi bisognerà scrivere

$$\int \frac{dx}{dn} \frac{\varphi d\Omega}{r}, \qquad \int \frac{dy}{dn} \frac{\varphi d\Omega}{r}, \qquad \int \frac{dz}{dn} \frac{\varphi d\Omega}{r}$$

al posto di

$$\int \frac{dx}{dn} \frac{\varphi d\omega}{r}, \qquad \int \frac{dy}{dn} \frac{\varphi d\omega}{r}, \qquad \int \frac{dz}{dn} \frac{\varphi d\omega}{r},$$

e per conseguenza

$$\int \varphi \frac{d\frac{1}{r}}{dn} d\Omega$$

al posto di

$$\int \varphi \frac{d\frac{1}{r}}{dn} d\omega,$$

ossia di Φ. Ma questa sostituzione non ha veruna influenza sulla proposizione che si è formulata in seguito all'equazione (2), poichè gli integrali P e Π non sono punto alterati dalla sostituzione di Ω ad ω. La proposizione anzidetta continua dunque a sussistere, purchè le linee di diramazione, lungo le quali le derivate di φ cessano d'essere monodrome, finite e continue, siano esterne allo spazio S. E questo è appunto ciò che io aveva asserito.

Del resto l'integrale

$$\int \varphi \frac{d\frac{1}{r}}{dn} d\Omega$$

equivale al primitivo

$$\int \varphi \frac{d\frac{1}{r}}{dn} d\omega$$

più la somma dei potenziali di correnti che circolano lungo i contorni delle sezioni trasverse, con intensità eguali ai rispettivi moduli di periodicità; come è diffusamente spiegato nel citato § della mia Monografia.

XXXV.

RICERCHE SULLA CINEMATICA DEI FLUIDI *).

Memorie dell'Accademia delle Scienze dell'Istituto di Bologna,
serie III, tomo I (1871), pp. 431-476; tomo II (1872), pp. 381-437; tomo III (1873), pp. 349-407; tomo V (1874), pp. 443-484.

(Raccolta di quattro Memorie lette nelle sessioni
5 Gennaio 1871, 11 Gennaio 1872, 14 Novembre 1872, 12 Febbraio 1874).

§ 1.

Siano a, b, c le coordinate ortogonali di una molecola fluida considerata nello stato iniziale; x, y, z quelle della stessa molecola alla fine del tempo t. Queste ultime coordinate sono funzioni delle prime e di t, talchè si ha

$$(1)\qquad \left\{\begin{aligned} dx &= \frac{\partial x}{\partial t}dt + \frac{\partial x}{\partial a}da + \frac{\partial x}{\partial b}db + \frac{\partial x}{\partial c}dc,\\ dy &= \frac{\partial y}{\partial t}dt + \frac{\partial y}{\partial a}da + \frac{\partial y}{\partial b}db + \frac{\partial y}{\partial c}dc,\\ dz &= \frac{\partial z}{\partial t}dt + \frac{\partial z}{\partial a}da + \frac{\partial z}{\partial b}db + \frac{\partial z}{\partial c}dc,\end{aligned}\right.$$

donde

$$(2)\qquad \left\{\begin{aligned} &dx^2 + dy^2 + dz^2 = v^2 dt^2 + A da^2 + B db^2 + C dc^2\\ &+ 2(A_1 db dc + B_1 dc da + C_1 da db + \mathbf{A} da dt + \mathbf{B} db dt + \mathbf{C} dc dt),\end{aligned}\right.$$

*) Nelle Memorie di Bologna queste *Ricerche* sono pubblicate sotto il titolo: *Sui principi fondamentali della idrodinamica,* titolo che fu poi modificato, negli estratti, in quello qui riprodotto.

(N. d. R.).

posto per brevità

$$(3)\quad\begin{cases} v^2=\sum\left(\frac{\partial x}{\partial t}\right)^2, \quad A=\sum\left(\frac{\partial x}{\partial a}\right)^2, \quad B=\sum\left(\frac{\partial x}{\partial b}\right)^2, \quad C=\sum\left(\frac{\partial x}{\partial c}\right)^2, \\ A_1=\sum\frac{\partial x}{\partial b}\frac{\partial x}{\partial c}, \quad B_1=\sum\frac{\partial x}{\partial c}\frac{\partial x}{\partial a}, \quad C_1=\sum\frac{\partial x}{\partial a}\frac{\partial x}{\partial b}, \\ \boldsymbol{A}=\sum\frac{\partial x}{\partial a}\frac{\partial x}{\partial t}, \quad \boldsymbol{B}=\sum\frac{\partial x}{\partial b}\frac{\partial x}{\partial t}, \quad \boldsymbol{C}=\sum\frac{\partial x}{\partial c}\frac{\partial x}{\partial t}. \end{cases}$$

(Il segno $\sum$, quì come in tutto il seguito, indica una somma di tre termini, uno dei quali è quello che si vede scritto, e gli altri due deduconsi da esso mutando x prima in y, poi in z). Per maggior comodo si designeranno il più delle volte con x', y', z' le derivate parziali $\frac{\partial x}{\partial t}$, $\frac{\partial y}{\partial t}$, $\frac{\partial z}{\partial t}$; e, in generale, avendosi una qualunque funzione φ di x, y, z, t, se ne designerà con φ' la derivata rispetto al tempo, presa nell'ipotesi che le x, y, z vi siano espresse per a, b, c, t, talchè

$$\varphi'=\frac{\partial\varphi}{\partial t}+\frac{\partial\varphi}{\partial x}x'+\frac{\partial\varphi}{\partial y}y'+\frac{\partial\varphi}{\partial z}z'.$$

In virtù di questa convenzione si può scrivere

$$(3')\quad\begin{cases} v^2=x'^2+y'^2+z'^2, \\ \boldsymbol{A}=\frac{\partial x}{\partial a}x'+\frac{\partial y}{\partial a}y'+\frac{\partial z}{\partial a}z', \\ \boldsymbol{B}=\frac{\partial x}{\partial b}x'+\frac{\partial y}{\partial b}y'+\frac{\partial z}{\partial b}z', \\ \boldsymbol{C}=\frac{\partial x}{\partial c}x'+\frac{\partial y}{\partial c}y'+\frac{\partial z}{\partial c}z'. \end{cases}$$

Come è noto x', y', z' sono le componenti secondo i tre assi della velocità posseduta, alla fine del tempo t, dal punto (x, y, z); v è la velocità stessa.

Le derivate x', y', z' si possono considerare o come funzioni di a, b, c, t, al pari delle coordinate, o come funzioni di x, y, z, t. Benchè EULERO, nei suoi studî sul moto dei fluidi, si sia servito *) d'ambidue questi metodi, comunemente si denomina

*) Osservazione fatta per la prima volta da RIEMANN. Cfr. H. HANKEL, *Zur allgemeinen Theorie der Bewegung der Flüssigkeiten*, Göttingen (1861), pag. 3.

da lui soltanto il secondo, e da LAGRANGE il primo. Per la teoria generale giova tener di vista l'uno e l'altro processo, per poterne alternare le applicazioni, secondo che torni più acconcio.

§ 2.

Siano $\mathfrak{a}$, $\mathfrak{b}$, $\mathfrak{c}$ incrementi infinitesimi di a, b, c; $\mathfrak{x}$, $\mathfrak{y}$, $\mathfrak{z}$ gli incrementi corrispondenti di x, y, z (nell'ipotesi di t costante), di modo che $x+\mathfrak{x}$, $y+\mathfrak{y}$, $z+\mathfrak{z}$ siano le coordinate, alla fine del tempo t del punto di coordinate iniziali $a+\mathfrak{a}$, $b+\mathfrak{b}$, $c+\mathfrak{c}$. Facendo nelle (1) $dt=0$ si ha

$$
(4) \quad \begin{cases} \mathfrak{x} = \dfrac{\partial x}{\partial a}\mathfrak{a} + \dfrac{\partial x}{\partial b}\mathfrak{b} + \dfrac{\partial x}{\partial c}\mathfrak{c}, \\[2ex] \mathfrak{y} = \dfrac{\partial y}{\partial a}\mathfrak{a} + \dfrac{\partial y}{\partial b}\mathfrak{b} + \dfrac{\partial y}{\partial c}\mathfrak{c}, \\[2ex] \mathfrak{z} = \dfrac{\partial z}{\partial a}\mathfrak{a} + \dfrac{\partial z}{\partial b}\mathfrak{b} + \dfrac{\partial z}{\partial c}\mathfrak{c}. \end{cases}
$$

Per un altro punto si ha del pari

$$
(4') \quad \begin{cases} \mathfrak{x}_1 = \dfrac{\partial x}{\partial a}\mathfrak{a}_1 + \dfrac{\partial x}{\partial b}\mathfrak{b}_1 + \dfrac{\partial x}{\partial c}\mathfrak{c}_1, \\[2ex] \mathfrak{y}_1 = \dfrac{\partial y}{\partial a}\mathfrak{a}_1 + \dfrac{\partial y}{\partial b}\mathfrak{b}_1 + \dfrac{\partial y}{\partial c}\mathfrak{c}_1, \\[2ex] \mathfrak{z}_1 = \dfrac{\partial z}{\partial a}\mathfrak{a}_1 + \dfrac{\partial z}{\partial b}\mathfrak{b}_1 + \dfrac{\partial z}{\partial c}\mathfrak{c}_1. \end{cases}
$$

Da queste equazioni si deduce

$$
(5) \quad \mathfrak{x}^2 + \mathfrak{y}^2 + \mathfrak{z}^2 = A\mathfrak{a}^2 + B\mathfrak{b}^2 + C\mathfrak{c}^2 + 2A_1\mathfrak{b}\mathfrak{c} + 2B_1\mathfrak{c}\mathfrak{a} + 2C_1\mathfrak{a}\mathfrak{b};
$$

$$
(5') \quad \begin{cases} \mathfrak{x}\mathfrak{x}_1 + \mathfrak{y}\mathfrak{y}_1 + \mathfrak{z}\mathfrak{z}_1 = A\mathfrak{a}\mathfrak{a}_1 + B\mathfrak{b}\mathfrak{b}_1 + C\mathfrak{c}\mathfrak{c}_1 \\ + A_1(\mathfrak{b}\mathfrak{c}_1 + \mathfrak{b}_1\mathfrak{c}) + B_1(\mathfrak{c}\mathfrak{a}_1 + \mathfrak{c}_1\mathfrak{a}) + C_1(\mathfrak{a}\mathfrak{b}_1 + \mathfrak{a}_1\mathfrak{b}). \end{cases}
$$

La prima formola insegna che quei punti i quali, nello stato iniziale, si trovavano sulla superficie dell'ellissoide reale infinitamente piccolo

$$
(6) \quad A\mathfrak{a}^2 + \cdots + 2C_1\mathfrak{a}\mathfrak{b} = \mathfrak{r}^2
$$

(r costante reale infinitesima), si trovano, alla fine del tempo t, sulla superficie sferica

$$x^2 + y^2 + z^2 = r^2 \tag{7}$$

avente il centro nel punto che corrisponde al centro dell'ellissoide iniziale (6). È chiaro che, supposte finite e continue le quantità $A, \ldots C_1$, tutti i punti che nello stato iniziale si trovavano nell'interno dell'ellissoide (6), si trovano, alla fine del tempo t, nell'interno della sfera (7). Supponendo poi eguali a zero i due membri eguali della (5'), si riconosce che: *a due diametri coniugati dell'ellissoide* (6) *corrispondono sempre due diametri ortogonali della sfera* (7). È facile dimostrare, più in generale, che una particella fluida ellissoidica si mantiene sempre tale durante il moto, e che due diametri coniugati della medesima non cessano mai d'esser tali, finchè siano formati dalle medesime molecole fluide.

In virtù di quanto precede, i tre assi dell'ellissoide (6) si trasformano, alla fine del tempo t, in tre diametri ortogonali della sfera (7). Si ha così il seguente teorema, che è fondamentale nella cinematica dei fluidi: *considerando due stati qualunque d'una medesima particella fluida in moto, esiste sempre una* (ed in generale *una sola*) *terna di direzioni ortogonali nel primo stato della particella che si trasforma in una terna di direzioni pure ortogonali nel secondo stato della particella medesima* *).

Nel caso che il primo stato della particella sia lo stato iniziale, come si è supposto nella dimostrazione, le direzioni che, alle fine del tempo t, si trovano essere ortogonali tra loro, come lo erano al principio, sono quelle che coincidevano inizialmente coi tre assi dell'ellissoide (6) o, più semplicemente, del cono (immaginario)

$$A a^2 + B b^2 + C c^2 + 2 A_1 bc + 2 B_1 ca + 2 C_1 ab = 0, \tag{8}$$

il quale ha in comune coll'ellissoide (6) tanto il centro quanto le direzioni degli assi.

Il teorema precedente, sussistendo per due stati di una medesima particella fluida separati fra loro da un intervallo di tempo qualunque, sussiste in particolare nel caso che quest'intervallo sia infinitesimo. Si ha dunque questo corollario importante: *in qualunque particella d'un fluido in moto esistono sempre tre rette ortogonali che hanno la proprietà di conservare la loro ortogonalità anche nello stato della particella medesima immediatamente consecutivo a quello che si considera.*

Queste tre rette si diranno *rette principali*, e si supporranno spiccate da quel punto che si riguarda come centro (e più innanzi si riguarderà come tale il baricentro) della

---

*) Fatta astrazione dall'enunciato che qui riceve questo teorema, è chiaro ch'esso corrisponde, nello spazio di tre dimensioni, a quello che in rispetto alle superficie fu enunciato da Tissot [Comptes rendus de l'Académie des Sciences, tomo XLIX (1859), pag. 673] e dimostrato da Dini (Memorie della Società Italiana dei XL, serie 3ª, t. I, 1868).

particella che serve a determinarle, e la cui forma è del resto senza influenza sulla loro direzione. Esse variano, in generale, non solo da un punto all'altro dello spazio, ma altresì da un istante all'altro in un medesimo punto dello spazio. Questa seconda variazione non ha luogo quando il moto è permanente.

Per determinare le rette principali si osservi che, in virtù di un teorema precedente, a due direzioni ortogonali nell'istante t corrispondono, nello stato iniziale, due direzioni coniugate rispetto al cono (8). Dunque se due direzioni restano ortogonali nel passaggio da t a $t + \mathfrak{t}$ ($\mathfrak{t}$ infinitesimo), bisogna che le due direzioni iniziali corrispondenti siano coniugate fra loro tanto rispetto al cono (8), che si riferisce all'istante t, quanto rispetto al cono analogo

$$(A + A'\mathfrak{t})\mathfrak{a}^2 + \cdots + 2(C_1 + C_1'\mathfrak{t})\mathfrak{a}\mathfrak{b} = 0,$$

che si riferisce all'istante $t + \mathfrak{t}$; ovvero, ciò che vale lo stesso, tanto rispetto al cono (8) quanto rispetto al cono

$$(8') \qquad A'\mathfrak{a}^2 + B'\mathfrak{b}^2 + C'\mathfrak{c}^2 + 2A_1'\mathfrak{b}\mathfrak{c} + 2B_1'\mathfrak{c}\mathfrak{a} + 2C_1'\mathfrak{a}\mathfrak{b} = 0.$$

D'altronde, dati due coni collo stesso vertice, esistono sempre tre (e in generale soltanto tre) rette determinate, reali od immaginarie, che passano pel vertice comune e che sono conjugate a due a due rispetto ad ambidue i coni. Si può dunque enunciare il teorema seguente: *le rette principali relative all'istante t ed al punto di coordinate iniziali a, b, c, sono quelle in cui si trasformano, nel detto istante, i tre diametri conjugati comuni ai due coni concentrici*

$$A\mathfrak{a}^2 + \cdots + 2C_1\mathfrak{a}\mathfrak{b} = 0,$$

$$A'\mathfrak{a}^2 + \cdots + 2C_1'\mathfrak{a}\mathfrak{b} = 0.$$

Il primo di questi due coni è sempre immaginario. Il secondo può essere tanto reale quanto immaginario. Ma essendosi già stabilita *a priori* la realità delle direzioni principali, epperò quella delle direzioni ad esse corrispondenti nello stato iniziale, resta pure stabilito *a priori* che i tre diametri conjugati comuni ai due coni in discorso sono sempre reali.

§ 3.

Se si pone $\mathfrak{r} = \sqrt{\mathfrak{x}^2 + \mathfrak{y}^2 + \mathfrak{z}^2}$, è chiaro che il rapporto $\theta = \mathfrak{r}' : \mathfrak{r}$ esprime la *dilatazione lineare,* riferita all'unità di tempo e di lunghezza, dell'elemento lineare fluido terminato ai punti (x, y, z), $(x + \mathfrak{x}, y + \mathfrak{y}, z + \mathfrak{z})$. Infatti la quantità $\frac{\partial \mathfrak{r}}{\partial t}\mathfrak{t}$ esprime l'incremento effettivo che riceve la distanza di questi due punti nel tempuscolo $\mathfrak{t}$.

Ora dalla (5) si deduce

$$(9)\qquad (A\mathfrak{a}^2 + \cdots + 2\,C_1\,\mathfrak{a}\mathfrak{b})\theta - \tfrac{1}{2}(A'\mathfrak{a}^2 + \cdots + 2\,C_1'\,\mathfrak{a}\mathfrak{b}) = 0\,;$$

dunque il cono rappresentato da quest'equazione è il luogo iniziale degli elementi lineari fluidi uscenti dal punto (x, y, z) e dotati di una dilatazione costante uguale a θ.

In particolare il cono (8') è il luogo iniziale degli elementi lineari di dilatazione nulla, ed è reale od immaginario secondo che, nella particella considerata, esistono o non esistono tali elementi *). All'incontro il cono (8) è il luogo iniziale degli elementi lineari di dilatazione infinita, ma, come si è già notato, questo luogo è sempre immaginario.

§ 4.

Considerando le x', y', z', prima come funzioni di x, y, z, poi come funzioni di a, b, c, si hanno le seguenti identità:

$$\frac{\partial x'}{\partial x}\mathfrak{x} + \frac{\partial x'}{\partial y}\mathfrak{y} + \frac{\partial x'}{\partial z}\mathfrak{z} = \left(\frac{\partial x}{\partial a}\right)'\mathfrak{a} + \left(\frac{\partial x}{\partial b}\right)'\mathfrak{b} + \left(\frac{\partial x}{\partial c}\right)'\mathfrak{c}\,,$$

$$\frac{\partial y'}{\partial x}\mathfrak{x} + \frac{\partial y'}{\partial y}\mathfrak{y} + \frac{\partial y'}{\partial z}\mathfrak{z} = \left(\frac{\partial y}{\partial a}\right)'\mathfrak{a} + \left(\frac{\partial y}{\partial b}\right)'\mathfrak{b} + \left(\frac{\partial y}{\partial c}\right)'\mathfrak{c}\,,$$

$$\frac{\partial z'}{\partial x}\mathfrak{x} + \frac{\partial z'}{\partial y}\mathfrak{y} + \frac{\partial z'}{\partial z}\mathfrak{z} = \left(\frac{\partial z}{\partial a}\right)'\mathfrak{a} + \left(\frac{\partial z}{\partial b}\right)'\mathfrak{b} + \left(\frac{\partial z}{\partial c}\right)'\mathfrak{c}\,.$$

Moltiplicando queste equazioni, membro a membro, per le omologhe equazioni (4) e facendo la somma, si ottiene nel primo membro l'espressione

$$(10)\quad \left\{\begin{aligned} 2\,E &= \frac{\partial x'}{\partial x}\mathfrak{x}^2 + \frac{\partial y'}{\partial y}\mathfrak{y}^2 + \frac{\partial z'}{\partial z}\mathfrak{z}^2 \\ &+ \left(\frac{\partial z'}{\partial y} + \frac{\partial y'}{\partial z}\right)\mathfrak{y}\mathfrak{z} + \left(\frac{\partial x'}{\partial z} + \frac{\partial z'}{\partial x}\right)\mathfrak{z}\mathfrak{x} + \left(\frac{\partial y'}{\partial x} + \frac{\partial x'}{\partial y}\right)\mathfrak{x}\mathfrak{y}\,; \end{aligned}\right.$$

*) Quando questo cono è reale, esso divide la particella in due porzioni distinte, nell'una delle quali ha luogo dilatazione, nell'altra contrazione. Quand'esso è immaginario, la particella è in istato di sola dilatazione o di sola contrazione. Nei fluidi incompressibili non può verificarsi che il primo caso.

mentre nel secondo membro si ottiene l'espressione

$$\boldsymbol{a}^2\sum\frac{\partial x}{\partial a}\left(\frac{\partial x}{\partial a}\right)'+\boldsymbol{b}^2\sum\frac{\partial x}{\partial b}\left(\frac{\partial x}{\partial b}\right)'+\boldsymbol{c}^2\sum\frac{\partial x}{\partial c}\left(\frac{\partial x}{\partial c}\right)'$$

$$+\boldsymbol{bc}\sum\left(\frac{\partial x}{\partial b}\,\frac{\partial x}{\partial c}\right)'+\boldsymbol{ca}\sum\left(\frac{\partial x}{\partial c}\,\frac{\partial x}{\partial a}\right)'+\boldsymbol{ab}\sum\left(\frac{\partial x}{\partial a}\,\frac{\partial x}{\partial b}\right)',$$

la quale non è altro che

$$\tfrac{1}{2}(A'\boldsymbol{a}^2+\cdots+2\,C_1'\boldsymbol{ab}).$$

Si ha dunque

$$(10')\qquad 4\boldsymbol{E}=A'\boldsymbol{a}^2+B'\boldsymbol{b}^2+C'\boldsymbol{c}^2+2A_1'\boldsymbol{bc}+2B_1'\boldsymbol{ca}+2\,C_1'\boldsymbol{ab};$$

epperò: *il cono di secondo ordine, luogo* ATTUALE *degli elementi lineari di dilatazione nulla* (intorno al punto di coordinate x, y, z) *è rappresentato dall'equazione* $\boldsymbol{E}=0$.

Siccome poi dal confronto delle equazioni (5), (9), (10'), si deduce

$$(9')\qquad (\boldsymbol{x}^2+\boldsymbol{y}^2+\boldsymbol{z}^2)\theta-2\boldsymbol{E}=0$$

quale equazione del cono, luogo attuale degli elementi lineari di dilatazione costante uguale a θ, così si vede che questo luogo è un cono *omociclico* a quello formato dagli elementi lineari di dilatazione nulla.

Le rette principali del punto (x, y, z) *coincidono con gli assi del cono* $\boldsymbol{E}=0$. Infatti considerando come stato iniziale quello che corrisponde all'istante t, i due coni aventi le rette principali per diametri conjugati comuni sono, (5), (10'),

$$\boldsymbol{E}=0,\qquad \boldsymbol{x}^2+\boldsymbol{y}^2+\boldsymbol{z}^2=0.$$

§ 5.

In virtù della formola (9) e del teorema stabilito alla fine del § 2, la nota teoria delle superficie di second'ordine conduce senz'altro a concludere che i tre valori della dilatazione θ relativi alle direzioni principali, ossia che le tre *dilatazioni lineari principali* sono date dalle radici dell'equazione cubica

$$\begin{vmatrix} A\theta-\frac{1}{2}A' & C_1\theta-\frac{1}{2}C_1' & B_1\theta-\frac{1}{2}B_1' \\ C_1\theta-\frac{1}{2}C_1' & B\theta-\frac{1}{2}B' & A_1\theta-\frac{1}{2}A_1' \\ B_1\theta-\frac{1}{2}B_1' & A_1\theta-\frac{1}{2}A_1' & C\theta-\frac{1}{2}C' \end{vmatrix}=0.$$

Determinato un valore di θ, le equazioni lineari

$$\left(A\theta - \tfrac{1}{2}A'\right)\boldsymbol{a} + \left(C_1\theta - \tfrac{1}{2}C_1'\right)\boldsymbol{b} + \left(B_1\theta - \tfrac{1}{2}B_1'\right)\boldsymbol{c} = 0\,,$$

$$\left(C_1\theta - \tfrac{1}{2}C_1'\right)\boldsymbol{a} + \left(B\theta - \tfrac{1}{2}B'\right)\boldsymbol{b} + \left(A_1\theta - \tfrac{1}{2}A_1'\right)\boldsymbol{c} = 0\,,$$

$$\left(B_1\theta - \tfrac{1}{2}B_1'\right)\boldsymbol{a} + \left(A_1\theta - \tfrac{1}{2}A_1'\right)\boldsymbol{b} + \left(C\theta - \tfrac{1}{2}C'\right)\boldsymbol{c} = 0$$

(una delle quali è conseguenza delle altre due) fanno conoscere i valori dei rapporti $\boldsymbol{a}:\boldsymbol{b}:\boldsymbol{c}$, che definiscono la direzione iniziale dell'elemento cui compete la dilatazione principale θ *).

Procedendo invece colle formole del § 4, in base all'ultimo teorema del § medesimo, la determinazione delle tre dilatazioni principali dipende dall'equazione cubica

$$\begin{vmatrix} \dfrac{\partial x'}{\partial x} - \theta & \dfrac{1}{2}\left(\dfrac{\partial y'}{\partial x} + \dfrac{\partial x'}{\partial y}\right) & \dfrac{1}{2}\left(\dfrac{\partial x'}{\partial z} + \dfrac{\partial z'}{\partial x}\right) \\ \dfrac{1}{2}\left(\dfrac{\partial y'}{\partial x} + \dfrac{\partial x'}{\partial y}\right) & \dfrac{\partial y'}{\partial y} - \theta & \dfrac{1}{2}\left(\dfrac{\partial z'}{\partial y} + \dfrac{\partial y'}{\partial z}\right) \\ \dfrac{1}{2}\left(\dfrac{\partial x'}{\partial z} + \dfrac{\partial z'}{\partial x}\right) & \dfrac{1}{2}\left(\dfrac{\partial z'}{\partial y} + \dfrac{\partial y'}{\partial z}\right) & \dfrac{\partial z'}{\partial z} - \theta \end{vmatrix} = 0,$$

per ogni radice della quale le equazioni lineari

$$\left(\frac{\partial x'}{\partial x} - \theta\right)\boldsymbol{x} + \frac{1}{2}\left(\frac{\partial y'}{\partial x} + \frac{\partial x'}{\partial y}\right)\boldsymbol{y} + \frac{1}{2}\left(\frac{\partial x'}{\partial z} + \frac{\partial z'}{\partial x}\right)\boldsymbol{z} = 0,$$

$$\frac{1}{2}\left(\frac{\partial y'}{\partial x} + \frac{\partial x'}{\partial y}\right)\boldsymbol{x} + \frac{1}{2}\left(\frac{\partial y'}{\partial y} - \theta\right)\boldsymbol{y} + \frac{1}{2}\left(\frac{\partial z'}{\partial y} + \frac{\partial y'}{\partial z}\right)\boldsymbol{z} = 0,$$

$$\frac{1}{2}\left(\frac{\partial x'}{\partial z} + \frac{\partial z'}{\partial x}\right)\boldsymbol{x} + \frac{1}{2}\left(\frac{\partial z'}{\partial y} + \frac{\partial y'}{\partial z}\right)\boldsymbol{y} + \frac{1}{2}\left(\frac{\partial z'}{\partial z} - \theta\right)\boldsymbol{z} = 0$$

fanno conoscere i valori dei rapporti $\boldsymbol{x}:\boldsymbol{y}:\boldsymbol{z}$ che definiscono la direzione dell'elemento cui compete la dilatazione principale θ.

Supponendo che gli assi Ox, Oy, Oz siano paralleli alle direzioni delle dilatazioni principali θ_x, θ_y, θ_z relative al punto (x, y, z) si ricava immediatamente dalla (9') la relazione

$$\theta = \theta_x \cos^2\lambda + \theta_y \cos^2\mu + \theta_z \cos^2\nu\,,$$

*) Cfr. BRIOSCHI nel Journal für die reine und angewandte Mathematik, t. LIX (1861), pag. 65-66.

dove λ, μ, ν sono gli angoli che l'elemento di dilatazione θ fa cogli elementi principali. Di quì si conclude che, se $\theta_x > \theta_y > \theta_z$, le dilatazioni θ_x e θ_z hanno rispettivamente il massimo ed il minimo valore fra tutti quelli che può prendere θ, per elementi lineari uscenti dal punto (x, y, z) nell'istante t.

Se, senza fare alcuna ipotesi sulla direzione degli assi coordinati, si pone nella (9')

$$(\mathfrak{x}^2 + \mathfrak{y}^2 + \mathfrak{z}^2)\theta = 2k$$

(k costante), la stessa (9') insegna che la superficie di secondo ordine

$$\mathfrak{E} = k$$

avente il centro nel punto (x, y, z), ha i proprî raggi vettori inversamente proporzionali alle radici quadrate delle dilatazioni che avvengono secondo i raggi medesimi.

Quando le x', y', z' sono le derivate parziali rispetto ad x, y, z di una stessa funzione φ, cioè quando esiste un *potenziale di moto* *), il cono di dilatazione nulla ha per equazione

$$2\mathfrak{E} = \left(\mathfrak{x}\frac{\partial}{\partial x} + \mathfrak{y}\frac{\partial}{\partial y} + \mathfrak{z}\frac{\partial}{\partial z}\right)^2 \varphi\,;$$

le tre dilatazioni principali sono le radici dell'equazione cubica

$$\begin{vmatrix} \dfrac{\partial^2\varphi}{\partial x^2} - \theta & \dfrac{\partial^2\varphi}{\partial x\partial y} & \dfrac{\partial^2\varphi}{\partial x\partial z} \\ \dfrac{\partial^2\varphi}{\partial y\partial x} & \dfrac{\partial^2\varphi}{\partial y^2} - \theta & \dfrac{\partial^2\varphi}{\partial y\partial z} \\ \dfrac{\partial^2\varphi}{\partial z\partial x} & \dfrac{\partial^2\varphi}{\partial z\partial y} & \dfrac{\partial^2\varphi}{\partial z^2} - \theta \end{vmatrix} = 0,$$

e le direzioni principali corrispondenti sono date da due qualunque delle tre equazioni

$$\left(\frac{\partial^2\varphi}{\partial x^2} - \theta\right)\mathfrak{x} + \frac{\partial^2\varphi}{\partial x\partial y}\mathfrak{y} + \frac{\partial^2\varphi}{\partial x\partial z}\mathfrak{z} = 0\,,$$

$$\frac{\partial^2\varphi}{\partial y\partial x}\mathfrak{x} + \left(\frac{\partial^2\varphi}{\partial y^2} - \theta\right)\mathfrak{y} + \frac{\partial^2\varphi}{\partial y\partial z}\mathfrak{z} = 0\,,$$

$$\frac{\partial^2\varphi}{\partial z\partial x}\mathfrak{x} + \frac{\partial^2\varphi}{\partial z\partial y}\mathfrak{y} + \left(\frac{\partial^2\varphi}{\partial z^2} - \theta\right)\mathfrak{z} = 0\,.$$

*) *Geschwindigkeitspotential* secondo HELMHOLTZ, nel Journal für die reine und angewandte Mathematik, t. LV (1858), pag. 25.

§ 6.

Poichè la terna delle rette principali relative al punto (x, y, z) ed all'istante t, si sposta, nel tempuscolo $\boldsymbol{t}$, come se fosse rigida, il moto di questa terna intorno al suo vertice si riduce, come è noto, ad una rotazione istantanea intorno ad un asse passante per il vertice stesso. Siano p, q, r le componenti di questa rotazione intorno ai tre assi coordinati, w la rotazione risultante, talchè

$$w = \sqrt{p^2 + q^2 + r^2}\,.$$

Si tratta di determinare i valori di p, q, r.

Siano $(\boldsymbol{x}_1, \boldsymbol{y}_1, \boldsymbol{z}_1)$, $(\boldsymbol{x}_2, \boldsymbol{y}_2, \boldsymbol{z}_2)$, $(\boldsymbol{x}_3, \boldsymbol{y}_3, \boldsymbol{z}_3)$ le projezioni sui tre assi degli elementi lineari fluidi situati lungo le tre rette principali 1, 2, 3 relative al punto (x, y, z) ed all'istante t, ed $(\boldsymbol{a}_1, \boldsymbol{b}_1, \boldsymbol{c}_1)$, $(\boldsymbol{a}_2, \boldsymbol{b}_2, \boldsymbol{c}_2)$, $(\boldsymbol{a}_3, \boldsymbol{b}_3, \boldsymbol{c}_3)$ le proiezioni degli elementi lineari che a quelli corrispondono nello stato iniziale; pongasi inoltre per brevità

$$\boldsymbol{r}_1 = \sqrt{\boldsymbol{x}_1^2 + \boldsymbol{y}_1^2 + \boldsymbol{z}_1^2}\,,$$

$$\boldsymbol{r}_2 = \sqrt{\boldsymbol{x}_2^2 + \boldsymbol{y}_2^2 + \boldsymbol{z}_2^2}\,,$$

$$\boldsymbol{r}_3 = \sqrt{\boldsymbol{x}_3^2 + \boldsymbol{y}_3^2 + \boldsymbol{z}_3^2}\,.$$

In tal modo i coseni degli angoli che le direzioni principali 1, 2, 3 formano con quelle degli assi positivi Ox, Oy, Oz sono dati dalla tabella seguente:

	1	2	3
x	$\frac{\boldsymbol{x}_1}{\boldsymbol{r}_1}$	$\frac{\boldsymbol{x}_2}{\boldsymbol{r}_2}$	$\frac{\boldsymbol{x}_3}{\boldsymbol{r}_3}$
y	$\frac{\boldsymbol{y}_1}{\boldsymbol{r}_1}$	$\frac{\boldsymbol{y}_2}{\boldsymbol{r}_2}$	$\frac{\boldsymbol{y}_3}{\boldsymbol{r}_3}$
z	$\frac{\boldsymbol{z}_1}{\boldsymbol{r}_1}$	$\frac{\boldsymbol{z}_2}{\boldsymbol{r}_2}$	$\frac{\boldsymbol{z}_3}{\boldsymbol{r}_3}$

epperò, denotando con w_1, w_2, w_3 le componenti della rotazione w, secondo le tre direzioni principali, si ha da noti teoremi

$$w_1 r_2 r_3 = x_2' x_3 + y_2' y_3 + z_2' z_3,$$

$$w_2 r_3 r_1 = x_3' x_1 + y_3' y_1 + z_3' z_1,$$

$$w_3 r_1 r_2 = x_1' x_2 + y_1' y_2 + z_1' z_2.$$

Ma trasformando il secondo membro della prima di queste equazioni mediante le equazioni della forma (4), si ha

$$w_1 r_2 r_3 = \frac{1}{2}(A' a_2 a_3 + B' b_2 b_3 + C' c_2 c_3)$$

$$+ b_2 c_3 \sum \frac{\partial x}{\partial c} \frac{\partial^2 x}{\partial b \partial t} + b_3 c_2 \sum \frac{\partial x}{\partial b} \frac{\partial^2 x}{\partial c \partial t} + \cdots.$$

D'altronde essendo (§ 2) i due elementi $(a_2 b_2 c_2)$, $(a_3 b_3 c_3)$ diametri coniugati del cono (8'), si ha

$$\frac{1}{2}(A' a_2 a_3 + B' b_2 b_3 + C' c_2 c_3)$$

$$= - \frac{1}{2} A_1' (b_2 c_3 + b_3 c_2) - \frac{1}{2} B_1' (c_2 a_3 + c_3 a_2) - \frac{1}{2} C_1' (a_2 b_3 + a_3 b_2),$$

epperò

$$2 w_1 r_2 r_3 = (b_2 c_3 - b_3 c_2) \sum \left(\frac{\partial x}{\partial c} \frac{\partial^2 x}{\partial b \partial t} - \frac{\partial x}{\partial b} \frac{\partial^2 x}{\partial c \partial t} \right)$$

$$+ (c_2 a_3 - c_3 a_2) \sum \left(\frac{\partial x}{\partial a} \frac{\partial^2 x}{\partial c \partial t} - \frac{\partial x}{\partial c} \frac{\partial^2 x}{\partial a \partial t} \right)$$

$$+ (a_2 b_3 - a_3 b_2) \sum \left(\frac{\partial x}{\partial b} \frac{\partial^2 x}{\partial a \partial t} - \frac{\partial x}{\partial a} \frac{\partial^2 x}{\partial b \partial t} \right),$$

ossia

$$2 w_1 r_2 r_3 = (b_2 c_3 - b_3 c_2) \left(\frac{\partial C}{\partial b} - \frac{\partial B}{\partial c} \right)$$

$$+ (c_2 a_3 - c_3 a_2) \left(\frac{\partial A}{\partial c} - \frac{\partial C}{\partial a} \right) + (a_2 b_3 - a_3 b_2) \left(\frac{\partial B}{\partial a} - \frac{\partial A}{\partial b} \right).$$

Analoghi risultati si ottengono operando allo stesso modo sulle altre due equazioni. Ponendo quindi, per brevità,

$$(11) \quad p_0 = \frac{1}{2} \left(\frac{\partial C}{\partial b} - \frac{\partial B}{\partial c} \right), \quad q_0 = \frac{1}{2} \left(\frac{\partial A}{\partial c} - \frac{\partial C}{\partial a} \right), \quad r_0 = \frac{1}{2} \left(\frac{\partial B}{\partial a} - \frac{\partial A}{\partial b} \right),$$

si hanno le formole

$$(12)\quad\begin{cases} w_1 \boldsymbol{r}_2 \boldsymbol{r}_3 = p_0(\boldsymbol{b}_2\boldsymbol{c}_3 - \boldsymbol{b}_3\boldsymbol{c}_2) + q_0(\boldsymbol{c}_2\boldsymbol{a}_3 - \boldsymbol{c}_3\boldsymbol{a}_2) + r_0(\boldsymbol{a}_2\boldsymbol{b}_3 - \boldsymbol{a}_3\boldsymbol{b}_2), \\ w_2 \boldsymbol{r}_3 \boldsymbol{r}_1 = p_0(\boldsymbol{b}_3\boldsymbol{c}_1 - \boldsymbol{b}_1\boldsymbol{c}_3) + q_0(\boldsymbol{c}_3\boldsymbol{a}_1 - \boldsymbol{c}_1\boldsymbol{a}_3) + r_0(\boldsymbol{a}_3\boldsymbol{b}_1 - \boldsymbol{a}_1\boldsymbol{b}_3), \\ w_3 \boldsymbol{r}_1 \boldsymbol{r}_2 = p_0(\boldsymbol{b}_1\boldsymbol{c}_2 - \boldsymbol{b}_2\boldsymbol{c}_1) + q_0(\boldsymbol{c}_1\boldsymbol{a}_2 - \boldsymbol{c}_2\boldsymbol{a}_1) + r_0(\boldsymbol{a}_1\boldsymbol{b}_2 - \boldsymbol{a}_2\boldsymbol{b}_1). \end{cases}$$

Ora le equazioni

$$\boldsymbol{x}_1 = \frac{\partial x}{\partial a}\boldsymbol{a}_1 + \frac{\partial x}{\partial b}\boldsymbol{b}_1 + \frac{\partial x}{\partial c}\boldsymbol{c}_1,$$

$$\boldsymbol{x}_2 = \frac{\partial x}{\partial a}\boldsymbol{a}_2 + \frac{\partial x}{\partial b}\boldsymbol{b}_2 + \frac{\partial x}{\partial c}\boldsymbol{c}_2,$$

$$\boldsymbol{x}_3 = \frac{\partial x}{\partial a}\boldsymbol{a}_3 + \frac{\partial x}{\partial b}\boldsymbol{b}_3 + \frac{\partial x}{\partial c}\boldsymbol{c}_3,$$

dànno

$$(13)\quad\begin{cases} (\boldsymbol{b}_2\boldsymbol{c}_3 - \boldsymbol{b}_3\boldsymbol{c}_2)\boldsymbol{x}_1 + (\boldsymbol{b}_3\boldsymbol{c}_1 - \boldsymbol{b}_1\boldsymbol{c}_3)\boldsymbol{x}_2 + (\boldsymbol{b}_1\boldsymbol{c}_2 - \boldsymbol{b}_2\boldsymbol{c}_1)\boldsymbol{x}_3 = \boldsymbol{H}\dfrac{\partial x}{\partial a}, \\ (\boldsymbol{c}_2\boldsymbol{a}_3 - \boldsymbol{c}_3\boldsymbol{a}_2)\boldsymbol{x}_1 + (\boldsymbol{c}_3\boldsymbol{a}_1 - \boldsymbol{c}_1\boldsymbol{a}_3)\boldsymbol{x}_2 + (\boldsymbol{c}_1\boldsymbol{a}_2 - \boldsymbol{c}_2\boldsymbol{a}_1)\boldsymbol{x}_3 = \boldsymbol{H}\dfrac{\partial x}{\partial b}, \\ (\boldsymbol{a}_2\boldsymbol{b}_3 - \boldsymbol{a}_3\boldsymbol{b}_2)\boldsymbol{x}_1 + (\boldsymbol{a}_3\boldsymbol{b}_1 - \boldsymbol{a}_1\boldsymbol{b}_3)\boldsymbol{x}_2 + (\boldsymbol{a}_1\boldsymbol{b}_2 - \boldsymbol{a}_2\boldsymbol{b}_1)\boldsymbol{x}_3 = \boldsymbol{H}\dfrac{\partial x}{\partial c}, \end{cases}$$

dove

$$(14)\quad \boldsymbol{H} = \begin{vmatrix} \boldsymbol{a}_1 & \boldsymbol{b}_1 & \boldsymbol{c}_1 \\ \boldsymbol{a}_2 & \boldsymbol{b}_2 & \boldsymbol{c}_2 \\ \boldsymbol{a}_3 & \boldsymbol{b}_3 & \boldsymbol{c}_3 \end{vmatrix} = \frac{\boldsymbol{r}_1\boldsymbol{r}_2\boldsymbol{r}_3}{D}, \qquad D = \begin{vmatrix} \dfrac{\partial x}{\partial a} & \dfrac{\partial x}{\partial b} & \dfrac{\partial x}{\partial c} \\ \dfrac{\partial y}{\partial a} & \dfrac{\partial y}{\partial b} & \dfrac{\partial y}{\partial c} \\ \dfrac{\partial z}{\partial a} & \dfrac{\partial z}{\partial b} & \dfrac{\partial z}{\partial c} \end{vmatrix}.$$

Insieme colla terna (13) sussistono altre due terne del tutto simili, che si ottengono scrivendo nella prima y, $\boldsymbol{y}$; z, $\boldsymbol{z}$ in luogo di x, $\boldsymbol{x}$.

Ciò posto si osservi che le p, q, r dipendono dalle w_1, w_2, w_3 mediante le formole

$$p = w_1\frac{\boldsymbol{x}_1}{\boldsymbol{r}_1} + w_2\frac{\boldsymbol{x}_2}{\boldsymbol{r}_2} + w_3\frac{\boldsymbol{x}_3}{\boldsymbol{r}_3},$$

$$q = w_1\frac{\boldsymbol{y}_1}{\boldsymbol{r}_1} + w_2\frac{\boldsymbol{y}_2}{\boldsymbol{r}_2} + w_3\frac{\boldsymbol{y}_3}{\boldsymbol{r}_3},$$

$$r = w_1\frac{\boldsymbol{z}_1}{\boldsymbol{r}_1} + w_2\frac{\boldsymbol{z}_2}{\boldsymbol{r}_2} + w_3\frac{\boldsymbol{z}_3}{\boldsymbol{r}_3}.$$

Quindi moltiplicando le (12) ordinatamente per $\mathfrak{x}_1$, $\mathfrak{x}_2$, $\mathfrak{x}_3$, ed avendo riguardo alle (13), si ottiene

$$w_1 \boldsymbol{r}_2 \boldsymbol{r}_3 \mathfrak{x}_1 + w_2 \boldsymbol{r}_3 \boldsymbol{r}_1 \mathfrak{x}_2 + w_3 \boldsymbol{r}_1 \boldsymbol{r}_2 \mathfrak{x}_3$$

$$= \boldsymbol{r}_1 \boldsymbol{r}_2 \boldsymbol{r}_3 p = \boldsymbol{H}\left(p_0 \frac{\partial x}{\partial a} + q_0 \frac{\partial x}{\partial b} + r_0 \frac{\partial x}{\partial c}\right),$$

ossia, (14),

$$Dp = p_0 \frac{\partial x}{\partial a} + q_0 \frac{\partial x}{\partial b} + r_0 \frac{\partial x}{\partial c}.$$

Pertanto i cercati valori di p, q, r sono dati dalle formole

$$(15) \qquad \left\{\begin{aligned} Dp &= p_0 \frac{\partial x}{\partial a} + q_0 \frac{\partial x}{\partial b} + r_0 \frac{\partial x}{\partial c}, \\ Dq &= p_0 \frac{\partial y}{\partial a} + q_0 \frac{\partial y}{\partial b} + r_0 \frac{\partial y}{\partial c}, \\ Dr &= p_0 \frac{\partial z}{\partial a} + q_0 \frac{\partial z}{\partial b} + r_0 \frac{\partial z}{\partial c}. \end{aligned}\right.$$

Per $t = 0$ gli elementi del determinante D diventano nulli, ad eccezione di quelli della diagonale, che diventano uguali ad 1. Quindi i valori iniziali dl p, q, r sono p_0, q_0, r_0, ritenuto che in queste ultime quantità (11), le quali sono in generale funzioni di a, b, c, t, sia posto $t = 0$. Ma per $t = 0$ si ha, (3'),

$$\boldsymbol{A} = (x')_0, \qquad \boldsymbol{B} = (y')_0, \qquad \boldsymbol{C} = (z')_0,$$

ossia

$$\boldsymbol{A} = a', \qquad \boldsymbol{B} = b', \qquad \boldsymbol{C} = c',$$

indicando con a', b', c', le componenti della velocità iniziale del punto (a, b, c). Quindi i valori iniziali di p, q, r sono, (11),

$$\frac{1}{2}\left(\frac{\partial c'}{\partial b} - \frac{\partial b'}{\partial c}\right), \qquad \frac{1}{2}\left(\frac{\partial a'}{\partial c} - \frac{\partial c'}{\partial a}\right), \qquad \frac{1}{2}\left(\frac{\partial b'}{\partial a} - \frac{\partial a'}{\partial b}\right),$$

e siccome ogni istante del moto può essere riguardato come iniziale, così si deve aver sempre

$$(15') \qquad \left\{\begin{aligned} p &= \frac{1}{2}\left(\frac{\partial z'}{\partial y} - \frac{\partial y'}{\partial z}\right), \\ q &= \frac{1}{2}\left(\frac{\partial x'}{\partial z} - \frac{\partial z'}{\partial x}\right), \\ r &= \frac{1}{2}\left(\frac{\partial y'}{\partial x} - \frac{\partial x'}{\partial y}\right). \end{aligned}\right.$$

Del resto, con una ordinaria trasformazione di derivate, è facile stabilire direttamente *) l'identità dei valori forniti per p, q, r dalle (15) e dalle (15'). Anzi per tal via si riconosce che questa identità è di natura puramente algoritmica, cioè è indipendente dal significato speciale delle variabili a, b, c, alle quali si possono quindi surrugare (e ciò è importante a ritenersi) tre altre variabili di cui le x, y, z, x', y', z' siano funzioni del tutto arbitrarie.

Dalle espressioni (15') emerge che le tre rotazioni p, q, r soddisfano sempre alla relazione

$$\frac{\partial p}{\partial x}+\frac{\partial q}{\partial y}+\frac{\partial r}{\partial z}=0. \tag{16}$$

Le (15) moltiplicate ordinatamente per $\frac{\partial x'}{\partial x}$, $\frac{\partial x'}{\partial y}$, $\frac{\partial x'}{\partial z}$ e sommate dànno

$$D\left(p\frac{\partial x'}{\partial x}+q\frac{\partial x'}{\partial y}+r\frac{\partial x'}{\partial z}\right)=p_0\left(\frac{\partial x}{\partial a}\right)'+q_0\left(\frac{\partial x}{\partial b}\right)'+r_0\left(\frac{\partial x}{\partial c}\right)'$$

$$=\left(p_0\frac{\partial x}{\partial a}+q_0\frac{\partial x}{\partial b}+r_0\frac{\partial x}{\partial c}\right)'-\left(p'_0\frac{\partial x}{\partial a}+q'_0\frac{\partial x}{\partial b}+r'_0\frac{\partial x}{\partial c}\right).$$

Si ha dunque

$$(15'')\quad\begin{cases}(Dp)'=D\left(p\frac{\partial x'}{\partial x}+q\frac{\partial x'}{\partial y}+r\frac{\partial x'}{\partial z}\right)+p'_0\frac{\partial x}{\partial a}+q'_0\frac{\partial x}{\partial b}+r'_0\frac{\partial x}{\partial c},\\(Dq)'=D\left(p\frac{\partial y'}{\partial x}+q\frac{\partial y'}{\partial y}+r\frac{\partial y'}{\partial z}\right)+p'_0\frac{\partial y}{\partial a}+q'_0\frac{\partial y}{\partial b}+r'_0\frac{\partial y}{\partial c},\\(Dr)'=D\left(p\frac{\partial z'}{\partial x}+q\frac{\partial z'}{\partial y}+r\frac{\partial z'}{\partial z}\right)+p'_0\frac{\partial z}{\partial a}+q'_0\frac{\partial z}{\partial b}+r'_0\frac{\partial z}{\partial c},\end{cases}$$

dove importa notare che

$$p\frac{\partial x'}{\partial x}+q\frac{\partial x'}{\partial y}+r\frac{\partial x'}{\partial z}=p\frac{\partial x'}{\partial x}+q\frac{\partial y'}{\partial x}+r\frac{\partial z'}{\partial x},$$

$$p\frac{\partial y'}{\partial x}+q\frac{\partial y'}{\partial y}+r\frac{\partial y'}{\partial z}=p\frac{\partial x'}{\partial y}+q\frac{\partial y'}{\partial y}+r\frac{\partial z'}{\partial y},$$

$$p\frac{\partial z'}{\partial x}+q\frac{\partial z'}{\partial y}+r\frac{\partial z'}{\partial z}=p\frac{\partial x'}{\partial z}+q\frac{\partial y'}{\partial z}+r\frac{\partial z'}{\partial z}.$$

*) Come ha fatto CAUCHY fin dal 1816 nella memoria premiata: *Sur la théorie de la propagation des ondes*, etc. Vedasi: Mémoires des savants étrangers, t. I.

§ 7.

Si è veduto (§ 2) che, nel passaggio dallo stato corrispondente al tempo t a quello corrispondente al tempo $t+\mathfrak{t}$ ($\mathfrak{t}$ infinitesimo), esistono per ogni punto del fluido tre elementi lineari ortogonali che, restando formati delle medesime molecole fluide, conservano nel tempuscolo $\mathfrak{t}$ la loro ortogonalità. La velocità di traslazione del punto comune a queste rette ha per componenti x', y', z'; la rotazione istantanea del sistema rigido costituito dalle medesime ha per componenti p, q, r: quindi se tutta la particella che contiene il punto (x, y, z) si comportasse come un sistema rigido invariabilmente connesso colle rette principali, un punto qualunque $(x+\mathfrak{x},\ y+\mathfrak{y},\ z+\mathfrak{z})$ della particella medesima subirebbe nel tempuscolo $\mathfrak{t}$ lo spostamento di componenti

$$\mathfrak{t}(x'+q\mathfrak{z}-r\mathfrak{y}),$$

$$\mathfrak{t}(y'+r\mathfrak{x}-p\mathfrak{z}),$$

$$\mathfrak{t}(z'+p\mathfrak{y}-q\mathfrak{x}).$$

Dunque sottraendo dalle componenti $\delta(x+\mathfrak{x})$, $\delta(y+\mathfrak{y})$, $\delta(z+\mathfrak{z})$ del *vero* spostamento subìto dal punto $(x+\mathfrak{x},\ y+\mathfrak{y},\ z+\mathfrak{z})$ le componenti testè scritte, è chiaro che i residui

$$\delta(x+\mathfrak{x})-\mathfrak{t}(x'+q\mathfrak{z}-r\mathfrak{y}),$$

$$\delta(y+\mathfrak{y})-\mathfrak{t}(y'+r\mathfrak{x}-p\mathfrak{z}),$$

$$\delta(z+\mathfrak{z})-\mathfrak{t}(z'+p\mathfrak{y}-q\mathfrak{x})$$

devono rappresentare le componenti di quella parte di moto del punto che è dovuta alla *fluidità* della particella, cioè alla facoltà che hanno i suoi punti di allontanarsi o di avvicinarsi fra loro.

Ora

$$\delta(x+\mathfrak{x})=\mathfrak{t}\left(x'+\frac{\partial x'}{\partial x}\mathfrak{x}+\frac{\partial x'}{\partial y}\mathfrak{y}+\frac{\partial x'}{\partial z}\mathfrak{z}\right),$$

quindi, pei valori (15') di p, q, r,

$$\delta(x+\mathfrak{x})-\mathfrak{t}(x'+q\mathfrak{z}-r\mathfrak{y})$$

$$=\mathfrak{t}\left[\frac{\partial x'}{\partial x}\mathfrak{x}+\frac{1}{2}\left(\frac{\partial y'}{\partial x}+\frac{\partial x'}{\partial y}\right)\mathfrak{y}+\frac{1}{2}\left(\frac{\partial x'}{\partial z}+\frac{\partial z'}{\partial x}\right)\mathfrak{z}\right],$$

epperò, (10),

$$(16^*)\quad \begin{cases} \delta(x+\mathfrak{x}) = t\left(x' + q\mathfrak{z} - r\mathfrak{y} + \dfrac{\partial E}{\partial \mathfrak{x}}\right), \\ \delta(y+\mathfrak{y}) = t\left(y' + r\mathfrak{x} - p\mathfrak{z} + \dfrac{\partial E}{\partial \mathfrak{y}}\right), \\ \delta(z+\mathfrak{z}) = t\left(z' + p\mathfrak{y} - q\mathfrak{x} + \dfrac{\partial E}{\partial \mathfrak{z}}\right). \end{cases}$$

Da queste formole si conclude che le *componenti della velocità relativa del moto intestino sono, per il punto* $(x+\mathfrak{x},\ y+\mathfrak{y},\ z+\mathfrak{z})$,

$$\frac{\partial E}{\partial \mathfrak{x}}, \qquad \frac{\partial E}{\partial \mathfrak{y}}, \qquad \frac{\partial E}{\partial \mathfrak{z}},$$

dove E è quella funzione (10) di 2° grado rispetto ad $\mathfrak{x}, \mathfrak{y}, \mathfrak{z}$ che è legata colla dilatazione lineare θ per mezzo della formola (9')

$$\theta = \frac{2E}{\mathfrak{r}^2},$$

$\mathfrak{r}$ essendo il raggio vettore nella direzione alla quale si riferisce la dilatazione stessa. Ne risulta che le superficie di 2° ordine concentriche ed omotetiche $E =$ cost., le quali servono già, in virtù della formola precedente, a determinare in grandezza le dilatazioni dei raggi vettori, servono altresì ad indicare il modo in cui questa dilatazione si effettua: infatti, per quel che si è veduto or ora, *il moto intestino di ciascun punto d'uno stesso raggio avviene normalmente alle superficie anzidette* $E =$ cost.

Ma questi risultati assumono una forma più elegante se si osserva che, supposto per un momento (come è permesso fare)

$$2E = \frac{\mathfrak{x}^2}{a} + \frac{\mathfrak{y}^2}{b} + \frac{\mathfrak{z}^2}{c},$$

le componenti dello spostamento del punto $(\mathfrak{x}, \mathfrak{y}, \mathfrak{z})$, dipendentemente dal moto intestino, sono, (16*),

$$\frac{t\mathfrak{x}}{a}, \qquad \frac{t\mathfrak{y}}{b}, \qquad \frac{t\mathfrak{z}}{c},$$

e che quindi le coordinate $\mathfrak{x}_1, \mathfrak{y}_1, \mathfrak{z}_1$ del punto in cui esso si trasporta, per effetto di questo solo moto, sono

$$\mathfrak{x}_1 = \frac{(a+t)\mathfrak{x}}{a}, \qquad \mathfrak{y}_1 = \frac{(b+t)\mathfrak{y}}{b}, \qquad \mathfrak{z}_1 = \frac{(c+t)\mathfrak{z}}{c},$$

donde, per essere a, b, c quantità finite, si trae

$$\frac{x^2}{a}+\frac{y^2}{b}+\frac{z^2}{c}=2E=\frac{x_1^2}{a+2t}+\frac{y_1^2}{b+2t}+\frac{z_1^2}{c+2t}.$$

Dunque: *ciascuna superficie della famiglia* $E=$ cost. *si dilata o si contrae nel senso delle proprie normali, restando sempre omofocale a sè medesima* (Cfr. la nota del § 3).

In virtù di queste sue proprietà la funzione E potrebbe opportunamente designarsi come *potenziale di dilatazione.*

Dal fin quì detto si conclude che il moto elementare di ogni particella d'una massa fluida consta, o può riguardarsi come costituito di due parti distinte *): di un *moto di massa,* pel quale tutta la particella si comporta come se fosse solida, moto quindi che si compone generalmente d'una *traslazione* (x', y', z') e d'una *rotazione* (p, q, r); e di un *moto intestino o molecolare,* in virtù del quale la particella subisce una *dilatazione* (od una *contrazione*), nel senso delle normali ad una certa famiglia di superficie di 2° ordine ($E=$ cost.), ciascuna delle quali si trasforma per tal modo in una superficie omofocale infinitamente vicina.

Per la nota teoria delle forme quadratiche, si può porre in infiniti modi

$$2E=k_1P_1^2+k_2P_2^2+k_3P_3^2,$$

dove le equazioni

$$P_i=0=x\cos\lambda_i+y\cos\mu_i+z\cos\nu_i \qquad (i=1,\,2,\,3)$$

rappresentano le tre faccie di un triedro coniugato col cono $E=0$. Sia (x, y, z) un punto posto sullo spigolo $P_2=P_3=0$; in questo punto si ha

$$2E=k_1P_1^2, \qquad P_1=r\cos\omega_1,$$

designando con ω_1 l'angolo che la normale alla faccia $P_1=0$ fa collo spigolo $P_2=P_3=0$. Di quì

$$\frac{2E}{r^2}=k_1\cos^2\omega_1,$$

*) Questa decomposizione è stata esposta, più sommariamente, da HELMHOLTZ (Journal für die reine und angewandte Mathematik, t. LV) che ne ha tratto un mirabile partito. Era già stata usata da KIRCHHOFF, STOKES ed altri in questioni di vario genere. Per discussioni relative ad essa in un caso particolare cfr. DIRICHLET, *Untersuchungen über ein Problem der Hydrodynamik* [Abhandlungen der K. Gesellschaft der W. zu Göttingen, t. VIII (1860); oppure Journal für die reine und angewandte Mathematik, t. LVIII (1861), pag. 181] e BRIOSCHI (Journal für die reine und angewandte Mathematik, t. LIX).

epperò, (9'),

$$k_1 = \frac{\theta_1}{\cos^2 \omega_1},$$

dove θ_1 è la dilatazione lineare secondo lo spigolo $P_2 = P_3 = 0$. Si può dunque scrivere, indicando con [ ] una somma relativa ai tre indici 1, 2, 3,

$$2E = \left[\frac{\theta P^2}{\cos^2 \omega}\right],$$

donde si trae

$$\frac{\partial E}{\partial x} = \left[\frac{\theta P \cos \lambda}{\cos^2 \omega}\right], \quad \frac{\partial E}{\partial y} = \left[\frac{\theta P \cos \mu}{\cos^2 \omega}\right], \quad \frac{\partial E}{\partial z} = \left[\frac{\theta P \cos \nu}{\cos^2 \omega}\right].$$

Considerando la forma di queste espressioni delle componenti del moto intestino, ed osservando che

$$\frac{\theta_1 P_1}{\cos^2 \omega_1}, \quad \frac{\theta_2 P_2}{\cos^2 \omega_2}, \quad \frac{\theta_3 P_3}{\cos^2 \omega_3}$$

sono le velocità che acquisterebbe il punto (x, y, z) se la particella fosse successivamente dotata delle dilatazioni

$$\frac{\theta_1}{\cos^2 \omega_1}, \quad \frac{\theta_2}{\cos^2 \omega_2}, \quad \frac{\theta_3}{\cos^2 \omega_3}$$

nel senso delle normali alle faccie $P_1 = 0$, $P_2 = 0$, $P_3 = 0$, riguardate come fisse ciascuna alla sua volta, si scorge che *il moto intestino può considerarsi come risultante dalla successione o dalla coesistenza delle tre dilatazioni anzidette*, ciascuna delle quali, per la sua natura speciale, può designarsi col nome di *dilatazione normale semplice* *).

Quando il triedro coniugato è trirettangolo, ossia quand'esso è formato dai tre piani principali, queste tre dilatazioni non ne alterano gli angoli. In ogni altro caso gli angoli vengono alterati.

Si può facilmente provare: 1°) che la deformazione risultante dalla coesistenza di un numero qualunque di dilatazioni normali semplici possiede sempre un potenziale; 2°) che essa può esser sempre ottenuta, in infiniti modi, da tre sole dilatazioni normali semplici e, in un modo unico e determinato, da tre dilatazioni ortogonali fra loro.

---

*) *Dilatazione normale semplice* è dunque quella nella quale tutte le ordinate normali ad un piano variano in un rapporto costante.

§ 8.

Il problema della decomposizione del moto d'una particella fluida in più moti semplici è per sè stesso indeterminato. Benchè la decomposizione effettuata nel § precedente sia la più ovvia e la più feconda di utili applicazioni, giova tuttavia far cenno d'altre decomposizioni, anche per mettere in maggiore evidenza ciò che caratterizza la prima. D'altronde le considerazioni che seguono contengono implicitamente un'altra dimostrazione dei risultati già ottenuti.

Siano $\mathfrak{v}_x$, $\mathfrak{v}_y$, $\mathfrak{v}_z$ le componenti della velocità del punto $(\mathfrak{x}, \mathfrak{y}, \mathfrak{z})$ nel moto relativo intorno al punto (x, y, z). Assunte *ad arbitrio* tre quantità p_1, q_1, r_1 si può sempre porre

$$\mathfrak{v}_x = \mathfrak{u}_x + q_1\mathfrak{z} - r_1\mathfrak{y},$$

$$\mathfrak{v}_y = \mathfrak{u}_y + r_1\mathfrak{x} - p_1\mathfrak{z},$$

$$\mathfrak{v}_z = \mathfrak{u}_z + p_1\mathfrak{y} - q_1\mathfrak{x},$$

purchè al tempo stesso si faccia

$$\mathfrak{u}_x = \frac{\partial x'}{\partial x}\mathfrak{x} + \left(\frac{\partial x'}{\partial y} + r_1\right)\mathfrak{y} + \left(\frac{\partial x'}{\partial z} - q_1\right)\mathfrak{z},$$

$$\mathfrak{u}_y = \left(\frac{\partial y'}{\partial x} - r_1\right)\mathfrak{x} + \frac{\partial y'}{\partial y}\mathfrak{y} + \left(\frac{\partial y'}{\partial z} + p_1\right)\mathfrak{z},$$

$$\mathfrak{u}_z = \left(\frac{\partial z'}{\partial x} + q_1\right)\mathfrak{x} + \left(\frac{\partial z'}{\partial y} - p_1\right)\mathfrak{y} + \frac{\partial z'}{\partial z}\mathfrak{z}.$$

Di quì emerge senz'altro che il moto relativo della particella intorno al punto (x, y, z) si può considerare come composto di una rotazione (p_1, q_1, r_1) intorno ad un asse passante per quel punto e di un moto intestino di velocità $\mathfrak{u}$. Questa nuova decomposizione *) è dotata di proprietà geometriche analoghe a quelle da cui si son prese le mosse per istabilire quella del § precedente. Infatti il porre

$$\mathfrak{u}_x = \theta\mathfrak{x}, \qquad \mathfrak{u}_y = \theta\mathfrak{y}, \qquad \mathfrak{u}_z = \theta\mathfrak{z},$$

dove θ è la dilatazione lineare nella direzione del raggio che va al punto $(\mathfrak{x}, \mathfrak{y}, \mathfrak{z})$,

*) Nella quale, come pure nella già esposta, è impossibile ravvisare qualsiasi discontinuità, checchè ne dica il sig. WELTMANN [nel Zeitschrift für Mathematik und Physik, t. XV (1870), pag. 455], il quale del resto (ib. pag. 454), quanto al moto traslatorio e intestino, cade nello stesso equivoco in cui era già caduto il BERTRAND (Comptes rendus de l'Académie des Sciences, 1868).

equivale a scrivere le condizioni che devono verificarsi affinchè i punti di questo raggio non facciano che scorrere sopra il medesimo, dipendentemente dal moto intestino. Ora queste condizioni si verificano per *tre* sole direzioni, cui corrispondono i valori di θ dati dall'equazione cubica

$$\begin{vmatrix} \frac{\partial x'}{\partial x} - \theta & \frac{\partial x'}{\partial y} + r_1 & \frac{\partial x'}{\partial z} - q_1 \\ \frac{\partial y'}{\partial x} - r_1 & \frac{\partial y'}{\partial y} - \theta & \frac{\partial y'}{\partial z} + p_1 \\ \frac{\partial z'}{\partial x} + q_1 & \frac{\partial z'}{\partial y} - p_1 & \frac{\partial z'}{\partial z} - \theta \end{vmatrix} = 0.$$

Le direzioni stesse sono poi determinate dalle equazioni lineari

$$\left(\frac{\partial x'}{\partial x} - \theta\right) x + \left(\frac{\partial x'}{\partial y} + r_1\right) y + \left(\frac{\partial x'}{\partial z} - q_1\right) z = 0,$$

$$\left(\frac{\partial y'}{\partial x} - r_1\right) x + \left(\frac{\partial y'}{\partial y} - \theta\right) y + \left(\frac{\partial y'}{\partial z} + p_1\right) z = 0,$$

$$\left(\frac{\partial z'}{\partial x} + q_1\right) x + \left(\frac{\partial z'}{\partial y} - p_1\right) y + \left(\frac{\partial z'}{\partial z} - \theta\right) z = 0,$$

dove θ è una radice dell'equazione precedente. Dunque per ogni terna di valori delle p_1, q_1, r_1, scelta in modo da rendere reali tutte tre le radici dell'equazione cubica, si ha *una* terna di elementi lineari, mobili col fluido, i quali mantengono, durante un elemento di tempo, le loro mutue inclinazioni. Questa terna è ortogonale nel solo caso in cui $p_1 = p$, $q_1 = q$, $r_1 = r$.

Inoltre indicando per brevità con

$$u_x = l'x + m'y + n'z,$$

$$u_y = l''x + m''y + n''z,$$

$$u_z = l'''x + m'''y + n'''z,$$

i precedenti valori di u_x, u_y, u_z, talchè sia

$$l' = \frac{\partial x'}{\partial x}, \qquad m' = \frac{\partial x'}{\partial y'} + r_1, \qquad \text{ecc.};$$

con θ_1, θ_2, θ_3 le tre radici dell'equazione cubica, e con (x_1, y_1, z_1), (x_2, y_2, z_2),

(x_3, y_3, z_3) le coordinate di tre punti posti sulle rette 1, 2, 3 cui corrispondono i valori θ_1, θ_2, θ_3, si ha, dalle equazioni precedenti,

$$\theta_1 x_1 = l' x_1 + m' y_1 + n' z_1,$$

$$\theta_2 x_2 = l' x_2 + m' y_2 + n' z_2,$$

$$\theta_3 x_3 = l' x_3 + m' y_3 + n' z_3.$$

Sommando queste equazioni, dopo averle moltiplicate per tre funzioni lineari P_1, P_2, P_3, tali che si abbia

$$P_1 x_1 + P_2 x_2 + P_3 x_3 = x,$$

$$P_1 y_1 + P_2 y_2 + P_3 y_3 = y,$$

$$P_1 z_1 + P_2 z_2 + P_3 z_3 = z,$$

si ottiene

$$\theta_1 P_1 x_1 + \theta_2 P_2 x_2 + \theta_3 P_3 x_3 = l' x + m' y + n' z.$$

Dunque ponendo reciprocamente

$$H P_i = X_i x + Y_i y + Z_i z, \qquad (i = 1, 2, 3)$$

dove H è il determinante $\sum (\pm x_1 y_2 z_3)$, ed X_1, Y_1, ecc. sono i primi minori di esso rispetto ad x_1, y_1 ecc., si ha

$$u_x = [\theta P x], \qquad u_y = [\theta P y], \qquad u_z = [\theta P z].$$

Ora le equazioni $P_1 = 0$, $P_2 = 0$, $P_3 = 0$ rappresentano i piani 23, 31, 12, e $\theta_1 P_1 r_1$, $\theta_2 P_2 r_2$, $\theta_3 P_3 r_3$ sono le velocità che acquisterebbe il punto (x, y, z) se la particella fosse successivamente dotata di tre *dilatazioni oblique semplici* θ_1, θ_2, θ_3 parallele alle rette 1, 2, 3, restando fissi, ciascuno alla sua volta, i piani $P_1 = 0$, $P_2 = 0$, $P_3 = 0$ *). Dunque quando l'equazione cubica ha tutte le radici reali, *il moto intestino, da comporsi colla rotazione* (p_1, q_1, r_1), *può considerarsi come risultante dalla successione o dalla coesistenza di tre dilatazioni oblique semplici, dirette secondo gli spigoli d'un triedro, gli angoli del quale restano invariati durante un elemento di tempo.*

In particolare, se per $p_1 = q_1 = r_1 = 0$ l'equazione cubica ha tutte le radici reali, esiste un triedro tale che il moto relativo della particella equivale al complesso di tre sole dilatazioni parallele agli spigoli di questo triedro, i cui angoli rimangono inva-

*) *Dilatazione obliqua semplice* è quella nella quale tutte le ordinate oblique ad un piano (e parallele ad una certa direzione) variano in un rapporto costante.

riati *). Questo triedro non è ortogonale che quando $p = q = r = 0$, cioè quando $x'dx + y'dy + z'dz$ è un differenziale esatto, e coincide allora col triedro principale.

Le tre dilatazioni oblique testè considerate dànno luogo ad una deformazione che *non possiede un potenziale.* Infatti le condizioni necessarie e sufficienti perchè il trinomio $u_x dx + u_y dy + u_z dz$ sia un differenziale esatto sono $m''' = n''$, $n' = l'''$, $l'' = m'$, donde $p_1 = p$, $q_1 = q$, $r_1 = r$, e questi valori corrispondono esclusivamente al caso delle dilatazioni normali (§ 7). La decomposizione eseguita in questo ultimo § non ha dunque soltanto il vantaggio di riferirsi ad un triedro che è sempre *reale* ed *ortogonale* ma è assolutamente la sola che dia luogo ad un potenziale del moto intestino. Ora l'esistenza di questo potenziale trae con sè quella d'una famiglia di superficie, normalmente alle quali avviene il moto di dilatazione; e queste superficie, che non esistono punto **) nel caso delle dilatazioni oblique, somministrano un'immagine completa del moto stesso, la quale corrisponde pienamente al concetto che si ha d'altronde della dilatazione d'un corpo qualunque.

È evidente, dietro quanto precede, che il complesso di tre dilatazioni oblique è sempre equivalente a quello di tre dilatazioni normali combinate con una rotazione ***).

§ 9.

In questo § sono raccolte alcune osservazioni ulteriori sulle leggi geometriche del moto elementare di una particella fluida.

Mantenendo per v_x, v_y, v_z i significati precedenti, si ponga

$$(a)\qquad \begin{cases} X_1 = \dfrac{\partial x'}{\partial x} x_1 + \dfrac{\partial y'}{\partial x} y_1 + \dfrac{\partial z'}{\partial x} z_1, \\[2ex] Y_1 = \dfrac{\partial x'}{\partial y} x_1 + \dfrac{\partial y'}{\partial y} y_1 + \dfrac{\partial z'}{\partial y} z_1, \\[2ex] Z_1 = \dfrac{\partial x'}{\partial z} x_1 + \dfrac{\partial y'}{\partial z} y_1 + \dfrac{\partial z'}{\partial z} z_1, \end{cases}$$

---

*) BERTRAND, Comptes rendus de l'Académie des Sciences, t. LXVI (1868), pag. 1227.

**) Infatti la condizione d'integrabilità dell'equazione

$$u_x dx + u_y dy + u_z dz = 0$$

è

$$(p - p_1)\frac{\partial E}{\partial x} + (q - q_1)\frac{\partial E}{\partial y} + (r - r_1)\frac{\partial E}{\partial z} = 0,$$

la quale, se non è nullo il discriminante di E, è resa identica soltanto da

$$p_1 = p, \qquad q_1 = q, \qquad r_1 = r.$$

***) HELMHOLTZ, Comptes rendus de l'Académie des Sciences, t. LXVII (1868), pag. 221.

donde consegue l'identità

$$x_1 v_x + y_1 v_y + z_1 v_z = X_1 x + Y_1 y + Z_1 z.$$

L'equazione

$$x_1 v_x + y_1 v_y + z_1 v_z = 0$$

esprime che il raggio vettore r_1 del punto (x_1, y_1, z_1) è perpendicolare alla direzione della velocità relativa v del punto (x, y, z). Ora, insieme con questa equazione ha luogo l'altra

$$X_1 x + Y_1 y + Z_1 z = 0;$$

dunque: *le velocità relative di tutti i punti* (x, y, z) *esistenti in un piano qualunque* (X_1, Y_1, Z_1) *passante pel punto* (x, y, z) *sono dirette normalmente ad una medesima retta* r_1, che dipende dai parametri del piano in virtù delle (a).

Di quì emergono i corollarî seguenti:

1°) *Esiste una serie di rette il cui moto relativo è puramente angolare,* cioè di rette tali che i punti di ciascuna di esse hanno un moto relativo normale alla retta stessa. Per ciascuna di queste rette si ha

$$x v_x + y v_y + z v_z = 0,$$

epperò, (10), *esse sono le generatrici del cono* $E = 0$, come è d'altronde manifesto.

2°) *Esiste una serie di piani i punti di ciascuno dei quali hanno moti relativi normali ad una retta esistente nel piano stesso:* per ciascuno di essi si ha

$$X_1 x_1 + Y_1 y_1 + Z_1 z_1 = 0,$$

epperò *la retta esistente in ciascuno di questi piani ha per luogo geometrico lo stesso cono* $E = 0$, mentre *i piani inviluppano l'altro cono di second'ordine*

$$\begin{vmatrix} 0 & X_1 & Y_1 & Z_1 \\ X_1 & \frac{\partial x'}{\partial x} & \frac{\partial y'}{\partial x} & \frac{\partial z'}{\partial x} \\ Y_1 & \frac{\partial x'}{\partial y} & \frac{\partial y'}{\partial y} & \frac{\partial z'}{\partial y} \\ Z_1 & \frac{\partial x'}{\partial z} & \frac{\partial y'}{\partial z} & \frac{\partial z'}{\partial z} \end{vmatrix} = 0.$$

Considerando le x, y, z come funzioni di x', y', z' e ricavando dalle (a) i valori di $x_1 : y_1 : z_1$ nella forma seguente

$$x_1 = \frac{\partial x}{\partial x'} X_1 + \frac{\partial y}{\partial x'} Y_1 + \frac{\partial z}{\partial x'} Z_1, \text{ ecc., ecc.,}$$

la precedente equazione tangenziale può scriversi così:

$$2\overline{E} = \frac{\partial x}{\partial x'} X_1^2 + \frac{\partial y}{\partial y'} Y_1^2 + \frac{\partial z}{\partial z'} Z_1^2$$

$$+ \left(\frac{\partial y}{\partial z'} + \frac{\partial z}{\partial y'}\right) Y_1 Z_1 + \left(\frac{\partial z}{\partial x'} + \frac{\partial x}{\partial z'}\right) Z_1 X_1 + \left(\frac{\partial x}{\partial y'} + \frac{\partial y}{\partial x'}\right) X_1 Y_1 = 0,$$

mentre la corrispondente equazione locale è

$$2E - I(\overline{p}x + \overline{q}y + \overline{r}z)^2 = 0,$$

dove

$$\overline{p} = \frac{1}{2}\left(\frac{\partial y}{\partial z'} - \frac{\partial z}{\partial y'}\right), \quad \overline{q} = \frac{1}{2}\left(\frac{\partial z}{\partial x'} - \frac{\partial x}{\partial z'}\right), \quad \overline{r} = \frac{1}{2}\left(\frac{\partial x}{\partial y'} - \frac{\partial y}{\partial x'}\right),$$

$$I = \sum\left(\pm \frac{\partial x'}{\partial x} \frac{\partial y'}{\partial y} \frac{\partial z'}{\partial z}\right).$$

E siccome si ha

$$I\overline{p} = p\frac{\partial x'}{\partial x} + q\frac{\partial x'}{\partial y} + r\frac{\partial x'}{\partial z},$$

$$I\overline{q} = p\frac{\partial y'}{\partial x} + q\frac{\partial y'}{\partial y} + r\frac{\partial y'}{\partial z},$$

$$I\overline{r} = p\frac{\partial z'}{\partial x} + q\frac{\partial z'}{\partial y} + r\frac{\partial z'}{\partial z},$$

così $\overline{p}$, $\overline{q}$, $\overline{r}$ sono quantità proporzionali alle componenti della velocità relativa di un punto posto sull'asse istantaneo (p, q, r), a distanza infinitesima da (x, y, z). Reciprocamente, l'equazione tangenziale corrispondente alla $E = 0$ è

$$2I\overline{E} - (pX_1 + qY_1 + rZ_1)^2 = 0.$$

Da ciò si vede che i due coni $E = 0$, $\overline{E} = 0$ (*i quali non coincidono in un solo che quando* $p = q = r = 0$) *sono fra loro bitangenti lungo due generatrici, che i piani tangenti comuni si segano lungo la retta*

$$pX_1 + qY_1 + rZ_1 = 0,$$

cioè lungo l'asse istantaneo di rotazione, e che il piano delle generatrici di contatto è

$$\overline{p}x + \overline{q}y + \overline{r}z = 0.$$

I punti di questo piano, che è normale alla direzione della velocità relativa dell'asse di rotazione, hanno tutti una velocità relativa normale a quest'asse *).

3°) *Esistono rette il cui moto relativo è puramente longitudinale*, cioè rette i cui punti hanno un moto relativo diretto nel senso delle rette medesime. Per queste rette si ha

$$\frac{x}{v_x} = \frac{y}{v_y} = \frac{z}{v_z},$$

epperò *esse sono in numero di tre* (due delle quali possono essere immaginarie), e son date da due qualunque delle equazioni

$$(b) \qquad \left\{ \begin{aligned} &\left(\frac{\partial x'}{\partial x} - \theta\right) x + \frac{\partial x'}{\partial y} y + \frac{\partial x'}{\partial z} z = 0, \\ &\frac{\partial y'}{\partial x} x + \left(\frac{\partial y'}{\partial y} - \theta\right) y + \frac{\partial y'}{\partial z} z = 0, \\ &\frac{\partial z'}{\partial x} x + \frac{\partial z'}{\partial y} y + \left(\frac{\partial z'}{\partial z} - \theta\right) z = 0, \end{aligned} \right.$$

dove θ è una radice dell'equazione cubica

$$\begin{vmatrix} \frac{\partial x'}{\partial x} - \theta & \frac{\partial x'}{\partial y} & \frac{\partial x'}{\partial z} \\ \frac{\partial y'}{\partial x} & \frac{\partial y'}{\partial y} - \theta & \frac{\partial y'}{\partial z} \\ \frac{\partial z'}{\partial x} & \frac{\partial z'}{\partial y} & \frac{\partial z'}{\partial z} - \theta \end{vmatrix} = 0.$$

4°) Parimente *esistono piani che rimangono paralleli a sè stessi*, ossia piani i cui punti hanno moti relativi diretti nei piani medesimi. Per questi piani si ha

$$\frac{X_1}{x_1} = \frac{Y_1}{y_1} = \frac{Z_1}{z_1},$$

epperò *essi sono in numero di tre* (due dei quali possono essere immaginarî) e i loro

*) Questa teoria corrisponde esattamente a quella della reciprocità univoca fra due figure piane o sferiche.

parametri X_1, Y_1, Z_1 sono dati da due qualunque delle equazioni

$$(c)\qquad \begin{cases} \left(\frac{\partial x'}{\partial x} - \bar{\theta}\right) X_1 + \frac{\partial y'}{\partial x} Y_1 + \frac{\partial z'}{\partial x} Z_1 = 0\,, \\ \frac{\partial x'}{\partial y} X_1 + \left(\frac{\partial y'}{\partial y} - \bar{\theta}\right) Y_1 + \frac{\partial z'}{\partial y} Z_1 = 0\,, \\ \frac{\partial x'}{\partial z} X_1 + \frac{\partial y'}{\partial z} Y_1 + \left(\frac{\partial z'}{\partial z} - \bar{\theta}\right) Z_1 = 0\,, \end{cases}$$

dove $\bar{\theta}$ è una radice della precedente equazione cubica. Sommando le (b) dopo averle moltiplicate per X_1, Y_1, Z_1; sommando parimente le (c) dopo averle moltiplicate per $\mathfrak{x}$, $\mathfrak{y}$, $\mathfrak{z}$; poi sottraendo l'una dall'altra le due equazioni risultanti, si trova

$$(\theta - \bar{\theta})(X_1 \mathfrak{x} + Y_1 \mathfrak{y} + Z_1 \mathfrak{z}) = 0,$$

donde consegue che se θ è diverso da $\bar{\theta}$ si ha

$$X_1 \mathfrak{x} + Y_1 \mathfrak{y} + Z_1 \mathfrak{z} = 0\,.$$

Dunque i tre piani in discorso formano un triedro i cui spigoli sono le tre rette precedentemente considerate. Ad una stessa radice θ dell'equazione cubica corrisponde tanto una faccia del triedro quanto lo spigolo opposto.

È evidente che questo triedro non è altro che quello già considerato verso la fine del § 8.

§ 10.

Le precedenti considerazioni sul moto elementare di una particella fluida sono di natura puramente cinematica.

Per vedere se, ed in quali condizioni, si possa attribuire ad esse un valore dinamico, convien supporre che la particella fluida, dotata di massa ed avente il baricentro nel punto (x, y, z), diventi a un tratto solida, e calcolare i valori che prendono, dopo la solidificazione, le componenti (x'), (y'), (z') della velocità del baricentro, e le componenti (p), (q), (r) della rotazione istantanea intorno ad un asse passante pel baricentro.

Quanto alle prime componenti, il teorema generale della conservazione del moto del baricentro (sul qual moto non hanno influenza le forze istantanee nate dalla solidificazione, per essere queste a due a due uguali e contrarie) dà immediatamente

$$(x') = x', \qquad (y') = y', \qquad (z') = z'.$$

Quanto alle componenti della rotazione, si può supporre, per semplificarne il calcolo, che gli assi delle x, y, z (cioè quelli condotti per il baricentro parallelamente ai primitivi) siano gli assi principali d'inerzia della particella. In questa supposizione si ha da noti teoremi

$$(p)\, m_x = \int h_1 (y v_z - z v_y)\, dS,$$

$$(q)\, m_y = \int h_1 (z v_x - x v_z)\, dS,$$

$$(r)\, m_z = \int h_1 (x v_y - y v_x)\, dS,$$

dove dS è l'elemento di volume, h_1 la densità nel punto (x, y, z), m la massa totale della particella, m_x, m_y, m_z i suoi momenti principali d'inerzia. Facendo lo sviluppo si trova

$$\int h_1 (y v_z - z v_y)\, dS = \frac{\partial z'}{\partial y} \int h_1 y^2\, dS - \frac{\partial y'}{\partial z} \int h_1 z^2\, dS$$

$$= \frac{1}{2}\left(\frac{\partial z'}{\partial y} - \frac{\partial y'}{\partial z}\right) m_x + \frac{1}{2}\left(\frac{\partial z'}{\partial y} + \frac{\partial y'}{\partial z}\right)(m_z - m_y);$$

epperò si ha

$$(17) \qquad \begin{cases} (p) = p + \dfrac{1}{2}\left(\dfrac{\partial z'}{\partial y} + \dfrac{\partial y'}{\partial z}\right)\dfrac{m_z - m_y}{m_x}, \\[2ex] (q) = q + \dfrac{1}{2}\left(\dfrac{\partial x'}{\partial z} + \dfrac{\partial z'}{\partial x}\right)\dfrac{m_x - m_z}{m_y}, \\[2ex] (r) = r + \dfrac{1}{2}\left(\dfrac{\partial y'}{\partial x} + \dfrac{\partial x'}{\partial y}\right)\dfrac{m_y - m_x}{m_z}. \end{cases}$$

Volendo escludere ogni ipotesi speciale sulla forma della particella, non può essere

$$(p) = p, \qquad (q) = q, \qquad (r) = r$$

se non quando abbiano luogo, nel baricentro, le equazioni

$$\frac{\partial z'}{\partial y} + \frac{\partial y'}{\partial z} = 0, \qquad \frac{\partial x'}{\partial z} + \frac{\partial z'}{\partial x} = 0, \qquad \frac{\partial y'}{\partial x} + \frac{\partial x'}{\partial y} = 0,$$

cioè quando si abbia, in detto punto,

$$2\mathfrak{E} = \frac{\partial x'}{\partial x}\mathfrak{x}^2 + \frac{\partial y'}{\partial y}\mathfrak{y}^2 + \frac{\partial z'}{\partial z}\mathfrak{z}^2.$$

In questo caso, (§ 4), gli assi principali d'inerzia della particella coincidono colle *rette principali.* Reciprocamente quando questa condizione è soddisfatta, si ha $(p) = p$, $(q) = q$, $(r) = r$ per qualunque forma della particella.

Dunque: *se dopo aver determinate, in un dato istante, le rette principali di un punto della massa fluida, si considera una particella infinitesima della massa stessa, tale che il suo baricentro cada nel punto anzidetto e che gli assi principali del baricentro coincidano colle rette principali, e si suppone poscia che questa particella diventi a un tratto solida, il suo moto istantaneo riesce, quanto a traslazione e quanto a rotazione, identico con quella parte del moto istantaneo della stessa particella fluida che si è denominata* (§ 7) MOTO DI MASSA, *talchè l'immaginata solidificazione non annichila che il moto residuo, cioè il* MOTO INTESTINO *o molecolare.*

L'identità delle (p), (q), (r) colle p, q, r si può ottenere anche supponendo $\mathfrak{m}_x = \mathfrak{m}_y = \mathfrak{m}_z$, vale a dire: *il teorema precedente si verifica anche quando la particella ha per ellissoide centrale una sfera,* il che avviene p. es., quand'essa ha la forma di un poliedro regolare o d'una sfera.

Il carattere speciale delle particelle costituite in uno dei due modi or ora indicati emerge anche dalla considerazione della forza viva. Infatti rammentando dal § 7 che le componenti x'_1, y'_1, z'_1 della velocità del punto $(x + \mathfrak{x}, y + \mathfrak{y}, z + \mathfrak{z})$ sono, (16*),

$$(18)\qquad \begin{cases} x'_1 = x' + q\mathfrak{z} - r\mathfrak{y} + \dfrac{\partial \mathfrak{E}}{\partial \mathfrak{x}}, \\[2ex] y'_1 = y' + r\mathfrak{x} - p\mathfrak{z} + \dfrac{\partial \mathfrak{E}}{\partial \mathfrak{y}}, \\[2ex] z'_1 = z' + p\mathfrak{y} - q\mathfrak{x} + \dfrac{\partial \mathfrak{E}}{\partial \mathfrak{z}}, \end{cases}$$

e chiamando $\boldsymbol{K}$ la forza viva totale della particella, considerata allo stato fluido, si trova

$$\boldsymbol{K} = \boldsymbol{k} + \tfrac{1}{2}(\mathfrak{m} v^2 + \mathfrak{m}_x p^2 + \mathfrak{m}_y q^2 + \mathfrak{m}_z r^2)$$

$$+ (\mathfrak{m}_z - \mathfrak{m}_y) p p_1 + (\mathfrak{m}_x - \mathfrak{m}_z) q q_1 + (\mathfrak{m}_y - \mathfrak{m}_x) r r_1,$$

dove per brevità si è posto

$$p_1 = \frac{1}{2}\left(\frac{\partial z'}{\partial y} + \frac{\partial y'}{\partial z}\right), \quad q_1 = \frac{1}{2}\left(\frac{\partial x'}{\partial z} + \frac{\partial z'}{\partial x}\right), \quad r_1 = \frac{1}{2}\left(\frac{\partial y'}{\partial x} + \frac{\partial x'}{\partial y}\right),$$

$$k = \frac{1}{2}\int h_1 \left[\left(\frac{\partial E}{\partial x}\right)^2 + \left(\frac{\partial E}{\partial y}\right)^2 + \left(\frac{\partial E}{\partial z}\right)^2\right] dS,$$

ossia

$$k = \tfrac{1}{2}(m_x p_1^2 + m_y q_1^2 + m_z r_1^2)$$

$$+ \frac{1}{2}\int h_1 \left[\left(\frac{\partial x'}{\partial x}\right)^2 x^2 + \left(\frac{\partial y'}{\partial y}\right)^2 y^2 + \left(\frac{\partial z'}{\partial z}\right)^2 z^2\right] dS.$$

Evidentemente k è la forza viva del moto intestino di dilatazione o di contrazione, inteso nel senso del § 7.

Indicando invece con (K) la forza viva totale della particella, considerata allo stato solido, si ha dalle (17)

$$(K) = \tfrac{1}{2}(m v^2 + m_x p^2 + m_y q^2 + m_z r^2)$$

$$+ (m_z - m_y) p p_1 + (m_x - m_z) q q_1 + (m_y - m_x) r r_1$$

$$+ \frac{(m_z - m_y)^2}{2 m_x} p_1^2 + \frac{(m_x - m_z)^2}{2 m_y} q_1^2 + \frac{(m_y - m_x)^2}{2 m_z} r_1^2.$$

Quindi

$$K - (K)$$

$$= \frac{1}{2}\left\{\left[m_x - \frac{(m_z - m_y)^2}{m_x}\right] p_1^2 + \left[m_y - \frac{(m_x - m_z)^2}{m_y}\right] q_1^2 + \left[m_z - \frac{(m_y - m_z)^2}{m_z}\right] r_1^2\right\}$$

$$+ \frac{1}{2}\int h_1 \left[\left(\frac{\partial x'}{\partial x}\right)^2 x^2 + \left(\frac{\partial y'}{\partial y}\right)^2 y^2 + \left(\frac{\partial z'}{\partial z}\right)^2 z^2\right] dS$$

$$= k - \left[\frac{(m_z - m_y)^2}{m_x} p_1^2 + \frac{(m_x - m_z)^2}{m_y} q_1^2 + \frac{(m_y - m_x)^2}{m_z} r_1^2\right].$$

Essendo

$$m_x - \frac{(m_z - m_y)^2}{m_x} = \frac{(m_x + m_y - m_z)(m_x - m_y + m_z)}{m_x}$$

$$= \frac{4\int h_1 z^2 dS . \int h_1 y^2 dS}{m_x}, \text{ ecc.}$$

la prima forma della differenza $K - (K)$ mostra ch'essa è sempre positiva, cioè che *nell'atto della solidificazione ha sempre luogo perdita di forza viva.* Dalla seconda forma poi emerge che tanto per $p_1 = q_1 = r_1 = 0$, quanto per $m_x = m_y = m_z$, si ha

$$\mathfrak{K} - (\mathfrak{K}) = \mathfrak{k}.$$

Dunque: *quando la particella è costituita in uno dei modi precedentemente descritti, la forza viva che vien perduta nell'atto della solidificazione è precisamente eguale a quella dovuta al moto intestino che viene estinto.*

§ 11.

L'oggetto di questo § è di introdurre, nelle formole già stabilite antecedentemente, tre nuove variabili ξ, η, ζ al posto delle x, y, z, ossia tre coordinate curvilinee, che si suppongono conferire al quadrato dell'elemento lineare la forma generale

$$\begin{aligned} & dx^2 + dy^2 + dz^2 \\ & = L\,d\xi^2 + N\,d\eta^2 + N\,d\zeta^2 + 2\,L_1\,d\eta\,d\zeta + 2\,M_1\,d\zeta\,d\xi + 2\,N_1\,d\xi\,d\eta, \end{aligned}$$

talchè

$$L = \sum\left(\frac{\partial x}{\partial \xi}\right)^2, \qquad M = \sum\left(\frac{\partial x}{\partial \eta}\right)^2, \qquad N = \sum\left(\frac{\partial x}{\partial \zeta}\right)^2,$$

$$L_1 = \sum\frac{\partial x}{\partial \eta}\frac{\partial x}{\partial \zeta}, \qquad M_1 = \sum\frac{\partial x}{\partial \zeta}\frac{\partial x}{\partial \xi}, \qquad N_1 = \sum\frac{\partial x}{\partial \xi}\frac{\partial x}{\partial \eta}.$$

Le ξ, η, ζ si possono poi considerare alla loro volta come funzioni di t e dei loro proprî valori iniziali α, β, γ, analogamente a ciò che si è fatto per le x, y, z.

Le tangenti alle curve secondo cui s'intersecano, in un punto dello spazio, le superficie $\xi = \text{cost.}$, $\eta = \text{cost.}$, $\zeta = \text{cost.}$ formano una terna d'assi, in generale obliqui, coll'origine in quel punto, e che si assumono come positivi nel senso in cui crescono ξ, η, ζ rispettivamente: possono chiamarsi per comodo, *assi curvilinei*. Trattasi di decomporre secondo questi assi le velocità di traslazione e di rotazione relative alla loro origine.

In primo luogo, ponendo per brevità

$$T = \tfrac{1}{2}(L\xi'^2 + M\eta'^2 + N\zeta'^2 + 2\,L_1\eta'\zeta' + 2\,M_1\zeta'\xi' + 2\,N_1\xi'\eta'),$$

si ha

$$v = \sqrt{2\,T},$$

e le componenti di v secondo gli assi curvilinei sono

$$\xi'\sqrt{L}, \qquad \eta'\sqrt{M}, \qquad \zeta'\sqrt{N}. \tag{19}$$

Poscia essendo

$$(20)\quad \begin{cases} dx = \frac{\partial x}{\partial \xi} d\xi + \frac{\partial x}{\partial \eta} d\eta + \frac{\partial x}{\partial \zeta} d\zeta, \\ dy = \frac{\partial y}{\partial \xi} d\xi + \frac{\partial y}{\partial \eta} d\eta + \frac{\partial y}{\partial \zeta} d\zeta, \\ dz = \frac{\partial z}{\partial \xi} d\xi + \frac{\partial z}{\partial \eta} d\eta + \frac{\partial z}{\partial \xi} d\xi, \end{cases} \qquad \begin{cases} x' = \frac{\partial x}{\partial \xi} \xi' + \frac{\partial x}{\partial \eta} \eta' + \frac{\partial x}{\partial \zeta} \zeta', \\ y' = \frac{\partial y}{\partial \xi} \xi' + \frac{\partial y}{\partial \eta} \eta' + \frac{\partial y}{\partial \zeta} \zeta', \\ z' = \frac{\partial z}{\partial \xi} \xi' + \frac{\partial z}{\partial \eta} \eta' + \frac{\partial z}{\partial \zeta} \zeta', \end{cases}$$

si ha

$$(21)\qquad v \cos \vartheta\, ds = x'dx + y'dy + z'dz = \frac{\partial T}{\partial \xi'} d\xi + \frac{\partial T}{\partial \eta'} d\eta + \frac{\partial T}{\partial \zeta'} d\zeta,$$

dove ϑ è l'angolo che l'elemento lineare ds, di componenti dx, dy, dz, fa colla direzione della velocità v. Di quì, osservando che per $d\eta = d\zeta = 0$ si ha $ds = d\xi \sqrt{L}$, ecc., si conchiude che *le proiezioni normali della velocità v sui tre assi curvilinei sono*

$$(19')\qquad \frac{1}{\sqrt{L}} \frac{\partial T}{\partial \xi'}, \qquad \frac{1}{\sqrt{M}} \frac{\partial T}{\partial \eta'}, \qquad \frac{1}{\sqrt{N}} \frac{\partial T}{\partial \zeta'}.$$

Si considerino ora le formole (15) del § 6, le quali, come ivi si è detto, intendendo dati a p, q, r i valori (15'), sussistono identicamente qualunque siano le variabili a, b, c. Scrivendo in quelle formole ξ, η, ζ al posto di a, b, c, è chiaro che bisogna scrivere

$$\frac{\partial T}{\partial \xi'}, \quad \frac{\partial T}{\partial \eta'}, \quad \frac{\partial T}{\partial \zeta'}$$

al posto di $\boldsymbol{A}$, $\boldsymbol{B}$, $\boldsymbol{C}$, e

$$\boldsymbol{D} = \sum \left(\pm \frac{\partial x}{\partial \xi} \frac{\partial y}{\partial \eta} \frac{\partial z}{\partial \zeta} \right) = \sqrt{LMN + 2 L_1 M_1 N_1 - LL_1^2 - MM_1^2 - NN_1^2}$$

al posto di D. Indicando dunque con π, $\varkappa$, ρ i valori che prendono $p_0 : D$, $q_0 : D$, $r_0 : D$ per tale mutamento, si ha immediatamente

$$(22)\qquad \begin{cases} p = \pi \frac{\partial x}{\partial \xi} + \varkappa \frac{\partial x}{\partial \eta} + \rho \frac{\partial x}{\partial \zeta}, \\ q = \pi \frac{\partial y}{\partial \xi} + \varkappa \frac{\partial y}{\partial \eta} + \rho \frac{\partial y}{\partial \zeta}, \\ r = \pi \frac{\partial z}{\partial \xi} + \varkappa \frac{\partial z}{\partial \eta} + \rho \frac{\partial z}{\partial \zeta}, \end{cases}$$

dove

$$(22') \qquad \left\{ \begin{aligned} D\pi &= \frac{1}{2}\left(\frac{\partial\frac{\partial T}{\partial\zeta'}}{\partial\eta} - \frac{\partial\frac{\partial T}{\partial\eta'}}{\partial\zeta}\right), \\ D\varkappa &= \frac{1}{2}\left(\frac{\partial\frac{\partial T}{\partial\xi'}}{\partial\zeta} - \frac{\partial\frac{\partial T}{\partial\zeta'}}{\partial\xi}\right), \\ D\rho &= \frac{1}{2}\left(\frac{\partial\frac{\partial T}{\partial\eta'}}{\partial\xi} - \frac{\partial\frac{\partial T}{\partial\xi'}}{\partial\eta}\right). \end{aligned} \right.$$

Sia ora n una retta qualunque, condotta per il punto (ξ, η, ζ): dalle (22) si ha

$$p\cos(x, n) + q\cos(y, n) + r\cos(z, n)$$
$$= \pi\sqrt{L}\cos(\xi, n) + \varkappa\sqrt{M}\cos(\eta, n) + \rho\sqrt{N}\cos(\zeta, n).$$

La forma di questa equazione, che vale qualunque sia la direzione di n, mostra senz'altro che *le componenti della rotazione istantanea w secondo i tre assi curvilinei sono*

$$(23) \qquad \pi\sqrt{L}, \qquad \varkappa\sqrt{M}, \qquad \rho\sqrt{N},$$

mentre il valore di w è dato da

$$w^2 = L\pi^2 + M\varkappa^2 + N\rho^2 + 2L_1\varkappa\rho + 2M_1\rho\pi + 2N_1\pi\varkappa.$$

Si trova facilmente che le *projezioni normali della rotazione w sui medesimi tre assi sono*

$$(23') \qquad \frac{1}{\sqrt{L}}\frac{\partial\left(\frac{1}{2}w^2\right)}{\partial\pi}, \qquad \frac{1}{\sqrt{M}}\frac{\partial\left(\frac{1}{2}w^2\right)}{\partial\varkappa}, \qquad \frac{1}{\sqrt{N}}\frac{\partial\left(\frac{1}{2}w^2\right)}{\partial\rho}.$$

È utile osservare che, essendo

$$\cos(x, n) = \frac{\partial x}{\partial n} = \frac{\partial x}{\partial\xi}\frac{\partial\xi}{\partial n} + \frac{\partial x}{\partial\eta}\frac{\partial\eta}{\partial n} + \frac{\partial x}{\partial\zeta}\frac{\partial\zeta}{\partial n}, \text{ ecc., ecc.,}$$

le (22) dànno anche

$$(24) \qquad p\frac{\partial x}{\partial n} + q\frac{\partial y}{\partial n} + r\frac{\partial z}{\partial n} = \pi\frac{\partial T}{\partial\xi_1} + \varkappa\frac{\partial T}{\partial\eta_1} + \rho\frac{\partial T}{\partial\zeta_1},$$

dove si è posto

$$\xi_1 = \frac{\partial\xi}{\partial n}, \qquad \eta_1 = \frac{\partial\eta}{\partial n}, \qquad \zeta_1 = \frac{\partial\zeta}{\partial n},$$

e dove la T del secondo membro s'intende formata colle ξ_1, η_1, ζ_1 anzichè colle ξ', η', ζ'.

Le identità (15) possono essere nuovamente applicate collo scrivere al posto delle x, y, z le ξ, η, ζ; al posto delle x', y', z' le $\frac{\partial T}{\partial \xi'}, \frac{\partial T}{\partial \eta'}, \frac{\partial T}{\partial \zeta'}$; ed al posto delle a, b, c le tre variabili α, β, γ di cui si considerano funzioni le $\xi, \eta, \zeta, \xi', \eta', \zeta'$. In tal modo, ponendo

$$\left\{\begin{aligned} \boldsymbol{L} &= \frac{\partial T}{\partial \xi'}\frac{\partial \xi}{\partial \alpha} + \frac{\partial T}{\partial \eta'}\frac{\partial \eta}{\partial \alpha} + \frac{\partial T}{\partial \zeta'}\frac{\partial \zeta}{\partial \alpha}, \\ \boldsymbol{M} &= \frac{\partial T}{\partial \xi'}\frac{\partial \xi}{\partial \beta} + \frac{\partial T}{\partial \eta'}\frac{\partial \eta}{\partial \beta} + \frac{\partial T}{\partial \zeta'}\frac{\partial \zeta}{\partial \beta}, \\ \boldsymbol{N} &= \frac{\partial T}{\partial \xi'}\frac{\partial \xi}{\partial \gamma} + \frac{\partial T}{\partial \eta'}\frac{\partial \eta}{\partial \gamma} + \frac{\partial T}{\partial \zeta'}\frac{\partial \zeta}{\partial \gamma}, \end{aligned}\right. \qquad \left\{\begin{aligned} \mathfrak{P} &= \frac{1}{2}\left(\frac{\partial \boldsymbol{N}}{\partial \beta} - \frac{\partial \boldsymbol{M}}{\partial \gamma}\right), \\ \mathfrak{Q} &= \frac{1}{2}\left(\frac{\partial \boldsymbol{L}}{\partial \gamma} - \frac{\partial \boldsymbol{N}}{\partial \alpha}\right), \\ \mathfrak{R} &= \frac{1}{2}\left(\frac{\partial \boldsymbol{M}}{\partial \alpha} - \frac{\partial \boldsymbol{L}}{\partial \beta}\right), \end{aligned}\right.$$

e scrivendo in luogo di $\boldsymbol{A}, \boldsymbol{B}, \boldsymbol{C}, p_0, q_0, r_0$ e D, ordinatamente $\boldsymbol{L}, \boldsymbol{M}, \boldsymbol{N}, \mathfrak{P}, \mathfrak{Q}, \mathfrak{R}$ e $\Delta = \sum\left(\pm \frac{\partial \xi}{\partial \alpha}\frac{\partial \eta}{\partial \beta}\frac{\partial \zeta}{\partial \gamma}\right)$, si trovano le formole seguenti, che sono le correlative delle (15) nel sistema delle coordinate ξ, η, ζ:

$$(25) \qquad \left\{\begin{aligned} \boldsymbol{D}\Delta\pi &= \mathfrak{P}\frac{\partial \xi}{\partial \alpha} + \mathfrak{Q}\frac{\partial \xi}{\partial \beta} + \mathfrak{R}\frac{\partial \xi}{\partial \gamma}, \\ \boldsymbol{D}\Delta\varkappa &= \mathfrak{P}\frac{\partial \eta}{\partial \alpha} + \mathfrak{Q}\frac{\partial \eta}{\partial \beta} + \mathfrak{R}\frac{\partial \eta}{\partial \gamma}, \\ \boldsymbol{D}\Delta\rho &= \mathfrak{P}\frac{\partial \zeta}{\partial \alpha} + \mathfrak{Q}\frac{\partial \zeta}{\partial \beta} + \mathfrak{R}\frac{\partial \zeta}{\partial \gamma}. \end{aligned}\right.$$

Operando poi su queste come si è operato sulle (15) per avere le (15''), si trova

$$(26) \qquad \left\{\begin{aligned} (\boldsymbol{D}\Delta\pi)' &= \boldsymbol{D}\Delta\left(\pi\frac{\partial \xi'}{\partial \xi} + \varkappa\frac{\partial \xi'}{\partial \eta} + \rho\frac{\partial \xi'}{\partial \zeta}\right) \\ &\quad + \left(\mathfrak{P}'\frac{\partial \xi}{\partial \alpha} + \mathfrak{Q}'\frac{\partial \xi}{\partial \beta} + \mathfrak{R}'\frac{\partial \xi}{\partial \gamma}\right), \\ (\boldsymbol{D}\Delta\varkappa)' &= \boldsymbol{D}\Delta\left(\pi\frac{\partial \eta'}{\partial \xi} + \varkappa\frac{\partial \eta'}{\partial \eta} + \rho\frac{\partial \eta'}{\partial \zeta}\right) \\ &\quad + \left(\mathfrak{P}'\frac{\partial \eta}{\partial \alpha} + \mathfrak{Q}'\frac{\partial \eta}{\partial \beta} + \mathfrak{R}'\frac{\partial \eta}{\partial \gamma}\right), \\ (\boldsymbol{D}\Delta\rho)' &= \boldsymbol{D}\Delta\left(\pi\frac{\partial \zeta'}{\partial \xi} + \varkappa\frac{\partial \zeta'}{\partial \eta} + \rho\frac{\partial \zeta'}{\partial \zeta}\right) \\ &\quad + \left(\mathfrak{P}'\frac{\partial \zeta}{\partial \alpha} + \mathfrak{Q}'\frac{\partial \zeta}{\partial \beta} + \mathfrak{R}'\frac{\partial \zeta}{\partial \gamma}\right). \end{aligned}\right.$$

È bene osservare che, detto $\boldsymbol{D}_0$ il valore iniziale di $\boldsymbol{D}$, cioè posto

$$\boldsymbol{D}_0 = \sum\left(\pm \frac{\partial a}{\partial \alpha}\frac{\partial b}{\partial \beta}\frac{\partial c}{\partial \gamma}\right),$$

si ha

(27) $$\boldsymbol{D}\Delta = D\boldsymbol{D}_0 .$$

Per formare colle nuove variabili la funzione $\boldsymbol{E}$ basta osservare che scrivendo δx, δy, δz invece di $\boldsymbol{x}$, $\boldsymbol{y}$, $\boldsymbol{z}$, si ha, (10),

$$2\boldsymbol{E} = \delta x \delta x' + \delta y \delta y' + \delta z \delta z',$$

dove la caratteristica δ si riferisce al passaggio dal punto (x, y, z) ad un punto infinitamente vicino, ritenuto t costante. Ora dalla seconda terna delle equazioni (20) si deduce

$$\delta x' = \left(\frac{\partial x}{\partial \xi}\right)'\delta\xi + \left(\frac{\partial x}{\partial \eta}\right)'\delta\eta + \left(\frac{\partial x}{\partial \zeta}\right)'\delta\zeta + \frac{\partial x}{\partial \xi}\delta\xi' + \frac{\partial x}{\partial \eta}\delta\eta' + \frac{\partial x}{\partial \zeta}\delta\zeta',$$

con due equazioni analoghe per $\delta y'$ e $\delta z'$. Moltiplicando membro a membro queste tre equazioni per quelle della prima terna (20), dopo aver mutato in queste ultime d in δ, e facendo la somma dei risultati, si trova

(28) $$2\boldsymbol{E} = \tfrac{1}{2}(L'\delta\xi^2 + \cdots + 2N_1'\delta\xi\delta\eta) + L\delta\xi\delta\xi' + \cdots + N_1(\delta\xi\delta\eta' + \delta\eta\delta\xi').$$

Ottenuta $\boldsymbol{E}$, si ha θ dalla formola (9')

$$(L\delta\xi^2 + \cdots + 2N_1\delta\xi\delta\eta)\,\theta - 2\boldsymbol{E} = 0 .$$

Il primo membro di quest'equazione è una funzione omogenea e quadratica in $\delta\xi$, $\delta\eta$, $\delta\zeta$, il cui discriminante, eguagliato a zero, dà l'equazione cubica in θ che ha per radici le tre dilatazioni principali; le derivate parziali della stessa funzione, prese rispetto a $\delta\xi$, $\delta\eta$, $\delta\zeta$ ed eguagliate a zero, fanno conoscere, per ciascuno dei tre valori di θ, i corrispondenti valori dei rapporti $\delta\xi : \delta\eta : \delta\zeta$, ossia le direzioni principali.

Si ponga

(29) $$\frac{\partial x'}{\partial x} + \frac{\partial y'}{\partial y} + \frac{\partial z'}{\partial z} = \Theta.$$

Questa funzione, che per notissimi teoremi di determinanti è anche esprimibile nella forma

(29') $$\Theta = (\log D)',$$

ha un significato assai importante. Infatti immaginando una qualunque superficie chiusa

ω, racchiudente uno spazio S tutto pieno di fluido, si ha

$$\int \Theta\, d S = -\int\left(x' \frac{\partial x}{\partial n} + y' \frac{\partial y}{\partial n} + z' \frac{\partial z}{\partial n}\right) d\omega = -\int v \cos(v, n)\, d\omega,$$

dove n è la normale interna all'elemento $d\omega$. Ora $v \cos(v, n)\, dt\, d\omega$ è il volume di fluido che nel tempuscolo dt penetra entro lo spazio S, attraverso all'elemento $d\omega$: quindi il rapporto

$$\frac{\int \Theta\, d S}{S}$$

esprime la dilatazione cubica media del volume S di fluido, riportata all'unità di volume e di tempo. Quando lo spazio S diminuisce indefinitamente fino a ridursi ad un punto m, questo rapporto converge verso il valore Θ nel punto m. Dunque *la funzione* $\Theta(x, y, z, t)$ *esprime la* DILATAZIONE CUBICA *del fluido nel punto* (x, y, z) *e nell'istante* t *).

Introducendo le coordinate curvilinee ξ, η, ζ si trova

$$(29'') \qquad \Theta = \frac{1}{D}\left[\frac{\partial(D\xi')}{\partial \xi} + \frac{\partial(D\eta')}{\partial \eta} + \frac{\partial(D\zeta')}{\partial \zeta}\right];$$

e ponendo

$$\frac{\partial T}{\partial \xi'} = X, \qquad \frac{\partial T}{\partial \eta'} = Y, \qquad \frac{\partial T}{\partial \zeta'} = Z,$$

donde

$$\xi' = \frac{\partial \mathcal{T}}{\partial X}, \qquad \eta' = \frac{\partial \mathcal{T}}{\partial Y}, \qquad \zeta' = \frac{\partial \mathcal{T}}{\partial Z},$$

ove la $\mathcal{T}$ è *la forma reciproca* di T, si trova ancora

$$(29''') \qquad \Theta = \frac{1}{D}\left[\frac{\partial}{\partial \xi}\left(D \frac{\partial \mathcal{T}}{\partial X}\right) + \frac{\partial}{\partial \eta}\left(D \frac{\partial \mathcal{T}}{\partial Y}\right) + \frac{\partial}{\partial \zeta}\left(D \frac{\partial \mathcal{T}}{\partial Z}\right)\right].$$

Quando X, Y, Z sono le derivate parziali di una funzione $\Phi(\xi, \eta, \zeta, t)$ rispetto a ξ, η, ζ [nel qual caso, (21), anche $x' dx + y' dy + z' dz$ è un differenziale esatto ed il moto elementare è privo di rotazione], il secondo membro di quest'ultima equazione diventa l'espressione generale di $\Delta_2 \Phi$.

*) Per questo passo e pel seguente cfr. BELTRAMI, *Teoria generale dei parametri differenziali*, § 4. (Mem. dell'Accad. di Bologna, serie II, t. VIII, 1869), oppure queste OPERE, vol. II, pag. 74.

Finalmente si può osservare, (27), (29′), che si ha pure

$$(29'''') \qquad \Theta = (\log D)' + (\log \Delta)'.$$

Per fare un'applicazione semplicissima di alcune delle formole trovate in questo § si supponga che ξ e ζ siano le distanze normali di un punto dall'asse delle z e dal piano xy, e che η sia l'angolo che il piano condotto per il punto e per l'asse delle z fa col piano zx. In tal caso si ha

$$L = 1, \quad M = \xi^2, \quad N = 1, \quad L_1 = M_1 = N_1 = 0,$$

$$T = \tfrac{1}{2}(\xi'^2 + \xi^2\eta'^2 + \zeta'^2), \quad D = \xi;$$

ξ' e ζ' sono le componenti di v secondo le direzioni delle rette ξ e ζ, mentre η' è la velocità angolare del moto intorno all'asse delle z. Se il moto del fluido è tutto simmetrico intorno a quest'asse, ξ', η' e ζ' sono funzioni delle sole ξ, ζ, t e le componenti della rotazione istantanea w secondo le rette ξ, ζ sono rispettivamente, (22′), (23),

$$-\frac{\xi}{2}\frac{\partial \eta'}{\partial \zeta}, \qquad \eta' + \frac{\xi}{2}\frac{\partial \eta'}{\partial \xi},$$

mentre la componente secondo la normale al piano condotto per il punto e per l'asse delle z è

$$\frac{1}{2}\left(\frac{\partial \xi'}{\partial \zeta} - \frac{\partial \zeta'}{\partial \xi}\right).$$

Affinchè sussista questa sola componente, cioè affinchè l'asse istantaneo in ogni punto sia normale a questo piano, bisogna che la quantità $\xi^2\eta'$ sia indipendente dalle coordinate ξ, ζ, ossia che la velocità angolare del moto intorno all'asse di simmetria sia (per uno stesso istante) inversamente proporzionale al quadrato della distanza del punto dall'asse *). Il fattore di proporzionalità può tuttavia variare con t.

§ 12.

L'importante concetto della rotazione istantanea d'una particella fluida è stato fondato da W. THOMSON **) sopra una considerazione diversa dalle precedenti e che me-

*) Questo teorema *cinematico* non è da confondersi col teorema dinamico di SVANBERG, Journal für die reine und angewandte Mathematik, t. XXIV (1842), pag. 153.

**) *On vortex motion*, nelle Transactions of the R. Society of Edinburgh, t. XXV (1867-69), pag. 217.

rita d'essere stabilmente introdotta in questo campo di ricerca. A tal fine giova premettere un lemma di calcolo integrale.

Siano u, v coordinate curvilinee e sia

$$ds^2 = E du^2 + 2 F du dv + G dv^2$$

il quadrato dell'elemento lineare d'una superficie qualunque, di cui, per lo scopo attuale, basta considerare una porzione finita, connessa e tale che le linee $u =$ cost., $v =$ cost. presentino intorno a ciascun suo punto il carattere reticolare di un sistema cartesiano, tale cioè che in ciascun punto non s'incrocino che due linee di sistema differente sotto un angolo diverso da $0°$ e da $180°$ *). Siano inoltre φ, ψ due funzioni di u, v, monodrome, finite e continue in ogni punto dell'area considerata ω e del suo contorno s. In tali condizioni è noto sussistere la relazione

$$\int\int\left(\frac{\partial\psi}{\partial u} - \frac{\partial\varphi}{\partial v}\right) du\, dv = \int (\varphi du + \psi dv),$$

dove l'integrale del primo membro si estende a tutta l'area ω, e quello del secondo a tutto il contorno s, percorso in senso determinato. Per fissare bene questo senso, si concepiscano spiccati da un punto qualunque (u, v) della superficie due raggi rettilinei, l'uno R_u tangente alla linea $v =$ cost. nella direzione in cui cresce u, l'altro R_v tangente alla linea $u =$ cost. nella direzione in cui cresce v. La rotazione necessaria a condurre R_u sopra R_v attraverso l'angolo interposto, minore di $180°$, è positiva per un osservatore collocato da una parte del piano dei due raggi, negativa per uno collocato dall'altra, supposto che egli guardi la superficie da un punto della normale in (u, v). Ciò premesso si dice *positiva* quella parte della normale dai punti della quale la detta rotazione apparisce positiva, e parimenti *positiva* si dice quella faccia dell'elemento di superficie che è rivolta verso la propria normale positiva. È chiaro che, nelle condizioni ammesse circa la disposizione delle linee coordinate, le faccie positive dei varî elementi si continuano le une nelle altre, talchè un punto obbligato a restare in prossimità della superficie dalla parte delle normali positive non può mai attraversare la superficie stessa. Finalmente, una curva rientrante dicesi percorsa *in senso positivo* da un punto mobile, quando il raggio vettore che congiunge questo punto con un punto fisso infinitamente vicino, preso nell'interno dell'area racchiusa, ruota *positivamente* intorno alla normale *positiva* eretta nel punto fisso **). Tornando ora all'equazione pre-

---

*) Cfr. *Delle variabili complesse sopra una superficie qualunque,* Annali di Matematica, serie II, t. I (1867); oppure queste OPERE, vol. I, pag. 329.

**) La scelta del senso che si assume come positivo nelle rotazioni resta arbitraria. Sarebbe molto da desiderarsi ch'essa venisse fatta da tutti gli autori una volta per sempre, adottando come positiva la rotazione della lancetta d'un orologio rispetto ad un osservatore posto davanti al quadrante.

cedente, basta aggiungere che l'integrale del secondo membro dev'essere calcolato percorrendo il contorno positivamente, per escludere qualunque ambiguità circa l'interpretazione della equazione medesima.

Ciò premesso siano x, y, z le ordinarie coordinate rettangole del punto (u, v) e si ponga

$$\varphi = x' \frac{\partial x}{\partial u} + y' \frac{\partial y}{\partial u} + z' \frac{\partial z}{\partial u},$$

$$\psi = x' \frac{\partial x}{\partial v} + y' \frac{\partial y}{\partial v} + z' \frac{\partial z}{\partial v},$$

dove x', y', z' sono tre funzioni di x, y, z monodrome, finite e continue in ω. Per adempire le condizioni già ammesse per le φ, ψ convien supporre che anche le derivate prime di x, y, z rispetto ad u, v siano monodrome, finite e continue. Ora si trova facilmente

$$\begin{aligned}\frac{\partial \psi}{\partial u} - \frac{\partial \varphi}{\partial v} = &\left(\frac{\partial z'}{\partial y} - \frac{\partial y'}{\partial z}\right)\left(\frac{\partial y}{\partial u}\frac{\partial z}{\partial v} - \frac{\partial y}{\partial v}\frac{\partial z}{\partial u}\right)\\ &+ \left(\frac{\partial x'}{\partial z} - \frac{\partial z'}{\partial x}\right)\left(\frac{\partial z}{\partial u}\frac{\partial x}{\partial v} - \frac{\partial z}{\partial v}\frac{\partial x}{\partial u}\right)\\ &+ \left(\frac{\partial y'}{\partial x} - \frac{\partial x'}{\partial y}\right)\left(\frac{\partial x}{\partial u}\frac{\partial y}{\partial v} - \frac{\partial x}{\partial v}\frac{\partial y}{\partial u}\right),\end{aligned}$$

ossia, posto $H = +\sqrt{EG - F^2}$,

$$\frac{\partial \psi}{\partial u} - \frac{\partial \varphi}{\partial v} = H\left[\left(\frac{\partial z'}{\partial y} - \frac{\partial y'}{\partial z}\right)\frac{\partial x}{\partial n} + \left(\frac{\partial x'}{\partial z} - \frac{\partial z'}{\partial x}\right)\frac{\partial y}{\partial n} + \left(\frac{\partial y'}{\partial x} - \frac{\partial x'}{\partial y}\right)\frac{\partial z}{\partial n}\right],$$

dove n è la normale positiva nel punto (u, v). Si ha dunque, dall'equazione riportata,

$$(30)\quad \left\{\begin{aligned}&\int\left[\left(\frac{\partial z'}{\partial y} - \frac{\partial y'}{\partial z}\right)\frac{\partial x}{\partial n} + \left(\frac{\partial x'}{\partial z} - \frac{\partial z'}{\partial x}\right)\frac{\partial y}{\partial n} + \left(\frac{\partial y'}{\partial x} - \frac{\partial x'}{\partial y}\right)\frac{\partial z}{\partial n}\right] d\omega\\ &\qquad = \int (x'dx + y'dy + z'dz).\end{aligned}\right.$$

Questa formola, dovuta ad H. HANKEL *), non è altro che una trasformazione di

*) Cfr. *Allgemeine Theorie der Bewegung der Flüssigkeiten*, § 7. Questa memoria di HANKEL data dal 1861, e quindi la priorità del teorema in discorso non può in alcun caso appartenere ai sigg. THOMSON e TAIT, come vorrebbe il THOMSON [*On Vortex motion* § 60, (*q*)]. Anche LIPSCHITZ [*Sopra la teoria dell'inversione di un sistema di funzioni*, Annali di Matematica, serie II, tomo IV (1870-71), pag. 247], attribuisce il teorema a HANKEL.

quella notissima che si è richiamata al principio di questo §, ma si presta con vantaggio a svariate ed utili applicazioni.

Essa può servire, per es. a trasformare l'integrale

$$\int\int \varphi \cos(ds, ds_1)\, ds\, ds_1,$$

ossia

$$\int\int \varphi (dx\, dx_1 + dy\, dy_1 + dz\, dz_1),$$

nel quale φ è una funzione delle differenze $x - x_1$, $y - y_1$, $z - z_1$ e le due integrazioni si riferiscono, quella rispetto ad x, y, z ad una curva chiusa s, quella rispetto ad x_1, y_1, z_1 ad un'altra curva chiusa s_1, curve che si suppongono non intrecciate fra loro. Infatti scrivendolo nella forma

$$\int ds_1 \int \varphi \left(\frac{dx_1}{ds_1} dx + \frac{dy_1}{ds_1} dy + \frac{dz_1}{ds_1} dz \right),$$

ed applicando il teorema di Hankel all'integrale lineare interno, si trova ch'esso equivale a

$$\int \left(X_1 \frac{dx_1}{ds_1} + Y_1 \frac{dy_1}{ds_1} + Z_1 \frac{dz_1}{ds_1} \right) d\omega,$$

dove ω è una superficie semplicemente connessa, terminata al contorno s e non avente alcun punto comune con s_1, e dove per brevità si è posto

$$X_1 = \frac{\partial \varphi}{\partial y_1} \frac{\partial z}{\partial n} - \frac{\partial \varphi}{\partial z_1} \frac{\partial y}{\partial n},$$

$$Y_1 = \frac{\partial \varphi}{\partial z_1} \frac{\partial x}{\partial n} - \frac{\partial \varphi}{\partial x_1} \frac{\partial z}{\partial n},$$

$$Z_1 = \frac{\partial \varphi}{\partial x_1} \frac{\partial y}{\partial n} - \frac{\partial \varphi}{\partial y_1} \frac{\partial x}{\partial n}.$$

Conseguentemente l'integrale proposto equivale a quest'altro

$$\int d\omega \int (X_1\, dx_1 + Y_1\, dy_1 + Z_1\, dz_1),$$

ossia, applicando nuovamente il teorema (30), a

$$\int\int \left[\left(\frac{\partial Z_1}{\partial y_1} - \frac{\partial Y_1}{\partial z_1} \right) \frac{\partial x_1}{\partial n_1} + \left(\frac{\partial X_1}{\partial z_1} - \frac{\partial Z_1}{\partial x_1} \right) \frac{\partial y_1}{\partial n_1} + \left(\frac{\partial Y_1}{\partial x_1} - \frac{\partial X_1}{\partial y_1} \right) \frac{\partial z_1}{\partial n_1} \right] d\omega\, d\omega_1.$$

Ora si ha

$$\frac{\partial Z_1}{\partial y_1} - \frac{\partial Y_1}{\partial z_1} = \frac{\partial}{\partial x_1}\left(\frac{\partial \varphi}{\partial x_1}\frac{\partial x}{\partial n} + \frac{\partial \varphi}{\partial y_1}\frac{\partial y}{\partial n} + \frac{\partial \varphi}{\partial z_1}\frac{\partial z}{\partial n}\right) - \frac{\partial x}{\partial n}\Delta_2 \varphi,$$

e così per gli altri due binomî analoghi; quindi si può scrivere

$$\frac{\partial Z_1}{\partial y_1} - \frac{\partial Y_1}{\partial z_1} = -\frac{\partial}{\partial x_1}\left(\frac{\partial \varphi}{\partial n}\right) - \frac{\partial x}{\partial n}\Delta_2 \varphi,$$

$$\frac{\partial X_1}{\partial z_1} - \frac{\partial Z_1}{\partial x_1} = -\frac{\partial}{\partial y_1}\left(\frac{\partial \varphi}{\partial n}\right) - \frac{\partial y}{\partial n}\Delta_2 \varphi,$$

$$\frac{\partial Y_1}{\partial x_1} - \frac{\partial X_1}{\partial y_1} = -\frac{\partial}{\partial z_1}\left(\frac{\partial \varphi}{\partial n}\right) - \frac{\partial z}{\partial n}\Delta_2 \varphi.$$

In virtù di questi valori l'espressione precedente equivale a

$$-\int\int \frac{\partial^2 \varphi}{\partial n\, \partial n_1} d\omega\, d\omega_1 - \int\int \Delta^2 \varphi . \cos(dn,\, dn_1)\, d\omega\, d\omega_1,$$

e si ha finalmente

$$(31) \qquad \begin{cases} \displaystyle\int\int \varphi \cos(ds,\, ds_1) ds\, ds_1 \\ \displaystyle + \int\int \Delta_2 \varphi . \cos(dn,\, dn_1)\, d\omega\, d\omega_1 + \int\int \frac{\partial^2 \varphi}{\partial n\, \partial n_1} d\omega\, d\omega_1 = 0. \end{cases}$$

Tale è la trasformazione d'integrali che si voleva stabilire. Se, in particolare, si pone

$$\varphi = \frac{1}{u} = \frac{1}{\sqrt{(x-x_1)^2 + (y-y_1)^2 + (z-z_1)^2}},$$

si trova la formola

$$(31') \qquad \int\int \frac{\cos(ds,\, ds_1)}{u} ds\, ds_1 = -\int\int \frac{\partial^2 \frac{1}{u}}{\partial n\, \partial n_1} d\omega\, d\omega_1,$$

il cui primo membro è (salvo un fattore) la nota espressione del potenziale di due correnti elettriche, mentre il secondo è una espressione equivalente, che corrisponde alla sostituzione di un doppio strato magnetico in luogo di ciascuna delle correnti stesse.

Il teorema (30) è facilmente traducibile nelle coordinate generali ξ, η, ζ. Infatti, supposto che x', y', z' siano le componenti della velocità del punto (x, y, z) di una massa fluida, l'equazione (30) può scriversi

$$(30') \qquad \int (x'dx + y'dy + z'dz) = 2\int \left(p\frac{\partial x}{\partial n} + q\frac{\partial y}{\partial n} + r\frac{\partial z}{\partial n}\right) d\omega .$$

Da questa forma si passa subito, (21), (24), alla

$$(30'') \qquad \int \left(\frac{\partial T}{\partial \xi'} d\xi + \frac{\partial T}{\partial \eta'} d\eta + \frac{\partial T}{\partial \zeta'} d\zeta\right) = 2\int \left(\frac{\partial T}{\partial \xi_1}\pi + \frac{\partial T}{\partial \eta_1}\varkappa + \frac{\partial T}{\partial \zeta_1}\rho\right) d\omega$$

od anche, (22'), alla

$$(30''') \left\{ \begin{aligned} & \int (\boldsymbol{X}d\xi + \boldsymbol{Y}d\eta + \boldsymbol{Z}d\zeta) \\ & = \int \left[\frac{\partial T}{\partial \xi_1}\left(\frac{\partial \boldsymbol{Z}}{\partial \eta} - \frac{\partial \boldsymbol{Y}}{\partial \zeta}\right) + \frac{\partial T}{\partial \eta_1}\left(\frac{\partial \boldsymbol{X}}{\partial \zeta} - \frac{\partial \boldsymbol{Z}}{\partial \xi}\right) + \frac{\partial T}{\partial \zeta_1}\left(\frac{\partial \boldsymbol{Y}}{\partial \xi} - \frac{\partial \boldsymbol{X}}{\partial \eta}\right)\right]\frac{d\omega}{\boldsymbol{D}}, \end{aligned} \right.$$

dove $\boldsymbol{X}$, $\boldsymbol{Y}$, $\boldsymbol{Z}$ sono tre funzioni arbitrarie (purchè monodrome, continue e finite) di ξ, η, ζ. Bisogna però supporre soddisfatte le solite condizioni circa i ceefficienti dell'elemento lineare

$$\sqrt{L\,d\xi^2 + \cdots + 2N_1\,d\xi\,d\eta}\,.$$

Quando la superficie ω è chiusa, potendosene supporre ridotto a un punto il contorno, si ha dalla (30')

$$(32) \qquad \int \left(p\frac{\partial x}{\partial n} + q\frac{\partial y}{\partial n} + r\frac{\partial z}{\partial n}\right) d\omega = 0 .$$

Ciò risulta anche dall'essere, (16),

$$\int \left(p\frac{\partial x}{\partial n} + q\frac{\partial y}{\partial n} + r\frac{\partial z}{\partial n}\right) d\omega = -\int \left(\frac{\partial p}{\partial x} + \frac{\partial q}{\partial y} + \frac{\partial r}{\partial z}\right) dS = 0 ,$$

intendendo per S lo spazio racchiuso entro la superficie ω.

THOMSON chiama *flusso* lungo una linea qualunque tracciata nel fluido il valcre dell'integrale lineare

$$\int v \cos \vartheta \, ds ,$$

ossia

$$\int (x'dx + y'dy + z'dz)$$

preso lungo questa linea percorsa in un senso determinato, e chiama *circolazione* il flusso totale lungo una linea rientrante in sè medesima. Dalla forma della precedente equazione (30′) risulta immediatamente (ed è anche chiaro senz'altro) che quando un'area è divisa in un numero qualunque di parti, da trasversali tracciate ad arbitrio, la circolazione lungo il contorno dell'area totale è sempre eguale alla somma delle circolazioni lungo i contorni di tutte le aree parziali, purchè i contorni siano percorsi tutti positivamente o tutti negativamente.

Quando la superficie ω si riduce ad un elemento piano infinitesimale, si ha

$$p\frac{\partial x}{\partial n} + q\frac{\partial y}{\partial n} + r\frac{\partial z}{\partial n} = \frac{\int (x'dx + y'dy + z'dz)}{2\omega},$$

donde il teorema: *se per un punto qualunque del fluido, in un determinato istante, si conduce un elemento piano circostante al punto medesimo, la circolazione positiva lungo il contorno di questo elemento, divisa per la sua doppia area, è eguale alla componente, secondo la normale all'elemento, della rotazione istantanea che ha luogo in quel punto.*

Questo teorema, nell'enunciato del quale la parola rotazione è presa nel senso già sviluppato nei §§ precedenti, sussiste eziandio per un sistema rigido, anzi in questo caso, essendo dovunque costanti le quantità p, q, r (in un istante determinato), esso può essere applicato ad ogni area *finita* ω, purchè *piana*. Il Thomson si è fondato su questa proprietà, facile a provarsi direttamente, per assumere a *priori* l'espressione

$$\frac{\int (x'dx + y'dy + z'dz)}{2\omega}$$

in cui ω è evanescente, come *definizione* della *rotazione* che ha luogo nella particella fluida circostante al punto (x, y, z), secondo l'asse normale all'elemento piano ω *), ed è in questo modo che egli introduce nelle sue ricerche il concetto della rotazione elementare dei fluidi.

L'accordo di questa definizione con quella ammessa nei §§ precedenti, in base a semplici considerazioni di cinematica, è manifesto. D'altronde è facile verificarlo *a posteriori* osservando che dalle (18) si ha, tenute costanti le x, y, z,

$$x'_1 dx_1 + y'_1 dy_1 + z'_1 dz_1 = d(x'\mathfrak{x} + y'\mathfrak{y} + z'\mathfrak{z} + E)$$
$$+ p(\mathfrak{y}\,d\mathfrak{z} - \mathfrak{z}\,d\mathfrak{y}) + q(\mathfrak{z}\,d\mathfrak{x} - \mathfrak{x}\,d\mathfrak{z}) + r(\mathfrak{x}\,d\mathfrak{y} - \mathfrak{y}\,d\mathfrak{x}).$$

Integrando ambedue i membri di quest'equazione lungo il contorno d'un elemento piano passante per (x, y, z) si ritrova immediatamente la formola da cui ha preso le

*) *On vortex motion*, § 60 (d), (e).

mosse THOMSON. È del resto facile scorgere che il genere di considerazioni usate da questo autore per istabilire il concetto della rotazione, presenta moltissima analogìa con quello a cui s'era già attenuto HANKEL nella sua pregevole Memoria più volte citata (cfr. il § 8 di tale lavoro).

Si può assegnare un'espressione molto semplice della derivata rispetto al tempo del flusso

$$\mathfrak{J} = \int (x' dx + y' dy + z' dz)$$

relativo ad una linea qualunque s tracciata nel fluido e mobile con esso.

Infatti dalle (3') si ha

$$x' dx + y' dy + z' dz = \boldsymbol{A} da + \boldsymbol{B} db + \boldsymbol{C} dc,$$

dove gli incrementi dx, dy, dz si riferiscono ad un elemento ds della linea s il quale, nello stato iniziale del fluido, aveva le componenti da, db, dc. Da quì si trae

$$(x' dx + y' dy + z' dz)' = \boldsymbol{A}' da + \boldsymbol{B}' db + \boldsymbol{C}' dc.$$

Ora dai medesimi valori (3') si deduce

$$\boldsymbol{A}' = \sum x'' \frac{\partial x}{\partial a} + \frac{\partial \left(\frac{1}{2} v^2\right)}{\partial a},$$

$$\boldsymbol{B}' = \sum x'' \frac{\partial x}{\partial b} + \frac{\partial \left(\frac{1}{2} v^2\right)}{\partial b},$$

$$\boldsymbol{C}' = \sum x'' \frac{\partial x}{\partial c} + \frac{\partial \left(\frac{1}{2} v^2\right)}{\partial c},$$

quindi

$$(x' dx + y' dy + z' dz)' = x'' dx + y'' dy + z'' dz + d\left(\tfrac{1}{2} v^2\right),$$

ovvero, indicando con v l'accelerazione del punto (x, y, z) e con θ l'angolo ch'essa forma coll'elemento ds,

$$(x' dx + y' dy + z' dz)' = v \cos \theta \, ds + d\left(\tfrac{1}{2} v^2\right).$$

In questa formola le variabili s e t sono del tutto indipendenti fra loro, e la caratteristica d non si riferisce che alla prima di esse: quindi integrando lungo la linea s, si ottiene

$$(33) \qquad \mathfrak{J}' = \int v \cos \theta \, ds + \tfrac{1}{2} v_1^2 - \tfrac{1}{2} v_0^2,$$

dove v_0, v_1 sono i valori di v nel primo e nel secondo termine della linea s.

Quando questa linea è chiusa, denotando con $\mathfrak{C}$ la circolazione lungo la medesima si ha

(33′) $$\mathfrak{C}' = \int v \cos \theta \, d s \, .$$

L'importanza di queste formole si renderà manifesta in seguito, quando si introdurrà la considerazione delle forze agenti sul fluido.

§ 13.

Procedendo ora a considerare i moti simultanei di tutti i punti del fluido in un *determinato* istante (nella qual ricerca la quantità t si deve riguardare come costante), conviene definire innanzi tutto due sistemi di linee che frequentemente ricorrono in questa investigazione.

Il primo è quello delle linee (in numero doppiamente infinito) che sono rappresentate dal sistema d'equazioni differenziali

(34) $$\frac{d x}{x'} = \frac{d y}{y'} = \frac{d z}{z'} \, ,$$

e che si chiamano *linee di moto* (relative all'istante che si considera). Ciascuna di queste linee ha in ogni suo punto la direzione della velocità che compete al punto stesso. Quando il moto è permanente, esse non differiscono dalle trajettorie delle singole molecole fluide *).

Il secondo sistema è quello delle linee (pure in numero doppiamente infinito) che sono rappresentate dal sistema d'equazioni differenziali

(34′) $$\frac{d x}{p} = \frac{d y}{q} = \frac{d z}{r} \, ,$$

e che si chiamano *linee vorticali* (relative all'istante che si considera). Ciascuna di queste linee ha in ogni suo punto la direzione dell'asse istantaneo di rotazione relativo al punto stesso **).

Le linee di moto esistono sempre (beninteso in quelle parti del fluido dove la velocità non è nulla). Non è così delle linee vorticali, le quali esistono solamente là dove il trinomio $x' d x + y' d y + z' d z$ *non* è un differenziale esatto. Nelle prime è impossibile ravvisare, in generale, alcun carattere specifico, poichè le funzioni x', y', z'

*) Le linee di moto corrispondono alle *Strömungslinien* degli scrittori tedeschi.

**) Queste linee sono state considerate per la prima volta da HELMHOLTZ nella celebre Memoria già citata del 1858, inserita nel Journal für die reine und angewandte Mathematik, t. LV.

non hanno fra loro alcuna relazione *necessaria*. Le seconde hanno invece alcune proprietà speciali, dipendenti dalla relazione (16), cui esse soddisfanno identicamente. Queste proprietà trovano in parte un riscontro nella teoria delle linee di moto, quando si suppone verificata la relazione speciale $\Theta = 0$ (che corrisponde all'ipotesi dell'invariabilità di volume dei singoli elementi fluidi, ossia dell'*incompressibilità*), come viene accennato nel § successivo. Ma per non uscire dal caso generale giova svolgere le proprietà stesse in rispetto alle linee vorticali, per le quali esse sono vere incondizionatamente, e presentano d'altronde un grande interesse *).

Siano dunque

$$\eta(x, y, z) = \eta\,, \qquad \zeta(x, y, z) = \zeta \tag{35}$$

due soluzioni indipendenti delle equazioni differenziali (34'), colle costanti arbitrarie η e ζ. A queste soluzioni si possono, come è noto, sostituire altre due equivalenti, assumendo due funzioni *indipendenti* qualisivogliano di η e ζ ed eguagliandole a due nuove costanti arbitrarie. È possibile (in infiniti modi) scegliere queste due funzioni in guisa da avere **)

$$\left\{\begin{aligned} 2p &= \frac{\partial\eta}{\partial y}\frac{\partial\zeta}{\partial z} - \frac{\partial\eta}{\partial z}\frac{\partial\zeta}{\partial y}\,, \\ 2q &= \frac{\partial\eta}{\partial z}\frac{\partial\zeta}{\partial x} - \frac{\partial\eta}{\partial x}\frac{\partial\zeta}{\partial z}\,, \\ 2r &= \frac{\partial\eta}{\partial x}\frac{\partial\zeta}{\partial y} - \frac{\partial\eta}{\partial y}\frac{\partial\zeta}{\partial x}\,, \end{aligned}\right. \tag{35'}$$

relazioni che soddisfanno tanto alle equazioni (34'), quanto alla relazione (16).

Sostituendo a p, q, r i valori (15'), queste ultime formole si possono scrivere così:

$$\begin{aligned} \frac{\partial}{\partial y}\left(z' - \eta\frac{\partial\zeta}{\partial z}\right) &= \frac{\partial}{\partial z}\left(y' - \eta\frac{\partial\zeta}{\partial y}\right), \\ \frac{\partial}{\partial z}\left(x' - \eta\frac{\partial\zeta}{\partial x}\right) &= \frac{\partial}{\partial x}\left(z' - \eta\frac{\partial\zeta}{\partial z}\right), \\ \frac{\partial}{\partial x}\left(y' - \eta\frac{\partial\zeta}{\partial y}\right) &= \frac{\partial}{\partial y}\left(x' - \eta\frac{\partial\zeta}{\partial x}\right), \end{aligned}$$

*) È bene notare che la relazione (16) è precisamente quella che dev'essere soddisfatta per l'applicabilità del principio jacobiano dell'ultimo moltiplicatore alle equazioni (34'). Lo stesso dicasi della relazione $\Theta = 0$ rispetto alle equazioni (34).

**) Analoghe espressioni delle x', y', z', nell'ipotesi $\Theta = 0$, servono di base ad una elegante Memoria di CLEBSCH (*Ueber eine allgemeine Transformation der hydrodynamischen Gleichungen*) nel t. LIV del Journal für die reine und angewandte Mathematik (1857), pag. 293.

e sotto questa forma manifestano che l'espressione

$$\left(x' - \eta\frac{\partial \zeta}{\partial x}\right)dx + \left(y' - \eta\frac{\partial \zeta}{\partial y}\right)dy + \left(z' - \eta\frac{\partial \zeta}{\partial z}\right)dz,$$

ossia

$$x'dx + y'dy + z'dz - \eta\, d\zeta,$$

è il differenziale esatto d'una certa funzione ξ di x, y, z, talchè si può porre

$$(35'') \qquad x'dx + y'dy + z'dz = d\xi + \eta\, d\zeta\ {}^{*)}.$$

Dai valori di x', y', z', forniti da quest'identità e dalle (35'), si deduce

$$(35''') \qquad px' + qy' + rz' = \frac{1}{2}\sum\left(\pm\frac{\partial \xi}{\partial x}\frac{\partial \eta}{\partial y}\frac{\partial \zeta}{\partial z}\right),$$

relazione dalla quale, considerando ξ come funzione di η, ζ e di una nuova variabile, si può ricavare con una quadratura il valore di questa stessa funzione, nel modo indicato da Clebsch nella seconda delle due Memorie citate dianzi.

Per la nota regola di trasformazione degli integrali multipli, dalla formola precedente si trae

$$(35^{\mathrm{IV}}) \qquad \int (px' + qy' + rz')dS = \frac{1}{2}\int\!\!\int\!\!\int d\xi\, d\eta\, d\zeta.$$

[Questi tre parametri ξ, η, ζ potrebbero essere assunti come coordinate curvilinee dei punti del fluido. Risguardati sotto tale aspetto, il confronto dell'equazione (35'') colla (21) del § 11 dà

$$\frac{\partial T}{\partial \xi'} = 1, \qquad \frac{\partial T}{\partial \eta'} = 0, \qquad \frac{\partial T}{\partial \zeta'} = \eta,$$

epperò le (22') dànno

$$\pi = \frac{1}{2D}, \qquad \varkappa = 0, \qquad \rho = 0.$$

Di qui si trae, (23), che la rotazione ha l'asse diretto secondo l'intersezione delle superficie $\eta = \text{cost.}$, $\zeta = \text{cost.}$ e che ha per valore

$$\frac{1}{2}\frac{\sqrt{L}}{D},$$

---

*) Cfr. Clebsch, *Ueber die Integration der hydrodynamischen Gleichungen*, nel t. LVI del Journal für die reine und angewandte Mathematik (1859), pag. 1.

ossia, (35'),

$$\sqrt{p^2 + q^2 + r^2},$$

ciò che è d'accordo colle ipotesi fatte].

Si designa col nome di *vorticoide* ogni superficie luogo geometrico di una serie continua (semplicemente infinita) di linee vorticali, che sono le *generatrici* del vorticoide *). L'equazione finita d'un vorticoide è sempre riducibile alla forma $f(\eta, \zeta) = 0$. La proprietà comune a tutte le superficie di questa specie è contenuta nell'equazione

$$p \frac{\partial f}{\partial x} + q \frac{\partial f}{\partial y} + r \frac{\partial f}{\partial z} = 0,$$

che è l'equazione a derivate parziali lineari correlativa al sistema di equazioni differenziali ordinarie (34'). La medesima proprietà può venire espressa coll'equazione

$$(36) \qquad p \frac{\partial x}{\partial n} + q \frac{\partial y}{\partial n} + r \frac{\partial z}{\partial n} = w \cos(w, n) = w_n = 0,$$

dove n è la direzione della normale al vorticoide, nel punto (x, y, z) cui corrisponde la rotazione istantanea w, di componenti p, q, r. Da quest'equazione emerge che in quelle parti del fluido ove esiste un potenziale di moto, (§ 5), *ogni* superficie può essere considerata come un vorticoide.

Se si traccia nell'interno del fluido una linea chiusa qualunque, le vorticali corrispondenti ai varî suoi punti sono le generatrici d'un vorticoide il quale, per una ragione che si vedrà più innanzi (§ 14, *d*), ha una struttura tubulare rientrante, e può appunto per ciò essere chiamato *vorticoide tubulare*. La linea chiusa anzidetta è la *direttrice* del vorticoide, e tale denominazione appartiene egualmente ad ogni altra linea chiusa tracciata sullo stesso vorticoide, in modo da intersecarne *tutte* le generatrici. Quando la direttrice è una linea chiusa di dimensioni infinitesime, il vorticoide si dice *elementare*, e si dice *asse* del medesimo una determinata linea vorticale, scelta ad arbitrio fra quelle che trovansi nel suo interno.

La porzione di fluido contenuta entro un vorticoide tubulare si dice *vortice;* e se il vorticoide è elementare, la porzione anzidetta dicesi per analogia *vortice elementare* **).

---

*) La considerazione di queste superficie s'incontra già nella Memoria di HELMHOLTZ, ma ha ricevuto maggiore sviluppo in quella di W. THOMSON (*On vortex motion, 60 m.*)

**) HELMHOLTZ (l. c.) chiama *filetto* ciò che quì si è chiamato *vortice elementare*.

§ 14.

Le superficie vorticoidi posseggono varie importanti proprietà, le quali formano l'oggetto del presente §.

a) Sia s una curva chiusa tracciata sopra un vorticoide e riducibile ad un punto per trasformazione continua *), curva che costituisce quindi il contorno *totale* d'una porzione finita di vorticoide. Applicando a questa porzione il teorema di HANKEL (30), con riguardo all'equazione (36), si trova

$$\int (x' dx + y' dy + z' dz) = 0,$$

cioè: *la circolazione lungo una linea chiusa tracciata sopra un vorticoide è nulla, se la linea chiusa è riducibile ad un punto.*

Più generalmente: *le circolazioni lungo più linee chiuse tracciate sopra uno stesso vorticoide sono fra loro eguali, se le linee chiuse sono riducibili fra loro.*

Questi teoremi stabiliscono che *il trinomio*

$$x' dx + y' dy + z' dz$$

è, su ciascun vorticoide in particolare, il differenziale esatto d'una funzione di due variabili indipendenti, funzione che cambia da un vorticoide ad un altro. Effettivamente la (35'') dà

$$\int_{m_0}^{m} (x' dx + y' dy + z' dz) = \int_{m_0}^{m} d\xi + \int_{m_0}^{m} \eta\, d\zeta,$$

dove m_0, m designano due punti della superficie, il primo dei quali si riguarda come fisso, il secondo come variabile. In virtù dell'equazione $f(\eta, \zeta) = 0$ del vorticoide, l'integrale $\int_{m_0}^{m} \eta\, d\zeta$ ha un valore dipendente dai soli suoi limiti, epperò tale proprietà ha luogo anche per l'integrale del primo membro. Prescindendo dalle formole del § precedente, il teorema in discorso, in un col suo reciproco, può dimostrarsi così. Indicando, come al principio del § 12, con u, v due variabili indipendenti atte ad individuare i punti del vorticoide, e conservando ai simboli φ, ψ ed H il significato che hanno in quel §, si ottengono, dalle formole ivi stabilite, le due relazioni seguenti:

$$x' dx + y' dy + z' dz = \varphi du + \psi dv,$$

$$\frac{\partial \psi}{\partial u} - \frac{\partial \varphi}{\partial v} = 2H\left(p \frac{\partial x}{\partial n} + q \frac{\partial y}{\partial n} + r \frac{\partial z}{\partial n}\right).$$

*) Il senso di questa e d'altre frasi consimili, le quali ricorrono frequentemente in un gran numero di scritti recenti, non ha qui d'uopo d'essere più minutamente dichiarato.

Ora, non potendo H esser nullo, è chiaro che non può sussistere l'equazione (36), per una data superficie, senza che il solito trinomio sia un differenziale esatto *sulla superficie stessa*, e reciprocamente.

Si ponga, per un determinato vorticoide,

$$\mathfrak{J} = \int_{m_0}^{m} (x'dx + y'dy + z'dz),$$

ossia si rappresenti, come nel § 12, con $\mathfrak{J}$ il flusso lungo una linea condotta, su quel vorticoide, da m_0 ad m. Questa quantità è una funzione delle due variabili indipendenti che definiscono la posizione del punto m sul vorticoide, ed è completamente individuata (vincolandola alla continuità) tosto che ne sia fissato, ad arbitrio, il valore in un sol punto m_0. Questa funzione è, in generale, *polidroma* e precisamente di quelle che sono dotate d'uno o più *moduli di periodicità*, giacchè il suo differenziale è monodromo *). Siccome poi questo differenziale, oltre essere monodromo, è altresì (per ipotesi) finito e continuo in tutta l'estensione del vorticoide, così la funzione *non* può avere *punti di diramazione* su questa superficie, epperò gode dell'importante proprietà che *facendo nel vorticoide le sezioni lineari trasverse atte a renderlo semplicemente connesso, essa diventa monodroma* (prendendo, ben inteso, valori diversi sui margini opposti d'una stessa sezione). E infatti ogni linea chiusa descritta sulla superficie, dopo che questa sia stata privata della connessione multipla, è riducibile ad un punto: quindi, pel primo teorema *a*), la circolazione lungo una tal linea è *sempre* nulla **).

b) Sopra ogni vorticoide (come sopra ogni altra superficie tracciata nel fluido) esiste una famiglia di linee che possono dirsi *di flusso nullo,* e che sono normali, in ogni loro punto, alla direzione della velocità del fluido nel punto stesso. Le trajettorie ortogonali di queste linee sono dotate della proprietà d'essere tangenti, in ogni loro punto, alla projezione della velocità sul piano tangente in quel punto.

L'equazione delle linee di flusso nullo sopra un vorticoide è $\mathfrak{J}$ = cost. Due di queste linee non possono mai intersecarsi o riunirsi in un punto, giacchè il differenziale $d\mathfrak{J}$ è monodromo e finito. Non può neppure avvenire che una tal linea s'arresti ad un tratto; giacchè è chiaro che si potrebbe sempre prolungare, dirigendola normalmente alla direzione della velocità. Dunque le linee in discorso dividono la superficie di un'infinità di striscie elementari le quali o rientrano in sè medesime, o si estendono all'infinito se il vorticoide non è rientrante, nel qual secondo caso è ancora

---

*) Queste funzioni son dette *cicliche* da W. THOMSON (veggasi più innanzi il § 19).

**) Con ciò non è escluso che, in casi particolari, il numero dei moduli non possa esser *minore* dell'ordine di connessione del vorticoide. Basta per ciò che la circolazione sia nulla per qualche classe di contorni non riducibili ad un punto.

lecito supporre che rientrino in sè medesime, per mezzo di rami situati interamente all'infinito.

Considerando il quadrilatero curvilineo formato, sopra un vorticoide, da due archi s_1, s_2 appartenenti a due linee di flusso nullo e da due altri archi qualunque σ_1, σ_2 congiungenti gli estremi di quelli, e supponendo che questo quadrilatero costituisca un contorno chiuso riducibile ad un punto, si deduce dal primo teorema a) che la sua circolazione totale è nulla. Ma, per ipotesi, son nulli i flussi dei due lati opposti s_1 ed s_2; dunque sono fra loro eguali i flussi degli altri due lati σ_1 e σ_2, percorsi nel medesimo senso. Cioè: *sopra un vorticoide qualunque hanno flussi eguali tutte le linee che congiungono punti presi su due linee di flusso nullo, purchè tutte queste congiungenti siano riducibili fra loro.*

Se si suppone, in particolare, che le due linee di flusso nullo siano fra loro infinitamente vicine, e che le congiungenti siano gli elementi ortogonali interposti, il flusso $d\mathfrak{J}$ d'ognuno di questi elementi può esprimersi colla formola

$$d\mathfrak{J} = v \operatorname{sen}(v, n)\, d\sigma,$$

dove v è la velocità all'origine dell'elemento, (v, n) l'angolo che la sua direzione fa con quella della normale al vorticoide nello stesso punto (condotta in un senso convenuto). Si può dunque dire che: *lungo una linea di flusso nullo, tracciata sopra un vorticoide, la projezione della velocità sul piano tangente è in ogni punto inversamente proporzionale alla distanza normale che quella linea ha, in quel punto, dalla linea infinitamente vicina del medesimo sistema.*

Da un punto (x, y, z) d'una superficie qualunque tracciata nel fluido s'immaginino spiccati i seguenti tre segmenti rettilinei: 1° un segmento di lunghezza 1 preso sulla normale n in un senso convenuto; 2° quello che rappresenta in direzione ed in grandezza la velocità v di quel punto; 3° l'*asse* del parallelogrammo costruito su queste due rette, cioè un segmento numericamente eguale all'area di questo parallelogrammo, e diretto in modo che la rotazione da farsi intorno ad esso per condurre il primo segmento sul secondo, attraverso l'angolo interposto minore di 180°, sia *positiva* (§ 12). Quest'ultima retta è evidentemente tangente alla linea di flusso nullo passante per il punto (x, y, z), linea alla quale conviene assegnare in ogni punto una *direzione* determinata, che qui s'intende essere appunto quella di questo terzo segmento. Siano dx, dy, dz le projezioni e ds la lunghezza *assoluta* d'un elemento di flusso nullo uscente da quel punto in tale direzione; $d\sigma$ la lunghezza *assoluta* d'un elemento ortogonale al precedente, uscente dallo stesso punto e facente angolo acuto colla direzione della velocità, per modo che il flusso $d\mathfrak{J}$ relativo ad esso sia *positivo*. Per queste convenzioni si hanno le formole seguenti, valevoli per ogni superficie:

$$
(37) \qquad \begin{cases} y\dfrac{\partial z}{\partial n} - z\dfrac{\partial y}{\partial n} = -\dfrac{d\mathfrak{J}.dx}{d\sigma.ds}, \\ z\dfrac{\partial x}{\partial n} - x\dfrac{\partial z}{\partial n} = -\dfrac{d\mathfrak{J}.dy}{d\sigma.ds}, \\ x\dfrac{\partial y}{\partial n} - y\dfrac{\partial x}{\partial n} = -\dfrac{d\mathfrak{J}.dz}{d\sigma.ds}. \end{cases}
$$

Immaginando la striscia infinitamente sottile compresa fra due linee contigue di flusso nullo, e supponendo che ds sia un elemento d'una di esse e $d\sigma$ la distanza di questo elemento dall'altra linea, il valore di $d\mathfrak{J}$, nei secondi membri delle formole precedenti, è in generale diverso da un punto all'altro della striscia. Ma quando la superficie è un vorticoide (nel qual caso esiste una funzione $\mathfrak{J}$, di cui $d\mathfrak{J}$ è il differenziale esatto), il valore di $d\mathfrak{J}$ è costante in ogni punto della striscia.

c) Se f è una qualunque funzione monodroma, finita e continua di x, y, z entro uno spazio S, funzione che può però anche diventare infinita come $\frac{1}{u}$ in un punto (x_1, y_1, z_1) di questo spazio [dove si è posto, come nel § 12 e in tutto ciò che segue,

$$
u = \sqrt{(x - x_1)^2 + (y - y_1)^2 + (z - z_1)^2}\ ],
$$

si ha, in virtù della (16),

$$
p\frac{\partial f}{\partial x} + q\frac{\partial f}{\partial y} + r\frac{\partial f}{\partial z} = \frac{\partial (pf)}{\partial x} + \frac{\partial (qf)}{\partial y} + \frac{\partial (rf)}{\partial z};
$$

epperò, integrando *) entro lo spazio S (che si suppone occupato da fluido),

$$
(38) \qquad \int\left(p\frac{\partial f}{\partial x} + q\frac{\partial f}{\partial y} + r\frac{\partial f}{\partial z}\right)dS = -\int f w_n\, d\omega,
$$

dove $d\omega$ è un elemento della superficie ω, che limita lo spazio S, n la direzione della sua normale interna.

Se esiste un vorticoide ω, il quale limiti completamente uno spazio S, si ha quindi,

---

*) Il teorema fondamentale $\int\frac{\partial\varphi}{\partial x}dS + \int\varphi\frac{\partial x}{\partial n}d\omega = 0$ che qui si applica (e che è già stato invocato precedentemente) sussiste ancora per una funzione φ la quale diventi infinita in uno o più punti discreti (x_1, y_1, z_1) dello spazio S, posti a distanza finita dalla superficie, purchè il prodotto $u^2\varphi$ converga sempre verso zero per $u = 0$. In tutto il resto di S la funzione dev'essere monodroma, finita e continua.

entro questo spazio,

$$(38') \qquad \int\left(p\frac{\partial f}{\partial x}+q\frac{\partial f}{\partial y}+r\frac{\partial f}{\partial z}\right)dS=0.$$

Di qui deducesi in particolare, per $f = x, y, z$,

$$(38'') \qquad \int p\,dS=0, \qquad \int q\,dS=0, \qquad \int r\,dS=0.$$

Supponendo $f = \frac{1}{u}$ l'equazione (38) può scriversi così:

$$(38''') \qquad \frac{\partial}{\partial x_1}\int\frac{p\,dS}{u}+\frac{\partial}{\partial y_1}\int\frac{q\,dS}{u}+\frac{\partial}{\partial z_1}\int\frac{r\,dS}{u}=\int\frac{w_n\,d\omega}{u}.$$

d) In ogni vorticoide tubulare la circolazione lungo una direttrice qualunque (§ 13) *è una quantità costante*, che differisce soltanto da un vorticoide ad un altro, e che si chiama la *circolazione trasversale* del vorticoide, o del vortice in esso racchiuso. Infatti le direttrici sono curve chiuse fra loro riducibili, alle quali è applicabile il secondo teorema *a*). La quantità costante, $\mathfrak{E}$, è uno dei moduli di periodicità della funzione $\mathfrak{F}$ relativa al vorticoide che si considera. Il suo valore può esprimersi anche colla formola

$$\mathfrak{E} = 2\int w_n\,d\varpi,$$

dove $d\varpi$ è l'elemento d'una qualunque sezione trasversa del vortice contenuto nel vorticoide (sezione avente per contorno totale una direttrice), e w_n è la componente della rotazione secondo la normale a $d\varpi$. In virtù della formola (35'') si potrebbe scrivere ancora

$$\mathfrak{E} = \int \eta\,d\zeta,$$

od anche

$$\mathfrak{E} = \int\int d\eta\,d\zeta,$$

estendendo l'integrale del secondo membro a quel campo di valori dei parametri η, ζ che corrisponde alla totalità delle linee vorticali contenute nel vorticoide.

Nel caso d'un vortice elementare (§ 13) la sezione può supporsi normale all'asse del medesimo, epperò chiamando ϖ l'area infinitesimale di questa sezione, la costante del vortice è data da

$$\mathfrak{E} = 2w\varpi.$$

Di qui scaturisce l'importante teorema *) che: *in ogni vortice elementare è costante dovunque il prodotto della rotazione per l'area della sezione normale.* Questo prodotto costante può assumersi qual misura dell'*intensità* del vortice elementare; e poichè un vortice finito si può sempre considerare come l'aggregato d'un'infinità di vortici elementari, ne consegue che, conservando la stessa denominazione, *l'intensità d'un vortice qualunque ha per misura la metà della costante* $\mathfrak{C}$, *che esprime la circolazione d'ogni sua direttrice, e quindi la circolazione trasversale del vortice stesso.*

Dal precedente teorema risulta evidentemente che: *ogni vortice elementare, e per conseguenza anche ogni linea vorticale, non può mai arrestarsi in un punto interno del fluido,* ma deve essere rientrante, od estendersi fino ai *limiti* dello spazio occupato dal fluido **). Quando una linea vorticale si estende all'infinito, si può (e giova) considerarla come rientrante in sè stessa, per mezzo d'un ramo situato tutto all'infinito.

I precedenti risultati giustificano il concetto dei vorticoidi *tubulari* (§ 13).

e) *Se due linee vorticali rientranti sono riducibili l'una all'altra con continuità, mediante una serie di linee vorticali intermedie, le loro circolazioni sono eguali.* Infatti nelle ipotesi ora dette esiste un vorticoide sul quale esse si trovano allo stato di linee chiuse riducibili fra loro, epperò è ad esse applicabile il secondo teorema *a*). Il valore comune della circolazione è uno dei moduli di periodicità della funzione ξ (§ 13), talchè se questa funzione è monodroma la circolazione d'ogni linea vorticale è nulla. In generale esistono tanti sistemi parziali di linee vorticali a circolazione eguale quanti sono i moduli della funzione ξ. In un vortice rientrante *semplice,* cioè formato di vorticali appartenenti ad uno stesso sistema, la circolazione di queste vorticali è una quantità costante, che si chiama la *circolazione longitudinale* del vortice.

Sia S un vortice rientrante semplice, $\mathfrak{C}$ e $\mathfrak{C}_1$ le sue circolazioni, trasversale e longitudinale. Applicando allo spazio S l'equazione (35^{IV}) del § 13, è chiaro che il secondo membro si può scrivere così:

$$\frac{1}{2}\int d\xi \int\int d\eta\, d\zeta\,,$$

poichè i limiti di η e ζ sono indipendenti da quelli di ξ. Ora si ha

$$\int d\xi = \mathfrak{C}_1\,, \qquad \int\int d\eta\, d\zeta = \mathfrak{C}\,,$$

quindi

$$\int (p x' + q y' + r z') d S = \frac{1}{2}\,\mathfrak{C}\,\mathfrak{C}_1\,.$$

---

*) HELMHOLTZ, Mem. cit., art. 2.

**) Tutto ciò presuppone naturalmente che le funzioni x', y', z' siano finite e continue.

Un vorticoide tubulare semplice è una superficie triplicemente connessa, la quale si può rendere semplicemente connessa con due tagli, l'uno secondo una direttrice qualunque, l'altro secondo una generatrice qualunque (§ 13). Questi tagli rendono necessariamente monodroma la funzione $\mathfrak{F}$, i valori della quale differiscono di $\mathfrak{C}_1$ lungo i due margini del primo taglio e di $\mathfrak{C}$ lungo quelli del secondo. Questa funzione non può dunque avere, in tal caso, che questi due moduli di periodicità. Ciò ha luogo, in particolare, per ogni vorticoide elementare.

f) Alle formole ed alle proprietà *c*) e *d*) corrispondono formole e proprietà delle linee di moto e dei *filetti* costituiti da fasci delle medesime, *nel caso particolare che si abbia* $\Theta = 0$ (§ 13). Ciò è evidente per quelle *sub c*); ma è facile convincersene anche per quelle *sub d*), se si osserva che esse possono esser dedotte, senza la considerazione del flusso, dall'equazione (32) ossia $\int w_n \, d\omega = 0$, che venne stabilita per qualunque superficie chiusa in base alla *seconda* delle considerazioni accennate a pag. 242. In particolare la prima proprietà *d*) si traduce nell'invariabilità di volume del fluido che scorre, in un medesimo tempuscolo, attraverso le diverse sezioni d'uno stesso filetto.

§ 15.

a) Considerando una porzione S dello spazio occupato dal fluido, porzione limitata dalla superficie chiusa ω *), il teorema di Green, applicato alla funzione x' di x, y, z, supposta monodroma, finita e continua insieme colle sue derivate prime, porge

$$x'_1 = -\frac{1}{4\pi}\int \frac{\Delta_2 x'}{u} dS - \frac{1}{4\pi}\int \left(\frac{1}{u}\frac{\partial x'}{\partial n} - x' \frac{\partial \frac{1}{u}}{\partial n} \right) d\omega .$$

In quest'equazione x_1, y_1, z_1 sono le coordinate d'un punto individuato m_1; x, y, z quelle del punto m, che si considera come centro sia dell'elemento di volume dS, nel primo integrale, sia dell'elemento di superficie $d\omega$, nel secondo; u è il valore assoluto della distanza mm_1; n è la direzione della normale *interna* all'elemento $d\omega$. L'equazione precedente suppone che il punto m_1 sia situato *entro* lo spazio S; se esso fosse

*) Si avverte qui, una volta per sempre, che lo spazio S si suppone *connesso* ma (in generale) non *semplicemente*, epperò che la superficie ω può anche constare di *più superficie chiuse* distinte, una delle quali avviluppi tutte le altre; e tutte queste superficie chiuse possono essere *molteplicemente connesse.*

al di fuori bisognerebbe scrivere *zero* nel primo membro. Il caso che m_1 sia situato sulla superficie ω dev'essere escluso.

Avendosi identicamente

$$\begin{aligned}\Delta_2 x' &= 2\left(\frac{\partial q}{\partial z} - \frac{\partial r}{\partial y}\right) + \frac{\partial}{\partial x}\left(\frac{\partial x'}{\partial x} + \frac{\partial y'}{\partial y} + \frac{\partial z'}{\partial z}\right)\\ &= 2\left(\frac{\partial q}{\partial z} - \frac{\partial r}{\partial y}\right) + \frac{\partial \Theta}{\partial x},\end{aligned}$$

la precedente equazione si può scrivere così:

$$\begin{aligned}x'_1 = &-\frac{1}{4\pi}\int \frac{\partial \Theta}{\partial x}\frac{dS}{u} - \frac{1}{2\pi}\int\left(\frac{\partial q}{\partial z} - \frac{\partial r}{\partial y}\right)\frac{dS}{u}\\ &-\frac{1}{4\pi}\int\left(\frac{1}{u}\frac{\partial x'}{\partial n} - x'\frac{\partial \frac{1}{u}}{\partial n}\right)d\omega.\end{aligned}$$

Ma facendo le solite riduzioni si trova

$$\begin{aligned}\int \frac{\partial \Theta}{\partial x}\frac{dS}{u} &= -\int \Theta\frac{\partial \frac{1}{u}}{\partial x}dS - \int \Theta\frac{\partial x}{\partial n}\frac{d\omega}{u}\\ &= \frac{\partial}{\partial x_1}\int \frac{\Theta dS}{u} - \int \frac{\Theta}{u}\frac{\partial x}{\partial n}d\omega,\end{aligned}$$

$$\begin{aligned}\int\left(\frac{\partial q}{\partial z} - \frac{\partial r}{\partial y}\right)\frac{dS}{u} &= -\int\left(q\frac{\partial \frac{1}{u}}{\partial z} - r\frac{\partial \frac{1}{u}}{\partial y}\right)dS - \int\left(q\frac{\partial z}{\partial n} - r\frac{\partial y}{\partial n}\right)\frac{d\omega}{u}\\ &= \frac{\partial}{\partial z_1}\int \frac{q\,dS}{u} - \frac{\partial}{\partial y_1}\int\frac{r\,dS}{u} - \int\left(q\frac{\partial z}{\partial n} - r\frac{\partial y}{\partial n}\right)\frac{d\omega}{u};\end{aligned}$$

quindi, sostituendo e formando le analoghe espressioni per y'_1 e per z'_1, si ottiene

$$(39)\qquad \begin{cases} x'_1 = \dfrac{\partial O}{\partial x_1} + \dfrac{\partial R}{\partial y_1} - \dfrac{\partial Q}{\partial z_1} + \alpha,\\[2ex] y'_1 = \dfrac{\partial O}{\partial y_1} + \dfrac{\partial P}{\partial z_1} - \dfrac{\partial R}{\partial x_1} + \beta,\\[2ex] z'_1 = \dfrac{\partial O}{\partial z_1} + \dfrac{\partial Q}{\partial x_1} - \dfrac{\partial P}{\partial y_1} + \gamma,\end{cases}$$

dove per brevità si è posto

$$(39')\quad \begin{cases} O = -\frac{1}{4\pi}\int\frac{\Theta\, dS}{u}, \\ P = \frac{1}{2\pi}\int\frac{p\, dS}{u}, \qquad Q = \frac{1}{2\pi}\int\frac{q\, dS}{u}, \qquad R = \frac{1}{2\pi}\int\frac{r\, dS}{u}, \end{cases}$$

$$\alpha = \frac{1}{4\pi}\int x'\frac{\partial\frac{1}{u}}{\partial n}d\omega - \frac{1}{4\pi}\int\left[\left(\frac{\partial x'}{\partial x} - \Theta\right)\frac{\partial x}{\partial n} + \frac{\partial y'}{\partial x}\frac{\partial y}{\partial n} + \frac{\partial z'}{\partial x}\frac{\partial z}{\partial n}\right]\frac{d\omega}{u},$$

$$\beta = \frac{1}{4\pi}\int y'\frac{\partial\frac{1}{u}}{\partial n}d\omega - \frac{1}{4\pi}\int\left[\frac{\partial x'}{\partial y}\frac{\partial x}{\partial n} + \left(\frac{\partial y'}{\partial y} - \Theta\right)\frac{\partial y}{\partial n} + \frac{\partial z'}{\partial y}\frac{\partial z}{\partial n}\right]\frac{d\omega}{u},$$

$$\gamma = \frac{1}{4\pi}\int z'\frac{\partial\frac{1}{u}}{\partial n}d\omega - \frac{1}{4\pi}\int\left[\frac{\partial x'}{\partial z}\frac{\partial x}{\partial n} + \frac{\partial y'}{\partial z}\frac{\partial y}{\partial n} + \left(\frac{\partial z'}{\partial z} - \Theta\right)\frac{\partial z}{\partial n}\right]\frac{d\omega}{u}.$$

Queste ultime tre espressioni possono essere nuovamente trasformate, ed a quest'uopo giova tenere la via seguente, che conduce ad una formola suscettibile d'altre applicazioni.

Insieme coi quattro integrali tripli (39') si considerino i tre seguenti:

$$(39'')\quad X = -\frac{1}{4\pi}\int\frac{x'\, dS}{u}, \qquad Y = -\frac{1}{4\pi}\int\frac{y'\, dS}{u}, \qquad Z = -\frac{1}{4\pi}\int\frac{z'\, dS}{u},$$

e si trasformino col solito metodo i quattro anzidetti, affine di eliminare le derivate delle funzioni x', y', z', introducendo in loro vece quelle dei tre nuovi integrali. In questo modo, ponendo di nuovo, per brevità,

$$(39''')\quad \begin{cases} \mathrm{O} = -\frac{1}{4\pi}\int\frac{v_n\, d\omega}{u}, \qquad \mathrm{S} = \frac{1}{2\pi}\int\frac{w_n\, d\omega}{u}, \\ \mathrm{P} = -\frac{1}{4\pi}\int\left(y'\frac{\partial z}{\partial n} - z'\frac{\partial y}{\partial n}\right)\frac{d\omega}{u}, \\ \mathrm{Q} = -\frac{1}{4\pi}\int\left(z'\frac{\partial x}{\partial n} - x'\frac{\partial z}{\partial n}\right)\frac{d\omega}{u}, \\ \mathrm{R} = -\frac{1}{4\pi}\int\left(x'\frac{\partial y}{\partial n} - y'\frac{\partial x}{\partial n}\right)\frac{d\omega}{u}, \end{cases}$$

si trova

$$(40)\quad \begin{cases} O = \dfrac{\partial X}{\partial x_1} + \dfrac{\partial Y}{\partial y_1} + \dfrac{\partial Z}{\partial z_1} - \mathrm{O}, \\[2ex] P = \dfrac{\partial Y}{\partial z_1} - \dfrac{\partial Z}{\partial y_1} - \mathrm{P}, \\[2ex] Q = \dfrac{\partial Z}{\partial x_1} - \dfrac{\partial X}{\partial z_1} - \mathrm{Q}, \\[2ex] R = \dfrac{\partial X}{\partial y_1} - \dfrac{\partial Y}{\partial x_1} - \mathrm{R}. \end{cases}$$

Inoltre la (38‴) del § 14 dà

$$(40')\quad \frac{\partial P}{\partial x_1} + \frac{\partial Q}{\partial y_1} + \frac{\partial R}{\partial z_1} = \mathrm{S},$$

dalla quale equazione e dalle (40) si trae ancora

$$(40'')\quad \frac{\partial \mathrm{P}}{\partial x_1} + \frac{\partial \mathrm{Q}}{\partial y_1} + \frac{\partial \mathrm{R}}{\partial z_1} = -\mathrm{S}.$$

In quest'ultima equazione, come in tutte le precedenti, le x', y', z' sono funzioni delle x, y, z monodrome, finite e continue, insieme colle loro derivate prime, in tutto lo spazio S, ma del resto interamente arbitrarie. Scrivendo dunque, per renderne più comoda l'applicazione, ξ, η, ζ in luogo di x', y', z', ed intendendo rappresentate da questi nuovi simboli tre funzioni soggette alle sole condizioni or dette, si ha la relazione generale

$$(40''')\quad \begin{cases} \displaystyle\int \left[\left(\frac{\partial \zeta}{\partial y} - \frac{\partial \eta}{\partial z}\right)\frac{\partial x}{\partial n} + \left(\frac{\partial \xi}{\partial z} - \frac{\partial \zeta}{\partial x}\right)\frac{\partial y}{\partial n} + \left(\frac{\partial \eta}{\partial x} - \frac{\partial \xi}{\partial y}\right)\frac{\partial z}{\partial n}\right]\frac{d\omega}{u} \\[2ex] \displaystyle\quad = \frac{\partial}{\partial x_1}\int\left(\eta\frac{\partial z}{\partial n} - \zeta\frac{\partial y}{\partial n}\right)\frac{d\omega}{u} + \frac{\partial}{\partial y_1}\int\left(\zeta\frac{\partial x}{\partial n} - \xi\frac{\partial z}{\partial n}\right)\frac{d\omega}{u} \\[2ex] \displaystyle\quad + \frac{\partial}{\partial z_1}\int\left(\xi\frac{\partial y}{\partial n} - \eta\frac{\partial x}{\partial n}\right)\frac{d\omega}{u}, \end{cases}$$

la quale costituisce il teorema analitico cui si alludeva dianzi.

Ponendo in quest'equazione $\xi = 0$, $\eta = z'$, $\zeta = -y'$, si trova

$$\int\left[\left(\frac{\partial x'}{\partial x} - \Theta\right)\frac{\partial x}{\partial n} + \frac{\partial y'}{\partial x}\frac{\partial y}{\partial n} + \frac{\partial z'}{\partial x}\frac{\partial z}{\partial n}\right]\frac{d\omega}{u}$$

$$= \frac{\partial}{\partial x_1}\int\frac{v_n\,d\omega}{u} - \frac{\partial}{\partial x_1}\int\frac{\partial x}{\partial n}\frac{x'\,d\omega}{u} - \frac{\partial}{\partial y_1}\int\frac{\partial x}{\partial n}\frac{y'\,d\omega}{u} - \frac{\partial}{\partial z_1}\int\frac{\partial x}{\partial n}\frac{z'\,d\omega}{u}.$$

Ma si ha d'altronde

$$\int x' \frac{\partial \frac{1}{u}}{\partial n} d\omega = -\frac{\partial}{\partial x_1}\int \frac{\partial x}{\partial n}\frac{x'\,d\omega}{u} - \frac{\partial}{\partial y_1}\int \frac{\partial y}{\partial n}\frac{x'\,d\omega}{u} - \frac{\partial}{\partial z_1}\int \frac{\partial z}{\partial n}\frac{x'\,d\omega}{u},$$

quindi sottraendo da questa la precedente equazione, confrontando il primo membro dell'equazione risultante coll'espressione segnata α, indi formando le altre due espressioni analoghe β e γ, si trova, coll'uso delle segnature (39'''),

$$(41)\qquad \begin{cases} \alpha = \dfrac{\partial \mathrm{O}}{\partial x_1} + \dfrac{\partial \mathrm{R}}{\partial y_1} - \dfrac{\partial \mathrm{Q}}{\partial z_1}, \\[2ex] \beta = \dfrac{\partial \mathrm{O}}{\partial y_1} + \dfrac{\partial \mathrm{P}}{\partial z_1} - \dfrac{\partial \mathrm{R}}{\partial x_1}, \\[2ex] \gamma = \dfrac{\partial \mathrm{O}}{\partial z_1} + \dfrac{\partial \mathrm{Q}}{\partial x_1} - \dfrac{\partial \mathrm{P}}{\partial y_1}, \end{cases}$$

donde si deduce

$$(41')\qquad \begin{cases} \dfrac{\partial \alpha}{\partial x_1} + \dfrac{\partial \beta}{\partial y_1} + \dfrac{\partial \gamma}{\partial z_1} = 0, \\[2ex] \dfrac{\partial \gamma}{\partial y_1} - \dfrac{\partial \beta}{\partial z_1} = -\dfrac{\partial \mathrm{S}}{\partial x_1}, \quad \dfrac{\partial \alpha}{\partial z_1} - \dfrac{\partial \gamma}{\partial x_1} = -\dfrac{\partial \mathrm{S}}{\partial y_1}, \quad \dfrac{\partial \beta}{\partial x_1} - \dfrac{\partial \alpha}{\partial y_1} = -\dfrac{\partial \mathrm{S}}{\partial z_1}. \end{cases}$$

Finalmente ponendo

$$(41'')\qquad O + \mathrm{O} = \mathfrak{O}, \qquad P + \mathrm{P} = \mathfrak{P}, \qquad Q + \mathrm{Q} = \mathfrak{Q}, \qquad R + \mathrm{R} = \mathfrak{R},$$

le (39) prendono la forma

$$(41''')\qquad \begin{cases} x_1' = \dfrac{\partial \mathfrak{O}}{\partial x_1} + \dfrac{\partial \mathfrak{R}}{\partial y_1} - \dfrac{\partial \mathfrak{Q}}{\partial z_1}, \\[2ex] y_1' = \dfrac{\partial \mathfrak{O}}{\partial y_1} + \dfrac{\partial \mathfrak{P}}{\partial z_1} - \dfrac{\partial \mathfrak{R}}{\partial x_1}, \\[2ex] z_1' = \dfrac{\partial \mathfrak{O}}{\partial z_1} + \dfrac{\partial \mathfrak{Q}}{\partial x_1} - \dfrac{\partial \mathfrak{P}}{\partial y_1}, \end{cases}$$

mentre le (40'), (40'') dànno

$$(41^{\mathrm{IV}})\qquad \frac{\partial \mathfrak{P}}{\partial x_1} + \frac{\partial \mathfrak{Q}}{\partial y_1} + \frac{\partial \mathfrak{R}}{\partial z_1} = 0.$$

Queste ultime formole si verificano immediatamente sostituendo per $\mathfrak{O}$, $\mathfrak{P}$, $\mathfrak{Q}$, $\mathfrak{R}$

i valori che risultano dalle (40), (41''): si trova in tal modo che i secondi membri delle prime tre diventano *) $\Delta_2 X$, $\Delta_2 Y$, $\Delta_2 Z$, quantità le quali equivalgono appunto ad x'_1, y'_1, z'_1 od a zero, secondo che il punto m_1 è interno od esterno ad S. Si può anche osservare, per una verificazione ulteriore, che avendosi, per ogni posizione di m_1 dentro o fuori di ω,

$$\Delta_2 \mathrm{O} = 0, \qquad \Delta_2 \mathrm{P} = 0, \qquad \Delta_2 \mathrm{Q} = 0, \qquad \Delta_2 \mathrm{R} = 0, \qquad \frac{\partial \mathfrak{P}}{\partial x_1} + \frac{\partial \mathfrak{Q}}{\partial y_1} + \frac{\partial \mathfrak{R}}{\partial z_1} = 0,$$

le (41''') dànno

$$\frac{\partial x'_1}{\partial x_1} + \frac{\partial y'_1}{\partial y_1} + \frac{\partial z'_1}{\partial z_1} = \Delta_2 O,$$

$$\frac{\partial z'_1}{\partial y_1} - \frac{\partial y'_1}{\partial z_1} = -\Delta_2 P, \qquad \frac{\partial x'_1}{\partial z_1} - \frac{\partial z'_1}{\partial x_1} = -\Delta_2 Q, \qquad \frac{\partial y'_1}{\partial x_1} - \frac{\partial x'_1}{\partial y_1} = -\Delta_2 R,$$

equazioni i cui secondi membri equivalgono precisamente a Θ_1, $2p_1$, $2q_1$, $2r_1$ oppure a zero, secondo che il punto m_1 è interno od esterno allo spazio S.

b) Per fare un'applicazione semplicissima delle formole (41''') si supponga che la distribuzione delle velocità sia tale da poter competere ad un sistema rigido, in un istante determinato, talchè si abbia

$$x' = a + qz - ry,$$

$$y' = b + rx - pz,$$

$$z' = c + py - qx,$$

dove a, b, c sono le componenti costanti della velocità di traslazione dell'origine (supposta legata col sistema), e p, q, r le componenti costanti della rotazione. Potendosi scrivere

$$x' = x'_1 + q(z - z_1) - r(y - y_1),$$

si ha

$$\int \frac{x'\,dS}{u} = x'_1 \int \frac{dS}{u} + q \int \frac{(z - z_1)\,dS}{u} - r \int \frac{(y - y_1)\,dS}{u}.$$

Ponendo dunque

$$U = -\frac{1}{4\pi} \int \frac{dS}{u}, \qquad V = -\frac{1}{4\pi} \int u\,dS,$$

*) Il segno Δ_2, rappresentativo del secondo parametro differenziale, si deve sempre intendere riferito alle *variabili* che sono effettivamente *tali*. Quindi com'esso si riferiva alle x, y, z nella prima equazione di questo §, così si riferisce ora alle x_1, y_1, z_1, sole variabili sussistenti nelle funzioni (39'), (39'') e (39''').

si ha in questo caso

$$X = x'_1 U + r\frac{\partial V}{\partial y_1} - q\frac{\partial V}{\partial z_1},$$

$$Y = y'_1 U + p\frac{\partial V}{\partial z_1} - r\frac{\partial V}{\partial x_1},$$

$$Z = z'_1 U + q\frac{\partial V}{\partial x_1} - p\frac{\partial V}{\partial y_1}.$$

Di qui, osservando la relazione identica $\Delta_2 V = 2U$, si trae

$$\mathfrak{O} = \frac{\partial U}{\partial x_1}x'_1 + \frac{\partial U}{\partial y_1}y'_1 + \frac{\partial U}{\partial z_1}z'_1,$$

$$\mathfrak{P} = \frac{\partial U}{\partial z_1}y'_1 - \frac{\partial U}{\partial y_1}z'_1 - \frac{\partial H}{\partial x_1},$$

$$\mathfrak{Q} = \frac{\partial U}{\partial x_1}z'_1 - \frac{\partial U}{\partial z_1}x'_1 - \frac{\partial H}{\partial y_1},$$

$$\mathfrak{R} = \frac{\partial U}{\partial y_1}x'_1 - \frac{\partial U}{\partial x_1}y'_1 - \frac{\partial H}{\partial z_1},$$

dove per brevità si è posto

$$H = p\frac{\partial V}{\partial x_1} + q\frac{\partial V}{\partial y_1} + r\frac{\partial V}{\partial z_1}.$$

Finalmente, facendo la sostituzione di questi valori nei secondi membri delle (41'''), si trovano i risultati

$$x'_1 \Delta_2 U, \qquad y'_1 \Delta_2 U, \qquad z'_1 \Delta_2 U;$$

e poichè la quantità $\Delta_2 U$ è uguale ad 1 in ogni punto m_1 dello spazio S, ed è uguale a 0 in ogni punto esterno, è chiaro che il teorema generale si trova qui perfettamente verificato.

c) Le quattro funzioni $\mathfrak{O}$, $\mathfrak{P}$, $\mathfrak{Q}$, $\mathfrak{R}$ hanno un significato che è bene notare. S'immagini una qualunque superficie ω (chiusa od aperta) tutta compresa nello spazio occupato dal fluido, e si prenda su ciascuna delle sue normali (condotte in un senso determinato) una lunghezza costante ν: il luogo geometrico delle estremità di tutte queste lunghezze è una superficie ω', parallela ad ω, che si suppone egualmente compresa nello spazio occupato dal fluido. Si consideri lo spazio $\overline{S}$ limitato dalle superficie ω ed ω', e, se queste non sono chiuse, dalla superficie luogo delle loro normali comuni lungo il contorno, e si calcolino gli integrali (39'), (39'') e (39''') relativi a questo spazio. Per quelli designati con O, P, Q, R le parti relative alle superficie ω ed ω' si possono scrivere così

$$-\frac{1}{4\pi}\int\frac{(\delta v)_n\, d\omega}{u}, \qquad -\frac{1}{4\pi}\int\left(\delta y'\frac{\partial z}{\partial n}-\delta z'\frac{\partial y}{\partial n}\right)\frac{d\omega}{u}, \qquad \text{ecc.}$$

dove $\delta x'$, $\delta y'$, $\delta z'$, δv denotano le differenze fra i valori di x', y', z', v relativi al primo ed al secondo termine della normale ν eretta sull'elemento $d\omega$. Ciò posto si renda evanescente la distanza ν, supponendo che le differenze anzidette si conservino finite. È facile scorgere che gli integrali di volume X, Y, Z, i quali dipendono dalle sole quantità finite x', y', z', diventano evanescenti anch'essi; e che, negli integrali di superficie, le parti dovute alla superficie rigata formata dalle normali lungo il contorno (se esiste contorno) svaniscono di fronte a quelle dovute alle superficie ω ed ω'. Indicando dunque con una lineetta sovrapposta gli integrali relativi allo spazio $\overline{S}$, così ridotto ad uno strato di grossezza evanescente, dalle (40) si ha

$$(42) \qquad \overline{O}=\frac{1}{4\pi}\int\frac{(\delta v)_n\, d\omega}{u}, \qquad \overline{P}=\frac{1}{4\pi}\int\left(\delta y'\frac{\partial z}{\partial n}-\delta z'\frac{\partial y}{\partial n}\right)\frac{d\omega}{u}, \qquad \text{ecc.}$$

Si applichino queste formole alla superficie ω già considerata precedentemente, cioè al limite dello spazio S, stabilendo che la direzione n sia quella della normale interna, ed ammettendo che le funzioni x', y', z' abbiano i loro *veri* valori sulla superficie interna ω', siano *nulle* sulla superficie esterna ω, e variino *uniformemente* fra questi valori estremi lungo le normali ν. In tali ipotesi si può porre, trascurando quantità infinitesime, $\delta x' = -x'$, $\delta y' = -y'$, $\delta z' = -z'$, $\delta v = -v$, epperò i valori di O, P, Q, R per lo strato evanescente $S - S'$, compreso fra la superficie ω ed ω', differiscono infinitamente poco dai seguenti

$$\overline{O} = \mathrm{O}, \qquad \overline{P} = \mathrm{P}, \qquad \overline{Q} = \mathrm{Q}, \qquad \overline{R} = \mathrm{R}.$$

D'altronde i valori degli anzidetti integrali tripli, per lo spazio S' interno ad ω', differiscono infinitamente poco da quelli calcolati per lo spazio S, se si ammette che le x', y', z' conservino in tutto lo spazio S' i loro veri valori. Dunque *le quantità* $\mathfrak{O}$, $\mathfrak{P}$, $\mathfrak{Q}$, $\mathfrak{R}$ *differiscono infinitamente poco dagli integrali tripli O, P, Q, R calcolati nell'ipotesi che, in uno strato sottilissimo aderente alla superficie limite, le quantità x', y', z' passino con uniformità dai loro veri valori allo zero.*

d) Pongasi per brevità

$$(43) \qquad \mathfrak{O}=\sum\frac{\mu}{u}, \qquad \mathfrak{P}=\sum\frac{\nu_x}{u}, \qquad \mathfrak{Q}=\sum\frac{\nu_y}{u}, \qquad \mathfrak{R}=\sum\frac{\nu_z}{u},$$

vale a dire si rappresenti con μ tanto l'elemento a tre dimensioni $-\frac{\Theta\, d S}{4\pi}$, quanto l'elemento a due dimensioni $-\frac{v_n\, d\omega}{4\pi}$; e così si rappresenti con ν_x tanto l'elemento $\frac{p\, d S}{2\pi}$, quanto l'elemento $-\frac{d\omega}{4\pi}\left(y'\frac{\partial z}{\partial n}-z'\frac{\partial y}{\partial n}\right)$, ecc., e tutti questi elementi ritengansi circostanti al punto $m(x, y, z)$, sia dello spazio S, sia della superficie ω.

Moltiplicando ordinatamente le (41''') per x_1', y_1', z_1' e sommando, indi moltiplicando il risultato per $d S$ ed integrando, si trova, mercè le solite trasformazioni,

$$\int v^2 d S=-\int \mathfrak{P}\,\Theta\, d S-\int \mathfrak{P}\, v_n\, d\omega$$

$$+\int \mathfrak{p}\left(\frac{\partial z'}{\partial y}-\frac{\partial y'}{\partial z}\right) d S-\int \mathfrak{p}\left(y'\frac{\partial z}{\partial n}-z'\frac{\partial y}{\partial n}\right) d\omega+\text{ecc.}$$

In virtù delle segnature (43) e delle convenzioni relative, quest'ultima equazione si può scrivere così:

$$\int v^2 d S=4\pi\sum\sum\frac{\mu\mu_1+\nu_x\nu_{1x}+\nu_y\nu_{1y}+\nu_z\nu_{1z}}{u},$$

dove μ_1, ν_{1x}, ν_{1y}, ν_{1z} esprimono quantità analoghe a μ, ν_x, ν_y, ν_z, per un secondo punto (x_1, y_1, z_1) dello spazio S o della superficie ω, mentre u è la distanza dei due punti. Più compendiosamente ancora si può scrivere

$$\int v^2 d S=4\pi\sum\sum\frac{\mu\mu_1+\nu\nu_1\cos(\nu, \nu_1)}{u}, \tag{43'}$$

designando con ν e ν_1 le rette che hanno sui tre assi le projezioni ν_x, ν_y, ν_z e ν_{1x}, ν_{1y}, ν_{1z} *).

---

*) L'idea d'esprimere le componenti della velocità con formole della specie di quelle trovate in questo § appartiene a Helmholtz, che ne fece uso nella già citata Memoria del 1858 (*Ueber Integrale* etc.), senza però uscire dal caso dei fluidi incompressibili, e supponendo inoltre che la superficie sia un vorticoide. H. Hankel, nell'art. 13 del già citato scritto del 1861 (*Allgemeine Theorie,* etc.), ha trattato la stessa quistione in altro modo, ma sempre nel caso dell'incompressibilità: l'esattezza dei valori da lui trovati, dedotti da condizioni più generali di quelle del problema, è subordinata ad una scelta particolare, non del tutto agevole a definirsi, della superficie analoga ad ω. Il caso d'un fluido qualunque è stato considerato per la prima volta da Roch, in uno scritto pubblicato dapprima a Gottinga quale Dissertazione inaugurale, e ristampato poscia, con qualche variazione, nel t. LXI del Journal für die reine und angewandte Mathematik (1863), pag. 283 col titolo: *Anwendung der Potentialausdrücke auf die Theorie der molekular-physikalischen Fernewirkungen,* etc. Ivi trovasi introdotto ed interpretato l'integral triplo O. L'analisi di Roch è tuttavia manchevole, per aver egli omesso di determinare esplici-

§ 16.

I valori (41''') delle componenti della velocità del punto m_1 constano di due parti di natura assai diversa, di quella cioè che è dovuta all'unica funzione $\mathfrak{O}$, e di quella che procede dalla terna di funzioni $\mathfrak{P}$, $\mathfrak{Q}$, $\mathfrak{R}$; e la velocità totale v risulta, o si può considerare come risultante, dalla composizione di due velocità parziali v' e v'', corrispondenti alla prima ed alla seconda di queste parti.

La prima velocità parziale, definita dalle componenti

$$v'_x = \frac{\partial \mathfrak{O}}{\partial x_1}, \qquad v'_y = \frac{\partial \mathfrak{O}}{\partial y_1}, \qquad v'_z = \frac{\partial \mathfrak{O}}{\partial z_1},$$

è dotata d'un potenziale (§ 5), che è $\mathfrak{O}$ ossia $O + O$, e si può riguardare come generata nel modo seguente. Si concepisca primieramente distribuita, entro lo spazio S,

---

tamente gli integrali doppî, e di stabilire la condizione necessaria acciò le componenti α, β, γ ad essi dovute posseggano veramente le proprietà da lui enunciate [la qual condizione, come emerge dalle (41'), è che la superficie limite sia un vorticoide]; omissioni che devono attribuirsi all'aver egli, come HANKEL, desunte le sue formole da condizioni troppo generali. Per altri appunti allo stesso lavoro di ROCH veggasi un articolo di WEINGARTEN, nel t. LXIII del Journal für die reine und angewandte Mathematik (1864), pag. 145. La prima trattazione completa del problema (anzi d'un problema più generale di questo che s'incontra nella cinematica dei fluidi) è dovuta a LIPSCHITZ e trovasi in una Memoria pubblicata nel 1868, col titolo di: *Beitrag zur Theorie der linearen partiellen Differentialgleichungen,* nel t. LXIX del suddetto Giornale (1868), pag. 109. Ivi LIPSCHITZ perviene, con un processo assai semplice ed elegante, alle formole (41'''), assegnando alle 4 funzioni $\mathfrak{O}$, $\mathfrak{P}$, $\mathfrak{Q}$, $\mathfrak{R}$ i valori che qui ottengonsi per esse, al principio del § 18; egli mostra poscia che ognuna d'esse può essere risoluta in due integrali, l'uno di spazio, l'altro di superficie, nel modo indicato dalle (41''). In questo notabile lavoro si trova anche (art. III) un'interpretazione dinamica delle formole in discorso, che è differente da quelle di HELMHOLTZ e di ROCH e che viene in parte riprodotta, con qualche semplificazione, nel § 18 di questa Monografia; vi si trova inoltre (art. IV) un interessante teorema, del quale pure vien fatta qui menzione nel § 20.

Il procedimento tenuto nella presente Monografia, per giungere alle formole in discorso, è stato fondato direttamente sull'uso del teorema di GREEN, affine d'escludere dalla loro deduzione ogni artifizio avente aspetto di divinazione. Sebbene un po' più complesso di quello seguìto da LIPSCHITZ, esso riproduce, in altr'ordine, le medesime formole, insieme a talune altre che riescono utili più innanzi; inoltre esso porge molteplici occasioni di famigliarizzare il lettore con alcune delle trasformazioni analitiche che ricorrono più di frequente nella meccanica e nella fisica matematica. Le considerazioni esposte *sub c)* sono destinate a preparare il concetto delle *superficie vorticali* (dovuto pure a HELMHOLTZ); esse possono considerarsi come lo svolgimento d'un principio adombrato da BOLTZMANN, in un interessante lavoro *Ueber die Druckkräfte, welche auf Ringe wirksam sind, die in bewegte Flüssigkeit tauchen* (1870), nel t. LXXIII, pag. 111 del Journal für die reine und angewandte Mathematik. Anche la formola (43'), ottenuta col processo già indicato da HELMHOLTZ nell'art. 4 della sua Memoria, è stata qui posta sotto la forma più acconcia all'ulteriore deduzione d'altri risultati, conseguiti da BOLTZMANN nel lavoro suddetto.

una materia agente secondo la legge newtoniana *) e la cui densità nel punto m sia uguale a $\frac{\Theta}{4\pi}$: la funzione potenziale di questa materia sul punto m_1, supposto sede di un'unità positiva della materia stessa, è precisamente quella che si è designata con O. Si concepisca in secondo luogo distribuita, sulla superficie ω, una materia agente secondo la medesima legge e la cui densità sull'elemento $d\omega$ sia uguale a $\frac{v_n}{4\pi}$: la funzione potenziale di questo strato sul punto m_1 è precisamente quella che si è designata con O. Ciò posto è chiaro che *le componenti dell'azione simultanea di queste due distribuzioni di materia sul punto* m_1 *sono rispettivamente identiche a quelle della velocità parziale* v' *nel medesimo punto*. Si può quindi, per una fizione matematica ben naturale, riguardare questa velocità come il risultato d'un'azione istantanea a distanza, che le particelle fluide esercitino le une sulle altre (dipendentemente dalla continuità), e in questo senso si possono enunciare i teoremi seguenti. 1°) *La condensazione* (o dilatazione) *cubica che ha luogo in una particella qualunque induce istantaneamente, in ogni altro punto del fluido, una velocità diretta verso la particella in discorso* (o in senso opposto, rispettivamente) *e proporzionale direttamente alla condensazione* (o dilatazione) *ed inversamente al quadrato della distanza* **). 2°) Se intorno al punto di cui si considera il moto indotto si descrive una superficie chiusa, l'azione velocitante di tutto il fluido esterno alla medesima può essere surrogata da un'altra azione, pure soggetta alla legge newtoniana, ma emanante dal solo fluido che attaversa la superficie nell'istante che si considera (più propriamente dallo strato che vi si accumulerebbe nell'unità di tempo successiva a quest'istante). *Quest'azione è, per ciascun elemento di superficie, direttamente proporzionale alla quantità di fluido che attraversa questo elemento* (nell'unità di tempo) *ed inversamente proporzionale al quadrato della distanza; essa è attrattiva o ripulsiva, secondo che il fluido attraversa l'elemento uscendo dallo spazio interno, o penetrando in esso* ***).

Le azioni a distanza testè considerate, così degli elementi dS, come dei $d\omega$, non inducono nella particella circostante al punto m_1 nè condensazione nè dilatazione, finchè la distanza di quegli elementi dal punto è finita. Infatti benchè i valori delle componenti di v' somministrino

$$\frac{\partial v'_x}{\partial x_1} + \frac{\partial v'_y}{\partial y_1} + \frac{\partial v'_z}{\partial z_1} = \Theta(x_1, y_1, z_1),$$

*) Nella quale qui si include anche la legge dei segni, ammettendo cioè che masse di segno contrario si attraggano, di eguale si respingano.

**) Roch, *Anwendung der Potentialausdrücke*, etc. (l. c.), § 5.

***) È facile scorgere che questa seconda azione rientra nella prima, se si introduce lo strato evanescente considerato nel § 15, *c*).

giacchè $\Delta_2 O = \Theta(x_1, y_1, z_1)$, $\Delta_2 \mathrm{O} = 0$, non bisogna dimenticare che se si escludesse dallo spazio S una porzione, anche piccolissima, circostante al detto punto m_1, e si calcolasse la funzione O per lo spazio residuo, si troverebbe sempre $\Delta_2 O = 0$. Dunque le anzidette azioni a distanza, mentre son dovute alle condensazioni e dilatazioni delle singole particelle in moto, non modificano punto lo stato di condensazione o dilatazione d'ogni particella sulla quale si esercitano: questo stato è immanente nella particella stessa, e non può venir modificato che da azioni estranee alle suddette. È poi evidente che il moto parziale di velocità v' è privo di rotazione.

Quando in una porzione del fluido si trova verificata la relazione $\Theta = 0$ (equazione dell'incompressibilità), tal porzione non contribuisce punto alla formazione dell'integral triplo O, ed i suoi elementi dS non esercitano alcuna azione a distanza secondo la legge newtoniana. Così quando una porzione della superficie ω è luogo geometrico d'una serie continua di linee di moto (come avviene quand'essa appartiene ad una superficie immobile lambita dal fluido), si ha per essa $v_n = 0$, epperò tal porzione non contribuisce punto alla formazione dell'integral doppio O, ed i suoi elementi $d\omega$ non esercitano del pari alcuna azione a distanza secondo la legge newtoniana.

Nel moto d'un fluido incompressibile entro uno spazio limitato in ogni senso da superficie immobili, od anche estendentesi indefinitamente, purchè la velocità all'infinito sia nulla, le due proprietà testè accennate si verificano simultaneamente, in tutta l'estensione dei rispettivi campi d'integrazione S ed ω *). Quindi il moto non dipende, in tal caso, che dalle tre funzioni potenziali $\mathfrak{P}$, $\mathfrak{Q}$, $\mathfrak{R}$.

§ 17.

Le componenti della seconda velocità parziale v'' (§ 16) possono essere scritte così, (41''), (41'''):

$$v''_x = \frac{\partial(R + \mathrm{R})}{\partial y_1} - \frac{\partial(Q + \mathrm{Q})}{\partial z_1},$$

$$v''_y = \frac{\partial(P + \mathrm{P})}{\partial z_1} - \frac{\partial(R + \mathrm{R})}{\partial x_1},$$

$$v''_z = \frac{\partial(Q + \mathrm{Q})}{\partial x_1} - \frac{\partial(P + \mathrm{P})}{\partial y_1}.$$

---

*) La relazione generale $\int \Theta\, dS + \int v_n\, d\omega = 0$, già notata nel § 11, mostra che le totali quantità di materia contenute in ciascuna delle due distribuzioni (di spazio e di superficie) sono sempre eguali in valore assoluto e di segno contrario. Esse son quindi nulle entrambe, nel caso qui considerato.

È evidente che il moto corrispondente a questa velocità è privo di condensazione o dilatazione. Esso è all'incontro dotato d'una rotazione, che per ogni punto m_1 interno ad S è identica alla w del punto stesso, mentre per ogni punto esterno è nulla. Ciò risulta dalla verificazione accennata nel § 15, alla fine di *a)*.

a) Considerando dapprima ciò che è dovuto, nei secondi membri delle precedenti equazioni, agli integrali tripli P, Q, R, si ha

$$\frac{\partial R}{\partial y_1} - \frac{\partial Q}{\partial z_1} = \frac{1}{2\pi}\int\left(\frac{\partial \frac{1}{u}}{\partial y_1} r - \frac{\partial \frac{1}{u}}{\partial z_1} q\right) dS,$$

$$\frac{\partial P}{\partial z_1} - \frac{\partial R}{\partial x_1} = \frac{1}{2\pi}\int\left(\frac{\partial \frac{1}{u}}{\partial z_1} p - \frac{\partial \frac{1}{u}}{\partial x_1} r\right) dS,$$

$$\frac{\partial Q}{\partial x_1} - \frac{\partial P}{\partial y_1} = \frac{1}{2\pi}\int\left(\frac{\partial \frac{1}{u}}{\partial x_1} q - \frac{\partial \frac{1}{u}}{\partial y_1} p\right) dS.$$

Le espressioni che figurano sotto i segni d'integrazione diventano suscettibili d'un'interpretazione assai semplice, se si confrontano con quelle cui si perviene supponendo che l'elemento dS sia solido, e che il punto m_1 sia con esso invariabilmente congiunto. È noto infatti che quando un sistema rigido, riferito a tre assi ortogonali, viene dotato d'una rotazione w, di componenti p, q, r, intorno ad un asse passante per il punto m, ogni altro punto m_1 del medesimo sistema acquista una velocità che coincide, in grandezza ed in direzione, coll'asse della coppia nascente dal trasporto del segmento (p, q, r) da m in m_1. Le componenti di questa velocità sono quindi

$$(y - y_1)r - (z - z_1)q, \quad (z - z_1)p - (x - x_1)r, \quad (x - x_1)q - (y - y_1)p,$$

ossia

$$u^3\left(\frac{\partial \frac{1}{u}}{\partial y_1} r - \frac{\partial \frac{1}{u}}{\partial z_1} q\right), \quad u^3\left(\frac{\partial \frac{1}{u}}{\partial z_1} p - \frac{\partial \frac{1}{u}}{\partial x_1} r\right), \quad u^3\left(\frac{\partial \frac{1}{u}}{\partial x_1} q - \frac{\partial \frac{1}{u}}{\partial y_1} p\right),$$

e la velocità risultante è eguale, in valor numerico, all'area del parallelogrammo costruito sulle rette w ed u. Se al sistema s'imprimono simultaneamente più rotazioni, qualunque ne sia il numero e la distribuzione degli assi, si ottengono le componenti della velocità totale dovuta alla coesistenza di queste rotazioni sommando algebricamente le componenti omologhe dovute alle singole rotazioni e calcolate secondo le espressioni precedenti. Ora il confronto di tali espressioni, sotto la seconda loro forma, con quelle che figurano sotto i tre precedenti integrali, mostra che i fattori di dS non differiscono dalle prime che per il divisore $2\pi u^3$. Ricorrendo dunque ad una nuova fizione matematica, analoga a quella del § precedente, si può dire che: *lo stato rotatorio d'ogni particella dS induce istantaneamente, in ogni altro punto del fluido, una velocità che ha la stessa direzione di quella che possederebbe quel punto se fosse invariabilmente congiunto colla particella rotante, e la cui grandezza è proporzionale direttamente alla velocità di rotazione ed al volume di questa ed inversamente al cubo della distanza* *). Il moto così indotto è privo di dilatazione.

b) Quest'azione a distanza è immediatamente rivocabile alla nota legge dell'azione elettromagnetica. Si consideri infatti la verticale s passante per il punto m, s'immagini un vortice elementare qualunque avente per asse quella verticale (§ 13), e dicasi k l'intensità di questo vortice (§ 14, *d*). Sia inoltre $d\varpi$ la sezione normale del vortice nel punto $m(x, y, z)$ e ds la distanza di questo punto dal punto infinitamente vicino $(x + dx, y + dy, z + dz)$ situato sull'asse del vortice. Considerando lo spazio S come suddiviso in un'infinità di vortici elementari, analoghi al precedente, si può porre $dS = d\varpi ds$ e quindi $wdS = kds$, donde

$$pdS = kdx, \qquad qdS = kdy, \qquad rdS = kdz, \tag{44}$$

epperò si ha

$$\left\{\begin{aligned}
&\left(\frac{\partial\frac{1}{u}}{\partial y_1}r - \frac{\partial\frac{1}{u}}{\partial z_1}q\right)dS = k\left(\frac{\partial\frac{1}{u}}{\partial y_1}dz - \frac{\partial\frac{1}{u}}{\partial z_1}dy\right),\\
&\left(\frac{\partial\frac{1}{u}}{\partial z_1}p - \frac{\partial\frac{1}{u}}{\partial x_1}r\right)dS = k\left(\frac{\partial\frac{1}{u}}{\partial z_1}dx - \frac{\partial\frac{1}{u}}{\partial x_1}dz\right),\\
&\left(\frac{\partial\frac{1}{u}}{\partial x_1}q - \frac{\partial\frac{1}{u}}{\partial y_1}p\right)dS = k\left(\frac{\partial\frac{1}{u}}{\partial x_1}dy - \frac{\partial\frac{1}{u}}{\partial y_1}dx\right).
\end{aligned}\right. \tag{44'}$$

I secondi membri di queste equazioni, integrati lungo una linea chiusa qualunque, rappresentano, com'è noto, le componenti dell'azione che una corrente elettrica d'intensità k, circolante lungo questa linea, esercita sopra un'unità positiva di fluido magnetico, concentrata nel punto m_1. Quest'interpretazione dinamica si suole estendere anche al caso

*) Cfr. VELTMANN, nel Zeitschrift für Mathematik und Physik, Jahrgang XV (1870), pag. 461.

d'una linea aperta, epperò si riguardano le precedenti espressioni come quelle delle componenti dell'azione elettromagnetica d'un elemento ds di corrente. Ammettendo tale generalizzazione, e supponendo eseguita l'integrazione lungo una porzione qualunque del vortice che si considera, si può dunque dire che: *ogni porzione di vortice elementare, d'intensità k, induce istantaneamente in ogni punto esterno del fluido una velocità eguale, in direzione ed in grandezza, all'azione elettromagnetica che eserciterebbe su quel punto una corrente elettrica d'intensità* $\frac{k}{2\pi}$ *collocata al posto del vortice* *). E siccome in realtà non esistono vortici *aperti* (§ 14, *d*), così basta applicare questo enunciato ad un vortice elementare *completo*, per esprimere un'analogia la cui verità è indipendente dall'anzidetto postulato circa l'azione elettromagnetica delle correnti aperte **).

Usando una locuzione abbreviata, opportunamente introdotta da LIPSCHITZ ***), la terna di quantità

$$(44'') \qquad \frac{k\,dx}{u}, \qquad \frac{k\,dy}{u}, \qquad \frac{k\,dz}{u}$$

si può chiamare *sistema potenziale* (elettromagnetico) dell'elemento di corrente d'intensità k, uscente dal punto m colle componenti dx, dy, dz, sopra il punto m_1; il qual sistema potenziale genera un'azione, le cui componenti son date dalle espressioni contenute nei secondi membri delle equazioni (44'). Gli integrali delle tre quantità (44''), estesi ad una o più linee, costituiscono, analogamente, il *sistema potenziale* delle correnti che percorrono queste linee. Tali denominazioni si possono riportare ai vortici fluidi, la cui azione velocitante a distanza si è veduta essere identica all'azione elettromagnetica delle correnti †).

Sotto certe condizioni un sistema potenziale può esser surrogato da *una* funzione potenziale ordinaria: tali condizioni sono che le linee d'integrazione sian chiuse, che l'intensità k sia costante per ciascuna di esse e che il punto m_1 sia a distanza finita da tutte le linee. Infatti quando si tratta d'una linea chiusa il teorema di HANKEL dà, (§ 12),

---

*) È questa la celebre analogia scoperta da HELMHOLTZ (Mem. cit., art. 3) fra l'azione a distanza dei vortici fluidi e l'azione elettromagnetica delle correnti.

**) Qui non è neppur necessario tener conto dei rami congiungenti all'infinito, poichè la loro azione sui punti del campo finito è nulla.

***) *Beitrag,* etc., art. III (cfr. la nota alla fine del § 15).

†) Ciascuna delle tre funzioni costituenti il sistema potenziale d'un vortice, elementare o finito, è, in virtù delle equazioni (44) di questo § e delle (38'') del § 14, potenziale d'una distribuzione la cui massa totale è nulla.

$$(44''')\quad \left\{\begin{aligned}
\int\frac{dx}{u} &= \int\left(\frac{\partial\frac{1}{u}}{\partial y_1}\frac{\partial z}{\partial n} - \frac{\partial\frac{1}{u}}{\partial z_1}\frac{\partial y}{\partial n}\right)d\varpi,\\
\int\frac{dy}{u} &= \int\left(\frac{\partial\frac{1}{u}}{\partial z_1}\frac{\partial x}{\partial n} - \frac{\partial\frac{1}{u}}{\partial x_1}\frac{\partial z}{\partial n}\right)d\varpi,\\
\int\frac{\partial z}{u} &= \int\left(\frac{\partial\frac{1}{u}}{\partial x_1}\frac{\partial y}{\partial n} - \frac{\partial\frac{1}{u}}{\partial y_1}\frac{\partial x}{\partial n}\right)d\varpi,
\end{aligned}\right.$$

dove $d\varpi$ è l'elemento d'una superficie trasversa totalmente terminata al contorno dato, e scelta in modo da evitare il punto m_1 *). Da queste equazioni si deduce

$$\frac{\partial}{\partial y_1}\int\frac{dz}{u} - \frac{\partial}{\partial z_1}\int\frac{dy}{u} = -\frac{\partial}{\partial x_1}\int\frac{\partial\frac{1}{u}}{\partial n}d\varpi,$$

$$\frac{\partial}{\partial z_1}\int\frac{dx}{u} - \frac{\partial}{\partial x_1}\int\frac{dz}{u} = -\frac{\partial}{\partial y_1}\int\frac{\partial\frac{1}{u}}{\partial n}d\varpi,$$

$$\frac{\partial}{\partial x_1}\int\frac{dy}{u} - \frac{\partial}{\partial y_1}\int\frac{dx}{u} = -\frac{\partial}{\partial z_1}\int\frac{\partial\frac{1}{u}}{\partial n}d\varpi,$$

donde emerge immediatamente che il sistema potenziale della corrente chiusa d'intensità k può essere sostituito dall'unica funzione

$$(44^{\text{IV}})\qquad -k\int\frac{\partial\frac{1}{u}}{\partial n}d\varpi,$$

ossia dal potenziale d'un doppio strato magnetico deposto sulla superficie ϖ, conforme alla nota teoria d'AMPÈRE. Il magnetismo positivo giace dalla parte delle normali n, e il prodotto dell'intensità magnetica (riferita all'unità d'area) per la distanza dei due strati

*) Queste formole si possono tradurre nell'enunciato seguente: le tre funzioni costituenti il potenziale elettromagnetico d'una corrente chiusa sono eguali alle omologhe componenti dell'azione elettromagnetica emanante dagli *assi* di tutti gli elementi d'una superficie trasversa, considerati come elementi di correnti d'intensità eguale a quella della data. Cfr. i secondi membri delle (44').

(cioè il momento magnetico d'ogni coppia elementare, riportato alla stessa unità) è in ciascun punto costante ed uguale a k. Non bisogna dimenticare che (in virtù di ciò che venne esposto nel § 12) la corrente circola *positivamente* intorno a quella faccia di ϖ su cui sono erette le normali n e su cui giace il magnetismo positivo. Com'è notissimo, il valor numerico dell'integrale

$$\int \frac{\partial \frac{1}{u}}{\partial n} d\varpi$$

è eguale a quello dell'angolo solido sotto il quale la superficie ϖ è veduta dal punto m_1, proprietà che rende manifesto come il potenziale elettromagnetico di più correnti chiuse sia una funzione polidroma, con tanti moduli di periodicità quante sono le correnti. Ciascun modulo è eguale al prodotto di 4π per l'intensità della corrente rispettiva.

c) Il moto parziale indotto dall'azione a distanza testè considerata è privo di condensazione o dilatazione. Se invece si calcolano le componenti della sua rotazione, si trovano le quantità

$$\frac{1}{2}\left(\frac{\partial S}{\partial x_1} - \Delta_2 P\right), \qquad \frac{1}{2}\left(\frac{\partial S}{\partial y_1} - \Delta_2 Q\right), \qquad \frac{1}{2}\left(\frac{\partial S}{\partial z_1} - \Delta_2 R\right).$$

Si supponga dapprima che la superficie limite dello spazio S sia un vorticoide completo, talchè in ogni suo punto si abbia $w_n = 0$ e quindi $S = 0$. Le quantità $\Delta_2 P$, $\Delta_2 Q$, $\Delta_2 R$ sono rispettivamente eguali a $-2p_1$, $-2q_1$, $-2r_1$ oppure a *zero*, secondo che il punto m_1 è interno od esterno al vortice S. Dunque: *il moto parziale indotto, in un punto qualunque del fluido, dallo stato rotatorio di tutte le particelle costituenti un vortice completo è dotato della rotazione totale corrispondente a quel punto, se questo è interno al vortice, ed è privo d'ogni rotazione (epperò ammette un potenziale) se esso è esterno.*

Il potenziale di cui è parola in questo enunciato si può assegnare immediatamente nel caso d'un vortice elementare; infatti l'applicazione della formola generale (44^{IV}) dà per esso

$$-\frac{\mathfrak{C}}{4\pi}\int \frac{\partial \frac{1}{u}}{\partial n} d\varpi,$$

dove $\mathfrak{C}$ è la circolazione trasversale del vortice e ϖ una superficie trasversa totalmente terminata al suo asse. Ora l'integrale $\int \frac{\partial \frac{1}{u}}{\partial n} d\varpi$ è una funzione di x_1, y_1, z_1 e dei parametri (η e ζ del § 13) atti ad individuare la linea vorticale, asse del vortice; $\mathfrak{C}$, ovvero $2k$, è una quantità infinitesima di second'ordine, formata coi differenziali dei medesimi parametri [che potrebbe (§ 14, *d*) porsi uguale a $d\eta\, d\zeta$]. Integrando quindi la precedente espressione rispetto a questi parametri, entro i limiti corrispondenti ad un dato vortice finito, si può ottenere, in ciascun caso particolare, quella funzione di x_1, y_1, z_1 che costituisce il potenziale *esterno* del dato vortice, o che non ne differisce che per una costante. Ma un po' più innanzi si esporrà un altro processo per la determinazione di questo potenziale.

Abbandonando ora la supposizione che S sia un vortice completo, e quindi ammettendo che S sia diverso da zero, è chiaro che il moto indotto dalla rotazione delle particelle comprese nello spazio S è rotatorio tanto nell'interno dello spazio stesso, dove le componenti della rotazione indotta sono

$$\frac{1}{2}\frac{\partial S}{\partial x_1}+p_1, \qquad \frac{1}{2}\frac{\partial S}{\partial y_1}+q_1, \qquad \frac{1}{2}\frac{\partial S}{\partial z_1}+r_1,$$

quanto all'esterno, dove sono

$$\frac{1}{2}\frac{\partial S}{\partial x_1}, \qquad \frac{1}{2}\frac{\partial S}{\partial y_1}, \qquad \frac{1}{2}\frac{\partial S}{\partial z_1}.$$

In questo caso non si possono ristabilire i valori veri di tali componenti se non si tien conto dell'ultimo moto parziale, del quale si procede ora a trattare.

d) Questo moto è retto dal sistema potenziale (P, Q, R), vale a dire ha per componenti

$$\frac{\partial R}{\partial y_1}-\frac{\partial Q}{\partial z_1}, \qquad \frac{\partial P}{\partial z_1}-\frac{\partial R}{\partial x_1}, \qquad \frac{\partial Q}{\partial x_1}-\frac{\partial P}{\partial y_1}.$$

Esso è privo di dilatazione e, come si ricava già dalle (41'), è dotato d'una rotazione di componenti

$$-\frac{1}{2}\frac{\partial S}{\partial x_1}, \qquad -\frac{1}{2}\frac{\partial S}{\partial y_1}, \qquad -\frac{1}{2}\frac{\partial S}{\partial z_1}.$$

Si ha così la conferma di ciò cui si alludeva dianzi.

In virtù delle formole (37) del § 14 si può scrivere, ponendo $d\omega = d\sigma . ds$,

$$(45) \qquad P=\int\int\frac{d\mathfrak{J}}{4\pi}\frac{dx}{u}, \qquad Q=\int\int\frac{d\mathfrak{J}}{4\pi}\frac{dy}{u}, \qquad R=\int\int\frac{d\mathfrak{J}}{4\pi}\frac{dz}{u},$$

dove, come nel § citato, dx, dy, dz sono le componenti dell'elemento d'una linea di flusso nullo tracciata sulla superficie ω, e $d\mathfrak{J}$ è il flusso lungo l'elemento ortogonale al precedente, terminato ad una linea infinitamente vicina del medesimo sistema, scelta dalla parte conveniente affinchè $d\mathfrak{J}$ sia positivo. Di qui emerge che le funzioni P, Q,

R costituiscono il sistema potenziale elettromagnetico d'una serie di correnti elettriche circolanti lungo le linee di flusso nullo della superficie ω, e che quindi la velocità del moto parziale di cui ora si tratta è identica, in grandezza ed in direzione, coll'azione elettromagnetica esercitata simultaneamente da tali correnti. Ma l'intensità di queste, uguale a $\frac{d\mathfrak{J}}{4\pi}$, *non* è necessariamente costante in tutta la loro estensione (§ 14, *b*), epperò la considerazione delle medesime è, in generale, di natura puramente matematica, cioè motivata unicamente dalla possibilità di rivocare in tal guisa la velocità del moto anzidetto alla legge ben nota dell'azione elettromagnetica.

Anche per questo riguardo riesce quindi di speciale interesse il caso che ω sia un vorticoide completo, poichè, essendo allora costante il flusso elementare $d\mathfrak{J}$ in ciascuna delle striscie comprese fra due linee contigue di flusso nullo, le correnti dianzi descritte hanno intensità costante su tutta la loro estensione e sono d'altronde necessariamente rientranti (§ 14, *b*). Per determinare in questo caso il potenziale unico che equivale al sistema potenziale (P, Q, R), si faccia nella superficie ω una sezione lineare diretta secondo una delle linee $\mathfrak{J} = \text{cost.}$ e si supponga, per fermare le idee, che questa sezione renda monodroma la funzione $\mathfrak{J}$, la quale avrebbe, in tale ipotesi, un solo modulo di periodicità $\mathfrak{C}$, eguale alla differenza $\mathfrak{J}_2 - \mathfrak{J}_1$ dei valori ch'essa prende sui due margini 1 e 2 della sezione (questi indici 1 e 2 ritengansi applicati in modo che la differenza risulti *positiva*). Si consideri poscia la superficie ω come suddivisa in un numero infinito di striscie elementari, mediante linee del sistema $\mathfrak{J} = \text{cost.}$, corrispondenti ad incrementi infinitesimi e positivi del parametro $\mathfrak{J}$, e si aggiunga alla superficie medesima un pezzo qualunque ω_2, totalmente terminato al margine 2, e che, secondo i casi, può essere tanto interno quanto esterno alla superficie ω. Il potenziale elettromagnetico della corrente che circola lungo la striscia compresa fra le linee $\mathfrak{J}$ ed $\mathfrak{J} + d\mathfrak{J}$ può esprimersi [in virtù di quanto si è richiamato testè, *c*)], coll'integrale

$$+\int \frac{d\mathfrak{J}}{4\pi} \frac{\partial \frac{1}{u}}{\partial n'} d\omega'$$

esteso a tutta la superficie ω', formata di ω_2 e di una porzione di ω, e limitata completamente dalla linea di parametro $\mathfrak{J}$; $d\omega'$ è un elemento qualunque di questa superficie ed n' è la direzione della normale ad esso, direzione scelta in modo che nei punti comuni ad ω' e ad ω risulti *interna* a quest'ultima superficie. In conseguenza di questa scelta la detta corrente circola *negativamente* intorno alla faccia di ω' su cui sono erette le normali n', e quindi l'integrale in discorso dev'essere preceduto dal segno $+$, anzichè dal segno — come nella (44^{IV}). Si concepiscano tutte le espressioni simili a questa, si sommino e se ne formi un integrale unico, raccogliendo tutti i fattori che moltiplicano ciascun elemento della total superficie $\omega + \omega_2$. Il fattore di $d\omega'$ in questo nuovo integrale ha la forma

$$\frac{\partial \frac{1}{u}}{\partial n'} \frac{\sum d\mathfrak{J}}{4\pi}.$$

Ora è facile riconoscere che, se $d\omega'$ è un elemento della primitiva superficie ω, si ha $\sum d\mathfrak{J} = \mathfrak{J} - \mathfrak{J}_1$, dove $\mathfrak{J}$ è il valore della funzione sull'elemento stesso; mentre che, se $d\omega'$ è un elemento della superficie complementare ω_2, si ha sempre $\sum d\mathfrak{J} = \mathfrak{J}_2 - \mathfrak{J}_1 = \mathfrak{E}$. Di qui risulta che il potenziale elettromagnetico di tutte le correnti è

$$\int \frac{\mathfrak{J}}{4\pi} \frac{\partial \frac{1}{u}}{\partial n} d\omega + \frac{\mathfrak{E}}{4\pi} \int \frac{\partial \frac{1}{u}}{\partial n_2} d\omega_2 - \frac{\mathfrak{J}_1}{4\pi} \int \frac{\partial \frac{1}{u}}{\partial n} d\omega.$$

Nel primo termine la funzione $\mathfrak{J}$ è monodroma e continua in ogni punto di ω, tranne lungo la sezione lineare che si è fatta in questa superficie. Il secondo termine è il potenziale d'una corrente d'intensità $\frac{\mathfrak{E}}{4\pi}$ circolante lungo la sezione lineare anzidetta, nello stesso senso delle correnti elementari. L'ultimo termine è eguale a $-\mathfrak{J}_1$ oppure a zero secondo che il punto m_1 è interno od esterno alla superficie ω (in virtù d'un notissimo teorema di GAUSS). Questo termine si può omettere, come implicito nel primo, giacchè la funzione $\mathfrak{J}$, non essendo definita che dal suo differenziale, può sempre essere accresciuta d'una costante. D'altronde esso non ha influenza sulle derivate del potenziale.

Non è necessario che la sezione sia fatta lungo una linea di flusso nullo, come si è supposto, per semplicità, nella precedente dimostrazione. La sua traccia può essere una qualsiasi altra linea chiusa, atta a ristabilire la monodromia della funzione $\mathfrak{J}$, purchè, naturalmente, la discontinuità di questa, nel calcolo del primo integrale, venga sempre riportata su quella sezione lineare che si è scelta *) La regola per istabilire la direzione della corrente che circola, con intensità $\frac{\mathfrak{E}}{4\pi}$, lungo una sezione lineare qua-

*) Si può persuadersi di ciò nel modo seguente. Sia $abcda$ una sezione lineare qualunque, $ab'cd'a$ una delle correnti elementari, che la incontri nei due punti a e c. Si facciano percorrere i due margini della porzione abc da due correnti di contrarie direzioni e di intensità assoluta eguale a quella della data; indi si sostituiscano a questa (evidentemente con pari effetto dinamico) le due correnti chiuse $ab'cba$ ed $adcd'a$. Procedendo in tal modo si ottengono correnti tutte chiuse, ed ogni sezione lineare si può di nuovo considerare come diretta secondo una di queste correnti. Posto ciò, facilmente si riconosce che il processo tenuto nel primo caso è valido sempre.

lunque, è la seguente: se s'immagina un diaframma, terminato a quel margine della sezione sul quale i valori di $\mathfrak{F}$ *superano* della quantità positiva $\mathfrak{E}$ quelli sull'altro margine, la corrente anzidetta circola *negativamente* (§ 12) intorno a quella faccia del diaframma che è nel prolungamento della faccia *interna* di ω.

In generale, qualunque sia il numero delle sezioni lineari necessarie a ristabilire la monodromia della funzione $\mathfrak{F}$, ciascuna d'esse fa intervenire una corrente, la cui intensità è eguale al prodotto di $\frac{1}{4\pi}$ per il corrispondente modulo di periodicità. Si può quindi enunciare la seguente proposizione: *se con* Λ_1, Λ_2, ... *s'indicano i potenziali elettromagnetici di correnti d'intensità unitaria, circolanti nel senso definito dianzi lungo le sezioni lineari* λ_1, λ_2, ..., *cui corrispondono i moduli di periodicità* $\mathfrak{E}_1$, $\mathfrak{E}_2$, ..., *e con* $\mathfrak{F}$ *la funzione resa monodroma da queste sezioni ed avente lungo esse le sue discontinuità, il potenziale elettromagnetico, sì interno che esterno, delle correnti che circolano lungo le linee di flusso nullo d'un vorticoide* ω *è dato da*

$$(45') \qquad N = \int \frac{\mathfrak{F}}{4\pi} \frac{\partial \frac{1}{u}}{\partial n} d\omega + \frac{1}{4\pi} \sum \mathfrak{E} \Lambda .$$

Qualunque sia la posizione del punto m_1, purchè esso non si trovi sulla superficie ω, questa funzione N soddisfa alle tre equazioni

$$\frac{\partial R}{\partial y_1} - \frac{\partial Q}{\partial z_1} = \frac{\partial N}{\partial x_1}, \qquad \frac{\partial P}{\partial z_1} - \frac{\partial R}{\partial x_1} = \frac{\partial N}{\partial y_1}, \qquad \frac{\partial Q}{\partial x_1} - \frac{\partial P}{\partial y_1} = \frac{\partial N}{\partial z_1}.$$

Essa è polidroma ed ha i medesimi moduli di periodicità della $\mathfrak{F}$ (come risulta dalla sua espressione). Le sezioni superficiali trasverse che la rendono monodroma sono quelle aventi per contorni le sezioni lineari che rendono monodroma la $\mathfrak{F}$. Inoltre essa è discontinua in tutti i punti della superficie ω, giacchè (in forza d'un teorema noto, del quale è caso particolare quello di GAUSS citato dianzi) nell'atto in cui il punto m_1 passa dall'interno all'esterno di questa superficie, l'integrale $\frac{1}{4\pi} \int \mathfrak{F} \frac{\partial \frac{1}{u}}{\partial n} d\omega$ decresce a un tratto della quantità $\mathfrak{F}_1$, valore della funzione $\mathfrak{F}$ nel punto di tragitto.

Trovato il potenziale N, si può tosto determinare quello che equivale al sistema (P, Q, R), nel caso d'un punto m_1 *esterno* ad un vortice S. Infatti le equazioni analoghe alle (41''') e relative ai punti esterni allo spazio S (cioè coi primi membri nulli), dànno, (41''),

$$
(45'')\qquad
\begin{cases}
\dfrac{\partial R}{\partial y_1} - \dfrac{\partial Q}{\partial z_1} = - \dfrac{\partial(\mathfrak{O} + \mathrm{N})}{\partial x_1}, \\[2ex]
\dfrac{\partial P}{\partial z_1} - \dfrac{\partial R}{\partial x_1} = - \dfrac{\partial(\mathfrak{O} + \mathrm{N})}{\partial y_1}, \\[2ex]
\dfrac{\partial Q}{\partial x_1} - \dfrac{\partial P}{\partial y_1} = - \dfrac{\partial(\mathfrak{O} + \mathrm{N})}{\partial z_1},
\end{cases}
$$

epperò *il potenziale esterno del vortice finito S è uguale a* — $(\mathfrak{O} + \mathrm{N})$. Questo processo è più comodo di quello accennato precedentemente, *c*).

e) Se si rammenta il significato dei simboli ν_x, ν_y, ν_z usati nel § 15, *d*), insieme colle formole (44) del presente § e colle (37) del § 14, già usate per la trasformazione dei potenziali P, Q, R nelle espressioni (45), si scorge immediatamente che quando si tratta d'un elemento di spazio dS si può porre $\nu_x = \frac{k\,dx}{2\pi}$, ecc., e quando invece si tratta d'un elemento di superficie $d\omega$ si può porre $\nu_x = \frac{d\mathfrak{J}\,dx}{4\pi}$, ecc. Nel primo caso dx, dy, dz sono le componenti d'un elemento di linea vorticale, e k è l'intensità del vortice elementare che ha per asse questa linea; nel secondo caso dx, dy, dz sono le componenti d'un elemento di linea di flusso nullo, e $d\mathfrak{J}$ è il flusso lungo l'elemento ortogonale intercetto fra questa e la linea contigua. Se si designa egualmente con $d\mathfrak{J}$ la circolazione del vortice elementare (§ 14, *d*), le espressioni di ν_x, ν_y, ν_z prendono in ogni caso la forma

$$
\nu_x = \frac{d\mathfrak{J}\,dx}{4\pi}, \qquad \nu_y = \frac{d\mathfrak{J}\,dy}{4\pi}, \qquad \nu_z = \frac{d\mathfrak{J}\,dz}{4\pi},
$$

epperò si ha

$$
\nu_x \nu_{1x} + \nu_y \nu_{1y} + \nu_z \nu_{1z} = \frac{d\mathfrak{J}}{4\pi}\,\frac{d\mathfrak{J}_1}{4\pi} \cos(ds,\, ds_1)\, ds\, ds_1 .
$$

Per tal guisa la quantità

$$
\sum \sum\nolimits_1 \frac{\nu_x \nu_{1x} + \nu_y \nu_{1y} + \nu_z \nu_{1z}}{u}
$$

diventa [§ 12, eq. (31')] il potenziale di *tutte* le correnti sopra sè medesime (cioè tanto delle correnti sostituite ai vortici elementari, quanto di quelle circolanti lungo le linee di flusso nullo). Designando dunque questo potenziale con $\boldsymbol{N}$, cioè ponendo

$$
\boldsymbol{N} = \frac{1}{2} \sum \sum\nolimits_1 \int\!\!\int \frac{d\mathfrak{J}}{4\pi}\,\frac{d\mathfrak{J}_1}{4\pi}\,\frac{\cos(ds,\, ds_1)\, ds\, ds_1}{u},
$$

e designando analogamente con $\boldsymbol{M}$ il potenziale di tutte le masse magnetiche μ, considerate nel § 16, sopra sè medesime, si può sostituire alla (43') la formola seguente:

$$\frac{1}{2}\int v^2 dS = 4\pi(M + N). \tag{46}$$

Non bisogna dimenticare che sulla superficie si hanno *vere* correnti solamente quando la superficie stessa è un vorticoide, *d*).

§ 18.

In virtù delle equazioni (40) e (41'') del § 15, si ha

$$\mathfrak{O} = \frac{1}{4\pi}\int\left(\frac{\partial\frac{1}{u}}{\partial x}x' + \frac{\partial\frac{1}{u}}{\partial y}y' + \frac{\partial\frac{1}{u}}{\partial z}z'\right)dS,$$

$$\mathfrak{P} = \frac{1}{4\pi}\int\left(\frac{\partial\frac{1}{u}}{\partial y}z' - \frac{\partial\frac{1}{u}}{\partial z}y'\right)dS,$$

$$\mathfrak{Q} = \frac{1}{4\pi}\int\left(\frac{\partial\frac{1}{u}}{\partial z}x' - \frac{\partial\frac{1}{u}}{\partial x}z'\right)dS,$$

$$\mathfrak{R} = \frac{1}{4\pi}\int\left(\frac{\partial\frac{1}{u}}{\partial x}y' - \frac{\partial\frac{1}{u}}{\partial y}x'\right)dS.$$

Invece di decomporre lo spazio S in vortici elementari, come si è fatto nel § precedente, lo si decomponga in *filetti elementari* o fasci di linee di moto a sezione infinitesima; poscia si decomponga ognuno di questi filetti in elementi, per mezzo di sezioni normali infinitamente vicine, e si assumano tali elementi per i dS delle formole precedenti. In tale ipotesi, chiamando ds la lunghezza e dx, dy, dz le projezioni d'un elemento della linea di moto che passa per il punto m e che si riguarda come asse d'un filetto elementare, e $d\varpi$ l'area della sezione normale fatta in questo filetto da un piano passante per il punto medio dell'elemento ds, si può porre

$$dS = d\varpi ds, \qquad x' = v\frac{dx}{ds}, \qquad y' = v\frac{dy}{ds}, \qquad z' = v\frac{dz}{ds},$$

e i precedenti integrali diventano

$$\mathfrak{O} = \int \frac{v\,d\varpi}{4\pi}\left(\frac{\partial\frac{1}{u}}{\partial s}ds\right),$$

$$\mathfrak{P} = \int \frac{v\,ds}{4\pi}\left(\frac{\partial\frac{1}{u}}{\partial y_1}\frac{dz}{ds} - \frac{\partial\frac{1}{u}}{\partial z_1}\frac{dy}{ds}\right)d\varpi,$$

$$\mathfrak{Q} = \int \frac{v\,ds}{4\pi}\left(\frac{\partial\frac{1}{u}}{\partial z_1}\frac{dx}{ds} - \frac{\partial\frac{1}{u}}{\partial x_1}\frac{dz}{ds}\right)d\varpi,$$

$$\mathfrak{R} = \int \frac{v\,ds}{4\pi}\left(\frac{\partial\frac{1}{u}}{\partial x_1}\frac{dy}{ds} - \frac{\partial\frac{1}{u}}{\partial y_1}\frac{dx}{ds}\right)d\varpi.$$

La quantità

$$\frac{v\,d\varpi}{4\pi}\left(-\frac{\partial\frac{1}{u}}{\partial s}ds\right)$$

è il potenziale d'una coppia magnetica i cui poli, d'intensità assoluta uguale a $\frac{v\,d\varpi}{4\pi}$, sono collocati alle due estremità dell'elemento lineare ds, e son così disposti che il moto del fluido ha luogo dal polo negativo verso il positivo. Invece le quantità che figurano sotto i tre ultimi integrali costituiscono, in forza delle equazioni (44''') del § 17, il sistema potenziale d'una corrente elementare d'intensità uguale a $\frac{v\,ds}{4\pi}$, circolante positivamente lungo il contorno dell'elemento piano $d\varpi$. In virtù della teoria d'Ampère, riassunta nel § 17, *b*), l'azione elettromagnetica di questa corrente è eguale all'azione dell'anzidetta coppia magnetica, poichè il prodotto dell'intensità della corrente per l'area dell'elemento piano, intorno al quale essa circola, è eguale al momento magnetico della coppia. Ora indicando per brevità con M ed N rispettivamente i complessi di tutte le coppie magnetiche e di tutte le correnti elementari analoghe alle suddescritte e disseminate, sì le une che le altre, in tutto lo spazio S, i secondi membri delle equazioni (41''') rappresentano le componenti secondo i tre assi dell'azione esercitata simultaneamente, sopra il punto m_1, dalle due distribuzioni $-M$ ed N. Le anzidette equazioni (41''') esprimono dunque che *gli effetti di queste due ultime distribuzioni si elidono completamente in ogni punto esterno allo spazio* S (ciò che è evidente per l'osservazione fatta dianzi), *mentre in ogni punto interno hanno una risultante eguale, in direzione ed in grandezza, alla velocità del fluido in questo punto.*

Nella deduzione di questo teorema *) si ammette implicitamente che l'azione delle coppie magnetiche e delle correnti elementari sia rappresentata dalle ordinarie formole, anche quando il punto su cui essa si esercita è infinitamente vicino sia ad una coppia, sia ad una corrente.

§ 19.

In causa della sua speciale importanza, vuolsi esaminare più da vicino, in questo e nel seguente §, l'ipotesi che in una certa porzione S dello spazio occupato dal fluido regni un potenziale di moto, rivolgendo più particolarmente l'attenzione al caso dei fluidi incompressibili, al caso cioè che ciascun elemento di volume conservi durante il moto un volume costante.

Si chiami φ il potenziale di moto, funzione di x, y, z e, in generale, anche di t, ma in cui, nelle presenti considerazioni, non si riguardano come variabili che le coordinate. Essendo

$$x' = \frac{\partial \varphi}{\partial x}, \qquad y' = \frac{\partial \varphi}{\partial y}, \qquad z' = \frac{\partial \varphi}{\partial z},$$

donde

$$\Theta = \Delta_2 \varphi,$$

è chiaro che le tre derivate prime di questa funzione devono essere monodrome, finite e continue, in tutto lo spazio S. Ma la funzione stessa, benchè finita e continua, può essere polidroma, con uno o più moduli di periodicità; in questo caso però le sue linee di diramazione non possono trovarsi in S, giacchè lungo siffatte linee le derivate cessano necessariamente d'essere monodrome, finite o continue. In virtù di quest'ultima circostanza la funzione φ è necessariamente monodroma entro qualunque porzione *semplicemente connessa* **) di S, e conseguentemente diventa monodroma in *tutto* questo spazio, ov'esso venga privato della sua eventuale connessione multipla per mezzo di opportune sezioni trasverse. Può accadere che l'ordine di connessione dello spazio S sia superiore all'ordine di polidromia della funzione φ, nel qual caso alcune di queste sezioni trasverse diventano inutili all'uopo di rendere monodroma la funzione. Ma per restare nella generalità giova supporre che a ciascuna sezione ϖ, corrisponda uno special modulo di periodicità $\mathfrak{C}$, giacchè si rientra nell'ipotesi speciale testè accennata supponendo nulli alcuni di questi moduli.

Le funzioni polidrome della specie qui considerata (cui appartiene pure, nel caso

*) LIPSCHITZ, *Beitrag*, etc., art. III (cfr. la nota alla fine del § 15).

**) Parlando di connessione di spazî qui si sottintende sempre quella che BETTI chiama *di prima specie* (Annali di Matematica, serie II, t. IV 1870-71, pag. 144).

di due variabili, quella designata con $\mathfrak{J}$, §§ 14 e 17) vengono da W. THOMSON *) dette *cicliche*, e propriamente *monocicliche* o *policicliche* secondo che hanno uno o più moduli di periodicità, detti da lui *costanti cicliche*. Anche i moti soggetti a tali potenziali sono, in corrispondenza, denominati *ciclici* (monociclici o policiclici), mentre son detti *aciclici* quelli soggetti ad un potenziale monodromo **).

Quando φ è funzione monodroma, la circolazione lungo ogni linea chiusa è sempre nulla, in forza dell'equazione $x'dx + y'dy + z'dz = d\varphi$. Quando invece φ è polidroma, la circolazione è nulla, in generale, soltanto per i contorni che si possono ridurre ad un punto senza uscire dallo spazio occupato dal fluido. Contorni non riducibili ad un punto, ma riducibili fra loro, hanno circolazioni non già nulle, ma eguali, ed i valori di tali circolazioni sono sempre della forma $\sum k\mathfrak{C}$, dove i coefficienti k sono numeri interi o nulli. Della stessa forma sono per conseguenza le differenze fra i flussi relativi a più linee aperte, aventi i medesimi termini. Per quei contorni che attraversano (necessariamente) una sola delle sezioni trasverse distruggenti la polidromia della funzione, le costanti k sono tutte nulle ad eccezione d'una sola, che è uguale a ± 1; le circolazioni lungo questi contorni semplici sono i moduli di periodicità o le costanti cicliche della funzione. Ad ogni modulo corrisponde una classe speciale di contorni semplici, ed i contorni d'una classe sono irreducibili con quelli d'un'altra. Ogni contorno che non sia semplice è riducibile a più contorni semplici, e propriamente nel modo indicato dalla relativa circolazione $\sum k\mathfrak{C}$, poichè ciascuna classe gli fornisce tanti contorni quante sono le unità contenute nel rispettivo coefficiente k.

Ogni superficie esistente nello spazio S può, come si è già notato (§ 13), essere considerata come un vorticoide, e le sue linee di flusso nullo sono le sue intersezioni colle superficie equipotenziali $\varphi =$ cost. La funzione $\mathfrak{J}$ corrispondente ad una data superficie non è, in questo caso, altro che la φ medesima, espressa per mezzo delle due variabili indipendenti di cui sono funzioni le x, y, z dei punti della superficie.

Ciò premesso, se in particolare si suppone $\Theta = 0$ e quindi $\Delta_2\varphi = 0$, si può scrivere

$$v^2 = \frac{\partial}{\partial x}\left(\varphi\frac{\partial\varphi}{\partial x}\right) + \frac{\partial}{\partial y}\left(\varphi\frac{\partial\varphi}{\partial y}\right) + \frac{\partial}{\partial z}\left(\varphi\frac{\partial\varphi}{\partial z}\right),$$

epperò si ha

$$(\alpha) \qquad \int v^2 dS = -\int \varphi\frac{\partial\varphi}{\partial n}d\omega - \sum\int \varphi\frac{\partial\varphi}{\partial n}d\varpi.$$

*) *On vortex motion*, 60, *w. x.*

**) *Ibid.*, 60, *y*, *z*. Per THOMSON è ciclico anche il moto rotatorio (cioè privo di potenziale), perchè la circolazione d'ogni contorno chiuso è diversa da zero.

Il primo termine del secondo membro si riferisce al limite *totale* dello spazio S, il quale deve quindi comprendere anche le superficie dei corpi che potessero trovarsi immersi nel fluido, se il potenziale di moto regna anche nello spazio immediatamente circostante ad essi. Questo primo integrale ha un valore del tutto individuato, sebbene a φ si possa aggiungere una costante arbitraria, perchè (come emerge anche dall'invariabilità di volume) si ha

$$(47) \qquad -\int\frac{\partial\varphi}{\partial n}d\omega=\int\Delta_2\varphi\,.\,dS=0.$$

I termini sotto il segno $\sum$ sono integrali di superficie relativi alle sezioni trasverse, ognuna delle quali figura in essi *due* volte, cioè colle sue due faccie. Nei punti corrispondenti di queste i valori di $\frac{\partial\varphi}{\partial n}$ non differiscono che nel segno, mentre quelli di φ differiscono d'una quantità costante per ciascuna sezione, che è il modulo $\mathfrak{C}$ relativo ad essa. Si ha dunque, per ciascuna sezione ϖ,

$$\int\varphi\frac{\partial\varphi}{\partial n}d\varpi=\mathfrak{C}\int\frac{\partial\varphi}{\partial n}d\varpi,$$

ritenuto che l'integrazione s'estenda nel primo membro su ambedue le faccie della sezione, e nel secondo sopra una sola, cioè sopra quella su cui sono erette le normali n e su cui i valori di φ *superano* della quantità positiva $\mathfrak{C}$ i valori corrispondenti sull'altra faccia. L'equazione trovata precedentemente può dunque scriversi così:

$$(47') \qquad \int v^2dS=-\int\varphi\frac{\partial\varphi}{\partial n}d\omega-\sum\mathfrak{C}\int\frac{\partial\varphi}{\partial n}d\varpi.$$

Supponendo, in particolare, che S sia lo spazio *totale* occupato dal fluido e che la superficie ω, limite *totale* di esso, sia *immobile* (quindi immobili del pari i corpi immersi, se ve ne sono), in ogni punto di ω si ha $v_n=\frac{\partial\varphi}{\partial n}=0$, epperò

$$(47'') \qquad \int v^2dS=-\sum\mathfrak{C}\int\frac{\partial\varphi}{\partial n}d\varpi.$$

Questa formola sussiste anche nel caso che una porzione della superficie limite sia a distanza infinita, purchè immobile.

Dalle equazioni precedenti emergono molte conseguenze importanti.

1° *In uno spazio semplicemente connesso a pareti immobili non può verificarsi alcun* *moto di fluido incompressibile, con potenziale* *). Infatti il secondo membro della (47'') è nullo, epperò si ha $v = 0$ in ogni punto di S.

Le ipotesi di questo teorema si realizzano quando più corpi disgiunti, semplicemente connessi ed immobili, sono immersi in un fluido racchiuso entro una superficie immobile, semplicemente connessa, la quale può essere anche in tutto od in parte all'infinito.

2° *In uno spazio a pareti immobili non può verificarsi alcun moto di fluido incompressibile, con potenziale monodromo.* Ciò risulta agevolmente dalla stessa equazione (47''). Lo spazio quì supposto può essere lo stesso dell'esempio di pocanzi, salvo che alcuni o tutti i corpi possono essere molteplicemente connessi, e tale può essere anche la superficie esterna. Lo stesso teorema si può enunciare dicendo che in uno spazio a pareti immobili non può verificarsi alcun moto aciclico.

3° *In uno spazio molteplicemente connesso a pareti immobili si può verificare un solo moto di fluido incompressibile, con potenziale polidromo di dati moduli* **). Infatti se φ e ψ sono due potenziali di moto, soddisfacenti a tutte le condizioni del problema e dotati degli stessi moduli, la loro differenza $\psi - \varphi$ è pure potenziale di moto per il medesimo spazio, giacchè soddisfa, come i due primi, alle condizioni $\Delta_2(\psi - \varphi) = 0$, $\frac{\partial(\psi - \varphi)}{\partial n} = 0$. Ma questo potenziale è evidentemente monodromo in tutto lo spazio S, epperò, in forza del teorema 2°, non può essere che costante; quindi i moti procedenti dai due potenziali φ e ψ sono identici.

Si vedrà a suo luogo che *la* funzione soddisfacente a tutte le condizioni imposte al potenziale di moto *esiste* realmente. Intanto si può osservare che, determinati i potenziali particolari $\varphi_1, \varphi_2, \ldots$ (in numero eguale all'ordine di connessione dello spazio S), pei quali i moduli son tutti nulli, ad eccezione d'un solo eguale all'unità, si ha tosto il potenziale generale φ, coi moduli $\mathfrak{E}_1, \mathfrak{E}_2, \ldots$, dalla formola

$$\varphi = \mathfrak{E}_1 \varphi_1 + \mathfrak{E}_2 \varphi_2 + \cdots \text{ ***)}.$$

4° *In uno spazio a pareti mobili, si può verificare* (in un dato istante) *un solo moto di fluido incompressibile con potenziale monodromo, quando sia data, in ogni punto della superficie limite, la velocità normale alla superficie stessa* (relativa a quell'istante). Infatti se φ e ψ sono due potenziali di moto soddisfacenti a tutte le condizioni del problema, la loro differenza $\psi - \varphi$ è il potenziale d'un moto possibile nello stesso spazio, sup-

---

*) HELMHOLTZ, Mem. cit., art. 1.

**) È il moto *ciclico puro* di THOMSON, Mem. cit., 60, *z*.

***) Il potenziale così determinato è necessariamente indipendente dal tempo, e dà quindi luogo ad un moto *permanente* o *stazionario*.

posta però *immobile* la superficie limite di esso, giacchè soddisfa alle condizioni

$$\Delta_2(\psi - \varphi) = 0, \qquad \frac{\partial(\psi - \varphi)}{\partial n} = 0.$$

Ma questo nuovo potenziale non può essere che costante, in forza del teorema 2°; dunque i due moti supposti devono essere identici.

I dati valori della velocità normale alla superficie, cioè di $\frac{\partial \varphi}{\partial n}$, non sono del tutto arbitrarî; essi devono soddisfare alla condizione (47).

Il caso ora considerato si realizzerebbe quando i corpi e la superficie, già contemplati nell'esempio del teorema 1°, fossero dotati di moti conosciuti, accompagnati, se vuolsi anche, da deformazioni continue che non alterino i volumi in essi racchiusi.

Quando la variabilità della superficie limite non è limitata ad un solo istante, il potenziale di moto riesce necessariamente variabile col tempo.

5° *In uno spazio molteplicemente connesso, a pareti mobili, si può verificare un solo moto di fluido incompressibile con potenziale polidromo di dati moduli, quando sia data la velocità normale in ogni punto della superficie totale* *). Sia φ il potenziale *monodromo* determinato (teorema 4°) in base alla conoscenza della velocità normale alla superficie [che deve sempre soddisfare alla condizione (47)]; ψ il potenziale *polidromo* determinato (teorema 3°) in base alla supposizione d'una velocità normale *nulla* in ogni punto della superficie e dotato dei moduli voluti. È chiaro che il potenziale $\varphi + \psi$ soddisfa a tutte le condizioni del problema, e che è *unico* (salva l'aggiunta d'una costante); poichè se ne esistessero due, la loro differenza sarebbe potenziale monodromo di moto entro uno spazio molteplicemente connesso a pareti immobili, epperò, in virtù del teorema 2°, non potrebb'essere che costante.

Alcune delle considerazioni precedenti sono applicabili, sotto certe condizioni, anche ai fluidi compressibili. Si osservi infatti che il determinante D [equazioni (14) del § 6] è continuo, finchè è continuo il moto; che non può mai annullarsi (perchè non può mai annullarsi nel corso del moto il volume d'alcuna particella fluida); e che per $t = 0$ si ha $D = +1$. Ne risulta che questo determinante, il quale può concepirsi espresso in funzione di x, y, z (e t), è monodromo, finito, continuo e *maggiore di zero* in tutto lo spazio S, se il moto è continuo in tutto questo spazio. Ciò posto si ha

$$\int \frac{v^2 dS}{D} = \int \left(\frac{x'}{D}\frac{\partial \varphi}{\partial x} + \frac{y'}{D}\frac{\partial \varphi}{\partial y} + \frac{z'}{D}\frac{\partial \varphi}{\partial z} \right) dS$$

$$= -\int \varphi \left[\frac{\partial}{\partial x}\left(\frac{x'}{D}\right) + \frac{\partial}{\partial y}\left(\frac{y'}{D}\right) + \frac{\partial}{\partial z}\left(\frac{z'}{D}\right) \right] dS - \int \frac{\partial \varphi}{\partial n}\frac{\varphi\, d\omega}{D}.$$

*) THOMSON, *On vortex motion*, 63. È il moto *aciclico misto con ciclico*, ibid. 60, z.

D'altronde, in virtù della (29′), si ha ancora

$$\frac{\partial}{\partial x}\left(\frac{x'}{D}\right)+\frac{\partial}{\partial y}\left(\frac{y'}{D}\right)+\frac{\partial}{\partial z}\left(\frac{z'}{D}\right)=\frac{\Theta}{D}-\frac{1}{D^2}\left(D'-\frac{\partial D}{\partial t}\right)=-\frac{\partial\frac{1}{D}}{\partial t}.$$

Quindi si può scrivere

$$(48)\qquad \int\frac{v^2\,dS}{D}=\int\varphi\frac{\partial\frac{1}{D}}{\partial t}dS-\int\frac{\partial\varphi}{\partial n}\frac{\varphi\,d\Omega}{D},$$

equazione in cui $d\Omega$ è un elemento della totale superficie Ω costituita tanto dal limite di S, quanto dalle due faccie di ciascuna sezione trasversa. Se il moto è tale che il determinante D, espresso, come si disse, per x, y, z e t, sia indipendente da t, si ha di quì l'equazione

$$(48')\qquad \int\frac{v^2\,dS}{D}=-\int\frac{\partial\varphi}{\partial n}\frac{\varphi\,d\Omega}{D},$$

dalla quale si possono dedurre alcune proposizioni analoghe alle precedenti. L'anzidetta condizione relativamente a D si verifica, in particolare, nei moti permanenti. Quindi si può, per esempio, affermare che *in uno spazio a pareti immobili non può verificarsi moto aciclico, permanente e continuo, di qualsivoglia fluido.*

Si noti che avendosi, in generale,

$$\int\frac{\Theta\,dS}{D}=-\int\left[\left(\frac{1}{D}\right)'-\frac{\partial\frac{1}{D}}{\partial t}\right]dS-\int\frac{v_n\,d\Omega}{D}$$

$$=\int\left[\frac{(\log D)'}{D}+\frac{\partial\frac{1}{D}}{\partial t}\right]dS-\int\frac{v_n\,d\Omega}{D},$$

e quindi, per la (29′),

$$(48'')\qquad \int\frac{v_n\,d\Omega}{D}=\int\frac{\partial\frac{1}{D}}{\partial t}dS\ \text{*)},$$

*) I due membri di quest'equazione, moltiplicati per dt, costituiscono due espressioni equivalenti dell'accrescimento dell'integrale $\int\frac{dS}{D}$, dipendentemente dal moto del fluido attraverso lo spazio *invariabile* S. Quest'integrale equivale a $\int dS_0$, dove dS_0 è il volume iniziale dell'elemento fluido che alla fine del tempo t occupa il posto dS. Quando, come qui si suppone, lo spazio S è *invariabile,* lo spazio corrispondente S_0 è variabile (in generale) di forma e di volume.

i secondi membri delle (48), (48') restano inalterati per qualsivoglia costante aggiunta alla funzione φ.

§ 20.

Mantenendo l'ipotesi $\Theta = 0$ e rammentando le formole del § 15, si scorge che quando esiste potenziale di moto son nulli gli integrali ivi designati con O, P, Q, R, S, e sussistono soltanto gli integrali di superficie O, P, Q, R, il primo dei quali è dato ora da

$$\mathrm{O} = -\frac{1}{4\pi}\int \frac{\partial \varphi}{\partial n}\frac{d\omega}{u},$$

mentre gli altri tre, in forza delle equazioni (45) e d'una osservazione fatta nel § precedente, si possono scrivere così:

$$\mathrm{P} = \int\int \frac{d\varphi}{4\pi}\frac{dx}{u}, \qquad \mathrm{Q} = \int\int \frac{d\varphi}{4\pi}\frac{dy}{u}, \qquad \mathrm{R} = \int\int \frac{d\varphi}{4\pi}\frac{dz}{u},$$

dove dx, dy, dz sono le projezioni dell'elemento della linea secondo cui la superficie ω è segata, nel punto (x, y, z), da una delle superficie equipotenziali $\varphi = \text{cost}$. Quest'elemento è diretto nel senso stabilito al § 14, e l'incremento $d\varphi$ è positivo.

La funzione O è il potenziale ordinario d'uno strato magnetico deposto sulla superficie ω, strato la cui densità è uguale ad $\frac{1}{4\pi}\frac{\partial \varphi}{\partial n}$ e la cui massa totale è nulla, in forza della (47). Le funzioni P, Q, R costituiscono il sistema potenziale d'una serie di correnti elettriche circolanti, nel senso anzidetto, lungo le striscie infinitesimali in cui la superficie ω è suddivisa dalle superficie $\varphi = \text{cost.}$, ed aventi l'intensità $\frac{d\varphi}{4\pi}$, dove $d\varphi$ è la variazione (positiva) della funzione φ nella striscia che si considera. Ciò posto avendosi dal § 15, a)

$$(a)\qquad \left\{\begin{aligned} \frac{\partial \mathrm{O}}{\partial x_1} + \frac{\partial \mathrm{R}}{\partial y_1} - \frac{\partial \mathrm{Q}}{\partial z_1} &= \frac{\partial \varphi}{\partial x_1}, \;\ldots\ldots\; 0 \\ \frac{\partial \mathrm{O}}{\partial y_1} + \frac{\partial \mathrm{P}}{\partial z_1} - \frac{\partial \mathrm{R}}{\partial x_1} &= \frac{\partial \varphi}{\partial y_1}, \;\ldots\ldots\; 0 \\ \frac{\partial \mathrm{O}}{\partial z_1} + \frac{\partial \mathrm{Q}}{\partial x_1} - \frac{\partial \mathrm{P}}{\partial y_1} &= \frac{\partial \varphi}{\partial z_1}, \;\ldots\ldots\; 0 \end{aligned}\right. \qquad \begin{matrix}\text{entro } S, & \text{fuori di } S\end{matrix}$$

si può formulare la proposizione seguente *):

*) Donde si rileva come le teorie precedentemente esposte conducano a trovare analogie notabili, anche fuori dell'argomento donde traggono origine.

1° *In ogni punto esterno alla superficie* ω *l'azione elettromagnetica delle correnti fa equilibrio all'azione magnetica dello strato ;*

2° *In ogni punto interno alla superficie* ω *queste due azioni hanno per risultante una terza, il cui potenziale è* φ.

Questa proposizione comprende, come casi particolari, alcuni teoremi noti. Se si suppone che la superficie ω sia costituita da porzioni *corrispondenti* *) di due superficie equipotenziali, e dalla superficie luogo geometrico delle linee di moto che riuniscono i contorni di queste due porzioni, si rientra nel caso considerato da LIPSCHITZ **), in cui la distribuzione magnetica abbraccia soltanto le due prime porzioni, mentre le correnti circolano soltanto sulla terza. Se esiste una superficie chiusa ω, luogo geometrico di linee di moto, come avviene nei moti ciclici puri (§ 19), la distribuzione magnetica manca del tutto e rimane una serie di correnti che è priva d'azione sullo spazio esterno, caso interessante che fu trattato particolarmente da BOLTZMANN ***). Se invece si prende per φ una funzione *lineare* delle coordinate, lasciando arbitraria la superficie ω, si ottiene il teorema dato da RIECKE †); il quale, nel caso che ω sia scelta in conformità alle ipotesi del teorema di LIPSCHITZ, riproduce alla sua volta quello che era stato indicato, molto tempo addietro, da NEUMANN (seniore) ††).

Tutti questi teoremi, insieme colla proposizione in cui si riassumono, costituiscono evidentemente una generalizzazione della teoria Ampèriana dei solenoidi elettrodinamici. Ma per comprenderne la vera origine, convien riprendere l'analisi svolta nel § 17, *d*), allo scopo di surrogare un potenziale unico N al sistema potenziale (P, Q, R). Nel caso attuale questa sostituzione si può ottenere in un altro modo, che giova conoscere, anche per avere una conferma del processo ivi tenuto.

Si rammenti, a tal uopo, l'equazione (40‴) del § 15, e si osservi che, essendo del tutto indipendenti fra loro le tre funzioni ξ, η, ζ, devono sussistere separatamente le tre equazioni che si ottengono da quella conservando, in ambedue i membri, i soli termini relativi a ciascuna di quelle funzioni in particolare. Ponendo nelle tre equazioni così ottenute $\xi = \eta = \zeta = \varphi$, e considerando in luogo di ω la superficie chiusa Ω, composta della ω e delle due faccie di ciascuna delle sezioni trasverse necessarie a rendere monodroma la funzione φ (giacchè il teorema citato suppone monodrome le fun-

*) Come fece CHASLES per le ordinarie superficie di livello, chiamansi qui *corrispondenti* i punti in cui due superficie equipotenziali sono incontrate da una stessa linea di moto.

**) *Beitrag*, etc. art. IV.

***) *Ueber die Druckkräfte*, etc., al principio.

†) Nachrichten von der K. Gesellschaft d. Wiss. zu Göttingen 1870, e Annalen der Physik und Chemie (di POGGENDORFF), t. CXLV (1872), pag. 218.

††) Journal für die reine und angewandte Mathematik, t. XXXVII (1848), pag. 47.

zioni ξ, η, ζ), si trova

$$\int\left(\frac{\partial\varphi}{\partial y}\frac{\partial z}{\partial n}-\frac{\partial\varphi}{\partial z}\frac{\partial y}{\partial n}\right)\frac{d\Omega}{u}=\frac{\partial}{\partial y_1}\int\frac{\partial z}{\partial n}\frac{\varphi\, d\Omega}{u}-\frac{\partial}{\partial z_1}\int\frac{\partial y}{\partial n}\frac{\varphi\, d\Omega}{u},$$

$$\int\left(\frac{\partial\varphi}{\partial z}\frac{\partial x}{\partial n}-\frac{\partial\varphi}{\partial x}\frac{\partial z}{\partial n}\right)\frac{d\Omega}{u}=\frac{\partial}{\partial z_1}\int\frac{\partial x}{\partial n}\frac{\varphi\, d\Omega}{u}-\frac{\partial}{\partial x_1}\int\frac{\partial z}{\partial n}\frac{\varphi\, d\Omega}{u},$$

$$\int\left(\frac{\partial\varphi}{\partial x}\frac{\partial y}{\partial n}-\frac{\partial\varphi}{\partial y}\frac{\partial x}{\partial n}\right)\frac{d\Omega}{u}=\frac{\partial}{\partial x_1}\int\frac{\partial y}{\partial n}\frac{\varphi\, d\Omega}{u}-\frac{\partial}{\partial y_1}\int\frac{\partial x}{\partial n}\frac{\varphi\, d\Omega}{u}.$$

Da queste equazioni (i cui primi membri sono ordinatamente eguali $-4\pi P$, $-4\pi Q$, $-4\pi R$), osservando che, finchè m_1 non giace sulla superficie ω, si ha sempre

$$\Delta_2\int\frac{\partial x}{\partial n}\frac{\varphi\, d\Omega}{u}=0,\qquad \Delta_2\int\frac{\partial y}{\partial n}\frac{\varphi\, d\Omega}{u}=0,\qquad \Delta_2\int\frac{\partial z}{\partial n}\frac{\varphi\, d\Omega}{u}=0,$$

si trae

$$\frac{\partial R}{\partial y_1}-\frac{\partial Q}{\partial z_1}=\frac{\partial N}{\partial x_1},\qquad \frac{\partial P}{\partial z_1}-\frac{\partial R}{\partial x_1}=\frac{\partial N}{\partial y_1},\qquad \frac{\partial Q}{\partial x_1}-\frac{\partial P}{\partial y_1}=\frac{\partial N}{\partial z_1},$$

dove

$$N=\int\frac{\varphi}{4\pi}\frac{\partial\frac{1}{u}}{\partial n}d\Omega.$$

Se in quest'integrale si separa la parte relativa alla superficie ω da quelle relative alle singole sezioni trasverse, si ritrova esattamente l'espressione (45′) (§ 17, *d*), giacchè su tutta la superficie ω si ha, in questo caso, $\mathfrak{J}=\varphi$. Siccome poi si può, senz'alterarne il valore, estendere anche l'integrale O su tutta la superficie Ω anzichè sulla sola ω, scrivendo

$$O=-\frac{1}{4\pi}\int\frac{\partial\varphi}{\partial n}\frac{d\Omega}{u},$$

così è chiaro che i primi membri delle equazioni (*a*) non sono altro che le derivate, rispetto ad x_1, y_1, z_1, della funzione

$$\frac{1}{4\pi}\int\left(\varphi\frac{\partial\frac{1}{u}}{\partial n}-\frac{1}{u}\frac{\partial\varphi}{\partial n}\right)d\Omega.$$

Ora questa, in virtù del teorema di GREEN, è eguale a $\varphi(x_1, y_1, z_1)$ oppure a *zero* secondo che il punto m_1 è interno od esterno alla superficie ω. Dunque *le sei equazioni* (*a*) *sono semplici conseguenze del teorema di* GREEN, *applicato direttamente alla funzione* φ, anzichè alle tre componenti x', y', z', secondo il metodo esposto nel § 15; e *la proposizione generale precedentemente enunciata non è altro che l'interpretazione cinetica del teorema in discorso.*

L'ora esposta semplificazione del metodo generale non ha luogo evidentemente, se non perchè esiste un potenziale di moto. Appunto per ciò era conveniente mostrare l'accordo dei due diversi processi applicabili a questo caso speciale.

Soltanto per abbreviare il discorso si è supposto, nelle precedenti deduzioni, che fosse $\Theta = \Delta_2 \varphi = 0$. Nel caso contrario si troverebbe, con un procedimento consimile, che le sei equazioni analoghe alle (*a*) sono conseguenze differenziali dell'equazione completa di GREEN

$$\frac{1}{4\pi}\int\left(\varphi\frac{\partial\frac{1}{u}}{\partial n}-\frac{1}{u}\frac{\partial\varphi}{\partial n}\right)d\Omega-\frac{1}{4\pi}\int\frac{\Delta_2\varphi}{u}dS=\begin{cases}\varphi_1 & \text{entro } S\\ 0 & \text{fuori di } S.\end{cases}$$

Il lettore può facilmente formulare da sè medesimo i teoremi relativi a questo caso più generale.

§ 21.

Non sarà inutile aggiungere quì alcuni esempî circa il calcolo dell'azione dei vortici elementari.

Chiamando V il potenziale esterno d'un tal vortice sul punto m_1, si ha (§ 17, *c*)

$$V=-\frac{k}{2\pi}\int\frac{\partial\frac{1}{u}}{\partial n}d\varpi,$$

dove k è l'intensità del vortice, ϖ una superficie trasversa limitata tutta all'ingiro dal suo asse, n la direzione della normale alla faccia positiva di ϖ.

Se l'asse del vortice è una *linea piana*, si può assumere per ϖ la porzione di piano limitata da questa linea. Indicando con z_1 la perpendicolare condotta a questo piano dal punto m_1, e riguardando questa retta come positiva o negativa, secondo che il suo piede è sulla faccia positiva o negativa del piano, si ha $\frac{\partial}{\partial n}=-\frac{\partial}{\partial z_1}$, talchè si può scrivere

$$V=\frac{k}{2\pi}\frac{\partial}{\partial z_1}\int\frac{d\varpi}{u}.$$

Finalmente chiamando r la distanza dell'elemento superficiale $d\varpi$ dal piede della perpendicolare z_1, e θ l'angolo che la retta r, considerata come un raggio vettore uscente da questo punto, fa, nel senso delle rotazioni positive, con un raggio fisso arbitrario, si ha

$$u = \sqrt{r^2 + z_1^2}, \qquad d\varpi = r\,dr\,d\theta,$$

epperò

$$V = \frac{k}{2\pi}\frac{\partial}{\partial z_1}\int\int\frac{r\,dr\,d\theta}{\sqrt{r^2+z_1^2}}.$$

Integrando lungo il raggio vettore r, e designando con ε un fattore eguale all'*unità* od allo *zero* secondo che il piede di z_1 è interno od esterno a ϖ, si ha

$$\int\frac{r\,dr}{\sqrt{r^2+z_1^2}} = -\varepsilon\sqrt{z_1^2} + \sum{}^e\sqrt{r^2+z_1^2} - \sum{}^i\sqrt{r^2+z_1^2},$$

dove $\sum^e$ esprime la somma di tutti i valori del radicale positivo $\sqrt{r^2+z_1^2}$ relativi ai punti dove r *esce* da ϖ, e $\sum^i$ quella di tutti i valori relativi ai punti dove r *entra* in ϖ. Di qui è facile concludere che si ha

$$\int\int\frac{r\,dr\,d\theta}{\sqrt{r^2+z_1^2}} = -2\pi\varepsilon\sqrt{z_1^2} + \int\sqrt{r^2+z_1^2}\,d\theta,$$

purchè si attribuisca sempre a $d\theta$ quel segno che gli compete nell'ipotesi che il contorno venga percorso *positivamente*. Siccome il primo termine del secondo membro dà sempre una derivata *costante* rispetto a z_1, così si può scrivere più semplicemente

$$(49) \qquad V = \frac{k z_1}{2\pi}\int\frac{d\theta}{\sqrt{r^2+z_1^2}},$$

equazione che gioverà trasformare, di volta in volta, in altre equivalenti, che meglio si prestino al calcolo definitivo dei singoli potenziali.

Se il vortice è *rettilineo* (e indefinito in ambidue i sensi), chiamando a la distanza del piede della perpendicolare z_1 da esso, si ha $r\cos\theta = a$, e quindi

$$\frac{z_1\,d\theta}{\sqrt{r^2+z_1^2}} = \frac{d(z_1\operatorname{sen}\theta)}{\sqrt{a^2+z_1^2-(z_1\operatorname{sen}\theta)^2}},$$

donde si trae

$$V = \frac{k}{\pi}\operatorname{arc\,sen}\frac{z_1}{\sqrt{a^2+z_1^2}} = \frac{k}{\pi}\operatorname{arc\,tg}\frac{z_1}{a},$$

ovvero, chiamando x, y le distanze del punto m_1 da due piani perpendicolari, segantisi lungo l'asse del vortice,

$$V = \frac{k}{\pi} \operatorname{arc\,tg} \frac{y}{x}, \tag{50}$$

espressione facilmente deducibile *a priori* dall'osservazione fatta alla fine del § 17, *b*).

Se si considera l'espressione complessa

$$W = \frac{k \log (x + iy)}{\pi},$$

e se si rammenta che

$$\log (x + iy) = \log \sqrt{x^2 + y^2} + i \operatorname{arc\,tg} \frac{y}{x},$$

è chiaro che V è il coefficiente di i in W. Se, più generalmente, si chiamano a, b le coordinate rettangolari del punto in cui l'asse del vortice incontra un piano xy, normale ad esso, si ha per W l'espressione

$$W = \frac{k \log (z - c)}{\pi},$$

dove si è posto $z = x + iy$, $c = a + ib$.

Di qui risulta che, ponendo

$$W = \frac{\log [(z - c_1)^{k_1} (z - c_2)^{k_2} \ldots (z - c_n)^{k_n}]}{\pi} = U + iV,$$

si ha nell'espressione V il potenziale esterno d'un gruppo di n vortici *paralleli*, le cui intensità sono k_1, k_2, ... k_n e le cui traccie sul piano xy sono i punti d'indici c_1, c_2, ... c_n; mentre invece l'espressione U, come agevolmente si riconosce, è il potenziale newtoniano delle rette medesime, supposte dotate delle densità k_1, k_2, ... k_n. Se poi si pone

$$(z - c_1)^{k_1} (z - c_2)^{k_2} \ldots (z - c_n)^{k_n} = P + iQ,$$

si trova

$$\pi U = \log \sqrt{P^2 + Q^2}, \qquad \pi V = \operatorname{arc\,tg} \frac{Q}{P};$$

talchè le superficie cilindriche appartenenti ai due sistemi *ortogonali*

$$P^2 + Q^2 = \text{cost.}, \qquad \frac{Q}{P} = \text{cost.}$$

sono le superficie equipotenziali relative, nel primo sistema, ad un gruppo di n rette parallele di densità k_1, k_2, ... k_n, e, nel secondo sistema, ad un gruppo di vortici paralleli d'intensità $k_1, k_2, \ldots k_n$. Le equazioni simultanee

$$\frac{Q}{P} = \text{cost.}, \qquad z = \text{cost.}$$

rappresentano le *linee d'azione* nel primo caso; come le equazioni

$$P^2 + Q^2 = \text{cost.}, \qquad z = \text{cost.}$$

rappresentano le *linee di moto* nel secondo.

Se i vortici paralleli sono contigui, in modo da formare un *vortice cilindrico* finito, rappresentando con $k\,d\omega$ l'intensità del vortice elementare avente la sezione $d\omega$, si deve porre

$$W = \frac{1}{\pi} \int k \log (z - c)\, d\omega,$$

e il coefficiente di i, cioè l'integrale

$$V = \frac{1}{\pi} \int k \operatorname{arc\,tg} \frac{y - b}{x - a}\, d\omega,$$

è il potenziale esterno del vortice finito. Analogamente la parte reale U è l'ordinario potenziale cilindrico della massa che corrisponde al vortice, mutata l'intensità in densità. In queste formole $d\omega$ può essere anche l'elemento d'una linea, direttrice d'una superficie cilindrica le cui generatrici siano assi di vortici (costituenti una *superficie vorticale* come si vedrà a suo luogo). In ambidue i casi k rappresenta una funzione delle coordinate a, b dell'elemento $d\omega$.

Le formole precedenti valgono anche nel caso che i vortici rettilinei indefiniti siano disposti *in modo qualunque nello spazio*. Infatti, se k è l'intensità d'un vortice, il cui asse si trovi nell'intersezione di due piani *ortogonali*, rappresentati dalle due equazioni *normali* $X = 0$ ed $Y = 0$, è chiaro che si può ancora porre, come dianzi,

$$V = \frac{k}{\pi} \operatorname{arc\,tg} \frac{Y}{X}. \tag{50'}$$

Così, se vi sono più vortici rettilinei, determinati da altrettante coppie di piani ortogonali, si ha

$$V = \frac{1}{\pi} \sum k \operatorname{arc\,tg} \frac{Y}{X}.$$

Nel caso che le intensità di questi vortici siano tutte eguali, e che il loro numero sia

n, si ha di quì

$$\sum \operatorname{arc\,tg} \frac{Y - X \operatorname{tg} \theta}{X + Y \operatorname{tg} \theta} = 0,$$

dove per brevità si è posto $\frac{\pi V}{k n} = \theta$. Per esempio, se $n = 2$, si ha

$$(Y - X \operatorname{tg} \theta)(X' + Y' \operatorname{tg} \theta) + (X + Y \operatorname{tg} \theta)(Y' - X' \operatorname{tg} \theta) = 0,$$

donde si conclude che le superficie equipotenziali di due vortici rettilinei, i cui assi non s'incontrino, sono iperboloidi rigati, dei quali si possono immediatamente determinare i due sistemi di generatrici rettilinee. Questi iperboloidi passano tutti per gli assi dei due vortici e per le due rette immaginarie rappresentate dalle equazioni simultanee $X \pm i Y = 0$, $X' \mp i Y' = 0$.

Costituendo l'espressione complessa

$$W = \frac{1}{\pi} \sum k \log (X + i Y) = U + i V,$$

si ha ancora, nella sua parte reale U, il potenziale newtoniano degli assi dei vortici, considerati come rette di densità k; ma le superficie equipotenziali ($U =$ cost.) relative a queste non sono più ortogonali a quelle ($V =$ cost.) relative ai vortici.

Per applicare la formola (49) al caso d'un vortice circolare di raggio uguale ad a, s'indichino con O, M, Z il centro di questo vortice, un punto qualunque della sua periferia e il piede della perpendicolare ζ (precedentemente designata con z_1). Poi si ponga $OZ = \xi$, $ZM = r$, e si denotino con η, θ gli angoli che la direzione fissa OZ fa colle direzioni variabili OM, ZM, angoli misurati entrambi nello stesso senso, partendo dalla direzione fissa OZ. Così facendo, l'angolo θ varia in conformità della condizione enunciata più sopra circa la formola (49).

Le due variabili r, θ dipendono dalle ξ, η mediante le relazioni

$$r^2 = a^2 + \xi^2 - 2 a \xi \cos \eta,$$

$$r \operatorname{sen} \theta = a \operatorname{sen} \eta, \qquad \xi - a \cos \eta = - r \cos \theta,$$

una delle quali è conseguenza delle altre due. Dalla prima si trae

$$\frac{\partial r}{\partial \xi} = \frac{\xi - a \cos \eta}{r} = - \cos \theta, \qquad \frac{\partial r}{\partial \eta} = \frac{a \xi \operatorname{sen} \eta}{r} = \xi \operatorname{sen} \theta,$$

e dalla seconda

$$r\cos\theta\frac{\partial\theta}{\partial\eta}+\operatorname{sen}\theta\frac{\partial r}{\partial\eta}=a\cos\eta\,,$$

$$r\cos\theta\frac{\partial\theta}{\partial\xi}+\operatorname{sen}\theta\frac{\partial r}{\partial\xi}=0\,.$$

Da queste e dalle precedenti si deduce facilmente

$$(a)\qquad r\left(\frac{\partial r}{\partial\xi}\frac{\partial\theta}{\partial\eta}-\frac{\partial r}{\partial\eta}\frac{\partial\theta}{\partial\xi}\right)=-a\cos\eta\,,$$

$$\frac{\partial\theta}{\partial\eta}=\frac{a(a-\xi\cos\eta)}{r^2}\,.$$

Quest'ultima relazione dà tosto, pel cercato potenziale esterno del vortice circolare d'intensità k, l'espressione

$$V=\frac{ak\zeta}{2\pi}\int_0^{2\pi}\frac{(a-\xi\cos\eta)\,d\eta}{r^2\sqrt{r^2+\zeta^2}}\,,$$

cosicchè questo potenziale (che porge al tempo stesso l'espressione dell'area d'un'ellisse sferica) è riducibile all'aggregato di due integrali ellittici *completi*, l'uno di prima e l'altro di terza specie *).

V'è però modo di formare un'altra funzione, alquanto più semplice, la quale, mentre serve del pari ad esprimere colle sue derivate le componenti della velocità, somministra altresì il secondo integrale delle linee di moto, le cui equazioni differenziali sono

$$\frac{d\xi}{\xi'}=\frac{d\zeta}{\zeta'}\,,\qquad d\eta=0\,,$$

dove

$$\xi'=\frac{\partial V}{\partial\xi}\,,\qquad \zeta'=\frac{\partial V}{\partial\zeta}\,.$$

Si consideri infatti l'integrale

$$U=\frac{k}{2\pi}\int\sqrt{r^2+\zeta^2}\,d\theta,$$

dal quale (per ciò che si è veduto al principio di questo §) si deduce V mediante una derivazione rispetto a ζ, e che (essendo anche esso un potenziale) soddisfa all'equazione $\Delta_2 U=0$ in tutto lo spazio esterno al vortice. In virtù di quest'equazione, la quale,

*) Lo stesso ha luogo pel potenziale d'un vortice ellittico, come risulta dall'analoga ricerca istituita sulle correnti elettriche da EMILIO WEYR [Zeitschrift für Mathematik und Physik, Jahrgang XIII (1868), pag. 413], ove trovasi sviluppato accuratamente anche il caso della corrente circolare.

espressa colle nuove coordinate ξ, η, ζ, prende la forma

$$\frac{\partial}{\partial \xi}\left(\xi \frac{\partial U}{\partial \xi}\right) + \frac{\partial}{\partial \zeta}\left(\xi \frac{\partial U}{\partial \zeta}\right) = 0,$$

e dell'anzidetta relazione

$$V = \frac{\partial U}{\partial \zeta},$$

si ha

$$\xi \frac{\partial V}{\partial \xi} = \frac{\partial}{\partial \zeta}\left(\xi \frac{\partial U}{\partial \xi}\right), \qquad \xi \frac{\partial V}{\partial \zeta} = \frac{\partial}{\partial \zeta}\left(\xi \frac{\partial U}{\partial \zeta}\right) = -\frac{\partial}{\partial \xi}\left(\xi \frac{\partial U}{\partial \xi}\right),$$

epperò

$$(b) \qquad \xi \xi' = \frac{\partial}{\partial \zeta}\left(\xi \frac{\partial U}{\partial \xi}\right), \qquad \xi \zeta' = -\frac{\partial}{\partial \xi}\left(\xi \frac{\partial U}{\partial \xi}\right),$$

donde si trae

$$\xi(\xi' d\zeta - \zeta' d\xi) = d\left(\xi \frac{\partial U}{\partial \xi}\right).$$

Di qui emerge che le equazioni finite delle linee di moto sono

$$\xi \frac{\partial U}{\partial \xi} = \text{cost.}, \qquad \eta = \text{cost.}$$

Ora, scrivendo U sotto la forma

$$U = \frac{k}{2\pi} \int_0^{2\pi} \frac{\partial \theta}{\partial \eta} \sqrt{r^2 + \zeta^2}\, d\eta,$$

si ricava

$$\frac{\partial U}{\partial \xi} = \frac{k}{2\pi} \int_0^{2\pi} \left(\frac{\partial^2 \theta}{\partial \xi \partial \eta} \sqrt{r^2 + \zeta^2} + \frac{r \frac{\partial \theta}{\partial \eta} \frac{\partial r}{\partial \xi}}{\sqrt{r^2 + \zeta^2}} \right) d\eta,$$

ossia, integrando per parti il primo termine del secondo membro,

$$\frac{\partial U}{\partial \xi} = \frac{k}{2\pi} \int_0^{2\pi} r \left(\frac{\partial r}{\partial \xi} \frac{\partial \theta}{\partial \eta} - \frac{\partial r}{\partial \eta} \frac{\partial \theta}{\partial \xi} \right) \frac{d\eta}{\sqrt{r^2 + \zeta^2}},$$

e di qui si deduce finalmente, in virtù dell'equazione (a),

$$(c) \qquad \xi \frac{\partial U}{\partial \xi} = -\frac{ak\xi}{2\pi} \int_0^{2\pi} \frac{\cos \eta \, d\eta}{\sqrt{a^2 + \xi^2 + \zeta^2 - 2a\xi \cos \eta}}.$$

È questa la funzione di ξ e ζ cui si alludeva. Essa infatti, eguagliata ad una costante, porge l'equazione delle linee di moto (esistenti nei piani $\eta = \text{cost.}$), mentre le sue derivate rispetto a ξ ed a ζ equivalgono rispettivamente ai prodotti di ξ per le componenti $-\zeta'$ e ξ'. Se poi si pone

$$\frac{4a\xi}{(a+\xi)^2+\zeta^2}=x^2 \qquad (\text{talchè } x<1),$$

si trova facilmente

$$\xi\frac{\partial U}{\partial \xi}=\frac{k}{\pi}\sqrt{a\xi}\left[xF+\frac{2}{x}(E-F)\right],$$

dove F ed E rappresentano, come è d'uso, i due integrali ellittici *completi* di prima e seconda specie, cosicchè i valori del prodotto $\xi\frac{\partial U}{\partial \xi}$ sono agevolmente calcolabili mediante le tavole ellittiche *).

Se il vortice circolare elementare fa parte d'un vortice finito, nel quale le linee vorticali siano tutte circonferenze d'egual asse, si deve porre $k=w\,d\xi\,d\zeta$, dove w, funzione di ξ e di ζ, è la rotazione costante (§ 14) che ha luogo in ogni punto d'uno stesso vortice elementare; ed operando un'integrazione $\int\int d\xi\,d\zeta$, estesa a tutta la sezione del vortice, tanto sulla funzione V, quanto sulla $\xi\frac{\partial U}{\partial \xi}$, ottengonsi manifestamente funzioni dotate di analoghe proprietà, rispetto al moto del fluido esterno al vortice. In tal guisa però non apparisce (ed altrettanto dicasi rispetto ai vortici cilindrici considerati più sopra) come avvenga il moto del fluido nello spazio occupato dal vortice stesso, spazio ove non regna un potenziale di moto. A ciò risponde il processo immaginato da HELMHOLTZ per la trattazione dei vortici rettilinei e circolari, processo che or giova richiamare al suo più generale carattere analitico, premettendo all'uopo la trasformazione che forma l'oggetto del § seguente **).

§ 22.

Trattasi di trovare formole analoghe alle (41''') del § 15, espresse per coordinate curvilinee ξ, η, ζ.

---

*) In un diagramma annesso alla più volte citata Memoria di W. THOMSON *On vortex motion* (t. XXV, p. II, delle Transactions della Società R. di Edimburgo) veggonsi tracciate assai accuratamente, per cura del sig. MACFARLANE, le linee di moto dovute ad un vortice circolare isolato. Questo diagramma è stato riportato da CLERK MAXWELL nella tav. XVIII del suo recentissimo *Treatise on Electricity and Magnetism* (Oxford, 1873), coll'aggiunta delle linee equipotenziali $V=$ cost.

**) La scoperta dell'integrale costituente il secondo membro dell'equazione (c), come funzione dotata delle proprietà (b) relativamente ad un vortice circolare, è dovuta a HELMHOLTZ (Mem. cit., art. 6), e fu trovata da lui col processo cui qui si allude.

Ad evitare complicazioni non necessarie questa ricerca può essere limitata al caso di coordinate curvilinee ortogonali, al caso cioè che si abbia

$$dx^2 + dy^2 + dz^2 = L^2 d\xi^2 + M^2 d\eta^2 + N^2 d\zeta^2$$

(dove per maggior comodo si è scritto L^2, M^2, N^2 al posto delle L, M, N del § 11, talchè ora si ha $\boldsymbol{D} = LMN$).

Sopprimendo, provvisoriamente, nelle anzidette equazioni (41''') l'indice 1 apposto alle coordinate x, y, z, moltiplicandole ordinatamente per dx, dy, dz e poscia sommandole, si ottiene

$$(e)\quad \left\{\begin{aligned} & x'dx + y'dy + z'dz = d\mathfrak{O} \\ & + \left(\frac{\partial \mathfrak{P}}{\partial z}dy - \frac{\partial \mathfrak{P}}{\partial y}dz\right) + \left(\frac{\partial \mathfrak{Q}}{\partial x}dz - \frac{\partial \mathfrak{Q}}{\partial z}dx\right) + \left(\frac{\partial \mathfrak{R}}{\partial y}dx - \frac{\partial \mathfrak{R}}{\partial x}dy\right). \end{aligned}\right.$$

Per risolvere il proposto problema basta trasformare quest'equazione differenziale *identica* dalle variabili x, y, z alle ξ, η, ζ, e poscia eguagliare fra loro i coefficienti di ciascuno dei differenziali $d\xi$, $d\eta$, $d\zeta$ nell'uno e nell'altro membro. Ora essendo

$$x'dx + y'dy + z'dz = L^2\xi'd\xi + M^2\eta'd\eta + N^2\zeta'd\zeta,$$

$$d\mathfrak{O} = \frac{\partial \mathfrak{O}}{\partial \xi}d\xi + \frac{\partial \mathfrak{O}}{\partial \eta}d\eta + \frac{\partial \mathfrak{O}}{\partial \zeta}d\zeta,$$

è chiaro che tutta la difficoltà si riduce a trasformare uno dei tre binomi

$$\frac{\partial \mathfrak{P}}{\partial z}dy - \frac{\partial \mathfrak{P}}{\partial y}dz, \qquad \frac{\partial \mathfrak{Q}}{\partial x}dz - \frac{\partial \mathfrak{Q}}{\partial z}dx, \qquad \frac{\partial \mathfrak{R}}{\partial y}dx - \frac{\partial \mathfrak{R}}{\partial x}dy,$$

poichè gli altri due si deducono dal primo mediante semplici permutazioni di lettere.

Per tal uopo si rammenti che i coseni degli angoli fatti coi tre assi rettangolari delle x, y, z dalle tangenti alle tre curve d'intersezione delle superficie ortogonali $\xi =$ cost., $\eta =$ cost., $\zeta =$ cost., in un punto di coordinate (x, y, z) oppure (ξ, η, ζ), possono esprimersi nelle due forme simboleggiate da questa duplice eguaglianza:

$$\left\{\begin{array}{c|c|c} L\dfrac{\partial \xi}{\partial x} & L\dfrac{\partial \xi}{\partial y} & L\dfrac{\partial \xi}{\partial z} \\ \hline M\dfrac{\partial \eta}{\partial x} & M\dfrac{\partial \eta}{\partial y} & M\dfrac{\partial \eta}{\partial z} \\ \hline N\dfrac{\partial \zeta}{\partial x} & N\dfrac{\partial \zeta}{\partial y} & N\dfrac{\partial \zeta}{\partial z} \end{array}\right\} = \left\{\begin{array}{c|c|c} \dfrac{1}{L}\dfrac{\partial x}{\partial \xi} & \dfrac{1}{L}\dfrac{\partial y}{\partial \xi} & \dfrac{1}{L}\dfrac{\partial z}{\partial \xi} \\ \hline \dfrac{1}{M}\dfrac{\partial x}{\partial \eta} & \dfrac{1}{M}\dfrac{\partial y}{\partial \eta} & \dfrac{1}{M}\dfrac{\partial z}{\partial \eta} \\ \hline \dfrac{1}{N}\dfrac{\partial x}{\partial \zeta} & \dfrac{1}{N}\dfrac{\partial y}{\partial \zeta} & \dfrac{1}{N}\dfrac{\partial z}{\partial \zeta} \end{array}\right\} = \left\{\begin{array}{c|c|c} a_1 & b_1 & c_1 \\ \hline a_2 & b_2 & c_2 \\ \hline a_3 & b_3 & c_3 \end{array}\right.$$

Si ha dunque

$$\frac{\partial \mathfrak{P}}{\partial z}dy - \frac{\partial \mathfrak{P}}{\partial y}dz$$

$$= (Lb_1 d\xi + Mb_2 d\eta + Nb_3 d\zeta)\left(\frac{c_1}{L}\frac{\partial \mathfrak{P}}{\partial \xi} + \frac{c_2}{M}\frac{\partial \mathfrak{P}}{\partial \eta} + \frac{c_3}{N}\frac{\partial \mathfrak{P}}{\partial \zeta}\right)$$

$$- (Lc_1 d\xi + Mc_2 d\eta + Nc_3 d\zeta)\left(\frac{b_1}{L}\frac{\partial \mathfrak{P}}{\partial \xi} + \frac{b_2}{M}\frac{\partial \mathfrak{P}}{\partial \eta} + \frac{b_3}{N}\frac{\partial \mathfrak{P}}{\partial \zeta}\right),$$

ossia, eseguendo le moltiplicazioni indicate, con riguardo alle note relazioni fra i nove coseni ed ai valori dati per questi dalle tabelle precedenti,

$$\frac{\partial \mathfrak{P}}{\partial z}dy - \frac{\partial \mathfrak{P}}{\partial y}dz = \frac{L}{MN}\left[\frac{\partial}{\partial \eta}\left(\mathfrak{P}\frac{\partial x}{\partial \zeta}\right) - \frac{\partial}{\partial \zeta}\left(\mathfrak{P}\frac{\partial x}{\partial \eta}\right)\right]d\xi$$

$$+ \frac{M}{NL}\left[\frac{\partial}{\partial \zeta}\left(\mathfrak{P}\frac{\partial x}{\partial \xi}\right) - \frac{\partial}{\partial \xi}\left(\mathfrak{P}\frac{\partial x}{\partial \zeta}\right)\right]d\eta$$

$$+ \frac{N}{LM}\left[\frac{\partial}{\partial \xi}\left(\mathfrak{P}\frac{\partial x}{\partial \eta}\right) - \frac{\partial}{\partial \eta}\left(\mathfrak{P}\frac{\partial x}{\partial \xi}\right)\right]d\zeta.$$

Da quest'equazione deduconsi le due analoghe colla permutazione circolare simultanea di $\mathfrak{P}$, $\mathfrak{Q}$, $\mathfrak{R}$ e di x, y, z. Così, ristabilendo l'indice 1 per distinguere le coordinate del punto individuato di cui si vogliono esprimere le componenti del moto, da quelle del punto qualunque che figura sotto gli integrali $\mathfrak{P}$, $\mathfrak{Q}$, $\mathfrak{R}$, e ponendo

$$(51)\qquad \left\{\begin{aligned} &\mathfrak{P}\frac{\partial x_1}{\partial \xi_1} + \mathfrak{Q}\frac{\partial y_1}{\partial \xi_1} + \mathfrak{R}\frac{\partial z_1}{\partial \xi_1} = \overline{\mathfrak{P}}, \\ &\mathfrak{P}\frac{\partial x_1}{\partial \eta_1} + \mathfrak{Q}\frac{\partial y_1}{\partial \eta_1} + \mathfrak{R}\frac{\partial z_1}{\partial \eta_1} = \overline{\mathfrak{Q}}, \\ &\mathfrak{P}\frac{\partial x_1}{\partial \zeta_1} + \mathfrak{Q}\frac{\partial y_1}{\partial \zeta_1} + \mathfrak{R}\frac{\partial z_1}{\partial \zeta_1} = \overline{\mathfrak{R}}, \end{aligned}\right.$$

si ha

$$\frac{\partial \mathfrak{P}}{\partial z_1}dy_1 - \frac{\partial \mathfrak{P}}{\partial y_1}dz_1 + \frac{\partial \mathfrak{Q}}{\partial x_1}dz_1 - \frac{\partial \mathfrak{Q}}{\partial z_1}dx_1 + \frac{\partial \mathfrak{R}}{\partial y_1}dx_1 - \frac{\partial \mathfrak{R}}{\partial x_1}dy_1$$

$$= \left(\frac{\partial \overline{\mathfrak{R}}}{\partial \eta_1} - \frac{\partial \overline{\mathfrak{Q}}}{\partial \zeta_1}\right)\frac{L\,d\xi_1}{MN} + \left(\frac{\partial \overline{\mathfrak{P}}}{\partial \zeta_1} - \frac{\partial \overline{\mathfrak{R}}}{\partial \xi_1}\right)\frac{M\,d\eta_1}{NL} + \left(\frac{\partial \overline{\mathfrak{Q}}}{\partial \xi_1} - \frac{\partial \overline{\mathfrak{P}}}{\partial \eta_1}\right)\frac{N\,d\zeta_1}{LM}.$$

Trasformate così tutte le parti dell'equazione (e), si hanno subito le formole cercate, che sono le seguenti:

$$(51') \quad \left\{ \begin{aligned} \mathfrak{D}\xi_1' &= \frac{MN}{L}\frac{\partial \Theta}{\partial \xi_1} + \frac{\partial \overline{\mathfrak{R}}}{\partial \eta_1} - \frac{\partial \overline{\mathfrak{Q}}}{\partial \zeta_1}, \\ \mathfrak{D}\eta_1' &= \frac{NL}{M}\frac{\partial \Theta}{\partial \eta_1} + \frac{\partial \overline{\mathfrak{P}}}{\partial \zeta_1} - \frac{\partial \overline{\mathfrak{R}}}{\partial \xi_1}, \\ \mathfrak{D}\zeta_1' &= \frac{LM}{N}\frac{\partial \Theta}{\partial \zeta_1} + \frac{\partial \overline{\mathfrak{Q}}}{\partial \xi_1} - \frac{\partial \overline{\mathfrak{P}}}{\partial \eta_1}. \end{aligned} \right.$$

Ciò posto se, in parte per ispeciali condizioni di moto, in parte per una scelta opportuna delle coordinate ξ, η, ζ, è nulla la funzione Θ, e son nulle del pari due delle funzioni $\overline{\mathfrak{P}}$, $\overline{\mathfrak{Q}}$, $\overline{\mathfrak{R}}$, per esempio le due prime, si ha

$$\mathfrak{D}\xi_1' = \frac{\partial \overline{\mathfrak{R}}}{\partial \eta_1}, \qquad \mathfrak{D}\eta_1' = -\frac{\partial \overline{\mathfrak{R}}}{\partial \xi_1}, \qquad \mathfrak{D}\zeta_1' = 0,$$

e le equazioni finite delle linee di moto sono quindi

$$\overline{\mathfrak{R}} = \text{cost.}, \qquad \zeta_1 = \text{cost.},$$

talchè in siffatte ipotesi *esiste una funzione unica* $\overline{\mathfrak{R}}$, *la quale porge al tempo stesso l'equazione finita delle linee di moto e le componenti della velocità*, linee di moto e velocità che si riferiscono indistintamente a *tutti* i punti dello spazio S sul quale si estende l'integrale $\overline{\mathfrak{R}}$, e non già soltanto a quelli dove regna un potenziale di moto. In questi ultimi punti, quando esistono, il potenziale di moto propriamente detto è una funzione diversa da $\overline{\mathfrak{R}}$, la determinazione della quale rientra sostanzialmente nella teoria esposta al § 17, d), benchè in casi particolari possa esser conseguita assai più speditamente.

È bene avvertire che la funzione Θ, a differenza delle $\overline{\mathfrak{P}}$, $\overline{\mathfrak{Q}}$, $\overline{\mathfrak{R}}$, ha una definizione indipendente dal sistema delle coordinate di cui si fa uso (cfr. i §§ 11 e 15); è questa la ragione per cui essa non si trasforma, come quelle, nel passaggio dalle coordinate x, y, z alle ξ, η, ζ.

§ 23.

a) Ciò premesso, si supponga che il fluido sia incompressibile, che si estenda indefinitamente in ogni senso, e che i vortici esistenti in esso sian tutti compresi in uno spazio *finito* Σ, al difuori del quale regni quindi un potenziale di moto. Questo spazio Σ può essere connesso o no, epperò terminato da uno o da più vorticoidi distinti.

Si concepisca una superficie chiusa ω, inviluppante tutto questo spazio Σ, arbitraria del resto, e si applichino allo spazio S contenuto in essa le equazioni (41''') del § 15. Essendo nullo l'integrale O, per la condizione $\Theta = 0$, si hanno così le formole

$$(f)\qquad \begin{cases} \varepsilon x'_1 = \dfrac{\partial \boldsymbol{M}_\omega}{\partial x_1} + \dfrac{\partial R}{\partial y_1} - \dfrac{\partial Q}{\partial z_1}, \\[2ex] \varepsilon y'_1 = \dfrac{\partial \boldsymbol{M}_\omega}{\partial y_1} + \dfrac{\partial P}{\partial z_1} - \dfrac{\partial R}{\partial x_1}, \\[2ex] \varepsilon z'_1 = \dfrac{\partial \boldsymbol{M}_\omega}{\partial z_1} + \dfrac{\partial Q}{\partial x_1} - \dfrac{\partial P}{\partial y_1}, \end{cases}$$

dove si è posto (§§ 15; 17, d)

$$\boldsymbol{M}_\omega = \boldsymbol{N}_\omega + \boldsymbol{O}_\omega = \frac{1}{4\pi}\int\left(\mathfrak{J}\frac{\partial \frac{1}{u}}{\partial n} - \frac{v_n}{u}\right)d\omega + \frac{1}{4\pi}\sum \mathfrak{C}\Lambda,$$

mentre ε è uguale all'unità od allo zero secondo che il punto (x_1, y_1, z_1) è interno od esterno allo spazio S. Gli integrali di spazio P, Q, R si estendono al solo spazio Σ, che è una porzione di S, e che è indipendente dalla scelta della superficie ω, finchè questa (come si è già convenuto) non intersechi lo spazio medesimo, cioè i vortici.

Se, tenendo fermo il punto (x_1, y_1, z_1), supposto interno ad S, si sostituisce ad ω un'altra superficie Ω che abbracci nel suo interno la precedente, i valori di P, Q, R, x'_1, y'_1, z'_1 restano inalterati e si ha quindi necessariamente

$$\frac{\partial(\boldsymbol{M}_\Omega - \boldsymbol{M}_\omega)}{\partial x_1} = \frac{\partial(\boldsymbol{M}_\Omega - \boldsymbol{M}_\omega)}{\partial y_1} = \frac{\partial(\boldsymbol{M}_\Omega - \boldsymbol{M}_\omega)}{\partial z_1} = 0,$$

donde

$$\boldsymbol{M}_\Omega - \boldsymbol{M}_\omega = \text{cost.}$$

Ora è facile riconoscere che, se la superficie Ω si va allontanando indefinitamente in ogni senso, fino a portarsi tutta a distanza infinita, le derivate rispetto ad x_1, y_1, z_1 dell'espressione $\boldsymbol{M}_\Omega$ convergono verso zero, purchè su tutta la superficie all'infinito si abbia

$$\frac{\mathfrak{J}}{u} = 0, \qquad v_n = 0,$$

vale a dire purchè la velocità del fluido normalmente ad essa sia *nulla,* ed il valore del flusso $\mathfrak{J}$ vi si mantenga finito dovunque, o non divenga infinito che lungo linee disgiunte. Ammesse dunque queste condizioni, *si ha, in ogni punto interno alla superficie* ω,

$$(52) \qquad \mathfrak{M}_\omega = \text{cost.}\ ^{*)},$$

epperò le componenti della velocità son date, *per tutti i punti dello spazio*, dalle equazioni

$$(52') \quad x_1' = \frac{\partial R}{\partial y_1} - \frac{\partial Q}{\partial z_1}, \qquad y_1' = \frac{\partial P}{\partial z_1} - \frac{\partial R}{\partial x_1}, \qquad z_1' = \frac{\partial Q}{\partial x_1} - \frac{\partial P}{\partial y_1}.$$

Reciprocamente, se si ammette che le componenti della velocità sian date appunto da queste equazioni, le anzidette condizioni son soddisfatte. Infatti, se il punto (x_1, y_1, z_1) è esterno alla superficie ω, primitivamente considerata, si possono, in virtù delle equazioni (f) ove si ponga $\varepsilon = 0$, sostituire alle $(52')$ quest'altre equazioni

$$x_1' = -\frac{\partial \mathfrak{M}_\omega}{\partial x_1}, \qquad y_1' = -\frac{\partial \mathfrak{M}_\omega}{\partial y_1}, \qquad z_1' = -\frac{\partial \mathfrak{M}_\omega}{\partial z_1},$$

donde

$$\mathfrak{J} = \text{Cost.} - \mathfrak{M}_\omega;$$

e, per essere $\mathfrak{M}_\omega$ potenziale di superficie e di linee poste tutte a distanza finita, si ha, in ogni punto (x_1, y_1, z_1) infinitamente lontano,

$$\mathfrak{M}_\omega = x_1' = y_1' = z_1' = 0,$$

epperò anche $v_n = 0$. D'altronde le formole $(52')$ sono in perfetta armonia colle ipotesi fatte al principio, poichè dànno

$$\frac{\partial z_1'}{\partial y_1} - \frac{\partial y_1'}{\partial z_1} = -\Delta_2 P + \frac{\partial}{\partial x_1}\left(\frac{\partial P}{\partial x_1} + \frac{\partial Q}{\partial y_1} + \frac{\partial R}{\partial z_1}\right), \text{ ecc., ecc.,}$$

ed essendo

$$\frac{\partial P}{\partial x_1} + \frac{\partial Q}{\partial y_1} + \frac{\partial R}{\partial z_1} = 0$$

---

*) Coll'aiuto di quest'equazione si può completare un teorema esposto nella *Nota sulla teoria matematica dei solenoidi elettrodinamici* (Nuovo Cimento, Novembre-Dicembre 1872, ovvero queste OPERE, vol. II, pp. 188-201), il quale, per lo stretto suo nesso colle dottrine del § 20, può essere qui opportunamente enunciato, agevolissima essendone la dimostrazione: se φ è il potenziale elettromagnetico d'un dato sistema di correnti, ed ω una superficie ortogonale alle φ=cost., e tale che le correnti date siano tutte $\begin{smallmatrix}\text{interne}\\ \text{esterne}\end{smallmatrix}$ ad essa, il solenoide generato (nel modo che s'è veduto al § 20) dalle intersezioni della superficie ω colle φ=cost. non ha alcuna azione sullo spazio $\begin{smallmatrix}\text{interno}\\ \text{esterno}\end{smallmatrix}$ ed agisce come il sistema dato sullo spazio $\begin{smallmatrix}\text{esterno}\\ \text{interno}\end{smallmatrix}$. È un teorema analogo a quello sugli strati di livello.

[giacchè, (38'''), la superficie che limita lo spazio Σ è un vorticoide], ciò equivale a

$$\frac{1}{2}\left(\frac{\partial z'_1}{\partial y_1} - \frac{\partial y'_1}{\partial z_1}\right) = \varepsilon' p_1, \text{ ecc., ecc.,}$$

dove ε' è eguale all'unità od allo zero secondo che il punto (x_1, y_1, z_1) è interno od esterno allo spazio Σ.

Se alle equazioni (52') si surrogano le corrispondenti in coordinate curvilinee, mediante le formole date nel § precedente, si hanno le equazioni equivalenti

$$(52'') \quad D\xi'_1 = \frac{\partial \overline{R}}{\partial \eta_1} - \frac{\partial \overline{Q}}{\partial \zeta_1}, \qquad D\eta_1 = \frac{\partial \overline{P}}{\partial \zeta_1} - \frac{\partial \overline{R}}{\partial \xi_1}, \qquad D\zeta'_1 = \frac{\partial \overline{Q}}{\partial \xi_1} - \frac{\partial \overline{P}}{\partial \eta_1}.$$

Nelle condizioni in cui sussistono le equazioni (52') o (52''), è chiaro che delle varie azioni velocitanti considerate nei §§ 16, 17 non rimangono che quelle dovute al sistema di vortici Σ. Le equazioni anzidette possono dunque servire al calcolo di queste azioni, ed è appunto in vista di ciò ch'esse vennero qui stabilite *).

b) Suppongasi, per esempio, che le ξ, η, ζ siano coordinate *cilindriche* analoghe a quelle usate nel § 21 (e nell'esempio trattato alla fine del § 11), suppongasi cioè

$$x = \xi \cos \eta, \qquad y = \xi \operatorname{sen} \eta, \qquad z = \zeta,$$

$$L = N = 1, \qquad M = D = \xi.$$

Si ammetta inoltre che le linee vorticali siano tutte circonferenze col centro sull'asse delle ζ e col piano normale a quest'asse, talchè si abbia

$$p = -w \operatorname{sen} \eta, \qquad q = w \cos \eta, \qquad r = 0,$$

dove, per la condizione necessaria

$$0 = \frac{\partial p}{\partial x} + \frac{\partial q}{\partial y} + \frac{\partial r}{\partial z} = \frac{1}{\xi}\frac{\partial w}{\partial \eta},$$

*) Che i secondi membri delle equazioni (52') rappresentino, per ogni punto dello spazio, le componenti della velocità dovuta alla presenza del vortice Σ, emerge senz'altro dalle considerazioni del § 17, *a*), *b*). Ma era necessario mostrare come le velocità così generate, e procedenti, in generale, da una decomposizione puramente ideale del moto, possano sussistere *da sole* nel fluido, sotto certe condizioni, possibili anche fisicamente.

w dev'essere funzione delle sole ξ, ζ. Le equazioni (51) dànno

$$\overline{P} = \quad P\cos\eta_1 + Q\operatorname{sen}\eta_1 \quad = \frac{1}{2\pi}\int\frac{w\operatorname{sen}(\eta_1-\eta)\,dS}{u},$$

$$\overline{Q} = (-P\operatorname{sen}\eta_1 + Q\cos\eta_1)\xi_1 = \frac{\xi_1}{2\pi}\int\frac{w\cos(\eta_1-\eta)\,dS}{u},$$

$$\overline{R} = 0,$$

dove

$$u^2 = \xi^2 + \xi_1^2 - 2\xi\xi_1\cos(\eta-\eta_1) + (\zeta-\zeta_1)^2.$$

Ora, essendo fra loro eguali ma di segno contrario quei valori di $\operatorname{sen}(\eta-\eta_1)$ che corrispondono a valori eguali di $\cos(\eta-\eta_1)$, l'integrale $\overline{P}$ riesce manifestamente eguale a zero. Inoltre in $\overline{Q}$ è lecito scrivere semplicemente η in luogo di $\eta-\eta_1$, poichè l'angolo η_1, non entrando che in questo binomio, deve di necessità uscire dal risultato finale dell'integrazione. Si ha dunque

$$\overline{P} = \overline{R} = 0, \qquad \overline{Q} = \frac{\xi_1}{2\pi}\int\!\!\int\!\!\int\frac{w\xi\cos\eta\,d\xi\,d\eta\,d\zeta}{\sqrt{\xi^2+\xi_1^2+(\zeta-\zeta_1)^2-2\xi\xi_1\cos\eta}},$$

e le componenti dell'azione velocitante dovuta ai vortici circolari sono

$$(g) \qquad \xi_1\xi_1' = -\frac{\partial\overline{Q}}{\partial\zeta_1}, \qquad \xi_1\eta_1' = 0, \qquad \xi_1\zeta_1' = \frac{\partial\overline{Q}}{\partial\xi_1}.$$

Di qui si conclude che, ammessa l'esistenza di questi vortici, ciascuna molecola si muove costantemente nel piano $\eta_1 =$ cost. passante per essa e per l'asse del sistema, e che le linee di moto esistenti in ciascuno di questi piani sono date dall'equazione $\overline{Q}=$cost. Ciò vale qualunque sia il numero e la distribuzione dei vortici circolari esistenti nel fluido e, ciò che più importa, per *tutti* i punti del fluido, cioè tanto per la regione occupata dai vortici, quanto per quella esterna *); senonchè in quest'ultima le componenti della velocità possono essere espresse anche dalle derivate di un vero potenziale di moto (corrispondente alla funzione $\boldsymbol{M}_\omega$ del caso generale).

Quando si tratta d'un vortice circolare isolato, di raggio $\xi = a$, si può porre $\zeta = 0$, $dS = a\,d\varpi\,d\eta$, dove $d\varpi$ è l'area della sezione, e quindi, scrivendo k in luogo di $w\,d\varpi$, (§ 14), si ha

$$\overline{Q} = \frac{ak\xi_1}{2\pi}\int_0^{2\pi}\frac{\cos\eta\,d\eta}{\sqrt{a^2+\xi_1^2+\zeta_1^2-2a\xi_1\cos\eta}},$$

*) Naturalmente, le linee di moto esistenti nello spazio occupato dai vortici elementari non sono *continue* (come non lo è la velocità stessa) che quando questi vortici formano veramente un sistema *continuo*, costituendo un vortice anulare di sezione finita.

ossia, scrivendo anche nell'equazione (*c*) del § 21, ξ_1 e ζ_1 in luogo di ξ e ζ,

$$\overline{Q} = -\xi_1 \frac{\partial U}{\partial \xi_1},$$

relazione che stabilisce, per questo caso particolare, una perfetta concordanza fra le formole (*b*) del § 21 e le (*g*) del presente, e manifesta l'identità delle due soluzioni *).

c) Le considerazioni precedenti possono essere applicate anche alla teoria dei vortici cilindrici (§ 21). Senonchè ad evitare qualche difficoltà che potrebbe esser mossa contro siffatta applicazione, giova tradurre il problema relativo a questi vortici in un problema di *moto a due coordinate;* considerando che, ove tutti i vortici elementari siano rettilinei ed indefiniti, il moto del fluido (supposto incompressibile ed indefinito) non può che seguire le stesse leggi in ciascun piano normale alla loro direzione (piano nel quale deve necessariamente essere diretta la velocità d'ogni punto in esso situato), talchè, nota che sia la legge del moto in un tal piano, essa è nota per tutta la massa fluida.

Dirigendo l'asse delle z parallelamente ai vortici, e considerando il moto che avviene nel piano xy, tutto dipende dalla conoscenza delle componenti x', y', funzioni di t, x, y, poichè la componente z' è nulla. Son nulle pure le componenti p e q della rotazione, mentre la terza, $r = w$, è anch'essa funzione di t, x, y. Si dice che il moto è *vorticoso* in quelle parti del piano ove il valore di w è diverso da zero.

Operando sulla coppia di funzioni x', y' come nel § 15 si è operato sulla terna x', y', z', si trova (e si dimostra facilmente colla sostituzione dei valori di $\mathfrak{P}$, $\mathfrak{Q}$ in funzione di X, Y) che al posto delle equazioni (41''') sottentrano le seguenti:

$$(53) \qquad \varepsilon x_1' = \frac{\partial \mathfrak{P}}{\partial x_1} + \frac{\partial \mathfrak{Q}}{\partial y_1}, \qquad \varepsilon y_1' = \frac{\partial \mathfrak{P}}{\partial y_1} - \frac{\partial \mathfrak{Q}}{\partial x_1},$$

dove

$$\mathfrak{P} = \frac{\partial X}{\partial x_1} + \frac{\partial Y}{\partial y_1}, \qquad \mathfrak{Q} = \frac{\partial X}{\partial y_1} - \frac{\partial Y}{\partial x_1},$$

$$X = \frac{1}{2\pi}\int x' \log u \,.\, d\omega, \qquad Y = \frac{1}{2\pi}\int y' \log u \,.\, d\omega,$$

ω essendo l'area d'una qualunque porzione del piano ed ε un numero uguale ad 1 od

*) È con questo secondo metodo che HELMHOLTZ (Mem. cit., art. 6) ha per la prima volta conseguita la determinazione delle linee di moto dovute ad un vortice circolare, risultamento che THOMSON (*On vortex motion*, art. 63) giustamente ammira.

a o secondo che il punto (x_1, y_1) è interno od esterno ad ω *). Denotando con s il contorno dell'area ω ed osservando che su questo contorno si ha

$$\frac{\partial x}{\partial n} + i\frac{\partial y}{\partial n} = i\left(\frac{\partial x}{\partial s} + i\frac{\partial y}{\partial s}\right),$$

donde

$$x'\frac{\partial y}{\partial n} - y'\frac{\partial x}{\partial n} = \frac{\partial \mathfrak{J}}{\partial s} = v_s \text{ **)}$$

(v_s e v_n essendo le componenti della velocità v secondo la tangente e la normale interna del contorno), si ha, mercè le solite trasformazioni,

$$\mathfrak{O} = \frac{1}{2\pi}\int \Theta \log u \,.\, d\omega + \frac{1}{2\pi}\int v_n \log u \,.\, ds = O + \boldsymbol{O},$$

$$\mathfrak{U} = \frac{-1}{\pi}\int w \log u \,.\, d\omega + \frac{1}{2\pi}\int v_s \log u \,.\, ds = U + \boldsymbol{U},$$

dove

$$\Theta = \frac{\partial x'}{\partial x} + \frac{\partial y'}{\partial y}, \qquad w = \frac{1}{2}\left(\frac{\partial y'}{\partial x} - \frac{\partial x'}{\partial y}\right).$$

Di qui è facile riconoscere, seguendo l'analogia di ciò che è stato svolto nei §§ 16, 17, che alle funzioni O, $\boldsymbol{O}$, U, $\boldsymbol{U}$ corrispondono virtualmente altrettante azioni velocitanti a distanza, nelle quali l'intensità dell'azione elementare è sempre inversa della distanza, mentre la direzione è, per le prime due, quella del raggio vettore u, per le ultime due, quella della normale allo stesso raggio. Però la quarta azione (quella il cui potenziale è $\boldsymbol{U}$) si può far rientrare nella categoria delle due prime, introducendo la funzione

$$\boldsymbol{V} = \frac{-1}{2\pi}\int v_s \operatorname{arctg}\frac{y_1 - y}{x_1 - x} \,.\, ds.$$

Infatti si ha

$$\frac{\partial \boldsymbol{V}}{\partial x_1} = \frac{\partial \boldsymbol{U}}{\partial y_1}, \qquad \frac{\partial \boldsymbol{V}}{\partial y_1} = -\frac{\partial \boldsymbol{U}}{\partial x_1},$$

---

*) Queste formole son suggerite dal noto fatto che, nei problemi piani ove figura il parametro Δ_2, la funzione $\log\frac{1}{u}$ e la costante 2π hanno lo stesso ufficio della funzione $\frac{1}{u}$ e della costante 4π negli analoghi problemi a tre dimensioni (Cfr. la Memoria *Delle variabili complesse sopra una superficie qualunque,* nel t. I degli Annali di Matematica, serie II, ovvero queste OPERE, vol. I, pag. 318).

**) Questo risultato s'accorda, anche nel segno, colla terza delle formole (37) del § 14, perchè nel caso ora considerato si ha $d\zeta = -ds$.

epperò

$$(53')\qquad \begin{cases} \varepsilon x_1' = \dfrac{\partial(O + \boldsymbol{O} + \boldsymbol{V})}{\partial x_1} + \dfrac{\partial U}{\partial y_1}, \\[2ex] \varepsilon y_1' = \dfrac{\partial(O + \boldsymbol{O} + \boldsymbol{V})}{\partial y_1} - \dfrac{\partial U}{\partial x_1}. \end{cases}$$

Questa riduzione serve di riscontro a quella del § 17, *d*).

Tornando ora al proposito, se si pone $\Theta = 0$ e

$$x_1' = \frac{\partial U}{\partial y_1}, \qquad y_1' = -\frac{\partial U}{\partial x_1},$$

si viene a definire un moto speciale, che è conciliabile coll'ipotesi di un fluido diffuso su tutto il piano e di vortici esistenti in una regione del piano posta a distanza finita. Infatti, ammesse le formole precedenti, i prodotti $u x_1'$, $u y_1'$ convergono verso quantità finite quando il punto (x_1, y_1) s'allontana indefinitamente: lo stesso ha luogo per $u v_1$. Ora si ha

$$\frac{\partial \boldsymbol{O}}{\partial x_1} = \frac{1}{2\pi}\int u v_n \cdot \frac{x_1 - x}{u} \cdot \frac{ds}{u^2}, \qquad \frac{\partial \boldsymbol{O}}{\partial y_1} = \frac{1}{2\pi}\int u v_n \cdot \frac{y_1 - y}{u} \cdot \frac{ds}{u^2},$$

quindi, restando sempre finite le quantità

$$u v_n, \qquad \frac{x_1 - x}{u}, \qquad \frac{y_1 - y}{u},$$

queste derivate convergono a zero quando la linea s si porta tutta a distanza infinita. Lo stesso vale per $\boldsymbol{V}$.

Ne risulta che, nelle ipotesi ammesse, le linee di moto sono rappresentate, *in tutta l'estensione del piano,* dall'equazione

$$U = \text{cost.}\ ^{*)}.$$

Al di fuori della regione dove il moto è vorticoso esiste un potenziale di moto propriamente detto, V, determinabile in base alla condizione che $U + iV$ sia una funzione di $x_1 + i y_1$. Ciò si lega immediatamente colle cose già esposte nel § 21.

§ 24.

Scopo di questo e dei seguenti §§ è di porgere ulteriori sviluppi sulle dottrine esposte nel § 19, e propriamente sull'importante problema *cinematico* del moto d'*un*

*) HELMHOLTZ, Mem. cit., art. 5.

solido in un fluido incompressibile indefinito. È questo finora pressochè il solo caso in cui la ricerca del potenziale di moto siasi resa accessibile all'analisi *).

Quando lo spazio occupato dal corpo è semplicemente connesso, il solo potenziale possibile è monodromo. Quand'esso è molteplicemente connesso v'è un potenziale monodromo unico, ed un potenziale polidromo con moduli di periodicità intrinsecamente arbitrarî. Ma, mentre la natura del potenziale monodromo è vincolata tanto alla *forma* del corpo quanto alla legge del suo *moto*, quella del potenziale polidromo è affatto indipendente da siffatta legge; talchè il problema della determinazione di questo secondo potenziale non ha propriamente a che fare colla cinematica, esso è un problema di pura analisi. Egli è per ciò che importa fermare principalmente l'attenzione sulla ricerca del potenziale monodromo.

a) Tale ricerca si semplifica grandemente considerando, anzichè il moto *assoluto*, il moto *relativo* del fluido rispetto al corpo riguardato come immobile, assumendo, cioè, un punto individuato del corpo O come origine di tre assi ortogonali Ox, Oy, Oz, mobili col corpo stesso, e definendo il moto istantaneo di siffatto sistema mediante le componenti l, m, n della velocità del punto O, e le componenti p, q, r della rotazione istantanea del corpo intorno a questo punto. Queste sei componenti si riguardano, nel problema *cinematico*, come funzioni *note* del tempo. Esprimendo il potenziale di moto φ (funzione di t e delle originarie coordinate assolute) per le coordinate relative x, y, z e per t, è chiaro che le sue tre derivate rispetto ad x, y, z esprimono le componenti della velocità *assoluta* d'un punto (x, y, z) del fluido secondo i tre assi Ox, Oy, Oz *considerati nella posizione che occupano all'istante t.* Ora questa velocità si può considerare come la risultante d'altre due, l'una delle quali, di componenti x', y', z', è la velocità *relativa* del punto (x, y, z) nel suo moto rispetto al corpo, e l'altra è la velocità che questo stesso punto possederebbe se fosse invariabilmente congiunto col córpo. Si hanno dunque le equazioni

$$(54)\qquad \left\{\begin{aligned} \frac{\partial\varphi}{\partial x} &= x' + l + qz - ry, \\ \frac{\partial\varphi}{\partial y} &= y' + m + rx - pz, \\ \frac{\partial\varphi}{\partial z} &= z' + n + py - qx, \end{aligned}\right.$$

*) Bjerknes ha recentemente intrapresa la pubblicazione di estese ed interessanti ricerche sul moto d'uno e *di più* corpi sferici in un fluido incompressibile (v. Atti della Società delle Scienze di Christiania, 1868 e 1871). Ma oltrechè queste ricerche non sono ancora compiute, la soluzione cui esse tendono è puramente approssimativa, epperò il loro oggetto esce dal quadro di questa Monografia.

dalle quali risulta che il moto relativo del fluido è, in generale, *rotatorio*, e che le componenti della rotazione sono, in ogni suo punto, $-p$, $-q$, $-r$, quantità variabili soltanto col tempo.

Indicando con ν la normale, diretta verso la regione occupata dal fluido, alla superficie ω che limita lo spazio S occupato dal corpo, è chiaro che in ogni punto (x, y, z) di questa superficie si deve avere

$$x'\frac{\partial x}{\partial \nu} + y'\frac{\partial y}{\partial \nu} + z'\frac{\partial z}{\partial \nu} = 0.$$

Dunque la funzione φ, che in tutto lo spazio esterno ad S deve soddisfare all'equazione

$$\Delta_2 \varphi = 0,$$

deve su tutta la superficie ω soddisfare all'altra equazione

$$(55) \quad \left\{ \begin{aligned} &\frac{\partial \varphi}{\partial \nu} = l\frac{\partial x}{\partial \nu} + m\frac{\partial y}{\partial \nu} + n\frac{\partial z}{\partial \nu} \\ &+ p\left(y\frac{\partial z}{\partial \nu} - z\frac{\partial y}{\partial \nu}\right) + q\left(z\frac{\partial x}{\partial \nu} - x\frac{\partial z}{\partial \nu}\right) + r\left(x\frac{\partial y}{\partial \nu} - y\frac{\partial x}{\partial \nu}\right). \end{aligned} \right.$$

Inoltre la velocità dev'essere nulla all'infinito, non solo, ma bisogna che dall'infinito non entri nè esca fluido. Ora considerando una superficie sferica di raggio ρ, avente il centro in un punto fisso a distanza finita, e chiamando $d\sigma$ un angolo solido infinitesimale col vertice in questo punto, il volume del fluido che attraversa, uscendo, l'elemento di superficie sferica corrispondente a quest'angolo è uguale a $\rho^2\frac{\partial \varphi}{\partial \rho}d\sigma$. Se dunque in niuna direzione ha da entrare o da uscire fluido dall'infinito, bisogna che si abbia, per ogni direzione del raggio ρ,

$$\lim_{\rho=\infty}\left(\rho^2\frac{\partial \varphi}{\partial \rho}\right) = 0.$$

Pertanto in ogni punto all'infinito devono essere soddisfatte le condizioni

$$(55') \quad \frac{\partial \varphi}{\partial x} = \frac{\partial \varphi}{\partial y} = \frac{\partial \varphi}{\partial z} = 0, \qquad \rho^2\frac{\partial \varphi}{\partial \rho} = 0.$$

Si è parlato fin quì di moto d'un fluido indefinito *esterno* ad un corpo, perchè tale è l'enunciato sotto il quale è stato finora considerato il problema. Ma si può egualmente studiare il moto d'un fluido contenuto *entro uno spazio mobile,* di forma invariabile. I due problemi sono assai affini tra loro, poichè in entrambi si tratta di trovare una funzione monodroma φ, dotata delle proprietà seguenti: 1°) di soddisfare, entro una certa regione, finita od infinita, all'equazione di LAPLACE; 2°) di mantenervisi finita e continua insieme colle sue derivate prime; 3°) di soddisfare sulla superficie ω (limite di quella regione) all'equazione (55). Finalmente, se il potenziale di cui si tratta è quello del moto esterno, bisogna: 4°) che in tutti i punti all'infinito essa soddisfaccia alle condizioni (55'); condizioni che, naturalmente, cessano, quando si tratta del potenziale di moto interno.

Per un potenziale polidromo ψ la condizione alla superficie ω è semplicemente

$$\frac{\partial \psi}{\partial \nu} = 0; \tag{55''}$$

le altre condizioni sono le stesse che pel potenziale monodromo.

b) Se si pone

$$\varphi = Ll + Mm + Nn + Pp + Qq + Rr, \tag{56}$$

dove L, M, N, P, Q, R sono opportune funzioni monodrome delle sole x, y, z, è chiaro che tutte le anzidette condizioni riescono soddisfatte dal potenziale monodromo φ se, tenute ferme per ciascuna di queste sei nuove funzioni le condizioni 1ª), 2ª), e 4ª), si sostituiscono all'unica condizione (55) le sei seguenti:

$$\left\{\begin{aligned} \frac{\partial L}{\partial \nu} &= \frac{\partial x}{\partial \nu}, \\ \frac{\partial M}{\partial \nu} &= \frac{\partial y}{\partial \nu}, \\ \frac{\partial N}{\partial \nu} &= \frac{\partial z}{\partial \nu}, \end{aligned}\right. \qquad \left\{\begin{aligned} \frac{\partial P}{\partial \nu} &= y\frac{\partial z}{\partial \nu} - z\frac{\partial y}{\partial \nu}, \\ \frac{\partial Q}{\partial \nu} &= z\frac{\partial x}{\partial \nu} - x\frac{\partial z}{\partial \nu}, \\ \frac{\partial R}{\partial \nu} &= x\frac{\partial y}{\partial \nu} - y\frac{\partial x}{\partial \nu}. \end{aligned}\right. \tag{56'}$$

Di quì apparisce qual sia la forma generale della funzione che rappresenta il potenziale di moto, e come il potenziale monodromo dovuto al moto più generale della superficie rigida ω dipenda unicamente dai potenziali monodromi dovuti a sei moti particolari, che sono tre traslazioni di direzione invariabile e tre rotazioni intorno ad assi invariabili.

Se si osserva che, stante questa forma della funzione φ, le derivate x', y', z' diventano, (54), funzioni lineari ed omogenee delle sei componenti l, m, n, p, q, r, si scorge tosto che le linee di moto (§ 13) *relative* coincidono colle trajettorie *relative* quando (e solamente quando) i 5 rapporti di queste 6 componenti sono *costanti*. In questo caso tali trajettorie sono indipendenti, quanto alla forma, dalla velocità assoluta con cui il corpo si muove; e, in virtù del principio jacobiano dell'ultimo moltiplicatore, basta trovarne un solo integrale, indipendente dal tempo, per poterne ricavare, mercè semplici quadrature, gli altri due. Ma l'indipendenza anzidetta si verifica in un'ipotesi ancor più generale (in cui le trajettorie non coincidono più, nel moto relativo, colle linee di moto), quando, cioè, detto s l'arco della linea descritta dall'origine degli assi mobili, od un parametro equipollente, le componenti l, m, n, p, q, r sono i prodotti d'altrettante funzioni di s per $\frac{ds}{dt}$. In questo caso infatti le equazioni (54) dànno i valori delle derivate $\frac{dx}{ds}$, $\frac{dy}{ds}$, $\frac{dz}{ds}$ in funzione di x, y, z e di s, e l'integrazione somministra i valori delle x, y, z in funzione di s. Fare quest'ipotesi equivale a supporre che la posizione della superficie ω sia totalmente individuata, ad ogni istante, da quella dell'origine, ossia, come si suol dire, che la superficie abbia un solo grado di mobilità.

Nel caso del moto *interno* è chiaro che le prime tre funzioni L, M, N hanno necessariamente i valori $L = x$, $M = y$, $N = z$. Infatti le coordinate x, y, z si mantengono finite in tutto lo spazio S, epperò questi valori, soddisfacendo a tutte le condizioni volute, sono (§ 19) i soli possibili per quelle funzioni. Perciò avviene che, quando il moto della superficie ω è puramente traslatorio, il fluido interno non può che spostarsi con essa senza moto intestino, appunto com'è voluto dai teoremi del citato § 19 applicati al moto relativo, che in questo solo caso non è rotatorio.

c) Siano (x, y, z), (x_1, y_1, z_1) le coordinate di due punti a, b; u la loro distanza inversa. Supponendo che il punto a sia sulla superficie ω, e denotando con ν_a, $d\omega_a$ la normale esterna e un elemento di superficie circostante ad esso, si ha

$$\int \frac{\partial u}{\partial \nu_a} d\omega_a = -4\pi\varepsilon,$$

dove ε è uguale ad 1, od a 0 secondo che il punto b è interno od esterno ad ω. Quindi se b è un punto esterno *individuato*, a un punto esterno *variabile*, esiste una funzione monodroma (a, b) la quale soddisfa, in tutto lo spazio esterno, alle stesse condizioni di φ, e, sulla superficie ω, alla nuova condizione

$$\frac{\partial (a, b)}{\partial \nu_a} = \frac{\partial u}{\partial \nu_a}.$$

Ora il teorema di Green dà *)

$$\varphi(b) = \frac{1}{4\pi}\int\left(\varphi\frac{\partial u}{\partial \nu} - u\frac{\partial \varphi}{\partial \nu}\right)d\omega + C,$$

$$0 = \frac{1}{4\pi}\int\left[\varphi\frac{\partial u}{\partial \nu} - (a, b)\frac{\partial \varphi}{\partial \nu}\right]d\omega + C,$$

*) La costante C è dovuta all'integrazione sulla superficie a distanza infinita.

epperò *)

$$\varphi(b) = \frac{1}{4\pi}\int [(a,\, b) - u]\,\frac{\partial \varphi}{\partial \nu_a}\, d\omega_a . \tag{57}$$

Poichè dunque è dato il valore di $\frac{\partial \varphi}{\partial \nu}$ su tutta la superficie ω, è chiaro che la determinazione del potenziale esterno φ può esser fatta dipendere da quella della funzione $(a,\, b)$, anzichè delle sei funzioni L, M, N, P, Q, R.

Questa nuova funzione, analoga a quella cosidetta *di* Green, possiede, come questa, la proprietà d'essere simmetrica rispetto ai due punti a, b ond'è formata. Infatti dall'ultima formola e dalla proprietà caratteristica della funzione in discorso si ha

$$(a,\, b) = \frac{1}{4\pi}\int [(c,\, a) - u_{ca}]\,\frac{\partial u_{cb}}{\partial \nu_c}\, d\omega_c ,$$

od anche

$$(a,\, b) = \frac{1}{4\pi}\int (c,\, a)\,\frac{\partial (c,\, b)}{\partial \nu_c}\, d\omega_c - \frac{1}{4\pi}\int u_{ca}\,\frac{\partial u_{cb}}{\partial \nu_c}\, d\omega_c .$$

Ora il secondo membro di quest'equazione conserva, in virtù del teorema di Green, lo stesso valore se vi si permutino i punti a, b fra di loro: lo stesso dunque deve valere anche per il primo membro.

Nello spazio interno la funzione analoga ad $(a,\, b)$ si determina invece colla seguente condizione alla superficie

$$\frac{\partial (a,\, b)}{\partial \nu_a} = \frac{\partial u}{\partial \nu_a} - 1 ,$$

dove la normale ν è l'interna.

Convien però dire che la determinazione di questa funzione $(a,\, b)$ riescirà, in generale, assai più difficile di quella delle sei funzioni L, M, N, P, Q, R, ciascuna delle quali, d'altronde, risolve separatamente un problema cinematico speciale.

[Nel caso della superficie sferica di raggio a, le funzioni testè considerate hanno i valori

$$\frac{1}{a}\left[\log \frac{\rho_0' - \rho\cos\theta + u'}{\rho\,(1 - \cos\theta)} - \frac{\rho_0'}{u'}\right], \qquad \text{per lo spazio esterno}$$

$$\frac{1}{a}\left[\log (\rho_0' - \rho\cos\theta + u') - \frac{\rho_0'}{u'}\right], \qquad \text{per lo spazio interno,}$$

*) Ad ogni funzione analoga a φ si può sempre aggiungere una costante; ma qui giova supporre che la funzione sia appunto quella che risulta dall'uso di questa formola.

dove ρ, u, u' sono le distanze del punto variabile (x, y, z) dal centro della sfera, dal punto individuato (x_1, y_1, z_1) e dall'*immagine* di questo rispetto alla sfera; ρ_0 e ρ_0' sono le distanze del centro della sfera dal punto individuato e dalla sua immagine; θ è l'angolo delle rette ρ, ρ_0 *). Quando il punto variabile è sulla superficie stessa della sfera, si ha $\rho = a$, $u'\rho_0 = au$, epperò queste espressioni diventano rispettivamente (sopprimendo alcuni termini costanti)

$$\frac{1}{a}\log\frac{a - \rho_0 \cos\theta + u}{1 - \cos\theta} - \frac{1}{u},$$

$$\frac{1}{a}\log(a - \rho_0\cos\theta + u) - \frac{1}{u}.$$

Sostituendo la seconda di queste espressioni nell'equazione (57) si ritrova, per la determinazione generale della funzione φ, la formola data recentemente da DINI **)].

d) La funzione φ può essere considerata, in virtù delle sue caratteristiche, come il potenziale di masse giacenti fuori della regione occupata dal fluido, masse che giova ed è lecito ridurre a strati superficiali deposti sui limiti stessi di questa regione. Se si tratta quindi del potenziale esterno, si ha uno strato deposto sulla faccia *interna* della superficie ω, ed un altro deposto sulla superficie all'infinito. La massa totale del primo strato è nulla, poichè immaginando una superficie chiusa ω' abbracciante la superficie ω, e designando con ν' la normale interna all'elemento $d\omega'$ di essa, si ha

$$\int \frac{\partial \varphi}{\partial \nu} d\omega + \int \frac{\partial \varphi}{\partial \nu'} d\omega' = 0.$$

Ma il primo di questi due integrali è nullo in virtù della condizione (55); quindi tale dev'essere anche il secondo, epperò è nulla la massa totale, interna alla superficie ω', onde emana in parte il potenziale φ ***). Quanto allo strato deposto sulla superficie all'infinito, essendo nulla la sua azione su ogni punto della superficie stessa [in virtù delle condizioni (55') e dell'esser già nulla per sè l'azione esercitata ivi dal primo strato], esso non può essere altro che uno *strato di livello*, e, poichè non v'ha luogo a consi-

*) La prima di queste funzioni è stata calcolata in base all'ingegnoso processo indicato da BJERKNES nella seconda delle citate Memorie (*Sur le mouvement simultané de corps sphériques variables dans un fluide ...*; Christiania, 1871, c. II, § 2); la seconda con un'opportuna modificazione del processo medesimo.

**) *Sull'integrazione dell'equazione* $\Delta_2 u = 0$, art. 10; negli Annali di Matematica, t. V, serie II, (1871-73), pag. 322.

***) Se i corpi fossero più d'uno, sarebbe nulla separatamente la massa totale dello strato deposto sulla superficie interna di ciascuno d'essi in particolare.

derare che la sua azione sullo spazio interno, se ne può prescindere affatto, essendo quest'azione nulla in ogni punto. Nel caso del potenziale di moto interno, è sempre lecito supporre che l'unico strato deposto sulla faccia esterna di ω abbia una massa totale nulla, poichè, se questa non è nulla, si può sempre aggiungere uno strato di livello la cui massa totale sia eguale e di segno contrario alla prima.

Quanto al potenziale polidromo (se esiste), esso può invece considerarsi come il potenziale elettromagnetico di correnti distribuite sulla superficie del corpo, od anche nello spazio interno od esterno ad essa, secondo che si tratti del fluido esterno o del fluido interno.

e) Per le applicazioni dinamiche è assai importante il calcolo dell'integrale

$$T = \frac{1}{2}\int v^2 d\,S$$

esteso a tutto lo spazio occupato dal fluido. In virtù dell'equazione (α) del § 19 si ha, sì pel potenziale esterno che per l'interno,

$$\int v^2 d\,S = -\int \varphi \frac{\partial \varphi}{\partial \nu} d\,\omega = -\int \varphi\left[l\frac{\partial x}{\partial \nu} + \cdots + p\left(y\frac{\partial z}{\partial \nu} - z\frac{\partial y}{\partial \nu}\right) + \cdots\right] d\,\omega,$$

dove ν è la normale diretta verso il fluido e dove l'ultimo integrale è esteso soltanto sulla superficie del corpo [giacchè, nel caso del potenziale esterno, l'analogo integrale esteso sulla superficie all'infinito è nullo per la condizione (55')]. Designando con Φ una delle infinite funzioni monodrome che, mantenendosi continue e finite in tutto lo spazio occupato dal corpo, prendono sulla superficie ω gli stessi valori di φ, si hanno dunque per T queste due espressioni equivalenti:

$$(58)\quad \begin{cases} T = -\dfrac{1}{2}\displaystyle\int\left[l\frac{\partial x}{\partial \nu} + \cdots + p\left(y\frac{\partial z}{\partial \nu} - z\frac{\partial y}{\partial \nu}\right) + \cdots\right]\varphi\, d\,\omega \\ \quad = \mp\dfrac{1}{2}\displaystyle\int\left[l\frac{\partial \Phi}{\partial x} + \cdots + p\left(y\frac{\partial \Phi}{\partial z} - z\frac{\partial \Phi}{\partial y}\right) + \cdots\right] dS, \end{cases}$$

nella seconda delle quali l'integrale è esteso a tutto lo spazio occupato dal corpo, e ove si deve prendere il segno superiore o l'inferiore secondo che si tratti del potenziale esterno o dell'interno.

Si comprende come l'arbitrio che regna nella scelta di Φ possa agevolare grandemente il calcolo del secondo integrale.

È evidente che *l'espressione finale di T è una funzione quadratica ed omogenea delle sei quantità l, m, n, p, q, r* (poichè Φ è, come φ, funzione lineare ed omogenea di queste stesse quantità). È del pari evidente che i singoli coefficienti di questa funzione quadratica (in numero di ventuno) possono essere separatamente espressi mediante un integrale di superficie o di volume.

Ciò che s'è detto si riferisce al solo potenziale monodromo. Pel potenziale polidromo, o pel potenziale misto, si ricorra alla formola (47') del § 19, ponendo mente alla condizione (55''). Del resto giova riscontrare queste espressioni colla formola generale (43') del § 15 *).

§ 25.

V'è un caso nel quale basta conoscere uno dei due potenziali di moto (monodromi) relativi ad una data superficie mobile, cioè l'interno oppure l'esterno, per giungere immediatamente a conoscere anche l'altro.

*) Le ricerche relative al moto d'*un* solido in un fluido incompressibile ed indefinito, concepite nella forma esatta e completa che oggi si desidera, furono inaugurate primamente da DIRICHLET nel 1852 (Monatsberichte der K. Akademie der Wissenschaften zu Berlin) colla trattazione del moto rettilineo d'una sfera. Due anni dopo, HOPPE (Annalen der Physik und Chemie, di Poggendorff, t. XCIII) estese con molto acume la soluzione di DIRICHLET al moto di certi solidi di rotazione lungo il loro asse. Alla stessa epoca CLEBSCH, nella sua splendida Dissertazione inaugurale *Ueber die Bewegung eines Ellipsoïds in einer tropfbaren Flüssigkeit* (Journal für die reine und angewandte Mathematik, t. LII, 1856, pag. 103) diede per la prima volta le formole generali per la trattazione del problema relativo ad un solido di forma qualunque, e ne fece l'applicazione all'ellissoide a tre assi, assegnandone il potenziale di moto esterno e determinando le traiettorie nel caso d'una traslazione o d'una rotazione secondo uno degli assi principali (per la qual'ultima ricerca veggasi, oltre la citata Dissertazione, l'Appendice inserita dallo stesso autore nel t. LIII del detto Giornale, pag. 287). Per il caso particolare d'una semplice traslazione dell'ellissoide, il potenziale del moto esterno fu nuovamente ritrovato da PADOVA (Giornale di Matematiche, t. VIII, 1870, pag. 327), mediante l'applicazione del processo di DIRICHLET alle funzioni di LAMÉ. Quanto al potenziale del moto interno (vedi più innanzi il § 26, ove tanto questo potenziale quanto quello del moto esterno vengon determinati, nel caso dell'ellissoide, con nuovo e facil processo) non sembra ch'esso sia stato avvertito altrove. Finalmente RIEMANN, nelle sue lezioni dell'anno 1860-61, ha trattato il problema di DIRICHLET per il toro, come si rileva dalla prefazione di HATTENDORFF alle postume *Vorlesungen über partielle Differentialgleichungen* dello stesso RIEMANN (Braunschweig, 1869); ma la sua soluzione non è stata ancor fatta di pubblica ragione. Un problema avente analogìa con quest'ultimo, e cioè relativo ad anelli solidi, di forma qualunque ma di sezione infinitesima, è stato recentemente trattato da KIRCHHOFF [nel t. LXXI (1870), pag. 263, del Journal für die reine und angewandte Mathematik], però con iscopo dinamico piuttosto che cinematico. E, in generale, gli autori fin qui ricordati non hanno punto disgiunta la parte puramente cinematica dalla parte dinamica della quistione, come nella presente Monografia si è creduto utile di fare. Per questa stessa ragione non vien fatta menzione in questo luogo d'altri lavori interessantissimi, dove la quistione principale è di determinare il moto del solido indipendentemente da quello del fluido che lo circonda, mettendo a calcolo la sola reazione di questo; circa il qual proposito basti dire, per ora, che in tal quistione tutto dipende dalla funzione segnata di sopra con T, come emerge sopratutto dalle stupende ricerche di KIRCHHOFF, inserite nello stesso volume, dianzi citato, del Journal für die reine und angewandte Mathematik, che verranno invocate più tardi.

Sia infatti U l'ordinaria funzione potenziale d'un corpo occupante lo spazio S, sopra un punto (x_1, y_1, z_1), e δU l'incremento che riceve questa funzione quando, restando fisso quel punto, il corpo riceve uno spostamento infinitesimo. Se, dopo avvenuto lo spostamento, s'immagina congiunto invariabilmente il punto col corpo e poscia ricondotto questo nella posizione primitiva, la funzione potenziale conserva evidentemente il valore $U + \delta U$, epperò si ha

$$\delta U = -\frac{\partial U}{\partial x_1}\delta x_1 - \frac{\partial U}{\partial y_1}\delta y_1 - \frac{\partial U}{\partial z_1}\delta z_1,$$

dove δx_1, δy_1, δz_1 sono le componenti dello spostamento che riceverebbe il punto (x_1, y_1, z_1) se fosse stato connesso col corpo nel *primo* spostamento di questo. Ponendo dunque $\delta U = U'\delta t$ e indicando con l', m', n', p', q', r' le componenti di traslazione e di rotazione del corpo (supposto riportato il moto di questo all'origine delle coordinate), si ha

$$-U' = (l' + q'z_1 - r'y_1)\frac{\partial U}{\partial x_1} + (m' + r'x_1 - p'z_1)\frac{\partial U}{\partial y_1}$$
$$+ (n' + p'y_1 - q'x_1)\frac{\partial U}{\partial z_1},$$

ossia

$$(59)\quad \begin{cases} -U' = l'\dfrac{\partial U}{\partial x_1} + m'\dfrac{\partial U}{\partial y_1} + n'\dfrac{\partial U}{\partial z_1} \\ + p'\left(y_1\dfrac{\partial U}{\partial z_1} - z_1\dfrac{\partial U}{\partial y_1}\right) + q'\left(z_1\dfrac{\partial U}{\partial x_1} - x_1\dfrac{\partial U}{\partial z_1}\right) + r'\left(x_1\dfrac{\partial U}{\partial y_1} - y_1\dfrac{\partial U}{\partial x_1}\right). \end{cases}$$

Sia, in particolare, la densità del corpo costante ed uguale a -1, talchè si abbia

$$U = -\int\frac{dS}{u},$$

dove u è, come al solito, la distanza del punto individuato (x_1, y_1, z_1) dal punto (x, y, z) centro dell'elemento qualunque dS. Evidentemente U' è in questo caso il potenziale ripulsivo della superficie ω, suppostane la densità eguale in ciascun punto alla componente normale della velocità con cui si muove quel punto. Ciò si verifica analiticamente osservando che si ha in primo luogo, ritenuta *esterna* la normale,

$$\frac{\partial U}{\partial x_1} = \int\frac{\partial\frac{1}{u}}{\partial x}dS = \int\frac{\partial x}{\partial \nu}\frac{d\omega}{u},$$

e quindi

$$\frac{\partial U}{\partial x_1}=\int\frac{\partial x}{\partial \nu}\frac{d\omega}{u}, \qquad \frac{\partial U}{\partial y_1}=\int\frac{\partial y}{\partial \nu}\frac{d\omega}{u}, \qquad \frac{\partial U}{\partial z_1}=\int\frac{\partial z}{\partial \nu}\frac{d\omega}{u},$$

donde

$$y_1\frac{\partial U}{\partial z_1}-z_1\frac{\partial U}{\partial y_1}=\int\left(y_1\frac{\partial z}{\partial \nu}-z_1\frac{\partial y}{\partial \nu}\right)\frac{d\omega}{u}$$

$$=\int\left(y\frac{\partial z}{\partial \nu}-z\frac{\partial y}{\partial \nu}\right)\frac{d\omega}{u}-\int\left(\frac{\partial u}{\partial y}\frac{\partial z}{\partial \nu}-\frac{\partial u}{\partial z}\frac{\partial y}{\partial \nu}\right)d\omega.$$

Ma

$$\int\frac{\partial^2 u}{\partial y\,\partial z}dS=\int\frac{\partial u}{\partial y}\frac{\partial z}{\partial \nu}d\omega=\int\frac{\partial u}{\partial z}\frac{\partial y}{\partial \nu}d\omega,$$

quindi si ha, in secondo luogo,

$$y_1\frac{\partial U}{\partial z_1}-z_1\frac{\partial U}{\partial y_1}=\int\left(y\frac{\partial z}{\partial \nu}-z\frac{\partial y}{\partial \nu}\right)\frac{d\omega}{u},$$

$$z_1\frac{\partial U}{\partial x_1}-x_1\frac{\partial U}{\partial z_1}=\int\left(z\frac{\partial x}{\partial \nu}-x\frac{\partial z}{\partial \nu}\right)\frac{d\omega}{u},$$

$$x_1\frac{\partial U}{\partial y_1}-y_1\frac{\partial U}{\partial x_1}=\int\left(x\frac{\partial y}{\partial \nu}-y\frac{\partial x}{\partial \nu}\right)\frac{d\omega}{u}.$$

Sostituendo i valori così trovati nell'espressione di U' si trova, a tenore di quanto s'era asserito,

$$(59')\quad \left\{\begin{aligned} U'=-\int\Big[l'\frac{\partial x}{\partial \nu}+m'\frac{\partial y}{\partial \nu}+n'\frac{\partial z}{\partial \nu}\\ +p'\left(y\frac{\partial z}{\partial \nu}-z\frac{\partial y}{\partial \nu}\right)+q'\left(z\frac{\partial x}{\partial \nu}-x\frac{\partial z}{\partial \nu}\right)+r'\left(x\frac{\partial y}{\partial \nu}-y\frac{\partial x}{\partial \nu}\right)\Big]\frac{d\omega}{u}.\end{aligned}\right.$$

Questa funzione U' si può designare, per brevità, come il potenziale dello strato *corrispondente allo spostamento* (l', m', n' ; p', q', r'), strato che si sottintende riportato all'unità di tempo, e la cui massa totale è nulla, per ciò che si è già notato nel § precedente.

Essendo U' un potenziale di superficie, ed essendo nulla la massa totale del relativo strato, questa funzione soddisfa alle condizioni 1ª, 2ª e 4ª assegnate nel § precedente alla funzione φ, e propriamente soddisfa alle due prime in *tutto* lo spazio, tranne sulla superficie ω, sulla quale ha luogo la nota equazione caratteristica dei potenziali di superficie, che nel caso attuale è la seguente

$$\frac{\partial U'}{\partial \nu} + \frac{\partial U'_{,}}{\partial \nu_{,}} = 4\pi \left(l' \frac{\partial x}{\partial \nu} + \cdots \right),$$

ove $\nu_{,}$ è la normale interna, ed U', $U'_{,}$ sono i valori della funzione nello spazio esterno ed interno rispettivamente.

Di quì risulta che se, in un caso particolare, U' soddisfa, sulla superficie ω, ad un'equazione della forma (55), $U'_{,}$ soddisfa necessariamente, sulla stessa superficie, ad un'altra equazione della stessa forma, e reciprocamente; e queste funzioni diventano i potenziali del moto esterno ed interno rispettivamente, potenziali relativi a due distinti spostamenti $(l, m, n; p, q, r)$ ed $(l_{,}, m_{,}, n_{,}; p_{,}, q_{,}, r_{,})$ della superficie ω, legati fra loro dalle relazioni

$$(59'') \quad \frac{l - l_{,}}{l'} = \frac{m - m_{,}}{m'} = \frac{n - n_{,}}{n'} = \frac{p - p_{,}}{p'} = \frac{q - q_{,}}{q'} = \frac{r - r_{,}}{r'} = 4\pi.$$

Se dunque è noto uno di questi due potenziali [dotato, ben inteso, della forma (59)], l'altro è deducibile da esso con queste semplici sostituzioni.

§ 26.

Il teorema dimostrato nel § precedente permette di stabilire, in modo assai facile, il potenziale di moto per l'ellissoide a tre assi.

È noto infatti che il potenziale ripulsivo d'una massa di densità unitaria contenuta nella superficie ellissoidale

$$\frac{x^2}{a^2} + \frac{y^2}{b^2} + \frac{z^2}{c^2} = 1,$$

è dato da

$$U = \pi a b c \int_{\xi}^{\infty} \left(\frac{x^2}{a^2 + \xi} + \frac{y^2}{b^2 + \xi} + \frac{z^2}{c^2 + \xi} - 1 \right) \frac{d\xi}{\sqrt{(a^2 + \xi)(b^2 + \xi)(c^2 + \xi)}},$$

dove il limite inferiore dell'integrale è uguale a 0 pei punti interni, ed è eguale, pei punti esterni, alla radice positiva dell'equazione

$$\frac{x^2}{a^2 + \xi} + \frac{y^2}{b^2 + \xi} + \frac{z^2}{c^2 + \xi} = 1.$$

Per la maggiore speditezza dei calcoli che seguono (sì in questo che in altri successivi §§) si ponga

$$A = \sqrt{a^2 + \xi}, \qquad B = \sqrt{b^2 + \xi}, \qquad C = \sqrt{c^2 + \xi},$$

dando ai radicali il segno positivo; poi

$$\alpha = 2\pi abc\int_\xi^\infty \frac{d\xi}{A^3BC}, \qquad \beta = 2\pi abc\int_\xi^\infty \frac{d\xi}{AB^3C}, \qquad \gamma = 2\pi abc\int_\xi^\infty \frac{d\xi}{ABC^3},$$

$$\alpha' = 2\pi abc\int_\xi^\infty \frac{d\xi}{AB^3C^3}, \qquad \beta' = 2\pi abc\int_\xi^\infty \frac{d\xi}{A^3BC^3}, \qquad \gamma' = 2\pi abc\int_\xi^\infty \frac{d\xi}{A^3B^3C},$$

$$\alpha'' = 2\pi abc\int_\xi^\infty \frac{\xi\, d\xi}{AB^3C^3}, \qquad \beta'' = 2\pi abc\int_\xi^\infty \frac{\xi\, d\xi}{A^3BC^3}, \qquad \gamma'' = 2\pi abc\int_\xi^\infty \frac{\xi\, d\xi}{A^3B^3C}.$$

I primi tre integrali α, β, γ sono fra loro legati dall'equazione

$$\alpha + \beta + \gamma = \frac{4\pi abc}{ABC},$$

e si possono anche esprimere per mezzo d'una sola funzione S ponendo

$$\alpha = -2\pi bc\frac{\partial S}{\partial a}, \qquad \beta = -2\pi ca\frac{\partial S}{\partial b}, \qquad \gamma = -2\pi ab\frac{\partial S}{\partial c},$$

dove

$$S = \int \frac{d\xi}{ABC}.$$

Si hanno inoltre le relazioni evidenti

$$\alpha = c^2\beta' + \beta'' = b^2\gamma' + \gamma'',$$

$$\beta = a^2\gamma' + \gamma'' = c^2\alpha' + \alpha'',$$

$$\gamma = b^2\alpha' + \alpha'' = a^2\beta' + \beta'',$$

donde

$$\alpha' = -\frac{\beta - \gamma}{b^2 - c^2}, \qquad \beta' = -\frac{\gamma - \alpha}{c^2 - a^2}, \qquad \gamma' = -\frac{\alpha - \beta}{a^2 - b^2},$$

$$\alpha'' = \frac{b^2\beta - c^2\gamma}{b^2 - c^2}, \qquad \beta'' = \frac{c^2\gamma - a^2\alpha}{c^2 - a^2}, \qquad \gamma'' = \frac{a^2\alpha - b^2\beta}{a^2 - b^2},$$

$$(A)\left\{\begin{aligned} &\frac{4\pi abc}{ABC} \\ &= \alpha + (b^2 + c^2)\alpha' + 2\alpha'' = \beta + (c^2 + a^2)\beta' + 2\beta'' = \gamma + (a^2 + b^2)\gamma' + 2\gamma''. \end{aligned}\right.$$

Ciò posto, formando il valore di U' in base all'equazione (59), si trova

$$-U' = \alpha l'x + \beta m'y + \gamma n'z$$

$$+ (b^2 - c^2)\alpha' p' yz + (c^2 - a^2)\beta' q' zx + (a^2 - b^2)\gamma' r' xy.$$

Dovendosi, pei punti interni, porre $\xi = 0$ nelle quantità $\alpha, \beta, \ldots$, con che esse diventano altrettante costanti (da designarsi coll'indice 0), l'analoga funzione U'_1 riesce in questo caso assai più semplice della U'. Giova dunque sperimentare su quella, anzichè su questa, il teorema del § precedente, per vedere se sia applicabile. Notisi anche che alle derivazioni rispetto alla normale ν, si possono sostituire [in ambedue i membri dell'equazione analoga alla (55)] delle derivazioni rispetto a ξ, avvertendo di porre nei risultati

$$\left(\frac{\partial x}{\partial \xi}\right)_0 = \frac{x}{2a^2}, \qquad \left(\frac{\partial y}{\partial \xi}\right)_0 = \frac{y}{2b^2}, \qquad \left(\frac{\partial z}{\partial \xi}\right)_0 = \frac{z}{2c^2},$$

relazioni che agevolmente deduconsi dall'equazione dell'ellissoide, e dalle quali si trae

$$\left(\frac{\partial yz}{\partial \xi}\right)_0 = \frac{b^2 + c^2}{b^2 - c^2}\left(y\frac{\partial z}{\partial \xi} - z\frac{\partial y}{\partial \xi}\right)_0, \qquad \text{ecc.}, \qquad \text{ecc.}$$

Per tal modo si ottiene

$$-\left(\frac{\partial U'_1}{\partial \xi}\right)_0 = \alpha_0 l' \left(\frac{\partial x}{\partial \xi}\right)_0 + \cdots + (b^2 + c^2)\alpha'_0 p' \left(y\frac{\partial z}{\partial \xi} - z\frac{\partial y}{\partial \xi}\right) + \cdots,$$

e quindi anche

$$-\frac{\partial U'_1}{\partial \nu_1} = \alpha_0 l' \frac{\partial x}{\partial \nu_1} + \cdots + (b^2 + c^2)\alpha'_0 p' \left(y\frac{\partial z}{\partial \nu_1} - z\frac{\partial y}{\partial \nu_1}\right) + \cdots.$$

Quest'equazione alla superficie ha appunto la forma (55); il teorema è dunque applicabile, e propriamente basta porre in U'_1

$$(a_1) \quad \begin{cases} l' = -\dfrac{l_1}{\alpha_0}, & m' = -\dfrac{m_1}{\beta_0}, & n' = -\dfrac{n_1}{\gamma_0}, \\[2ex] p' = -\dfrac{p_1}{(b^2 + c^2)\alpha'_0}, & q' = -\dfrac{q_1}{(c^2 + a^2)\beta'_0}, & r' = -\dfrac{r_1}{(a^2 + b^2)\gamma'_0}, \end{cases}$$

perchè U'_1 diventi il potenziale φ_1 del moto *interno* relativo allo spostamento ($l_1, m_1, n_1; p_1, q_1, r_1$) della superficie ellissoidale. Al tempo stesso i valori di $l_1, m_1, \ldots$ in funzione di $l', m', \ldots$ forniti dalle precedenti formole (a_1) e sostituiti nelle relazioni (59''), con riguardo alle formole (A) ove siasi posto $\xi = 0$, dànno

$$(a) \quad \begin{cases} l' = \dfrac{l}{4\pi - \alpha_0}, & m' = \dfrac{m}{4\pi - \beta_0}, & n' = \dfrac{n}{4\pi - \gamma_0}, \\[2ex] p' = \dfrac{p}{\alpha_0 + 2\alpha''_0}, & q' = \dfrac{q}{\beta_0 + 2\beta''_0}, & r' = \dfrac{r}{\gamma_0 + 2\gamma''_0}: \end{cases}$$

dunque, per la reciprocità sovra esposta, sostituendo questi valori in U' si ottiene il potenziale φ del moto *esterno* relativo allo spostamento $(l, m, n; p, q, r)$ della superficie ellissoidale. In tal guisa, scrivendo $l, m, \ldots$ in luogo di $l_{,}, m_{,}, \ldots$ si trova che *ad un moto istantaneo di componenti* $(l, m, n; p, q, r)$ *della superficie ellissoidale corrispondono i seguenti due potenziali di moto pel fluido esterno ed interno rispettivamente:*

$$(60)\qquad \left\{\begin{aligned} -\varphi &= \frac{\alpha l x}{4\pi - \alpha_0} + \frac{\beta m y}{4\pi - \beta_0} + \frac{\gamma n z}{4\pi - \gamma_0} \\ &+ \frac{(b^2 - c^2)\alpha' p y z}{\alpha_0 + 2\alpha''_0} + \frac{(c^2 - a^2)\beta' q z x}{\beta_0 + 2\beta''_0} + \frac{(a^2 - b^2)\gamma' r x y}{\gamma_0 + 2\gamma''_0}, \end{aligned}\right.$$

$$(60_{,})\qquad \left\{\begin{aligned} \varphi_{,} &= l x + m y + n z \\ &+ \frac{b^2 - c^2}{b^2 + c^2} p y z + \frac{c^2 - a^2}{c^2 + a^2} q z x + \frac{a^2 - b^2}{a^2 + b^2} r x y. \end{aligned}\right.$$

Dal modo in cui questi due potenziali vennero quì conseguiti emerge senz'altro un interessante teorema che, limitato per semplicità al primo di essi, si può enunciare così: *il potenziale di moto d'un fluido indefinito, nel quale si sposti un ellissoide a tre assi colle componenti di moto istantaneo* $(l, m, n; p, q, r)$ *rispetto ai suoi assi di figura, è identico al potenziale ripulsivo dello strato corrispondente ad un altro moto istantaneo dello stesso ellissoide, le cui componenti* $(l', m', n'; p', q', r')$ *dipendono dalle prime mercè le relazioni* (a). Quindi la velocità d'un punto qualunque del fluido è eguale, in grandezza ed in direzione, alla risultante delle azioni a distanza esercitate, secondo la legge di Newton, dalle molecole fluide spostate in conseguenza del *secondo* moto, agendo ripulsivamente quelle che vengono scacciate ed attrattivamente quelle che vanno ad occupare il vuoto lasciato dall'ellissoide.

Il potenziale di moto φ, che così trovasi identificato con un unico potenziale di superficie (ciò che porge un esempio delle considerazioni esposte alla fine del § 24), era stato considerato generalmente nel § 20 come risultante dalla somma d'un ordinario potenziale di superficie e d'un potenziale elettromagnetico. Il nesso che ha luogo fra queste due diverse forme è fondato nella nota equazione

$$\varphi = -\frac{1}{4\pi}\int\left(\frac{\partial\varphi}{\partial\nu} + \frac{\partial\varphi}{\partial\nu_{,}}\right)\frac{d\omega}{u},$$

ove φ è considerato come il potenziale dello strato superficiale anzidetto. Infatti applicando il teorema di Green allo spazio finito interno all'ellissoide e supponendo esterno il punto $u = 0$, si ha

$$0 = \int \left(\varphi \frac{\partial \frac{1}{u}}{\partial \nu_{,}} - \frac{1}{u} \frac{\partial \varphi}{\partial \nu_{,}} \right) d\omega ,$$

ossia

$$0 = \int \left(\varphi \frac{\partial \frac{1}{u}}{\partial \nu} + \frac{1}{u} \frac{\partial \varphi}{\partial \nu_{,}} \right) d\omega ,$$

epperò

$$\varphi = \frac{1}{4\pi} \int \left(\varphi \frac{\partial \frac{1}{u}}{\partial \nu} - \frac{1}{u} \frac{\partial \varphi}{\partial \nu} \right) d\omega ,$$

la quale è appunto l'espressione contemplata nel luogo anzidetto, deducibile alla sua volta dall'applicazione dello stesso teorema allo spazio esterno (poichè l'integrale relativo alla superficie posta all'infinito svanisce in conseguenza delle condizioni cui soddisfa il potenziale φ) *).

Ambedue i potenziali di moto precedentemente trovati hanno, sulla superficie dell'ellissoide, la forma

$$Lx + My + Nz + Pyz + Qzx + Rxy ,$$

dove L, M, N, P, Q, R sono coefficienti *costanti*. Si può dunque assumere questa funzione per la Φ del § 24, *e*), e, calcolando il valore di T mediante la seconda delle espressioni (58), con riguardo alle equazioni

$$\int x\,dS = \int y\,dS = \int z\,dS = \int yz\,dS = \int zx\,dS = \int xy\,dS = 0 ,$$

$$\int x^2 dS = \frac{Sa^2}{5} , \qquad \int y^2 dS = \frac{Sb^2}{5} , \qquad \int z^2 dS = \frac{Sc^2}{5},$$

si trova

$$T = \mp \frac{S}{2} \left[Ll + Mm + Nn + \frac{(b^2 - c^2) Pp + (c^2 - a^2) Qq + (a^2 - b^2) Rr}{5} \right].$$

Sostituendo per $L, M, \ldots$ i valori che questi coefficienti hanno in φ e $\varphi_{,}$ (per il che deve porsi $\xi = 0$ nella prima di queste funzioni) e denotando con $T, T_{,}$ i valori cor-

*) Quest'osservazione non fa altro che riprodurre, in ordine inverso, il processo tenuto da Green per dimostrare il teorema fondamentale del potenziale di superficie (*Essay* etc., art. 4).

rispondenti, si ottiene

$$(60')\quad \begin{cases} T = \dfrac{S}{2}\Big[\dfrac{\alpha_0 l^2}{4\pi - \alpha_0} + \dfrac{\beta_0 m^2}{4\pi - \beta_0} + \dfrac{\gamma_0 n^2}{4\pi - \gamma_0} \\ + \dfrac{1}{5}\dfrac{(b^2 - c^2)^2 \alpha'_0 p^2}{\alpha_0 + 2\alpha''_0} + \dfrac{1}{5}\dfrac{(c^2 - a^2)^2 \beta'_0 q^2}{\beta_0 + 2\beta''_0} + \dfrac{1}{5}\dfrac{(a^2 - b^2)^2 \gamma'_0 r^2}{\gamma_0 + 2\gamma''_0}\Big], \end{cases}$$

$$(60'_{\prime})\quad T_{\prime} = \frac{S}{2}\Big[l^2 + m^2 + n^2 + \frac{(b^2 - c^2)^2 p^2}{5(b^2 + c^2)} + \frac{(c^2 - a^2)^2 q^2}{5(c^2 + a^2)} + \frac{(a^2 - b^2)^2 r^2}{5(a^2 + b^2)}\Big],$$

dove $S = \frac{4}{3}\pi abc$.

Se il fluido è omogeneo e di densità h, è chiaro che Th, $T_{\prime}h$ esprimono la forza viva della massa fluida in moto, nei due casi del moto esterno e del moto interno.

Si può osservare, circa il secondo di questi due casi, che per un *corpo solido qualunque*, dotato dello stesso moto istantaneo $(l, m, n; p, q, r)$ rispetto agli assi principali del baricentro, la forza viva è espressa da

$$\frac{M}{2}(l^2 + m^2 + n^2) + \frac{E + F}{2}p^2 + \frac{F + D}{2}q^2 + \frac{D + E}{2}r^2,$$

dove M è la massa totale, dM un suo elemento, e

$$D = \int x^2 dM, \qquad E = \int y^2 dM, \qquad F = \int z^2 dM.$$

Ora identificando quest'espressione con quella di $T_{\prime}h$, cioè ponendo

$$E + F = \frac{hS}{5}\frac{(b^2 - c^2)^2}{b^2 + c^2}, \text{ ecc., ecc.,}$$

si trova

$$D = \frac{hS}{5}\frac{(a^2 - b^2)(a^2 - c^2)(b^2c^2 + H)}{(b^2 + c^2)(c^2 + a^2)(a^2 + b^2)}, \text{ ecc., ecc.,}$$

dove $H = b^2c^2 + c^2a^2 + a^2b^2$; talchè delle tre quantità D, E, F una riesce necessariamente *negativa*. Ciò è assurdo, finchè si ammette che la massa elementare dM d'ogni particella del solido sia sempre positiva, com'è in natura. Dunque, sebbene l'espressione della forza viva d'un fluido incompressibile ed omogeneo, racchiuso in una cavità ellissoidale, abbia la stessa forma che avrebbe per un solido ordinario, è nondimeno impossibile costituire un solido *reale* in guisa da rendere l'espressione della sua forza viva identica a quella della forza viva del detto fluido (cioè del fluido racchiuso in un involucro mobile ellissoidico, di massa trascurabile od inferiore ad un certo limite). Di qui si comprende come, generalmente, possano intervenire notabili differenze nei fenomeni dinamici presentati da un sistema, secondo che alcune parti di esso, limitate da superficie rigide, siano ripiene di materia solida o liquida, quand'anche la densità sia eguale in ambedue i casi.

Si osservi, da ultimo, che nell'ipotesi dell'ellissoide non può esistere potenziale di moto polidromo.

§ 27.

Nel caso del moto esterno all'ellissoide la determinazione delle linee di moto e delle trajettorie non può essere conseguita che in casi particolarissimi, a cagione della complicata espressione che ne rappresenta il potenziale *). L'analoga ricerca riesce più semplice nel caso del moto interno. Scrivendo per brevità P, Q, R in luogo di $\frac{p}{b^2+c^2}$, $\frac{q}{c^2+a^2}$, $\frac{r}{a^2+b^2}$, le equazioni (54) del moto relativo interno diventano

$$\frac{x'}{2a^2} = Ry - Qz, \qquad \frac{y'}{2b^2} = Pz - Rx, \qquad \frac{z'}{2c^2} = Qx - Py,$$

ed hanno una prima equazione integrale

$$(h) \qquad \frac{x^2}{a^2} + \frac{y^2}{b^2} + \frac{z^2}{c^2} = h^2,$$

la quale insegna che ciascuna molecola fluida si muove sopra un ellissoide omotetico e concentrico al dato. I punti collocati su quel diametro pel quale

$$x:y:z = P:Q:R$$

hanno una velocità relativa nulla, e poichè si ha

$$\frac{Px'}{a^2} + \frac{Qy'}{b^2} + \frac{Rz'}{c^2} = 0,$$

è chiaro che la velocità relativa d'ogni altro punto è diretta secondo la corda passante per questo punto e conjugata al piano diametrale condotto per esso e per il diametro luogo dei punti di velocità nulla. Di qui emerge facilmente la legge con cui la trajettoria relativa di ciascuna molecola va successivamente mutando la propria direzione sull'ellissoide omotetico che la contiene e che passa per la sua posizione iniziale.

L'ultima equazione testè scritta diventa integrabile quando le quantità P, Q, R non

*) Cfr. la nota in fine del § 24.

contengono t che in un fattore comune a tutte tre, vale a dire quando la rotazione (p, q, r) dell'ellissoide si fa intorno ad un diametro invariabile; e l'equazione integrale rappresenta un piano conjugato alla direzione $P:Q:R$. Questo caso è il solo (§ 24, b) in cui le linee di moto relative siano permanenti (§ 13) e coincidano colle trajettorie relative: le trajettorie sono dunque in questo caso ellissi omotetiche. Nel caso generale ciò si verifica ancora per le linee di moto, ma non già per le trajettorie.

Se si suppone, ancor più in particolare, che le quantità P, Q, R siano costanti, la legge del moto nelle trajettorie ellittiche diventa semplicissima. Infatti, essendo in questo caso

$$(k) \qquad \frac{Px}{a^2} + \frac{Qy}{b^2} + \frac{Rz}{c^2} = k$$

la seconda equazione integrale testè accennata, è facile dedurre, dalle tre equazioni del moto, derivate nuovamente rispetto al tempo,

$$x'' = -\varkappa^2\left(x - \frac{kP}{\mu^2}\right), \qquad y'' = -\varkappa^2\left(y - \frac{kQ}{\mu^2}\right), \qquad z'' = -\varkappa^2\left(z - \frac{kR}{\mu^2}\right),$$

dove

$$\mu^2 = \frac{P^2}{a^2} + \frac{Q^2}{b^2} + \frac{R^2}{c^2}, \qquad \varkappa = 2abc\mu.$$

Ora le quantità costanti

$$\frac{kP}{\mu^2}, \qquad \frac{kQ}{\mu^2}, \qquad \frac{kR}{\mu^2}$$

sono le coordinate del centro dell'ellisse descritta dal punto (x, y, z): quindi l'accelerazione è, in ogni punto d'una stessa trajettoria, diretta verso il centro di questa e proporzionale alla distanza da questo centro. La legge del moto è dunque quella delle ordinarie oscillazioni ellittiche, e il tempo periodico è per tutte le molecole eguale a $\frac{\pi}{abc\mu}$. Siccome poi le trajettorie son tutte omotetiche, ed in ciascuna d'esse il raggio vettore descrive aree proporzionali ai tempi, così le molecole esistenti, a un dato istante, in un piano passante pel diametro $(P:Q:R)$, rimangono costantemente in un tal piano; laonde, se di tal piano si considera la porzione variabile che viene intercettata dall'ellissoide, si può dire ch'essa genera volumi proporzionali ai tempi.

Facendo il quadrato della prima equazione del moto, dopo averla scritta nella forma

$$\frac{\mu x'}{\varkappa a} = \frac{R}{c}\frac{y}{b} - \frac{Q}{b}\frac{z}{c},$$

si ottiene, avuto riguardo all'equazioni (h), (k),

$$\frac{\mu^2 x'^2}{\varkappa^2 a^2} = \left(\mu^2 - \frac{P^2}{a^2}\right)\left(h^2 - \frac{x^2}{a^2}\right) - \left(k - \frac{P x}{a^2}\right)^2,$$

ossia

$$\frac{x'^2}{\varkappa^2} = a^2 I^2 \left(\frac{Q^2}{b^2} + \frac{R^2}{c^2}\right) - \left(x - \frac{k P}{\mu^2}\right)^2,$$

dove

$$I^2 = \frac{h^2 \mu^2 - k^2}{\mu^4};$$

analogamente per la seconda e per la terza equazione del moto. Le equazioni così trasformate sono immediatamente integrabili e dànno

$$x = \frac{k P}{\mu^2} + a I \sqrt{\frac{Q^2}{b^2} + \frac{R^2}{c^2}} \operatorname{sen}(\varkappa t + \alpha),$$

$$y = \frac{k Q}{\mu^2} + b I \sqrt{\frac{R^2}{c^2} + \frac{P^2}{a^2}} \operatorname{sen}(\varkappa t + \beta),$$

$$z = \frac{k R}{\mu^2} + c I \sqrt{\frac{P^2}{a^2} + \frac{Q^2}{b^2}} \operatorname{sen}(\varkappa t + \gamma).$$

Le costanti h, k, α, β, γ si possono esprimere, in virtù di queste stesse equazioni e delle (h), (k), mediante le coordinate iniziali x_0, y_0, z_0 della molecola che si considera; talchè, introducendo questi valori nelle precedenti equazioni, si hanno le coordinate variabili, espresse in funzione del tempo, delle coordinate iniziali e di quantità costanti. Giova osservare che i valori così trovati sussistono anche nel caso, già notato più sopra, che al posto delle costanti P, Q, R abbiansi quantità variabili della forma τP, τQ, τR, dove τ è una funzione data di t, e P, Q, R sono di nuovo costanti: basta scrivervi $\int \tau\, dt$ in luogo di t.

Nella legge di moto interno relativa all'ipotesi delle P, Q, R costanti rientra, come caso particolare, quella che DEDEKIND avvertì pel primo potersi verificare, senza mutazione di forma e di posizione della superficie libera, in un ellissoide jacobiano posto nelle debite condizioni iniziali di moto, ed abbandonato alle scambievoli attrazioni dei suoi elementi *).

---

*) Cfr. il § 9 delle citate *Untersuchungen ueber ein Problem der Hydrodynamik* di DIRICHLET (Memorie di Gottinga, t. VIII, ovvero Journal für die reine und angewandte Mathematik, t. LVIII) ed il § 4 dei *Zusätze* di DEDEKIND alle ricerche di DIRICHLET (Journal für die reine und angewandte Mathematik, t. LVIII, 1861, pag. 217).

Si noti, di passaggio, il seguente teorema, che si lega coll'espressione del potenziale di moto interno d'un ellissoide. Applicando alla funzione $\varphi = l'x + m'y + n'z$ ed allo spazio interno dell'ellissoide il teorema di GREEN, si ha

$$\int \varphi \frac{\partial \frac{1}{u}}{\partial \nu_{,}} d\omega = \int \frac{\partial \varphi}{\partial \nu_{,}} \frac{d\omega}{u} + 4\pi\varphi.$$

Ora dal valore generale di $U'_{,}$ [§ 26 ed eq. (59') del § 25] si deduce

$$\int \frac{\partial \varphi}{\partial \nu_{,}} \frac{d\omega}{u} = -(\alpha_0 l'x + \beta_0 m'y + \gamma_0 n'z);$$

quindi per ogni punto (x, y, z) interno all'ellissoide si ha

$$\int \varphi \frac{\partial \frac{1}{u}}{\partial \nu_{,}} d\omega = (4\pi - \alpha_0) l'x + (4\pi - \beta_0) m'y + (4\pi - \gamma_0) n'z.$$

Il primo membro è (§ 20) il potenziale elettromagnetico d'un solenoide costituito da correnti piane circolanti, con intensità uguale a $d\varphi$, lungo le strisce infinitesimali in cui l'ellissoide è suddiviso dai piani paralleli $\varphi =$ cost. Dunque *l'azione interna di questo solenoide è dovunque costante in grandezza ed in direzione.* Questo teorema, dato già da RIECKE come applicazione di quello mentovato al § 20, è da lui attribuito *) ad F. NEUMANN.

§ 28.

Il caso particolare in cui l'ellissoide si riduce ad una sfera merita, malgrado la sua semplicità, d'essere studiato alquanto partitamente.

Detto a il raggio della sfera, si ha

$$a = b = c, \qquad A = B = C = \sqrt{x^2 + y^2 + z^2} = u,$$

$$\alpha = \beta = \gamma = \frac{4\pi a^3}{3u^3},$$

$$\varphi = -\frac{a^3}{2u^3}(lx + my + nz), \qquad \varphi_{,} = lx + my + nz,$$

$$T = \frac{\pi a^3}{3}(l^2 + m^2 + n^2), \qquad T_{,} = \frac{2\pi a^3}{3}(l^2 + m^2 + n^2).$$

*) Annalen der Physik und Chemie, di Poggendorff, t. CXLV, p. 230.

La rotazione (p, q, r) non ha influenza alcuna sull'espressione del potenziale di moto; essa la conserva però nelle equazioni del moto relativo (54); cose di cui è facile rendersi ragione. A rigore si potrebbe sempre porre $p = q = r = 0$, e ridurre il moto della sfera alla semplice traslazione del suo centro: si vedrà però, da un successivo esempio, che ciò può complicare, anzichè agevolare, la determinazione delle trajettorie.

La considerazione del moto interno non offre, nel caso della sfera, alcuno speciale interesse: il fluido si muove come se si trattasse d'una sfera solida, avente un moto di traslazione eguale a quello dell'involucro, e nessuna rotazione. Perciò voglionsi studiare unicamente il potenziale ed il moto esterno.

a) Il punto (x, y, z), considerato come congiunto invariabilmente alla sfera mobile, è dotato d'una velocità le cui componenti sono

$$\frac{\delta x}{\delta t} = l + qz - ry, \qquad \frac{\delta y}{\delta t} = m + rx - pz, \qquad \frac{\delta z}{\delta t} = n + py - qx.$$

Si può dunque scrivere

$$\varphi = -\frac{a^3}{2u^3}\left(x\frac{\delta x}{\delta t} + y\frac{\delta y}{\delta t} + z\frac{\delta z}{\delta t}\right),$$

ossia

$$\varphi = \frac{a^3}{2}\frac{\delta\frac{1}{u}}{\delta t}.$$

Se la caratteristica differenziale δ, anzichè all'estremità (x, y, z) del raggio vettore u, si applica all'origine di esso, cioè al centro della sfera mobile, si ha invece

$$\varphi = -\frac{a^3}{2}\frac{\delta\frac{1}{u}}{\delta t}, \tag{62}$$

poichè la distanza u è invariabile rispetto a δ. Quest'espressione è indipendente dal sistema delle coordinate, che può essere indifferentemente mobile o immobile. Essa può scriversi anche così

$$\varphi = \frac{3\pi}{8}\frac{\delta V}{\delta t},$$

sotto la qual forma si riconosce immediatamente che *il potenziale di moto esterno della sfera è identico* (salvo un fattor costante) *al potenziale newtoniano dello strato che la sfera stessa va successivamente spostando nel suo moto istantaneo;* il qual caso particolare del teorema enunciato al § 26 per l'ellissoide si può desumere anche dalle equazioni (*a*) del detto §.

Si può verificare agevolmente che, ove il moto della sfera fosse accompagnato da una dilatazione della sfera stessa $\left(\text{dilatazione la cui velocità è misurata da } \frac{\delta a}{\delta t}\right)$, il potenziale di moto sarebbe espresso da

$$\varphi = -\frac{a}{2}\frac{\delta \frac{a}{u}}{\delta t} \;{}^{*)}, \tag{62'}$$

formola in cui la differenziazione δ si riferisce tanto alle coordinate del centro quanto al raggio della sfera mobile, quantità che variano col tempo secondo leggi date.

b) Le equazioni del moto relativo, (54), si possono, nel caso attuale, scrivere così:

$$x' + qz - ry + \frac{a^3 + 2u^3}{2u^3} l + \frac{3\varphi x}{u^2} = 0,$$

$$y' + rx - pz + \frac{a^3 + 2u^3}{2u^3} m + \frac{3\varphi y}{u^2} = 0,$$

$$z' + py - qx + \frac{a^3 + 2u^3}{2u^3} n + \frac{3\varphi z}{u^2} = 0,$$

donde si trae, moltiplicando per x, y, z e sommando,

$$\varphi = \frac{a^3 u u'}{2(u^3 - a^3)};$$

indi, moltiplicando per p, q, r e sommando,

$$px' + qy' + rz' + \frac{a^3 + 2u^3}{2u^3}(lp + mq + nr) + \frac{3(px + qy + rz)\varphi}{u^2} = 0.$$

Eliminando φ fra queste due equazioni si trova

$$2\frac{px' + qy' + rz'}{px + qy + rz} + \frac{a^3 + 2u^3}{u^3}\frac{lp + mq + nr}{px + qy + rz} + \frac{3a^3 u'}{u(u^3 - a^3)} = 0.$$

Quest'ultima equazione diventa integrabile nella doppia supposizione che $lp + mq + nr$ sia uguale a 0, cioè che il moto istantaneo della sfera sia una rotazione semplice (intorno ad un asse non passante, in generale, per il centro), e che le componenti p, q, r non contengano t che in un fattore comune. Ciò equivale a supporre che il centro della sfera si muova in un piano e che l'asse istantaneo di rotazione si mantenga sempre

*) Bjerknes, Forhandlinger ved de Skandinaviske Naturforskeres, Aar 1868, pag. 208.

normale a questo piano *). Ammesse queste ipotesi e detta $u_{,}$ la projezione del raggio vettore u sulla direzione costante dell'asse istantaneo, si ha, integrando la precedente equazione,

$$(u^3 - a^3)u_{,}^2 = h^2 u^3,$$

dove h è la costante arbitraria. Quest'equazione sussiste manifestamente anche quando il moto della sfera è una semplice traslazione, purchè la trajettoria del centro sia piana ed $u_{,}$ sia la projezione di u sulla normale al piano di questa trajettoria. In ambedue i casi quest'equazione rappresenta una famiglia di superficie di rotazione sulle quali stanno le trajettorie relative delle molecole fluide, qualunque sia la legge con cui si muove il centro della sfera.

Se il moto della sfera si riduce ad una semplice traslazione secondo l'asse delle x, l'integrale precedente, applicato alla due direzioni Oy, Oz, dà

$$(u^3 - a^3)y^2 = h^2 u^3, \qquad (u^3 - a^3)z^2 = k^2 u^3,$$

epperò le trajettorie son le curve d'intersezione delle superficie di rotazione

$$(u^3 - a^3)(y^2 + z^2) = (h^2 + k^2)u^3$$

coi piani meridiani $hz = ky$. Cavando dall'equazione precedente i valori di x e di x' e sostituendoli nella prima equazione del moto, si trova

$$\frac{u^3 u'}{\sqrt{(u^3 - a^3)(u^3 - a^3 - j^2 u)}} + l = 0,$$

dove

$$j^2 = h^2 + k^2.$$

Ponendo quindi $l = \frac{ds}{dt}$, dove s è il cammino percorso, alla fine del tempo t, dal centro della sfera, si ha

$$s = \int_u^{u_0} \frac{u^3\, du}{\sqrt{(u^3 - a^3)(u^3 - a^3 - j^2 u)}},$$

dove u_0 è una costante opportuna. Questo nuovo integrale individua la legge del moto sulla trajettoria relativa, dipendentemente da quella del moto assoluto del centro.

Conviene osservare che, per $j = 0$, l'equazione superiore si decompone in $u = a$ ed in $y = z = 0$. La prima equazione appartiene ad una qualunque di quelle molecole che lambiscono la sfera; le ultime, a quelle che percorrono i due prolungamenti del

*) CLEBSCH, *Ueber die Bewegung*, etc., § 13; Journal für die reine und angewandte Mathematik t. LII, 1856.

diametro posto nella direzione del moto di traslazione. Le molecole poste alle estremità di questo diametro hanno velocità relativa *nulla*. È chiaro che l'ultima equazione integrale non può servire per le trajettorie semi-circolari: ma se nella prima equazione del moto si fa $u = a$, essa diventa integrabile e dà

$$x = a \frac{C - e^{\frac{3s}{2a}}}{C + e^{\frac{3s}{2a}}}.$$

Invece per le due trajettorie rettilinee anzidette serve ancora l'equazione generale, che per $j = 0$ dà

$$u + \frac{a}{3} \log \frac{u - a}{\sqrt{u^2 + au + a^2}} - \frac{a}{\sqrt{3}} \operatorname{arctg} \frac{2u + a}{a\sqrt{3}} = C - s \text{ *)}.$$

c) Quando il moto della sfera è *pendolare*, cioè consiste in una rotazione intorno ad un asse eccentrico immobile, giova disporre gli assi Ox, Oy, Oz in modo che l'asse di rotazione sia parallelo a quello delle y e incontri quello delle z. Chiamando quindi c la distanza dell'asse di rotazione dal centro e θ l'angolo di rotazione, si ha

$$l = c\theta', \qquad m = n = 0; \qquad p = r = 0, \qquad q = \theta'; \qquad \varphi = -\frac{a^3 c \theta' x}{2u^3};$$

talchè le equazioni del moto relativo sono

$$\frac{dx}{d\theta} = \frac{3a^3 c x^2}{2u^5} - \frac{a^3 c}{2u^3} - z - c,$$

$$\frac{dy}{d\theta} = \frac{3a^3 cxy}{2u^5},$$

$$\frac{dz}{d\theta} = \frac{3a^3 cxz}{2u^5} + x.$$

Un integrale di queste equazioni si ha subito dal teorema notato *sub b*), ed è

$$(u^3 - a^3)y^2 = h^2 u^3,$$

equazione rappresentante una famiglia di superficie di rotazione aventi per asse comune l'asse delle y. Si ha poscia, dalle equazioni differenziali precedenti,

$$x = -\frac{u^4}{c(u^3 - a^3)} \frac{du}{d\theta}, \qquad \frac{d}{d\theta}\left(\frac{z}{y}\right) = \frac{x}{y},$$

*) Per qualche altro ragguaglio sulle particolarità del moto veggasi la citata Dissertazione di Clebsch, il libro, pur citato, di Riemann, e la Memoria di Bjerknes del 1868.

quindi

$$z = \frac{y}{c h} \int_u^{u_0} \frac{u^3 \, du}{\sqrt{u(u^3 - a^3)}},$$

ovvero

$$z = \frac{1}{c} \sqrt{\frac{u^3}{u^3 - a^3}} \cdot \int_u^{u_0} \frac{u^3 \, du}{\sqrt{u(u^3 - a^3)}},$$

altro integrale, riducibile alle funzioni ellittiche *), e rappresentante una famiglia di superficie di rotazione aventi per asse comune l'asse delle z. Essendo così y, z, e quindi anche x, esprimibili per u, il secondo membro della prima equazione del moto è riducibile ad una funzione della sola u: moltiplicando dunque l'equazione così ottenuta, membro a membro, per la

$$x = -\frac{u^4}{c(u^3 - a^3)} \frac{du}{d\theta},$$

si ottiene una nuova equazione in cui le variabili x ed u sono separate. Ma la quadratura del secondo membro è difficilmente rivocabile a funzioni conosciute.

Anche quì si hanno trajettorie aderenti alla superficie della sfera ($h = 0$), alle quali il secondo integrale non è applicabile. Ma facendo $u = a$ nelle due ultime equazioni del moto, si ottiene l'integrale particolare

$$z = k y - \frac{2 a^2}{3 c},$$

donde si conclude che queste trajettorie sono archi di circonferenze minori, i cui piani passano tutti per la retta

$$y = 0, \qquad z = -\frac{2 a^2}{3 c}.$$

Poichè una rotazione della sfera intorno ad un diametro non ha influenza sul moto *vero* del fluido, il problema precedente potrebbe trattarsi anche in altro modo, cioè attribuendo agli assi coordinati soltanto il moto di traslazione del centro della sfera, col porre

$$l = c\theta' \cos\theta, \qquad m = 0, \qquad n = c\theta' \operatorname{sen}\theta; \qquad p = q = r = 0.$$

Ma le equazioni del moto relativo diventerebbero allora meno semplici, per la presenza dell'angolo θ; e le trajettorie non sarebbero più una stessa cosa colle linee di moto (§ 24, *b*). D'altronde, se si avessero tutti tre gli integrali del problema, trattato col

*) CLEBSCH, l. c., § 14.

metodo precedente, se ne potrebbero dedurre tosto quelli che convengono al metodo attuale, sostituendo $x \cos\theta - z \operatorname{sen}\theta$, y, $x \operatorname{sen}\theta + z\cos\theta$ al posto di x, y, z; poichè evidentemente la quistione non è che di moto relativo. Ma, nel caso concreto, mentre i due integrali trovati precedentemente fra x, y, z bastano ad individuare le trajettorie nel primo metodo, essi non servirebbero che a trovare una sola delle due equazioni delle trajettorie nel secondo metodo (poichè bisognerebbe eliminarne θ).

§ 29.

Facendo crescere indefinitamente uno dei tre assi dell'ellissoide considerato nel § 27, questo si converte in un cilindro ellittico. Sia c l'asse che diventa ∞. Si trova facilmente

$$\alpha = \frac{4\pi a b}{A(A+B)}, \qquad \beta = \frac{4\pi a b}{B(A+B)}, \qquad \gamma = 0;$$

$$(b^2 - c^2)\alpha' = \gamma - \beta = -\frac{4\pi a b}{B(A+B)}, \qquad (c^2 - a^2)\beta' = \alpha - \gamma = \frac{4\pi a b}{A(A+B)},$$

$$(a^2 - b^2)\gamma' = \beta - \alpha = \frac{4\pi a b (A-B)}{AB(A+B)} = \frac{4\pi a b (a^2 - b^2)}{AB(A+B)^2};$$

$$\alpha'' = 0, \qquad \beta'' = 0, \qquad \gamma''_0 = \frac{4\pi a b}{(a+b)^2};$$

epperò, facendo tali sostituzioni nel potenziale del moto esterno, si ha

$$\varphi = -\frac{a+b}{A+B}\left[\frac{b(l+qz)x}{A} + \frac{a(m-pz)y}{B} + \frac{(a+b)c^2 r x y}{2AB(A+B)}\right],$$

dove si è posto $c^2 = a^2 - b^2 = A^2 - B^2$. Dall'essere quest'espressione di primo grado rispetto a z (poichè le A, B sono funzioni delle sole x, y) si deduce tosto che la componente, secondo l'asse del cilindro, della velocità del fluido è costante per tutti i punti collocati sopra una retta parallela all'asse medesimo.

Per agevolare i calcoli che seguono fa d'uopo ricordare alcune formole fondamentali relative alle coordinate ellittiche in piano. Designando con η la radice negativa dell'equazione

$$\frac{x^2}{a^2+\xi} + \frac{y^2}{b^2+\xi} = 1$$

(la cui radice positiva è ξ), e ponendo

$$A_1 = \sqrt{a^2+\eta}, \qquad B_1 = \sqrt{-(b^2+\eta)},$$

si hanno per x, y i valori

$$x = \frac{A A_1}{c}, \qquad y = \frac{B B_1}{c},$$

e per l'elemento lineare la formola

$$d x^2 + d y^2 = \frac{\xi - \eta}{4}\left(\frac{d\xi^2}{A^2 B^2} + \frac{d\eta^2}{A_1^2 B_1^2}\right),$$

dove il fattore esterno $\xi - \eta$ ha un significato semplicissimo. Infatti detti ρ, ρ_1 i raggi vettori condotti dai due fuochi al punto (ξ, η), si ha

$$\rho + \rho_1 = 2A, \qquad \rho - \rho_1 = 2A_1,$$

donde

$$\rho = A + A_1, \qquad \rho_1 = A - A_1,$$

epperò

$$\rho\rho_1 = A^2 - A_1^2 = \xi - \eta.$$

Per introdurre due coordinate isometriche giova porre

$$2\lambda = \int_0^\xi \frac{d\xi}{AB}, \qquad 2\mu = \int_\eta^{-b^2} \frac{d\eta}{A_1 B_1},$$

cioè

$$\lambda = \log\frac{A + B}{a + b}, \qquad 2\mu = \arccos\frac{A_1^2 - B_1^2}{a^2 - b^2},$$

avendosi così

$$d x^2 + d y^2 = (\xi - \eta)(d\lambda^2 + d\mu^2).$$

Si ha inoltre

$$\frac{A + B}{a + b} = e^\lambda, \qquad a^2 \operatorname{sen}^2 \mu + b^2 \cos^2 \mu = -\eta, \qquad A_1 + i B_1 = c e^{i\mu},$$

epperò

$$(A + B)(A_1 + i B_1) = (a + b) c e^{\lambda + i\mu}.$$

Ora

$$(A + B)(A_1 + i B_1) = c\left(x + i y + \frac{B x}{A} + i\frac{A y}{B}\right);$$

ma

$$\left(\frac{B x}{A} + i\frac{A y}{B}\right)^2 = (x + i y)^2 - c^2\left(\frac{x^2}{A^2} + \frac{y^2}{B^2}\right) = (x + i y)^2 - c^2,$$

donde

$$\frac{B x}{A} + i\frac{A y}{B} = \sqrt{(x + i y)^2 - c^2}$$

(scegliendo il valore del radicale in modo che per $c = 0$, e quindi per $A = B$, esso riproduca il valore $x + iy$ del primo membro); si ha dunque

$$(A + B)(A_{,} + iB_{,}) = c[x + iy + \sqrt{(x + iy)^2 - c^2}]$$

$$= \frac{c}{2}(\sqrt{x + iy - c} + \sqrt{x + iy + c})^2,$$

epperò

$$e^{\lambda + i\mu} = \frac{(\sqrt{x + iy - c} + \sqrt{x + iy + c})^2}{2(a + b)}.$$

Di qui si trae

$$\sqrt{x + iy + c} + \sqrt{x + iy - c} = \sqrt{2(a + b)}\, e^{\frac{\lambda + i\mu}{2}},$$

$$\sqrt{x + iy + c} - \sqrt{x + iy - c} = \sqrt{2(a - b)}\, e^{-\frac{\lambda + i\mu}{2}},$$

donde

$$x + iy = \frac{a + b}{2} e^{\lambda + i\mu} + \frac{a - b}{2} e^{-(\lambda + i\mu)}\ ^{*)},$$

epperò finalmente

$$x = (a \cosh \lambda + b \operatorname{senh} \lambda) \cos \mu, \qquad y = (a \operatorname{senh} \lambda + b \cosh \lambda) \operatorname{sen} \mu.$$

Dalle relazioni

$$\frac{a + b}{A + B} \frac{x}{A} = e^{-\lambda} \cos \mu, \qquad \frac{a + b}{A + B} \frac{y}{B} = e^{-\lambda} \operatorname{sen} \mu$$

si deduce l'espressione seguente di φ in funzione di λ, μ, z:

$$\varphi = - b(l + qz) e^{-\lambda} \cos \mu - a(m - pz) e^{-\lambda} \operatorname{sen} \mu - \frac{c^2 r}{4} e^{-2\lambda} \operatorname{sen} 2\mu,$$

la quale non è altro che la parte reale dell'espressione complessa

$$F = - [b(l + qz) + ia(m - pz)] e^{-(\lambda + i\mu)} - i \frac{c^2 r}{4} e^{-2(\lambda + i\mu)}.$$

Le funzioni $\lambda(x, y)$ e $\mu(x, y)$, la seconda delle quali è *polidroma* colle linee di diramazione (rette focali) interne al cilindro, soddisfanno alle equazioni $\Delta_2 \lambda = 0$, $\Delta_2 \mu = 0$; la seconda soddisfa inoltre, su tutta la superficie del cilindro, all'equazione $\frac{\partial \mu}{\partial \nu} = 0$.

---

*) Se nell'integrale che esprime il valore di λ si fosse assunto per limite inferiore $- b^2$ anzichè 0, si sarebbe trovata la relazione più semplice

$$x + iy = c e^{\lambda + i\mu}.$$

Ma qui occorreva far in modo che la superficie del cilindro fosse rappresentata da $\lambda = 0$.

Ne risulta che μ è un potenziale di moto *polidromo*, e propriamente *monociclico*, il cui modulo di periodicità è 2π, quantità di cui cresce μ quando il punto (x, y) fa un giro intero intorno al cilindro. Le superficie equipotenziali relative a questa funzione sono i cilindri iperbolici omofocali al dato cilindro ellittico, e le trajettorie sono ellissi omofocali alle sezioni rette del cilindro stesso. L'esistenza di questo potenziale polidromo è dovuta a ciò, che lo spazio occupato dal fluido è ora *duplicemente connesso*. Dall'espressione isometrica di $dx^2 + dy^2$ si deduce, per leggi note,

$$\left(\frac{\partial f}{\partial x}\right)^2 + \left(\frac{\partial f}{\partial y}\right)^2 = \frac{1}{\xi - \eta}\left[\left(\frac{\partial f}{\partial \lambda}\right)^2 + \left(\frac{\partial f}{\partial \mu}\right)^2\right],$$

e quindi, per $f = k^2\mu$ (la costante k^2 è introdotta per serbare l'omogeneità),

$$k^2\sqrt{\left(\frac{\partial \mu}{\partial x}\right)^2 + \left(\frac{\partial \mu}{\partial y}\right)^2} = \frac{k^2}{\sqrt{\xi - \eta}} = \frac{k^2}{\sqrt{\rho\rho_1}}.$$

Dunque il quadrato della velocità dovuta al potenziale polidromo è, in ogni punto, inversamente proporzionale al prodotto delle distanze di quel punto dalle due rette focali del cilindro. Questa velocità è anche esprimibile con $\sqrt{\xi - \eta}\,\frac{d\mu}{dt}$, quindi

$$\frac{d\mu}{dt} = \frac{k^2}{\xi - \eta},$$

donde

$$t = -\frac{1}{2k^2}\int\frac{(\xi - \eta)\,d\eta}{A_1 B_1} = \frac{A^2 + B^2}{2k^2}\mu - \frac{c^2}{4k^2}\operatorname{sen} 2\mu + \text{cost.}$$

Il tempo totale che impiega ogni molecola a percorrere la sua ellisse (dipendentemente, ben inteso, dal solo potenziale μ) è dunque

$$\pi\frac{A^2 + B^2}{k^2}.$$

Da ciò che precede si conclude che il più generale potenziale di moto del fluido esterno al cilindro ellittico è $\varphi + k^2\mu$, e che il suo modulo di periodicità è $2\pi k^2$.

§ 30.

Conviene però fare un'osservazione importante sui risultati del § precedente.

Tanto il potenziale monodromo φ, quanto il potenziale polidromo μ non soddisfanno veramente a *tutte* le condizioni d'un potenziale di moto esterno. La funzione φ e due delle sue derivate, $\frac{\partial \varphi}{\partial x}$, $\frac{\partial \varphi}{\partial y}$, diventano infinite per $z = \infty$, finchè le componenti p e q non son nulle. Anche le derivate di μ non soddisfanno alla condizione d'annullarsi per $z = \infty$. Nè poteva essere altrimenti, giacchè nelle considerazioni generali del § 24 si suppose sempre tacitamente che il corpo fosse di dimensioni finite in ogni senso, mentre, nel caso attuale, avendo esso dei punti a distanza infinita, dotati di velocità finite od infinite secondo che p e q sono o non sono uguali a 0, ne consegue necessariamente che il fluido circostante a questi punti non può soddisfare alle condizioni (55') del detto §. Egli è perciò che anche l'espressione di T(§ 24, e) diventa infinita per ogni valore di p, q.

Benchè queste difficoltà non provengano propriamente dalla soluzione data al problema, ma dalle condizioni stesse di questo, esse si possono tuttavia rimovere, nell'ipotesi di $p = q = 0$, considerando solamente il moto che si fa in un piano indefinito normale all'asse del cilindro, considerando cioè il problema come problema di moto a due coordinate (§ 23, c), giacchè è chiaro che in ognuno dei detti piani il moto procede colle medesime leggi. Così concepita, la ricerca può considerarsi come relativa al moto del fluido esterno ad un'*ellisse.*

In queste ipotesi il potenziale φ prende le forme:

$$\varphi = -(b l \cos \mu + a m \operatorname{sen} \mu) e^{-\lambda} - \frac{c^2 r}{4} e^{-2\lambda} \operatorname{sen} 2\mu$$

$$= -\frac{a+b}{A+B}\left(b l \frac{x}{A} + a m \frac{y}{B} + \frac{c^2 r}{4} \frac{a+b}{A+B} \frac{2xy}{AB}\right).$$

Questa funzione è la parte reale dell'espressione complessa

$$F = -(b l + i a m) e^{-(\lambda + i\mu)} - i \frac{c^2 r}{4} e^{-2(\lambda + i\mu)},$$

in cui il coefficiente di i è

$$\psi = (b l \operatorname{sen} \mu - a m \cos \mu) e^{-\lambda} - \frac{c^2 r}{4} e^{-2\lambda} \cos 2\mu$$

$$= \frac{a+b}{A+B}\left[b l \frac{y}{B} - a m \frac{x}{A} - \frac{c^2 r}{4} \frac{a+b}{A+B}\left(\frac{x^2}{A^2} - \frac{y^2}{B^2}\right)\right].$$

Si noti che, qualunque sia la forma del cilindro, il suo potenziale di moto *cilindrico* (cioè relativo all'ipotesi $p = q = 0$), dovendo essere funzione delle sole x, y e soddisfare all'equazione

$$\frac{\partial^2 \varphi}{\partial x^2} + \frac{\partial^2 \varphi}{\partial y^2} = 0,$$

è sempre conjugato con una cert'altra funzione $\psi(x, y)$, per guisa che $\varphi + i\psi$ è funzione di $x + iy$, e che si ha quindi

$$\frac{\partial \varphi}{\partial x} = \frac{\partial \psi}{\partial y}, \qquad \frac{\partial \varphi}{\partial y} = -\frac{\partial \psi}{\partial x},$$

talchè ψ è determinata dalla quadratura

$$\psi = \int \left(\frac{\partial \varphi}{\partial x} dy - \frac{\partial \varphi}{\partial y} dx \right).$$

Assegnata questa funzione ψ si può formar subito, senz'altre integrazioni, l'equazione delle linee di moto. Infatti le equazioni del moto relativo (a due coordinate) sono

$$\frac{dx}{dt} = \frac{\partial \varphi}{\partial x} - l + ry, \qquad \frac{dy}{dt} = \frac{\partial \varphi}{\partial y} - m - rx,$$

donde si trae

$$\frac{\partial \varphi}{\partial x} dy - \frac{\partial \varphi}{\partial y} dx = d\psi = l\,dy - m\,dx - r(x\,dx + y\,dy),$$

epperò

$$\psi = ly - mx - \frac{r}{2}(x^2 + y^2) + \tau.$$

Questa è appunto l'equazione integrale delle linee di moto. L'arbitraria τ è una funzione di t (quantità che si è riguardata come costante nell'integrazione), e propriamente una funzione della forma $\tau = l\tau_1 + m\tau_2 + n\tau_3$, dove τ_1, τ_2, τ_3 sono vere costanti; ciò emerge dal fatto che ogni linea di moto dev'essere individuata dalle coordinate d'uno de' suoi punti.

Nel caso del cilindro ellittico, essendo

$$(A^2 - B^2)\left(\frac{x^2}{A^2} - \frac{y^2}{B^2}\right) = 2(x^2 + y^2) - (A^2 + B^2)\left(\frac{x^2}{A^2} + \frac{y^2}{B^2}\right),$$

cioè

$$c^2\left(\frac{x^2}{A^2} - \frac{y^2}{B^2}\right) = 2(x^2 + y^2) - (A^2 + B^2),$$

alla funzione ψ si può dare la forma

$$\psi = \frac{a+b}{A+B}\left[bl\frac{y}{B} - am\frac{x}{A} - \frac{r}{2}\frac{a+b}{A+B}(x^2 + y^2)\right] + \frac{(a+b)^2(A^2 + B^2)r}{4(A+B)^2},$$

donde si deduce, per $\lambda = 0$,

$$\psi_0 = ly - mx - \frac{r}{2}(x^2 + y^2) + \frac{a^2 + b^2}{4}r.$$

Di quì si scorge che, per

$$\tau = \frac{a^2 + b^2}{4} r,$$

l'equazione generale delle linee di moto è soddisfatta da $\lambda = 0$, ossia che a questo valore dell'arbitraria r corrispondono (in concomitanza con altre) le linee di moto che lambiscono la superficie del cilindro.

Quando le tre componenti l, m, r variano proporzionalmente ad una stessa funzione del tempo, le linee di moto coincidono colle trajettorie relative, epperò anche queste restano, in tale ipotesi, determinate senz'altro: occorre però una nuova quadratura per assegnare la legge con cui sono percorse.

Se invece del solo potenziale φ si considerasse il potenziale completo $\varphi + k^2 \mu$, bisognerebbe sostituire alla funzione ψ la $\psi - k^2 \lambda$. Le linee di moto cesserebbero allora d'essere algebriche.

Nel moto a due coordinate la quantità analoga a T (§ 24, e) si calcola mediante la formola

$$T = \frac{1}{2} \int v^2 d\omega = - \frac{1}{2} \int \varphi \left[l \frac{\partial x}{\partial \nu} + m \frac{\partial y}{\partial \nu} + r \left(x \frac{\partial y}{\partial \nu} - y \frac{\partial x}{\partial \nu} \right) \right] ds,$$

ove $d\omega$ è l'elemento superficiale della regione del piano occupata dal fluido, e ds l'elemento del contorno posto a distanza finita. Nel caso del fluido esterno si può assumere la forma equivalente

$$T = - \frac{1}{2} \int \left[l \frac{\partial \varphi_0}{\partial x} + m \frac{\partial \varphi_0}{\partial y} + r \left(x \frac{\partial \varphi_0}{\partial y} - y \frac{\partial \varphi_0}{\partial x} \right) \right] d\omega,$$

ove $d\omega$ è l'elemento superficiale della regione finita interna, e φ_0 una funzione finita e continua in tutta questa regione ed avente sul contorno s valori eguali a quelli di φ.

Nel caso dell'ellisse, si può scegliere per φ_0 la funzione che si ottiene ponendo $\lambda = 0$ in φ: si trova così la formola

$$T = \frac{\pi}{2} \left(b^2 l^2 + a^2 m^2 + \frac{1}{8} c^4 r^2 \right),$$

che si riferisce al solo potenziale monodromo. Per il potenziale polidromo μ il valore di T è infinito.

§ 31.

Nel caso del cilindro di rotazione di raggio uguale ad a, avendosi

$$a = b, \qquad c = 0, \qquad A = B = \sqrt{x^2 + y^2},$$

il più generale potenziale di moto è dato da

$$-a^2\frac{(l+qz)x+(m-pz)y}{x^2+y^2}+k^2\operatorname{arc\,tg}\frac{y}{x}.$$

La prima parte di quest'espressione, cioè il potenziale monodromo, può essere posta sotto la forma (cfr. § 28, a)

$$\varphi=-a^2\frac{\delta\log\frac{1}{\rho}}{\delta t},$$

ove ρ è la distanza del punto (x, y, z) dall'asse del cilindro, e la differenziazione δ si riferisce al moto istantaneo del piede di questa perpendicolare, dipendentemente dal moto del cilindro.

Nel caso particolare del potenziale cilindrico ($p=q=0$), la velocità è eguale in ogni punto dell'asse, talchè la differenziazione δ può essere applicata ad un punto *individuato* dell'asse stesso. Si ottiene così una formola che fa esatto riscontro a quella data per la sfera, (62).

Si può verificare agevolmente che, ove il moto del cilindro fosse accompagnato da una dilatazione del cilindro stesso, il potenziale monodromo sarebbe espresso da

$$\varphi=-a\frac{\delta\left(a\log\frac{1}{\rho}\right)}{\delta t}.$$

Considerando il problema come problema di moto in piano, si può dire che la differenziazione indicata in questa formola si riferisce alle coordinate del centro ed al raggio d'un cerchio mobile, quantità che variano col tempo secondo leggi date.

Mantenendo l'ipotesi $p=q=0$ e ponendo

$$\varphi=-a^2\frac{lx+my}{x^2+y^2}+k^2\operatorname{arc\,tg}\frac{y}{x},$$

cioè indicando con φ il potenziale completo del moto a due coordinate esterno ad un cerchio di raggio a col centro nell'origine degli assi mobili, si trova che la funzione conjugata ψ del § precedente è data da

$$\psi=a^2\frac{ly-mx}{x^2+y^2}-k^2\log\sqrt{x^2+y^2}$$

[talchè

$$F=-a^2\frac{l+im}{x+iy}-ik^2\log(x+iy)].$$

L'equazione delle linee di moto relative è dunque

$$a^2 \frac{ly - mx}{x^2 + y^2} - k^2 \log \sqrt{x^2 + y^2} = ly - mx - \frac{r}{2}(x^2 + y^2) + \tau,$$

ossia

$$(ly - mx)(x^2 + y^2 - a^2) = (x^2 + y^2)\left[\frac{r}{2}(x^2 + y^2) - k^2 \log \sqrt{x^2 + y^2} - \tau\right].$$

Si supponga, per maggior brevità, $k = 0$, nella quale ipotesi la quantità T è finita ed espressa da

$$T = \frac{\pi a^2}{2}(l^2 + m^2),$$

e si consideri dapprima il caso semplice d'una traslazione del cerchio mobile lungo l'asse delle x, talchè $m = r = 0$. Posto $\tau = -hl$, dove h è una costante arbitraria, l'equazione precedente dà

$$(x^2 + y^2)(y - h) = a^2 y,$$

insegnando così che le trajettorie relative sono linee di terz'ordine, le quali (come si rileva da una facile disamina) constano tutte di due rami distinti, l'uno finito, rientrante, interno al cerchio e tangente nel centro di questo all'asse delle x; l'altro infinito, esterno al cerchio e giacente per intero nella regione ove y ha lo stesso segno di h. Questo secondo ramo è propriamente quello che rappresenta una trajettoria.

Per ogni punto d'una stessa trajettoria si ha $y^2 > h^2$, talchè essa ha per asintoto la retta $y = h$; essa è al tempo stesso simmetrica rispetto all'asse delle y ed ha su quest'asse la massima sua ordinata, il cui valore $\bar{y}$ è la radice maggiore di a dell'equazione

$$\bar{y}^2 - h\bar{y} - a^2 = 0.$$

Quest'equazione dà

$$\bar{y} - h = \frac{a^2}{\bar{y}},$$

e mostra che la differenza fra l'ordinata massima $\bar{y}$ e la minima h, cioè la deviazione della trajettoria dalla forma rettilinea, è inversamente proporzionale all'ordinata massima, e va quindi decrescendo colla distanza della trajettoria dall'asse delle x.

Per $h = 0$ l'equazione si decompone nelle due

$$x^2 + y^2 = a^2, \qquad y = 0,$$

e rappresenta le due trajettorie semicircolari aderenti al cerchio e le due trajettorie rettilinee costituenti i prolungamenti del diametro posto nella direzione del moto.

Posto $x = \rho \cos \theta$, $y = \rho \operatorname{sen} \theta$ si ha

$$\varphi = -\frac{a^2 l \cos \theta}{\rho}, \qquad \frac{\partial \varphi}{\partial \rho} = \frac{a^2 l \cos \theta}{\rho^2}, \qquad \frac{1}{\rho}\frac{\partial \varphi}{\partial \theta} = \frac{a^2 l \operatorname{sen} \theta}{\rho^2}.$$

La velocità assoluta d'un punto del fluido è dunque uguale ad $a^2 l : \rho^2$, cioè varia in ragione inversa del quadrato della distanza ρ del punto dal centro del cerchio; la sua direzione poi fa un angolo uguale a θ col prolungamento del raggio ρ, talchè questo raggio divide per metà l'angolo che la direzione della velocità del centro fa colla direzione della velocità del punto collocato all'estremità del raggio stesso. Questo teorema sussiste anche quando il moto del centro è curvilineo.

Le equazioni del moto relativo, espresse per ρ e θ, sono

$$\frac{d\rho}{dt} + l \cos \theta = \frac{a^2 l \cos \theta}{\rho^2}, \qquad \rho \frac{d\theta}{dt} - l \operatorname{sen} \theta = \frac{a^2 l \operatorname{sen} \theta}{\rho^2},$$

e riproducono facilmente l'integrale già trovato col metodo generale del § precedente

$$(\rho^2 - a^2) \operatorname{sen} \theta = h \rho.$$

Con questo eliminando θ dalla prima equazione del moto si ottiene

$$\frac{d\rho}{dt} = -\frac{l \sqrt{(\rho^2 - a^2)^2 - h^2 \rho^2}}{\rho^2},$$

donde, posto $l = \frac{ds}{dt}$, si trae

$$s = -\int \frac{\rho^2 d\rho}{\sqrt{(\rho^2 - a^2)^2 - h^2 \rho^2}}.$$

Questa formola, in cui s è lo spazio percorso dal centro del cerchio, è riducibile alla seguente:

$$\frac{s}{\varkappa} = \int \frac{d\varphi}{\Delta(\varphi)} - \int \Delta(\varphi)\, d\varphi - \operatorname{cotg} \varphi . \Delta(\varphi),$$

dove

$$\Delta(\varphi) = \sqrt{1 - k^2 \operatorname{sen}^2 \varphi}, \qquad k = \left(\frac{2a}{\sqrt{4a^2 + h^2} + h}\right)^2,$$

$$\rho \operatorname{sen} \varphi = \varkappa, \qquad \varkappa = \frac{\sqrt{4a^2 + h^2} + h}{2}, \qquad k = \left(\frac{a}{\varkappa}\right)^2.$$

Per le trajettorie semicircolari, non contemplate dalla formola precedente, si ha, dalla seconda equazione del moto,

$$\frac{d\theta}{\operatorname{sen}\theta} = \frac{2\,ds}{a},$$

donde

$$\operatorname{tg}\frac{\theta - \theta_0}{2} = e^{\frac{2(s-s_0)}{a}}.$$

Alle due estremità del diametro posto nella direzione del moto la velocità relativa del fluido è nulla.

Un altro esempio semplice si incontra supponendo che il cerchio a sia dotato d'un moto pendolare intorno al punto $x = 0$, $y = c$, ponendo cioè

$$l = c\theta', \qquad m = 0, \qquad r = \theta'.$$

Infatti l'equazione generale delle trajettorie, scrivendovi $\frac{a^2 + ch}{2}\theta'$ in luogo di τ (dove h è una costante arbitraria), diventa in tal caso

$$(x^2 + y^2 - a^2)(x^2 + y^2 - 2cy) = ch(x^2 + y^2).$$

Per $h = 0$ si ha di quì

$$x^2 + y^2 = a^2, \qquad x^2 + (y - c)^2 = c^2,$$

equazioni di quelle due trajettorie che lambiscono il cerchio a, e di un'altra trajettoria che è costituita da una porzione della circonferenza descritta (virtualmente, rispetto agli assi mobili) dal centro del cerchio stesso. Si lascia per brevità al lettore l'esame più particolareggiato di questo caso di moto piano.

§ 32.

In tutte le ricerche fin quì esposte si è ammesso che le componenti della velocità, x', y', z', siano continue in tutto lo spazio occupato dal fluido in moto. Bisogna ora esaminare il caso che tale continuità sia interrotta; lo che, nel moto a tre dimensioni, non può avvenire (fisicamente) che lungo una o più superficie, giacchè (com'è facile riconoscere) una discontinuità in un punto isolato, o lungo una linea, non può non rompere la *continuità del fluido* stesso. Anzi questa continuità impone una condizione ad ogni ipotesi di moto discontinuo lungo una superficie ω; giacchè, essendo $v_n\,d\omega$ il volume del fluido che attraversa, nell'unità di tempo, l'elemento $d\omega$ di questa superficie, non può un fluido, di densità variabile con continuità, avere velocità diverse sulle due faccie dell'elemento $d\omega$, senza che la componente normale di queste due velocità abbia lo stesso valore sull'una e sull'altra faccia. Laonde designando con x', y', z' le componenti della velocità del fluido che sta da una parte della superficie, con $x_{,}$, $y_{,}$, $z_{,}$ quelle della velocità del fluido che sta dall'altra, si ha innanzi tutto la condizione

$$(63) \qquad (x' - x_{,})\frac{\partial x}{\partial n} + (y' - y_{,})\frac{\partial y}{\partial n} + (z' - z_{,})\frac{\partial z}{\partial n} = 0,$$

che si suppone soddisfatta in ogni punto (x, y, z) della superficie di discontinuità.

Ammesso ciò, sia S una porzione semplicemente connessa dello spazio occupato dal fluido in moto, e propriamente una porzione nella quale abbia luogo discontinuità di moto lungo una superficie ω. Una tal superficie può essere tanto chiusa, quanto aperta, e, nel secondo caso, può estendersi all'infinito, od essere limitata in ogni senso. Quand'essa ha un contorno, totale o parziale, si può arbitrariamente prolungarla al di là di esso, aggiungendole uno o più pezzi di superficie, scelti a piacimento nella regione ove il moto è continuo: la condizione (63) è evidentemente soddisfatta anche in queste parti della superficie ω. Ne consegue che lo spazio S si può sempre considerare come composto di due regioni distinte S' ed $S_{,}$, *separate* dalla superficie ω. Giacchè, o questa superficie è chiusa e tutta contenuta in S; od interseca il limite Ω dello spazio S lungo una linea che ne forma il totale contorno; o può essere fatta rientrare in uno di questi due casi coll'aggiunta di uno o più pezzi di superficie. Il limite di S' è formato di ω e di una porzione Ω' del total limite Ω di S; il limite di $S_{,}$ è formato parimente di ω e della restante porzione $\Omega_{,}$ di Ω. S'intendano distinti, in modo analogo, con un apice in alto i varî simboli relativi al moto che avviene nella regione S', con un apice in basso quelli relativi al moto in $S_{,}$.

Applicando le considerazioni del § 15 agli spazî S', $S_{,}$, in ciascun dei quali il moto è continuo *), e supponendo che il punto (x_1, y_1, z_1) sia situato *entro* S, ma non già sulla superficie stessa di discontinuità, è chiaro che se si formano le espressioni analoghe a quelle che costituiscono i secondi membri delle equazioni (41''') del detto §, coi due sistemi potenziali **) relativi agli spazî S' ed $S_{,}$, quelle di una delle due terne debbono riprodurre i valori di x_1', y_1', z_1', mentre quelle dell'altra debbono ridursi a zero. Quindi il sistema potenziale che si ottiene sommando le funzioni omologhe dei due sistemi anzidetti deve, in ogni caso, riprodurre i veri valori delle componenti x_1', y_1', z_1' tanto in S' quanto in $S_{,}$. Continuando a designare con $\mathfrak{O}$, $\mathfrak{P}$, $\mathfrak{Q}$, $\mathfrak{R}$, il sistema potenziale del totale spazio S (col suo total limite Ω), calcolato senza riguardo

*) Si suppongono continue anche le derivate prime delle componenti della velocità in ciascuno di questi spazî, fino ad immediato contatto colla superficie di separazione.

**) Questa denominazione, introdotta nel § 17, *b*) per un caso particolare, viene quì applicata più generalmente al gruppo delle quattro funzioni $\mathfrak{O}$, $\mathfrak{P}$, $\mathfrak{Q}$, $\mathfrak{R}$, per brevità di discorso.

alla superficie di discontinuità, si trova così che il sistema potenziale cercato, tenendo conto della condizione (63), è costituito dalle quattro funzioni

$$(a)\qquad \begin{cases} \mathfrak{O}, \\ \mathfrak{P} + \frac{1}{4\pi}\int\left[(z' - z_{,})\frac{\partial y}{\partial n} - (y' - y_{,})\frac{\partial z}{\partial n}\right]\frac{d\omega}{u}, \\ \mathfrak{Q} + \frac{1}{4\pi}\int\left[(x' - x_{,})\frac{\partial z}{\partial n} - (z' - z_{,})\frac{\partial x}{\partial n}\right]\frac{d\omega}{u}, \\ \mathfrak{R} + \frac{1}{4\pi}\int\left[(y' - y_{,})\frac{\partial x}{\partial n} - (x' - x_{,})\frac{\partial y}{\partial n}\right]\frac{d\omega}{u}, \end{cases}$$

dove la normale n è quella diretta verso la regione S'.

Si prendano ora, sulla normale di ciascun punto della superficie ω, e partendo dal punto stesso, due piccoli segmenti eguali, l'uno da una parte l'altro dall'altra, di grandezza generalmente variabile con continuità da punto a punto. Le estremità di questi segmenti formano due superficie continue ω', $\omega_{,}$, la prima nello spazio S', la seconda nello spazio $S_{,}$, e queste due superficie racchiudono fra loro uno strato Σ, di grossezza variabile ν. S'immagini poscia annullato il moto vero (discontinuo) del fluido che occupa questo strato, ed attribuito al fluido stesso un moto continuo, soggetto alla condizione di riprodurre, per ogni punto delle due superficie ω', $\omega_{,}$, la velocità (considerata in grandezza ed in direzione) che spetta veramente a quel punto. È chiaro che il moto complessivo risultante da questa supposizione differisce tanto meno dal vero, quanto più piccola è la distanza ν delle due superficie sostituite all'unica superficie ω, e che al posto del moto discontinuo si può considerare il moto continuo anzidetto, di cui quello è il limite per $\nu = 0$. Si tratta ora di riconoscere la legge che segue, in prossimità di questo limite, il moto fittizio del fluido esistente nello strato di separazione, cioè di trovare i valori di Θ, p, q, r, v_x, v_y, v_z, relativi a questo strato.

Riprendansi, a tal fine, le formole precedentemente richiamate dal § 15, stabilendo, per maggior precisione, che se la superficie ω interseca il limite Ω dello spazio S, la quantità ν sia nulla in tutti i punti della linea d'intersezione, la quale diventa così un limite comune alle quattro superficie Ω', ω', $\omega_{,}$ e $\Omega_{,}$. Si chiami inoltre $\overline{S'}$ lo spazio limitato da Ω' e da ω', $\overline{S}_{,}$ quello limitato da $\Omega_{,}$ e da $\omega_{,}$, e si supponga finalmente che il punto (x_1, y_1, z_1) non cada nello strato Σ. Facendo la somma delle funzioni omologhe dei sistemi potenziali relativi ai tre spazî $\overline{S'}$, Σ, $\overline{S}_{,}$, gli integrali di superficie (analoghi agli O, P, Q, R del § 15) relativi alle due faccie di ω' e di $\omega_{,}$ si elidono a vicenda, per la supposta continuità delle componenti della velocità attraverso le superficie medesime. Il sistema potenziale risultante è quindi composto delle funzioni

$$\overline{\mathfrak{O}} - \frac{1}{4\pi}\int\frac{\Theta\, d\Sigma}{u},$$

$$\overline{\mathfrak{P}} + \frac{1}{2\pi}\int\frac{p\, d\Sigma}{u},$$

$$\overline{\mathfrak{Q}} + \frac{1}{2\pi}\int\frac{q\, d\Sigma}{u},$$

$$\overline{\mathfrak{R}} + \frac{1}{2\pi}\int\frac{r\, d\Sigma}{u},$$

dove $\overline{\mathfrak{O}}$, $\overline{\mathfrak{P}}$, $\overline{\mathfrak{Q}}$, $\overline{\mathfrak{R}}$ sono le funzioni relative al totale spazio S ed al suo total limite Ω, omesse però, negli integrali tripli, quelle parti che si riferiscono allo spazio Σ. Ma poichè queste parti, calcolate in base al moto *vero* che ha luogo in ciascuna metà dello strato, sono manifestamente evanescenti insieme collo spessore dello strato stesso, è indifferente assumere invece, come sistema potenziale totale per ν evanescente,

$$(b)\qquad \begin{cases} \mathfrak{O} - \dfrac{1}{4\pi}\displaystyle\int\frac{\Theta\, d\Sigma}{u}, \\ \mathfrak{P} + \dfrac{1}{2\pi}\displaystyle\int\frac{p\, d\Sigma}{u}, \\ \mathfrak{Q} + \dfrac{1}{2\pi}\displaystyle\int\frac{q\, d\Sigma}{u}, \\ \mathfrak{R} + \dfrac{1}{2\pi}\displaystyle\int\frac{r\, d\Sigma}{u}, \end{cases}$$

dove i simboli $\mathfrak{O}$, $\mathfrak{P}$, $\mathfrak{Q}$, $\mathfrak{R}$ conservano i significati che hanno nel sistema (*a*). Identificando dunque i due sistemi potenziali (*a*), (*b*), cioè ponendo, per ν evanescente,

$$-\frac{1}{4\pi}\int\frac{\Theta\, d\Sigma}{u} = 0,$$

$$\frac{1}{2\pi}\int\frac{p\, d\Sigma}{u} = \frac{1}{4\pi}\int\left[(z' - z_{,})\frac{\partial y}{\partial n} - (y' - y_{,})\frac{\partial z}{\partial n}\right]\frac{d\omega}{u},$$

$$\frac{1}{2\pi}\int\frac{q\, d\Sigma}{u} = \frac{1}{4\pi}\int\left[(x' - x_{,})\frac{\partial z}{\partial n} - (z' - z_{,})\frac{\partial x}{\partial n}\right]\frac{d\omega}{u},$$

$$\frac{1}{2\pi}\int\frac{r\, d\Sigma}{u} = \frac{1}{4\pi}\int\left[(y' - y_{,})\frac{\partial x}{\partial n} - (x' - x_{,})\frac{\partial y}{\partial n}\right]\frac{d\omega}{u},$$

si ottengono le condizioni necessarie per l'equivalenza dello strato e della superficie di discontinuità.

Se si ammette che, lungo una stessa normale ν, le variazioni di $\nu\Theta$, νp, νq, νr siano dell'ordine di ν *), talchè si possa porre $d\Sigma = \nu\, d\omega$, si scorge che, per ν evanescente, si deve avere

$$\nu\Theta = 0,$$

$$(64)\qquad \begin{cases} \nu p = \dfrac{1}{2}\left[(z' - z_{,})\dfrac{\partial y}{\partial n} - (y' - y_{,})\dfrac{\partial z}{\partial n}\right], \\ \nu q = \dfrac{1}{2}\left[(x' - x_{,})\dfrac{\partial z}{\partial n} - (z' - z_{,})\dfrac{\partial x}{\partial n}\right], \\ \nu r = \dfrac{1}{2}\left[(y' - y_{,})\dfrac{\partial x}{\partial n} - (x' - x_{,})\dfrac{\partial y}{\partial n}\right]. \end{cases}$$

Di quì risulta anzitutto che la condensazione del fluido, nel supposto moto entro lo strato, è finita, ma che la rotazione vi diventa infinitamente grande, quando la grossezza dello strato diventa infinitamente piccola.

Siano ora x, y, z le coordinate d'un punto O della superficie ω, ed

$$x + n\frac{\partial x}{\partial n}, \qquad y + n\frac{\partial y}{\partial n}, \qquad z + n\frac{\partial z}{\partial n}$$

quelle del punto N, posto alla distanza n dal punto O sulla normale condotta alla superficie in questo punto (distanza positiva o negativa secondo che N è in S' od in $S_{,}$). In virtù delle formole (16*) del § 7, le componenti della velocità di N sono

$$u_x + n\left(q\frac{\partial z}{\partial n} - r\frac{\partial y}{\partial n}\right),$$

$$u_y + n\left(r\frac{\partial x}{\partial n} - p\frac{\partial z}{\partial n}\right),$$

$$u_z + n\left(p\frac{\partial y}{\partial n} - q\frac{\partial x}{\partial n}\right),$$

dove u_x, u_y, u_z sono le componenti del moto di traslazione e di condensazione proprio

*) La legge di moto del fluido nello strato è evidentemente in parte arbitraria. La legittimità dell'ipotesi che quì si fa rispetto ad essa, risulta dai valori stessi che se ne deducono più innanzi per le componenti della velocità, valori che corrispondono ad un moto possibile e soggetto alle condizioni volute.

della particella di cui fanno parte O ed N. Introducendo i valori (64) di p, q, r, si trova

$$u_x + \frac{n}{\nu}\frac{x' - x_{,}}{2}, \qquad u_y + \frac{n}{\nu}\frac{y' - y_{,}}{2}, \qquad u_z + \frac{n}{\nu}\frac{z' - z_{,}}{2};$$

e siccome per $n = \frac{\nu}{2}$ e per $n = -\frac{\nu}{2}$ queste componenti non debbono differire da x', y', z' e da $x_{,}$, $y_{,}$, $z_{,}$, rispettivamente, che di quantità dell'ordine di ν, così le espressioni

$$(65) \qquad \begin{cases} v_x = \dfrac{x' + x_{,}}{2} + \dfrac{n}{\nu}\dfrac{x' - x_{,}}{2}, \\[2ex] v_y = \dfrac{y' + y_{,}}{2} + \dfrac{n}{\nu}\dfrac{y' - y_{,}}{2}, \\[2ex] v_z = \dfrac{z' + z_{,}}{2} + \dfrac{n}{\nu}\dfrac{z' - z_{,}}{2}, \end{cases}$$

che soddisfanno a queste condizioni, non possono differire che di quantità del detto ordine dai valori delle componenti della velocità d'un punto dello strato, posto alla distanza n dalla superficie ω sulla normale del punto (x, y, z), ove le componenti delle due velocità sono x', y', z' ed $x_{,}$, $y_{,}$, $z_{,}$. Si possono, colla stessa approssimazione, attribuire a queste ultime componenti, nelle espressioni che precedono, i valori ch'esse hanno alle due estremità della normale ν: in tal guisa le dette espressioni riproducono esattamente i prescritti valori delle componenti sulle due superficie ω' ed $\omega_{,}$, e mostrano che, nell'interno dello strato, le componenti della velocità variano *uniformemente* lungo una stessa normale ν di esso strato.

Dai valori (64) di p, q, r si trae

$$p\frac{\partial x}{\partial n} + q\frac{\partial y}{\partial n} + r\frac{\partial z}{\partial n} = 0,$$

donde emerge che l'asse della rotazione ond'è animato ogni elemento dello strato è tangente alla superficie ω; conseguentemente lo strato è costituito da una serie di vortici elementari, ossia è uno *strato vorticoso* *). Dagli anzidetti valori si trae anche

$$p(x' - x_{,}) + q(y' - y_{,}) + r(z' - z_{,}) = 0;$$

*) È necessario avvertire che la precedente equazione non è esatta se non in quanto si prescinde dalle parti *finite* di p, q, r, cioè da quelle che sono state trascurate nelle espressioni di νp, νq, νr. I valori di queste parti assegnano, in generale, un valor finito alla parte corrispondente di w_n, ma la considerazione loro non ha interesse per lo scopo attuale, che è di conoscere la costituzione dello strato vorticoso.

e poichè la retta di componenti $x' - x_{,}$, $y' - y_{,}$, $z' - z_{,}$ è, in virtù della condizione (63), parallela al piano tangente della superficie ω, ne risulta che se da un punto qualunque O di questa superficie si conducono le due rette OV', $OV_{,}$, rappresentanti le due velocità del fluido in quel punto, la parallela condotta in O alla retta $V'V_{,}$ è tangente alla superficie e normale all'asse di rotazione: inoltre il prodotto νw è eguale a $\frac{1}{2} V'V_{,}$. Si può anche osservare quanto segue. Sia U il punto di mezzo della retta $V'V_{,}$; si conduca la OU, e si intenda decomposta la velocità OV' nelle due OU ed UV', la $OV_{,}$ nelle due OU, $UV_{,}$. La velocità OU, le cui componenti sono

$$\frac{x' + x_{,}}{2}, \qquad \frac{y' + y_{,}}{2}, \qquad \frac{z' + z_{,}}{2},$$

è comune a tutti i punti dello strato posti sulla normale in O; questa velocità comune si compone poi con un'altra velocità variabile, la quale, supponendo che il punto cui essa si riferisce percorra *uniformemente* la normale ν, si trasforma, pure *uniformemente*, dalla UV' di componenti

$$\frac{x' - x_{,}}{2}, \qquad \frac{y' - y_{,}}{2}, \qquad \frac{z' - z_{,}}{2},$$

nella $UV_{,}$ di componenti

$$-\frac{x' - x_{,}}{2}, \qquad -\frac{y' - y_{,}}{2}, \qquad -\frac{z' - z_{,}}{2},$$

mantenendo sempre la stessa direzione, ma cambiando segno quando il punto attraversa la superficie ω. Ciò porge la rappresentazione geometrica delle formole (65).

In base a quanto precede, l'equazione differenziale delle linee vorticali esistenti sulla superficie ω, che si possono considerare come gli assi dei vortici elementari costituenti lo strato, è

$$(x' - x_{,})dx + (y' - y_{,})dy + (z' - z_{,})dz = 0.$$

Sia M il fattore che converte il primo membro di quest'equazione in un differenziale esatto a due variabili (mediante l'equazione della superficie ω), e sia F l'integrale di questo differenziale; siano inoltre δx, δy, δz le componenti dell'elemento $\delta\sigma$ che misura, nel punto (x, y, z), la distanza delle due linee vorticali contigue di parametri F ed $F + \delta F$, talchè si abbia

$$(66) \qquad (x' - x_{,})\delta x + (y' - y_{,})\delta y + (z' - z_{,})\delta z = \frac{\delta F}{M}.$$

Essendo, come si è già notato,

$$\nu w = \frac{1}{2}\sqrt{(x' - x_{,})^2 + (y' - y_{,})^2 + (z' - z_{,})^2},$$

e per conseguenza

$$\delta x = \frac{(x' - x_{,})\delta\sigma}{2\nu w}, \qquad \delta y = \frac{(y' - y_{,})\delta\sigma}{2\nu w}, \qquad \delta z = \frac{(z' - z_{,})\delta\sigma}{2\nu w},$$

l'equazione antecedente può scriversi

$$w\nu\delta\sigma = \frac{1}{2}\frac{\delta F}{M};$$

e poichè $\nu\delta\sigma$ si può considerare come l'area della sezione normale d'un vortice elementare, nel punto in cui la rotazione è w, ne risulta che l'intensità del detto vortice, in quel punto, è uguale ad $\frac{1}{2}\frac{\delta F}{M}$. [Ciò emerge direttamente dall'equazione (66), osservando che il suo primo membro esprime la circolazione lungo il perimetro della sezione anzidetta, giacchè la differenza dei flussi lungo i due lati normali è di second'ordine]. Se dunque si vuole che i vortici costituenti lo strato posseggano l'importantissima proprietà, che caratterizza gli ordinarî vortici (§ 14, *d*), d'avere la stessa intensità in ogni loro punto, bisogna che il valore della quantità $\frac{\delta F}{M}$ non varii, finchè i valori di F e di δF rimangono gli stessi, bisogna cioè che M sia funzione della sola F, ossia che l'espressione

$$(x' - x_{,})dx + (y' - y_{,})dy + (z' - z_{,})dz$$

sia un differenziale esatto a due variabili (sulla superficie ω).

Questa condizione può essere anche dedotta da un'altra considerazione. Sia σ un contorno chiuso qualunque tracciato sulla superficie ω, e siano W', $W_{,}$ i due vorticoidi tubulari che hanno per comune direttrice quel contorno, e che esistono l'uno nel primo fluido, l'altro nel secondo. Le circolazioni trasversali di questi due vorticoidi sono date dagli integrali lineari (presi lungo σ)

$$\mathfrak{C}' = \int (x'dx + y'dy + z'dz),$$

$$\mathfrak{C}_{,} = \int (x_{,}dx + y_{,}dy + z_{,}dz).$$

Affinchè questi due vorticoidi possano continuare l'uno nell'altro, attraverso la superficie ω, bisogna che le loro circolazioni trasversali siano eguali; ed affinchè ciò avvenga qualunque sia il contorno σ, bisogna che l'espressione $d\mathfrak{C}' - d\mathfrak{C}_{,}$ sia un differenziale esatto sulla superficie ω. Dunque, esigere che i vortici elementari dello strato interposto fra i due fluidi abbiano intensità costante in tutta la loro estensione, od esigere che i vortici elementari dell'un fluido si continuino in quelli dell'altro, attraverso la superficie di discontinuità, è una sola e medesima cosa. Si può poi osservare che avendosi anche

$$\mathfrak{C}' = 2\int\left(p'\frac{\partial x}{\partial n} + q'\frac{\partial y}{\partial n} + r'\frac{\partial z}{\partial n}\right)d\omega,$$

$$\mathfrak{C}_{,} = 2\int\left(p_{,}\frac{\partial x}{\partial n} + q_{,}\frac{\partial y}{\partial n} + r_{,}\frac{\partial z}{\partial n}\right)d\omega,$$

ove gli integrali sono estesi all'area racchiusa, sulla superficie ω, dal contorno σ, la medesima condizione può anche esprimersi coll'equazione

$$(67) \qquad (p' - p_{,})\frac{\partial x}{\partial n} + (q' - q_{,})\frac{\partial y}{\partial n} + (z' - z_{,})\frac{\partial z}{\partial n} = 0.$$

La forma di questa è simile a quella dell'equazione (63) imposta dalla continuità del fluido: essa stabilisce l'eguaglianza della componente w_n su ambedue le faccie della superficie di discontinuità.

Quando la precedente condizione è soddisfatta, si può porre

$$(67') \qquad (x' - x_{,})dx + (y' - y_{,})dy + (z' - z_{,})dz = d\mathfrak{J},$$

dove $\mathfrak{J}$ è una funzione delle coordinate dei punti della superficie ω; in tal caso si ha

$$(67'') \qquad \nu w = \frac{1}{2}\frac{\partial \mathfrak{J}}{\partial \sigma},$$

continuando a designare con σ la direzione ortogonale a quella della linea vorticale. La detta condizione è soddisfatta, in particolare, quando la superficie ω è un vorticoide per ambidue i fluidi: in questo caso si ha separatamente (§ 14, *a*)

$$x'dx + y'dy + z'dz = d\mathfrak{J}',$$

$$x_{,}dx + y_{,}dy + z_{,}dz = d\mathfrak{J}_{,},$$

dove $\mathfrak{J}'$ ed $\mathfrak{J}_{,}$ sono due funzioni dei punti di ω. Le linee vorticali, assi dei vortici dello strato, sono in tale ipotesi rappresentate dalla equazione

$$\mathfrak{J}' - \mathfrak{J}_{,} = \text{cost.}$$

Quando la componente normale v_n è nulla da ambedue le parti della superficie ω, questa superficie può considerarsi come rigida. In questo caso lo strato di separazione è la somma di due strati, ciascun dei quali riduce a zero uno dei due moti *).

§ 33.

La considerazione del sistema triplo ortogonale, costituito dalle superficie omofocali di second'ordine, presenta un esempio interessantissimo di moto discontinuo d'un fluido incompressibile, con superficie di separazione. Siccome questo caso offre molte altre particolarità degne di studio, così esso merita d'essere trattato con qualche larghezza.

Denotando con ξ, η, ζ le tre radici reali dell'equazione in λ

$$\frac{x^2}{a^2+\lambda}+\frac{y^2}{b^2+\lambda}+\frac{z^2}{c^2+\lambda}=1,$$

radici soggette alle limitazioni seguenti:

$$\infty>\xi>-c^2>\eta>-b^2>\zeta>-a^2,$$

pongasi

$$(68)\qquad\left\{\begin{aligned} X&=\int_{-c^2}^{\xi}\frac{d\xi}{\sqrt{(a^2+\xi)(b^2+\xi)(c^2+\xi)}},\\ Y&=\int_{-b^2}^{\eta}\frac{d\eta}{\sqrt{-(a^2+\eta)(b^2+\eta)(c^2+\eta)}},\\ Z&=\int_{-a^2}^{\zeta}\frac{d\zeta}{\sqrt{(a^2+\zeta)(b^2+\zeta)(c^2+\zeta)}},\end{aligned}\right.$$

e si designino con H, I, K i valori costanti che questi integrali assumono quando le corrispondenti variabili ξ, η, ζ raggiungono i loro limiti superiori ∞, $-c^2$, $-b^2$ rispettivamente. I segni dei radicali debbono intendersi determinati, nel corso delle integrazioni, al modo che viene stabilito più innanzi. Com'è noto, le tre quantità reali

*) La considerazione degli strati vorticosi, equivalenti a superficie di separazione fra fluidi dotati di moti diversi, è dovuta primieramente a HELMHOLTZ (nel § 4 della citata Memoria *Ueber Integrale,* etc., t. LV del Journal für die reine und angewandte Mathematik). Veggasi anche la già citata Memoria di BOLTZMANN, *Ueber die Druckkräfte,* etc. (t. LXXIII del medesimo Giornale). A HELMHOLTZ debbonsi pure altre nuove considerazioni sul moto discontinuo de' fluidi, dal punto di vista dinamico non meno che cinematico (Monatsberichte der K. Akademie der Wissenschaften zu Berlin, Aprile 1868). Per questo ultimo genere di ricerche si può consultare la 22ª delle recenti *Vorlesungen ueber mathematische Physik* di KIRCHHOFF (Leipzig 1874).

X, Y, Z, considerate come funzioni di x, y, z, soddisfanno, negli spazî in cui sono continue, alle equazioni

$$\Delta_2 X = 0, \qquad \Delta_2 Y = 0, \qquad \Delta_2 Z = 0,$$

e possono quindi essere assunte come potenziali di tre diversi moti d'un fluido incompressibile, moti che possono rendersi continui, determinando opportunamente i limiti degli spazî nei quali devono aver luogo i moti stessi.

È necessario richiamare quì, dalla teoria delle coordinate ellittiche, le formole che dànno le coordinate cartesiane dei punti comuni a tre superficie omofocali di parametri ξ, η, ζ, cioè

$$x^2 = \frac{(a^2+\xi)(a^2+\eta)(a^2+\zeta)}{(a^2-b^2)(a^2-c^2)},$$

$$y^2 = \frac{(b^2+\xi)(b^2+\eta)(b^2+\zeta)}{(b^2-c^2)(b^2-a^2)},$$

$$z^2 = \frac{(c^2+\xi)(c^2+\eta)(c^2+\zeta)}{(c^2-a^2)(c^2-b^2)},$$

e quella che somministra l'elemento lineare generico, cioè

$$(69)\quad 4\,ds^2 = (\xi-\eta)(\xi-\zeta)\,dX^2 + (\xi-\eta)(\eta-\zeta)\,dY^2 + (\xi-\zeta)(\eta-\zeta)\,dZ^2.$$

Da quest'ultima risulta che il quadrato della velocità del fluido, nel punto (x, y, z) ossia (ξ, η, ζ), è

nel moto di potenziale $X \cdots \dfrac{4}{(\xi-\eta)(\xi-\zeta)}$,

» » $Y \cdots \dfrac{4}{(\xi-\eta)(\eta-\zeta)}$,

» » $Z \cdots \dfrac{4}{(\xi-\zeta)(\eta-\zeta)}$.

La prima di queste velocità è finita dovunque, tranne dove $\xi = \eta$, cioè nei punti dell'*ellisse focale*, la quale corrisponde ai valori $\xi = -c^2$, $\eta = -c^2$. La seconda è pure finita dovunque, tranne dove $\xi = \eta$ e dove $\eta = \zeta$, cioè nei punti dell'ellisse focale anzidetta ed in quelli dell'*iperbole focale*, la quale corrisponde ai valori $\eta = -b^2$, $\zeta = -b^2$. Finalmente la terza velocità è finita dovunque, tranne dove $\eta = \zeta$, cioè nei punti dell'anzidetta iperbole focale. Se dunque si vuole che il moto sia possibile (fisicamente), epperò che la sua velocità sia finita in ogni punto, bisogna escludere dallo spazio occupato dal fluido l'ellisse focale nel primo caso, l'iperbole focale nel terzo, ed ambedue queste curve nel secondo.

Se si vuole, inoltre, che le superficie terminali possano far funzione di vere pareti rigide, limitanti il fluido in moto, bisogna che esse siano luoghi di linee di moto, e propriamente: nel primo caso, luoghi di curve del sistema doppiamente infinito

$$\eta = \text{cost.}, \qquad \zeta = \text{cost.};$$

nel secondo, luoghi di curve del sistema

$$\xi = \text{cost.}, \qquad \zeta = \text{cost.};$$

nel terzo, luoghi di curve del sistema

$$\xi = \text{cost.}, \qquad \eta = \text{cost.}$$

Questi luoghi possono essere individuati da una qualunque delle loro *direttrici*, cioè da una qualunque delle linee che intersecano tutte le linee di moto in essi esistenti. Ora dalle condizioni precedenti, circa l'esclusione delle coniche focali, e dalla disposizione delle linee di moto che hanno punti comuni con queste coniche, emerge che la direttrice anzidetta può essere una linea chiusa scelta ad arbitrio, purchè: nel primo caso, non abbia in comune col piano xy alcun punto *esterno* all'ellisse focale; nel secondo caso, non abbia in comune col piano xy alcun punto *interno* all'ellisse focale, e col piano xz alcun punto *interno* all'iperbole focale *); nel terzo caso, non abbia in comune col piano xz alcun punto *esterno* all'iperbole focale.

In particolare, uno qualunque degli iperboloidi η può costituire da sè solo la superficie limite del fluido interno ad esso, rispetto al potenziale X, mentre non lo potrebbe un iperboloide ζ (benchè sia egualmente luogo di linee di moto), in quanto interseca l'ellisse focale. Una zona appartenente ad uno di questi ultimi iperboloidi potrebbe tuttavia costituire una parte del limite anzidetto, terminata da due linee di moto.

Nel moto di potenziale Y non si può assumere come superficie limite nè un unico ellissoide, nè un unico iperboloide ζ (sebbene ambedue queste superficie siano luoghi di linee di moto), perchè ogni ellissoide interseca l'iperbole focale, ed ogni iperboloide ζ interseca l'ellisse focale. Tuttavia una zona appartenente ad una di queste superficie può costituire una parte del limite anzidetto, terminata da due linee di moto.

Finalmente nel moto di potenziale Z si può assumere come superficie limite un unico iperboloide η, facendo muovere il fluido nello spazio esterno. Non si potrebbe invece assumere un ellissoide, poichè questo intersecherebbe l'iperbole focale: solo una zona di quest'ellissoide potrebbe costituire una parte della superficie limite.

---

*) Punto interno ad un'iperbole o ad un iperboloide a due falde è quello dal quale non si possono condurre tangenti reali alla curva od alla superficie. Nel caso dell'iperboloide ad una falda si chiama punto interno quello che giace nella stessa regione del centro della superficie.

Nel caso del potenziale X, le linee di moto si estendono all'infinito in ambidue i sensi, epperò non è possibile rendere finito lo spazio in cui avviene il moto corrispondente a quel potenziale, il quale è monodromo.

Invece, nei casi dei potenziali Y e Z, le linee di moto sono tutte rientranti, epperò è possibile rendere finito lo spazio entro cui si muove il fluido, come risulta anche dai casi particolari accennati dianzi. Ma un tale spazio è sempre molteplicemente connesso, ed i potenziali Y e Z sono polidromi, e, più precisamente, dotati entrambi d'un modulo di periodicità (cfr. § 19), cioè *monociclici.*

Per ben comprendere questo punto essenziale, bisogna avvertire che le funzioni X, Y, Z, sebbene espresse, nelle formole (68), mediante i parametri ξ, η, ζ rispettivamente, debbono sempre essere considerate, per tutto ciò che spetta alla continuità, come *funzioni del punto* (x, y, z), epperò come dipendenti da quei parametri solamente in quanto essi stessi variano al variare di questo punto. Considerata la cosa sotto questo aspetto, l'andamento dei tre integrali (68) dev'essere più esattamente definito, in guisa da escludere ogni ambignità: e ciò deve farsi in base alle osservazioni seguenti.

Sia $A_, A_0 A'$ uno dei rami della curva comune a due superficie $\eta =$ cost., $\zeta =$ cost., cioè una delle linee di moto relative al potenziale X, e propriamente siano $A_,$, A_0, A' quei tre punti di essa pei quali si ha $z = -\infty$, $z = 0$, $z = +\infty$. Mentre un punto, mobile col fluido lungo questa linea, va con continuità da $A_,$ ad A_0, e poi da A_0 ad A', il parametro ξ decresce con continuità da $+\infty$ a $-c^2$, e poscia cresce con continuità da $-c^2$ a $+\infty$. Ma perchè il moto del fluido proceda sempre nel senso anzidetto, bisogna che il potenziale cresca costantemente, epperò che la derivata

$$\frac{dX}{d\xi} = \frac{1}{\sqrt{(a^2+\xi)(b^2+\xi)(c^2+\xi)}}$$

sia negativa durante il passaggio da $A_,$ ad A_0, positiva durante quello da A_0 ad A'; bisogna quindi che il radicale

$$\sqrt{(a^2+\xi)(b^2+\xi)(c^2+\xi)}$$

sia negativo nella prima metà del moto, positivo nella seconda. Siccome nel punto A_0, cioè per $\xi = -c^2$, questo radicale è nullo, così il cangiamento di segno può esser fatto senza turbare la continuità della derivata $\frac{dX}{d\xi}$ e della stessa funzione X, la quale varia così da $-H$ a $+H$, crescendo costantemente. In tal guisa si scorge che ad ogni posizione del punto (x, y, z), del quale X dev'essere funzione, corrisponde *un* solo valore reale della funzione stessa, così definita *). Bisogna però osservare che

*) Se al radicale si assegnasse invece un segno invariabile, si avrebbe un moto *discontinuo*, nel

quando si considera una delle linee di moto appartenenti all'intersezione delle superficie $\eta = -c^2$, $\zeta =$ cost., venendosi le due porzioni $A_, A_0$, $A' A_0$ a sovrapporre l'una all'altra, ad ogni punto di questa linea doppia corrispondono *due* valori $X_,$, X' della funzione, legati dalla relazione $X_, + X' = 0$. Per togliere quest'anomalia, fa d'uopo convenire che il punto variabile (x, y, z) non debba mai attraversare la regione del piano xy *esterna* all'ellisse focale, considerando questo piano come un diaframma avente un'apertura ellittica rappresentata dall'ellisse focale, ed ogni punto di questo diaframma come la riunione di due, l'uno sulla faccia superiore, l'altro sull'inferiore, ai quali corrispondono valori distinti della funzione X, e che non possono comunicare fra loro se non per mezzo d'una linea passante attraverso l'apertura ellittica del diaframma. Coll'intervento di quest'ultimo, il potenziale X diventa veramente una funzione continua e monodroma dei punti dello spazio indefinito (semplicemente connesso), mentre la derivata $\frac{dX}{d\xi}$ resta pure continua e monodroma in tutto questo spazio, prendendo valori eguali e contrarî sulle due faccie opposte del diaframma.

Sia ora $B_0 B_1 B_2 B_3 B_0$ uno dei rami della curva comune a due superficie $\xi =$ cost., $\zeta =$ cost., cioè una delle linee di moto relative al potenziale Y, e propriamente siano B_0, B_1, B_2, B_3 quei punti di essa pei quali si ha rispettivamente

$$\begin{cases} y = 0, \\ z = \gamma; \end{cases} \qquad \begin{cases} y = -\beta, \\ z = 0; \end{cases} \qquad \begin{cases} y = 0, \\ z = -\gamma; \end{cases} \qquad \begin{cases} y = \beta, \\ z = 0; \end{cases}$$

dove β e γ sono i valori assoluti delle distanze dall'asse delle x dei quattro punti simmetrici in cui la linea di moto incontra i piani xy ed xz. Mentre un punto, mobile col fluido lungo questa linea, la percorre con continuità nel senso $B_0 B_1 B_2 B_3 B_0$, il parametro η cresce con continuità da $-b^2$ a $-c^2$, poi decresce da $-c^2$ a $-b^2$, cresce nuovamente da $-b^2$ a $-c^2$, e da ultimo decresce da $-c^2$ a $-b^2$, riprendendo per la seconda volta il valore primitivo. Ma perchè il moto del punto proceda sempre nel senso anzidetto bisogna che il potenziale cresca costantemente, epperò che la derivata

$$\frac{dY}{d\eta} = \frac{1}{\sqrt{-(a^2+\eta)(b^2+\eta)(c^2+\eta)}}$$

sia positiva nel passaggio da B_0 a B_1 e da B_2 a B_3, negativa in quello da B_1 a B_2 e

---

quale la velocità cambierebbe repentinamente di segno passando dall'una all'altra faccia dell'ellisse focale; ossia un moto nel quale i punti dell'area di quest'ellisse fungerebbero come centri d'emissione o d'assorbimento del fluido. Si vegga, per quest'altro caso di moto, il § 4 della 17ª delle già citate *Vorlesungen* di KIRCHHOFF, dove è anche mostrato come all'area piana suddetta si possa surrogare, qual superficie di discontinuità, una qualunque altra superficie curva, terminata all'ingiro dall'ellisse focale.

da B_3 a B_0; bisogna quindi che il radicale

$$\sqrt{-(a^2+\eta)(b^2+\eta)(c^2+\eta)}$$

sia positivo nel primo e terzo quadrante della linea di moto, negativo nel secondo e quarto. Siccome tanto nei punti B_0 e B_2, cioè per $\eta = -b^2$, quanto nei punti B_1 e B_3, cioè per $\eta = -c^2$, questo radicale è nullo, così i cangiamenti di segno possono esser fatti senza turbare la continuità della derivata $\frac{dY}{d\eta}$ e della stessa funzione Y, la quale varia così da 0 ad I, da I a $2I$, da $2I$ a $3I$ e finalmente da $3I$ a $4I$, crescendo costantemente ed acquistando, dopo un intiero giro del punto, un valore che supera il primo della quantità costante $4I$. In tal guisa si scorge che ad ogni posizione del punto (x, y, z), del quale Y dev'essere funzione, corrisponde un'infinità di valori reali della funzione stessa così definita, tali però che se l'un d'essi è Y, tutti gli altri rientrano nella forma $Y + 4mI$, dove m è un numero intero positivo o negativo: l'ambiguità è tolta, nei singoli casi, dalla considerazione della continuità. Bisogna però osservare che quando si considera una delle linee di moto appartenenti all'intersezione delle superficie $\xi = -c^2$, $\zeta = \text{cost.}$, oppure delle superficie $\xi = \text{cost.}$, $\zeta = -b^2$, venendosi le due porzioni $B_3 B_0 B_1$, $B_3 B_2 B_1$ nel primo caso, e $B_0 B_1 B_2$, $B_0 B_3 B_2$ nel secondo a sovrapporre l'una all'altra, ad ogni punto della linea doppia corrispondono due valori $Y_{\prime}$, Y' della funzione, legati dalla relazione $Y_{\prime} + Y' = (4m+2)I$ nel primo caso, $Y_{\prime} + Y' = 4mI$ nel secondo. Per togliere quest'anomalia, fa d'uopo convenire che il punto variabile (x, y, z) non debba mai attraversare nè la regione del piano xy *interna* all'ellisse focale, nè le due regioni del piano xz *interne* ai due rami dell'iperbole focale, considerando il complesso di queste tre aree piane come un diaframma, ogni punto del quale è la riunione di due, posti sulle due faccie di esso, a cui corrispondono valori distinti della funzione Y, e che non possono comunicare fra loro se non per mezzo d'una linea la quale non attraversi il diaframma stesso. Facendo intervenire questo diaframma, basta attribuire alla funzione Y, in un sol punto dello spazio, uno dei valori corrispondenti a questo punto, perchè i valori ch'essa va prendendo con continuità, allorchè il punto (x, y, z) varia con continuità, senza mai attraversare il diaframma, riescano interamente determinati. La molteplicità dei valori ch'essa può così acquistare, in ogni altro punto, dipende unicamente dalla molteplicità delle vie per le quali si può andare dal primo punto a quest'altro, ottenendosi valori eguali da tutte quelle vie che fanno un egual numero di avvolgimenti, nel medesimo senso, intorno al diaframma suddescritto. In tal modo il potenziale Y diventa veramente una funzione continua, ma polidroma, col modulo di periodicità $4I$, dei punti dello spazio indefinito (doppiamente connesso), mentre la derivata $\frac{dY}{d\eta}$ resta continua e monodroma in tutto questo spazio, prendendo valori eguali e contrarî sulle due faccie opposte del diaframma.

Considerazioni del tutto simili a queste, che si son fatte sulla funzione Y, si possono ripetere sul terzo potenziale Z; e se ne conclude che, facendo intervenire il diaframma costituito dalla regione connessa del piano xz, compresa fra i due rami dell'iperbole focale, questo potenziale diventa una funzione continua, ma polidroma, col modulo di periodicità $4K$, dei punti dello spazio indefinito (doppiamente connesso), mentre la derivata $\frac{dZ}{d\zeta}$ resta continua e monodroma in tutto questo spazio, prendendo valori eguali e contrarî sulle due faccie opposte del diaframma *).

Da queste considerazioni emerge in particolare che ogni iperboloide η divide lo spazio in due regioni: l'interna, che è semplicemente connessa, e l'esterna, che è doppiamente connessa. Nella prima regione il fluido può muoversi lungo le linee di moto indefinite $\eta = \text{cost.}$, $\zeta = \text{cost.}$ col potenziale monodromo X; nella seconda esso può muoversi lungo le linee di moto rientranti $\xi = \text{cost.}$, $\eta = \text{cost.}$ col potenziale polidromo Z. La superficie iperboloidica di separazione è luogo di linee di moto tanto pel fluido interno, quanto per l'esterno; ma mentre il fluido interno lo lambisce lungo le linee di curvatura iperboliche, il fluido esterno lo lambisce lungo le linee di curvatura ellittiche **), epperò in ogni punto della superficie di separazione le velocità da ambedue le parti sono fra loro diverse in direzione (essendo ortogonali) ed in grandezza. È questo il caso semplice di moto discontinuo cui si è fatto allusione al principio di questo §, e che viene analizzato nei §§ seguenti.

§ 34.

Considerando dapprima il moto interno, sia σ una delle porzioni semplicemente connesse intercette dall'iperboloide limite sopra l'ellissoide ξ, e propriamente quella porzione le cui ordinate z sono negative. In ogni punto di σ la velocità del fluido è diretta secondo la normale interna dell'ellissoide ed è data dalla formola

$$\frac{\partial X}{\partial n} = \frac{2}{\sqrt{(\xi - \eta)(\xi - \zeta)}},$$

mentre l'elemento $d\sigma$ della superficie σ, compreso fra le quattro superficie η, $\eta + d\eta$,

*) S'intende che anche per questa terza funzione bisogna cambiar segno al radicale che ne esprime la derivata, ogni volta che questo radicale si annulla, cioè per $\zeta = -a^2$ e per $\zeta = -b^2$, e propriamente assegnando il segno $+$ all'intervallo nel quale ζ *cresce* da $-a^2$ a $-b^2$.

**) Per brevità di discorso, si chiamano rispettivamente *ellittiche* ed *iperboliche* le linee di curvatura d'un iperboloide η, che nascono dall'intersezione di questo cogli ellissoidi ξ e cogli iperboloidi ζ rispettivamente.

ζ, $\zeta + d\zeta$, è dato, (69), da

$$d\sigma = \frac{(\eta - \zeta)\sqrt{(\xi - \eta)(\xi - \zeta)}}{4} d\,Y d\,Z.$$

Si ha quindi

$$\int \frac{\partial X}{\partial n} d\sigma = \frac{1}{2} \int\int (\eta - \zeta) d\,Y d\,Z,$$

quantità indipendente da ξ, come doveva essere, rappresentando essa il volume di fluido che attraversa, nell'unità di tempo, una sezione trasversa della corrente totale (od anche d'una sua porzione qualunque, limitata da linee di moto). Supponendo che l'ellissoide cui appartiene σ sia quello pel quale $\xi = \infty$, cioè sia la sfera di raggio infinito, si ha

$$\frac{\partial X}{\partial n} = \frac{2}{\xi} = \frac{2}{R^2}, \qquad d\sigma = R^2 d\,\Omega,$$

detto R il raggio di questa sfera e $d\Omega$ un elemento della projezione centrale di questa sopra una sfera concentrica di raggio 1; quindi

$$\frac{1}{2} \int\int (\eta - \zeta) d\,Y d\,Z = 2\,\Omega,$$

dove Ω è l'angolo solido del cono asintotico dell'iperboloide limite.

Poichè la funzione X, definita nel modo che s'è detto al § 33, è finita, continua e monodroma insieme colle sue derivate prime, in tutto lo spazio semplicemente connesso compreso fra l'iperboloide limite e l'ellissoide $\xi = \infty$, e soddisfa in tutto questo spazio all'equazione $\Delta_2 X = 0$, si ha dal teorema di Green

$$X_1 = \frac{1}{4\pi} \int \left(X \frac{\partial \frac{1}{u}}{\partial n} - \frac{1}{u} \frac{\partial X}{\partial n} \right) d\,\omega,$$

ove ω è una superficie chiusa qualunque, compresa nel detto spazio, n la sua normale interna, u la distanza del suo elemento $d\omega$ da un punto interno (x_1, y_1, z_1) nel quale il valore della funzione è X_1. Se questo punto fosse esterno ad ω, il primo membro sarebbe zero.

Si applichi quest'equazione alla porzione di fluido che, in un determinato istante, è interna all'ellissoide ξ. La superficie ω è costituita in tal caso dalle due porzioni $\sigma_{\prime}$ e σ' intercette su quest'ellissoide dall'iperboloide limite, per la prima delle quali z è negativa, per la seconda positiva, e da una zona iperboloidica in ogni punto della quale la derivata $\frac{\partial X}{\partial n}$ è uguale a 0, mentre X ha un valor costante $X_{\prime}$ sopra $\sigma_{\prime}$ ed un altro valor costante $X' = - X_{\prime}$ sopra σ'. Si ha così, designando con ω la superficie della zona iperboloidica,

$$X_1 = \frac{1}{4\pi}\int X \frac{\partial \frac{1}{u}}{\partial n} d\omega + \frac{X_{\prime}}{4\pi}\int\left(\frac{\partial \frac{1}{u_{\prime}}}{\partial n} d\sigma_{\prime} - \frac{\partial \frac{1}{u'}}{\partial n} d\sigma'\right) - \frac{1}{4\pi}\int \frac{\partial X_{\prime}}{\partial n}\left(\frac{d\sigma_{\prime}}{u_{\prime}} - \frac{d\sigma'}{u'}\right),$$

giacchè in due punti *corrispondenti* di $\sigma_{\prime}$ e di σ' (cioè in due punti comuni all'ellissoide ξ e ad *una medesima* linea di moto) si ha

$$\frac{\partial X_{\prime}}{\partial n} + \frac{\partial X'}{\partial n} = 0.$$

Si faccia ora convergere ξ verso ∞, talchè $\sigma_{\prime}$ e σ' diventino i due segmenti di superficie sferica all'infinito, limitati dall'iperboloide o dal suo cono asintotico. È facile riconoscere che in tal caso si ha

$$\int \frac{\partial \frac{1}{u_{\prime}}}{\partial n} d\sigma_{\prime} = \int \frac{\partial \frac{1}{u'}}{\partial n} d\sigma' = \Omega\,;$$

d'altronde il valor costante della funzione X sopra $\sigma_{\prime}$ è finito ed uguale a $- H$, mentre la sua derivata normale è ivi dell'ordine di $\frac{1}{u^2}$. Dunque il secondo ed il terzo termine della precedente espressione di X_1 svaniscono, e rimane

(70) $$X_1 = \frac{1}{4\pi}\int X \frac{\partial \frac{1}{u}}{\partial n} d\omega,$$

dove ω serve ora a designare l'intiera superficie dell'iperboloide limite.

Questo risultato è esatto qualunque sia quest'iperboloide. Giova considerare primieramente il caso dell'iperboloide schiacciato sul piano xy, cioè di quello che corrisponde al valore $\eta = - c^2$, e la cui superficie interna viene a coincidere colle due faccie opposte del diaframma piano (§ 33) che rende continua la funzione X e le sue derivate.

Designando con $d\varpi$ un elemento di questo diaframma, chiamando n la normale a quest'elemento diretta nel senso delle z positive, e attribuendo alla funzione X sotto il segno integrale il valore (variabile) $X_{\prime}$ ch'essa prende sulla faccia *inferiore* del piano xy, si ha

(70') $$X_1 = -\frac{1}{2\pi}\int X_{\prime} \frac{\partial \frac{1}{u}}{\partial n} d\varpi.$$

Il punto (x_1, y_1, z_1) cui si riferisce questo valore di X_1 può essere situato dovunque, ad eccezione della regione del piano xy esterna all'ellisse focale. Siccome poi la funzione X è nulla in tutta l'area piana racchiusa da quest'ellisse, così è lecito estendere il precedente integrale a *tutto* il piano xy, anzichè alla sola regione esterna a quest'ellisse. Così considerata la formola precedente, essa manifesta che il potenziale di moto X non differisce che per una quantità costante dal potenziale elettromagnetico d'un sistema di correnti elettriche, circolanti (nel senso positivo rispetto all'asse delle z positive) sul piano xy, lungo le striscie ellittiche in cui questo piano è suddiviso dagli ellissoidi ξ, e propriamente in guisa che nella striscia compresa fra le ellissi ξ e $\xi + d\xi$ l'intensità sia

$$\frac{dX}{2\pi},$$

ossia

$$\frac{d\xi}{2\pi\sqrt{(a^2+\xi)(b^2+\xi)(c^2+\xi)}}.$$

Ciò risulta da considerazioni analoghe a quelle dei §§ 17, *d*) e 20 *).

Anche l'espressione (70) può essere modificata in guisa da diventare un potenziale elettromagnetico (equivalente a quello ora considerato). Rappresentando di nuovo con σ' la porzione di superficie sferica di raggio infinito che chiude lo spazio occupato dal fluido, dalla parte delle z positive, si ha, come già si è notato,

$$\int \frac{\partial \frac{1}{u'}}{\partial n} d\sigma' = \Omega.$$

Ora sopra σ' la funzione X ha il valore costante H; quindi se con ω' si designa il complesso della superficie iperboloidica ω e del segmento sferico σ', si ha

$$\int X \frac{\partial \frac{1}{u}}{\partial n} d\omega' = 4\pi X_1 + \Omega H,$$

donde

$$X_1 = \frac{1}{4\pi}\int X \frac{\partial \frac{1}{u}}{\partial n} d\omega' - \frac{\Omega}{4\pi} H,$$

*) O più direttamente ancora da quelle esposte nella *Nota sulla teoria matematica dei solenoidi elettrodinamici* (Nuovo Cimento, 1872; oppure queste OPERE, vol. II, pag. 188).

od anche

$$(70'') \qquad (X+H)_1 = \frac{1}{4\pi}\int (X+H)\frac{\partial \frac{1}{u}}{\partial n} d\omega' ;$$

formola che si potrebbe rendere ancor più semplice designando con un sol simbolo la somma

$$X+H = \int_\infty^\xi \frac{d\xi}{\sqrt{(a^2+\xi)(b^2+\xi)(c^2+\xi)}} \ ^{*)}.$$

Ora se si osserva che ω' è una superficie semplicemente connessa, sulla quale son distribuiti i valori di $X+H$ (crescenti da zero fino a $2H$), si scorge che il secondo membro dell'equazione (70'') è il potenziale elettromagnetico d'un sistema di correnti che circolano sull'iperboloide limite lungo le linee di curvatura ellittiche, e propriamente in guisa che, nella striscia compresa fra le linee ξ e $\xi + d\xi$, circoli una corrente d'intensità

$$\frac{dX}{4\pi},$$

ossia

$$\frac{d\xi}{4\pi\sqrt{(a^2+\xi)(b^2+\xi)(c^2+\xi)}}.$$

Il senso della circolazione è positivo rispetto all'asse delle z positive.

L'azione di queste correnti sui punti dello spazio esterno all'iperboloide è nulla, poichè, quando il punto (x_1, y_1, z_1) è esterno all'iperboloide, si ha

$$\int (X+H)\frac{\partial \frac{1}{u}}{\partial n} d\omega' = 0;$$

nello spazio interno essa è identica a quella del sistema di correnti piane considerato dianzi **).

§ 35.

Passando ora a considerare il moto esterno ad un iperboloide η, sia σ una porzione semplicemente connessa d'uno degli iperboloidi ζ, compresa fra l'iperboloide η ed un

*) Circa quest'ultimo integrale, il quale devesi intendere preso lungo una linea di moto, dal punto in cui $z = -\infty$ fino a quello che si considera, è necessario avvertire che il segno del radicale deve essere lo stesso di quello dell'ordinata z del punto variabile (con ξ) lungo la via d'integrazione.

**) Cfr. la prima nota del § 23.

ellissoide ξ. In ogni punto di σ la velocità del fluido è diretta secondo la normale a σ, nella direzione del moto, ed è data dalla formola

$$\frac{\partial Z}{\partial n} = \frac{2}{\sqrt{(\xi - \zeta)(\eta - \zeta)}},$$

mentre l'elemento $d\sigma$ della superficie σ, compreso fra le quattro superficie ξ, $\xi + d\xi$, η, $\eta + d\eta$, è dato, (69), da

$$d\sigma = \frac{(\xi - \eta)\sqrt{(\xi - \zeta)(\eta - \zeta)}}{4} dX dY.$$

Si ha quindi

$$\int \frac{\partial Z}{\partial n} d\sigma = \frac{1}{2} \int\int (\xi - \eta) dX dY,$$

quantità indipendente da ζ, come nel caso precedente e per la stessa ragione, ma che diventa infinita, in causa del termine $\int \xi dX$, quando il parametro dell'ellissoide diventa ∞, cioè quando si considera il volume totale del fluido che attraversa, nell'unità di tempo, una qualunque delle sezioni trasverse σ che si estendono dall'iperboloide limite fino all'infinito.

Nel caso attuale, lo spazio occupato dal fluido è doppiamente connesso e la funzione Z è polidroma. Ma se di questo spazio si considera soltanto una porzione semplicemente connessa, la funzione vi è monodroma, finita e continua insieme colle sue derivate prime, e vi soddisfa all'equazione $\Delta_2 Z = 0$, talchè applicando il teorema di GREEN si ha

$$Z_1 = \frac{1}{4\pi} \int \left(Z \frac{\partial \frac{1}{u}}{\partial n} - \frac{1}{u} \frac{\partial Z}{\partial n} \right) d\omega,$$

dove ω è la superficie che limita lo spazio anzidetto, e Z_1 il valore che prende Z nel punto (x_1, y_1, z_1), interno ad ω, da cui sono condotti i raggi vettori u. Se questo punto fosse esterno, il primo membro della precedente equazione sarebbe zero.

Si applichi quest'equazione allo spazio escluso dall'iperboloide limite ed incluso in un ellissoide ξ, spazio che si può rendere semplicemente connesso mediante una sezione trasversa costituita, per es., dalla porzione del piano yz che cade entro il detto spazio, e che appartiene all'iperboloide $\zeta = -a^2$. A tal fine si chiami ω quella porzione di superficie terminale che appartiene all'iperboloide limite, σ la porzione che appartiene all'ellissoide ξ, e ϖ, ϖ' le due faccie della sezione piana, e propriamente ϖ quella la cui normale interna n è nella direzione opposta a quella del moto, ϖ' l'altra. Osservando che la derivata $\frac{\partial Z}{\partial n}$ è nulla tanto sopra ω quanto sopra σ, e che ha segni opposti sulle due faccie ϖ e ϖ' della sezione piana, mentre il valore di Z sopra ϖ supera di $4K$ quello sopra ϖ', si ha

$$Z_1 = \frac{1}{4\pi}\int Z \frac{\partial \frac{1}{u}}{\partial n} d\omega + \frac{1}{4\pi}\int Z \frac{\partial \frac{1}{u}}{\partial n} d\sigma + \frac{K}{\pi}\int \frac{\partial \frac{1}{u}}{\partial n} d\varpi,$$

dove la normale n è esterna all'iperboloide limite ed interna all'ellissoide σ. L'ultimo termine è il potenziale elettromagnetico d'una corrente d'intensità $\frac{K}{\pi}$ che circola lungo la linea chiusa contorno dell'area piana ϖ, linea formata d'un arco iperbolico e d'un arco ellittico.

Quando $\xi = \infty$, cioè quando l'ellissoide σ diventa la superficie sferica di raggio infinito, si ha, sovra questa superficie,

$$\frac{\partial \frac{1}{u}}{\partial n} = \frac{1}{u^2}, \qquad d\sigma = u^2 d\Omega,$$

epperò il secondo integrale diventa

$$\frac{1}{4\pi}\int Z d\Omega,$$

ossia

$$\left(1 - \frac{\Omega}{2\pi}\right) Z_\infty,$$

dove Z_∞ è il valor medio di Z nella regione dell'infinito esterna all'iperboloide, valore che non dipende dalla posizione del punto (x_1, y_1, z_1). Si può dunque scrivere

$$(71) \qquad Z_1 = \frac{1}{4\pi}\int Z \frac{\partial \frac{1}{u}}{\partial n} d\omega + \frac{K}{\pi}\int \frac{\partial \frac{1}{u}}{\partial n} d\varpi + \text{cost.},$$

dove ω designa ora la totale superficie dell'iperboloide limite.

Prima di proceder oltre, è bene sottoporre questa formola ad una verificazione. Se in luogo di Z si pone $Z + 4mK$ (valore egualmente legittimo, per la polidromia della funzione Z), il primo integrale del secondo membro diventa

$$\frac{1}{4\pi}\int Z \frac{\partial \frac{1}{u}}{\partial n} d\omega + \frac{mK}{\pi}\int \frac{\partial \frac{1}{u}}{\partial n} d\omega,$$

ossia

$$\frac{1}{4\pi}\int Z\frac{\partial\frac{1}{u}}{\partial n}d\omega+\frac{2\Omega mK}{\pi},$$

mentre la costante diventa (stante il suo significato)

$$\text{cost.}+\left(1-\frac{\Omega}{2\pi}\right)4mK;$$

dunque il secondo membro della formola superiore diventa

$$\frac{1}{4\pi}\int Z\frac{\partial\frac{1}{u}}{\partial n}d\omega+\frac{K}{\pi}\int\frac{\partial\frac{1}{u}}{\partial n}d\varpi+\text{cost.}+4mK,$$

vale a dire

$$Z_1+4mK.$$

È questo appunto il valore esatto che deve assumere il primo membro dell'equazione in discorso, nell'ipotesi che si è fatta.

Si può rendere più compatta l'espressione trovata per Z_1 nel modo seguente. Facciasi un taglio nell'iperboloide limite lungo quel ramo d'iperbole che fa parte del contorno della sezione ϖ, e per facilitare il discorso si designino con $A_, A_0 A'$ e con $B_, B_0 B'$ i due margini di questo taglio, essendo rispettivamente $A_,$ e $B_,$, A_0 e B_0, A' e B' tre coppie di punti (coincidenti a due a due nello spazio) pei quali $\chi=-\infty$, $\chi=0$ e $\chi=+\infty$ rispettivamente. Siccome il detto ramo d'iperbole corrisponde al valore $\zeta=-a^2$ del parametro ζ, cui corrispondono per Z i valori della forma $4mK$, così è lecito assegnare alla funzione Z il valor zero lungo il margine $A_, A_0 A'$ ed il valore $4K$ lungo il margine $B_, B_0 B'$. Se ora si saldano insieme, lungo questo secondo margine, le superficie ω e ϖ, e si chiama ω' la superficie che risulta da questa riunione, le faccie sulle quali sono erette le normali n si continuano l'una nell'altra su tutta l'estensione di ω', epperò, essendo $4K$ il valore di Z su tutta la faccia ϖ della sezione trasversa, si può scrivere più semplicemente

$$(71')\qquad Z_1=\frac{1}{4\pi}\int Z\frac{\partial\frac{1}{u}}{\partial n}d\omega'+\text{cost.}$$

Si chiami σ la zona di superficie sferica all'infinito che resta al di fuori dell'iperboloide limite, zona doppiamente connessa, che si congiunge colla superficie dell'iperboloide η lungo le due ellissi sferiche all'infinito $A_, B_,$ ed $A' B'$. Si distrugga questa connessione mediante due tagli fatti lungo queste linee, e si faccia un terzo taglio nella zona σ, lungo la linea comune a ϖ ed a σ, i cui margini siano $A_, A_\infty A'$, $B_, B_\infty B'$ (essendo A_∞ e B_∞ due punti di σ, coincidenti nello spazio, posti a distanza infinita sull'asse delle y). Finalmente si congiungano insieme le superficie ϖ e σ lungo il margine $B_, B_\infty B'$, talchè la faccia interna di σ stia in continuazione colla faccia esterna di ω per mezzo della faccia piana ϖ. Posto ciò, l'equazione (70), ovvero (71'), si può scrivere nella forma semplicissima

$$(70'') \qquad Z_1 = \frac{1}{4\pi} \int Z \frac{\partial \frac{1}{u}}{\partial n} d\omega'',$$

chiamando ω'' la superficie totale $\omega + \varpi + \sigma$.

I valori di Z procedono con continuità sopra tutta questa superficie ω'', la quale è semplicemente connessa, e il cui contorno continuo, percorso in un senso determinato *), è

$$A_, A_0 A' B' A' A_\infty A_, B_, A_, .$$

Sulle porzioni $A_, A_0 A'$, $A' A_\infty A_,$ di questo contorno la funzione Z ha il valore zero; andando da A' a B' e da $A_,$ a $B_,$ essa va da zero a $4K$; e finalmente andando da B' ad A' e da $B_,$ ad $A_,$ essa ritorna da $4K$ a zero.

Sia M' un punto di $A'B'$, cioè un punto situato sul margine all'infinito dell'iperboloide limite, dalla parte delle z positive; punto che, nello spazio, coincide con un punto N' del margine $B'A'$ di σ. Sia $M_, M_0 M'$ il ramo passante per M' della curva comune all'iperboloide limite e ad uno degli iperboloidi ζ, e sia $N_, N_\infty N'$ l'analogo ramo della curva comune a quest'ultimo iperboloide ed alla superficie sferica di raggio infinito (talchè $M_,$ ed $N_,$ coincidono fra loro nello spazio). Lungo le due linee $M_, M_0 M'$ ed $N_, N_\infty N'$ la funzione Z ha uno stesso valor costante. Posto ciò, s'immagini una corrente d'intensità $\frac{dZ}{4\pi}$ circolante lungo il contorno continuo

$$M_, M_0 M' B' N' N_\infty N_, B_, M_,$$

nel senso indicato dalla disposizione delle lettere. Siccome, nello spazio, coincidono fra loro e sono percorsi in senso contrario i rami $M'B'$ e $B'N'$, $N_, B_,$ e $B_, M_,$, così non restano attivi che i rami $M_, M_0 M'$ ed $N' N_\infty N_,$, il secondo dei quali è tutto a distanza infinita. Si può supporre, più propriamente, che questa corrente percorra le due zone di ω e di σ comprese fra ciascuna delle linee $M_, M'$, $N_, N'$ (corrispondenti ad un valore Z della funzione) e le linee contigue (corrispondenti al valore $Z + dZ$

*) Questo senso è quello della corrente di cui il secondo membro sarebbe il potenziale elettromagnetico, se il valore di Z fosse costante e positivo su tutta la superficie ω''.

della funzione medesima). Considerata la cosa sotto questo aspetto, l'integrale

$$\frac{1}{4\pi}\int Z\frac{\partial\frac{1}{u}}{\partial n}d\omega''$$

diventa il potenziale elettromagnetico di questo sistema di correnti; e poichè l'azione di quelle che stanno a distanza infinita è nulla sul campo finito (ossia, poichè il loro potenziale è costante in questo campo), ne consegue che la funzione Z non può differire che per una costante dal potenziale elettromagnetico d'un sistema di correnti circolanti lungo le linee di curvatura iperboliche dell'iperboloide limite, correnti così distribuite che, nella striscia compresa fra le linee ζ e $\zeta + d\zeta$, l'intensità sia uguale a $\frac{dZ}{4\pi}$, vale a dire

$$\frac{d\zeta}{4\pi\sqrt{(a^2+\zeta)(b^2+\zeta)(c^2+\zeta)}}.$$

Il senso di queste correnti si può definire in modo da comprendere sotto un solo enunciato tanto il caso attuale, quanto quello trattato nel § precedente: basta dire che esso è quello d'una rotazione positiva rispetto alla direzione delle linee di moto vicine alla superficie, considerate come assi diretti nel senso del moto *).

L'azione delle correnti iperboliche, considerate in questo §, sui punti dello spazio interno all'iperboloide limite è nulla.

§ 36.

Raccogliendo insieme i risultati ottenuti nei due precedenti §§, e considerando soltanto la faccia *interna* dell'iperboloide limite, insieme con quella che la continua sul diaframma ϖ, si può dire che: per ogni punto (x_1, y_1, z_1) *interno* all'iperboloide η, limite comune dei due fluidi il cui moto è soggetto ai potenziali X e Z, si ha

$$(a)\qquad\left\{\begin{aligned} X_1 &= \frac{1}{4\pi}\int X\frac{\partial\frac{1}{u}}{\partial n}d\omega,\\ 0 &= -\frac{1}{4\pi}\int Z\frac{\partial\frac{1}{u}}{\partial n}d\omega - \frac{K}{\pi}\int\frac{\partial\frac{1}{u}}{\partial n}d\varpi + \text{cost.};\end{aligned}\right.$$

*) Si può osservare che queste correnti procedono lungo le linee di moto aderenti all'iperboloide η e relative al moto interno, come le correnti del § precedente procedono lungo quelle aderenti allo stesso iperboloide e relative al moto esterno.

per ogni punto (x_1, y_1, z_1) *esterno* al detto iperboloide si ha invece

$$(b)\quad \begin{cases} 0 = \dfrac{1}{4\pi}\displaystyle\int X \frac{\partial \frac{1}{u}}{\partial n} d\omega, \\ Z_1 = -\dfrac{1}{4\pi}\displaystyle\int Z \frac{\partial \frac{1}{u}}{\partial n} d\omega - \frac{K}{\pi}\int \frac{\partial \frac{1}{u}}{\partial n} d\varpi + \text{cost.} \end{cases}$$

Ne risulta che la somma delle espressioni costituenti i secondi membri tanto delle equazioni (a), quanto delle (b), è uguale ad X_1 per ogni punto interno, ed è uguale a Z_1 per ogni punto esterno. Ponendo per brevità

$$Z - X = F,$$

la somma in discorso può scriversi così:

$$-\frac{1}{4\pi}\int F \frac{\partial \frac{1}{u}}{\partial n} d\omega - \frac{K}{\pi}\int \frac{\partial \frac{1}{u}}{\partial n} d\varpi + \text{cost.}$$

Per interpretare quest'espressione, si rappresenti punto per punto la superficie totale ω dell'iperboloide sopra un rettangolo piano $A_1 B_1 B' A'$ di lati

$$A_1 A' = B_1 B' = 2H, \qquad A_1 B_1 = A' B' = 4K,$$

riportando ogni punto dell'iperboloide in quel punto del piano la cui ascissa, contata secondo $A_1 B_1$, è uguale a Z, e la cui ordinata, contata secondo $A_1 A'$, è uguale ad X. Le linee dell'iperboloide la cui equazione è $F = \text{cost.}$ sono rappresentate nel piano da rette parallele alla bissettrice interna dell'angolo $B_1 A_1 A'$, rette di cui non si devono considerare che i segmenti interni al rettangolo. Queste rette ricoprono tutta l'area del rettangolo, incominciando da quella che corrisponde al valore $F = -2H$, il cui segmento utile si riduce al punto A', e terminando con quella che corrisponde al valore $F = 4K$, il cui segmento utile si riduce al punto B_1. Sia CD il segmento utile di una qualunque delle rette intermedie, C essendo un punto del bilatero $B_1 A_1 A'$, e D un punto del bilatero $A' B' B_1$. Facciasi circolare sulla superficie dell'iperboloide una corrente, lungo il contorno continuo rappresentato sul piano dal contorno pure continuo CDB_1C, formato del segmento CD e di quella parte del perimetro del rettangolo che comprende il vertice B_1 (ove la funzione F possiede il valor massimo $4K$). L'ordine delle lettere designa pure il senso della corrente; l'intensità di questa sia uguale a $\dfrac{dF}{4\pi}$ (ritenuto positivo l'incremento dF). Lo stesso si faccia per tutti i contorni analoghi, corrispondenti ai successivi incrementi dF, da $F = -2H$ fino ad $F = 4K$. In virtù di queste supposizioni, i lati del rettangolo piano (sul quale, per brevità di discorso, s'intendono riportate anche le correnti anzidette) si trovano percorsi da una corrente d'intensità finita, ma variabile nei diversi punti. E propriamente, se $L_{,}$, L' sono due punti d'eguale ascissa Z sui lati $A_{,}B_{,}$, $A'B'$ ed M, N due punti d'eguale ordinata X sui lati $A_{,}A'$, $B_{,}B'$, un facile esame conduce a riconoscere che la corrente periferica ha

in $L_{,}$ l'intensità ... $\dfrac{2H + Z}{4\pi}$,

» L' » ... $\dfrac{Z}{4\pi}$,

» M » ... $\dfrac{2H - X}{4\pi}$,

» N » ... $\dfrac{2H + 4K - X}{4\pi}$.

Se si fa astrazione dalle correnti sui due lati $A_{,}B_{,}$, $A'B'$, le quali, essendo a distanza infinita sull'iperboloide, non hanno azione nel campo finito, restano quelle sui due lati $A_{,}A'$, $B'B_{,}$ le quali, sull'iperboloide, si sovrappongono l'una all'altra lungo il ramo d'iperbole comune ad ω e a ϖ, ed essendo in ogni punto d'opposta direzione, dànno luogo ad una corrente d'intensità costante $\dfrac{K}{\pi}$, che percorre quella linea nel senso da B' verso $B_{,}$. Da tutto ciò emerge che l'integrale

$$-\frac{1}{4\pi}\int F\frac{\partial\frac{1}{u}}{\partial n}\,d\omega$$

non differisce che d'una quantità costante dal potenziale elettromagnetico d'un sistema di correnti d'intensità $\dfrac{dF}{4\pi}$, circolanti nelle zone infinitamente sottili in cui l'iperboloide è suddiviso dalle linee $F = \text{cost.}$, accresciuto del potenziale analogo d'una corrente d'intensità finita $\dfrac{K}{\pi}$ circolante lungo il ramo iperbolico $B'B_0B_{,}$. Ora essendo ϖ un'area terminata da questo stesso contorno (completato da un ramo all'infinito), l'ultimo potenziale può anche esprimersi, avuto riguardo al senso della corrente ed a quello della normale, colla formola

$$\frac{K}{\pi}\int \frac{\partial \frac{1}{u}}{\partial n} d\varpi + \text{cost.};$$

dunque la somma

$$-\frac{1}{4\pi}\int F\frac{\partial \frac{1}{u}}{\partial n} d\omega - \frac{K}{\pi}\int \frac{\partial \frac{1}{u}}{\partial n} d\varpi$$

non differisce che d'una quantità costante dal potenziale elettromagnetico delle correnti d'intensità $\frac{dF}{4\pi}$, distribuite nel modo che s'è detto sulla superficie dell'iperboloide limite, correnti che sono indefinite in ambidue i sensi, poichè, ristabilita la continuità dell'iperboloide colla ricongiunzione dei margini $A_, A'$ e $B_, B'$, le porzioni di corrente che terminavano al margine $B_, B'$ sono continuate da quelle che partivano dal margine $A_, A'$.

Trattasi ora di riconoscere la natura delle linee $F=$cost., ossia $dF=dZ-dX=0$, ossia finalmente

$$\frac{d\zeta^2}{(a^2+\zeta)(b^2+\zeta)(c^2+\zeta)} - \frac{d\xi^2}{(a^2+\xi)(b^2+\xi)(c^2+\xi)} = 0.$$

Spezzando in fattori semplici ciascuna di queste frazioni, si trova

$$dZ^2 - dX^2 = \sum \frac{1}{(a^2-b^2)(a^2-c^2)}\left(\frac{d\zeta^2}{a^2+\zeta} - \frac{d\xi^2}{a^2+\xi}\right),$$

ove il secondo membro si compone di tre espressioni simili a quella scritta sotto il segno Σ, e che si deducono da questa permutando le lettere a, b, c. Moltiplicando i due membri per il fattore

$$\begin{aligned}\xi - \zeta &= a^2 + \xi - (a^2+\zeta)\\ &= b^2+\xi-(b^2+\zeta)\\ &= c^2+\xi-(c^2+\zeta),\end{aligned}$$

il quale è sempre diverso da zero, si ottiene

$$\begin{aligned}&(\xi-\zeta)(dZ^2-dX^2)\\ &=\sum \frac{1}{(a^2-b^2)(a^2-c^2)}\left(\frac{a^2+\xi}{a^2+\zeta}d\zeta^2 + \frac{a^2+\zeta}{a^2+\xi}d\xi^2 - d\zeta^2 - d\xi^2\right),\end{aligned}$$

e, sommando quest'identità coll'altra

$$0 = \sum \frac{1}{(a^2 - b^2)(a^2 - c^2)} (d\zeta + d\xi)^2,$$

si ottiene di nuovo

$$(\xi - \zeta)(dZ^2 - dX^2)$$

$$= \sum \frac{1}{(a^2 - b^2)(a^2 - c^2)} \left(\sqrt{\frac{a^2 + \xi}{a^2 + \zeta}} d\zeta + \sqrt{\frac{a^2 + \zeta}{a^2 + \xi}} d\xi \right)^2$$

$$= 4 \sum \left[d \sqrt{\frac{(a^2 + \xi)(a^2 + \zeta)}{(a^2 - b^2)(a^2 - c^2)}} \right] = 4 \sum \left(d \frac{x}{\sqrt{a^2 + \eta}} \right)^2,$$

ossia finalmente

$$\frac{1}{4}(\xi - \zeta)(dZ^2 - dX^2) = \frac{dx^2}{a^2 + \eta} + \frac{dy^2}{b^2 + \eta} + \frac{dz^2}{c^2 + \eta},$$

perchè in queste differenziazioni il parametro η è costante. Dunque le linee $dF = 0$ dell'iperboloide soddisfanno tanto all'equazione differenziale di questa superficie

$$\frac{x\,dx}{a^2 + \eta} + \frac{y\,dy}{b^2 + \eta} + \frac{z\,dz}{c^2 + \eta} = 0,$$

quanto all'equazione precedente

$$\frac{dx^2}{a^2 + \eta} + \frac{dy^2}{b^2 + \eta} + \frac{dz^2}{c^2 + \eta} = 0 \text{ *)},$$

e quindi anche alla

$$\frac{x\,d^2x}{a^2 + \eta} + \frac{y\,d^2y}{b^2 + \eta} + \frac{z\,d^2z}{c^2 + \eta} = 0.$$

La prima e la terza di queste equazioni dànno

$$\frac{x}{a^2 + \eta} : \frac{y}{b^2 + \eta} : \frac{z}{c^2 + \eta}$$

$$= (dy\,d^2z - dz\,d^2y) : (dz\,d^2x - dx\,d^2z) : (dx\,d^2y - dy\,d^2x),$$

la quale proporzionalità esprime che ogni retta normale all'iperboloide è anche nor-

*) Questa equazione mostra che la direzione $dx : dy : dz$ è parallela a quella d'una generatrice del cono asintotico: dal che si può già facilmente inferire che le linee $F =$ cost. sono le generatrici rettilinee dell'iperboloide.

male al piano osculatore della linea $F = \text{cost.}$ nel punto che si considera; donde consegue che le linee $F = \text{cost.}$ sono le *asintotiche* della superficie, ossia, nel caso attuale, le generatrici rettilinee dell'iperboloide.

La coesistenza delle due serie di correnti circolanti lungo le linee di curvatura, ellittiche ed iperboliche, produce quindi una terza serie di correnti, dirette lungo le generatrici rettilinee d'uno dei due sistemi; mutando senso alle correnti dell'una o dell'altra serie componente (cioè mutando segno ad X od a Z), si ottiene un'altra serie di correnti, dirette secondo le generatrici dell'altro sistema.

Osservando finalmente che si ha anche

$$(Z + X) - (Z - X) = 2X,$$

$$(Z + X) + (Z - X) = 2Z,$$

si possono riassumere i risultati delle precedenti ricerche nel modo che segue.

1° Una serie di correnti elettriche circolanti, con una certa legge d'intensità, lungo le linee di curvatura ellittiche (iperboliche) d'un iperboloide ad una falda, è priva d'azione su tutto lo spazio esterno (interno) ed ha il potenziale elettromagnetico $X(Z)$ nello spazio interno (esterno).

2° Facendo coesistere insieme le due serie di correnti, la loro azione elettromagnetica totale è identica a quella esercitata da una terza serie di correnti dirette, con una certa legge d'intensità, secondo le generatrici rettilinee dell'uno o dell'altro sistema, talchè questa terza serie ha il potenziale X nello spazio interno ed il potenziale Z nello spazio esterno.

3° Facendo coesistere insieme le due serie di correnti dirette secondo le generatrici rettilinee d'ambidue i sistemi, ciascuna colla propria legge d'intensità, la loro azione elettromagnetica totale è, secondo il senso delle correnti, o nulla in tutto lo spazio esterno, o nulla in tutto lo spazio interno: nel primo caso essa ha per potenziale interno $2X$, nel secondo essa ha per potenziale esterno $2Z$.

(Propriamente X e Z designano quì i valori *assoluti* dei potenziali, i quali mutano di segno, se le rispettive correnti mutano di senso).

§ 37.

Per venire ora all'annunziata applicazione dei precedenti risultati alla teoria degli strati vorticosi (§ 32), che si fanno intervenire nei casi di discontinuità del moto, basta rammentare alcune proposizioni già dimostrate antecedentemente.

Considerando in primo luogo il moto interno all'iperboloide η, di potenziale X, e riguardando la superficie dell'iperboloide come quella d'una parete rigida, si scorge tosto che per ristabilire la continuità del moto nello strato fluido immediatamente aderente alla detta superficie basta immaginare una serie di vortici diretti secondo le linee di curvatura ellittiche, e del tutto analoghi, per distribuzione ed intensità, alle correnti del § 34.

Parimente, nel moto esterno di potenziale Z, per ristabilire la continuità lungo la superficie esterna dell'iperboloide, basta immaginare una serie di vortici diretti secondo le linee di curvatura iperboliche, ed aventi egual distribuzione ed intensità delle correnti considerate nel § 35.

Si suppongano ora coesistenti i due moti, e rimossa la superficie rigida di separazione. La condizione (63) del § 32 è soddisfatta, giacchè si ha $v_{n} = 0$ su ambedue le faccie della superficie iperboloidica; si ha inoltre, nel caso attuale, designando con x', y', z' le componenti della velocità del moto esterno, e con $x_{,}$, $y_{,}$, $z_{,}$ quelle del moto interno,

$$(x' - x_{,})\,dx + (y' - y_{,})\,dy + (z' - z_{,})\,dz = dZ - dX;$$

dunque, secondo la teoria esposta nel detto § 32, lo strato vorticoso che si deve far intervenire per compensare la discontinuità dei due moti è costituito da vortici elementari, i cui assi sono rappresentati dall'equazione

$$Z - X = \text{cost.},$$

e che non sono altro, per ciò che si è dimostrato nel § precedente, che le rette costituenti una delle famiglie di generatrici rettilinee dell'iperboloide di separazione.

È notevole il modo in cui si possono concepire formati, in questo caso, i vortici rettilinei elementari. L'elemento lineare dell'iperboloide di separazione è dato, (69), dalla formola

$$4\,ds^2 = (\xi - \zeta)\,[(\xi - \eta)\,dX^2 + (\eta - \zeta)\,dZ^2]\,;$$

per conseguenza la condizione d'ortogonalità di due elementi lineari $(dX,\ dZ)$, $(\delta X,\ \delta Z)$ uscenti da uno stesso punto $(X,\ Z)$, ovvero $(\xi,\ \zeta)$, dell'iperboloide suddetto è

$$(\xi - \eta)\,dX\,\delta X + (\eta - \zeta)\,dZ\,\delta Z = 0\,.$$

Se il secondo elemento appartiene ad una generatrice rettilinea, si ha

$$\delta Z = \pm\,\delta X,$$

epperò l'elemento ortogonale soddisfa alla relazione

$$(\xi - \eta)\,dX \pm (\eta - \zeta)\,dZ = 0\,.$$

D'altronde, se F ed $F + dF$ sono i parametri delle due generatrici (d'una stessa famiglia) che passano per l'origine e per l'estremità di quest'elemento, si ha altresì

$$dZ \mp dX = dF;$$

dunque

$$dX = \mp \frac{\eta - \zeta}{\xi - \zeta} dF, \qquad dZ = \frac{\xi - \eta}{\xi - \zeta} dF.$$

Conseguentemente la lunghezza $d\sigma$ dell'elemento lineare ortogonale, ossia la distanza normale delle due generatrici contigue F ed $F + dF$ nel punto (ξ, ζ) dell'iperboloide η, è data da

$$4 d\sigma^2 = (\xi - \eta)(\eta - \zeta) dF^2.$$

Ora la distanza normale dn che hanno fra loro, nello stesso punto, i due iperboloidi η ed $\eta + d\eta$ (ovvero Y ed $Y + dY$) è data, (69), da

$$4 dn^2 = (\xi - \eta)(\eta - \zeta) dY^2:$$

dunque il rapporto che sussiste fra dn e $d\sigma$ è, in ogni punto d'una stessa generatrice F, eguale al rapporto *costante* di dY a dF. Ne consegue che se da ogni punto delle due generatrici F ed $F + dF$ si conducono delle normali dn all'iperboloide η, fino all'incontro dell'iperboloide contiguo $\eta + d\eta$, il prismoide infinitamente lungo ed infinitamente sottile terminato dalle due striscie iperboloidiche e da quelle che son formate dagli elementi dn, ha per sezione normale un rettangolo sempre simile a sè stesso, qualunque sia il punto ove è fatta la sezione.

Lo spazio compreso fra i due iperboloidi η ed $\eta + d\eta$ può essere suddiviso in un'infinità di prismoidi consimili. Il rapporto dei lati adjacenti d'ogni loro sezione normale varia da un prismoide all'altro, insieme col rapporto di dF a dY; esso è costante per tutti, se si assume dF costante, ed è dovunque eguale all'unità, cioè ogni sezione normale di prismoide è quadrata, se si assume $dF = dY$. Se, al posto delle due superficie $\omega_{,}$ ed ω' del § 32, si scelgono due iperboloidi infinitamente vicini al dato, i vortici elementari che compongono lo strato vorticoso interposto sono appunto i prismoidi ora considerati.

Rammentando la costruzione accennata nel § 32, si ha nel caso attuale (§ 33)

$$OV_{,} = \frac{2}{\sqrt{(\xi - \eta)(\xi - \zeta)}},$$

$$OV' = \frac{2}{\sqrt{(\xi - \zeta)(\eta - \zeta)}};$$

e, siccome le direzioni di queste due velocità sono ortogonali, si ha anche

$$\overline{V_{,}V'}^{2} = OV'^{2} + OV_{,}^{2} = \frac{4}{(\xi - \eta)(\eta - \zeta)} = \frac{dY^{2}}{dn^{2}},$$

donde, per essere quì dn la stessa cosa che ν nel § 32,

$$w = \frac{V_{,}V'}{2\nu} = \frac{dY}{2\nu^{2}}.$$

Dunque: lungo uno stesso vortice rettilineo dello strato la velocità angolare varia da punto a punto in ragione inversa del quadrato della distanza che il dato iperboloide ha in ciascun punto dall'iperboloide omofocale infinitamente vicino, od anche del quadrato della distanza che la generatrice, asse del vortice, ha, in ciascun punto, dalla generatrice infinitamente vicina del dato iperboloide.

Non bisogna dimenticare che in quest'applicazione, come nella relativa teoria generale, non si è avuto riguardo che alle condizioni *cinematiche* del moto *istantaneo* del fluido.

Nota addizionale.

Alle ricerche precedenti, che spettano pressochè in totalità alla parte cinematica della dottrina dei fluidi, dovevano tener dietro, nell'intenzione dell'autore, altre ricerche sulla teoria dinamica propriamente detta. Ma lo sviluppo ragguardevole ch'egli s'è trovato mano mano condotto a dare alle prime gli ha fatto parere più ragionevole di riservare ad altra occasione, e ad altro lavoro, l'esposizione delle seconde. L'autore deve quindi chieder venia al benevolo lettore d'avere talvolta, nel corso di questa Memoria, accennato a svolgimenti ulteriori che punto non vi si trovano, e dedotta qualche formola di cui non gli venne poi occasione di dare la divisata applicazione. Di molti altri difetti, dovuti in parte all'essere stato questo lavoro pubblicato in successivi frammenti, egli sentirebbe egualmente il bisogno di scusarsi presso l'intelligente lettore. Ma poichè ad ogni modo *scripta manent,* gioverà forse più ch'egli dedichi ancora alcune poche pagine a meglio circoscrivere un cert'ordine di considerazioni relative ai potenziali di moto, dei quali fu più volte tenuto discorso in questa Memoria.

Sia Ω una porzione qualunque della superficie, tutta posta a distanza infinita, che si considera come il termine (parziale o totale) d'una massa fluida in moto, quando questa massa non è totalmente contenuta in uno spazio finito. Per maggior generalità, questa superficie si può considerare come porzione della superficie di livello all'infinito relativa ad un sistema qualunque di masse attrattive (la somma delle quali si pone per semplicità uguale ad 1) tutte situate nel campo finito; come porzione, cioè, della superficie $V = 0$, chiamando V l'ordinaria funzione potenziale di queste masse. Siano

$\omega_{\prime}$, ω' le porzioni *corrispondenti* ad Ω sopra due altre superficie di livello, individuate da due valori costanti positivi $V_{\prime}$ e V' di V, $(V_{\prime} > V')$, cioè le porzioni limitate su queste due altre superficie dalla serie continua delle linee di forza che fanno capo al contorno di Ω, e sia σ la superficie tubulare luogo di queste linee. Se nello spazio S, limitato dalle superficie $\omega_{\prime}$, σ ed ω', non cade alcuna parte della massa di potenziale V, ciò che avviene sempre quando $V_{\prime}$ è inferiore ad un certo limite, si ha $\Delta_2 V = 0$ in tutto questo spazio. Conseguentemente, assumendo una funzione U, monodroma, finita e continua in questo stesso spazio, e formando l'espressione

$$W = \frac{\partial U}{\partial x}\frac{\partial V}{\partial x} + \frac{\partial U}{\partial y}\frac{\partial V}{\partial y} + \frac{\partial U}{\partial z}\frac{\partial V}{\partial z},$$

ossia

$$W = \frac{\partial}{\partial x}\left(U\frac{\partial V}{\partial x}\right) + \frac{\partial}{\partial y}\left(U\frac{\partial V}{\partial y}\right) + \frac{\partial}{\partial z}\left(U\frac{\partial V}{\partial z}\right),$$

si ha

$$\int W\,dS = \int U\frac{\partial V}{\partial n_{\prime}}d\omega_{\prime} - \int U\frac{\partial V}{\partial n'}d\omega',$$

dove $n_{\prime}$ ed n' sono le normali agli elementi $d\omega_{\prime}$ e $d\omega'$ dirette verso l'interno delle superficie chiuse $\omega_{\prime}$ ed ω'. Ma dividendo lo spazio S in istrati infinitesimali, mediante le superficie di livello ω comprese fra $\omega_{\prime}$ ed ω', si può porre $dS = d\omega\,dn$, dove dn è la grossezza dello strato nel punto che si considera: d'altronde si ha

$$\frac{\partial V}{\partial x} = \frac{\partial V}{\partial n}\frac{\partial x}{\partial n}, \qquad \frac{\partial V}{\partial y} = \frac{\partial V}{\partial n}\frac{\partial y}{\partial n}, \qquad \frac{\partial V}{\partial z} = \frac{\partial V}{\partial n}\frac{\partial z}{\partial n},$$

epperò

$$W = \frac{\partial U}{\partial n}\frac{\partial V}{\partial n};$$

quindi l'equazione precedente può scriversi così:

$$\int U\frac{\partial V}{\partial n'}d\omega' = \int U\frac{\partial V}{\partial n_{\prime}}d\omega_{\prime} - \int_{V'}^{V_{\prime}} dV \int \frac{\partial U}{\partial n}d\omega.$$

Ciò premesso, mantenendo costante il parametro $V_{\prime}$ della superficie $\omega_{\prime}$, si faccia convergere a zero il parametro V' dell'altra superficie ω', talchè questa vada a confondersi colla superficie all'infinito Ω. Ammesso che l'ultimo integrale dell'equazione precedente converga verso un limite *finito* per $V' = 0$, si ottiene così

$$\int U\frac{\partial V}{\partial N}d\Omega = \int U\frac{\partial V}{\partial n_{\prime}}d\omega_{\prime} - \int_0^{V_{\prime}} dV \int \frac{\partial U}{\partial n}d\omega,$$

dove N è la normale interna alla superficie Ω. Ora chiamando R la distanza dell'elemento $d\Omega$ da un punto qualunque O del campo finito, si ha

$$\lim_{R=\infty}\left(R^2\frac{\partial V}{\partial N}\right)=1,$$

dunque

$$\frac{1}{R^2}\int U\,d\Omega=\int U\frac{\partial V}{\partial n_1}\,d\omega_1-\int_0^{V_1}dV\int\frac{\partial U}{\partial n}\,d\omega,$$

ossia

$$(a)\qquad \frac{\int U\,d\Omega}{\Omega}=\frac{1}{\Theta}\left(\int U\frac{\partial V}{\partial n_1}\,d\omega_1-\int_0^{V_1}dV\int\frac{\partial U}{\partial n}\,d\omega\right),$$

dove Θ è l'angolo solido sotteso nel punto O dalla superficie Ω, considerata come sferica col centro in O.

L'integrale

$$\int_{V'}^{V_1}dV\int\frac{\partial U}{\partial n}\,d\omega$$

soddisfa evidentemente alla condizione d'avere un valore finito per $V'=0$, se l'integrale

$$\int\frac{\partial U}{\partial n}\,d\omega,$$

il cui valore non dipende che dal parametro V della superficie ω su cui esso è esteso, si mantiene finito quando V converge verso zero, cioè se è finito anche l'integrale

$$(b)\qquad \int\frac{\partial U}{\partial N}\,d\Omega\ ^{*)}.$$

Quando questa condizione è soddisfatta, il valor medio della funzione U sopra la superficie all'infinito Ω, cioè la quantità

$$\frac{\int U\,d\Omega}{\Omega},$$

è, in virtù dell'equazione (a), finita, determinata e indipendente dal punto O.

Se, in particolare, U è il potenziale di moto d'un fluido incompressibile che si estenda indefinitamente in ogni senso, od in un senso determinato, l'integrale (b) esprime

---

*) Ciò è sufficiente, ma non è necessario, potendo un integrale essere finito anche quando la funzione sotto il segno diventi infinita ad uno dei limiti. Ma, per lo scopo attuale, non giova punto considerare questo caso più generale.

il volume di fluido che entra dalla regione Ω dell'infinito: ora, qualunque siano le condizioni determinatrici del moto nel campo finito, questo volume non può essere che finito (in ogni problema fisico) per ogni porzione Ω della regione all'infinito verso cui s'estende il fluido. In questo caso è dunque legittimo attribuire un valore costante alla media dei valori che prende il potenziale di moto nei punti all'infinito: questo valore costante è del resto arbitrario, giacchè le condizioni imposte alla funzione U dal problema cinematico riguardano soltanto le derivate di questa funzione.

Basandosi su queste conclusioni, si può rendere più semplice e più rigorosa la trattazione dell'ipotesi di moto che forma argomento del § 23, *a*); dell'ipotesi, cioè, d'un fluido incompressibile che si estenda all'infinito in tutte le direzioni, ed i cui vortici occupino uno spazio Σ limitato in ogni senso. Sia F il potenziale di moto (polidromo) che regna in tutto lo spazio esterno a Σ, e siano ω, ω' due superficie chiuse, delle quali la prima circondi lo spazio Σ e la seconda, che per semplicità si supporrà sferica, circondi la prima. Nello spazio S, compreso fra queste due superficie, si facciano, se è necessario, le sezioni trasverse necessarie a rendere monodroma la funzione F, sezioni i cui margini cadono tutti, necessariamente, sulla sola superficie ω, e si applichi allo spazio stesso il teorema di GREEN. Si ottiene in tal modo

$$\frac{1}{4\pi}\int\left(F\frac{\partial\frac{1}{u}}{\partial n}-\frac{1}{u}\frac{\partial F}{\partial n}\right)d\omega+\frac{1}{4\pi}\sum \mathfrak{E}\Lambda$$

$$=\frac{1}{4\pi}\int\left(F\frac{\partial\frac{1}{u}}{\partial n'}-\frac{1}{u}\frac{\partial F}{\partial n'}\right)d\omega'-\varepsilon F_1,$$

dove n, n' sono le normali interne ad ω e ad ω', Λ è (come nel § 17, *d*) il potenziale elettromagnetico d'una corrente d'intensità 1 circolante lungo il margine della sezione trasversa relativa al modulo $\mathfrak{E}$, ed ε è uguale a zero od a 1 secondo che il punto $u=0$, cui si riferisce il valore F_1 di F, è esterno od interno ad S (purchè sempre esterno a Σ). Si faccia ora crescere indefinitamente il raggio della superficie sferica ω', tenendone fisso il centro nel campo finito. Se l'integrale

$$(c)\qquad \int\frac{\partial F}{\partial n'}d\omega'$$

si mantiene finito per quanto grande sia il raggio, e qualunque sia la porzione di superficie ω' su cui esso si estende *), l'integrale

*) Questa è l'unica condizione necessaria, da surrogarsi a quelle che furono meno esattamente enunciate nel § 23, *a*). Essa può del pari tener luogo di quelle espresse dalle equazioni (55') del § 24, *a*), quando si aggiunga che il limite dell'integrale (*c*) dev'essere lo zero.

$$\int \frac{\partial F}{\partial n'} \frac{d\omega'}{u}$$

converge manifestamente a zero per $R = \infty$, mentre l'altro integrale

$$\int F \frac{\partial \frac{1}{u}}{\partial n'} d\omega'$$

converge (per ciò che si è dimostrato dianzi) verso un limite finito, indipendente dal centro della sfera. Si ha dunque

$$(d) \qquad \frac{1}{4\pi}\int \left(F \frac{\partial \frac{1}{u}}{\partial n} - \frac{1}{u} \frac{\partial F}{\partial n} \right) d\omega + \frac{1}{4\pi} \sum \mathfrak{F} \Lambda = \text{cost.} - \varepsilon F_1 .$$

Il primo membro di quest'equazione coincide colla funzione M_ω del § 23, *a*), giacchè su ogni superficie ω, esterna allo spazio Σ, l'espressione di F non può differire che per una costante dal flusso $\mathfrak{F}$ relativo a quella superficie, ed è inoltre $\frac{\partial F}{\partial n} = v_n$.

D'altronde, se (x_1, y_1, z_1) è un punto qualunque della superficie ω', si ha

$$\frac{\partial F}{\partial n'} = x_1' \frac{\partial x_1}{\partial n'} + y_1' \frac{\partial y_1}{\partial n'} + z_1' \frac{\partial z_1}{\partial n'} ,$$

donde, ammettendo le espressioni (52') per le componenti della velocità,

$$\int \frac{\partial F}{\partial n'} d\omega' = \int (P\, dx_1 + Q\, dy_1 + R\, dz_1),$$

ove il secondo integrale è preso lungo il contorno di ω'. Quando la superficie ω' si porta a distanza infinita, questa quantità converge a zero qualunque sia il pezzo di superficie che si considera, perchè gli integrali tripli P, Q, R si riferiscono allo spazio Σ, finito ed invariabile. Dunque l'anzidetta condizione relativa all'integrale (*c*) è soddisfatta.

INDICE

XXXVI.

INTORNO AD UNA TRASFORMAZIONE DI DIRICHLET.

Giornale di Matematiche, volume X (1872), pp. 49-52.

L'espressione generale che ha data DIRICHLET della funzione potenziale d'un ellissoide è stata verificata dal signor E. PADOVA (prima nel « Nuovo Cimento », poi nella Dissertazione inaugurale *Sul moto di un ellissoide fluido*) e dal signor R. DEL GROSSO [nella memoria *Sull'attrazione degli sferoidi* *)].

Benchè le dimostrazioni date da questi due autori siano perfettamente esatte, pure mi è sembrato che l'intervento esplicito dei coefficienti di una sostituzione lineare possa essere evitato con vantaggio. Dal momento infatti che tali coefficienti non figurano punto nella formola finale, è chiaro che la dimostrazione deve poter essere dedotta dalle sole *proprietà* che caratterizzano la sostituzione anzidetta.

Ecco come io procedo per dimostrare quella formola. Posto

$$f = ax^2 + by^2 + cz^2 + 2a_1yz + 2b_1zx + 2c_1xy,$$

$$F = AX^2 + BY^2 + CZ^2 + 2A_1YZ + 2B_1ZX + 2C_1XY,$$

$$\Delta = \begin{vmatrix} a & c_1 & b_1 \\ c_1 & b & a_1 \\ b_1 & a_1 & c \end{vmatrix},$$

$$A = \frac{\partial \Delta}{\partial a}, \ldots \quad 2A_1 = \frac{\partial \Delta}{\partial a_1}, \ldots$$

*) Giornale di Matematiche, volume VIII (1870), pag. 97.

le equazioni

$$f = 1, \qquad F = \Delta$$

rappresentano, l'una in coordinate locali x, y, z, l'altra in coordinate tangenziali X, Y, Z, una sola e medesima superficie di second'ordine, riferita a tre assi ortogonali coll'origine nel centro. Ora è noto che se si pone

$$\Phi = \frac{F}{\Delta} + \lambda(X^2 + Y^2 + Z^2),$$

si ha nella

$$\Phi = 1$$

l'equazione tangenziale di una superficie omofocale alla precedente. Per avere l'equazione locale di questa stessa superficie bisogna dedurre da Φ una nuova funzione φ, collo stesso algoritmo con cui da f si è dedotta F, cioè

$$\varphi = \frac{1}{\Delta}\{f - \lambda F + [\Delta\lambda^2 + (A + B + C)\lambda](x^2 + y^2 + z^2)\},$$

(dove F designa la stessa funzione di prima, ma formata colle x, y, z anzichè colle X, Y, Z), e porre

$$\varphi = \Pi,$$

dove Π è il discriminante di Φ, cioè

$$\Pi = \frac{1}{\Delta^3}\begin{vmatrix} A + \lambda\Delta & C_1 & B_1 \\ C_1 & B + \lambda\Delta & A_1 \\ B_1 & A_1 & C + \lambda\Delta \end{vmatrix}.$$

Ma formando il prodotto dei due determinanti Δ e Π si trova

$$\Delta\Pi = \begin{vmatrix} a\lambda + 1 & c_1\lambda & b_1\lambda \\ c_1\lambda & b\lambda + 1 & a_1\lambda \\ b_1\lambda & a_1\lambda & c\lambda + 1 \end{vmatrix} = \Delta\lambda^3 + \Delta_1\lambda^2 + \Delta_2\lambda + 1,$$

quindi l'equazione generale in coordinate locali x, y, z, delle superficie omofocali alla $f = 1$ è

$$\frac{f - \lambda F + (\Delta\lambda^2 + \Delta_1\lambda)(x^2 + y^2 + z^2)}{\Delta\lambda^3 + \Delta_1\lambda^2 + \Delta_2\lambda + 1} = 1.$$

Quando f ha la forma

$$f = \frac{x_1^2}{a^2} + \frac{y_1^2}{b^2} + \frac{z_1^2}{c^2},$$

il primo membro di quest'equazione diventa

$$\frac{x_1^2}{a^2+\lambda}+\frac{y_1^2}{b^2+\lambda}+\frac{z_1^2}{c^2+\lambda};$$

dunque quella stessa sostituzione lineare ed *ortogonale*, che conferisce ad f la forma canonica precedente, rende identiche le due espressioni

$$\frac{f-\lambda F+(\Delta\lambda^2+\Delta_1\lambda)(x^2+y^2+z^2)}{\Delta\lambda^3+\Delta_1\lambda^2+\Delta_2\lambda+1}=\frac{x_1^2}{a^2+\lambda}+\frac{y_1^2}{b^2+\lambda}+\frac{z_1^2}{c^2+\lambda}.$$

D'altronde per notissimi teoremi si ha pure

$$\Delta\lambda^3+\Delta_1\lambda^2+\Delta_2\lambda+1=\left(\frac{\lambda}{a^2}+1\right)\left(\frac{\lambda}{b^2}+1\right)\left(\frac{\lambda}{c^2}+1\right).$$

Dunque: ogni funzione di λ e delle due quantità

$$\frac{x_1^2}{a^2+\lambda}+\frac{y_1^2}{b^2+\lambda}+\frac{z_1^2}{c^2+\lambda},\qquad \left(\frac{\lambda}{a^2}+1\right)\left(\frac{\lambda}{b^2}+1\right)\left(\frac{\lambda}{c^2}+1\right)$$

è rappresentata, prima della riduzione alla forma canonica (presupposta in queste due espressioni), da una funzione formata similmente con λ e colle due espressioni equivalenti trovate più sopra.

Di quì risulta appunto, come caso particolare, la formola data da DIRICHLET.

Ho usato, in ciò che precede, la considerazione delle superficie omofocali, perchè essa si presenta spontaneamente in base a ciò che si sa già circa la natura dell'espressione da trasformare. Ma riducendo la dimostrazione a pura analisi, essa può essere presentata in forma diversa ed ancora più semplice, ragionando come segue.

Sia

$$\psi=\sum a_{rs}x_r x_s,\qquad (a_{rs}=a_{sr})$$

una forma quadratica ad n variabili, A e Ψ il suo invariante ed il suo controvariante, cioè

$$A=\begin{vmatrix} a_{11} & a_{12} & \dots & a_{1n}\\ a_{21} & a_{22} & \dots & a_{2n}\\ \dots & \dots & \dots & \dots\\ a_{n1} & a_{n2} & \dots & a_{nn}\end{vmatrix},\qquad \Psi=-\begin{vmatrix} 0 & x_1 & x_2 & \dots & x_n\\ x_1 & a_{11} & a_{12} & \dots & a_{1n}\\ x_2 & a_{21} & a_{22} & \dots & a_{2n}\\ \dots & \dots & \dots & \dots & \dots\\ x_n & a_{n1} & a_{n2} & \dots & a_{nn}\end{vmatrix};$$

si ponga inoltre, per brevità

$$X = x_1^2 + x_2^2 + \cdots + x_n^2.$$

Se una data sostituzione lineare *diretta* converte ψ in ψ', la corrispondente sostituzione *inversa* converte Ψ in Ψ', essendo Ψ' formata coi coefficienti di ψ' come Ψ lo è con quelli di ψ. Ma se la sostituzione diretta è *ortogonale*, cioè se trasforma la quadratica X in sè stessa, la sua inversa è pure ortogonale ed *identica alla diretta.* Dunque: *ogni espressione formata colle quantità*

$$\psi, \quad \Psi, \quad A, \quad X$$

è un covariante assoluto, rispetto ad ogni sostituzione lineare ed ortogonale.

Tale espressione potrebbe essere anche un integrale della forma

$$\int \Theta(\lambda, \psi, \Psi, A, X) d\lambda,$$

dove λ è un parametro qualunque che può entrare nei coefficienti di ψ, ma non in quelli della sostituzione.

La trasformazione indicata da Dirichlet è un'applicazione particolarissima del teorema precedente. Prendasi infatti ψ sotto la forma

$$\psi = \lambda f + X,$$

dove f è una forma quadratica in $x_1, x_2, \ldots x_n$. Supposto che la sostituzione ortogonale riduca f ad

$$f' = \frac{y_1^2}{a_1^2} + \frac{y_2^2}{a_2^2} + \cdots + \frac{y_n^2}{a_n^2},$$

essa ridurrà pure ψ ed A a

$$\psi' = \frac{(a_1^2 + \lambda) y_1^2}{a_1^2} + \frac{(a_2^2 + \lambda) y_2^2}{a_2^2} + \cdots + \frac{(a_n^2 + \lambda) y_n^2}{a_n^2},$$

$$A' = \left(\frac{\lambda}{a_1^2} + 1\right)\left(\frac{\lambda}{a_2^2} + 1\right) \cdots \left(\frac{\lambda}{a_n^2} + 1\right),$$

e si avrà quindi, in virtù della sostituzione stessa,

$$\frac{1}{\lambda}\left(X - \frac{\Psi}{A}\right) = \frac{y_1^2}{a_1^2 + \lambda} + \frac{y_2^2}{a_2^2 + \lambda} + \cdots + \frac{y_n^2}{a_n^2 + \lambda}.$$

Conseguentemente ogni funzione di λ e delle due espressioni

$$\left(\frac{\lambda}{a_1^2}+1\right)\left(\frac{\lambda}{a_2^2}+1\right)\cdots\left(\frac{\lambda}{a_n^2}+1\right), \qquad \frac{y_1^2}{a_1^2+\lambda}+\frac{y_2^2}{a_2^2+\lambda}+\cdots+\frac{y_n^2}{a_n^2+\lambda}$$

sarà rappresentata, prima della riduzione alla forma canonica, da una funzione formata similmente con λ e colle due espressioni generali

$$A, \qquad \frac{1}{\lambda}\left(X-\frac{\Psi}{A}\right).$$

Applicando questo nuovo processo al caso di tre sole variabili x, y, z e riponendo per f l'espressione già assunta da principio, si trova

$$\Psi=\lambda^2 F-\lambda f+(\Delta_2\lambda+1)(x^2+y^2+z^2),$$

$$A=\Delta\lambda^3+\Delta_1\lambda^2+\Delta_2\lambda+1,$$

donde si trae

$$\frac{1}{\lambda}\left(x^2+y^2+z^2-\frac{\Psi}{A}\right)=\frac{f-\lambda F+(\Delta\lambda^2+\Delta_1\lambda)(x^2+y^2+z^2)}{\Delta\lambda^3+\Delta_1\lambda^2+\Delta_2\lambda+1}.$$

Così si ricade appunto sul risultato già noto.

XXXVII.

OSSERVAZIONE SULLA NOTA DEL PROF. L. SCHLAEFLI ALLA MEMORIA DEL SIG. BELTRAMI "SUGLI SPAZII DI CURVATURA COSTANTE".

Annali di Matematica pura ed applicata, serie II, tomo V (1871-73), pp. 194-198.

Il risultato finale cui giunge il sig. SCHLAEFLI nella precedente sua Memoria *) è che il più generale spazio ad n dimensioni, pel quale si verifica la proprietà che ciascuna linea geodetica è rappresentata dal complesso di $n - 1$ equazioni lineari, si ottiene semplicemente operando una trasformazione omografica su quello spazio ch'io avevo già considerato nella Memoria inserita in questi Annali **), e per il quale io avevo dimostrato *a posteriori* l'esistenza di tale proprietà.

È agevole concepire che l'effetto d'una trasformazione omografica sta tutto in ciò, che al posto della funzione

$$a^2 - x_1^2 - x_2^2 - \cdots - x_n^2$$

(designata nella mia Memoria con x^2), la quale eguagliata a zero definisce lo *spazio limite* (OPERE citate, pag. 409), sottentra una funzione quadratica qualunque φ, che per maggior comodo suppongo resa omogenea coll'introduzione di una nuova variabile x_0, e che designo con

$$\varphi_{xx} = \varphi(x_0, x_1, x_2, \ldots x_n) = \sum a_{rs} x_r x_s,$$

dove r, s sono due indici, ciascuno dei quali può prendere tutti i valori $0, 1, 2, \ldots n$.

*) Annali di Matematica pura ed applicata, serie II, tomo V (1871-73), pag. 178.

**) Annali di Matematica pura ed applicata, serie II, tomo II (1868-69), pag. 232; oppure queste OPERE, vol. I, pag. 406.

L'equazione $\varphi_{xx} = 0$ rappresenta allora, per lo spazio ad n dimensioni, ciò che corrisponde alla *quadrica assoluta* del sig. CAYLEY, e la formola metrica fondamentale per gli spazî di curvatura costante, che è la (8) della mia citata Memoria (pag. 409), diventa in corrispondenza

$$\text{(I)} \qquad \cos\text{h}^2 \frac{(xy)}{R} = \frac{\varphi_{xy}^2}{\varphi_{xx}\varphi_{yy}},$$

dove (xy) designa la *distanza* dei due punti $(x_0, x_1, \ldots x_n)$ ed $(y_0, y_1, \ldots y_n)$, mentre φ_{xy} indica la funzione bilineare formata colle due serie di variabili x ed y. [Seguo, per la segnatura delle funzioni quadratiche e delle bilineari correlative, la regola già tenuta dal sig. KLEIN nella sua interessante Memoria sulla geometria non euclidea *)]. L'equazione precedente dà

$$\text{sen}\,\text{h}^2 \frac{(xy)}{R} = \frac{\varphi_{xy}^2 - \varphi_{xx}\varphi_{yy}}{\varphi_{xx}\varphi_{yy}}.$$

Quando il punto y è infinitamente vicino al punto x, lo che si esprime sommariamente scrivendo $y = x + dx$, si ha

$$\varphi_{xy} = \varphi_{xx} + \tfrac{1}{2} d\varphi_{xx},$$

$$\varphi_{yy} = \varphi_{xx} + d\varphi_{xx} + \varphi_{dx,dx},$$

donde

$$\frac{\varphi_{xy}^2 - \varphi_{xx}\varphi_{yy}}{\varphi_{xx}\varphi_{yy}} = \frac{(d\varphi_{xx})^2 - 4\varphi_{xx}\varphi_{dx,dx}}{4\varphi_{xx}^2};$$

epperò, scrivendo ds in luogo di (xy), si ha

$$\text{(II)} \qquad ds^2 = \frac{R^2}{4\varphi_{xx}^2}[(d\varphi_{xx})^2 - 4\varphi_{xx}\varphi_{dx,dx}].$$

Tale è dunque la formola che porge l'espressione dell'elemento lineare dello spazio considerato dal sig. SCHLAEFLI, e che tien luogo, in seguito alla trasformazione omografica, di quella dalla quale io sono partito nella mia Memoria e che si trova alla pag. 407, *sub* (1).

L'espressione trovata dal sig. SCHLAEFLI per l'elemento lineare dello stesso spazio è assai diversa dalla precedente, nella sua forma esterna. Mi propongo quindi di mostrare brevemente donde proceda tale differenza, e come essa non sia che apparente.

Si formi la funzione reciproca della φ_{xx} e, indicate con $\xi_0, \xi_1, \ldots \xi_n$ le variabili

*) Mathematische Annalen, t. IV (1871), pag. 587.

reciproche, sia dessa

$$\Phi_{\xi\xi} = \sum \alpha_{rs} \xi_r \xi_s ,$$

dove

$$\alpha_{rs} = \frac{1}{||a||} \frac{\partial ||a||}{\partial a_{rs}} ,$$

e reciprocamente

$$a_{rs} = \frac{1}{||\alpha||} \frac{\partial ||\alpha||}{\partial \alpha_{rs}} .$$

Colla segnatura $|| \; ||$ indico (seguendo un uso già introdotto dal signor KRONECKER) il determinante formato cogli $(n+1)^2$ coefficienti a_{rs} oppure α_{rs}. Le variabili reciproche x e ξ sono fra loro collegate dalle relazioni

$$x_r = \frac{1}{2} \frac{\partial \Phi_{\xi\xi}}{\partial \xi_r} , \qquad \xi_r = \frac{1}{2} \frac{\partial \varphi_{xx}}{\partial x_r} ,$$

dalle quali risulta

$$x_0 \xi_0 + x_1 \xi_1 + \cdots + x_n \xi_n = \varphi_{xx} = \Phi_{\xi\xi} ,$$

$$x_0 \eta_0 + x_1 \eta_1 + \cdots + x_n \eta_n$$

$$= y_0 \xi_0 + y_1 \xi_1 + \cdots + y_n \xi_n = \varphi_{xy} = \Phi_{\xi\eta} ,$$

dove le η sono variabili reciproche alle y, come le ξ lo sono alle x. Da queste relazioni risulta la seguente identità:

$$\begin{vmatrix} \varphi_{xx} & \varphi_{xy} & x_0 & x_1 & \ldots & x_n \\ \varphi_{yx} & \varphi_{yy} & y_0 & y_1 & \ldots & y_n \\ x_0 & y_0 & \alpha_{00} & \alpha_{01} & \ldots & \alpha_{0n} \\ x_1 & y_1 & \alpha_{10} & \alpha_{11} & \ldots & \alpha_{1n} \\ \cdot & \cdot & \cdot & \cdot & \cdot & \cdot \\ x_n & y_n & \alpha_{n0} & \alpha_{n1} & \ldots & \alpha_{nn} \end{vmatrix} = 0.$$

Infatti gli elementi della prima colonna del determinante si ottengono moltiplicando ordinatamente quelli della 3^a, 4^a, ... $(n+3)^a$ colonna per $\xi_0, \xi_1, \ldots \xi_n$ e sommando; e per conseguenza il determinante è identicamente nullo. Si può, adoperando una segnatura di facile interpretazione, rappresentare più brevemente questa identità nel modo che segue:

$$(a)\qquad \begin{Vmatrix} \varphi_{xx} & \varphi_{xy} & x \\ \varphi_{yx} & \varphi_{yy} & y \\ x & y & \alpha \end{Vmatrix} = 0.$$

Insieme con questa si hanno le identità ben note

$$(b)\qquad \begin{Vmatrix} \varphi_{xx} & x \\ x & \alpha \end{Vmatrix} = 0, \qquad \begin{Vmatrix} \varphi_{xy} & x \\ y & \alpha \end{Vmatrix} = 0, \qquad \begin{Vmatrix} \varphi_{yy} & y \\ y & \alpha \end{Vmatrix} = 0,$$

dalle quali si trae

$$(c)\qquad \begin{cases} \|\alpha\|\,\varphi_{xx} + \begin{Vmatrix} 0 & x \\ x & \alpha \end{Vmatrix} = 0, \qquad \|\alpha\|\,\varphi_{yy} + \begin{Vmatrix} 0 & y \\ y & \alpha \end{Vmatrix} = 0, \\ \|\alpha\|\,\varphi_{xy} + \begin{Vmatrix} 0 & x \\ y & \alpha \end{Vmatrix} = 0. \end{cases}$$

Ora i coefficienti dei due primi elementi della prima colonna, nello sviluppo del determinante (a), sono nulli in virtù delle identità (b), talchè all'identità (a) si può sostituire la seguente

$$\begin{Vmatrix} \varphi_{yy} & 0 & y \\ \varphi_{xy} & 0 & x \\ y & x & \alpha \end{Vmatrix} = 0,$$

e questa equivale alla sua volta, in forza delle formole (c), alla seguente

$$\|\alpha\| \cdot \begin{vmatrix} \varphi_{xx} & \varphi_{xy} \\ \varphi_{yx} & \varphi_{yy} \end{vmatrix} = \begin{Vmatrix} 0 & 0 & y \\ 0 & 0 & x \\ y & x & \alpha \end{Vmatrix}.$$

Si ha dunque, in virtù della (I),

$$\cos h^2 \frac{(xy)}{R} = \frac{\begin{Vmatrix} 0 & x \\ y & \alpha \end{Vmatrix}^2}{\begin{Vmatrix} 0 & x \\ x & \alpha \end{Vmatrix} \cdot \begin{Vmatrix} 0 & y \\ y & \alpha \end{Vmatrix}}, \qquad \operatorname{sen} h^2 \frac{(xy)}{R} = -\frac{\|\alpha\| \cdot \begin{Vmatrix} 0 & 0 & y \\ 0 & 0 & x \\ y & x & \alpha \end{Vmatrix}}{\begin{Vmatrix} 0 & x \\ x & \alpha \end{Vmatrix} \cdot \begin{Vmatrix} 0 & y \\ y & \alpha \end{Vmatrix}}.$$

Facendo $y = x + dx$ in quest'ultima formola, si ottiene

$$\text{(III)} \qquad ds^2 = -\frac{R^2 \,.\, \|\alpha\|}{\left\| \begin{matrix} 0 & x \\ x & \alpha \end{matrix} \right\|^2} \left\| \begin{matrix} 0 & 0 & dx \\ 0 & 0 & x \\ dx & x & \alpha \end{matrix} \right\| .$$

È questa appunto l'espressione data dal sig. SCHLAEFLI (pag. 185) per il quadrato dell'elemento lineare (il quale qui si riferisce ad uno spazio pseudosferico, ma si applicherebbe egualmente ad uno spazio sferico mutando R^2 in $-R^2$). La sola differenza è che il sig. SCHLAEFLI ha posto $x_0 = 1$, $dx_0 = 0$, per ridurre il numero delle variabili ad n.

Le due espressioni (II) e (III) sono dunque perfettamente identiche fra loro, provenendo entrambe dalla stessa equazione (I), e non differiscono quanto alla forma se non perchè la prima contiene i coefficienti a_{rs} della quadrica assoluta *espressa in coordinate locali*, mentre la seconda contiene invece i coefficienti α_{rs} della stessa quadrica *espressa in coordinate tangenziali* (i quali due punti di vista non presentano, del resto, negli spazî di curvatura costante non uguale a 0, alcuna differenza essenziale).

È un fatto notabile che la considerazione *implicita* di queste ultime coordinate abbia permesso al sig. SCHLAEFLI di pervenire con tanta prontezza ed eleganza alla forma (III), superando d'un tratto le difficoltà che avrebbe presentate l'applicazione del metodo da me adottato nel 1866 *) per risolvere il problema nel caso di due dimensioni.

---

*) Annali di Matematica, serie 1ª, t. VII, pag. 185, oppure queste OPERE, vol. I, pag. 262.

XXXVIII.

SULLA TEORIA ANALITICA DELLA DISTANZA.

Rendiconti del Reale Istituto Lombardo, serie II, volume V (1872), pp. 294-295.

Recenti ricerche del sig. Dr. KLEIN *) hanno mostrato l'utilità di concepire la distanza lineare di due punti e la distanza angolare di due rette o di due piani, come il logaritmo di un rapporto anarmonico, i cui quattro elementi corrispondono ai valori di un parametro che serve a individuare la posizione dei due punti, delle due rette o dei due piani, insieme con due valori fissi od assoluti.

Lo scopo di questa brevissima comunicazione è unicamente di far notare che il menzionato concetto è suscettibile di essere generalizzato, almeno sotto un certo punto di veduta; e che, nel caso della geometria a due dimensioni, la generalizzazione cui alludo è implicitamente contenuta in una formola da me data nel vol. 2 della serie II di questi stessi Rendiconti (seduta del 1° luglio 1869) **). L'equazione che porta il numero (18) nella Nota da me inserita, *Intorno ad un nuovo elemento introdotto dal sig.* CHRISTOFFEL *nella teorica delle superficie,* può scriversi infatti così:

$$\int_{r_0}^{r} \frac{[\alpha\beta]}{[\alpha r][\beta r]}\, dr = \log [\alpha\beta r_0 r].$$

Ora nel caso delle superficie di curvatura costante si ha, come è rammentato nella Nota stessa,

$$[\alpha r] = \frac{\operatorname{sen}\left[(r-\alpha)\sqrt{k}\right]}{\sqrt{k}},$$

*) Mathematische Annalen, t. IV (1871), pag. 573.

**) Oppure queste OPERE, vol. II, pag. 63.

e quindi

$$\frac{[\alpha\beta]}{[\alpha r][\beta r]} = \sqrt{k}\,\frac{\mathrm{tg}(\beta\sqrt{k}) - \mathrm{tg}(\alpha\sqrt{k})}{\mathrm{sen}^2(r\sqrt{k}) + m\cos^2(r\sqrt{k}) - \frac{n}{2}\,\mathrm{sen}(2r\sqrt{k})},$$

dove

$$m = \mathrm{tg}(\alpha\sqrt{k}).\,\mathrm{tg}(\beta\sqrt{k}), \qquad n = \mathrm{tg}(\alpha\sqrt{k}) + \mathrm{tg}(\beta\sqrt{k}).$$

Se si pone dunque

$$m = 1, \qquad n = 0,$$

donde

$$\mathrm{tg}(\alpha\sqrt{k}) = -i, \qquad \mathrm{tg}(\beta\sqrt{k}) = +i,$$

si trova

$$\frac{[\alpha\beta]}{[\alpha r][\beta r]} = 2i\sqrt{k},$$

e per conseguenza si ha, dalla citata equazione (18),

$$r - r_0 = \frac{1}{2i\sqrt{k}}\log[\alpha\beta r_0 r].$$

Questa è appunto la formola che ha servito implicitamente di base alla teoria delle distanze del sig. CAYLEY *), e che è stabilita direttamente dal sig. KLEIN, mediante considerazioni sue proprie **). È evidente del resto, che il parametro φ, coi valori del quale si deve formare l'espressione effettiva del rapporto anarmonico (se ne vegga la forma nella Nota già citata) corrisponde ad una projezione centrale della superficie, supposta sferica.

Ciò che precede è sufficiente pel mio scopo, cioè per far intravedere il nesso fra la teoria di CAYLEY e quella del sig. CHRISTOFFEL.

Bologna, 4 marzo 1872.

---

*) Philosophical Transactions of the R. Society of London, vol. CXLIX (1859), p. 82.

**) l. c.

XXXIX.

TEOREMA DI GEOMETRIA PSEUDOSFERICA.

Giornale di Matematiche, volume X (1872), pag. 53.

È noto che, nella geometria pseudosferica o non-euclidea, da un punto posto alla distanza δ da una retta si possono condurre a questa due parallele, le quali formano colla perpendicolare δ due angoli eguali fra loro e dati da

$$\operatorname{tg}\theta \operatorname{sen h}\frac{\delta}{R} = 1,$$

dove θ è uno degli angoli in discorso, cioè *l'angolo del parallelismo,* ed R è il *pseudoraggio.*

Ciò posto facciamo la costruzione seguente sopra un ordinario piano euclideo. Tracciamo due assi ortogonali Ox, Oy e da un punto N d'ascissa

$$ON = x = \delta,$$

però sull'asse Ox, conduciamo una retta NM formante con NO l'angolo θ dato dalla formula precedente. Si verrà così a determinare, per ciascun punto δ dell'asse Ox, una retta d'equazione

$$x + y \operatorname{sen h}\frac{\delta}{R} = \delta,$$

la quale potrà riguardarsi, in vicinanza del punto δ donde è spiccata, come rappresentante una delle parallele che, ove il piano fosse non-euclideo, si potrebbero da quel punto condurre all'asse delle y.

Il piano essendo euclideo, quelle rette, anzichè concorre all'infinito, inviluppano una curva, e l'equazione di questa si ottiene derivando la precedente equazione rispetto a δ, ed eliminando quest'ultimo parametro. Ma derivando si ottiene

$$y \cos h \frac{\delta}{R} = R,$$

epperò

$$x = \delta - R \operatorname{tg} h \frac{\delta}{R}, \qquad y = \frac{R}{\cos h \frac{\delta}{R}},$$

valori delle coordinate del punto di contatto fra la curva cercata e la retta variabile (δ). Da queste due formole si ha

$$(\delta - x)^2 + y^2 = R^2,$$

ossia

$$MN = R,$$

supposto che M sia il detto punto di contatto.

Dunque: *l'inviluppo cercato è la curva delle tangenti di lunghezza costante*, cioè è il meridiano della superficie pseudosferica che può servire acconciamente di tipo a tutte le altre. La semplice equazione del parallelismo conduce dunque assai facilmente alla determinazione di questo tipo.

XL.

SULLA SUPERFICIE DI ROTAZIONE CHE SERVE DI TIPO ALLE SUPERFICIE PSEUDOSFERICHE.

Giornale di Matematiche, volume X (1872), pp. 147-159.

Nel presente Articolo raccolgo alcuni teoremi relativi alla superficie di rotazione avente per meridiano la curva dalle tangenti di lunghezza costante. Come è noto, ogni pezzo di superficie pseudosferica (superficie *semplicemente connessa,* dotata di curvatura costante negativa) può essere in infiniti modi applicato sopra questa superficie di rotazione ed avvolto una o più volte intorno ad essa. Alcuni dei teoremi in discorso sono stati da me incontrati nel corso di certe ricerche sulla detta superficie di rotazione, istituite allo scopo di preparare gli elementi geometrici d'una *costruzione materiale,* possibilmente facile ed esatta, della superficie stessa. Non intendo per ora di estendermi su questo particolare, nè di sviluppare le considerazioni in base alle quali mi è sembrata desiderabile l'attuazione di questo divisamento: accenno a ciò unicamente per render ragione della via tenuta in una parte della presente ricerca.

L'equazione

$$x + \sqrt{r^2 - y^2} = r \log \frac{r + \sqrt{r^2 - y^2}}{y} \tag{1}$$

rappresenta, in coordinate ortogonali x ed y, una curva per la quale è in ogni punto costante ed uguale ad r la porzione di tangente compresa fra il punto di contatto e l'asse delle x. È evidente che siffatta equazione non cessa di rappresentare una curva dotata di tale proprietà se vi si muta x in $x + a$; ciò non fa che spostare la curva parallelamente all'asse delle x. Ma, individuata com'è, l'equazione precedente appartiene a quella curva determinata che soddisfa alla condizione anzidetta e che inoltre è tangente all'asse delle y, nel punto di ordinata $y = r$. Quest'ordinata è evidentemente la massima, e corrisponde ad una cuspide. Noi non considereremo che il ramo posto dalla parte delle x positive.

Chiamando θ l'angolo acuto che la tangente nel punto (x, y) fa coll'asse delle x, si ha

$$y = r \operatorname{sen} \theta, \qquad + \sqrt{r^2 - y^2} = r \cos \theta.$$

Quindi le formole

(2) $$x = r\left(\log \cot \frac{\theta}{2} - \cos \theta\right), \qquad y = r \operatorname{sen} \theta$$

somministrano le coordinate dei punti della curva espresse in funzione dell'angolo θ, il quale, nel ramo infinito che si considera, decresce da $\frac{\pi}{2}$ a o.

Per avere l'equazione della superficie generata dalla rotazione della curva intorno all'asse delle x basta scrivere nella (1), o nelle (2), $\sqrt{y^2 + z^2}$ in luogo di y, chiamando z la coordinata relativa ad un asse Oz perpendicolare ad Ox e ad Oy.

Consideriamo ora la curva d'intersezione di questa superficie col piano tangente ad essa nel punto $\theta = \theta_0$ del meridiano esistente nel piano xy. Riferiamo questa curva a due assi ortogonali delle u e delle v tracciati nel suo piano per il punto di contatto e diretti: il primo secondo la tangente meridiana r giacente nel piano xy, il secondo parallelamente all'asse delle z. Le coordinate x, y, z di un punto qualunque di questo piano tangente vengono date dalle equazioni

$$x = x_0 + u \cos \theta_0, \qquad y = y_0 - u \operatorname{sen} \theta_0, \qquad z = v,$$

dove x_0, y_0 sono le coordinate del punto di contatto, cioè

$$x_0 = r\left(\log \cot \frac{\theta_0}{2} - \cos \theta_0\right), \qquad y_0 = r \operatorname{sen} \theta_0.$$

Si ha dunque

$$x = r \log \cot \frac{\theta_0}{2} - (r - u) \cos \theta_0, \qquad y = (r - u) \operatorname{sen} \theta_0, \qquad z = v.$$

Ponendo in luogo di x e di $y^2 + z^2$ i valori relativi ad un punto qualunque della superficie di rotazione, cui corrisponda il valor θ per l'angolo così denominato, si trova

$$(r - u) \cos \theta_0 = r\Theta, \qquad v^2 + (r - u)^2 \operatorname{sen}^2 \theta_0 = r^2 \operatorname{sen}^2 \theta,$$

dove per brevità si è posto

$$\Theta = \log \frac{\operatorname{tg} \frac{\theta}{2}}{\operatorname{tg} \frac{\theta_0}{2}} + \cos \theta.$$

Si hanno dunque, per la curva d'intersezione della superficie col piano tangente in un punto del parallelo θ_0, le due equazioni

$$u = \frac{r(\cos\theta_0 - \Theta)}{\cos\theta_0}, \qquad \pm v = r\sqrt{\operatorname{sen}^2\theta - \Theta^2 \operatorname{tg}^2\theta_0},$$

che possono servire alla determinazione della curva per punti. Il doppio segno di v nella seconda di queste equazioni corrisponde ai due rami della curva che s'incrociano nel punto di contatto del piano colla superficie.

Consideriamo in particolare i punti vicinissimi al punto doppio, cioè poniamo $\theta = \theta_0 + \varepsilon$, dove ε è un angolo piccolissimo, positivo o negativo. Arrestandosi alle quantità dell'ordine di ε^2 si trova, collo svolgimento in serie,

$$u = -\varepsilon r \cot\theta_0 + \frac{\varepsilon^2}{2}\frac{r(1 + \operatorname{sen}^2\theta_0)}{\operatorname{sen}^2\theta_0},$$

$$\mp v = \varepsilon r - \frac{\varepsilon^2}{2}\frac{r(3\operatorname{sen}^2\theta_0 - 1)}{3\operatorname{sen}\theta_0\cos\theta_0}.$$

Da queste equazioni deduconsi le seguenti, coll'egual grado di approssimazione:

$$u \mp v\cot\theta_0 = \frac{2r}{3\operatorname{sen}^2\theta_0}\varepsilon^2, \qquad u^2 + v^2 = \frac{r^2}{\operatorname{sen}^2\theta_0}\varepsilon^2,$$

e da queste si trae di nuovo, eliminando ε^2,

$$\left(u - \frac{3r}{4}\right)^2 + \left(v \pm \frac{3r\cot\theta_0}{4}\right)^2 = \left(\frac{3r}{4\operatorname{sen}\theta_0}\right)^2.$$

Quest'equazione rappresenta evidentemente i circoli osculatori dei due rami della curva nel punto doppio. Chiamando dunque α l'angolo che le due rette osculatrici (tangenti a questi due rami) fanno colla tangente meridiana (cioè colla retta r) e ρ il raggio di curvatura di ciascuno dei rami, si ha

$$\rho\operatorname{sen}\alpha = \frac{3r}{4}, \qquad \rho\cos\alpha = \frac{3r\cot\theta_0}{4}, \qquad \rho = \frac{3r}{4\operatorname{sen}\theta_0},$$

donde $\alpha = \theta_0$. Possiamo dunque enunciare i due teoremi seguenti:

TEOREMA I. — *Le due rette osculatrici, in un punto qualunque della superficie, fanno colla linea meridiana angoli eguali a quello che la tangente a questa linea in quel punto fa coll'asse della superficie.*

TEOREMA II. — *Se il raggio di curvatura di ciascuno dei rami della curva d'inter-*

sezione della superficie con un suo piano tangente si projetta sulla tangente meridiana, si ha una projezione costante ed uguale a $\frac{3}{4}\,r$.

Se sulla curva d'intersezione della superficie col piano tangente ad uno dei suoi punti si prende, partendo da questo punto, un piccolo arco σ, la distanza dell'estremo di questo arco dal circolo osculatore al ramo che si considera, nel detto punto, è, come si sa, una quantità dell'ordine di σ^3. Ma il piano tangente che contiene la curva taglia la superficie sotto un angolo che, al detto estremo, è dell'ordine di σ; dunque la distanza dalla superficie di un punto posto sul circolo osculatore alla distanza σ dal punto di contatto è una quantità dell'ordine di σ^4. Ne risulta che la superficie generata mediante la rotazione, intorno all'asse della superficie stessa che si considera, di due piccoli archi circolari σ e σ' (di egual raggio) presi sui due circoli osculatori, da una medesima parte del meridiano, e formanti quindi fra loro un angolo uguale a $\pi - 2\theta$, non differisce dalla superficie considerata che nel quarto ordine *) rispetto alla distanza dal parallelo comune (lungo il quale ha luogo un contatto del terz'ordine). Di questi due archi quello che sta dalla parte della tangente meridiana r è concavo verso di essa, l'altro è convesso verso il prolungamento della stessa tangente.

Il primo dei precedenti due teoremi si può anche stabilire in base ad una proprietà nota della curva meridiana, dalla quale risulta che indicando con R_1, R_2 i due raggi principali di curvatura della superficie, il primo dei quali (assunto di segno negativo) si riferisce alla curva meridiana, si ha

$$R_1 = -\,r\cot\theta\,, \qquad R_2 = r\,\mathrm{tg}\,\theta\,.$$

Da questi valori consegue, in virtù del teorema di EULERO, che il raggio R della sezione normale inclinata dell'angolo ω sulla sezione meridiana è dato dalla formola

$$R = \frac{r\,\mathrm{sen}\,2\theta}{\cos 2\theta - \cos 2\omega}\,,$$

e diventa quindi infinito per $\omega = \pm\,\theta$, d'accordo col teorema I. La stessa cosa risulta dalla relazione che lega fra loro gli angoli ω, ω' relativi a due sezioni normali a tangenti conjugate, la qual relazione facilmente trovasi essere la seguente

$$\mathrm{tg}\,\omega\;\mathrm{tg}\,\omega' = \mathrm{tg}^2\,\theta\,.$$

*) Ritengo che siffatta proprietà sia quella cui converrebbe fare appello qualora si trattasse di costruire materialmente, mercè un processo meccanico facile ad immaginarsi, la superficie rotonda di cui qui è parola. È evidente del resto che l'esattezza del risultato dipenderebbe tutta dalla diligenza colla quale sarebbe stata *spianata* ed *orientata* nello spazio la sagoma bicircolare destinata a descrivere la superficie (o a meglio dire una piccola zona di essa) col suo moto *radente*.

I teoremi precedenti permettono di giungere facilmente alla completa determinazione delle linee asintotiche della superficie. Infatti chiamando σ l'arco di meridiano compreso fra il parallelo massimo $\left(\theta = \frac{\pi}{2}\right)$ ed un parallelo qualunque (θ), si ha

$$(3) \qquad \operatorname{sen} \theta = e^{-\frac{\sigma}{r}}.$$

Sia φ l'angolo, contato da Oy verso Oz, che un piano meridiano variabile fa col piano xy. Assumiamo le variabili σ e φ come coordinate curvilinee della superficie. Sul parallelo (θ), all'angolo al centro $d\varphi$ corrisponde un arco uguale ad $r \operatorname{sen} \theta \, d\varphi$; quindi l'espressione $\frac{r \operatorname{sen} \theta \, d\varphi}{ds}$ rappresenta il seno dell'angolo che l'elemento lineare ds, compreso fra i punti (σ, φ) e $(\sigma + d\sigma, \varphi + d\varphi)$, fa coll'arco σ. Ora se questo elemento ds appartiene ad una linea asintotica, l'angolo in discorso è uguale a $\pm \theta$; quindi l'equazione differenziale di queste linee è $\frac{r\,d\varphi}{ds} = \pm 1$. Di quì si trae

$$(4) \qquad s = \pm r(\varphi - \varphi_0),$$

ove φ_0 è il valore di φ corrispondente al punto dal quale si intende contato l'arco s. Chiamando per brevità *projezione equatoriale* di un arco di curva tracciato sulla superficie quella porzione di parallelo massimo che è compresa fra i meridiani passanti per le estremità dell'arco, si può dunque enunciare il seguente teorema:

TEOREMA III. — *Ogni arco di linea asintotica è sempre eguale in lunghezza alla sua projezione equatoriale.*

Dal qual teorema emerge in particolare che:

TEOREMA IV. — *Le infinite porzioni in cui una stessa asintotica è divisa da una stessa linea meridiana hanno tutte una lunghezza eguale a quella del parallelo massimo.*

Giova osservare che siccome in ciascun punto del parallelo massimo le due rette osculatrici coincidono in una sola, tangente al parallelo stesso, così le asintotiche della superficie vanno tutte a toccare questo parallelo, il quale ne è l'inviluppo, e può essere anzi riguardato come un'asintotica *singolare*. È quindi inutile considerare le linee asintotiche come costituenti *due* sistemi, poichè le linee di sistema apparentemente diverso si riuniscono fra loro a due a due nei punti del parallelo massimo, ed hanno in questi punti eguale tangente ed eguale curvatura.

Se nella formola generale per l'elemento lineare della superficie

$$ds^2 = d\sigma^2 + r^2 \operatorname{sen}^2 \theta \, d\varphi^2,$$

si pone $ds = \pm r\,d\varphi$, elemento lineare asintotico, si trova $d\sigma = \pm r\,d\varphi \cos \theta$. Ma per la relazione (3) fra σ e θ si ha

$$d\sigma = -\frac{r \cos\theta\, d\theta}{\operatorname{sen}\theta},$$

quindi

$$d\varphi = \mp \frac{d\theta}{\operatorname{sen}\theta},$$

donde

$$\varphi - \varphi_0 = \mp \log \operatorname{tg}\frac{\theta}{2},$$

ovvero

$$\operatorname{sen}\theta \cos h(\varphi - \varphi_0) = 1 .$$

Qui φ_0 rappresenta la medesima costante di pocanzi, ma nell'ipotesi che l'arco s sia contato dal punto di contatto dell'asintotica col parallelo massimo. Si ha quindi, in virtù delle (3), (4),

(5) $$\cos h(\varphi - \varphi_0) = e^{\frac{\sigma}{r}},$$

ossia

$$\cos h\frac{s}{r} = e^{\frac{\sigma}{r}}.$$

L'equazione (5) rappresenta, in coordinate curvilinee σ e φ, la linea asintotica che tocca il parallelo massimo nel punto $\varphi = \varphi_0$. La seconda formola, equivalente ad essa, porge la relazione che esiste fra gli archi σ ed s compresi fra un punto qualunque della superficie ed il parallelo massimo, archi dei quali il primo è contato sulla linea meridiana, l'altro sulla linea asintotica.

In virtù delle precedenti relazioni le coordinate correnti dell'asintotica che tocca il parallelo massimo nel punto (φ_0) sono date da

$$\left\{\begin{array}{l} x = r[\varphi - \varphi_0 - \operatorname{tgh}(\varphi - \varphi_0)], \\ y = \dfrac{r\cos\varphi}{\cos h(\varphi - \varphi_0)}, \qquad z = \dfrac{r \operatorname{sen}\varphi}{\cos h(\varphi - \varphi_0)}. \end{array}\right.$$

La curvatura $\frac{1}{\rho}$ d'una linea asintotica si ottiene agevolmente da un teorema noto *), giusta il quale basta moltiplicare per $\frac{3}{2}$ la curvatura della sezione fatta dal piano tangente, per avere la curvatura dell'asintotica nel punto di contatto. Ma anche indipendentemente da questo teorema, la formola generale **) per la curvatura geodetica o

*) Giornale di Matematiche, tomo IV (1866), pag. 127; oppure queste OPERE, vol. I, pag. 301.

**) Giornale di Matematiche, tomo III (1865), pag. 86; oppure queste OPERE, vol. I, pag. 178.

tangenziale, nel caso in cui si abbia (come presentemente)

$$E = 1, \qquad F = 0, \qquad G = r^2 e^{-\frac{2\sigma}{r}},$$

può scriversi così

$$(6) \qquad \rho = 2r \frac{\left[1 + \left(\frac{d e^{\frac{\sigma}{r}}}{d\varphi}\right)^2\right]^{\frac{3}{2}}}{\frac{d^2(e^{\frac{2\sigma}{r}} + \varphi^2)}{d\varphi^2}}.$$

Ora per le linee asintotiche, la cui curvatura tangenziale eguaglia l'assoluta, si ha $ds = r\,d\varphi$, $d\theta = \operatorname{sen}\theta\,d\varphi$, $(\operatorname{sen}\theta = e^{-\frac{\sigma}{r}})$, quindi

$$\rho = \frac{\pm r}{2 \operatorname{sen}\theta},$$

appunto come emerge anche dall'applicazione del teorema citato. Si ha dunque questo teorema:

TEOREMA V. — *Se il raggio di curvatura d'una curva asintotica si projetta sulla tangente meridiana (relativa al punto considerato), si ha una projezione costante ed uguale ad* $\frac{1}{2}r$.

Passiamo alle linee geodetiche.

In virtù dell'equazione (6) la curvatura tangenziale è nulla tanto per $d\varphi = 0$ quanto per

$$\frac{d^2(e^{\frac{2\sigma}{r}} + \varphi^2)}{d\varphi^2} = 0.$$

La prima ipotesi corrisponde alle geodetiche meridiane $\varphi = \text{cost.}$, le quali, sulla superficie che consideriamo, costituiscono un sistema per così dire *singolare* di linee geodetiche. La seconda equazione differenziale, integrata, dà

$$e^{\frac{2\sigma}{r}} + \varphi^2 = a + 2b\varphi,$$

dove a e b sono costanti d'integrazione. Supponendo *finite* queste costanti, l'equazione precedente rappresenta tutte le geodetiche della superficie, ad esclusione delle geodetiche meridiane. Scrivendo poi quest'equazione nella forma

$$e^{\frac{2\sigma}{r}} + (\varphi - b)^2 = a + b^2,$$

si riconosce che le costanti a, b, sebbene arbitrarie in sè stesse, sono tuttavia soggette alla condizione $a + b^2 > 1$, ove si voglia che la geodetica da essa rappresentata sia *reale* ed esista sulla porzione di superficie che si considera. Infatti una geodetica reale può sempre essere prolungata fino ad incontrare il parallelo massimo $\sigma = 0$. Dalla stessa seconda forma dell'equazione apparisce che σ ha sempre un massimo valore σ_1 dato da

$$e^{\frac{\sigma_1}{r}} = \sqrt{a + b^2},$$

al quale corrisponde per φ il valore $\varphi_1 = b$. Questi valori individuati delle coordinate σ e φ corrispondono ad un punto unico e determinato della linea geodetica, che per brevità chiameremo *centro* della linea stessa, e nel quale la geodetica è tangente ad un parallelo. Questo parallelo ed il parallelo massimo limitano la regione entro la quale si estende il corso della geodetica. La geodetica meridiana $\varphi = \varphi_1$, e l'altra $\varphi = \varphi_1 \pm \pi$ che le è opposta, sono due assi curvilinei di simmetria per la geodetica non meridiana rappresentata dalla precedente equazione, nel senso che quest'ultima geodetica taglia ciascun parallelo in due punti equidistanti da ambedue le geodetiche meridiane anzidette. Se la geodetica non meridiana ha punti doppi, questi si trovano sull'una o sull'altra delle due meridiane.

Introducendo nell'equazione della linea geodetica i valori σ_1 e φ_1 relativi al suo centro, in luogo delle costanti a, b, si ottiene il seguente

TEOREMA VI. — *Designando con σ_1, φ_1 i valori di σ e φ relativi al centro di una geodetica non meridiana, l'equazione di questa linea è*

$$(7) \qquad e^{\frac{2\sigma}{r}} + (\varphi - \varphi_1)^2 = e^{\frac{2\sigma_1}{r}}.$$

Per mostrare l'accordo di questi risultati con quelli della teoria esposta nel *Saggio d'interpetrazione della geometria non euclidea* *) poniamo

$$\varphi = \frac{Y}{a - X}, \qquad e^{\frac{\sigma}{r}} = \frac{Z}{a - X},$$

dove a è una costante ed X, Y, Z sono tre nuove variabili, legate dalla relazione

$$X^2 + Y^2 + Z^2 = a^2.$$

Da questa sostituzione si deduce

$$(8) \qquad d\sigma^2 + r^2 e^{-\frac{2\sigma}{r}} d\varphi^2 = r^2 \frac{dX^2 + dY^2 + dZ^2}{Z^2}.$$

*) Giornale di Matematiche, tomo VI (1868) pag. 284, oppure queste OPERE, vol. I, pag. 374.

Esprimendo inversamente le X, Y, Z per le σ, φ, si trova

$$X = a\frac{e^{\frac{2\sigma}{r}} + \varphi^2 - 1}{e^{\frac{2\sigma}{r}} + \varphi^2 + 1}, \qquad Y = a\frac{2\varphi}{e^{\frac{2\sigma}{r}} + \varphi^2 + 1}, \qquad Z = a\frac{2e^{\frac{\sigma}{r}}}{e^{\frac{2\sigma}{r}} + \varphi^2 + 1},$$

e conseguentemente

$$(9) \qquad \frac{a^2 - X_1X_2 - Y_1Y_2}{Z_1Z_2} = \frac{e^{\frac{2\sigma_1}{r}} + e^{\frac{2\sigma_2}{r}} + (\varphi_1 - \varphi_2)^2}{2e^{\frac{\sigma_1+\sigma_2}{r}}},$$

dove gli indici 1, 2 corrispondono a due punti individuati della superficie. Le quantità X, Y sono coordinate *lineari*, del genere di quelle che nel sopra citato *Saggio* sono state denotate per u, v, e che dànno all'elemento lineare la stessa forma (8) di queste. Ne risulta che ogni equazione di primo grado rispetto a queste coordinate rappresenta una linea geodetica, ossia che ogni equazione della forma

$$\begin{vmatrix} X & Y & 1 \\ X_1 & Y_1 & 1 \\ X_2 & Y_2 & 1 \end{vmatrix} = 0$$

esprime che i punti (X, Y), (X_1, Y_1), (X_2, Y_2) ossia (σ, φ), (σ_1, φ_1), (σ_2, φ_2) sono sopra una stessa linea geodetica. Ora quest'ultima equazione, in virtù delle sostituzioni superiori e di trasformazioni assai ovvie, equivale alla seguente

$$\begin{vmatrix} e^{\frac{2\sigma}{r}} + \varphi^2 & \varphi & 1 \\ e^{\frac{2\sigma_1}{r}} + \varphi_1^2 & \varphi_1 & 1 \\ e^{\frac{2\sigma_2}{r}} + \varphi_2^2 & \varphi_2 & 1 \end{vmatrix} = 0,$$

dalla quale risulta, in primo luogo, che ogni geodetica è rappresentata da un'equazione della forma

$$l(e^{\frac{2\sigma}{r}} + \varphi^2) + m\varphi + n = 0,$$

d'accordo con ciò che si è trovato dianzi. Dall'esser nullo quest'ultimo determinante risulta poi ancora che le coordinate correnti φ, σ d'un punto qualunque della geodetica individuata dai due punti 1, 2 si possono esprimere in funzione d'un parametro

μ mediante le formole seguenti (analoghe alle baricentriche)

$$\varphi = \frac{\varphi_1 + \mu\varphi_2}{1+\mu}, \qquad e^{\frac{2\sigma}{r}} = \frac{e^{\frac{2\sigma_1}{r}} + \mu e^{\frac{2\sigma_2}{r}}}{1+\mu} + \frac{\mu(\varphi_1 - \varphi_2)^2}{(1+\mu)^2}.$$

Chiamando inoltre λ la lunghezza dell'arco geodetico compreso fra i punti (X_1, Y_1), (X_2, Y_2), si ha, dalle formole del citato *Saggio* e dalla precedente (9),

$$\cosh\frac{\lambda}{r} = \frac{e^{\frac{2\sigma_1}{r}} + e^{\frac{2\sigma_2}{r}} + (\varphi_1 - \varphi_2)^2}{2} e^{-\frac{\sigma_1+\sigma_2}{r}}, \tag{10'}$$

ovvero

$$\cosh\frac{\lambda}{r} = \cosh\frac{\sigma_1 - \sigma_2}{r} + \frac{(\varphi_1 - \varphi_2)^2}{2} e^{-\frac{\sigma_1+\sigma_2}{r}}, \tag{10}$$

equazione la quale, quando i punti 1, 2 sono fra loro infinitamente vicini, riproduce immediatamente l'espressione del quadrato dell'elemento lineare.

Se il punto (σ_2, φ_2) appartiene ad una geodetica avente il centro nel punto (σ_1, φ_1), l'equazione (10') dà subito, in virtù della (7),

$$\cosh\frac{\lambda}{r} = e^{\frac{\sigma_1-\sigma_2}{r}}, \tag{11}$$

relazione semplicissima fra il parametro σ_2 di un punto qualunque d'una geodetica non meridiana e la distanza λ di questo punto dal centro. In virtù di quest'equazione e della (7) si trovano agevolmente le formole

$$e^{\frac{\sigma}{r}} = \frac{e^{\frac{\sigma_1}{r}}}{\cosh\frac{\lambda}{r}}, \qquad \varphi = \varphi_1 \pm e^{\frac{\sigma_1}{r}} \operatorname{tgh}\frac{\lambda}{r}, \tag{11'}$$

per esprimere le coordinate σ e φ di un punto qualunque d'una geodetica non meridiana in funzione della distanza λ di questo punto dal centro della geodetica (distanza contata sopra la geodetica).

È quasi inutile osservare che la formola (10), la quale, ove si trattasse di una superficie pseudosferica (semplicemente connessa), fornirebbe sempre per λ il valor minimo della distanza (1, 2), nel caso invece della superficie di rotazione di cui ci occupiamo, non lo fornisce tale se non quando il valore assoluto della differenza $\varphi_1 - \varphi_2$ è minore od uguale a π. In generale il valore di λ dato dalla (10) si riferisce alla distanza contata sopra *quella*, tra le geodetiche che vanno dal punto 1 al punto 2, la cui projezione equatoriale è uguale a $\pm r(\varphi_1 - \varphi_2)$.

L'angolo ω che una linea qualunque fa colla linea meridiana nel punto (σ, φ) è determinato dall'equazione

$$\cot \omega = \frac{d e^{\frac{\sigma}{r}}}{d \varphi}.$$

Per la linea geodetica (7) si trova

$$\cot \omega = (\varphi_1 - \varphi) e^{-\frac{\sigma}{r}},$$

donde, avendo riguardo all'equazione (7),

$$\cos \omega = (\varphi_1 - \varphi) e^{-\frac{\sigma_1}{r}}, \qquad \text{sen}\, \omega = e^{\frac{\sigma - \sigma_1}{r}}. \tag{12}$$

Quest'ultima formola, in virtù della (3), può scriversi così

$$\text{sen}\, \omega \, \text{sen}\, \theta = \text{sen}\, \theta_1,$$

dove θ_1 è il valore di θ che corrisponde al parallelo di contatto; e diventa così un caso particolare del noto teorema di Clairaut sulle geodetiche delle superficie di rotazione. La stessa formola, paragonata coll'equazione (11) dove siasi scritto σ in luogo di σ_2, dà

$$\text{sen}\, \omega . \cosh \frac{\lambda}{r} = 1 . \tag{13}$$

Da quest'equazione si deduce il teorema seguente:

Teorema VII. — *Le geodetiche uscenti sotto un angolo dato dai vari punti di una linea meridiana e terminate ai paralleli cui sono rispettivamente tangenti hanno tutte una eguale lunghezza.*

Supponendo in particolare $\sigma = 0$ e ricordando l'equazione (5), si ottiene quest'altro teorema:

Teorema VIII. — *L'arco di una linea asintotica, contato dal punto di contatto col parallelo massimo fino all'incontro con un parallelo qualunque, è eguale all'arco di una linea geodetica tangente a questo parallelo e contato dal punto di contatto con esso fino all'incontro col parallelo massimo.*

Il teorema espresso dall'equazione (13) è una conseguenza immediata del principio di corrispondenza fra la geometria delle superficie pseudosferiche e la geometria non euclidea. Infatti la geodetica (7), nel suo punto di contatto col parallelo σ_1, è perpendicolare alla geodetica meridiana che passa per questo punto. Dal termine (σ, φ) dell'arco λ della stessa geodetica (7) parte una seconda geodetica meridiana, la quale fa con essa l'angolo ω. Ora le geodetiche meridiane sono tutte *parallele* fra loro, poichè convergono verso uno stesso punto all'infinito; quindi ω è l'*angolo di parallelismo* corrispondente alla distanza normale λ. E infatti la formola (13) non è altro che l'equazione del parallelismo di LOBATCHEFFSKY, scritta sotto la prima delle due forme (10) del già citato *Saggio*.

Si presenta qui la quistione della relazione analitica che deve sussistere fra più linee geodetiche non meridiane, affinchè esse costituiscano un fascio di geodetiche parallele sopra una superficie pseudosferica ripiegata sull'attuale superficie di rotazione. Per trovare speditamente questa relazione, trascriviamo le equazioni (11') nel modo seguente:

$$e^{\frac{\sigma}{r}} \cosh \frac{\lambda}{r} = e^{\frac{\sigma_1}{r}}, \qquad \left(e^{\frac{\sigma}{r}} \operatorname{senh} \frac{\lambda}{r}\right)^2 = (\varphi - \varphi_1)^2,$$

e poniamole sotto quest'altra forma

$$e^{\frac{\sigma+\lambda}{r}} + e^{\frac{\sigma-\lambda}{r}} = 2e^{\frac{\sigma_1}{r}}, \qquad \left(\frac{e^{\frac{\sigma+\lambda}{r}} - e^{\frac{\sigma-\lambda}{r}}}{2}\right)^2 = (\varphi - \varphi_1)^2.$$

Eliminando $e^{\frac{\sigma\mp\lambda}{r}}$ fra queste due equazioni, si trova

$$\left(e^{\frac{\sigma\pm\lambda}{r}} - e^{\frac{\sigma_1}{r}}\right)^2 = (\varphi - \varphi_1)^2,$$

ovvero

$$\left(e^{\frac{\sigma_2}{r}} - e^{\frac{\sigma_1}{r}}\right)^2 = (\varphi_2 - \varphi_1)^2, \tag{14}$$

dove si è scritto φ_2 in luogo di φ e σ_2 in luogo di $\sigma \pm \lambda$. Questa è appunto la relazione che si cercava. Infatti consideriamo il quadrilatero geodetico avente per primo e secondo lato le geodetiche condotte dal punto (φ, σ) ai punti (φ_1, σ_1) e (φ_2, σ_2), e per terzo e quarto lato le geodetiche normali alle precedenti nei punti (φ_2, σ_2) e (φ_1, σ_1) rispettivamente. Di questi lati il secondo ed il quarto sono, come è facile vedere, archi di geodetiche meridiane; mentre il primo ed il terzo sono archi di geodetiche non meridiane, aventi i loro centri rispettivi nei punti (φ_1, σ_1) e (φ_2, σ_2). Ora i lati primo e secondo hanno egual lunghezza λ; dunque, essendo retti gli angoli coi vertici in (φ_1, σ_1) e (φ_2, σ_2), il quadrilatero è simmetrico rispetto alla diagonale che congiunge l'intersezione del primo e secondo lato con quella del terzo e quarto. Di qui, e dalla sovrapponibilità indefinita della superficie (supposta flessibile e inestendibile) a sè medesima, consegue che, come son paralleli i lati secondo e quarto, così devono esserlo i lati primo e terzo, i quali lati sono completamente individuati dalle coordinate (φ_1, σ_1) e (φ_2, σ_2) dei centri delle geodetiche cui appartengono. E poichè queste coordinate sono fra loro legate dalla relazione (14), ne risulta che questa è la cercata relazione di parallelismo fra due geodetiche non meridiane della superficie. Abbiamo dunque il teorema seguente:

Teorema IX. — *Le due geodetiche non meridiane di centri* (φ_1, σ_1) *e* (φ_2, σ_2) *sono fra loro parallele quando i parametri dei loro centri soddisfano alla relazione*

$$e^{\frac{\sigma_1}{r}} \pm \varphi_1 = e^{\frac{\sigma_2}{r}} \pm \varphi_2 .$$

Se si scrivono le coordinate generiche σ e φ al posto delle σ_2, φ_2, si ottiene una equazione

$$e^{\frac{\sigma}{r}} \pm \varphi = e^{\frac{\sigma_1}{r}} \pm \varphi_1 ,$$

la quale rappresenta il luogo geometrico dei centri di tutte le geodetiche parallele a quella di centro (σ_1, φ_1). Il doppio segno corrisponde ai due punti all'infinito di quest'ultima geodetica, ciascuno dei quali dà luogo ad uno speciale fascio di geodetiche parallele. In geometria pseudosferica questo luogo geometrico può essere definito come quello del vertice di un angolo retto i cui lati sono mobili intorno a due punti fissi, posti entrambi a distanza infinita. Esso è un cerchio geodetico a centro ideale, la cui curvatura tangenziale è eguale ad $r\sqrt{2}$, come facilmente emerge dalla formola (6).

Se nell'equazione (7) della linea geodetica di centro (σ_1, φ_1) si pone $\varphi - \varphi_1 = k\pi$, dove k è un numero intero, positivo o negativo, si trova

$$e^{\frac{2\sigma}{r}} = e^{\frac{2\sigma_1}{r}} - k^2\pi^2 .$$

Quando dunque il valore di σ_1 soddisfa alla condizione

$$e^{\frac{2\sigma_1}{r}} > k^2\pi^2 + 1$$

per un certo numero di valori interi di k, la geodetica possiede un egual numero di punti doppî. Quelli che corrispondono a $k = 2, 4, 6, \ldots$ si trovano sulla geodetica meridiana $\varphi = \varphi_1$, passante per il centro; quelli invece che corrispondono a $k = 1, 3, 5, \ldots$ si trovano sulla geodetica meridiana $\varphi = \varphi_1 \pm \pi$ che è opposta alla precedente. Supponiamo che, partendo da un punto arbitrario (σ, φ) della superficie, si avvolga intorno ad essa un filo flessibile ed inestendibile, il quale venga teso sulla superficie in modo da ritornare al punto di partenza, dopo aver fatto k giri intorno alla superficie stessa. È chiaro che questo filo si disporrà secondo una linea geodetica avente un punto doppio nel punto fisso, avente il centro sul parallelo σ_1 dato dall'equazione

$$e^{\frac{2\sigma_1}{r}} = e^{\frac{2\sigma}{r}} + k^2\pi^2 ,$$

e dotata di $k - 1$ punti doppî nella parte occupata dal filo. Chiamando L la lunghezza di questo filo, si ha dunque dalla (10), ponendo $\sigma_1 = \sigma_2 = \sigma$, $\varphi_1 - \varphi_2 = 2k\pi$,

$$\cosh \frac{L}{r} = 1 + 2k^2\pi^2 e^{-\frac{2\sigma}{r}},$$

donde si trae

$$\operatorname{senh} \frac{L}{2r} = k\pi e^{-\frac{\sigma}{r}},$$

e finalmente

$$L = 2r \log\left(k\pi + \sqrt{k^2\pi^2 + e^{\frac{2\sigma}{r}}}\right) - 2\sigma.$$

Se questa lunghezza si considera come nota, σ_1 può determinarsi anche colla formola

$$e^{\frac{\sigma_1}{r}} = k\pi \coth \frac{L}{2r}.$$

Per $\sigma = 0$ si ha

$$\operatorname{senh} \frac{L}{2r} = k\pi, \qquad L = 2r \log(k\pi + \sqrt{k^2\pi^2 + 1}).$$

TEOREMA X. — *La lunghezza totale di un filo il quale, partendo da un punto del parallelo massimo, viene teso sulla superficie in modo da ritornare al punto di partenza dopo aver fatto k giri sulla superficie stessa, si ottiene moltiplicando il diametro del parallelo massimo per il numero costante* $\log(k\pi + \sqrt{k^2\pi^2 + 1})$.

Nel caso generale, chiamando ψ l'angolo che i due rami della geodetica fanno tra loro nel punto di partenza (σ, φ), si ha dalle equazioni (12)

$$\cos\psi = \frac{k^2\pi^2 - e^{\frac{2\sigma}{r}}}{k^2\pi^2 + e^{\frac{2\sigma}{r}}}. \tag{16}$$

Se nell'equazione (6) si suppone ρ costante, si ottiene un'equazione differenziale di second'ordine che appartiene a tutte le linee tracciate sulla superficie con curvatura tangenziale costante ed uguale a ρ. Quest'equazione è facilmente integrabile. Infatti stabilendo fra σ e φ una relazione della forma

$$a\left(e^{\frac{2\sigma}{r}} + \varphi^2\right) + 2be^{\frac{\sigma}{r}} + 2c\varphi + d = 0, \tag{17}$$

dove a, b, c, d sono costanti, si ha

$$e^{\frac{2\sigma}{r}} + \varphi^2 = -\frac{2b}{a}e^{\frac{\sigma}{r}} - \frac{2c}{a}\varphi - \frac{d}{a},$$

donde

$$\frac{d^2\left(e^{\frac{2\sigma}{r}} + \varphi^2\right)}{d\varphi^2} = -\frac{2b}{a}\frac{d^2 e^{\frac{\sigma}{r}}}{d\varphi^2}.$$

Sostituendo questo valore nell'equazione (6), essa diventa

$$\frac{b\rho}{ar} = -\frac{\left[1+\left(\frac{d e^{\frac{\sigma}{r}}}{d\varphi}\right)^2\right]^{\frac{3}{2}}}{\frac{d^2 e^{\frac{\sigma}{r}}}{d\varphi^2}},$$

e, se per un momento si pone $\varphi = x$, $e^{\frac{\sigma}{r}} = y$, essa coincide colla nota formola pel raggio di curvatura d'una curva piana in coordinate ortogonali, mentre la relazione stabilita fra le σ, φ diventa l'equazione d'un cerchio

$$\left(y+\frac{b}{a}\right)^2 + \left(x+\frac{c}{a}\right)^2 = \frac{b^2+c^2-ad}{a^2}.$$

È chiaro dunque che se si stabilisce fra le costanti a, b, c, d la condizione

(18) $$b^2+c^2-ad = \frac{b^2\rho^2}{r^2},$$

si ha, nella (17), un'equazione finita con *due* costanti arbitrarie, la quale soddisfa alla (6), e però ne è l'integrale completo. Ove poi non si tenga conto della condizione (18), alla quale si può invece soddisfare disponendo del valore di ρ, si ha, nella (17), l'equazione generale delle linee a curvatura geodetica costante, di valore indeterminato. Queste linee sono evidentemente circonferenze geodetiche a centro reale od ideale.

Nel caso del centro reale l'equazione di tali curve si deduce dalla (10) supponendo costanti λ, σ_1 e φ_1 e variabili σ_2 e φ_2. Scrivendo σ_0, φ_0 al posto di σ_1, φ_1 e σ, φ al posto di σ_2, φ_2, la detta equazione può mettersi sotto la forma

$$\left(e^{\frac{\sigma}{r}} - e^{\frac{\sigma_0}{r}}\cosh\frac{\lambda}{r}\right)^2 + (\varphi-\varphi_0)^2 = \left(e^{\frac{\sigma_0}{r}}\operatorname{senh}\frac{\lambda}{r}\right)^2,$$

dove λ è il raggio geodetico e σ_0, φ_0 sono le coordinate del centro. Da questa equazione, paragonata colle (17), (18), si trae

$$\rho = r\operatorname{tgh}\frac{\lambda}{r},$$

talchè per le circonferenze a centro reale si ha sempre $\rho < r$.

Quando $\rho > r$, il centro è necessariamente ideale. In particolare: per $\rho = \infty$, e conseguentemente $b = 0$, si hanno le linee geodetiche (la cui equazione così ottenuta s'accorda con quella trovata precedentemente); e per $a = 0$ si ha una famiglia speciale di circonferenze geodetiche a centro ideale, fra le quali son pur comprese quelle che abbiamo considerato pocanzi, in seguito al risultato espresso dal teorema IX.

All'ipotesi intermedia $\rho = r$, e quindi $c^2 - ad = 0$, corrispondono gli oricicli, o circonferenze col centro all'infinito (trajettorie ortogonali di fasci di geodetiche parallele).

L'equazione (17) equivale, in virtù delle relazioni già stabilite fra le variabili σ, φ e le X, Y, Z, ad un'equazione lineare in X, Y, Z, cioè della forma $lX + mY + nZ + p = 0$, indicando con l, m, n, p quantità arbitrarie. Questo risultato è in perfetto accordo coll'equazione (13) del più volte citato *Saggio*.

Bologna, 30 aprile 1872.

XLI.

DEL MOTO GEOMETRICO DI UN SOLIDO CHE RUZZOLA SOPRA UN ALTRO SOLIDO.

Giornale di Matematiche, vol. X (1872), pp. 103-115.

Nell'importante opera dei signori W. THOMSON e P. G. TAIT, intitolata: *Treatise on natural philosophy*, Oxford, 1867, tradotta recentemente in tedesco per cura dei signori H. HELMHOLTZ e G. WERTHEIM, col titolo di *Lehrbuch der theoretischen Physik*, Braunschweig, 1871, è trattata la quistione cinematica del moto d'un solido sopra un altro in una maniera assai semplice ed elegante. Essendomi tuttavia sembrato che vi sussista qualche ambiguità circa il segno di alcuni degli elementi che entrano nelle formole finali, mi sono studiato di ovviare a questo difetto, senza rinunciare al vantaggio di un'analisi facile e piana. Mi è stato assai utile per tal uopo il teorema che diedi già alla pag. 21 del t. V del Giornale di Matematiche *), teorema di cui il ch. prof. CHELINI mi comunicò poi una dimostrazione geometrica che fu pure inserita a pag. 190 del medesimo volume **) Questa circostanza ed il desiderio di agevolare e diffondere la conoscenza d'un interessante argomento di studio mi hanno indotto a presentare ai lettori del Giornale di Matematiche l'applicazione del teorema in discorso alla ricerca delle formole fondamentali per la trattazione del detto problema cinematico, facendo seguire tale ricerca dall'esposizione di una legge di reciprocità cinematica che credo nuova e non del tutto priva d'interesse.

*) Oppure queste OPERE, vol. I, pag. 302.

**) Ho dato tuttavia nel n° 2 una dimostrazione diretta delle formole cui conduce il teorema in discorso.

1. Sia *) s l'arco di una linea qualsivoglia, contato da un'origine arbitraria e terminato al punto m avente le coordinate x, y, z, rispetto a tre assi ortogonali fissi nello spazio. Sia M un punto qualunque, e siano X, Y, Z le sue coordinate rispetto ai medesimi assi. Indico per brevità con n_0, n_1, n_2 la tangente, la normale primaria, e la normale secondaria della linea s nel punto m, con N la terna ortogonale costituita da queste tre rette. L'asse n_0 si suppone diretto nel senso in cui cresce s, l'asse n_1 dal punto m verso il corrispondente centro di curvatura, l'asse n_2 s'intende disposto rispetto ad n_0 ed a n_1 come l'asse delle z lo è rispetto a quelli delle x e delle y.

Indico inoltre con a_i, b_i, c_i i coseni degli angoli che l'asse n_i $(i = 0, 1, 2)$ fa coi tre assi Ox, Oy, Oz e con ξ, η, ζ le coordinate del punto M rispetto alla terna N. Fra le X, Y, Z e le ξ, η, ζ hanno luogo quindi le relazioni

$$\left\{\begin{aligned} X &= x + a_0\xi + a_1\eta + a_2\zeta, \\ Y &= y + b_0\xi + b_1\eta + b_2\zeta, \\ Z &= z + c_0\xi + c_1\eta + c_2\zeta, \end{aligned}\right. \qquad \left\{\begin{aligned} \xi &= a_0(X - x) + b_0(Y - y) + c_0(Z - z), \\ \eta &= a_1(X - x) + b_1(Y - y) + c_1(Z - z), \\ \zeta &= a_2(X - x) + b_2(Y - y) + c_2(Z - z). \end{aligned}\right.$$

Suppongo ora che il punto m si sposti lungo la linea s, accompagnato dalla terna N, e considero il punto M come invariabilmente connesso a questa terna. Per tradurre in analisi queste supposizioni bisogna differenziare la prima delle due precedenti terne d'equazioni mantenendovi costanti le ξ, η, ζ. In tal modo, avendo riguardo alle note formole di FRENET (comunemente attribuite a J. A. SERRET)

$$d a_0 = \frac{a_1 d s}{\rho}, \qquad d a_1 = -\left(\frac{a_0}{\rho} + \frac{a_2}{r}\right) d s, \qquad d a_2 = \frac{a_1 d s}{r},$$

dove ρ, r sono i raggi di 1ª e 2ª curvatura; sostituendo nei secondi membri i valori di ξ, η, ζ dati dalla seconda terna d'equazioni; finalmente dividendo per dt e ponendo $\frac{ds}{dt} = v$, si trova

$$\frac{dX}{dt} = v\left[a_0 + \left(\frac{b_2}{\rho} - \frac{b_0}{r}\right)(Z - z) - \left(\frac{c_2}{\rho} - \frac{c_0}{r}\right)(Y - y)\right],$$

$$\frac{dY}{dt} = v\left[b_0 + \left(\frac{c_2}{\rho} - \frac{c_0}{r}\right)(X - x) - \left(\frac{a_2}{\rho} - \frac{a_0}{r}\right)(Z - z)\right],$$

$$\frac{dZ}{dt} = v\left[c_0 + \left(\frac{a_2}{\rho} - \frac{a_0}{r}\right)(Y - y) - \left(\frac{b_2}{\rho} - \frac{b_0}{r}\right)(X - x)\right].$$

*) Per lo scopo attuale mi giova riprodurre, sotto forma più acconcia, una parte dell'analisi svolta nel già citato articolo.

Se t esprime il tempo che il punto m impiega a percorrere l'arco s, i primi membri di queste ultime equazioni rappresentano le componenti della velocità con cui si muove il punto M nella sopraddetta ipotesi ch'esso sia invariabilmente connesso colla terna mobile. Ora, paragonando queste equazioni con quelle che rappresentano in generale il moto istantaneo di un sistema rigido, si rileva immediatamente che il moto istantaneo della terna N equivale al complesso di una traslazione v nel senso della tangente n_0, e di una rotazione ω intorno ad un asse passante pel punto m, rotazione le cui componenti secondo gli assi fissi Ox, Oy, Oz sono

$$v\left(\frac{a_2}{\rho}-\frac{a_0}{r}\right),\qquad v\left(\frac{b_2}{\rho}-\frac{b_0}{r}\right),\qquad v\left(\frac{c_2}{\rho}-\frac{c_0}{r}\right),$$

mentre quelle secondo gli assi mobili n_0, n_1, n_2 sono

$$-\frac{v}{r},\qquad 0,\qquad \frac{v}{\rho}.$$

Aggiungerò, a scanso di equivoci, che (come risulta dai segni attribuiti ai secondi membri delle formole di FRENET) il raggio di 1ª curvatura ρ è ritenuto sempre positivo, mentre quello di 2ª curvatura r è supposto positivo o negativo secondo che la velocità del punto di coordinate a_2, b_2, c_2 è diretta nel senso della normale primaria n_1 od in senso contrario.

Ciò premesso, si consideri una nuova terna N di assi ortogonali ν_0, ν_1, ν_2, ottenuta col far girare di un angolo uguale a ψ la precedente terna N intorno alla tangente n_0, talchè gli assi n_0, ν_0 sono una sola e medesima retta. L'angolo ψ, funzione di s, s'intende contato positivamente da n_1 verso n_2. È chiaro che il *moto istantaneo relativo* della terna N rispetto alla N consiste semplicemente in una rotazione intorno alla tangente n_0, con velocità angolare uguale a $\frac{d\psi}{ds}v$. Quindi il *moto istantaneo assoluto* della terna N equivale al complesso di una traslazione v nel senso della tangente e di una rotazione ω intorno ad un asse passante per l'origine m, rotazione che ha le componenti

$$v\left(\frac{d\psi}{ds}-\frac{1}{r}\right),\qquad 0,\qquad \frac{v}{\rho}\tag{1}$$

secondo gli assi n_0, n_1, n_2 della terna N, e che ha invece le componenti

$$v\left(\frac{d\psi}{ds}-\frac{1}{r}\right),\qquad \frac{v\,\mathrm{sen}\,\psi}{\rho},\qquad \frac{v\cos\psi}{\rho}\tag{2}$$

secondo gli assi ν_0, ν_1, ν_2 della terna N.

2. I valori precedenti si possono verificare anche direttamente, con una considerazione geometrica pressochè intuitiva. Costruendo per ogni punto m della linea s l'*asse* del circolo osculatore (cioè la retta che passa pel centro di curvatura e che è perpendicolare al piano osculatore) si ottiene, come è noto, una superficie sviluppabile S, la quale è al tempo stesso l'inviluppo dei piani normali della curva; e facendo ruzzolare (senza strisciamento) un piano sopra questa superficie, questo piano, che è costantemente normale alla curva s, la incontra in un punto m che non cambia di posizione nel piano stesso. Ora se in questo piano mobile s'immaginano spiccate dal punto fisso m le due rette mobili n_1 e ν_1, la prima delle quali è normale alla retta pur mobile μ, traccia della generatrice di contatto sul piano, e la seconda fa colla precedente un angolo uguale a $\psi(s)$ (misurato nel modo già detto), è chiaro che, chiamando v la velocità assoluta del punto m, la velocità angolare della prima retta è uguale a $-\frac{v}{r}$ (ritenuta positiva la rotazione da n_1 verso n_2, e fissato il segno di r nel modo già detto). All'incontro l'angolo descritto durante il tempuscolo dt dalla retta ν_1 nello stesso piano mobile è uguale a $d\psi - \frac{ds}{r}$, epperò la velocità angolare di questa retta in quel piano è uguale a $v\left(\frac{d\psi}{ds} - \frac{1}{r}\right)$. Ora la rotazione assoluta della terna N risulta evidentemente dalla composizione della rotazione *assoluta* del piano mobile, la cui grandezza è uguale a $\frac{v}{\rho}$ ed il cui asse μ è parallelo ad n_2, e della rotazione *relativa* della retta ν_1 nel piano stesso. Con ciò i valori (1) delle componenti della rotazione ω trovansi direttamente verificati. Quanto ai valori (2) delle componenti di ω, essi non sono che un'immediata conseguenza dei precedenti.

Finchè la retta ν_1 possiede una velocità angolare *finita* nel piano mobile, è impossibile che due posizioni consecutive di essa, nello spazio assoluto, s'incontrino. Infatti il loro incontro non potrebbe aver luogo che sulla retta μ, asse istantaneo di rotazione del piano mobile, mentre invece la retta ν_1, girando intorno ad m, non può incontrare la retta μ che in un punto variabile. La superficie generata dalla retta ν_1 non può dunque essere sviluppabile che quando la retta conserva sempre la stessa posizione nel piano mobile, e reciprocamente. Quando ciò avviene, lo spigolo di regresso della superficie generata è una delle evolute della linea s. Dunque *l'equazione*

$$\frac{d\psi}{ds} - \frac{1}{r} = 0$$

è la condizione necessaria e sufficiente acciò le successive posizioni della retta ν_1 *siano tangenti ad una medesima curva*, la quale è una evoluta della primitiva linea s.

La precedente equazione è soddisfatta in particolare da ogni curva sferica s, qualora la retta ν_1 sia diretta secondo il raggio mobile della sfera.

3. Abbiasi ora una seconda linea rigida s', mobile con contatto continuo sopra la linea rigida e fissa s.

Siano n'_0, n'_1, n'_2 le rette analoghe alle n_0, n_1, n_2 per la linea s' ed N' la terna da esse formata, terna che ha in comune tanto colla N quanto colla N l'origine m e l'asse n_0 coincidente con n'_0.

Si può assumere l'arco s come variabile principale e considerare tutti gli altri elementi variabili come funzioni di esso. Contando gli archi s ed s' su ambedue le curve da un punto di comune contatto, si ha $s' = s$ nel caso che non abbia luogo strisciamento, mentre nel caso generale s' è una funzione continua di s. Ponendo poi $v' = \frac{ds'}{dt}$ è chiaro che v è la velocità *assoluta* del punto di contatto, mentre v' è la sua velocità *relativa* (cioè la velocità riferita al sistema s' considerato come fisso); $v - v'$ è la velocità dello strisciamento.

Sia ψ' l'angolo che n'_1 fa con ν_1, misurato da n'_1 verso n'_2 (e quindi nello stesso senso di ψ). Considerando la linea s' come fissa, il moto istantaneo *relativo ad essa* della terna N equivale, in virtù di ciò che si è già dimostrato, al complesso di una traslazione v' secondo la tangente n'_0 e di una rotazione ω' intorno ad un asse passante per l'origine m, rotazione che ha le componenti

$$v'\left(\frac{d\psi'}{ds'} - \frac{1}{r'}\right), \qquad 0, \qquad \frac{v'}{\rho'},$$

secondo gli assi n'_0, n'_1, n'_2 della terna N', e le componenti

$$v'\left(\frac{d\psi'}{ds'} - \frac{1}{r'}\right), \qquad \frac{v' \operatorname{sen}\psi'}{\rho'}, \qquad \frac{v' \cos\psi'}{\rho'}$$

secondo gli assi ν_0, ν_1, ν_2 della terna N.

Mutando il segno tanto alla traslazione v' quanto alla rotazione ω' si hanno evidentemente i due moti istantanei il cui complesso equivale al moto istantaneo relativo della linea s' rispetto alla terna N considerata come fissa. E da ciò risulta senz'altro che il *moto istantaneo assoluto* della linea mobile s' rispetto alla linea fissa s equivale al complesso di una traslazione uguale a $v - v'$ diretta secondo n_0 e di una rotazione uguale a *ris.* $(\omega, -\omega')$ intorno ad un asse passante pel punto di contatto m, rotazione che ha le componenti

$$v\left(\frac{d\psi}{ds} - \frac{1}{r}\right) - v'\left(\frac{d\psi'}{ds'} - \frac{1}{r'}\right), \qquad \frac{v \operatorname{sen}\psi}{\rho} - \frac{v' \operatorname{sen}\psi'}{\rho'}, \qquad \frac{v \cos\psi}{\rho} - \frac{v' \cos\psi'}{\rho'}$$

secondo i tre assi ν_0, ν_1, ν_2 della terna ausiliare N.

È bene osservare che la prima di queste componenti è indipendente dalla direzione di ν_1 poichè

$$v\frac{d\psi}{ds} - v'\frac{d\psi'}{ds'} = \frac{d(\psi - \psi')}{dt}$$

e $\psi - \psi' = \text{Ang.}\,(n_1 n'_1)$.

Se non ha luogo strisciamento, la traslazione $v - v'$ è nulla, e le componenti della rotazione Ω, cui si riduce in questo caso tutto il moto istantaneo, diventano rispettivamente

$$(3)\qquad v\left[\frac{d(\psi - \psi')}{dt} - \frac{1}{r} + \frac{1}{r'}\right],\quad v\left(\frac{\operatorname{sen}\psi}{\rho} - \frac{\operatorname{sen}\psi'}{\rho'}\right),\quad v\left(\frac{\cos\psi}{\rho} - \frac{\cos\psi'}{\rho'}\right).$$

Questo caso è il più importante a considerarsi nelle applicazioni, ed è quello che si è tenuto di mira in ciò che segue *).

4. La rotazione istantanea Ω si può risguardare come la risultante di due, l'una Ω' coll'asse diretto secondo la tangente comune n_0, l'altra Ω_n coll'asse diretto secondo una normale comune. Per determinare questa seconda componente si supponga diretta secondo l'asse della medesima la retta ν_1. Siccome in tale ipotesi la componente d'asse ν_2 diventa uguale a zero, così dall'ultima delle espressioni (3) si trae

$$\frac{\rho}{\cos\psi} = \frac{\rho'}{\cos\psi'} = \lambda,$$

vale a dire: *ρ e ρ' sono le projezioni sopra n_1 e n_1' di una stessa retta λ, diretta secondo l'asse cercato*. La direzione di quest'asse si può dunque determinare congiungendo il punto di contatto m col punto in cui s'intersecano gli assi dei circoli osculatori delle due linee s ed s'. Quanto alla grandezza della rotazione che ha luogo intorno a quest'asse normale, essa è data da

$$\Omega_n = v\left(\frac{\operatorname{sen}\psi}{\rho} - \frac{\operatorname{sen}\psi'}{\rho'}\right),$$

dove ψ e ψ' sono gli angoli che restano determinati mediante la costruzione precedente.

Quando s ed s' sono due curve tracciate sopra una medesima sfera, l'asse determinato da questa costruzione è il raggio che passa pel punto di contatto, e la rotazione istantanea avviene tutta intorno ad esso, poichè quella intorno alla tangente è nulla (n° 2). In questo caso si ritrova l'ordinaria teoria della rotazione di un cono sopra un altro cono, col vertice comune.

*) Rispetto al caso generale si può consultare una dotta memoria del signor Combescure nel t. LXIII (1864) del Journal für die reine und angewandte Mathematik, pp. 332-359.

5. Il problema cinematico del moto d'un solido che ruzzola sopra un altro solido si riduce immediatamente a quello del moto d'una linea rigida s' sopra un'altra linea rigida s. Basta infatti considerare, al posto di queste linee, le traccie del punto mobile di contatto sulle superficie S, S' dei due solidi. In questo caso la scelta della terna ausiliare N, che per sè stessa è arbitraria, viene indicata dalla natura della quistione: conviene cioè assumere per ν_1 la normale comune alle due superficie in m, e per ν_2 quella retta che è in pari tempo tangente alle due superficie e normale alla linea del contatto. In quest'ipotesi le espressioni $\frac{\operatorname{sen}\psi}{\rho}$, $\frac{\cos\psi}{\rho}$ rappresentano rispettivamente la curvatura geodetica della linea s sulla superficie fissa S, e la curvatura di quella sezione normale della stessa superficie che ha in m la tangente n_0. Quanto all'espressione $\frac{d\psi}{ds} - \frac{1}{r}$, essa rappresenta, come si è veduto precedentemente, la velocità angolare con cui si muove sia la normale ν_1, sia la tangente ν_2, nel piano mobile determinato da queste due rette e considerato come generatore della linea s [assunta uguale a uno la velocità assoluta nel punto m *)]; quest'espressione è nulla quando la linea s è linea di curvatura della superficie S.

Il THOMSON chiama *ruzzolamento semplice* di un corpo sopra un altro quello nel quale l'asse della rotazione istantanea giace costantemente nel piano tangente comune ai due corpi. *La condizione perchè ciò abbia luogo è che le due linee di contatto s, s' abbiano eguale curvatura geodetica nei punti corrispondenti.* Questa condizione determina una delle linee quando è data l'altra, purchè sia dato sulla prima il punto che corrisponde ad un punto individuato della seconda e sia pur data la direzione della prima curva in quel punto.

6. Per la trattazione analitica dei problemi cinematici ai quali si riferiscono le formole precedenti può essere utile, in molti casi, di individuare i punti di ciascuna superficie per mezzo di coordinate curvilinee opportunamente definite. Le formole fondamentali da porsi a base d'un tal metodo di trattazione si possono facilmente dedurre dall'ordinaria teoria delle superficie; ma è un fatto assai notabile che le considerazioni cinematiche inerenti alla natura della quistione attuale conducano nel modo più diretto

*) La denominazione di *torsione geodetica*, introdotta da qualche autore per designare questa quantità, non è stata, ed a ragione, adottata generalmente. THOMSON la esprime, nel testo inglese, col vocabolo *twist*, pel quale nell'edizione tedesca trovasi posto *Drilling* ed anche *Torsion* (giacchè l'ordinaria torsione è rispettivamente designata coi vocaboli di *Tortuosity* e di *Windung*).

Debbo alla singolare gentilezza del signor conte P. de S.t ROBERT, il dotto autore della *Termodinamica*, d'aver potuto confrontare colla versione tedesca il testo originale inglese, che è già uscito di commercio e divenuto raro.

e più semplice alle formole in discorso, riproducendo con molta spontaneità le espressioni più importanti a considerarsi nella detta teoria. Infatti indicando con a_0, b_0, c_0; a_1, b_1, c_1; a_2, b_2, c_2 i coseni degli angoli che le rette ν_0, ν_1, ν_2 fanno cogli assi fissi delle x, y, z, e supponendo che la superficie fissa S abbia l'elemento lineare

$$ds^2 = E\,du^2 + 2F\,du\,dv + G\,dv^2,$$

dove u e v sono i parametri di due sistemi di linee scelte ad arbitrio sulla superficie stessa, si ha (posto $H = \sqrt{EG - F^2}$)

$$(4) \quad \begin{cases} a_0 = \dfrac{dx}{ds} = \dfrac{\partial x}{\partial u}\dfrac{du}{ds} + \dfrac{\partial x}{\partial v}\dfrac{dv}{ds}\,. \\[2ex] b_0 = \dfrac{dy}{ds} = \dfrac{\partial y}{\partial u}\dfrac{du}{ds} + \dfrac{\partial y}{\partial v}\dfrac{dv}{ds}\,, \\[2ex] c_0 = \dfrac{dz}{ds} = \dfrac{\partial z}{\partial u}\dfrac{du}{ds} + \dfrac{\partial z}{\partial v}\dfrac{dv}{ds}\,, \end{cases}$$

$$(5) \quad \begin{cases} H a_1 = \dfrac{\partial y}{\partial u}\dfrac{\partial z}{\partial v} - \dfrac{\partial y}{\partial v}\dfrac{\partial z}{\partial u}\,, \\[2ex] H b_1 = \dfrac{\partial z}{\partial u}\dfrac{\partial x}{\partial v} - \dfrac{\partial z}{\partial v}\dfrac{\partial x}{\partial u}\,, \\[2ex] H c_1 = \dfrac{\partial x}{\partial u}\dfrac{\partial y}{\partial v} - \dfrac{\partial x}{\partial v}\dfrac{\partial y}{\partial u}\,, \end{cases}$$

donde si deduce

$$(6) \quad \begin{cases} H a_2 = \left(F\dfrac{du}{ds} + G\dfrac{dv}{ds}\right)\dfrac{\partial x}{\partial u} - \left(E\dfrac{du}{ds} + F\dfrac{dv}{ds}\right)\dfrac{\partial x}{\partial v}\,, \\[2ex] H b_2 = \left(F\dfrac{du}{ds} + G\dfrac{dv}{ds}\right)\dfrac{\partial y}{\partial u} - \left(E\dfrac{du}{ds} + F\dfrac{dv}{ds}\right)\dfrac{\partial y}{\partial v}\,, \\[2ex] H c_2 = \left(F\dfrac{du}{ds} + G\dfrac{dv}{ds}\right)\dfrac{\partial z}{\partial u} - \left(E\dfrac{du}{ds} + F\dfrac{dv}{ds}\right)\dfrac{\partial z}{\partial v}\,. \end{cases}$$

Di qui, dette per comodo vw_0, vw_1, vw_2 le componenti della rotazione istantanea, se ne ricavano facilmente i valori espliciti per mezzo delle formole note

$$(7) \quad \begin{cases} w_0 = a_2\dfrac{da_1}{ds} + b_2\dfrac{db_1}{ds} + c_2\dfrac{dc_1}{ds}\,, \\[2ex] -w_1 = a_2\dfrac{da_0}{ds} + b_2\dfrac{db_0}{ds} + c_2\dfrac{dc_0}{ds}\,, \\[2ex] w_2 = a_1\dfrac{da_0}{ds} + b_1\dfrac{db_0}{ds} + c_1\dfrac{dc_0}{ds}\,, \end{cases}$$

dalle due ultime delle quali risulta senz'altro che

$$w_1 = -\frac{\cos(n_1 \nu_2)}{\rho} = \frac{\operatorname{sen}\psi}{\rho},$$

$$w_2 = \frac{\cos(n_1 \nu_1)}{\rho} = \frac{\cos\psi}{\rho},$$

d'accordo con ciò che si è già trovato precedentemente. Per presentare in forma opportuna i risultati che si ottengono dallo sviluppo delle tre formole testè scritte giova porre

$$e = a_1 \frac{\partial^2 x}{\partial u^2} + b_1 \frac{\partial^2 y}{\partial u^2} + c_1 \frac{\partial^2 z}{\partial u^2},$$

$$f = a_1 \frac{\partial^2 x}{\partial u \partial v} + b_1 \frac{\partial^2 y}{\partial u \partial v} + c_1 \frac{\partial^2 z}{\partial u \partial v},$$

$$g = a_1 \frac{\partial^2 x}{\partial v^2} + b_1 \frac{\partial^2 y}{\partial v^2} + c_1 \frac{\partial^2 z}{\partial v^2},$$

$$Fg - Gf = E_1, \qquad Ge - Eg = F_1, \qquad Ef - Fe = G_1.$$

Si trova così

$$(8) \quad \begin{cases} H w_0 = G_1 \left(\dfrac{du}{ds}\right)^2 - F_1 \dfrac{du}{ds}\dfrac{dv}{ds} + E_1 \left(\dfrac{dv}{ds}\right)^2, \\[2ex] w_2 = e\left(\dfrac{du}{ds}\right)^2 + 2f \dfrac{du}{ds}\dfrac{dv}{ds} + g\left(\dfrac{dv}{ds}\right)^2, \\[2ex] H w_1 = \left(E\dfrac{du}{ds} + F\dfrac{dv}{ds}\right)\left[\left(\dfrac{\partial F}{\partial u} - \dfrac{1}{2}\dfrac{\partial E}{\partial v}\right)\left(\dfrac{du}{ds}\right)^2 + \dfrac{\partial G}{\partial u}\dfrac{du}{ds}\dfrac{dv}{ds} + \dfrac{1}{2}\dfrac{\partial G}{\partial v}\left(\dfrac{dv}{ds}\right)^2\right] \\[2ex] \quad - \left(F\dfrac{du}{ds} + G\dfrac{dv}{ds}\right)\left[\dfrac{1}{2}\dfrac{\partial E}{\partial u}\left(\dfrac{du}{ds}\right)^2 + \dfrac{\partial E}{\partial v}\dfrac{du}{ds}\dfrac{dv}{ds} + \left(\dfrac{\partial F}{\partial v} - \dfrac{1}{2}\dfrac{\partial G}{\partial u}\right)\left(\dfrac{dv}{ds}\right)^2\right] \\[2ex] \quad + H^2\left(\dfrac{du}{ds}\dfrac{d^2v}{ds^2} - \dfrac{dv}{ds}\dfrac{d^2u}{ds^2}\right). \end{cases}$$

Si ha $w_0 = 0$ quando s è linea di curvatura, $w_1 = 0$ quando è linea geodetica, $w_2 = 0$ quando è linea asintotica. Si ha poi $w_1 = w_2 = 0$ quando s è al tempo stesso linea geodetica e linea asintotica, cioè linea retta; e si ha $w_0 = w_1 = 0$ quando è al tempo stesso linea di curvatura e linea geodetica, epperò quando giace in un piano normale dovunque alla superficie. L'ipotesi $w_0 = w_2 = 0$ corrisponderebbe ad un semplice moto di rotazione intorno alla normale ν_1, senza spostamento del punto di contatto.

Le tre espressioni trovate con questo processo sono precisamente quelle che ricorrono più di frequente nella teoria generale delle superficie, quando si fa uso di coordinate curvilinee di specie indeterminata.

7. Se si scrivono le tre equazioni

$$1 = E\left(\frac{du}{ds}\right)^2 + 2F\frac{du}{ds}\frac{dv}{ds} + G\left(\frac{dv}{ds}\right)^2,$$

$$w_2 = e\left(\frac{du}{ds}\right)^2 + 2f\frac{du}{ds}\frac{dv}{ds} + g\left(\frac{dv}{ds}\right)^2,$$

$$Hw_0 = C_1\left(\frac{du}{ds}\right)^2 - F_1\frac{du}{ds}\frac{dv}{ds} + E_1\left(\frac{dv}{ds}\right)^2,$$

si scorge immediatamente che, potendosi eliminare fra esse le due derivate $\frac{du}{ds}$, $\frac{dv}{ds}$, deve sussistere una relazione fra le componenti w_0, w_2 e gli elementi relativi al punto (u, v) della superficie, relazione indipendente dalla direzione secondo cui questo punto si sposta sulla superficie medesima.

Per ben comprendere la natura di questa relazione, si considerino i secondi membri delle tre precedenti equazioni come altrettante funzioni quadratiche ed omogenee P, Q, S delle due indeterminate $\frac{du}{ds}$, $\frac{dv}{ds}$, e si osservi che la terza di queste funzioni, S, è la jacobiana delle prime due, talchè l'equazione $S = 0$ rappresenta gli elementi doppî dell'involuzione determinata dalle due coppie $P = 0$, $Q = 0$ *). Se dunque λ_1 e λ_2 sono i due valori di λ che annullano il discriminante di $P - \lambda Q$, è chiaro che il prodotto $(P - \lambda_1 Q)(P - \lambda_2 Q)$ non può differire da S^2 che per un fattore costante, il quale si trova facilmente essere uguale a $-\frac{1}{h^2}$, dove $h^2 = eg - f^2$. D'altronde l'equazione in λ (le cui radici sono λ_1, λ_2)

$$(E - \lambda e)(G - \lambda g) - (F - \lambda f)^2 = 0$$

è identica con quella che determina i due raggi principali di curvatura della superficie,

---

*) Le coppie (d'elementi lineari) armoniche colla coppia $P = 0$ sono *ortogonali*; quelle che sono armoniche colla $Q = 0$ hanno le *tangenti conjugate*. Dunque gli elementi lineari definiti dall'equazione jacobiana $S = 0$ possiedono appunto le proprietà distintive delle direzioni principali, ossia delle linee di curvatura, d'essere fra loro ortogonali e di avere le tangenti conjugate.

R_1 ed R_2, ove questi si considerino come diretti dal punto della superficie ai rispettivi centri di curvatura, e si assumano positivi quando le loro direzioni coincidono con quella della retta ν_1. Si ha dunque

$$S^2 + h^2(P - R_1 Q)(P - R_2 Q) = 0,$$

ossia, riponendo i valori $P = 1$, $Q = w_2$, $S = Hw_0$,

$$(9) \qquad w_0^2 + \left(w_2 - \frac{1}{R_1}\right)\left(w_2 - \frac{1}{R_2}\right) = 0.$$

Tale è la relazione di cui si parlava, relazione che non differisce sostanzialmente dalla notissima del BERTRAND *), e che anche sotto la sua forma attuale trovasi già contenuta nella Nota del prof. BRIOSCHI *Intorno ad alcune proprietà di una linea tracciata sopra una superficie* **).

Dall'equazione precedente si deducono alcuni corollarî importanti a notarsi. Per esempio se $R_1 = R_2$, essendo w_0, w_2 quantità essenzialmente reali, si ha

$$w_0 = 0, \qquad w_2 = \frac{1}{R_1} = \frac{1}{R_2},$$

valori che spettano ai punti ombilicali della superficie. Se la linea s è tangente ad una delle asintotiche che passano per il punto considerato, si ha $w_2 = 0$ e quindi

$$w_0 = \sqrt{\frac{-1}{R_1 R_2}}.$$

Se poi la linea s è essa stessa un'asintotica si ha $\psi = \frac{\pi}{2}$ epperò $w_0 = -\frac{1}{r}$, talchè, (9),

$$\frac{1}{r} = \pm\sqrt{\frac{-1}{R_1 R_2}}$$

relazione nota. Se la linea s è quella linea di curvatura alla quale corrisponde, nel punto considerato, il raggio R_1, si ha

$$w_0 = 0, \qquad w_2 = \frac{1}{R_1}.$$

---

*) Cfr. *Calcul différentiel* (1864), § 653.

**) Annali di scienze matematiche e fisiche (di TORTOLINI), tomo V (1854), pag. 232. Circa la relazione identica che lega due forme quadratiche e la loro jacobiana veggasi: CAYLEY *A Fifth Memoir upon Quantics*, Philosophical Transactions of the R. Society of London, vol. CXLVIII (1858), pag. 429, e CLEBSCH *Theorie der binären Formen*, pag. 197 eq. (1).

8. Riflettendo sulla natura dei risultati ottenuti nei n.[i] precedenti è facile convincersi che, ove la rotazione istantanea Ω si decomponga in due, l'una Ω_n intorno alla normale comune ν_1 delle due superficie, l'altra Ω_t intorno ad un asse esistente nel piano tangente comune, quest'ultima componente dipende unicamente dalla *direzione* dell'elemento ds lungo il quale ha luogo il contatto successivo nel tempuscolo dt, mentre la prima componente dipende soltanto dalla differenza di curvatura tangenziale delle due curve nel punto m, ossia dalla differenza di curvatura delle loro projezioni sul piano tangente comune.

Si presenta dunque spontaneamente la quistione della dipendenza che deve aver luogo fra la direzione secondo la quale avviene, in un dato istante, il contatto delle due superficie, e la direzione dell'asse intorno a cui si compie la corrispondente rotazione istantanea Ω_t, direzioni che esistono entrambe nel piano tangente comune.

Per trovare la legge di questa dipendenza sotto la forma più semplice, conviene assumere a linee di riferimento le tangenti alle linee di curvatura della superficie fissa nel punto considerato. Siano per tal uopo m_1, m_2 due punti della superficie S infinitamente vicini ad m e situati sulle direzioni principali cui corrispondono i raggi R_1, R_2 rispettivamente. Scelto ad arbitrio uno di questi punti, si può sempre scegliere l'altro dall'una o dall'altra parte di m per guisa che le tre direzioni mm_1, mm_2, ν_1 siano disposte nello stesso ordine delle Ox, Oy, Oz (o delle ν_2, ν_0, ν_1). Ciò posto, indicando con θ l'angolo che l'elemento ds fa coll'elemento mm_1, angolo misurato da mm_1 verso mm_2, si ha, dal teorema di EULERO,

$$w_2 = \frac{\cos^2\theta}{R_1} + \frac{\operatorname{sen}^2\theta}{R_2}, \tag{10}$$

e questo valore, sostituito nell'equazione (9), dà

$$w_0 = \operatorname{sen}\theta\cos\theta\left(\frac{1}{R_2} - \frac{1}{R_1}\right) = \frac{1}{2}\frac{dw_2}{d\theta}, \tag{11}$$

espressione che coincide colla già citata del BERTRAND *). Da queste due formole si deduce

$$\frac{\cos\theta}{R_1} = w_2\cos\theta - w_0\operatorname{sen}\theta, \qquad \frac{\operatorname{sen}\theta}{R_2} = w_2\operatorname{sen}\theta + w_0\cos\theta,$$

*) L'equazione (9) lascia propriamente indeterminato il segno di w_0, ma è facile riconoscere che per restare in armonia colle convenzioni dei n.[i] precedenti, è necessario fissarlo come si è fatto nella equazione (11). Per tal fine giova, ed è lecito, considerare il punto m come uno dei vertici d'un ellissoide.

e quindi, qualunque sia l'angolo Θ, si ha

$$\frac{\cos\theta\cos\Theta}{R_1} + \frac{\operatorname{sen}\theta\operatorname{sen}\Theta}{R_2} = w_2\cos(\theta - \Theta) - w_0\operatorname{sen}(\theta - \Theta). \tag{12}$$

Facendo convenzioni analoghe per la superficie S' e chiamando θ' l'angolo che l'elemento ds fa colla direzione principale mm'_1, angolo misurato da mm'_1 verso mm'_2 e quindi nello stesso senso di θ, si ha in egual modo

$$\frac{\cos\theta'\cos\Theta'}{R'_1} + \frac{\operatorname{sen}\theta'\operatorname{sen}\Theta'}{R'_2} = w'_2\cos(\theta' - \Theta') - w'_0\operatorname{sen}(\theta' - \Theta'), \tag{12'}$$

dove Θ' è un angolo arbitrario al pari di Θ.

Ora si osservi che, supposto essere Θ l'angolo che l'asse della rotazione Ω_t fa colla direzione principale mm_1, si ha

$$\Omega_t\cos\Theta = \Omega_0\cos\theta + \Omega_2\operatorname{sen}\theta, \qquad \Omega_t\operatorname{sen}\Theta = \Omega_0\operatorname{sen}\theta - \Omega_2\cos\theta,$$

donde

$$\Omega_2\cos(\theta - \Theta) - \Omega_0\operatorname{sen}(\theta - \Theta) = 0,$$

equazione verificabile anche direttamente. Di qui, rammentando che si ha

$$\Omega_0 = v(w_0 - w'_0), \qquad \Omega_2 = v(w_2 - w'_2),$$

e che, supposto essere Θ' l'angolo che l'asse della detta rotazione fa colla direzione mm'_1, misurato nel solito senso, si ha $\theta - \Theta = \theta' - \Theta'$, si conclude

$$w_2\cos(\theta - \Theta) - w_0\operatorname{sen}(\theta - \Theta) = w'_2\cos(\theta' - \Theta') - w'_0\operatorname{sen}(\theta' - \Theta'),$$

e quindi, (12), (12'),

$$\frac{\cos\theta\cos\Theta}{R_1} + \frac{\operatorname{sen}\theta\operatorname{sen}\Theta}{R_2} = \frac{\cos\theta'\cos\Theta'}{R'_1} + \frac{\operatorname{sen}\theta'\operatorname{sen}\Theta'}{R'_2}. \tag{13}$$

Quest'equazione contiene appunto l'espressione analitica della cercata legge di dipendenza, e manifesta che le direzioni definite dagli angoli θ e Θ sono fra loro *reciproche*, talchè si può enunciare il teorema seguente: *se di due corpi rigidi, posti a contatto per un punto delle loro superficie, l'uno incomincia a ruzzolare sull'altro (senza strisciare) in qualsivoglia direzione, vi è sempre perfetta reciprocanza fra la direzione (iniziale) della linea di contatto e quella dell'asse istantaneo intorno al quale ha luogo la rotazione (iniziale)*; e qui credo opportuno rammentare nuovamente che in così dire si ha riguardo a quella sola componente, Ω_t, della rotazione istantanea, che vien determinata dalla direzione della linea di contatto, a quella cioè il cui asse giace nel piano tangente comune.

Eliminando dall'equazione (13) gli angoli θ' e Θ' colle relazioni $\theta - \theta' = \Theta - \Theta' = \omega$, dove ω è l'angolo che la direzione $m m_1$ fa colla $m m'_1$, misurato sempre da $m m_1$ verso $m m_2$, si trova

$$(13') \qquad \left(\frac{1}{R_2} - \frac{1}{K'_2}\right) \operatorname{tg}\theta \operatorname{tg}\Theta + H' (\operatorname{tg}\theta + \operatorname{tg}\Theta) + \frac{1}{R_1} - \frac{1}{K'_1} = 0,$$

dove per brevità si è posto

$$\frac{\cos^2\omega}{R'_1} + \frac{\operatorname{sen}^2\omega}{R'_2} = \frac{1}{K'_1}, \qquad \frac{\operatorname{sen}^2\omega}{R'_1} + \frac{\cos^2\omega}{R'_2} = \frac{1}{K'_2},$$

$$\operatorname{sen}\omega \cos\omega \left(\frac{1}{R'_2} - \frac{1}{R'_1}\right) = H',$$

dove, cioè, K'_1 e K'_2 sono i raggi delle sezioni normali fatte nella seconda superficie, S', dai piani principali della prima, S, nel punto m, ed H' è una quantità analoga alla w_0, rispetto alla superficie S' ed alla direzione $m m_1$. La forma dell'equazione (13') rende manifesto che *le coppie di direzioni conjugate cinematicamente*, di cui si fa menzione nel precedente teorema, *costituiscono un'ordinaria involuzione quadratica.*

I raggi doppî di quest'involuzione si ottengono ponendo $\Theta = \theta$, e conseguentemente $\Theta' = \theta'$, nel qual caso la (13) diventa

$$\frac{\cos^2\theta}{R_1} + \frac{\operatorname{sen}^2\theta}{R_2} = \frac{\cos^2\theta'}{R'_1} + \frac{\operatorname{sen}^2\theta'}{R'_2},$$

e fa conoscere che *la proprietà distintiva dei raggi doppî dell'involuzione è quella di corrispondere alle sezioni normali di egual curvatura nell'una e nell'altra superficie* *), sezioni che possono essere tanto reali quanto immaginarie. La precedente equazione avrebbe potuto essere stabilita direttamente, osservando che quando l'asse della rotazione Ω_t è diretto secondo ν_0, la componente Ω_2 (relativa alla direzione ν_2 perpendicolare a ν_0) è nulla, talchè si ha $w_2 = w'_2$, equazione che coincide appunto, (10), colla precedente.

È facile convincersi che *i raggi doppî dell'involuzione precedentemente considerata sono in pari tempo le tangenti in m ai due rami della curva d'intersezione delle superficie* S *ed* S'.

9. La legge di reciprocità testè contemplata abbraccia evidentemente, come caso particolare, la nota teoria delle tangenti conjugate di Dupin. Infatti quando la superfi-

*) Quest'eguaglianza deve aver luogo non solo quanto al valore assoluto, ma ancora quanto al senso; e ciò in virtù delle convenzioni fatte precedentemente circa i segni dei raggi R.

cie mobile S' è un piano, i raggi doppî dell'involuzione sono, com'è notissimo, le rette osculatrici della superficie S, ossia sono gli asintoti della conica indicatrice, epperò le coppie dell'involuzione sono costituite appunto dai diametri conjugati della conica stessa.

Quando la superficie mobile S' è una sfera di raggio R', le due equazioni (13), (13') prendono la forma

$$\frac{\cos\theta\cos\Theta}{R_1}+\frac{\operatorname{sen}\theta\operatorname{sen}\Theta}{R_2}=\frac{\cos(\theta-\Theta)}{R'},$$

$$\left(\frac{1}{R_2}-\frac{1}{R'}\right)\operatorname{tg}\theta\operatorname{tg}\Theta+\frac{1}{R_1}-\frac{1}{R'}=0,$$

e coincidono con quelle a cui è pervenuto il prof. CREMONA nella sua interessante teoria delle tangenti sfero-coniugate *), teoria che generalizza, seguendo un altro ordine di concetti, la predetta reciprocità dupiniana.

Ritornando al caso generale, l'equazione (13) insegna che non si può porre

$$\frac{\cos\theta\cos\Theta}{R_1}+\frac{\operatorname{sen}\theta\operatorname{sen}\Theta}{R_2}=0$$

senza porre al tempo stesso

$$\frac{\cos\theta'\cos\Theta'}{R'_1}+\frac{\operatorname{sen}\theta'\operatorname{sen}\Theta'}{R'_2}=0,$$

ossia che due direzioni cinematicamente conjugate, θ e Θ, non possono essere conjugate dupiniane per la prima superficie se non lo sono al tempo stesso per l'altra. *Esiste dunque una, ed in generale una sola, coppia di direzioni conjugate simultaneamente nel senso cinematico e nel senso dupiniano,* e questa coppia (che può essere tanto reale quanto immaginaria) è la coppia comune alle due involuzioni costituite dalle tangenti conjugate per l'una e per l'altra superficie separatamente. Quando S' è una superficie sferica, questa coppia è sempre reale ed è costituita dalle direzioni principali della superficie S (CREMONA, l. c.). Nel solo caso in cui le due involuzioni predette siano identiche, cioè nel solo caso in cui le due superficie abbiano le stesse rette osculatrici, la reciprocità cinematica è identica colla reciprocità dupiniana. Le condizioni analitiche a ciò necessarie sono

$$\omega=0,\qquad R_1:R_2=R'_1:R'_2.$$

*) *Intorno ad una proprietà delle superficie curve,* etc., n° 5 [Annali di Matematica, serie I, volume III (1860), pag. 333].

Introducendo nell'equazione (13) l'ipotesi $\theta - \Theta = \theta' - \Theta' = \frac{\pi}{2}$, si trova

$$\operatorname{sen}\theta\cos\theta\left(\frac{1}{R_2}-\frac{1}{R_1}\right)=\operatorname{sen}\theta'\cos\theta'\left(\frac{1}{R'_2}-\frac{1}{R'_1}\right),$$

equazione che equivale a $w_0 - w'_0 = 0$, e che poteva essere dedotta direttamente dalla supposizione $\Omega_0 = 0$. Introducendo la stessa ipotesi nella (13'), si trova

$$\operatorname{cotg} 2\theta = \operatorname{cotg} 2\omega - \frac{1}{2H'}\left(\frac{1}{R_2}-\frac{1}{R_1}\right),$$

donde si conclude che *esiste sempre una coppia reale di direzioni ortogonali le quali sono conjugate fra loro cinematicamente.* Quando la superficie S' è piana o sferica questa coppia è quella delle direzioni principali della superficie S (CREMONA, l. c.). Perchè *tutte* le coppie di rette conjugate cinematicamente siano *ortogonali* bisogna che le tangenti ai due rami della curva d'intersezione di S ed S' incontrino il circolo immaginario all'infinito, il che esige le condizioni analitiche

$$\omega = 0, \qquad \frac{1}{R_2}-\frac{1}{R_1}=\frac{1}{R'_2}-\frac{1}{R'_1}.$$

La teoria precedente richiederebbe una discussione più minuta, specialmente in riguardo ad alcuni casi particolari che si verificano allorchè si tratta di superficie rigate. Ciò sarà forse l'oggetto di un altro articolo. Intanto il lettore può consultare la copiosa esposizione che di questi casi fa il sig. RESAL (*Traité de cinématique pure*, pag. 119-173).

Bologna, 31 Marzo 1872.

XLII.

DI UN SISTEMA DI FORMOLE PER LO STUDIO DELLE LINEE E DELLE SUPERFICIE ORTOGONALI.

Rendiconti del Reale Istituto Lombardo, serie II, volume V (1872), pp. 474-484.

Rappresentiamo con a_1, b_1, ... c_3 (nel modo indicato dalla tavoletta che segue) i nove coseni degli angoli che tre rette ortogonali 1, 2, 3, spiccate da uno stesso punto (x, y, z) dello spazio, fanno con tre assi ortogonali:

	x	y	z
1	a_1	b_1	c_1
2	a_2	b_2	c_2
3	a_3	b_3	c_3

Ammettiamo che le direzioni delle tre rette 1, 2, 3 variino con continuità (mantenendosi sempre ortogonali), mentre la loro comune origine (x, y, z) cambia di posizione nello spazio, qualunque sia il moto di questo punto; ammettiamo cioè che i nove coseni anzidetti siano funzioni continue delle *tre variabili indipendenti* x, y, z. In tale ipotesi le rette 1 relative ai varî punti dello spazio sono tangenti ad un sistema doppiamente infinito di linee, che diremo (s_1). Si ottiene una di queste linee immaginando un punto il quale, partendo da una posizione qualunque, si muova sempre nella direzione 1 corrispondente a ciascuna delle posizioni che va successivamente occupando; ed il sistema completo di queste linee è rappresentato dal sistema differenziale

$$dx : dy : dz = a_1 : b_1 : c_1 .$$

Analogamente si ottengono due altri sistemi (s_2) ed (s_3). Quando i punti dello spazio si considerano in relazione al sistema (s_i), le coordinate x, y, z di uno qualunque di essi si possono riguardare come funzioni di due parametri indipendenti (le costanti d'integrazione del corrispondente sistema differenziale) atti ad individuare la linea passante per esso nel sistema (s_i), e dell'arco di questa linea compreso fra un punto individuato e quello che si considera. Indicando per semplicità con s_i quest'arco, si può dunque porre, in tal senso

$$(1) \qquad \frac{\partial x}{\partial s_i} = a_i, \qquad \frac{\partial y}{\partial s_i} = b_i, \qquad \frac{\partial z}{\partial s_i} = c_i.$$

Ma in generale i primi membri di queste equazioni designeranno semplici rapporti differenziali fra l'elemento lineare ds_i uscente dal punto (x, y, z) e le sue projezioni dx, dy, dz sui tre assi coordinati.

Ciò premesso, consideriamo le nove espressioni K che si deducono dalla seguente:

$$K_{ij} = a_i\left(\frac{\partial c_j}{\partial y} - \frac{\partial b_j}{\partial z}\right) + b_i\left(\frac{\partial a_j}{\partial z} - \frac{\partial c_j}{\partial x}\right) + c_i\left(\frac{\partial b_j}{\partial x} - \frac{\partial a_j}{\partial y}\right)$$

col dare tanto ad i quanto a j i tre valori 1, 2, 3 *).

Dalla forma di queste espressioni si deducono immediatamente, in virtù delle notissime relazioni sussistenti fra i nove coseni, le tre equazioni seguenti:

$$(2) \qquad \left\{\begin{aligned} \frac{\partial a_1}{\partial x} + \frac{\partial b_1}{\partial y} + \frac{\partial c_1}{\partial z} &= K_{32} - K_{23}, \\ \frac{\partial a_2}{\partial x} + \frac{\partial b_2}{\partial y} + \frac{\partial c_2}{\partial z} &= K_{13} - K_{31}, \\ \frac{\partial a_3}{\partial x} + \frac{\partial b_3}{\partial y} + \frac{\partial c_3}{\partial z} &= K_{21} - K_{12}. \end{aligned}\right.$$

In forza delle medesime relazioni si ha pure

---

*) Queste espressioni, per il caso speciale di $i = j$, si sono già presentate al sig. BERTRAND [Journal de Mathématiques pures et appliquées, t. IX (1844), pag. 133], ma senza porgergli occasione di separata investigazione. Si può vedere presso questo autore qual sia il significato geometrico delle tre espressioni suddette (K_{11}, K_{22}, K_{33}), significato che qui non avremo bisogno d'invocare, sebbene chiaramente emerga dalle successive formole (3).

$$c_1\frac{\partial b_i}{\partial x} - b_1\frac{\partial c_i}{\partial x}$$

$$= a_2\left(a_3\frac{\partial a_i}{\partial x} + b_3\frac{\partial b_i}{\partial x} + c_3\frac{\partial c_i}{\partial x}\right) - a_3\left(a_2\frac{\partial a_i}{\partial x} + b_2\frac{\partial b_i}{\partial x} + c_2\frac{\partial c_i}{\partial x}\right),$$

$$a_1\frac{\partial c_i}{\partial y} - c_1\frac{\partial a_i}{\partial y}$$

$$= b_2\left(a_3\frac{\partial a_i}{\partial y} + b_3\frac{\partial b_i}{\partial y} + c_3\frac{\partial c_i}{\partial y}\right) - b_3\left(a_2\frac{\partial a_i}{\partial y} + b_2\frac{\partial b_i}{\partial y} + c_2\frac{\partial c_i}{\partial y}\right),$$

$$b_1\frac{\partial a_i}{\partial z} - a_1\frac{\partial b_i}{\partial z}$$

$$= c_2\left(a_3\frac{\partial a_i}{\partial z} + b_3\frac{\partial b_i}{\partial z} + c_3\frac{\partial c_i}{\partial z}\right) - c_3\left(a_2\frac{\partial a_i}{\partial z} + b_2\frac{\partial b_i}{\partial z} + c_2\frac{\partial c_i}{\partial z}\right),$$

come si verifica a colpo d'occhio. Sommando queste tre identità, ed osservando che in base alle (1) si può scrivere, per es.,

$$\frac{\partial a_i}{\partial x} a_j + \frac{\partial a_i}{\partial y} b_j + \frac{\partial a_i}{\partial z} c_j = \frac{\partial a_i}{\partial s_j},$$

si ottiene

$$K_{1i} = \left(a_3\frac{\partial a_i}{\partial s_2} + b_3\frac{\partial b_i}{\partial s_2} + c_3\frac{\partial c_i}{\partial s_2}\right) - \left(a_2\frac{\partial a_i}{\partial s_3} + b_2\frac{\partial b_i}{\partial s_3} + c_2\frac{\partial c_i}{\partial s_3}\right).$$

Ponendo dunque

$$\begin{aligned} a_3\frac{\partial a_2}{\partial s_i} + b_3\frac{\partial b_2}{\partial s_i} + c_3\frac{\partial c_2}{\partial s_i} &= \omega_{1i}, \\ a_1\frac{\partial a_3}{\partial s_i} + b_1\frac{\partial b_3}{\partial s_i} + c_1\frac{\partial c_3}{\partial s_i} &= \omega_{2i}, \qquad (i = 1, 2, 3) \\ a_2\frac{\partial a_1}{\partial s_i} + b_2\frac{\partial b_1}{\partial s_i} + c_2\frac{\partial c_1}{\partial s_i} &= \omega_{3i}, \end{aligned}$$

si hanno le seguenti espressioni per le nove funzioni K:

$$(3) \quad \left\{ \begin{array}{lll} -K_{11} = \omega_{22} + \omega_{33}, & K_{12} = \omega_{12}, & K_{13} = \omega_{13}, \\ K_{21} = \omega_{21}, & -K_{22} = \omega_{33} + \omega_{11}, & K_{23} = \omega_{23}, \\ K_{31} = \omega_{31}, & K_{32} = \omega_{32}, & -K_{33} = \omega_{11} + \omega_{22}. \end{array} \right.$$

È noto che, supponendo che l'origine (x, y, z) della terna (123) percorra l'elemento ds_i con velocità $v_i = \frac{ds_i}{dt}$, le tre espressioni

$$v_i \omega_{1i}, \qquad v_i \omega_{2i}, \qquad v_i \omega_{3i}$$

rappresentano le componenti, secondo le tre rette 1, 2, 3, di quella rotazione istantanea che, associata alla traslazione v_i, è atta a produrre nel tempuscolo dt lo spostamento della terna (123) dovuto al passaggio del punto (x, y, z) dal primo al secondo termine dell'elemento ds_i.

Dalle tre equazioni

$$a_1 \frac{\partial a_1}{\partial s_i} + b_1 \frac{\partial b_1}{\partial s_i} + c_1 \frac{\partial c_1}{\partial s_i} = 0,$$

$$a_2 \frac{\partial a_1}{\partial s_i} + b_2 \frac{\partial b_1}{\partial s_i} + c_2 \frac{\partial c_1}{\partial s_i} = \omega_{3i},$$

$$a_3 \frac{\partial a_1}{\partial s_i} + b_3 \frac{\partial b_1}{\partial s_i} + c_3 \frac{\partial c_1}{\partial s_i} = -\omega_{2i},$$

si ricava

$$(4) \qquad \begin{cases} \dfrac{\partial a_1}{\partial s_i} = a_2 \omega_{3i} - a_3 \omega_{2i}, \\[2ex] \dfrac{\partial b_1}{\partial s_i} = b_2 \omega_{3i} - b_3 \omega_{2i}, \\[2ex] \dfrac{\partial c_1}{\partial s_i} = c_2 \omega_{3i} - c_3 \omega_{2i}. \end{cases}$$

Insieme con questa terna di formole ne sussistono altre due, che si ricavano dalla precedente permutando circolarmente gli indici 1, 2, 3.

I primi membri di queste ultime equazioni, al pari di quelli delle (1), non sono in generale vere derivate rispetto ad s_1, s_2, s_3 [perchè in generale non si ha, per una stessa linea del sistema (s_1), $s_2 = \text{cost.}$, $s_3 = \text{cost.}$]. Ma se si considera *una linea individuata* di uno dei tre sistemi, per es. di (s_1), tanto le (1) quanto le (4) dànno per $i = 1$, le espressioni delle vere derivate delle coordinate x, y, z di questa linea rispetto al suo arco. Si ha dunque

$$\begin{cases} \dfrac{\partial x}{\partial s_1} = a_1, \\[2ex] \dfrac{\partial y}{\partial s_1} = b_1, \\[2ex] \dfrac{\partial z}{\partial s_1} = c_1, \end{cases} \qquad \begin{cases} \dfrac{\partial^2 x}{\partial s_1^2} = a_2 \omega_{31} - a_3 \omega_{21}, \\[2ex] \dfrac{\partial^2 y}{\partial s_1^2} = b_2 \omega_{31} - b_3 \omega_{21}, \\[2ex] \dfrac{\partial^2 z}{\partial s_1^2} = c_2 \omega_{31} - c_3 \omega_{21}, \end{cases}$$

e quindi

$$\alpha_1 = \frac{\partial y}{\partial s_1}\frac{\partial^2 z}{\partial s_1^2} - \frac{\partial z}{\partial s_1}\frac{\partial^2 y}{\partial s_1^2} = a_2\omega_{21} + a_3\omega_{31},$$

$$\beta_1 = \frac{\partial z}{\partial s_1}\frac{\partial^2 x}{\partial s_1^2} - \frac{\partial x}{\partial s_1}\frac{\partial^2 z}{\partial s_1^2} = b_2\omega_{21} + b_3\omega_{31},$$

$$\gamma_1 = \frac{\partial x}{\partial s_1}\frac{\partial^2 y}{\partial s_1^2} - \frac{\partial y}{\partial s_1}\frac{\partial^2 x}{\partial s_1^2} = c_2\omega_{21} + c_3\omega_{31}.$$

Queste formole definiscono la direzione della tangente, della normale principale e della normale al piano osculatore della linea s_1 nel punto (x, y, z). Chiamando ρ_1 il raggio di curvatura, si ha dalle stesse formole

$$\frac{1}{\rho_1^2} = \left(\frac{\partial^2 x}{\partial s_1^2}\right)^2 + \left(\frac{\partial^2 y}{\partial s_1^2}\right)^2 + \left(\frac{\partial^2 z}{\partial s_1^2}\right)^2 = \omega_{21}^2 + \omega_{31}^2,$$

e chiamando θ_1 l'angolo che la normale principale fa colla retta 2 (l'angolo misurato da 2 verso 3), se ne trae pure

$$\cos\theta_1 = +\rho_1\omega_{31}, \qquad \operatorname{sen}\theta_1 = -\rho_1\omega_{21}.$$

Di qui risulta che, decomponendo la curvatura $\frac{1}{\rho_1}$ nelle due

$$\frac{1}{\rho_{12}} = \frac{\cos\theta_1}{\rho_1}, \qquad \frac{1}{\rho_{13}} = \frac{\operatorname{sen}\theta_1}{\rho_1}$$

secondo le rette 2 e 3, si ha

$$\omega_{31} = \frac{1}{\rho_{12}}, \qquad \omega_{21} = -\frac{1}{\rho_{13}}.$$

Colla permutazione circolare degli indici si ottiene in tal modo il seguente gruppo d'equazioni:

$$(5) \qquad \begin{cases} \omega_{23} = \dfrac{1}{\rho_{31}}, & \omega_{31} = \dfrac{1}{\rho_{12}}, & \omega_{12} = \dfrac{1}{\rho_{23}}, \\[2ex] \omega_{32} = -\dfrac{1}{\rho_{21}}, & \omega_{13} = -\dfrac{1}{\rho_{32}}, & \omega_{21} = -\dfrac{1}{\rho_{13}}, \end{cases}$$

nelle quali $\frac{1}{\rho_{ij}}$ rappresenta la componente secondo j della curvatura dell'arco s_i. In virtù delle (3) queste equazioni dànno il significato geometrico delle sei funzioni K_{ij} (per i diverso da j).

Dalle precedenti espressioni delle derivate seconde di x, y, z si deducono, coll'ajuto delle (4), le seguenti espressioni delle derivate terze:

$$\frac{\partial^3 x}{\partial s_1^3} = \alpha_1 \omega_{11} + a_2 \frac{\partial \omega_{31}}{\partial s_1} - a_3 \frac{\partial \omega_{21}}{\partial s_1} - \frac{a_1}{\rho_1^2},$$

$$\frac{\partial^3 y}{\partial s_1^3} = \beta_1 \omega_{11} + b_2 \frac{\partial \omega_{31}}{\partial s_1} - b_3 \frac{\partial \omega_{21}}{\partial s_1} - \frac{b_1}{\rho_1^2},$$

$$\frac{\partial^3 z}{\partial s_1^3} = \gamma_1 \omega_{11} + c_2 \frac{\partial \omega_{31}}{\partial s_1} - c_3 \frac{\partial \omega_{21}}{\partial s_1} - \frac{c_1}{\rho_1^2}.$$

Moltiplicando ordinatamente queste equazioni per α_1, β_1, γ_1, e sommando si ottiene

$$D_1 = \frac{\omega_{11}}{\rho_1^2} + \omega_{21} \frac{\partial \omega_{31}}{\partial s_1} - \omega_{31} \frac{\partial \omega_{21}}{\partial s_1},$$

dove D_1 rappresenta il determinante

$$\sum \left(\pm \frac{\partial x}{\partial s_1} \frac{\partial^2 y}{\partial s_1^2} \frac{\partial^3 z}{\partial s_1^3} \right).$$

Ora è noto che, designando con $\frac{1}{r_1}$ la torsione dell'arco s_1, si ha

$$\frac{1}{r_1} = D_1 \rho_1^2;$$

dunque

$$\frac{1}{r_1} = \omega_{11} + \frac{\omega_{21} \frac{\partial \omega_{31}}{\partial s_1} - \omega_{31} \frac{\partial \omega_{21}}{\partial s_1}}{\omega_{21}^2 + \omega_{31}^2}, \tag{6}$$

formola che, in virtù di relazioni dianzi notate, si può scrivere così

$$\frac{1}{r_1} = \omega_{11} + \frac{\partial \theta_1}{\partial s_1},$$

prestandosi in tal modo all'immediata verificazione geometrica.

Le nove funzioni K sono legate fra loro da relazioni differenziali che importa stabilire, poichè da esse dipendono le leggi con cui variano da punto a punto le curvature delle linee (s_i). Per giungere prontamente a queste relazioni conviene adottare alcune regole opportune riguardo alla designazione delle lettere e degli indici che servono a distinguere i nove coseni. Conveniamo dunque di denotare colla lettera e una qualunque delle tre lettere a, b, c e colle tre lettere $(i j k)$ gli indici 1, 2, 3 presi nell'ordine naturale (123), o negli ordini (231), (312) che si deducono da quello colla permutazione circolare. Mercè queste convenzioni le equazioni (4) ed analoghe possono essere compendiate nell'unica seguente:

$$\frac{\partial e_i}{\partial s_m} = e_j \omega_{km} - e_k \omega_{jm} . \tag{7}$$

Osserviamo ora che, qualunque sia la funzione cui si riferiscono le derivazioni, si ha

$$\frac{\partial}{\partial s_i} = a_i \frac{\partial}{\partial x} + b_i \frac{\partial}{\partial y} + c_i \frac{\partial}{\partial z} ,$$

$$\frac{\partial}{\partial s_j} = a_j \frac{\partial}{\partial x} + b_j \frac{\partial}{\partial y} + c_j \frac{\partial}{\partial z} ,$$

e per conseguenza

$$\frac{\partial^2}{\partial s_i \partial s_j} - \frac{\partial^2}{\partial s_j \partial s_i} = \left(\frac{\partial a_i}{\partial s_j} - \frac{\partial a_j}{\partial s_i}\right)\frac{\partial}{\partial x} + \left(\frac{\partial b_i}{\partial s_j} - \frac{\partial b_j}{\partial s_i}\right)\frac{\partial}{\partial y} + \left(\frac{\partial c_i}{\partial s_j} - \frac{\partial c_j}{\partial s_i}\right)\frac{\partial}{\partial z} ,$$

dove $\frac{\partial^2}{\partial s_i \partial s_j}$ indica il risultato di una operazione $\frac{\partial}{\partial s}$ fatta prima rispetto ad s_i e poi rispetto ad s_j. Ma dalla (7) si ha

$$\frac{\partial e_i}{\partial s_j} - \frac{\partial e_j}{\partial s_i} = e_j \omega_{kj} - e_k \omega_{jj} - e_k \omega_{ii} + e_i \omega_{ki} = e_i K_{ki} + e_j K_{kj} + e_k K_{kk} ;$$

quindi, sostituendo nella precedente equazione, si ottiene

$$\frac{\partial^2}{\partial s_i \partial s_j} - \frac{\partial^2}{\partial s_j \partial s_i} = K_{ki} \frac{\partial}{\partial s_i} + K_{kj} \frac{\partial}{\partial s_j} + K_{kk} \frac{\partial}{\partial s_k} . \tag{8}$$

Questa formola fondamentale (nella quale i, j, k sono, secondo la convenzione, tre indici *differenti* disposti in ordine circolarmente progressivo) mostra col fatto non essere vere derivate quelle relative alle s, e diventar tali solamente nel caso particolarissimo che tutte le K siano nulle, cioè che la terna (123) sia dovunque parallela a sè stessa.

Or ecco come dalla formola precedente si possono dedurre tutte le relazioni esistenti fra le nove funzioni K.

Rappresentando con $(l\,m\,n)$ una seconda terna d'indici distinti e progressivi, come è già la $(i\,j\,k)$, si ha dalla (7)

$$\frac{\partial e_l}{\partial s_i} = e_m \omega_{ni} - e_n \omega_{mi},$$

$$\frac{\partial e_l}{\partial s_j} = e_m \omega_{nj} - e_n \omega_{mj},$$

$$\frac{\partial e_l}{\partial s_k} = e_m \omega_{nk} - e_n \omega_{mk}.$$

Derivando la prima di queste equazioni rispetto ad s_j, la seconda rispetto ad s_i, e sostituendo nei secondi membri al posto delle derivate di e_m e di e_n i valori dati per esse dalle equazioni del tipo (7), si trova

$$\frac{\partial^2 e_l}{\partial s_i \partial s_j} - \frac{\partial^2 e_l}{\partial s_j \partial s_i} = e_m \left(\frac{\partial \omega_{nl}}{\partial s_j} - \frac{\partial \omega_{nj}}{\partial s_i} \right) - e_n \left(\frac{\partial \omega_{mi}}{\partial s_j} - \frac{\partial \omega_{mj}}{\partial s_i} \right)$$
$$+ e_n (\omega_{ni} \omega_{lj} - \omega_{li} \omega_{nj}) - e_m (\omega_{li} \omega_{mj} - \omega_{mi} \omega_{lj}).$$

L'equazione (8) somministra in tal guisa il risultato seguente:

$$e_m \left[\frac{\partial \omega_{ni}}{\partial s_j} - \frac{\partial \omega_{nj}}{\partial s_i} - (\omega_{li} \omega_{mj} - \omega_{mi} \omega_{lj}) - (K_{ki} \omega_{ni} + K_{kj} \omega_{nj} + K_{kk} \omega_{nk}) \right]$$
$$= e_n \left[\frac{\partial \omega_{mi}}{\partial s_j} - \frac{\partial \omega_{mj}}{\partial s_i} - (\omega_{ni} \omega_{lj} - \omega_{li} \omega_{nj}) - (K_{ki} \omega_{mi} + K_{kj} \omega_{mj} + K_{kk} \omega_{mk}) \right].$$

Questa relazione deve avverarsi per $e = a, b, c$, epperò devono annullarsi separatamente le due espressioni fra parentesi. Ma per l'arbitrio inerente alla scelta del gruppo $(l m n)$, le due equazioni così ottenute non ne fanno che una sola. Si ha dunque, come tipo unico delle relazioni esistenti fra le quantità K (od ω), la formola seguente:

$$(9) \qquad \frac{\partial \omega_{li}}{\partial s_j} - \frac{\partial \omega_{lj}}{\partial s_i} = \omega_{mi} \omega_{nj} - \omega_{ni} \omega_{mj} + \omega_{ki} \omega_{li} + \omega_{kj} \omega_{lj} + K_{kk} \omega_{lk}.$$

I due indici i ed l sono indipendenti fra loro e possono quindi ricevere, ciascuno separatamente, tutti tre i valori 1, 2, 3, gli altri quattro indici restano determinati in conseguenza. La formola precedente fornisce dunque *nove* relazioni distinte, che giova scindere in tre gruppi, corrispondenti alle tre ipotesi $l = i$, $l = j$, $l = k$. Sostituendo anche al posto delle ω aventi indici differenti le curvature componenti $\frac{1}{\rho}$, quali risultano dal quadro (5), si ottiene in tal modo:

per $l = i$

$$(9_1)\qquad \frac{\partial \frac{1}{\rho_{jk}}}{\partial s_i} = \frac{1}{\rho_{ji}}\left(\frac{1}{\rho_{jk}} - \frac{1}{\rho_{ik}}\right) + \frac{K_{jj} - K_{ii}}{\rho_{ij}} - \frac{K_{kk}}{\rho_{kj}} + \frac{\partial \omega_{ii}}{\partial s_j};$$

per $l = j$

$$(9_2)\qquad \frac{\partial \frac{1}{\rho_{ik}}}{\partial s_j} = \frac{1}{\rho_{ij}}\left(\frac{1}{\rho_{ik}} - \frac{1}{\rho_{jk}}\right) + \frac{K_{jj} - K_{ii}}{\rho_{ji}} - \frac{K_{kk}}{\rho_{ki}} - \frac{\partial \omega_{jj}}{\partial s_i};$$

e finalmente per $l = k$

$$(9_3)\qquad \frac{\partial \frac{1}{\rho_{ij}}}{\partial s_j} + \frac{\partial \frac{1}{\rho_{ji}}}{\partial s_i} = \frac{1}{\rho_{ij}^2} + \frac{1}{\rho_{ji}^2} + \frac{1}{\rho_{ik}\rho_{jk}} + \omega_{ii}\omega_{jj} + \omega_{kk}K_{kk}.$$

Oltre a queste nove relazioni se ne potrebbero trovare moltissime altre, con altri processi di eliminazione delle a, b, c, ma tutte rientrerebbero nelle precedenti. Fra quelle cui si perviene in modo più semplice citeremo le tre seguenti. Scrivendo le tre espressioni di K_{1i}, K_{2i}, K_{3i} è facile ricavarne le seguenti equazioni:

$$\frac{\partial c_i}{\partial y} - \frac{\partial b_i}{\partial z} = a_1 K_{1i} + a_2 K_{2i} + a_3 K_{3i},$$

$$\frac{\partial a_i}{\partial z} - \frac{\partial c_i}{\partial x} = b_1 K_{1i} + b_2 K_{2i} + b_3 K_{3i},$$

$$\frac{\partial b_i}{\partial x} - \frac{\partial a_i}{\partial y} = c_1 K_{1i} + c_2 K_{2i} + c_3 K_{3i},$$

le quali, derivate ordinatamente rispetto ad x, y, z e sommate, dànno, con riguardo alle (2),

$$\frac{\partial K_{1i}}{\partial s_1} + \frac{\partial K_{2i}}{\partial s_2} + \frac{\partial K_{3i}}{\partial s_3} = K_{1i}(K_{23} - K_{32}) + K_{2i}(K_{31} - K_{13}) + K_{3i}(K_{12} - K_{21}).$$

Facendo $i = 1, 2, 3$ si hanno così tre relazioni. Ma queste non sono effettivamente che combinazioni delle già trovate. Per es. l'equazione che risulta dal fare $i = 1$ si ottiene ancora prendendo la differenza delle due equazioni (9) corrispondenti alle ipotesi ($i = 1$, $l = 2$), ($i = 3$, $l = 3$).

Le precedenti considerazioni comprendono, come caso particolare, la teoria dei sistemi tripli di superficie ortogonali. Infatti se si suppone che le rette 1, 2, 3 siano le normali nel punto (x, y, z) alle tre superficie S_1, S_2, S_3 di un tal sistema, bisogna porre

$$(10) \qquad K_{11} = 0, \qquad K_{22} = 0, \qquad K_{33} = 0;$$

e, reciprocamente, se queste equazioni sono identicamente soddisfatte, le tre equazioni differenziali

$$a_i dx + b_i dy + c_i dz = 0 \qquad (i = 1, 2, 3)$$

sono integrabili, epperò esiste un sistema triplo di superficie ortogonali le cui normali nel punto (x, y, z) sono le rette 1, 2, 3. Ora le condizioni (10) traggono necessariamente con sè queste altre

$$(10') \qquad \omega_{11} = 0, \qquad \omega_{22} = 0, \qquad \omega_{33} = 0,$$

le quali esprimono che, mentre il punto (x, y, z) si sposta lungo l'intersezione di due superficie, ossia secondo la direzione della normale alla terza, l'asse della rotazione istantanea della terna formata dalle tre normali riesce *perpendicolare* alla direzione della traslazione della sua origine. Dunque il moto elementare della terna è una *rotazione semplice*, il cui asse giace nel piano delle normali alle due superficie, epperò esiste sopra ciascuna di queste normali un punto che non cambia di posizione nel moto elementare della terna stessa. Ciò val quanto dire che ciascuna delle due normali è incontrata dalla normale infinitamente vicina, ossia che la linea d'intersezione è linea di curvatura per ambedue le superficie. Si ha così quella che potrebbe dirsi la dimostrazione cinematica del celebre teorema di Dupin.

Del resto si perviene analiticamente allo stesso teorema osservando che le due equazioni $\omega_{33} = 0$, $\omega_{22} = 0$ si possono scrivere così:

$$a_2 \frac{\partial a_1}{\partial s_3} + b_2 \frac{\partial b_1}{\partial s_3} + c_2 \frac{\partial c_1}{\partial s_3} = 0, \qquad a_3 \frac{\partial a_1}{\partial s_2} + b_3 \frac{\partial b_1}{\partial s_2} + c_3 \frac{\partial c_1}{\partial s_2} = 0.$$

Da queste e dalla

$$a_1 \frac{\partial a_1}{\partial s_i} + b_1 \frac{\partial b_1}{\partial s_i} + c_1 \frac{\partial c_1}{\partial s_i} = 0$$

si deducono le seguenti proporzioni

$$\frac{\frac{\partial a_1}{\partial s_2}}{a_2} = \frac{\frac{\partial b_1}{\partial s_2}}{b_2} = \frac{\frac{\partial c_1}{\partial s_2}}{c_2}, \qquad \frac{\frac{\partial a_1}{\partial s_3}}{a_3} = \frac{\frac{\partial b_1}{\partial s_3}}{b_3} = \frac{\frac{\partial c_1}{\partial s_3}}{c_3},$$

che sono appunto caratteristiche per le linee di curvatura della superficie S_1. Indicando poi con ρ_{21}, ρ_{31} i raggi principali della stessa superficie, relativi alle direzioni principali 2 e 3, i valori dei precedenti rapporti eguali sono rispettivamente $-\frac{1}{\rho_{21}}$ e $-\frac{1}{\rho_{31}}$, donde è facile concludere che $\omega_{32} = -\frac{1}{\rho_{21}}$, $\omega_{23} = \frac{1}{\rho_{31}}$, d'accordo colle (5). Effettivamente, nel caso di cui ci occupiamo, la quantità $\frac{1}{\rho_{ij}}$, componente secondo la retta j della curvatura assoluta dell'arco s_i, coincide colla curvatura principale della superficie S_j relativa alla direzione i. Avendo riguardo a questi valori delle curvature principali, le (2) diventano le note espressioni delle loro somme.

Giova osservare che, per le segnature quì adottate, le curvature che Lamé chiama *coniugate in arco* hanno eguale il *primo* indice, e quelle ch'egli chiama *coniugate in superficie* hanno eguale il *secondo*.

Le torsioni delle linee d'intersezione sono date, in virtù della (6), dalla formola

$$\frac{1}{r_i} = \frac{\rho_{ik}\frac{\partial \rho_{ij}}{\partial s_i} - \rho_{ij}\frac{\partial \rho_{ik}}{\partial s_i}}{\rho_{ij}^2 + \rho_{ik}^2}.$$

In forza alle (10) e (10') le equazioni (9_1), (9_2), (9_3) diventano rispettivamente

$$\frac{\partial \frac{1}{\rho_{jk}}}{\partial s_i} = \frac{1}{\rho_{ji}}\left(\frac{1}{\rho_{jk}} - \frac{1}{\rho_{ik}}\right), \qquad \frac{\partial \frac{1}{\rho_{ik}}}{\partial s_j} = \frac{1}{\rho_{ij}}\left(\frac{1}{\rho_{ik}} - \frac{1}{\rho_{jk}}\right),$$

$$\frac{\partial \frac{1}{\rho_{ij}}}{\partial s_j} + \frac{\partial \frac{1}{\rho_{ji}}}{\partial s_i} = \frac{1}{\rho_{ij}^2} + \frac{1}{\rho_{ji}^2} + \frac{1}{\rho_{ik}\rho_{jk}},$$

e coincidono colle nove relazioni differenziali scoperte da Lamé fra le curvature di un sistema triplo di superficie ortogonali, relazioni che vanno annoverate fra i più importanti trovati di quell'insigne geometra *). La semplicità colla quale queste relazioni vengono qui dimostrate potrà forse conciliare qualche attenzione sul processo analitico esposto superiormente.

*) Cfr. le *Leçons sur les coordonnées curvilignes*, § XLVI.

XLIII.

SULLE FUNZIONI BILINEARI.

Giornale di Matematiche, volume XI (1873), pp. 98-106.

La teoria delle funzioni bilineari, già fatta argomento di sottili ed elevate ricerche per parte dei valentissimi geometri KRONECKER e CHRISTOFFEL *), porge occasione ad eleganti e facili problemi, se si rimova da essa la restrizione, quasi sempre ammessa fin quì, che le due serie di variabili siano assoggettate a sostituzioni identiche, oppure a sostituzioni inverse. Credo non del tutto inutile di trattare brevemente alcuni fra questi problemi, per invogliare i giovani lettori di questo giornale a sempre più addimesticarsi con quei processi algebrici che formano il precipuo materiale della nuova geometria analitica, e senza i quali questo bellissimo ramo della scienza matematica resta confinato entro una simbolica, alla quale di gran lunga sovrasta la perspicuità e la potenza della sintesi pura.

Sia

$$f = \sum^{rs} c_{rs} x_r y_s$$

una funzione bilineare formata coi due gruppi di variabili indipendenti

$$x_1, x_2, \dots x_n;$$

$$y_1, y_2, \dots y_n.$$

*) Journal für die reine und angewandte Mathematik, t. LXVIII (1868).

Trasformando simultaneamente queste variabili con due *distinte* sostituzioni lineari

(1) $$x_r = \sum^p a_{rp}\xi_p, \qquad y_s = \sum^q b_{sq}\eta_q$$

(i cui determinanti si suppongono sempre diversi da zero), si ottiene una trasformata

$$\varphi = \sum^{pq}\gamma_{pq}\xi_p\eta_q,$$

i cui coefficienti γ_{pq} sono legati ai coefficienti c_{rs} della funzione primitiva dalle n^2 equazioni che hanno a tipo la seguente:

(2) $$\gamma_{pq} = \sum^{rs} c_{rs}a_{rp}b_{sq}.$$

Ponendo per brevità

$$\sum^m c_{mr}a_{ms} = h_{rs}, \qquad \sum^m c_{rm}b_{ms} = k_{rs},$$

quest'equazione tipica può scriversi sotto le due forme equivalenti

(3) $$\sum^s h_{sp}b_{sq} = \gamma_{pq}, \qquad \sum^r k_{rq}a_{rp} = \gamma_{pq}.$$

Indicando con A, B, C, H, K, Γ i determinanti rispettivamente formati cogli elementi a, b, c, h, k, γ, si ha, da queste ultime equazioni, $\Gamma = HB = KA$. Ma, per la definizione delle quantità h, k si ha pure $H = CA$, $K = CB$; dunque

$$\Gamma = ABC,$$

cioè: il determinante della funzione trasformata è uguale a quello della primitiva moltiplicato per il prodotto dei moduli delle due sostituzioni.

Supponiamo primieramente che le sostituzioni lineari (1) siano ambedue ortogonali. In tal caso i loro $2n^2$ coefficienti dipendono, come è noto, da $n^2 - n$ parametri indipendenti, epperò la funzione trasformata φ può essere, generalmente parlando, assoggettata ad altrettante condizioni. Ora quelli, tra i coefficienti γ_{pq}, i cui indici p, q sono fra loro diseguali, sono appunto in numero di $n^2 - n$: si può dunque cercare se sia possibile annullare tutti questi coefficienti, e ridurre la funzione bilineare f alla forma canonica

$$\varphi = \sum^m \gamma_m \xi_m \eta_m.$$

Per risolvere questa quistione basta osservare che se, dopo aver fatto nelle equazioni (3)

$$\gamma_{pq} = 0 \quad \text{per} \quad p \lesseqgtr q \quad \text{e} \quad \gamma_{pp} = \gamma_p,$$

si moltiplica la prima per b_{rq} e si eseguisce sul risultato la somma $\sum^q$; indi si moltiplica la seconda per a_{sp} e si eseguisce la somma $\sum^p$, si ottiene

$$h_{rp} = \gamma_p b_{rp}, \qquad k_{sq} = \gamma_q a_{sq}.$$

Queste due equazioni tipiche sono fra loro equivalenti al pari delle equazioni (3), e, come sono conseguenze di queste ultime, così se ne potrebbero a vicenda ricavare le equazioni (3). In esse è tutta contenuta la risoluzione del proposto problema, che si ottiene così: scrivendo distesamente le due ultime equazioni nel modo seguente

$$(4) \qquad \begin{cases} c_{1r}a_{1s} + c_{2r}a_{2s} + \cdots + c_{nr}a_{ns} = \gamma_s b_{rs}, \\ c_{r1}b_{1s} + c_{r2}b_{2s} + \cdots + c_{rn}b_{ns} = \gamma_s a_{rs}, \end{cases}$$

indi ponendo, per brevità,

$$c_{r1}c_{s1} + c_{r2}c_{s2} + \cdots + c_{rn}c_{sn} = \mu_{rs},$$
$$c_{1r}c_{1s} + c_{2r}c_{2s} + \cdots + c_{nr}c_{ns} = \nu_{rs},$$

(talchè $\mu_{rs} = \mu_{sr}$, $\nu_{rs} = \nu_{sr}$) la sostituzione nella seconda equazione (4) dei valori delle quantità b cavati dalla prima dà

$$(5') \qquad \mu_{r1}a_{1s} + \mu_{r2}a_{2s} + \cdots + \mu_{rn}a_{ns} = \gamma_s^2 a_{rs};$$

così, la sostituzione nella prima equazione (4) dei valori delle quantità a cavati dalla seconda dà

$$(5'') \qquad \nu_{r1}b_{1s} + \nu_{r2}b_{2s} + \cdots + \nu_{rn}b_{ns} = \gamma_s^2 b_{rs}.$$

L'eliminazione delle quantità a dalle n equazioni che si deducono dall'equazione (5') ponendo successivamente $r = 1, 2, \ldots n$, conduce all'equazione

$$\Delta_1 = \begin{vmatrix} \mu_{11} - \gamma^2 & \mu_{12} & \ldots & \mu_{1n} \\ \mu_{21} & \mu_{22} - \gamma^2 & \ldots & \mu_{2n} \\ \cdots & \cdots & \cdots & \cdots \\ \mu_{n1} & \mu_{n2} & \ldots & \mu_{nn} - \gamma^2 \end{vmatrix} = 0,$$

alla quale devono soddisfare gli n valori $\gamma_1^2, \gamma_2^2, \ldots \gamma_n^2$ di γ^2. Così l'eliminazione delle quantità b dalle n equazioni che si deducono dall'equazione (5'') ponendo successivamente $r = 1, 2, \ldots n$, conduce all'equazione

$$\Delta_2 = \begin{vmatrix} \nu_{11} - \gamma^2 & \nu_{12} & \ldots & \nu_{1n} \\ \nu_{21} & \nu_{22} - \gamma^2 & \ldots & \nu_{2n} \\ \cdots & \cdots & \cdots & \cdots \\ \nu_{n1} & \nu_{n2} & \ldots & \nu_{nn} - \gamma^2 \end{vmatrix} = 0,$$

dotata della stessa proprietà della precedente. Ne consegue che i due determinanti Δ_1 e Δ_2 sono fra loro identici per qualunque valore di γ *). Infatti essi sono funzioni intere di grado n rispetto a γ^2, le quali diventano identiche per $n+1$ valori di γ^2, cioè per i valori $\gamma_1^2, \gamma_2^2, \ldots \gamma_n^2$ che rendono nulli amendue i determinanti, e per il valore $\gamma = 0$ che li rende amendue eguali a C^2.

Le n radici $\gamma_1^2, \gamma_2^2, \ldots \gamma_n^2$ dell'equazione $\Delta = 0$ (così indicando indifferentemente la $\Delta_1 = 0$ o la $\Delta_2 = 0$) sono tutte *reali,* in virtù di un teorema notissimo; per convincersi ch'esse sono anche *positive,* basta osservare che i coefficienti di $\gamma^0, -\gamma^2, \gamma^4, -\gamma^6$ ecc. sono somme di quadrati. Ma si può anche considerare che, per la teoria elementare delle ordinarie forme quadratiche ed in virtù delle equazioni precedenti, si ha

$$F = \sum^{rs} \mu_{rs} x_r x_s = \gamma_1^2 \xi_1^2 + \gamma_2^2 \xi_2^2 + \cdots + \gamma_n^2 \xi_n^2,$$

$$G = \sum^{rs} \nu_{rs} y_r y_s = \gamma_1^2 \eta_1^2 + \gamma_2^2 \eta_2^2 + \cdots + \gamma_n^2 \eta_n^2;$$

d'altronde si ha anche

$$F = \sum^{m} (c_{1m} x_1 + c_{2m} x_2 + \cdots + c_{nm} x_n)^2,$$

$$G = \sum^{m} (c_{m1} y_1 + c_{m2} y_2 + \cdots + c_{mn} y_n)^2;$$

dunque le due funzioni quadratiche F e G sono essenzialmente positive, e i coefficienti $\gamma_1^2, \gamma_2^2, \ldots \gamma_n^2$ delle loro trasformate, ossia le radici dell'equazione $\Delta = 0$ sono necessariamente tutte positive.

Il problema proposto è dunque suscettibile di soluzione reale ed ecco con qual processo. Si trovino dapprima le radici $\gamma_1^2, \gamma_2^2, \ldots \gamma_n^2$ dell'equazione $\Delta = 0$ (ciò che equivale a ridurre alla forma canonica l'una o l'altra delle funzioni quadratiche F, G); poscia coll'aiuto delle equazioni del tipo (5') e di quelle del tipo

$$a_{1s}^2 + a_{2s}^2 + \cdots + a_{ns}^2 = 1,$$

si determinino i coefficienti a della prima sostituzione (coefficienti che ammettono un'ambiguità di segno comune a tutti quelli di una stessa colonna). Ciò fatto le equazioni che hanno a tipo la prima delle (4) somministrano i valori dei coefficienti b della seconda sostituzione (coefficienti che ammettono anch'essi un'ambiguità di segno, comune a tutti quelli d'una stessa colonna, per essere ciascuna delle quantità γ_s determinata soltanto dal suo quadrato γ_s^2). Eseguite tutte queste operazioni si hanno due so-

*) Questo teorema si trova dimostrato in altro modo nel § VII dei *Determinanti* di Brioschi.

stituzioni ortogonali che dànno luogo, appunto come richiedeva il problema, all'identità

$$\sum^{rs} c_{rs} x_r y_s = \sum^{m} \gamma_m \xi_m \eta_m ,$$

nella quale ciascuno dei coefficienti γ_m dev'essere preso con quello stesso segno che gli si è assegnato nel calcolo dei coefficienti b.

Giova osservare che le funzioni quadratiche denominate F e G possono essere derivate dalla funzione bilineare f ponendo in questa, una volta

$$y_s = c_{1s} x_1 + c_{2s} x_2 + \cdots + c_{ns} x_n ,$$

ed un'altra volta

$$x_r = c_{r1} y_1 + c_{r2} y_2 + \cdots + c_{rn} y_n .$$

Ora se in queste due relazioni si operano le sostituzioni (1), si riconosce tosto ch'esse si convertono rispettivamente nelle due relazioni seguenti fra le nuove variabili ξ ed η:

$$\eta_m = \gamma_m \xi_m , \qquad \xi_m = \gamma_m \eta_m ,$$

le quali trasformano la funzione bilineare canonica

$$\gamma_1 \xi_1 \eta_1 + \gamma_2 \xi_2 \eta_2 + \cdots + \gamma_n \xi_n \eta_n$$

nelle rispettive funzioni quadratiche

$$\gamma_1^2 \xi_1^2 + \gamma_2^2 \xi_2^2 + \cdots + \gamma_n^2 \xi_n^2 ,$$

$$\gamma_1^2 \eta_1^2 + \gamma_2^2 \eta_2^2 + \cdots + \gamma_n^2 \eta_n^2 .$$

E infatti avevamo già notato che queste due ultime funzioni equivalgono alle quadratiche F e G.

Cerchiamo di quale specie dev'essere la funzione bilineare f affinchè le due sostituzioni ortogonali che la riducono alla forma canonica riescano sostanzialmente identiche fra loro.

A tal fine osserviamo che, ponendo

$$b_{1s} = \pm a_{1s} , \qquad b_{2s} = \pm a_{2s} , \ \ldots \ b_{ns} = \pm a_{ns} ,$$

le equazioni (4) si convertono nelle seguenti:

$$c_{1r} a_{1s} + c_{2r} a_{2s} + \cdots + c_{nr} a_{ns} = \pm \gamma_s a_{rs} ,$$

$$c_{r1} a_{1s} + c_{r2} a_{2s} + \cdots + c_{rn} a_{ns} = \pm \gamma_s a_{rs} ,$$

le quali, dovendo sussistere per ogni valore di r e di s, dànno $c_{rs} = c_{sr}$. Reciprocamente questa ipotesi trae con sè quella dell'eguaglianza delle due sostituzioni lineari. Dunque ogni forma bilineare della specie richiesta è *associata armonicamente* con un'ordinaria forma quadratica: vale a dire, designando questa quadratica con

$$\psi = \sum\nolimits^{rs} c_{rs} x_r x_s, \qquad (c_{rs} = c_{sr})$$

la funzione bilineare è

$$f = \sum\nolimits^{s} \frac{1}{2} \frac{\partial \psi}{\partial x_s} y_s.$$

In questo caso l'equazione $\Delta = 0$ può scomporsi così:

$$\Delta = \begin{vmatrix} c_{11} - \gamma & c_{12} & \dots & c_{1n} \\ c_{21} & c_{22} - \gamma & \dots & c_{2n} \\ \dots & \dots & \dots & \dots \\ c_{n1} & c_{n2} & \dots & c_{nn} - \gamma \end{vmatrix} \begin{vmatrix} c_{11} + \gamma & c_{12} & \dots & c_{1n} \\ c_{21} & c_{22} + \gamma & \dots & c_{2n} \\ \dots & \dots & \dots & \dots \\ c_{n1} & c_{n2} & \dots & c_{nn} + \gamma \end{vmatrix}.$$

Il primo fattore del secondo membro, eguagliato a zero, dà la nota equazione che serve a ridurre la funzione ψ alla forma canonica.

Se le due sostituzioni sono assolutamente identiche fra loro, i coefficienti γ sono gli stessi tanto per la funzione quadratica quanto per la bilineare. Ma se, come abbiam già supposto, si concede la possibilità d'una opposizione di segno fra i coefficienti a e b appartenenti a due colonne d'egual indice, il coefficiente γ_s d'indice corrispondente può avere, nella funzione bilineare, segno opposto a quello che ha nella quadratica. Di qui la presenza, nell'equazione $\Delta = 0$, d'un fattore avente per radici le quantità γ prese negativamente.

Nel caso particolare or ora considerato la funzione quadratica denominata F è

$$F = \sum\nolimits^{r} \left(\frac{1}{2} \frac{\partial \psi}{\partial x_r} \right)^2,$$

epperò si scorge esistere sempre una sostituzione ortogonale che rende simultaneamente identiche le due equazioni

$$\psi = \sum \gamma \xi^2, \qquad \sum \left(\frac{1}{2} \frac{\partial \psi}{\partial x} \right)^2 = \sum \gamma^2 \xi^2.$$

Ciò è conseguenza dell'essere, come è noto,

$$\sum\nolimits^{r} \left(\frac{1}{2} \frac{\partial}{\partial x_r} \right)^2$$

un simbolo invariantivo rispetto ad ogni sostituzione ortogonale.

Traduciamo in linguaggio geometrico i risultati dell'analisi precedente, supponendo (come è generalmente utile di fare) che i segni dei coefficienti γ siano scelti in modo da rendere $AB = 1$ e quindi $\Gamma = C$.

Siano S_n, S'_n due spazî ad n dimensioni di curvatura nulla, riferiti rispettivamente ai due sistemi di coordinate lineari ortogonali x ed y, dei quali diremo O ed O' le origini. Ad una retta S_1 condotta per l'origine O nello spazio S_n corrisponde un determinato sistema di valori dei rapporti $x_1 : x_2 : \cdots : x_n$; epperò l'equazione $f = 0$, omogenea e di primo grado rispetto alle $x_1, x_2, \ldots x_n$ ed alle $y_1, y_2, \ldots y_n$, definisce una *correlazione* di figure, nella quale a ciascuna retta S_1 condotta per il punto O nello spazio S_n corrisponde un luogo di 1° ordine ad $n - 1$ dimensioni, che diremo S'_{n-1} esistente nello spazio S'_n; e reciprocamente.

In virtù del teorema dimostrato è sempre possibile sostituire ai primitivi assi coordinati delle x e delle y, altri assi delle ξ e delle η rispettivamente, colle medesime origini O ed O', in guisa che la legge di correlazione assuma la forma più semplice

$$\gamma_1 \xi_1 \eta_1 + \gamma_2 \xi_2 \eta_2 + \cdots + \gamma_n \xi_n \eta_n = 0.$$

Posto ciò si concepisca spostato il sistema degli assi η, insieme colla figura che ad esso è riferita, in guisa che la sua origine O' cada in O, e che ciascun asse η_r cada sul suo omologo ξ_r *). In tale ipotesi l'ultima equazione esprime evidentemente che le due figure si trovano in correlazione *polare od involutoria* rispetto al cono quadrico (ad $n - 1$ dimensioni)

$$\gamma_1 \xi_1^2 + \gamma_2 \xi_2^2 + \cdots + \gamma_n \xi_n^2 = 0,$$

che ha il vertice in O. Dunque una correlazione di 1° grado della specie anzidetta si può sempre convertire, mercè lo spostamento d'una delle figure, in una correlazione polare od involutoria rispetto ad un cono quadrico (ad $n - 1$ dimensioni) avente il vertice nel centro comune delle due figure sovrapposte.

Nel caso di $n = 2$ questa proposizione generale porge il notissimo teorema che due fasci omografici di raggi possono sempre essere sovrapposti in modo da costituire un'involuzione quadratica di raggi.

Nel caso di $n = 3$ si ha il teorema, pur noto, che due stelle correlative (tali cioè che ad un raggio dell'una corrisponda un piano nell'altra e reciprocamente) possono sempre essere sovrapposte in modo da diventare polari reciproche rispetto ad un cono quadrico avente il vertice nel centro comune.

Si può interpretare in altro modo il teorema analitico, e ricavarne altre proprietà geometriche nei casi di $n = 2$ ed $n = 3$. Se con

$$y_1 Y_1 + y_2 Y_2 + \cdots + y_n Y_n + 1 = 0$$

---

*) Ciò che è possibile per essere $AB = 1$.

si rappresenta un luogo di 1° ordine (S'_{n-1}) esistente nello spazio S'_n, ad ogni sostituzione ortogonale della forma

$$y_s = \sum^q b_{sq} \eta_q$$

operata sulle coordinate locali y, corrisponde una sostituzione ortogonale *identica*

$$Y_s = \sum^q b_{sq} E_q$$

operata sulle coordinate tangenziali Y. Ciò posto supponiamo che fra le x e le y si istituiscano le $n - 1$ relazioni che risultano dal supporre eguali fra loro gli n rapporti

$$\frac{y_r}{c_{1r} x_1 + c_{2r} x_2 + \cdots + c_{nr} x_n} \qquad (r = 1, 2, \ldots n).$$

Ciò equivale a considerare due stelle *omografiche* coi centri nei punti O ed O'. In tali ipotesi l'equazione

$$y_1 Y_1 + y_2 Y_2 + \cdots + y_n Y_n = 0,$$

alla quale nel sistema degli assi η corrisponde quest'altra

$$\eta_1 E_1 + \eta_2 E_2 + \cdots + \eta_n E_n = 0,$$

equivale alla seguente relazione fra le x e le Y

$$\sum^{rs} c_{rs} x_r Y_s = 0,$$

e questa è alla sua volta riducibile, con due sostituzioni ortogonali simultanee, alla forma canonica

$$\gamma_1 \xi_1 E_1 + \gamma_2 \xi_2 E_2 + \cdots + \gamma_n \xi_n E_n = 0.$$

Ora la relazione che questa stabilisce fra le nuove coordinate tangenziali E non può differire da quella contenuta nella terz'ultima equazione; quindi dev'essere

$$\frac{\eta_1}{\gamma_1 \xi_1} = \frac{\eta_2}{\gamma_2 \xi_2} = \cdots = \frac{\eta_n}{\gamma_n \xi_n}.$$

Da queste equazioni, le quali non sono altro che le relazioni d'omografia, espresse per le nuove coordinate ξ ed η, emerge evidentemente che gli assi ξ_1 ed η_1, ξ_2 ed η_2, ... ξ_n ed η_n sono coppie di rette corrispondenti nelle due stelle. Poichè dunque è possibile spostare l'una delle stelle in modo che gli assi delle ξ e delle η coincidano ciascuno con ciascuno, si conclude che, date due stelle omografiche in uno spazio ad n dimensioni, si può sempre sovrapporre l'una all'altra in guisa che gli n raggi doppî, procedenti dalla sovrapposizione, costituiscano un sistema di n rette ortogonali.

Di qui, facendo $n = 2$ ed $n = 3$, si deduce che due fasci omografici di raggi si possono sempre sovrapporre in guisa che i due raggi doppî siano ortogonali; e che due stelle omografiche si possono sempre sovrapporre in guisa che i tre raggi doppî formino una terna ortogonale.

Ritornando ora all'ipotesi di due sostituzioni lineari *qualunque*, atte però sempre a dare alla funzione trasformata φ la forma canonica $\varphi = \sum^m \gamma_m \xi_m \eta_m$, si risolvano le equazioni (3) rispetto alle quantità h e k rispettivamente, con che si trovano le due equazioni tipiche fra loro equivalenti

$$(6) \qquad B h_{rs} = B_{rs}\gamma_s, \qquad A k_{rs} = A_{rs}\gamma_s,$$

nelle quali A_{rs}, B_{rs} sono i complementi algebrici degli elementi a_{rs}, b_{rs} nei rispettivi determinanti A e B. Le equazioni (4) non sono altro che particolarizzazioni di queste.

Sia f' una seconda funzione bilineare, data dall'espressione

$$f' = \sum^{rs} c'_{rs} x_r y_s,$$

e vogliansi trasformare simultaneamente, colle medesime sostituzioni lineari (1), la funzione f nella forma canonica φ, e la funzione f' nella forma canonica $\varphi' = \sum^m \gamma'_m \xi_m \eta_m$.

Indicando con h' e k' quantità analoghe alle h e k per la seconda funzione, insieme colle equazioni (6) devono necessariamente sussistere queste altre

$$(6') \qquad B h'_{rs} = B_{rs}\gamma'_s, \qquad A k'_{rs} = A_{rs}\gamma'_s.$$

Dividendo l'una per l'altra le due prime equazioni di ciascuna delle coppie (6) e (6'), si ottiene

$$h_{rs} - \lambda_s h'_{rs} = 0,$$

dove

$$\lambda_s = \frac{\gamma_s}{\gamma'_s},$$

ovvero

$$(7) \qquad (c_{1r} - \lambda_s c'_{1r})a_{1s} + (c_{2r} - \lambda_s c'_{2r})a_{2s} + \cdots + (c_{nr} - \lambda_s c'_{nr})a_{ns} = 0.$$

Facendo in quest'ultima equazione $r = 1, 2, \ldots n$ ed eliminando fra le n equazioni così ottenute le quantità $a_{1s}, a_{2s}, \ldots a_{ns}$, si perviene all'equazione

$$\Theta = \begin{vmatrix} c_{11} - \lambda c'_{11} & c_{12} - \lambda c'_{12} & \ldots & c_{1n} - \lambda c'_{1n} \\ c_{21} - \lambda c'_{21} & c_{22} - \lambda c'_{22} & \ldots & c_{2n} - \lambda c'_{2n} \\ \cdots & \cdots & \cdots & \cdots \\ c_{n1} - \lambda c'_{n1} & c_{n2} - \lambda c'_{n2} & \ldots & c_{nn} - \lambda c'_{nn} \end{vmatrix} = 0$$

cui devono soddisfare gli n valori $\lambda_1, \lambda_2, \ldots \lambda_n$ di λ. Si può convincersi di ciò per altra via, osservando che Θ è il determinante della funzione bilineare $f - \lambda f'$, e che quindi, in virtù del teorema generale sulla trasformazione di questo determinante, si ha *)

$$\Theta = AB(\gamma_1 - \lambda\gamma'_1)(\gamma_2 - \lambda\gamma'_2) \dots (\gamma_n - \lambda\gamma'_n),$$

donde emerge appunto, per essere A e B differenti da zero, che la equazione $\Theta = 0$ ha per radici gli n rapporti

$$\frac{\gamma_1}{\gamma'_1}, \quad \frac{\gamma_2}{\gamma'_2}, \quad \dots \quad \frac{\gamma_n}{\gamma'_n}.$$

Del resto, siccome le due serie di quantità γ e γ' non restano individuate che per questi loro rapporti, giova supporre, per maggior semplicità, $\gamma'_1 = \gamma'_2 = \dots = 1$, e quindi $\gamma_s = \lambda_s$.

Ecco dunque il processo che conduce alla risoluzione del problema. Trovate le n radici (reali od immaginarie) $\lambda_1, \lambda_2, \dots \lambda_n$ dell'equazione $\Theta = 0$, si sostituiscano successivamente nelle equazioni del tipo (7). Per ogni valore di s si ottengono così n equazioni lineari ed omogenee, una delle quali è conseguenza delle altre $n-1$, talchè non se ne possono ricavare che i valori dei rapporti $a_{1s} : a_{2s} : \dots : a_{ns}$. Scelti ad arbitrio i valori delle quantità $a_{1s}, a_{2s}, \dots a_{ns}$ in modo che abbiano fra loro questi rapporti, le equazioni che hanno a tipo la seconda delle (6') dànno

$$(8) \qquad b_{rs} = \frac{C'_{1r}A_{1s} + C'_{2r}A_{2s} + \dots + C'_{nr}A_{ns}}{C'A},$$

e così tutte le quantità incognite restano individuate.

Si può osservare che se ai coefficienti a_{rs} si sostituiscono, ciò che è lecito per una osservazione precedente, i prodotti $\rho_s a_{rs}$, i coefficienti b_{rs}, determinati dall'ultima equazione, si convertono in $\frac{b_{rs}}{\rho_s}$. Ciò è quanto dire che se alle variabili ξ_s si sostituiscono le $\rho_s \xi_s$, le variabili η_s si convertono nelle $\frac{\eta_s}{\rho_s}$; ma questo mutamento lascia inalterate le funzioni trasformate φ e φ'.

Se con Θ_{rs} si indica il complemento algebrico dell'elemento $(c_{rs} - \lambda c'_{rs})$ nel determinante Θ, e con $\Theta_{rs}(\lambda_s)$ ciò che risulta dal porre $\lambda = \lambda_s$ in questo complemento, è facile vedere che si soddisfa alle equazioni (7) ponendo

$$a_{rs} = \alpha_s \Theta_{rs}(\lambda_s).$$

*) Di qui si vede che il determinante di una funzione bilineare è nullo solamente quando la funzione stessa può esser ridotta a contenere due variabili di meno; proprietà che si può facilmente dimostrare in modo diretto.

Così, se si formano le equazioni analoghe alle (7) e contenenti i coefficienti b in luogo dei coefficienti a, si può soddisfare ad esse ponendo

$$b_{rs} = \beta_s \Theta_{sr}(\lambda_s).$$

Le quantità α_s e β_s non sono determinabili completamente: ma le equazioni analoghe alla (2) ne determinano il prodotto $\alpha_s \beta_s$. Ad ogni modo questi fattori non sono essenziali, poichè scrivendo ξ_s in luogo di $\alpha_s \xi_s$ ed η_s in luogo di $\beta_s \eta_s$, essi possono venire soppressi. Dalle espressioni

$$a_{rs} = \Theta_{rs}(\lambda_s), \qquad b_{rs} = \Theta_{sr}(\lambda_s),$$

che risultano da questa supposizione, emerge in modo evidente questa importante proprietà, che quando $c_{rs} = c_{sr}$, $c'_{rs} = c'_{sr}$, cioè quando le due funzioni bilineari sono associate armonicamente a due funzioni quadratiche, le sostituzioni che le riducono simultaneamente a forma canonica *sono sostanzialmente identiche fra loro.*

Se supponiamo che la seconda funzione bilineare f' abbia la forma

$$f' = x_1 y_1 + x_2 y_2 + \cdots + x_n y_n,$$

il problema generale testè trattato assume l'enunciato seguente: ridurre la funzione bilineare f alla forma canonica

$$\varphi = \lambda_1 \xi_1 \eta_1 + \lambda_2 \xi_2 \eta_2 + \cdots + \lambda_n \xi_n \eta_n$$

con due sostituzioni lineari simultanee, in guisa che la funzione

$$x_1 y_1 + x_2 y_2 + \cdots + x_n y_n$$

si trasformi in sè stessa. In questo caso la formola generale (8) diventa

$$A b_{rs} = A_{rs},$$

donde

$$A y_r = A_{r1} \eta_1 + A_{r2} \eta_2 + \cdots + A_{rn} \eta_n,$$

e quindi

$$\eta_s = a_{1s} y_1 + a_{2s} y_2 + \cdots + a_{ns} y_n.$$

Quest'ultima formola mostra che le due sostituzioni (a) e (b) sono *inverse* l'una dell'altra, cosa che necessariamente scaturisce dalla natura della funzione che si trasforma in sè stessa. Le relazioni che ne conseguono fra i coefficienti a e b

$$\sum^r a_{rs} b_{rs} = 1, \qquad \sum^s a_{rs} b_{rs} = 1,$$

$$\sum^r a_{rs} b_{rs'} = 0, \qquad \sum^s a_{rs} b_{r's} = 0,$$

$$AB = 1$$

fanno perfetto riscontro a quelle che sussistono fra i coefficienti d'*una* sostituzione ortogonale, e si riducono ad esse quando $a_{rs} = b_{rs}$, il qual caso si verifica (per ciò che vedemmo pocanzi) allorchè la forma f è *associata* ad una quadratica. Nel problema speciale cui qui accenniamo (e che venne già trattato da CHRISTOFFEL al termine della sua Memoria) l'equazione $\Theta = 0$ prende la forma

$$\begin{vmatrix} c_{11} - \lambda & c_{12} & \dots & c_{1n} \\ c_{21} & c_{22} - \lambda & \dots & c_{2n} \\ \dots & \dots & \dots & \dots \\ c_{n1} & c_{n2} & \dots & c_{nn} - \lambda \end{vmatrix} = 0,$$

e nell'ipotesi $c_{rs} = c_{sr}$ (cui alludevamo or ora) si identifica, com'è naturale, con quella cui conduce l'analogo problema per una vera forma quadratica.

Non aggiungeremo parola sull'interpretazione geometrica dei risultati precedenti, poichè l'intima connessione loro con tutta la teoria delle coordinate omogenee è evidente.

Così non ci occuperemo per ora della trasformazione delle funzioni bilineari in sè stesse, argomento importante e meno agevole dei precedenti, del quale il sig. CHRISTOFFEL ha già presentato la trattazione nel caso d'una sola funzione e d'una sola sostituzione.

XLIV.

SUL POTENZIALE MUTUO DI DUE SISTEMI RIGIDI, ED IN PARTICOLARE SUL POTENZIALE ELEMENTARE ELETTRODINAMICO.

(Letto alla Reale Accademia de' Nuovi Lincei, nella seduta 1° dicembre 1873).

Annali di matematica pura ed applicata, serie II, tomo VI (1873-75), pp. 233-245.

Abbiansi due corpi rigidi M, M' reagenti l'uno sull'altro in virtù di forze mutue, dotate d'un potenziale V. Questo potenziale non può dipendere che da un certo numero di parametri, atti ad individuare le posizioni dei due corpi. Per esprimere questa proprietà, assumiamo nello spazio una terna d'assi ortogonali immobili OX, OY, OZ; poi fissiamo nel corpo M una terna d'assi ortogonali ox, oy, oz mobili col corpo stesso, e nel corpo M' un'altra terna d'assi ortogonali $o'x'$, $o'y'$, $o'z'$ mobili parimente con questo secondo corpo. Le coordinate delle due origini mobili o, o', e le direzioni degli assi delle due terne mobili corrispondenti, appariscono dalle relazioni seguenti fra le coordinate (x, y, z), (x', y', z'), (X, Y, Z) di uno stesso punto dello spazio:

$$(1)\qquad \begin{cases} X = a + a_1 x + a_2 y + a_3 z = a' + a'_1 x' + a'_2 y' + a'_3 z', \\ Y = b + b_1 x + b_2 y + b_3 z = b' + b'_1 x' + b'_2 y' + b'_3 z', \\ Z = c + c_1 x + c_2 y + c_3 z = c' + c'_1 x' + c'_2 y' + c'_3 z'. \end{cases}$$

Ciò posto, la funzione V non può dipendere, nell'ipotesi più generale, che dalle 24 quantità *)

$$(a,\ b,\ c;\quad a',\ b',\ c')_{0123},$$

*) Scrivendo per brevità gli indici 0, 1, 2, 3 (o soltanto 1, 2, 3) al piede d'una parentesi, intenderemo che ai simboli racchiusi in questa si debbano apporre successivamente quegli indici, per considerare l'aggregato di tutti i termini così ottenuti. Nel caso attuale l'indice 0 corrisponde alla mancanza d'indice.

o, se si vuole, da ogni sistema di dodici parametri indipendenti coll'ajuto dei quali si possano esprimere queste 24 quantità. Il differenziale totale di V, cioè l'espressione

$$dV = \left(\frac{\partial V}{\partial a} da + \frac{\partial V}{\partial b} db + \frac{\partial V}{\partial c} dc + \frac{\partial V}{\partial a'} da' + \frac{\partial V}{\partial b'} db' + \frac{\partial V}{\partial c'} dc'\right)_{0123},$$

rappresenta il lavoro elementare sviluppato dalle forze mutue durante lo spostamento elementare corrispondente alle variazioni simultanee

$$(da, \quad db, \quad dc; \quad da', \quad db', \quad dc')_{0123},$$

e da quest'espressione si deducono facilmente le componenti delle forze e delle coppie che rappresentano l'azione mutua dei due corpi M, M'.

Infatti se si riporta al centro fisso O lo spostamento elementare del corpo M, e si rappresentano con du, dv, dw le componenti della traslazione elementare di questo punto, con dp, dq, dr le componenti della rotazione elementare del corpo M intorno ad un asse passante per lo stesso punto O (componenti riferite agli assi immobili OX, OY, OZ), si ha, come è notissimo,

$$\left.\begin{array}{ll} da = du + c\,dq - b\,dr, & da_i = c_i dq - b_i dr \\ db = dv + a\,dr - c\,dp, & db_i = a_i dr - c_i dp \\ dc = dw + b\,dp - a\,dq; & dc_i = b_i dp - a_i dq \end{array}\right\} \qquad (i = 1, 2, 3).$$

Dunque il lavoro elementare sviluppato dall'azione di M' sopra M, durante lo spostamento elementare

$$(du, \quad dv, \quad dw; \quad dp, \quad dq, \quad dr)$$

del corpo M, è dato da

$$\left(\frac{\partial V}{\partial a} da + \frac{\partial V}{\partial b} db + \frac{\partial V}{\partial c} dc\right)_{0123} = \frac{\partial V}{\partial a} du + \frac{\partial V}{\partial b} dv + \frac{\partial V}{\partial c} dw$$

$$+ \left[\left(b\frac{\partial V}{\partial c} - c\frac{\partial V}{\partial b}\right) dp + \left(c\frac{\partial V}{\partial a} - a\frac{\partial V}{\partial c}\right) dq + \left(a\frac{\partial V}{\partial b} - b\frac{\partial V}{\partial a}\right) dr\right]_{0123}.$$

Accentando le lettere

$$(a, \quad b, \quad c, \quad u, \quad v, \quad w, \quad p, \quad q, \quad r),$$

si ottiene l'analoga espressione del lavoro elementare

$$\left(\frac{\partial V}{\partial a'} da' + \frac{\partial V}{\partial b'} db' + \frac{\partial V}{\partial c'} dc'\right)_{0123}$$

sviluppato dall'azione di M sopra M', durante lo spostamento elementare

$$(du', \quad dv', \quad dw'; \qquad dp', \quad dq', \quad dr')$$

del corpo M'.

Ora designando con F la forza e con G la coppia che rappresentano l'azione di M' sopra M riportata al punto O, il primo lavoro è anche espresso da

$$F_x du + F_y dv + F_z dw + G_x dp + G_y dq + G_z dr,$$

dove F_x, F_y, F_z; G_x, G_y, G_z sono le componenti di F e di G rispettivamente secondo gli assi immobili; dunque

$$(2) \qquad \left\{\begin{aligned} F_x &= \frac{\partial V}{\partial a}, \\ F_y &= \frac{\partial V}{\partial b}, \\ F_z &= \frac{\partial V}{\partial c}; \end{aligned}\right. \qquad \left\{\begin{aligned} G_x &= \left(b\frac{\partial V}{\partial c} - c\frac{\partial V}{\partial b}\right)_{0123}, \\ G_y &= \left(c\frac{\partial V}{\partial a} - a\frac{\partial V}{\partial c}\right)_{0123}, \\ G_z &= \left(a\frac{\partial V}{\partial b} - b\frac{\partial V}{\partial a}\right)_{0123}. \end{aligned}\right.$$

Analoghe espressioni si hanno per le componenti di F' e di G', ossia della forza e della coppia che rappresentano l'azione di M sopra M' riportata al medesimo punto O.

Ciò premesso, proponiamoci di trovare le condizioni cui deve soddisfare il potenziale V affinchè le forze mutue agenti fra i due corpi M, M' soddisfacciano al principio dell'eguaglianza fra l'azione e la reazione, vale a dire affinchè le due azioni di M' sopra M e di M sopra M' si facciano equilibrio a vicenda, ogniqualvolta i due corpi vengano invariabilmente collegati in un sol sistema rigido *). A tal uopo è necessario e sufficiente che per

$$du = du', \quad dv = dv', \quad dw = dw'; \qquad dp = dp', \quad dq = dq', \quad dr = dr',$$

cioè per ogni spostamento simultaneo dei due corpi, considerati come invariabilmente connessi tra loro, il lavoro totale dovuto alle due azioni di M' sopra M e di M sopra M' sia nullo. Le equazioni del problema sono dunque le sei seguenti:

$$\frac{\partial V}{\partial a} + \frac{\partial V}{\partial a'} = 0, \qquad \frac{\partial V}{\partial b} + \frac{\partial V}{\partial b'} = 0, \qquad \frac{\partial V}{\partial c} + \frac{\partial V}{\partial c'} = 0;$$

---

*) A questa ricerca fui condotto dal desiderio di verificare un'affermazione di HELMHOLTZ (*Monatsberichte* di Berlino per il 1873, nota a piè della pag. 94), contraddicente ad un'altra di C. NEUMANN (*Die elektrischen Kräfte*, Lipsia 1873, p. 77). Quest'ultimo ha poscia riconosciuto l'esattezza della prima proposizione (Mathematische Annalen, t. VI, p. 350); ma la quistione generale che a questa si connette non era ancora stata, ch'io sappia, pienamente discussa.

$$\left(b\frac{\partial V}{\partial c} - c\frac{\partial V}{\partial b} + b'\frac{\partial V}{\partial c'} - c'\frac{\partial V}{\partial b'}\right)_{0123} = 0,$$

$$\left(c\frac{\partial V}{\partial a} - a\frac{\partial V}{\partial c} + c'\frac{\partial V}{\partial a'} - a'\frac{\partial V}{\partial c'}\right)_{0123} = 0,$$

$$\left(a\frac{\partial V}{\partial b} - b\frac{\partial V}{\partial a} + a'\frac{\partial V}{\partial b'} - b'\frac{\partial V}{\partial a'}\right)_{0123} = 0,$$

e ciò che si deve cercare è una funzione V soddisfacente, nel modo più generale, a queste sei equazioni lineari e simultanee alle derivate parziali del prim'ordine.

Le prime tre di queste equazioni esprimono che la funzione V non contiene le sei quantità a, b, c; a', b', c' se non nelle differenze

$$a - a' = a_0, \qquad b - b' = b_0, \qquad c - c' = c_0.$$

Se dunque V si riguarda come funzione delle 21 quantità

$$(a, b, c)_{0123}, \qquad (a', b', c')_{123},$$

le prime tre equazioni sono identicamente soddisfatte, e le ultime tre si possono scrivere come segue:

$$(3) \quad \begin{cases} \left(b\frac{\partial V}{\partial c} - c\frac{\partial V}{\partial b}\right)_{0123} + \left(b'\frac{\partial V}{\partial c'} - c'\frac{\partial V}{\partial b'}\right)_{123} = 0, \\ \left(c\frac{\partial V}{\partial a} - a\frac{\partial V}{\partial c}\right)_{0123} + \left(c'\frac{\partial V}{\partial a'} - a'\frac{\partial V}{\partial c'}\right)_{123} = 0, \\ \left(a\frac{\partial V}{\partial b} - b\frac{\partial V}{\partial a}\right)_{0123} + \left(a'\frac{\partial V}{\partial b'} - b'\frac{\partial V}{\partial a'}\right)_{123} = 0. \end{cases}$$

Per soddisfare nel modo più generale a queste tre equazioni, rappresentiamo colle formole

$$x' = \alpha_0 + \alpha_1 x + \alpha_2 y + \alpha_3 z,$$
$$y' = \beta_0 + \beta_1 x + \beta_2 y + \beta_3 z,$$
$$z' = \gamma_0 + \gamma_1 x + \gamma_2 y + \gamma_3 z$$

le relazioni che passano fra le coordinate (x, y, z) e le (x', y', z'). Eliminando X, Y, Z fra le equazioni (1) ed identificando alle precedenti le espressioni che se ne deducono per le x', y', z' in funzione delle x, y, z, si trova

$$\left.\begin{aligned} \alpha_i &= a_i a'_1 + b_i b'_1 + c_i c'_1 \\ \beta_i &= a_i a'_2 + b_i b'_2 + c_i c'_2 \\ \gamma_i &= a_i a'_3 + b_i b'_3 + c_i c'_3 \end{aligned}\right\} \quad (i = 0, 1, 2, 3).$$

Queste equazioni dànno

$$\left.\begin{array}{llll} a'_1=(a_i\alpha_i), & a'_2=(a_i\beta_i), & a'_3=(a_i\gamma_i), & a_0=\alpha_0(a_i\alpha_i)+\beta_0(a_i\beta_i)+\gamma_0(a_i\gamma_i) \\ b'_1=(b_i\alpha_i), & b'_2=(b_i\beta_i), & b'_3=(b_i\gamma_i), & b_0=\alpha_0(b_i\alpha_i)+\beta_0(b_i\beta_i)+\gamma_0(b_i\gamma_i) \\ c'_1=(c_i\alpha_i), & c'_2=(c_i\beta_i), & c'_3=(c_i\gamma_i), & c_0=\alpha_0(c_i\alpha_i)+\beta_0(c_i\beta_i)+\gamma_0(c_i\gamma_i) \end{array}\right\} (i=1,2,3),$$

cioè forniscono i valori delle quantità

$$(a', b', c')_{123}, \qquad (a_0, b_0, c_0)$$

in funzione delle quantità

$$(a, b, c)_{123}, \qquad (\alpha, \beta, \gamma)_{0123}.$$

Dunque il potenziale V, che si riguardava dianzi come funzione delle quantità

$$(a, b, c)_{0123}, \qquad (a', b', c')_{123},$$

può essere egualmente considerato come funzione delle quantità

$$(a, b, c)_{123}, \qquad (\alpha, \beta, \gamma)_{0123}.$$

Distinguendo colle parentesi le derivate parziali di V prese in questa seconda ipotesi, si ha *)

$$\left.\begin{array}{l} \dfrac{\partial V}{\partial a_i}=\left(\dfrac{\partial V}{\partial a_i}\right)+\left(\dfrac{\partial V}{\partial \alpha_i}\right)a'_1+\left(\dfrac{\partial V}{\partial \beta_i}\right)a'_2+\left(\dfrac{\partial V}{\partial \gamma_i}\right)a'_3 \\ \dfrac{\partial V}{\partial b_i}=\left(\dfrac{\partial V}{\partial b_i}\right)+\left(\dfrac{\partial V}{\partial \alpha_i}\right)b'_1+\left(\dfrac{\partial V}{\partial \beta_i}\right)b'_2+\left(\dfrac{\partial V}{\partial \gamma_i}\right)b'_3 \\ \dfrac{\partial V}{\partial c_i}=\left(\dfrac{\partial V}{\partial c_i}\right)+\left(\dfrac{\partial V}{\partial \alpha_i}\right)c'_1+\left(\dfrac{\partial V}{\partial \beta_i}\right)c'_2+\left(\dfrac{\partial V}{\partial \gamma_i}\right)c'_3 \end{array}\right\} (i=0,1,2,3),$$

$$\left[\frac{\partial V}{\partial a'_1}=\left(\frac{\partial V}{\partial \alpha_i}a_i\right)_{0123}, \quad \frac{\partial V}{\partial a'_2}=\left(\frac{\partial V}{\partial \beta_i}a_i\right)_{0123}, \quad \frac{\partial V}{\partial a'_3}=\left(\frac{\partial V}{\partial \gamma_i}a_i\right)_{0123}\right]_{abc},$$

avvertendo però che, per l'ipotesi fatta testè, si deve porre

$$\left(\frac{\partial V}{\partial a_0}\right)=\left(\frac{\partial V}{\partial b_0}\right)=\left(\frac{\partial V}{\partial c_0}\right)=0.$$

---

*) Scrivendo le lettere a, b, c (od α, β, γ) al piede d'una parentesi, intenderemo che all'espressione od all'equazione in a (od α) racchiusa in questa si debbono aggiungere le analoghe in b e c (o β e γ).

Di qui

$$\left(b\frac{\partial V}{\partial c}-c\frac{\partial V}{\partial b}\right)_{0123}=\left[b\left(\frac{\partial V}{\partial c}\right)-c\left(\frac{\partial V}{\partial b}\right)\right]_{123}$$

$$+\left[(b_ic'_1-c_ib'_1)\left(\frac{\partial V}{\partial \alpha_i}\right)+(b_ic'_2-c_ib'_2)\left(\frac{\partial V}{\partial \beta_i}\right)+(b_ic'_3-c_ib'_3)\left(\frac{\partial V}{\partial \gamma_i}\right)\right]_{i=0,\,1,\,2,\,3};$$

$$\left(b'\frac{\partial V}{\partial c'}-c'\frac{\partial V}{\partial b'}\right)_{123}$$

$$=\left[(c_ib'_1-b_ic'_1)\left(\frac{\partial V}{\partial \alpha_i}\right)+(c_ib'_2-b_ic'_2)\left(\frac{\partial V}{\partial \beta_i}\right)+(c_ib'_3-b_ic'_3)\left(\frac{\partial V}{\partial \gamma_i}\right)\right]_{i=0,\,1,\,2,\,3},$$

talchè la prima delle equazioni (3) si riduce a

$$\left[b\left(\frac{\partial V}{\partial c}\right)-c\left(\frac{\partial V}{\partial b}\right)\right]_{123}=0,$$

e così le altre due a

$$\left[c\left(\frac{\partial V}{\partial a}\right)-a\left(\frac{\partial V}{\partial c}\right)\right]_{123}=0,$$

$$\left[a\left(\frac{\partial V}{\partial b}\right)-b\left(\frac{\partial V}{\partial a}\right)\right]_{123}=0.$$

Queste equazioni di condizione non contengono alcuna delle quantità $(\alpha, \beta, \gamma)_{0123}$, epperò il potenziale V può essere *arbitrariamente* formato con esse. Resta a trovare come vi debbano entrare i nove coseni $(a, b, c)_{123}$ affinchè queste tre equazioni siano identicamente soddisfatte.

A tal uopo designamo con λ uno dei tre parametri indipendenti che servono ad esprimere, in uno dei modi conosciuti, i nove coseni di due terne d'assi ortogonali, e, posto per brevità

$$p=\left(b\frac{\partial c}{\partial \lambda}\right)_{123},\qquad q=\left(c\frac{\partial a}{\partial \lambda}\right)_{123},\qquad r=\left(a\frac{\partial b}{\partial \lambda}\right)_{123},$$

rammentiamo le note equazioni

$$\left(\frac{\partial a}{\partial \lambda}=cq-br,\qquad \frac{\partial b}{\partial \lambda}=ar-cp,\qquad \frac{\partial c}{\partial \lambda}=bp-aq\right)_{123}.$$

In base a queste si trova, omettendo le parentesi alle derivate,

$$\frac{\partial V}{\partial \lambda} = \left[(cq - br)\frac{\partial V}{\partial a} + (ar - cp)\frac{\partial V}{\partial b} + (bp - aq)\frac{\partial V}{\partial c}\right]_{123}$$

$$= \left(b\frac{\partial V}{\partial c} - c\frac{\partial V}{\partial b}\right)_{123} p + \left(c\frac{\partial V}{\partial a} - a\frac{\partial V}{\partial c}\right)_{123} q + \left(a\frac{\partial V}{\partial b} - b\frac{\partial V}{\partial a}\right)_{123} r,$$

e quindi, in virtù delle precedenti equazioni di condizione,

$$\frac{\partial V}{\partial \lambda} = 0.$$

Così sarebbero nulle le derivate di V rispetto agli altri due parametri indipendenti. Dunque i novi coseni $(a, b, c)_{123}$ devono entrare nel potenziale V in tal maniera che sostituendo ad essi le loro espressioni in funzione di tre parametri indipendenti, questi parametri spariscano identicamente dal risultato; cioè V non può contenere quei nove coseni che nelle sei espressioni

$$(a^2) = A, \quad (b^2) = B, \quad (c^2) = C; \qquad (bc) = A', \quad (ca) = B', \quad (ab) = C',$$

le quali conservano, per ogni terna d'assi ortogonali, i valori costanti

$$A = B = C = 1, \qquad A' = B' = C' = 0.$$

Effettivamente, supponendo V funzione di A, B, C; A', B', C', si trova

$$\left(b\frac{\partial V}{\partial c} - c\frac{\partial V}{\partial b}\right)_{123}$$

$$= (B - C)\frac{\partial V}{\partial A'} + 2A'\left(\frac{\partial V}{\partial C} - \frac{\partial V}{\partial B}\right) - B'\frac{\partial V}{\partial C'} + C'\frac{\partial V}{\partial B'},$$

espressione che si annulla identicamente (insieme colle altre due analoghe) dando ad A, B, C; A', B', C' i suddetti valori costanti.

Riassumendo dunque, la forma più generale del potenziale V, soddisfacente alla condizione che ci siamo imposti, è quella d'una funzione arbitraria delle 12 quantità $(\alpha, \beta, \gamma)_{0123}$, o meglio dei 6 parametri indipendenti, per mezzo dei quali si può sempre (ed in infiniti modi) individuare la posizione *relativa* dei due corpi M ed M' *).

---

*) È questo il principio enunciato da HELMHOLTZ (nel citato passo dei *Monatsberichte*) per il caso del potenziale elementare elettrodinamico.

Che la proprietà dimostrata qui sopra per la funzione V sia *necessaria* si può tenere per evidente, giacchè l'azione e la reazione debbono emanare, per ipotesi, dai soli corpi M, M', e non già ancora da altri punti dello spazio. Ma che essa sia altresì *sufficiente,* cioè che la funzione dei sei parametri indipendenti possa essere scelta in modo assolutamente arbitrario, è cosa che parmi sia bene dimostrare. Qui sopra essa è non solo dimostrata, ma anche verificata.

Le componenti dell'azione (F, G) esercitata dal corpo M' sul corpo M, secondo gli assi $o'(x'y'z')$ fissi nel corpo M', si ottengono evidentemente dalle equazioni (2) mutando le lettere $(a, b, c)_{0123}$ nelle $(\alpha, \beta, \gamma)_{0123}$. Le componenti della stessa azione secondo assi paralleli ai precedenti, ma coll'origine in o [cioè nell'origine della terna $o(xyz)$ fissa nel corpo M], sono quindi

$$(4)\qquad \left\{\begin{aligned} F_{x'} &= \frac{\partial V}{\partial \alpha_0}, \\ F_{y'} &= \frac{\partial V}{\partial \beta_0}, \\ F_{z'} &= \frac{\partial V}{\partial \gamma_0}; \end{aligned}\right. \qquad \left\{\begin{aligned} G_{x'} &= \left(\beta\frac{\partial V}{\partial \gamma} - \gamma\frac{\partial V}{\partial \beta}\right)_{123}, \\ G_{y'} &= \left(\gamma\frac{\partial V}{\partial \alpha} - \alpha\frac{\partial V}{\partial \gamma}\right)_{123}, \\ G_{z'} &= \left(\alpha\frac{\partial V}{\partial \beta} - \beta\frac{\partial V}{\partial \alpha}\right)_{123}. \end{aligned}\right.$$

Indichiamo ora con α'_0, β'_0, γ'_0 le coordinate, relative agli assi $o(xyz)$, del punto o' (pel quale $x' = y' = z' = 0$), talchè

$$(5)\qquad \left\{\begin{aligned} \alpha_0 &= -\alpha_1\alpha'_0 - \alpha_2\beta'_0 - \alpha_3\gamma'_0, \\ \beta_0 &= -\beta_1\alpha'_0 - \beta_2\beta'_0 - \beta_3\gamma'_0, \\ \gamma_0 &= -\gamma_1\alpha'_0 - \gamma_2\beta'_0 - \gamma_3\gamma'_0. \end{aligned}\right.$$

Per avere le componenti secondo gli assi $o(xyz)$ dell'azione (F', G') di M sopra M', basta sostituire ordinatamente

$$\alpha'_0, \beta'_0, \gamma'_0; \quad \alpha_1, \beta_1, \gamma_1; \quad \alpha_2, \beta_2, \gamma_2; \quad \alpha_3, \beta_3, \gamma_3$$

in luogo di

$$a, b, c; \quad a_1, a_2, a_3; \quad b_1, b_2, b_3; \quad c_1, c_2, c_3$$

nei secondi membri delle equazioni (2). Si ha quindi

$$F'_x = \left(\frac{\partial V}{\partial \alpha'_0}\right), \qquad F'_y = \left(\frac{\partial V}{\partial \beta'_0}\right), \qquad F'_z = \left(\frac{\partial V}{\partial \gamma'_0}\right);$$

$$G'_x = \beta'_0\left(\frac{\partial V}{\partial \gamma'_0}\right) - \gamma'_0\left(\frac{\partial V}{\partial \beta'_0}\right) + \left[\alpha_2\left(\frac{\partial V}{\partial \alpha_3}\right) - \alpha_3\left(\frac{\partial V}{\partial \alpha_2}\right)\right]_{\alpha\beta\gamma},$$

$$G'_y = \gamma'_0\left(\frac{\partial V}{\partial \alpha'_0}\right) - \alpha'_0\left(\frac{\partial V}{\partial \gamma'_0}\right) + \left[\alpha_3\left(\frac{\partial V}{\partial \alpha_1}\right) - \alpha_1\left(\frac{\partial V}{\partial \alpha_3}\right)\right]_{\alpha\beta\gamma},$$

$$G'_z = \alpha'_0\left(\frac{\partial V}{\partial \beta'_0}\right) - \beta'_0\left(\frac{\partial V}{\partial \alpha'_0}\right) + \left[\alpha_1\left(\frac{\partial V}{\partial \alpha_2}\right) - \alpha_2\left(\frac{\partial V}{\partial \alpha_1}\right)\right]_{\alpha\beta\gamma}.$$

Le derivate parziali di V che entrano in queste espressioni son prese nell'ipotesi che al posto di α_0, β_0, γ_0 siano sostituiti i trinomî (5), ed hanno quindi i valori seguenti:

$$\left(\frac{\partial V}{\partial \alpha'_0}\right) = -\left(\frac{\partial V}{\partial \alpha_0}\alpha_1\right)_{\alpha\beta\gamma}, \quad \left(\frac{\partial V}{\partial \beta'_0}\right) = -\left(\frac{\partial V}{\partial \alpha_0}\alpha_2\right)_{\alpha\beta\gamma}, \quad \left(\frac{\partial V}{\partial \gamma'_0}\right) = -\left(\frac{\partial V}{\partial \alpha_0}\alpha_3\right)_{\alpha\beta\gamma};$$

$$\left[\left(\frac{\partial V}{\partial \varepsilon_1}\right) = \frac{\partial V}{\partial \varepsilon_1} - \frac{\partial V}{\partial \varepsilon_0}\alpha'_0, \quad \left(\frac{\partial V}{\partial \varepsilon_2}\right) = \frac{\partial V}{\partial \varepsilon_2} - \frac{\partial V}{\partial \varepsilon_0}\beta'_0, \quad \left(\frac{\partial V}{\partial \varepsilon_3}\right) = \frac{\partial V}{\partial \varepsilon_3} - \frac{\partial V}{\partial \varepsilon_0}\gamma'_0\right]_{\varepsilon=\alpha,\beta,\gamma}.$$

Di qui

$$(4')\quad \begin{cases} F'_x = -\left(\alpha_1 \dfrac{\partial V}{\partial \alpha_0}\right)_{\alpha\beta\gamma}, \\ F'_y = -\left(\alpha_2 \dfrac{\partial V}{\partial \alpha_0}\right)_{\alpha\beta\gamma}, \\ F'_z = -\left(\alpha_3 \dfrac{\partial V}{\partial \alpha_0}\right)_{\alpha\beta\gamma}; \end{cases} \qquad \begin{cases} G'_x = \left(\alpha_2 \dfrac{\partial V}{\partial \alpha_3} - \alpha_3 \dfrac{\partial V}{\partial \alpha_2}\right)_{\alpha\beta\gamma}, \\ G'_y = \left(\alpha_3 \dfrac{\partial V}{\partial \alpha_1} - \alpha_1 \dfrac{\partial V}{\partial \alpha_3}\right)_{\alpha\beta\gamma}, \\ G'_z = \left(\alpha_1 \dfrac{\partial V}{\partial \alpha_2} - \alpha_2 \dfrac{\partial V}{\partial \alpha_1}\right)_{\alpha\beta\gamma}. \end{cases}$$

Volendo passare da queste componenti, relative agli assi $o(xyz)$, dell'azione di M sopra M', alle componenti della medesima azione relative agli assi condotti per o parallelamente a quelli dell'altra terna $o'(x'y'z')$, si debbono formare le espressioni seguenti [cfr. le eq. (4)]:

$$F'_{x'} = \alpha_1 F'_x + \alpha_2 F'_y + \alpha_3 F'_z = -\frac{\partial V}{\partial \alpha_0} = -F_{x'},$$

$$F'_{y'} = \beta_1 F'_x + \beta_2 F'_y + \beta_3 F'_z = -\frac{\partial V}{\partial \beta_0} = -F_{y'},$$

$$F'_{z'} = \gamma_1 F'_x + \gamma_2 F'_y + \gamma_3 F'_z = -\frac{\partial V}{\partial \gamma_0} = -F_{z'};$$

$$G'_{x'} = \alpha_1 G'_x + \alpha_2 G'_y + \alpha_3 G'_z = -\left(\beta\frac{\partial V}{\partial \gamma} - \gamma\frac{\partial V}{\partial \beta}\right)_{123} = -G_{x'},$$

$$G'_{y'} = \beta_1 G'_x + \beta_2 G'_y + \beta_3 G'_z = -\left(\gamma\frac{\partial V}{\partial \alpha} - \alpha\frac{\partial V}{\partial \gamma}\right)_{123} = -G_{y'},$$

$$G'_{z'} = \gamma_1 G'_x + \gamma_2 G'_y + \gamma_3 G'_z = -\left(\alpha\frac{\partial V}{\partial \beta} - \beta\frac{\partial V}{\partial \alpha}\right)_{123} = -G_{z'}.$$

Di qui risulta verificata *a posteriori* la proprietà, che doveva competere al potenziale, di soddisfare al principio dell'eguaglianza fra l'azione e la reazione.

Applichiamo le formole precedenti al caso dell'azione elementare elettrodinamica.

Se si ammette che anche in questo caso l'azione sia eguale e contraria alla reazione, il fattore di $i i' ds ds'$ nel potenziale di due elementi lineari ds, ds' percorsi da correnti d'intensità i, i' *) non può avere che la forma $\Phi(r, \theta, \theta', \varepsilon)$, dove r è la distanza assoluta dei due elementi, θ, θ' gli angoli che la direzione di r (contata da ds' verso ds) fa colle direzioni dei due elementi medesimi, ed ε l'angolo di queste due ultime direzioni; questi tre angoli si suppongono minori di due retti e misurati, i due primi dalla direzione di r verso quelle di ds o ds', il terzo da ds' verso ds. La funzione Φ non è, teoricamente, soggetta ad alcuna condizione.

Per confrontare questa forma del potenziale, voluta dal teorema testè dimostrato, colla forma generale $V(\alpha, \beta, \gamma)_{0123}$, supponiamo che le origini o, o' delle due terne coincidano con quelle dei due elementi ds, ds', e designamo con λ_1, λ_2, λ_3; μ'_1, μ'_2, μ'_3 i coseni degli angoli (invariabili) che questi elementi fanno colle terne rispettive $o(xyz)$, $o'(x'y'z')$. Si avrà, per tali ipotesi,

$$r = \sqrt{\alpha_0^2 + \beta_0^2 + \gamma_0^2},$$

$$\cos\theta = \frac{(\alpha_0\alpha_1 + \beta_0\beta_1 + \gamma_0\gamma_1)\lambda_1 + (\alpha_0\alpha_2 + \beta_0\beta_2 + \gamma_0\gamma_2)\lambda_2 + (\alpha_0\alpha_3 + \beta_0\beta_3 + \gamma_0\gamma_3)\lambda_3}{r},$$

$$\cos\theta' = \frac{\alpha_0\mu'_1 + \beta_0\mu'_2 + \gamma_0\mu'_3}{r},$$

$$\cos\varepsilon = (\alpha_1\lambda_1 + \alpha_2\lambda_2 + \alpha_3\lambda_3)\mu'_1 + (\beta_1\lambda_1 + \beta_2\lambda_2 + \beta_3\lambda_3)\mu'_2 + (\gamma_1\lambda_1 + \gamma_2\lambda_2 + \gamma_3\lambda_3)\mu'_3,$$

e le 12 quantità $(\alpha, \beta, \gamma)_{0123}$ non entreranno in V che sotto queste quattro funzioni. Ponendo per brevità

$$(\alpha\lambda)_{123} = \mu_1, \qquad (\beta\lambda)_{123} = \mu_2, \qquad (\gamma\lambda)_{123} = \mu_3,$$

cioè rappresentando con μ_1, μ_2, μ_3 i coseni degli angoli che la direzione dell'elemento ds fa coi tre assi $o'(x'y'z')$, si trova quindi

$$\frac{\partial V}{\partial \alpha_0} = F_r \frac{\alpha_0}{r} + F_s \mu_1 + F_{s'} \mu'_1,$$

$$\frac{\partial V}{\partial \beta_0} = F_r \frac{\beta_0}{r} + F_s \mu_2 + F_{s'} \mu'_2,$$

$$\frac{\partial V}{\partial \gamma_0} = F_r \frac{\gamma_0}{r} + F_s \mu_3 + F_{s'} \mu'_3,$$

*) Parlando qui di un potenziale elettrodinamico *elementare*, non intendo di pregiudicare minimamente la difficile questione della sua legittimità *fisica*.

dove per brevità si è posto

$$F_r = \frac{\partial \varphi}{\partial r} - \frac{\cos\theta}{r}\frac{\partial \varphi}{\partial \cos\theta} - \frac{\cos\theta'}{r}\frac{\partial \varphi}{\partial \cos\theta'},$$

$$F_s = \frac{1}{r}\frac{\partial \varphi}{\partial \cos\theta}, \qquad F_{s'} = \frac{1}{r}\frac{\partial \varphi}{\partial \cos\theta'};$$

poi

$$\left\{\begin{aligned} \frac{\partial V}{\partial \alpha_i} &= -G_\theta \frac{\alpha_0 \lambda_i}{r \operatorname{sen}\theta} - G_\varepsilon \frac{\lambda_i \mu'_1}{\operatorname{sen}\varepsilon} \\ \frac{\partial V}{\partial \beta_i} &= -G_\theta \frac{\beta_0 \lambda_i}{r \operatorname{sen}\theta} - G_\varepsilon \frac{\lambda_i \mu'_2}{\operatorname{sen}\varepsilon} \\ \frac{\partial V}{\partial \gamma_i} &= -G_\theta \frac{\gamma_0 \lambda_i}{r \operatorname{sen}\theta} - G_\varepsilon \frac{\lambda_i \mu'_3}{\operatorname{sen}\varepsilon} \end{aligned}\right\}_{12},$$

dove pure si è posto

$$G_\theta = \frac{\partial \varphi}{\partial \theta}, \qquad G_\varepsilon = \frac{\partial \varphi}{\partial \varepsilon}.$$

Si ha quindi, per le formole generali (4),

$$F_{x'} = F_r \frac{\alpha_0}{r} + F_s \mu_1 + F_{s'} \mu'_1,$$

$$F_{y'} = F_r \frac{\beta_0}{r} + F_s \mu_2 + F_{s'} \mu'_2,$$

$$F_{z'} = F_r \frac{\gamma_0}{r} + F_s \mu_3 + F_{s'} \mu'_3;$$

$$G_{x'} = G_\theta \frac{\beta_0 \mu_3 - \gamma_0 \mu_2}{r \operatorname{sen}\theta} + G_\varepsilon \frac{\mu'_2 \mu_3 - \mu'_3 \mu_2}{\operatorname{sen}\varepsilon},$$

$$G_{y'} = G_\theta \frac{\gamma_0 \mu_1 - \alpha_0 \mu_3}{r \operatorname{sen}\theta} + G_\varepsilon \frac{\mu'_3 \mu_1 - \mu'_1 \mu_3}{\operatorname{sen}\varepsilon},$$

$$G_{z'} = G_\theta \frac{\alpha_0 \mu_2 - \beta_0 \mu_1}{r \operatorname{sen}\theta} + G_\varepsilon \frac{\mu'_1 \mu_2 - \mu'_2 \mu_1}{\operatorname{sen}\varepsilon}.$$

Dalla forma di queste espressioni emerge manifestamente che la forza F è la risultante di tre: F_r, F_s, $F_{s'}$, applicate all'origine dell'elemento ds nelle direzioni del raggio r, dell'elemento ds e dell'elemento ds' rispettivamente; e che la coppia G è la risultante di due: G_θ, G_ε, i cui assi sono diretti secondo gli assi degli angoli θ ed ε rispettivamente.

La forza F si può anche risolvere in altro modo, cioè secondo la direzione r e secondo le direzioni, che diremo σ e σ', delle componenti di ds e di ds' normalmente ad r. Queste tre nuove componenti sono rispettivamente

$$F_r + F_s \cos\theta + F_{s'} \cos\theta' = \frac{\partial\varphi}{\partial r}, \quad F_s \operatorname{sen}\theta = -\frac{1}{r}\frac{\partial\varphi}{\partial\theta}, \quad F_{s'} \operatorname{sen}\theta' = -\frac{1}{r}\frac{\partial\varphi}{\partial\theta'},$$

e verranno designate coi simboli F_r, F_σ, $F_{\sigma'}$ (il primo dei quali ha quindi un significato diverso da quello di pocanzi). Ora la coppia G_θ può essere risoluta nel sistema di due forze d'intensità $\frac{1}{r}\frac{\partial\varphi}{\partial\theta}$, l'una applicata al punto o nella direzione σ, l'altra al punto o' nella direzione $-\sigma$. La prima elide la componente F_σ; talchè l'azione di ds' sopra ds (astrazion fatta dal coefficiente $ii'ds\,ds'$) può finalmente ridursi alle componenti che seguono:

$F_r \left(=\frac{\partial\varphi}{\partial r}\right)$,	forza agente sul punto o,	nella direzione	da ds'	verso	ds;
$F_{\sigma'} \left(=-\frac{1}{r}\frac{\partial\varphi}{\partial\theta'}\right)$,	»	»	»	»	σ';
$F_\sigma \left(=-\frac{1}{r}\frac{\partial\varphi}{\partial\theta}\right)$,	»	»	o',	»	σ;

$G_\varepsilon \left(=\frac{\partial\varphi}{\partial\varepsilon}\right)$, coppia agente nel piano (ds, ds'), nel senso da ds' verso ds.

Rispetto alla terza componente è sottinteso che il suo punto d'applicazione o' debba venire invariabilmente connesso all'elemento ds.

Volendo applicare queste conclusioni all'azione reciproca di ds sopra ds', bisogna invertire la direzione del raggio r, e quindi cambiare gli angoli θ, θ' in $\pi-\theta$, $\pi-\theta'$. Le componenti di questa seconda azione sono dunque:

F_r,	forza agente sul punto o',	nella direzione	da ds	verso ds';
F_σ,	»	»	»	» opposta a σ;
$F_{\sigma'}$,	»	»	o	» opposta a σ';

G_ε, coppia agente nel piano (ds, ds') nel senso da ds verso ds'.

Da questi risultati apparisce con evidenza che se i due elementi ds, ds' vengono invariabilmente connessi fra loro, il sistema da essi costituito è in equilibrio.

Se con dx, dy, dz; dx', dy', dz' si designano le componenti degli elementi lineari ds, ds' secondo tre assi ortogonali scelti in modo qualunque, la condizione (generalmente ammessa) che l'azione mutua dei due elementi ds, ds' sia eguale alla risultante delle azioni mutue delle loro componenti esige che la quantità $\Phi(r, \theta, \theta', \varepsilon) ds\, ds'$ sia una funzione bilineare, omogenea e simmetrica delle due terne di differenziali

$$(dx,\ dy,\ dz) \quad \text{e} \quad (dx',\ dy',\ dz').$$

Ma supponendo che l'asse delle x sia parallelo alla direzione r e che si abbia quindi

$$dx = \cos\theta\, ds, \qquad dy = \operatorname{sen}\theta \cos\omega\, ds, \qquad dz = \operatorname{sen}\theta \operatorname{sen}\omega\, ds,$$

$$dx' = \cos\theta'\, ds', \qquad dy' = \operatorname{sen}\theta' \cos\omega'\, ds', \qquad dz' = \operatorname{sen}\theta' \operatorname{sen}\omega'\, ds',$$

$$dx\,dx' + dy\,dy' + dz\,dz' = [\cos\theta\cos\theta' + \operatorname{sen}\theta\operatorname{sen}\theta'\cos(\omega' - \omega)]\, ds\, ds' = \cos\varepsilon\, ds\, ds',$$

è facile scorgere che un'espressione della specie anzidetta non può equivalere al prodotto di $ds\,ds'$ per una funzione dei soli tre angoli θ, θ', ε (oltre che della distanza r), se essa non è riducibile alla forma

$$H(r)\, dx\, dx' + K(r)(dx\, dx' + dy\, dy' + dz\, dz').$$

Dunque la funzione Φ ha la forma

$$\Phi(r,\ \theta,\ \theta',\ \varepsilon) = H(r)\cos\theta\cos\theta' + K(r)\cos\varepsilon,$$

dove le due funzioni $H(r)$, $K(r)$ non possono essere specificate che in base ad ulteriori postulati. Giova però osservare che, potendosi sempre sostituire alle H, K due nuove funzioni R, S di r in modo da rendere

$$H = \frac{1}{r}\frac{dR}{dr} - \frac{d^2 R}{dr^2}, \qquad K = S - \frac{1}{r}\frac{dR}{dr},$$

la funzione Φ, in virtù delle note relazioni

$$\cos\theta = \frac{\partial r}{\partial s}, \qquad \cos\theta' = -\frac{\partial r}{\partial s'}, \qquad \cos\varepsilon = -\frac{\partial r}{\partial s}\frac{\partial r}{\partial s'} - r\frac{\partial^2 r}{ds\, ds'},$$

può sempre assumere la forma

$$\Phi(r,\ \theta,\ \theta',\ \varepsilon) = \frac{\partial^2 R}{ds\, ds'} + S(r)\cos\varepsilon.$$

Quindi, allorchè si considera l'azione totale d'un arco finito s' sopra un altro arco finito s, è chiaro che la sola funzione

$$S = K - \int \frac{H\,dr}{r}$$

ha influenza sulla legge con cui varia la forza agente *lungo* l'arco s, in seguito alla composizione degli effetti dovuti ai singoli potenziali elementari; l'altra funzione R non ha influenza che sulle forze agenti alle estremità dell'arco s.

XLV.

COMUNICAZIONE DI UNA LETTERA DI LAGRANGE A F. M. ZANOTTI.

Rendiconti delle Sessioni dell'Accademia delle Scienze dell'Istituto di Bologna,
Sessione del 16 Gennajo 1873, pp. 97-100.

Alla gentilezza dell'egregio amico Prof. TEZA vado debitore della conoscenza d'una lettera inedita dell'illustre LAGRANGE a FRANCESCO MARIA ZANOTTI, lettera il cui autografo esiste ora nella libreria del Comune di Bologna.

Io credo che la pubblicazione di questa lettera negli Atti della nostra Accademia possa apparire, per più riguardi, giustificata.

In primo luogo essendosi LAGRANGE servito sempre della lingua francese nelle sue classiche produzioni [fuorchè nella prima di esse, cioè nella famosa lettera del 1754 *) al conte di FAGNANO] ed essendosi troppo spesso tratto argomento da ciò per revocare in dubbio la sua italianità, od almeno per limitarla alla sola accidentale circostanza d'aver veduto la luce su terra italiana, si rende interessantissimo ogni documento atto a dimostrare com'egli non solamente traesse i natali nel nostro paese, ma ne dividesse la lingua e la coltura.

In secondo luogo la lettera in discorso, come indirizzata a FRANCESCO MARIA ZANOTTI, che fu uno dei più benemeriti segretarî della nostra Accademia, e come allu-

---

*) Di quest'opuscolo, divenuto rarissimo, fu recentemente (nel 1869) fatta una nuova edizione negli Atti dell'Accademia di Torino, preceduta da una dotta illustrazione del ch°. Prof. GENOCCHI. Fatta la debita parte alle tendenze rettoriche dell'epoca, lo stile di questa lettera è prettamente ed elegantemente italiano, ed è tutto spirante di quel candore che LAGRANGE serbò sempre, nel corso della sua lunga vita. Il diciottenne analista parla ivi della sua *affatto giovanile età, la quale, anzichè atta a somministrare altrui, è pur del tutto bisognosa di ricevere da altri lume e scienza.*

siva ad uno scritto matematico di lui (il quale piuttosto come matematico che come letterato era stato chiamato a quell'ufficio), acquista un particolare interesse per l'Accademia stessa, e può degnamente figurare nella sua storia.

Finalmente pare a me di vedere in essa una testimonianza veramente nobile della modestia singolare di due uomini insigni, dei quali l'uno, giovane d'anni ma di fama già europea *), si fa ingenuamente a chiedere il giudizio dell'altro su lavori che avevano eccitata l'ammirazione d'un EULERO e d'un D'ALEMBERT; mentre l'altro, ormai sul declinare dell'età (il ZANOTTI aveva allora 70 anni) e matematico più d'occasione che di vocazione, ripone placidamente il prezioso autografo fra le sue carte e non pensa affatto a farsi merito presso i contemporanei del sincero omaggio venutogli dal giovane sovrano della scienza **).

Ecco, senz'altro, la lettera, alla quale ho creduto dover serbare l'ortografia quale trovasi nell'originale, evidentemente scritto *currenti calamo*:

Illmo sig. sig. pron. col.[mo]

Io son vergognoso di aver indugiato tanto a rendere a V. S. Illma le dovute grazie del favore che le è piaciuto di farmi col dono del suo dottissimo libro *De viribus centralibus* ***). In colpa di ciò è stato unicamente il voler io, nel pagar questo debito a V. S. Illma, avere insieme l'onore di presentarle il secondo volume della nostra società, che era ancor sotto il torchio quando io ricevetti le sue grazie. Io pensava di trasmettergliene un esemplare per mezzo di un mio amico che dee far il viaggio d'Italia; e questa ragione mi ha fatto procrastinare più del dovere a soddisfare al mio obbligo verso V. S. Illma onde per non differir di vantaggio ho preso ora il partito di servirmi della strada ordinaria della posta. La supplico pertanto a voler scusare

*) LAGRANGE non aveva allora che 26 anni, ma aveva già pubblicato, fra altre cose, le sue stupende ricerche *Sur la nature et la propagation du son* (nei tomi 1° e 2° delle *Miscellanea Taurinensia*), dove, in mezzo ad una dovizia infinita di nuovi artifizî analitici, son gettate le basi di quei metodi che, ampliati poi e fecondati mirabilmente dal genio di FOURIER, divennero ben presto uno dei più efficaci stromenti della moderna fisica matematica. Inoltre (nel tomo 2° delle dette *Miscellanea*, cioè in quello stesso volume di cui, nella lettera qui riportata, annunzia l'invio allo ZANOTTI) LAGRANGE aveva già dato in luce il famoso *Essai d'une nouvelle méthode pour déterminer les* maxima *et les* minima *des formules intégrales indéfinies*, dal quale il grande EULERO ben s'accorse d'avere omai trovato il degno erede della sua gloria.

**) Nell'edizione in nove volumi delle opere di ZANOTTI si trovano alcune poche lettere a lui dirette da uomini illustri, ma non questa di LAGRANGE.

***) *De viribus centralibus, quibus corpora per sectiones conicas volvuntur, centro virium in foco manente, brevis ac facilis expositio in capita sex distributa. Opusculum eorum gratia conscriptum, qui ad Nevtonianorum physicam introduci volunt.* Bononiæ, 1762 (in 4°, di p. 63, con 3 tavole). *E. B.*

questa mia troppa tardanza; e a ricevere il mio presente ossequio come un piccolo tributo dell'altissima stima e di riconoscenza che io le professo.

Ho letto con somma soddisfazione il suo trattato delle forze centrali; ed ho sopratutto ammirato la maniera facile, chiara ed elegante con cui ella ha saputo maneggiare una tal materia per sè molto difficile ed astrusa. Io me ne rallegro con lei davvero che abbia reso un così grande servizio ai studiosi di una scienza che ha sempre fatta la mia più grande passione. Mi farebbe V. S. Ill.ma una somma grazia, se volesse onorarmi del suo giudizio intorno ai miei deboli lavori: la supplico umilmente di questa grazia e dell'onore di qualche suo comandamento mentre con tutto l'ossequio mi dico di V. S. Ill.ma

Umil.mo devot.mo ed obbligat.mo servitore
De la Grange.

Torino 17 novembre 1762.

INDICE DEL TOMO II.

*) L'indice di questa Memoria si trova a pag. 378.

FINE DEL TOMO II DELLE OPERE MATEMATICHE DI EUGENIO BELTRAMI.

www.ingramcontent.com/pod-product-compliance
Lightning Source LLC
LaVergne TN
LVHW020551110826
845149LV00002B/226